"十三五"国家重点出版规划项目
空间飞行器工程丛书

航天器制造技术
Spacecraft Manufacture Technology
（上）

- 张 明 主编
- 孙 京 主审

国防工业出版社
·北京·

内 容 简 介

本书以航天器制造主要工艺技术为主要内容,全书分上、下两册,共12章,上册内容包括绪论、航天器金属结构制造技术、复合材料结构制造技术、特种加工技术、钣金成形技术、焊接技术、航天器电子装联技术,下册内容包括热控表面处理技术、无损检测技术、航天器装配、计算机辅助制造技术、航天器制造工业工程。

本书可作为高等院校和科研院所航天器设计、制造专业研究生教学使用,也可作为工程技术人员的参考书。

图书在版编目(CIP)数据

航天器制造技术. 上/张明主编. —北京:国防工业出版社,2018.9

(空间飞行器工程丛书)

ISBN 978-7-118-11305-1

Ⅰ.①航… Ⅱ.①张… Ⅲ.①航天器—机械制造工艺 Ⅳ.①V261

中国版本图书馆 CIP 数据核字(2017)第 242126 号

航天器制造技术(上)

丛 书 策 划	管明林
责 任 编 辑	管明林
出 版 发 行	国防工业出版社(010-88540717　010-88540777)
地 址 邮 编	北京市海淀区紫竹院南路23号,100048
经 　 　 售	新华书店
印 　 　 刷	北京龙世杰印刷有限公司印刷
开 　 　 本	710×1000　1/16
印 　 　 张	29¾
印 　 　 数	1—3000册
字 　 　 数	555千字
版 印 次	2018年9月第1版第1次印刷
定 　 　 价	128.00元　(本书如有印装错误,我社负责调换)

"空间飞行器工程丛书"
编审委员会

顾　　　　问	吴宏鑫　叶培建
主 任 委 员	李　明
副主任委员	刘瑞生
委　　　　员	王　翔　王永富　朱北园　刘天雄
（按姓氏笔画排序）	刘战捷　向树红　李　杰　李劲东
	邱家稳　张　明　张柏楠　周志成
	赵和平　徐　鹏　曹桂兴
秘　　　　书	蒋耀光　管明林

《航天器制造技术》
编审委员会

主 任 委 员 张 明
副主任委员 刘战捷
主　　审 孙 京
委　　员 万成安　马 立　王 哲　王 博
（按姓氏笔画排序）王兵存　王黎黎　刘 胤　刘建新
　　　　　　　　闫荣鑫　那鸿悦　杨三强　杨耀东
　　　　　　　　李 娜　李家峰　李彩玲　张玉良
　　　　　　　　张立功　张守诚　张彬彬　陆进宝
　　　　　　　　邵 江　林晓青　周 斌　周平来
　　　　　　　　赵长喜　胡溶溶　钟 成　崔庆新
　　　　　　　　蒋 疆　韩 星　赖小明　鲍晓萍
　　　　　　　　樊晓霞　薛忠明
办　公　室 宋文晶　吴 静

序

中国航天事业自1956年创建以来,经历了艰苦创业、配套发展、改革振兴和走向世界等几个重要时期,迄今已达到了相当规模和水平,形成了完整配套的研究、设计、生产和试验体系。制造技术是航天技术的重要组成部分,对航天器的研制起到支撑和保障作用。核心制造技术是买不来的,依靠自己的力量,我国航天器制造技术走的是一条独立自主、自主创新的发展道路,通过突破关键制造技术,航天器重要的材料、器件、部组件逐步实现国产化。建立了一个适应多系列、多型号航天器研制要求的技术门类全、设备较先进、工艺技术较先进的制造体系。

我很欣慰地看到一本有关航天器制造技术方面的专著出版。现代制造技术已经不是一门单纯的机械学科,它与光学、电子、材料、管理等均有密切关系,具有很强的综合性,表现在机、光、电、微电子和计算机的结合。参加本书编写的同志,长期工作在航天器研制一线,教材系统反映了航天器制造技术的新发展和成果,是一本内容新颖、信息量大、系统性强、具有一定理论深度的教科书。我深信本书的出版,必将对培养航天制造人才,推动航天器制造技术发展起到重要作用。

中国科学院院士

2016年11月

前言

中国航天工业在50余年的发展历程中,走出了一条符合科学规律的自力更生之路,取得了以"两弹一星"、载人航天为代表的辉煌成就。作为航天产品研制生产的基础技术,航天工艺也从无到有不断创新发展,推动航天新材料、新结构、新技术的广泛应用,加速了航天产品的更新换代。复合材料成形技术的突破,实现了卫星太阳翼基板国产化,主结构承力筒性能达到世界先进水平;先进焊接和成形技术保障了载人航天大型壁板结构舱体的研制;铰链制造、轴系制造、消应力装配等关键技术的突破,实现了航天器太阳翼驱动机构、动量轮和地球敏感器三大部件的国产化;精密和超精密加工技术水平的不断提高,为惯性器件的技术进步和性能指标得以实现奠定了坚实基础。据不完全统计,50多年来,共取得数千项工艺研究成果。逐渐形成具有航天特色的工艺技术体系,有力支撑了航天事业的发展。

为适应21世纪航天技术的发展需要,满足人才培养需要,我们组织编写了《航天器制造技术》(上、下),本书可供高等院校和科研院所航天器设计、制造专业研究生教学使用,也可作为工程技术人员的参考书。编写中,各章节内容组织上力求保持航天器制造技术的系统性,注重基本原理、基本理论和实践经验、实例的有机结合。同时关注国内外最新制造技术的发展,有选择性地予以介绍。通过阅读本书内容,读者可以对航天器制造技术有一个较为全面的了解。在每一章末还列出相关的参考文献,这些有代表性的资料是本书内容的进一步延伸,可以更深入地了解有关内容。

全书分上、下两册,共12章。第1章绪论,由张明撰写;第2

章航天器金属结构制造技术,由赵长喜、张玉良、樊晓霞、李彩玲和李娜撰写;第3章复合材料结构制造技术,由张明、钟成和马立撰写;第4章特种加工技术,由赖小明和杨三强撰写;第5章钣金成形技术,由赖小明、崔庆新、王博和王哲撰写;第6章焊接技术,由薛忠明撰写;第7章航天器电子装联技术,由万成安和张彬彬撰写;第8章热控表面处理技术,由张立功、周斌、那鸿悦、王兵存和李家峰撰写;第9章无损检测技术,由刘战捷和杨耀东撰写;第10章航天器装配,由鲍晓萍、张守诚、胡溶溶、邵江、刘建新和闫荣鑫撰写;第11章计算机辅助制造技术,由林晓青、韩星和蒋疆撰写;第12章航天器制造工业工程,由周平来、刘胤和王黎黎撰写。北京航空航天大学陈五一教授、张佐光教授、张彦华教授、刘强教授,哈尔滨工业大学狄士春教授、张凯峰教授、王青春教授,清华大学郑力教授,中国航天科工集团二院郑世才研究员,中国航天科工集团三院周世平研究员,中国空间技术研究院总体部江经善研究员、总装与环境工程部代为兵研究员对本书相关章节进行了审查,并提出修改意见。本书能够出版得到中国空间技术研究院神舟学院的领导和专家的大力支持。孙家栋院士在百忙之中为本书作序。编者对上述领导、专家的贡献表示最衷心的感谢。

由于本书涉及专业较多,知识面较广,不当之处在所难免,殷切希望广大读者提出宝贵意见。

编者
2016年10月于北京

目录

(上)

第1章　绪论 ……………………………………………………………… 001
 1.1　航天器 ……………………………………………………………… 001
 1.2　航天器制造 ………………………………………………………… 004
 1.3　主要工艺技术及应用 ……………………………………………… 006
 1.4　未来发展展望 ……………………………………………………… 012
  1.4.1　航天器结构技术发展 ……………………………………… 012
  1.4.2　先进制造技术 ……………………………………………… 013
  1.4.3　先进工艺技术发展 ………………………………………… 015
 参考文献 ………………………………………………………………… 018

第2章　航天器金属结构制造技术 …………………………………… 019
 2.1　概述 ………………………………………………………………… 019
 2.2　航天器金属结构的材料性能与工艺特点 ………………………… 021
  2.2.1　铝合金材料 ………………………………………………… 021
  2.2.2　镁合金材料 ………………………………………………… 027
  2.2.3　钛合金材料 ………………………………………………… 033
  2.2.4　金属基复合材料 …………………………………………… 035
 2.3　航天器金属结构机械加工工艺方法选用 ………………………… 038
  2.3.1　概述 ………………………………………………………… 038
  2.3.2　毛坯的选择 ………………………………………………… 039
  2.3.3　工艺方法选用 ……………………………………………… 039
  2.3.4　定位基准的选择 …………………………………………… 039
  2.3.5　加工方法的选用 …………………………………………… 040

2.3.6　加工余量的确定 ·· 040
　　　2.3.7　机械加工工装选用 ·· 041
　　　2.3.8　机械加工工序的安排 ·· 042
　2.4　航天器金属结构典型产品工艺介绍 ···································· 043
　　　2.4.1　典型产品组成介绍 ·· 043
　　　2.4.2　端框、连接框类零件制造工艺 ································ 043
　　　2.4.3　隔框、桁条、蒙皮类零件制造工艺 ···························· 045
　　　2.4.4　壁板类零件制造工艺 ·· 047
　　　2.4.5　口框类零件制造工艺 ·· 050
　　　2.4.6　薄壁支架类零件制造工艺 ···································· 051
　　　2.4.7　承力梁 ·· 053
　　　2.4.8　防护板结构零件 ·· 055
　　　2.4.9　舱体的部装 ·· 057
　2.5　航天器金属结构特色制造工艺 ·· 061
　　　2.5.1　机械加工的发展趋势 ·· 061
　　　2.5.2　高速加工技术 ·· 061
　　　2.5.3　数控渐进成形技术 ·· 067
　　　2.5.4　柔性装夹技术 ·· 069
　2.6　发展趋势 ·· 073
　　　2.6.1　先进机械制造理念 ·· 073
　　　2.6.2　现代机械制造技术的新发展 ·································· 074
　参考文献 ·· 075

第3章　复合材料结构制造技术 ·· 076
　3.1　复合材料的定义 ·· 076
　3.2　复合材料的组成 ·· 076
　　　3.2.1　增强材料 ·· 077
　　　3.2.2　基体 ·· 085
　　　3.2.3　复合材料界面 ·· 090
　　　3.2.4　复合材料的命名与分类 ······································ 092
　3.3　航天器复合材料概述 ·· 093
　　　3.3.1　航天器对复合材料的需求 ···································· 093
　　　3.3.2　航天器复合材料的优点 ······································ 095
　　　3.3.3　航天器复合材料的基本类型 ·································· 096
　3.4　复合材料成形工艺 ·· 097

3.4.1　预浸料/热压罐成形工艺 ·· 099
　　　3.4.2　真空袋成形工艺 ·· 111
　　　3.4.3　模压成形工艺 ·· 113
　　　3.4.4　纤维铺放工艺 ·· 114
　　　3.4.5　纤维缠绕工艺 ·· 115
　　　3.4.6　液体成形工艺 ·· 118
　　　3.4.7　低温固化工艺 ·· 122
　3.5　固化过程模拟仿真 ·· 124
　　　3.5.1　固化反应动力学实验技术 ·· 124
　　　3.5.2　固化反应动力学模型 ·· 126
　　　3.5.3　固化过程温度分布模型的建立 ··································· 127
　3.6　复合材料的加工 ·· 127
　　　3.6.1　机械加工 ·· 128
　　　3.6.2　特种加工 ·· 128
　3.7　复合材料成形模具 ·· 130
　　　3.7.1　模具材料的选择 ·· 130
　　　3.7.2　模具的结构形式 ·· 132
　　　3.7.3　金属模具 ·· 134
　　　3.7.4　复合材料模具 ·· 134
　　　3.7.5　基于特殊要求的模具 ·· 137
　　　3.7.6　高精度模具加工 ·· 139
　3.8　本章小结 ·· 140
　参考文献 ·· 141

第4章　特种加工技术 ·· 142

　4.1　概述 ·· 142
　　　4.1.1　特种加工的分类 ·· 143
　　　4.1.2　特种加工的特点 ·· 146
　4.2　电火花加工 ·· 146
　　　4.2.1　电火花加工原理及规律 ·· 147
　　　4.2.2　电火花加工特点 ·· 158
　　　4.2.3　电火花加工应用 ·· 159
　4.3　电火花线切割加工 ·· 160
　　　4.3.1　电火花线切割加工的原理 ·· 160
　　　4.3.2　电火花线切割加工的特点 ·· 160

4.3.3　电火花线切割加工应用 …………………………………… 162
　4.4　激光加工技术 ……………………………………………………… 166
　　　4.4.1　激光加工的原理和特点 …………………………………… 167
　　　4.4.2　激光切割技术 ………………………………………………… 169
　　　4.4.3　激光打孔技术 ………………………………………………… 169
　　　4.4.4　激光清洗技术 ………………………………………………… 172
　4.5　快速成形加工技术 ………………………………………………… 177
　　　4.5.1　快速成形原理 ………………………………………………… 177
　　　4.5.2　各种快速成形的特点 ………………………………………… 179
　　　4.5.3　快速成形设备及应用 ………………………………………… 181
　4.6　其他方法 …………………………………………………………… 182
　　　4.6.1　超声加工 ……………………………………………………… 182
　　　4.6.2　化学铣削加工 ………………………………………………… 190
　　　4.6.3　挤压珩磨技术 ………………………………………………… 191
　　　4.6.4　水射流切割技术 ……………………………………………… 193
　4.7　特种加工技术发展趋势 …………………………………………… 195
　参考文献 …………………………………………………………………… 196

第5章　钣金成形技术 ……………………………………………………… 197
　5.1　概述 ………………………………………………………………… 197
　5.2　钣金塑性成形性能 ………………………………………………… 198
　　　5.2.1　金属的塑性 …………………………………………………… 198
　　　5.2.2　塑性变形抗力 ………………………………………………… 206
　　　5.2.3　塑性变形基本规律 …………………………………………… 208
　5.3　钣金件成形技术 …………………………………………………… 209
　　　5.3.1　弯曲成形 ……………………………………………………… 209
　　　5.3.2　拉深成形 ……………………………………………………… 216
　　　5.3.3　翻孔成形 ……………………………………………………… 225
　　　5.3.4　超塑成形 ……………………………………………………… 229
　　　5.3.5　旋压成形 ……………………………………………………… 233
　　　5.3.6　充液拉深成形 ………………………………………………… 235
　　　5.3.7　电磁成形 ……………………………………………………… 236
　　　5.3.8　爆炸成形 ……………………………………………………… 241
　　　5.3.9　增量压弯成形技术 …………………………………………… 244
　　　5.3.10　多点柔性成形技术 ………………………………………… 246

  5.3.11 蠕变时效成形技术 ………………………………………………… 248
 5.4 钣金制造技术的发展趋势 ……………………………………………… 250
  5.4.1 航天领域需求分析 …………………………………………………… 250
  5.4.2 发展趋势 ……………………………………………………………… 251
  5.4.3 高能能量场辅助成形技术 …………………………………………… 252
 参考文献 ……………………………………………………………………… 259

第6章 焊接技术 …………………………………………………………… 262

 6.1 概述 ……………………………………………………………………… 262
  6.1.1 航天器结构焊接技术的特点 ………………………………………… 263
  6.1.2 航天器结构焊接技术应用概况 ……………………………………… 263
 6.2 焊接基础理论 …………………………………………………………… 264
  6.2.1 焊接过程原理 ………………………………………………………… 264
  6.2.2 焊缝组织与焊缝性能 ………………………………………………… 265
  6.2.3 焊接接头的冶金缺陷 ………………………………………………… 267
  6.2.4 焊接应力与变形 ……………………………………………………… 270
  6.2.5 焊接裂纹引起的接头断裂 …………………………………………… 274
  6.2.6 焊接过程数值模拟 …………………………………………………… 274
 6.3 航天器结构材料的焊接性 ……………………………………………… 281
  6.3.1 铝合金的焊接性 ……………………………………………………… 282
  6.3.2 钛合金的焊接性 ……………………………………………………… 285
  6.3.3 不锈钢的焊接性 ……………………………………………………… 286
 6.4 常用航天器结构焊接工艺方法 ………………………………………… 286
  6.4.1 钨极惰性气体保护焊(TIG 焊) ……………………………………… 286
  6.4.2 熔化极惰性气体保护电弧焊(MIG 焊) …………………………… 297
  6.4.3 变极性等离子弧焊 …………………………………………………… 300
  6.4.4 真空电子束焊 ………………………………………………………… 306
  6.4.5 激光焊 ………………………………………………………………… 316
  6.4.6 搅拌摩擦焊 …………………………………………………………… 327
  6.4.7 电阻焊 ………………………………………………………………… 339
  6.4.8 钎焊 …………………………………………………………………… 344
  6.4.9 扩散焊 ………………………………………………………………… 349
 6.5 航天焊接技术发展展望 ………………………………………………… 351
 参考文献 ……………………………………………………………………… 353

第7章 航天器电子装联技术 ·········· 354

7.1 概述 ·········· 354
- 7.1.1 微电子三级封装技术 ·········· 354
- 7.1.2 电子装联技术的分类 ·········· 355
- 7.1.3 航天电子产品装联特点 ·········· 355

7.2 电子基板 ·········· 356
- 7.2.1 基板材料与分类 ·········· 356
- 7.2.2 几种典型基板的制作技术 ·········· 357
- 7.2.3 基板评价与测试 ·········· 375

7.3 钎焊机理 ·········· 380
- 7.3.1 基本概念 ·········· 380
- 7.3.2 钎焊原理 ·········· 381
- 7.3.3 电子封装中钎焊接头及性能的特殊性 ·········· 386
- 7.3.4 电子封装中常用的钎料 ·········· 387

7.4 微电子封装形式 ·········· 389
- 7.4.1 金属封装 ·········· 390
- 7.4.2 塑料封装 ·········· 396
- 7.4.3 陶瓷封装 ·········· 399
- 7.4.4 金属-陶瓷封装 ·········· 401
- 7.4.5 常见的封装形式 ·········· 402

7.5 通孔组装技术 ·········· 403
- 7.5.1 通孔组装工艺流程 ·········· 403
- 7.5.2 通孔装联工艺 ·········· 404

7.6 表面组装技术 ·········· 411
- 7.6.1 简介 ·········· 411
- 7.6.2 表面组装工艺 ·········· 412
- 7.6.3 表面组装技术的优点和尚待改进的问题 ·········· 419

7.7 清洗技术 ·········· 423
- 7.7.1 简介 ·········· 423
- 7.7.2 湿法清洗 ·········· 424
- 7.7.3 干法清洗 ·········· 427
- 7.7.4 电子线路板的精密洗净工艺 ·········· 427
- 7.7.5 清洁度检测与评价 ·········· 432

7.8 电缆网装联技术 ·········· 434

  7.8.1 下线和导线端头处理 ………………………………………… 435
  7.8.2 电缆网标识 ………………………………………………… 436
  7.8.3 低频电缆网焊接 …………………………………………… 437
  7.8.4 电连接器压接 ……………………………………………… 438
  7.8.5 电缆尾罩处理 ……………………………………………… 439
  7.8.6 电缆敷设与绑扎 …………………………………………… 441
  7.8.7 低频电缆产品检验 ………………………………………… 443
 7.9 航天器电子装联新技术简介 ……………………………………… 444
  7.9.1 激光软钎焊技术 …………………………………………… 444
  7.9.2 微组装技术 ………………………………………………… 445
  7.9.3 光电互联技术 ……………………………………………… 449
参考文献 ……………………………………………………………………… 452

（下）

第8章 热控表面处理技术 ………………………………………………… 453

 8.1 概述 ………………………………………………………………… 453
  8.1.1 热控技术及热控涂层 ……………………………………… 454
  8.1.2 热控涂层与表面处理技术 ………………………………… 456
  8.1.3 热控涂层与空间环境 ……………………………………… 457
  8.1.4 热控涂层分类 ……………………………………………… 460
 8.2 热控表面喷涂技术 ………………………………………………… 468
  8.2.1 热控涂层配制 ……………………………………………… 469
  8.2.2 热控涂层喷涂工艺 ………………………………………… 473
  8.2.3 热控涂层性能影响因素 …………………………………… 474
 8.3 热控表面沉积技术 ………………………………………………… 475
  8.3.1 热控镀层制备 ……………………………………………… 477
  8.3.2 热控镀层性能影响因素 …………………………………… 482
 8.4 热控表面改性技术 ………………………………………………… 482
  8.4.1 热控表面转化膜技术 ……………………………………… 482
  8.4.2 热控表面抛光处理技术 …………………………………… 490
  8.4.3 热控表面喷砂处理技术 …………………………………… 491
 8.5 热控复合表面处理技术 …………………………………………… 492
  8.5.1 热控表面气相沉积技术 …………………………………… 492

XV

8.5.2　热控带薄膜技术 …………………………………… 495
　8.6　热控涂层的空间稳定性试验 ……………………………………… 495
　　　8.6.1　气动环境试验 …………………………………………… 496
　　　8.6.2　真空－紫外辐照试验 …………………………………… 496
　　　8.6.3　真空－质子辐照试验 …………………………………… 497
　　　8.6.4　真空－电子辐照试验 …………………………………… 497
　　　8.6.5　热循环试验 ……………………………………………… 498
　　　8.6.6　原子氧试验 ……………………………………………… 498
　　　8.6.7　综合辐照试验 …………………………………………… 499
　8.7　热控涂层检测技术 ………………………………………………… 499
　　　8.7.1　涂层发射率检测 ………………………………………… 499
　　　8.7.2　涂层太阳吸收比检测 …………………………………… 502
　　　8.7.3　涂层厚度检测 …………………………………………… 506
　　　8.7.4　涂层结合力检测 ………………………………………… 507
　8.8　热控表面技术发展趋势 …………………………………………… 509
参考文献 ………………………………………………………………… 510

第9章　无损检测技术 ……………………………………………… 512

　9.1　概述 ………………………………………………………………… 512
　　　9.1.1　无损检测技术的发展 …………………………………… 513
　　　9.1.2　无损检测与材料缺陷 …………………………………… 516
　　　9.1.3　无损检测方法的选择 …………………………………… 518
　　　9.1.4　无损检测标准 …………………………………………… 519
　　　9.1.5　无损检测与全过程质量控制 …………………………… 523
　　　9.1.6　无损检测的可靠性 ……………………………………… 524
　　　9.1.7　国防科技工业无损检测人员的资格鉴定与认证 ……… 524
　　　9.1.8　我国航天无损检测技术的发展现状 …………………… 525
　9.2　射线照相检测技术 ………………………………………………… 533
　　　9.2.1　射线检测的物理学基础 ………………………………… 534
　　　9.2.2　射线照相检测的原理与方法 …………………………… 537
　　　9.2.3　射线照像检测的特点与适用范围 ……………………… 542
　　　9.2.4　射线照像检测的仪器与设备 …………………………… 542
　　　9.2.5　射线照像检测的标准与规范 …………………………… 544
　　　9.2.6　射线照像检测实例 ……………………………………… 545
　　　9.2.7　其他射线检测技术 ……………………………………… 550

9.3 计算机层析成像检测技术 ... 551
9.3.1 计算机层析成像的物理学基础 ... 551
9.3.2 计算机层析成像检测的原理与方法 ... 551
9.3.3 计算机层析成像检测的特点与适用范围 ... 555
9.3.4 计算机层析成像检测的仪器与设备 ... 556
9.3.5 计算机层析成像检测的标准与规范 ... 557
9.3.6 计算机层析成像检测实例 ... 558
9.4 超声检测技术 ... 562
9.4.1 超声检测的物理学基础 ... 562
9.4.2 超声检测的原理与方法 ... 566
9.4.3 超声检测的特点与适用范围 ... 577
9.4.4 超声检测的仪器与设备 ... 578
9.4.5 超声检测的标准与规范 ... 580
9.4.6 超声检测实例 ... 581
9.4.7 其他声学检测技术 ... 586
9.5 泄漏检测技术 ... 588
9.5.1 泄漏检测的物理学基础 ... 588
9.5.2 泄漏检测的原理与方法 ... 592
9.5.3 泄漏检测的特点与适用范围 ... 595
9.5.4 泄漏检测的仪器与设备 ... 596
9.5.5 泄漏检测的标准与规范 ... 596
9.5.6 泄漏检测实例 ... 597
9.6 全息/散斑检测技术 ... 602
9.6.1 全息和散斑检测的物理学基础 ... 602
9.6.2 全息和散斑检测的原理与方法 ... 603
9.6.3 全息与散斑检测的特点与适用范围 ... 610
9.6.4 全息与散斑检测的仪器与设备 ... 611
9.6.5 全息与散斑检测的标准与规范 ... 612
9.6.6 全息与散斑检测实例 ... 612
9.7 红外热像检测技术 ... 614
9.7.1 红外热像检测的物理学基础 ... 614
9.7.2 红外热像检测的原理与方法 ... 617
9.7.3 红外热像检测的特点与适用范围 ... 623
9.7.4 红外热像检测的仪器与设备应用 ... 623
9.7.5 红外热像检测的标准与规范 ... 624

9.7.6　红外热像检测实例 ································· 624
　9.8　声发射检测技术 ··· 634
　　　9.8.1　声发射检测的物理学基础 ························· 635
　　　9.8.2　声发射检测的原理与方法 ························· 635
　　　9.8.3　声发射检测的特点与适用范围 ····················· 637
　　　9.8.4　声发射检测的仪器与设备 ························· 638
　　　9.8.5　声发射检测的标准与规范 ························· 639
　　　9.8.6　声发射检测实例 ································· 640
　9.9　磁粉检测技术 ··· 641
　　　9.9.1　磁粉检测的物理学基础 ··························· 641
　　　9.9.2　磁粉检测的原理与方法 ··························· 643
　　　9.9.3　磁粉检测的特点与适用范围 ······················· 647
　　　9.9.4　磁粉检测的仪器与设备 ··························· 648
　　　9.9.5　磁粉检测的标准与规范 ··························· 648
　　　9.9.6　磁粉检测实例 ··································· 649
　9.10　渗透检测技术 ·· 650
　　　9.10.1　渗透检测的物理学基础 ·························· 650
　　　9.10.2　渗透检测的原理与方法 ·························· 652
　　　9.10.3　渗透检测的特点与适用范围 ······················ 654
　　　9.10.4　渗透检测的仪器与设备 ·························· 654
　　　9.10.5　渗透检测的标准与规范 ·························· 655
　　　9.10.6　渗透检测实例 ·································· 656
　9.11　涡流检测技术 ·· 657
　　　9.11.1　涡流检测的物理学基础 ·························· 657
　　　9.11.2　涡流检测的原理与方法 ·························· 660
　　　9.11.3　涡流检测的特点与适用范围 ······················ 662
　　　9.11.4　涡流检测的仪器与设备 ·························· 662
　　　9.11.5　涡流检测的标准与规范 ·························· 663
　　　9.11.6　涡流检测实例 ·································· 664
　9.12　目视检测 ·· 668
　　　9.12.1　目视检测的物理学基础 ·························· 668
　　　9.12.2　目视检测的原理与方法 ·························· 668
　　　9.12.3　目视检测的特点与适用范围 ······················ 670
　　　9.12.4　目视检测的仪器与设备 ·························· 670
　　　9.12.5　目视检测的标准与规范 ·························· 672

9.12.6　目视检测实例 ·············· 673
　参考文献 ························· 674

第10章　航天器装配 ················· 676

　10.1　概述 ························ 676
　10.2　装配理论 ····················· 677
　　　10.2.1　装配工作的基本内容 ········· 677
　　　10.2.2　装配精度 ················ 678
　　　10.2.3　装配尺寸链 ·············· 680
　　　10.2.4　工艺基准 ················ 686
　　　10.2.5　装配连接的类型 ············ 687
　10.3　坐标测量技术 ·················· 707
　　　10.3.1　传统的坐标测量技术介绍 ······ 707
　　　10.3.2　测量原则 ················ 708
　　　10.3.3　固定式坐标测量 ············ 709
　10.4　航天器部装技术 ················· 732
　　　10.4.1　金属结构部装技术 ·········· 732
　　　10.4.2　复合材料结构部装技术 ······· 734
　10.5　航天器总装技术 ················· 747
　　　10.5.1　总装技术特点 ············· 747
　　　10.5.2　总装工艺流程 ············· 748
　　　10.5.3　总装精度测量技术 ·········· 752
　　　10.5.4　质量特性测试技术 ·········· 768
　　　10.5.5　总装检漏技术 ············· 777
　10.6　发展趋势 ····················· 794
　参考文献 ························· 798

第11章　计算机辅助制造技术 ············ 800

　11.1　总述 ························ 800
　　　11.1.1　计算机辅助制造的基本概念 ····· 800
　　　11.1.2　计算机辅助制造工程技术体系 ··· 801
　　　11.1.3　计算机辅助制造的重要性和特点 ·· 801
　11.2　计算机辅助设计 ················· 802
　　　11.2.1　发展概况 ················ 803
　　　11.2.2　基本技术与软件 ············ 803

XIX

11.2.3　计算机辅助设计建模技术 ………………………………………… 805
　　11.2.4　面向产品研制过程的设计技术 …………………………………… 809
11.3　MBD 技术及应用 ………………………………………………………… 810
　　11.3.1　概述 ………………………………………………………………… 810
　　11.3.2　基于 MBD 的数字化制造总体技术框架 ………………………… 816
　　11.3.3　航天器结构件三维设计规范 ……………………………………… 817
　　11.3.4　基于 MBD 的产品数据交换标准与接口技术 …………………… 825
　　11.3.5　基于三维模型的车间现场应用 …………………………………… 830
　　11.3.6　MBD 技术在航天器产品研制应用小结 ………………………… 831
11.4　计算机辅助工艺规划 …………………………………………………… 832
　　11.4.1　计算机辅助工艺规划的基本概念 ………………………………… 832
　　11.4.2　CAPP 的分类与方法 ……………………………………………… 835
　　11.4.3　航天器计算机辅助工艺过程设计技术 …………………………… 842
　　11.4.4　基于三维的 CAPP 技术研究与应用 ……………………………… 846
11.5　数控加工与检测 ………………………………………………………… 857
　　11.5.1　数控加工过程与技术内涵 ………………………………………… 857
　　11.5.2　数控编程 …………………………………………………………… 858
　　11.5.3　数控加工后置处理技术 …………………………………………… 861
　　11.5.4　数控加工过程几何仿真 …………………………………………… 867
　　11.5.5　高效数控加工技术 ………………………………………………… 869
11.6　计算机辅助工程分析的基本概念 ……………………………………… 876
　　11.6.1　计算机辅助工程分析 ……………………………………………… 876
　　11.6.2　制造 CAE 与仿真技术 …………………………………………… 879
　　11.6.3　航天器工艺过程仿真与优化技术的发展 ………………………… 883
11.7　计算机集成制造技术 …………………………………………………… 884
　　11.7.1　国内外企业现状 …………………………………………………… 884
　　11.7.2　航天器计算机集成制造总体技术框架 …………………………… 885
　　11.7.3　主要技术途径和建设要点 ………………………………………… 887
　　11.7.4　建设与实施过程控制 ……………………………………………… 895
11.8　航天器计算机辅助制造技术展望 ……………………………………… 898
　　11.8.1　航天器计算机辅助制造技术发展总体要求 ……………………… 898
　　11.8.2　航天器企业的数字化战略思考 …………………………………… 899
参考文献 ………………………………………………………………………… 900

第12章 航天器制造工业工程 902

12.1 工业工程技术概述 902
12.2 经典工业工程技术 904
12.2.1 设施规划与设计 904
12.2.2 物流系统配置与管理 904
12.2.3 方法研究 905
12.2.4 工艺程序分析 908
12.2.5 流程程序分析 909
12.2.6 线路图与线图分析 913
12.2.7 操作分析 913
12.2.8 动作分析 914
12.2.9 生产计划与调度 918
12.2.10 质量管理 919
12.2.11 成本 919
12.2.12 现场管理与改善 921
12.2.13 人因工程 921
12.3 我国航天制造领域的工业工程应用探索 922
12.3.1 先进制造模式研究与实践 922
12.3.2 单元制造模式的研究和实践 925
12.3.3 生产系统建模仿真技术应用探索 930
12.3.4 航天质量管理与控制 936
12.3.5 生产布局的规划和实施 939
12.3.6 低重复度的作业分析 940
12.3.7 设备综合效率 944
12.3.8 数字化生产线的规划与实施 955
12.3.9 人因工程在航天领域的应用 957
12.4 航天器制造工业工程展望 958
12.4.1 新时期下推动航天制造工业工程的重要意义 958
12.4.2 航天未来制造模式的探索 960
12.4.3 航天制造工业工程技术体系展望 961
12.4.4 航天制造工业工程应用体系展望 963

参考文献 965

第1章 绪 论

航天器是指在地球大气层以外宇宙空间执行探索、开发和利用太空任务的飞行器,又称空间飞行器。航天器制造技术是航天工程中最广泛、最重要的基础之一,制造技术的能力和水平在很大程度上影响航天工程的发展,是衡量一个国家综合实力和科技发展水平的重要标志,已成为一个国家提升经济实力、满足国防需求、确保全球竞争优势的重要基础,是决定一个国家在经济全球化进程中国际分工地位的关键因素。

1.1 航天器

我国空间技术的发展始于20世纪50年代后期,是在基础工业比较薄弱、科技水平相对落后的条件下,独立自主地发展起来的。50多年来,我国始终坚持自力更生,立足自主创新,突破和掌握了一大批具有自主知识产权的核心和关键技术,取得了一系列突破性的重大科技创新成果。拥有对地观测、通信广播、导航定位、科学与技术试验共四大应用领域的卫星产品,基本实现了系列化、平台化发展,卫星性能优良,在轨运行稳定,工作寿命大幅提高,有多项技术是世界领先。卫星应用总体规模逐年扩大,正由试验应用型向业务服务型转变,在国民经济建设、社会发展以及科技进步中发挥着日益重要的作用。

1. 系统性和一次性特点

航天产品具有很强的系统性,航天器由平台和有效载荷组成,其中平台又由多个分系统组成,如结构机构分系统、能源分系统、热控分系统、姿轨控分系统、测控分系统、数管分系统等。每个分系统由大量的单机、部组件组成。它们之间有密切、严格的相互关系,一个零件或部件的质量出现问题或发生故障,不仅会影响部件本身的功能,而且会影响全系统的正常工作,甚至导致飞行任务失败。另外,航天产品绝大多数都是一次性使用产品。目前世界上只有美国开发的航天飞机是可以重复使用的产品。但每次返回后都要进行严格的检查、维修才能继续使用,成本之高难以为继。我国至今还没有开发可重复使用的航天器,这种一次性使用的性质,使得一旦发生故障,修复难度很高,甚至无能为力。因此,航天产品对质量要求极高。

2. 特殊的工作环境

航天器除了经受在地面的制造、运输、贮存、试验等环境条件外,一般需要经历发射、空间轨道运行和(或)再入返回三个特殊的环境条件,即发射环境、轨道环境和再入环境。发射是指用运载火箭将航天器送入运行轨道的过程,在发射过程中航天器要经历声、振动、冲击和加速度等力学环境。空间轨道运行是指航天器进入空间轨道后提供正常功能和服务的阶段,在该阶段,航天器要经受真空、微重力、高低温交变、强辐射、原子氧和空间碎片等的空间环境。再入返回是指当航天器完成预定的在轨飞行任务后返回地面的过程。返回地面的航天器要经历再入大气过程中产生的气动力和气动热环境以及着陆冲击环境。

发射环境对航天器结构产生的影响主要是复杂的动态环境,如严重的噪声环境、助推火箭不同步引起的横向振动、级间分离时火箭引起的瞬态振动、航天器与火箭分离时的冲击。

空间轨道运行环境对航天器的影响更加复杂和多样。空间轨道真空度可以达到 $10^{-2} \sim 10^{-11}$ Pa,这种环境会引起材料蒸发、升华、分解和出气,使材料表面变粗糙,氧化层或保护层脱落,产生的可凝聚挥发物造成表面污染,液体润滑材料挥发,机构对接面发生冷焊而失效。航天器在太阳的辐照区和地球阴影区交替运行,交变的温度场可达 ±100℃ 或更大,可能会降低材料性能(热疲劳),引起热应力,由此降低结构和机构寿命或造成破坏,引起敏感器支承结构或指向机构位置精度的变化,造成机构动作的失效或卡死。另外:高能带电粒子可穿过航天器结构材料并沉积于电子部件中,降低器件寿命或引起破坏;紫外辐射对复合材料、黏接剂、密封材料、有机温控涂层等的性能有明显影响,使聚合物硬化和变脆,使黏接剂出气率增加,使温控涂层热物理性能退化;在低地球轨道中,原子氧会对卫星表面材料或器件产生严重的氧化剥蚀作用,是卫星表面材料或器件退化的主要因素之一,原子氧对金属材料的影响通常不予考虑,但它可以迅速磨蚀聚合物基的材料。

再入返回过程中,航天器返回舱以极高的速度从真空的轨道环境进入大气层,由于它对前方空气的压缩以及与周围空气的激烈摩擦,舱体结构及表面材料必须能经受这些气动载荷的作用。气动加热的主要特点是:高比焓、低热流密度和较长的加热时间。因此防热结构材料要有较小的导热系数和较低的材料密度。返回过程中,舱体表面的凸起物、空腔和缝隙等会产生局部气动流场,具有很高的热流密度。在着陆冲击过程中,舱体结构将会受到各类弹射冲击环境、开伞火工装置的冲击环境和着陆冲击环境的载荷作用。

3. 航天器材料

航天器所用材料包括金属材料、无机非金属材料、高分子材料和先进复合材料四大类，按其使用功能又可分为结构材料和功能材料两大类。结构材料指主要用于提供刚度和强度的材料，功能材料指主要用于提供各种特定功能如防热、密封、胶接、润滑等的材料。材料与制造工艺关系紧密，不同材料具有不同制备工艺、加工方法、热处理方式和连接方式。

空间环境条件对材料的影响是多方面的，主要有：①真空条件，在高真空条件下，材料的蒸发、升华和分解效应，会造成材料的质量损失，改变或降低材料原有性能；②带电粒子辐射条件，在各种能量和强度的电子和质子的长期照射下，材料将接受一定的辐射计量，当剂量过大时，会使材料性能发生退化；③太阳紫外线辐射条件，航天器表面受各种波长的太阳光辐射，其中紫外线辐射会影响材料的光学和热性能，某些薄膜结构材料的弹性性能；④温度交变条件，长期温度交变条件下，有些材料会产生热疲劳和热损伤，出现裂纹、脱胶、分层、变硬等现象；⑤原子氧条件，它可引起高分子材料的化学裂解，造成材料损伤，性能降低。

航天器对材料的要求是多种多样的，更详细的或较特殊的要求，需要结合具体的设计要求来规定。但是一般而言以下几点对材料的要求具有普遍性。

（1）低密度要求。由于运载火箭推力的有限性，为提高航天器性能，降低发射成本，对航天器的重量有严格限制，为减轻航天器结构重量，必须选用密度尽量低的结构材料。卫星主结构材料广泛采用复合材料，在金属材料中主要使用铝合金、镁合金和钛合金，其他金属材料，如不锈钢、铜等应用有限，高强度不锈钢应用在连接构件和机构中。

（2）力学性能要求。航天器结构主要功能是承受载荷，材料的力学性能是首先要关注的性能，要求材料模量高、强度高、韧性好。其中：模量高是更为突出的要求，大多数航天器结构采用刚度设计，要求采用刚度尽可能高的结构，而提高结构刚度最直接有效的途径是选用高模量材料；强度是航天器结构设计的基本要求，在各种载荷作用下，不产生结构破坏或不允许的永久变形，材料应有较高的强度，如对于密封结构、连接结构和各种紧固件，主要采用强度设计，使用强度高的材料；韧性，受到分离、展开锁定、着陆等影响，为提高抗冲击能力，要求材料有足够韧性。

（3）物理性能要求。除力学性能要求外，根据设计功能的不同特点，对材料的物理性能将有各种不同要求：线膨胀系数，有些航天器结构在空间温度变化条件下需要保持尺寸稳定，材料要有较小的线膨胀系数，如天线反射器；比热容，一般要求材料有较高的比热容，使结构在空间环境下有较大的热容量，减小结构的温度变化；热导率，一般要求有较高的热导率，使得在空间环境或再入大气环境下，结构温度分布均匀，而避免产生过高的应力或变形；电导率，根据具体要求选择导电材料或绝缘材料,如天线反射器结构的反射表面材料一般采用导电材料,而太阳电池阵结构表面采用绝缘材料。

(4)空间环境稳定性。对于长期在轨运行的航天器材料,尤其是对于直接暴露在空间环境的航天器表面的材料,其性能的降低或改变不应超出设计允许的范围,即要求材料具有良好的空间环境稳定性。

(5)材料真空出气要求。在空间真空环境下,由于材料的升华作用,特别是有机材料,会释放出所含的一些低分子质量的物质,形成真空出气现象。它不仅可能降低材料的性能,更重要的是可能污染邻近的光学、热控或电气设备表面。所以,对航天器用材料有限制真空出气的要求。一般规定为:材料的总重量损失不得大于1%,可凝挥发物不得大于0.1%。在空间禁止使用在地面上常用的零件表面镀镉或镀锌工艺,因为镉和锌在真空中有升华现象。

1.2 航天器制造

制造是科学技术物化的基础,科学技术的发展反过来又提高了制造的水平,推动制造技术的发展。在人类文明发展史中,社会的发展伴随着制造技术的发展,人类通过创造工具不断推动制造技术的进步。

1. 制造技术的发展

一般认为制造技术的发展可以概括为三个主要阶段。

(1)手工业生产阶段。主要表现为个体和小作坊生产。制造技术在我国有辉煌的发展史,殷商时期的青铜文化所代表的铸造技术,春秋后发展的铁冶炼技术,并发明了失蜡铸造和低熔点合金铸焊技术等,这一阶段生产模式的典型特征是产品的设计和工艺、工艺与生产并无明显分工,体脑结合,设计与制造一体,技术水平取决于制造经验,多为单件、小批生产方式,是一种原始的集成和一体化生产。

(2)大工业生产阶段。1765年瓦特发明蒸汽机,人类进入产业发展时代,出现了工场式制造厂,从手工作业到机器作业,生产效率明显提高。提出了采用标准化可互换的零部件,通过机械传送将工序连接起来,形成流水式生产线,生产率大幅提高。其特点是单一品种大批量生产、分工专业化、生产线自动化。这种少品种、大批量、刚性生产线的模式使原始集成开始分解,带来了设计与制造分家、体脑分离的局面,技术工作趋于专业化,组织功能趋于部门化,导致制造功能的分割和管理层次与部门的增加。在当时,这种生产模式促进了制造技术迅速发展,生产效率提高,社会财富快速积累,促进了社会文明和经济的发展。但是随着人类生活水平不断地提高和科学技术日新月异的发展,产品更新换代的速度不断加快与如何快速响应多品种单件小批生产产品的市场需求就成为了工业制造一个突出问题。

(3) 信息技术工业生产阶段。要快速响应市场需求,进行高效的单件小批生产,要借助信息技术、计算机技术、网络技术,采用集成制造、并行工程、计算机仿真、虚拟制造、动态联盟和电子商务等举措,将设计与制造高度结合,进行计算机辅助装配、计算机辅助工艺设计和数控加工,使产品在设计阶段就能发现在制造中的问题,进行改进设计。同时,可集全世界的制造资源来进行全世界范围的合作生产,缩短上市时间,提高产品质量。这一阶段充分体现了体脑高度结合,对手工业生产阶段的体脑结合进行了螺旋式的上升和扩展。

2. 制造与工艺

如上所述,随着制造技术的发展,工艺的概念从个人经验"手艺"发展为理论与实践、技术与管理密切结合的工程科学技术体系,成为制造技术中的重要组成部分。可以这样定义工艺:使各种原材料、半成品成为产品的方法和过程,具体指人、机器、材料、方法、环境、计量和检测七大影响因素对产品质量综合起作用的过程。而制造则是产品从概念设计到生产、销售、服务全过程的整个技术体系。

3. 航天器制造技术

航天器制造技术并没有专业的定义,航天器制造技术的内涵是,以航天器为对象,通过工艺技术、工艺装备、工艺队伍建设和工艺管理等各项活动实现科学技术向生产力的转化,是将设计思想和设计方案物化为实物产品的一个重要技术学科,主要包括金属机械加工技术、复合材料成形技术、焊接技术、特种加工与成形技术、表面工程技术、电子装联技术、无损检测技术、装配与测试技术、装备技术、工业工程技术等。航天器制造技术的核心是制造工艺技术。

(1) 作用与地位。我国航天科技工业是国家战略性产业,是国家制造业的核心组成部分,是国家科技创新体系的一支重要力量。几十年的实践证明,制造技术是航天工程的最广泛、最重要的基础之一。制造技术的能力、水平在很大程度上决定了航天工程的发展和进步,对国家武器装备的水平和国防能力,如新一代航天器、大型运载工具、航天测控设备等航天型号产品和装备的研制,起到关键的支撑作用,地位非常重要。另外,制造技术与产品可靠性关系密切。产品的可靠性,首先是设计出来的,它由设计的结构原理、材料的选择和元器件的选用及其功能的发挥方式决定,因而制造在很大程度上影响着产品的可靠性。制造过程中工艺路线的科学性、合理性,工艺方法正确与否等多种因素都会影响产品的可靠性。

(2) 主要特点。航天器制造技术的主要特点是,多样性、创新性和高可靠性。

① 多样性。航天器涉及的结构、材料、器件和使用功能的多样性决定了制造工艺的多样性,除了应用传统的制造工艺和手段,还要应用特种制造工艺方法。如航天器结构、推进剂贮箱、高压气瓶、多级火箭的箭体和级间段,其特点是大、薄、轻、精并且具有复杂、多面加工。材料采用轻质合金,如高强铝合金、铝锂合金、铝镁合金、钛合金等。钣金成形采用热压、冷压、爆炸等方法;为实现减轻采用数控、化铣等方法加工坑槽;为准确实现部组件对接与安装,必须要加工出大量精密的基准面;为增强刚度,结构内表面具有很多加强框和加强筋。制造技术要采用电子束焊、真空钎焊、等离子束焊、TIG焊及螺接、铆接实现整体连接组装,采用热处理、振动处理、数控组合加工实现最终产品的稳定化、低应力和高精度保障。

② 创新性。航天产品的新需求和航天技术自身不断发展,决定了航天器制造技术的创新性特征。航天产品极端的使用环境和极高的产品性能,必然带来制造工艺的高难度和高精度,只有通过探索新的工艺方法、研究新的工艺途径,才能实现产品的技术要求。以卫星主承力结构高模量复合材料成形、大型太阳翼制造、运载火箭贮箱自动化焊接、搅拌摩擦焊接、发动机管束式喷管延伸段自动化焊接、大型铝合金舱段近净成形铸造、大尺寸发动机推力室旋压成形及加工、复杂发动机涡轮盘零件精密特种加工等多项关键技术为代表的工艺技术达到国际国内先进水平,保障了型号产品研制生产的顺利进行以及载人航天工程、探月工程等国家重大科技专项阶段任务的圆满完成。

③ 高可靠性。航天产品特殊的使用环境、特殊的使用性能、特殊的使用目的,要求航天器制造技术的高可靠性。航天器进入空间轨道后一般是不可维修的,为保证产品的高可靠性,必须对原材料、元器件的品质进行严格的筛选和复验检测,建立有效的工艺技术规范,采用尽可能成熟的工艺方法,完善各种检测技术和手段,严格控制工艺过程。航天器制造工艺的高可靠性体现在工艺制造的各个环节,实行全过程质量控制。

1.3 主要工艺技术及应用

航天器制造的特点是:零件种类多批量少,结构形状复杂,精度高,可靠性高;采用各种价格昂贵的金属和非金属材料,需要大量的工装模具作保证;常规方法难以加工和检测,需要采用先进设备、特殊加工手段和检测手段。这些特点决定了我国航天器制造技术要在传统制造技术的基础上不断创新。

1. 金属结构件切削加工技术

金属结构件切削加工技术是航天器结构制造技术的基础和重要组成部分,涉及车、铣、刨、磨等传统加工方法。航天器金属结构多采用有色金属材料,如密封舱体、舱体对接法兰等多采用铝合金,推进与姿态控制系统燃料贮箱、高压气瓶、管路等多采用钛合金,卫星大梁采用镁合金等。

我国从20世纪60年代末期开始进行东方红一号和返回式卫星金属结构制造。当时主要依靠人工技艺和普通的技术手段,通过工艺攻关解决了卫星口框、镁合金大梁、钛框等复杂结构件的加工难题。进入80年代后,制造手段逐渐向先进加工设备过渡,增加了数控镗铣床、数控车床、综合加工中心等一批先进设备。90年代以来先进数控编程技术、数控加工仿真技术等的应用,不但提高了加工效率,还提高了加工质量,数控设备使用比例越来越大,能够加工各种结构形状的零件和大型壳体组合加工。精密切削加工中实现了微米级加工精度,部分零件达到亚微米级加工精度,尺寸精度可以实现IT5级,形位精度可以实现4级。

2. 钣金成形技术

航天器结构中有许多钣金件,如舱体蒙皮、气瓶、仪器罩、宇航员座椅等,钣金制造技术在航天器制造技术中占有地位。航天器钣金件除采用冷压成形、热压成形和拉伸弯曲成形等方法外,还采用了超塑成形、爆炸成形等一些特殊的成形方法。

经过几十年发展,掌握了钛合金、铝合金等材料的高温密封、脱模、防氧化、变形分析预测、壁厚均匀性控制等技术,实现了温控与压力控制自动化,成功完成了航天器结构蒙皮、壳体、盒体等零件制造。突破了大尺寸空间曲面整体壁板时效成形技术,成形零件的轮廓度控制在2mm以内,实现了低应力制造,满足采用整体壁板航天器结构在轨高可靠性、长寿命需求;实现了铝合金、钛合金薄壁结构件的超塑成形,突破了超塑成形壁厚和尺寸精度控制、润滑措施等多项关键技术,已应用于多个型号产品研制;针对某卫星平台星箭连接结构采用的铝基碳化硅颗粒增强复合材料开展了电脉冲辅助成形技术研究,实现成形最小弯曲半径不大于$1.5t$(t为料厚),成形精度±0.2mm,成形后无裂纹,成形后材料的力学性能不低于母材性能。在复杂钣金结构件成形技术方面,开展了铝合金数控渐进成形技术研究,并应用于大型复杂空间三维曲面薄壁带筋结构的成形制造,突破了数控渐进成形尺寸精度和壁厚控制等关键技术,成形后壁厚减薄率控制在10%以内,外形轮廓尺寸误差0.25%以内;开展了超薄壁(0.5mm)铝合金旋压成形技术研究,通过摩擦条件及成形轨迹优化控制了壁厚分布;开展了双曲面蒙皮多点成形工艺技术研究,突破大型双曲面蒙皮/壁板类零件多点成形、盒形件无模多点成形多项关键技术。总体而言,国内航天领域成形工艺研究与发达国家同步,但在轻质高强板材成形性能的评价和高性能精确成形过程的建模仿真与优化方面还存在一定差距。

3. 焊接技术

焊接是航天器结构连接的重要工艺手段之一。航天器密封舱体、燃料贮箱、气瓶、管路、阀体等都要采用焊接技术实现产品制造，焊缝质量要求高，焊接质量直接影响航天器的寿命和可靠性。航天器具有焊接材料以铝合金、钛合金、不锈钢居多，还有铜合金、多层箔材及异种金属。航天器具有焊接结构复杂，精度要求高，变形量大且难以控制，空间曲线焊缝多，焊接操作空间狭小，焊后密封性要求高等特点。

我国从 20 世纪 60 年代末期开始航天器结构焊接技术研究与应用，焊接方法已从交流氩弧焊发展到钨极氩弧焊、真空电子束焊和等离子弧焊等，焊接工装与工艺技术不断完善，焊接自动化水平不断提高。近年来，空间曲线焊缝机器人自动焊接技术的研究与应用逐步开展，预变形自动焊接技术已应用于薄壁密封舱体结构制造，变极性等离子弧焊接技术已应用于中厚度铝合金大型密封舱体结构制造，搅拌摩擦焊接技术在新一代运载火箭贮箱结构中获得应用，真空电子束技术应用于高温合金和钛合金贮箱、气瓶的焊接。对于无源微波波导器件的连接，由于波导器件结构的特殊性和工作特性，钎焊依然是唯一可以采用的方法。异种材料的焊接中突破了铝合金与不锈钢、钛合金与不锈钢、铝合金与钛合金的焊接问题，采用高频感应钎焊方法实现了三者之间的可靠连接，在钨钼合金、铼铱合金与钛铝电子束焊接方面具有较为丰富的经验。

总体而言，我国航天产品焊接工艺技术和自动化技术的研究水平与发达国家接近，但在焊接自动化、智能化与数字化方面还有差距，焊接缺陷、焊接应力与变形问题仍然比较突出，焊接残余应力评估、接头可靠性与服役寿命预测方面尚处于起步阶段。

4. 复合材料制造技术

航天器结构要求材料具有低密度、高强度、高模量和低膨胀系数等性能。聚合物基体复合材料越来越多地应用于卫星结构，如卫星承力筒、太阳翼、支架等。我国对复合材料结构的工艺研究与应用始于 20 世纪 70 年代，到 80 年代技术已经成熟，并成功应用于科学实验卫星、通信卫星、气象卫星、资源卫星等各种航天器。90 年代后，在大尺寸主承力结构件方向上有较大突破，制造工艺和技术水平均有较大提升。目前，国产碳纤维复合材料已经在卫星与航天器结构中得到应用，新型树脂基体、增强相和新型工艺技术不断出现。已经掌握了碳纤维增强树脂基复合材料热压成形技术、高精度模具设计与制造技术、波纹结构制造技术、复杂结构复合材料一体成形技术等先进制造技术；在 RTM/RFI/模压成形、自动化智能制造、多功能复合材料结构制造、高精度复合材料制造、新一代树脂基体改性等方面有所突破。

复合材料结构制造技术主要有预浸料制造工艺、成形工艺、模具和工装设计与制造、固化与监控技术、制件机械加工、材料连接技术、复合材料修补技术等。根据不同要求有手糊成形、袋压成形、真空热压罐成形、模压成形、拉挤成形、缠绕成形、热胀软模成形等方法。

在缠绕成形方面,可实现超高模量碳纤维制备的缠绕成形主承力筒、杆、圆筒类零件,制品质量稳定、力学性能优异。自重60kg的承力筒可承载3000kg整星载荷,提供与运载器、地面工装、推进贮箱、馈源等接口,同轴度为0.5mm;各安装面平行度为0.3mm;各安装面平面度为0.2mm。大承载复合材料管件内径和壁厚公差可达0.05mm;直线度可达0.15mm/m。

在近净成形技术方面,可制备形状复杂、接口尺寸精度要求较高、一次成形无须后加工制件。空间复杂多角度支架类结构:平面度公差可达0.2mm;安装面的角度公差为±15′;安装孔位置度达0.1mm。

在多层结构热压成形方面,采用真空袋-烘箱成形法、真空袋-热压罐成形法、模压成形法、热膨胀成形法、尼龙带缠绕加压成形法等可制备蜂窝夹层结构板、蜂窝夹层结构承力筒、太阳翼基板、叠层结构的异型梁和壳类等;产品具有纤维体积含量高、缺陷低等优点。制件局部平面度为$0.1mm/0.01m^2$;连接孔位置度为0.3mm;直线度、垂直度、对称度优于0.5mm/m。

在高精度曲面成形方面,重点研究了树脂体系、模具设计、型面成形技术、型面金属化技术、型面检测技术及装配技术等,积累了丰富经验。制备直径700~1500mm天线馈源面,型面精度优于0.1mm RMS。

5. 电子装联技术

电子装联技术是根据电路原理图将各种电子元件、电子器件、机电元件、机电器件以及基板合理设计、互联、安装、调试使其成为具有预期功能的、适用的、可生产的电子产品的技术,是星载仪器设备主要的制造技术。

经过几十年的发展,我国航天器电气互联技术水平处于第三代和第四代之间,表面贴装、通孔插装技术共存,焊接采用手工焊接、波峰焊接和再流焊接,大部分电子产品采用的电气互联技术基本处于第三代,部分产品处于第四代的初期阶段。近10年来先后引进了一些表面贴装生产线,为表面贴装技术的发展起到了重要的推动作用。

航天领域应用的电子元器件制造与电气互联技术主要包括集成电路固态技术、厚薄膜混合集成电路技术等电子元器件制造技术与印制电路板技术、电子组装技术、焊接技术、压接技术、清洗技术、电子组装技术的防护技术、应力筛选与老炼技术、装联质量检测技术等技术领域。普遍开展了电缆网三维布线设计和仿真、平面多芯片模块(MCM)叠层微波互联、三维立体组装模块与封装结构等关键制造技术研究,在板级封装互联、多芯片级封装、整机级互联和系统级互联等方面,已进入应用研究阶段。在产品方面,制造出具有板级立体组装技术的微小型模块,体积减少50%,重量减少30%。立体组装T/R模块、三维布局布线设计满足航天电子产品高性能技术指标要求。

6. 表面工程

表面工程是将材料的表面与基体一起作为一个系统进行设计,利用表面涂覆、表面改性,或多种表面工艺复合处理,通过改变材料(固体金属材料或非金属材料)的表面形态、化学成分、组织结构和应力状态,使材料的表面获得材料本身没有而又希望具有的性能的系统工程。利用表面工程工艺技术,可以在保持基体材料的机械强度和其他力学性能的同时,又能由新形成的表面获得所需要的各种特殊性能如耐磨、耐蚀、耐高温,对各种射线的吸收、辐射、反射能力,超导、润滑、绝缘、储氢等性能。

表面工程工艺主要包括以下几个研究方向:①薄膜,如物理气相沉积(PVD)、化学气相沉积(CVD)、分子束外延(MBE)等,在零部件和器件表面形成薄膜厚度约数纳米至数微米;②涂层,如火焰喷涂、静电喷涂、等离子体喷涂等,在零部件和装置表面形成涂层厚度约数微米至数毫米;③表面改性,如表面合金化、等离子体表面处理、阳极化、磷化、硫化、氧化等,表面改性技术可以形成一个与基底材料没有明显界面的表面层,通常具有冶金结合的性质;④复合表面工程,综合了多种表面工程技术的优点,能够获得单一表面技术无法达到的表面性能,是表面工程技术发展的一个重要方向。

对于航天工业,表面工程工艺主要包括以下几项:

(1)真空镀膜,如卫星热控薄膜的磁控溅射沉积,复合材料天线表面真空电弧离子镀金属膜,各种光学滤光薄膜的真空蒸发镀,卫星活动部件磁控溅射沉积固体润滑薄膜等。

(2)涂层制备,如热控涂料的合成和涂装,铝合金、镁合金、钛合金等轻合金表面氧化形成消杂光层、耐磨层、耐腐蚀层等,金属零件表面电镀。

(3)表面改性,如金属表面的渗氮、渗碳、氧化,用激光束、电子束、离子束进行零件表面强化、硬化、熔覆制备合金涂层等。

(4)复合表面工程,如双栅天线、频率选择表面天线等三维表面精确分布的金属薄膜图形的镀膜/激光刻蚀,柔性薄膜太阳电池的多种薄膜的真空镀与激光表面处理等相关工艺技术。

7. 无损检测

无损检测技术是指在不损伤检测对象和不影响使用性能的前提下,对材料或制品进行检测、判定、评价的技术。国内建立了比较完善的无损检测评价体系,目前国内应用的无损检测技术主要包括超声、射线、涡流、磁粉、声发射、射线层析、激光全息/电子散斑、泄漏、目视以及红外热像等。近年来航天无损检测技术突飞猛进的发展,基本满足了航天型号产品研制和生产的需求,特别是在载人航天等重点型号的研制和批产中,通过设备引进和自行研制等手段,结合型号产品无损检测的具体要求,开展了大量的无损监测技术研究,使得一些关键监测技术难题得到了解决,取得了多项技术成果,对保证航天型号产品质量发挥了重要作用。

目前,航天产品检测中获得应用的射线检测技术主要包括胶片 X 射线照相、X 射线数字化照相(CR/DR)、450kV 工业 CT 以及 2～15MeV 加速 CT 检测技术等,此外 γ 射线照相和种子射线照相检测也得到了相应的研究和应用。树脂基复合材料制品的缺陷主要包括分层、疏松、气孔和密度不均等,大都采用超声检测的方法对其进行检测。原料为碳纤维复合材料的结构舱段和成立结构支架除少数产品可实现超声 C 扫面自动检测外,多数产品只能采用超声接触法手动检测。红外热像、电子散斑、激光全息、手动敲击、声谐振、超声 C 扫描等检测技术已分别成功应用于蒙皮/蜂窝结构等多种胶接结构产品的交接质量检测技术研究和生产应用。采用超声 C 扫描检测技术成功地试验了宽度 4m 的金属薄板、最小外径 6mm 金属管材/棒材的检测;成功解决了大厚度粉末冶金材料射线检测穿透性差的检测问题。采用超声 C 扫描和超生相阵控检测技术实现了航天型号产品涉及的钎焊、扩散焊、点焊、电子束焊以及搅拌摩擦焊等特殊焊接结构。目前采用声发射检测技术已应用于钛合金气瓶、复合材料气瓶、金属固体发动机壳体、电磁阀壳体复合材料结构件。目前,对载人航天器的密封舱体、卫星推进剂贮箱等检漏主要采用氦质谱检漏方法、四级质谱检漏检测方法、真空计检漏法、高频火花检漏法。

无损检测技术除应用在质量检测外还应完善其在生产过程检测、使用过程检测、延长使用寿命和评估剩余寿命等方面的研究和应用。

8. 装配与测试

航天器装配与测试主要包括航天器总体装配(总装)与专业测试、大型部组件装配、主结构装配。其中总装与专业测试技术包括航天器总装工艺设计、装配技术、精度测量技术、质量特性测试技术、密封性检测技术等。

航天器总装将各个分系统使用的仪器设备可靠地固定到所要求的星体位置,通过电缆和导管将它们连接起来形成质量特性、精度和气密性都能满足总体要求的整星,保证它们在地面阶段、发射阶段、飞行阶段和返回阶段各种环境的作用下能够正常工作。

航天器精度测量是指为了保证航天器上的地球敏感器、太阳和星敏感器、惯性器件等姿态敏感仪器和推力组件,天线、某些传感器和各种相机等设备在飞行期间能够正常工作,在地面安装后对其装配几何精度进行测量。

航天器质量特性测试是指对航天器产品质量、质心位置、转动惯量、惯性积和动不平衡等质量特性参数进行测量与调配,使之达到设计要求。

航天器密封性检测是检查或验证航天器部件产品或整星密封性能的重要手段,主要包括:总装时舱体部件经过螺接压紧密封圈成密封系统后,进行检漏来考核装配质量;管路经过焊接和螺接形成系统后,进行检漏来检查系统的焊接和安装质量;检查热真空试验和振动试验对密封性能影响的检漏;检查通过铁路、公路和空运对密封性能影响的检漏;临射前检查密封状态的检漏等。

航天器总装与专业测试涵盖航天器在生产阶段的总装与专业测试和在发射场的总装与专业测试工作,从管路系统制作开始,到航天器发射和回收,包括总体装配、大型部组件装配、次主结构装配、专业测试等,处于航天器研制流程中的末端,在航天器研制主线中占有较大份额。

大型部组件装配包括了太阳翼装配和天线等大型部组件的装配工作,是根据设计要求,运用必要的工艺装备,按照工艺路线和文件将零部件组装调试的过程。

主结构装配是根据结构总体的设计要求,运用必要的工艺装备,按照工艺路线和文件将零部件组装调试的过程。

1.4 未来发展展望

"失去制造就失去未来"。当前,我国航天发展正处于由试验应用向业务服务转变、由跟踪研制向自主发展转变、由需求牵引向技术创新驱动转变的关键时期。制造技术如何服务与支撑我国航天技术未来发展,是我们面临的重要课题。在此提出一些思考,与读者分享。

1.4.1 航天器结构技术发展

航天器结构是指为航天器提供总体构型,为各分系统仪器设备提供支撑,承受和传递载荷,并保持一定刚度和尺寸稳定性的部件或附件结构总称。结构含义广泛,产品包括:主承力部件,如承力筒、各种安装板;航天器附件结构产品,如天线、太阳翼等。

在卫星主结构形式方面,我国与国外的差距主要表现在材料制备和加工工艺水平上。从国外的发展情况看,我国需要在蒙皮桁条隔框半硬壳式结构、整体壁板式结构、碳纤维铝蜂窝夹层壳中心承力筒、夹层板结构、桁架结构、轻型结构、隐身结构、防护结构、防热结构等方面投入研究力量,使航天器结构由高强度向机、电、热一体化和综合性能好的方向发展。

密封舱结构主要为半硬壳式结构。我国返回式卫星及飞船的密封舱均为LF6可焊铝合金壳体,无须热处理,且焊接性能较好,但其强度不如美国的2014和2219铝合金。未来的密封舱结构(空间实验室密封舱)将采用整体壁板式结构,并且采用更先进的铝合金材料。满足低轨长寿命密封结构、在轨密封实时监测、在轨泄漏的封堵技术、载人登月深空环境下超长寿命密封结构及自密封技术的需求。

卫星中心承力筒大多数采用碳纤维波纹壳结构形式,如东方红三号卫星中心承力筒为碳纤维波纹壳结构,资源一号等卫星承力筒为碳纤维加筋壳结构。而东方红四号大平台则采用预研成功的碳纤维铝蜂窝夹层壳中心承力筒。未来复合材料结构,要开展承载20t量级以上的卫星结构平台技术研究,针对微小卫星任务需求,开展微小卫星结构平台技术、试验件的设计与验证,以及多功能结构设计与验证技术研究;桁架式结构,要开展桁架式通用结构平台产品化、系列化技术研究,满足承载能力达9t,针对月球基地任务及大型航天器在轨构建任务需求,开展桁架式结构在轨组装技术研究。

充气式结构一般应用于空间机构的展开领域以及航天器着陆缓冲气囊等,主要特点是在发射阶段处于收拢状态,占用空间小,入轨后展开。国外在25m的卫星天线和太阳电池阵采用了膨胀式薄膜展开结构,这是到目前为止较典型的应用。膨胀展开反射面天线的形面误差在1mm RMS左右。涉及主要技术有膨胀展开后的形面精度分析及调整、膨胀展开后的固化技术、薄膜结构褶皱预测技术。另外,目前充气式结构技术可应用到在轨获得舱体、月球及其他深空探测的星上基地充气式舱体结构。

1.4.2 先进制造技术

制造技术自18世纪产业革命后获得了飞速发展,而先进制造技术(Advanced Manufacturing Technology,AMT)作为一个专有名词的提出却是在20世纪80年代末期,美国根据本国制造业面临的挑战与机遇,对其制造业存在的问题进行了深刻的反省,为了加强其制造业的竞争力提出AMT概念。AMT至今没有一个明确的、统一的定义。一般认为,先进制造技术是制造业不断吸收机械、电子、信息、能源及现代系统管理等方面的成果,并将其综合应用于产品设计、制造、检测、管理、销售、服务乃至回收的全过程,以实现优质、高效、低耗、清洁、灵活生产,提高对动态多变的产品市场的适应能力和竞争能力的制造技术的总称。上述定义在一定意义上较全面反映了先进制造技术内涵的基本特征。

先进制造技术是一个技术群,而不是某项具体技术。先进制造技术贯穿于产品设计、制造、生产管理及市场营销的所有领域及其全过程,而不是单纯指制造过程本身中的技术,是一个综合性的技术群,融合了各专业学科中的先进技术,并且以计算机技术为支撑。先进制造技术的体系结构,在不同国家、不同的发展阶段,有不同的内容及组成方式。国外有学者提出其技术体系包括有主体技术群、支撑技术群和管理技术群。具体内容见表1.4.1。

表 1.4.1　先进制造技术体系

主体技术群		支撑技术群	管理技术群
设计技术群	制造工艺技术群		
产品、工艺设计 (1) 计算机辅助设计； (2) 工艺过程建模仿真； (3) 工艺规程设计。 快速成形设计 并行设计 ……	材料生产工艺 加工工艺 装配工艺 检测与测试 ……	信息技术 标准 机床与工具技术 传感器与控制技术 ……	工程管理 质量管理 管理信息系统 现代制造模式 ……

我国也有学者提出了由多层次技术群构成的先进制造技术体系。第一个层次是优质、高效、低耗、清洁基础制造技术，它是先进制造技术的核心。它在铸造、锻压、焊接、热处理、表面保护、机械加工等基础工艺中大量采用。第二个层次是新型的制造单元技术，是制造技术与电子、信息、新材料、新能源、环境科学、系统工程、现代管理等高新技术结合而形成的新制造技术，如数控技术、清洁生产技术、机器人技术等。第三个层次是先进制造集成技术，是应用信息技术和系统管理技术，通过网络与数据库对上述两个层次的技术集成而形成的，如虚拟技术等。

航天器生产方式是多品种、小批量。针对这一特点，生产组织必须具有较大的灵活性，才能缩短产品的制造周期，提高机床利用率，减小在制品数量，这就需要广泛建立和应用柔性制造系统(Flexible Manufacture System，FMS)，即把若干台数控加工系统、物料自动搬运系统及自动上下工件系统、立体仓库等系统集成起来，形成一个完整的生产系统。柔性制造系统是制造业向现代自动化生产发展的基础。目前，世界上各发达国家正在进行现代先进制造技术的探索与研究，同时也取得了很多成果，特别是在管理体制、经营理念、方案评价、方法建立、制造技术等方面探索研究后，提出了各种先进制造的模式，主要有以下几种：

(1) 精益生产(Lean Production，LP)。精益生产不但是一种生产方式，更是一种运用于现代制造业的组织管理方法。精益生产是通过系统结构、人员组织、运行方式和市场供求等方面的变革，使生产系统能很快适应用户需求不断变化，并能使生产过程中一切无用、多余的东西被精简，最终达到包括市场供销在内的生产的各方面最好结果的一种生产管理方式。与传统的大生产方式不同，其特色是多品种、小批量。

(2) 柔性制造(Flexible Manufacturing，FM)。柔性制造适用于多品种、中小批量生产加工，是一种具有高柔性同时也是高自动化的制造模式。柔性制造技术是对各种不同形状加工对象实现程序化柔性制造加工的各种技术的总和。

（3）计算机集成制造（Computer Integrated Manufacturing，CIM）。计算机集成制造是指以计算机为核心，将各种与制造相关的技术系统，集成在一起的信息技术，目的是使企业实现整体优化，其市场竞争力得以提高。

（4）智能制造（Intelligent Manufacturing，IM）。智能制造是指计算机模拟人类进行分析、判断、推理、构思及其决策等智能活动，并且把智能机器和这些活动进行有机融合，应用于企业制造中的各子系统，实现整个企业经营运作的高柔性化和高集成化。智能制造代替人类在制造过程中的部分脑力劳动，并对这些智能信息进行搜集、存储、完善、共享、继承与发展。

（5）敏捷制造（Agile Manufacturing，AM）。敏捷制造是指制造企业运用通信手段，采用快速配置各种资源，包括技术、管理和人，以有效和协调的方式响应用户需求，实现制造快速灵敏的一种制造模式。敏捷制造的目的是使制造企业能够快速灵敏地响应市场的动态多变，满足市场的多样化需求，获取长期的经济效益。

（6）绿色制造（Green Manufacturing，GM）。绿色制造是指将环境影响和资源消耗因素综合考虑的一种制造模式，其目标是使产品在整个周期中，包括设计、制造、包装、运输、使用到报废处理，对环境的负面影响极小，资源利用率极高，从而使得企业经济效益和社会效益协调优化。绿色制造是人类社会可持续发展战略在现代制造业中的体现。

（7）虚拟制造（Virtual Manufacturing，VM）。虚拟制造是指利用计算机仿真和建模，建立虚拟产品模型，在产品进行实际加工之前，对产品的性能、可制造性进行评价，也对产品的整个加工过程进行仿真，以达到产品生产最优的一种制造模式。

1.4.3 先进工艺技术发展

1. 先进复合材料制造技术

从第二次世界大战玻璃纤维增强复合材料应用开始，到目前以碳纤维增强复合材料为代表的各种先进复合材料广泛应用，复合材料的发展大都以国防、航空航天需求为牵引，显著提升了装备的性能。复合材料主要优势体现在三个方面。

（1）结构效率：增加有效载荷和航程，节约能量。

（2）结构/功能一体化：可实现特殊功能，提高抗极端环境能力，进一步提高效率。

（3）智能化：可提高材料对服役环境的感知和适应能力，并产生革命性的效果。

材料复合化是新材料技术的重要发展趋势,有研究文献指出:只有复合材料才有潜力获得20%~25%的性能提升,得到国际上广泛认同。

未来我国要形成以M55、M60为标志的国产高模量碳纤维的研制保障和批量生产能力,建立并完善碳纤维表面处理和上浆剂或涂层体系,形成系列化,以适应不同基体(树脂、金属、陶瓷等)碳纤维复合材料体系的技术要求。进一步拓展氰酸脂树脂在航天器结构中的应用,发展低温固化技术、非热压罐成形技术。发展结构/功能一体化材料与工艺技术,兼具透波与吸波功能为一体的结构得到突破应用,在航天器表面增加光电/雷达隐身涂层,改变其光电、雷达辐射特性,实现航天器的局部隐身和全面隐身目的。兼具结构承载与冲击屏蔽功能为一体的智能保护材料得到发展,可有效避免强激光和强电流的冲击。

2. 金属材料制造技术

在未来一段时间,返回式航天器及有密封要求的航天器,主结构仍将采用金属材料。发展高强镁合金、高强铝合金、铝锂合金、铝钪合金,提高合金的比强度、比刚度、耐热能力与焊接性能,实现空间结构材料的升级换代。2219铝铜合金在大型密封舱体中应用,1420铝锂合金和1570铝钪合金在重要承力结构中获得应用,MB19镁锂合金在航天器非重要承力结构中获得应用。

重点提升成形制造过程的自动化水平,实现成形制造过程的数字化、信息化与智能化,发展净成形技术;变极性等离子焊、搅拌摩擦焊在大型密封舱体结构纵缝与环缝焊接中发展成熟,复杂空间曲线焊缝变极性等离子焊、搅拌摩擦焊在焊接结构中获得广泛应用,舱体结构的应力与变形得到有效控制;绿色高效清洁的真空热处理技术。发展纳米制造技术,发展设计加工测量一体化的高精度智能制造技术。

3. 精密加工技术

精密与超精密加工技术主要应用在钛合金精密加工和大型光学结构与高精度定位结构加工,制造精度达到纳米级精密加工,测量技术与仪器发展设计加工测量一体化高精度智能制造平台技术,加工工艺技术发展微小结构超精密切削加工工艺、金刚石单点超精密车削工艺、硬脆材料的塑性化磨削工艺、可控柔体研抛工艺、晶体材料的超精密加工工艺等。发展原子级材料去除加工技术,突破非球面精密光学零件超精密加工与检测技术。

4. 数字化制造技术

以三维模型为核心,以CAD/CAM/CAE/CAPP技术为主体的产品研制数字化手段将得到全面的发展,为虚拟制造提供了完善的数据源。随着高性能计算、云计算等基础技术的发展,产品设计与多学科的优化能力得到全面提升,设计的虚拟化、可视化、自动化将得到进一步提升。未来大规模的无线传感器和射频识别(Radio Frequency Identification,RFID)混合网络开始在工厂普遍使用,工厂控制网络无线化水平的提高使得制造系统更加灵活,制造系统的远程设计成为可能。在构建完善制造环境中的泛在网络基础设施的基础上,开展制造环境中综合感知信息智能处理方法与协同计算模型研究,根据应用的不断深入,对感知信息的海量化、制造信息与感知信息的融合化,以及多元信息的融合处理的需求,逐步构建相关的技术处理体系,完成对传统制造过程中的设备、工艺、环境、能源动力以及业务流程等的技术改造和技术革新。

5. 表面工程技术

航天产品表面工程技术包括表面改性、薄膜、涂层技术等方面内容,在防腐蚀、热控、耐烧蚀、润滑、隐身等方面用于航天产品,我国在热控涂层制备、空间润滑等方面有成熟技术,在薄膜膜层研究,如脉冲激光沉积、纳米薄膜制备、抗激光高损伤阈值薄膜等方面取得初步成果。未来发展方向在涂层制备方面,一个重点方向是针对我国现有星外用低吸收比高发射率白漆主要以有机漆类涂层为主,无机白漆仅有 KS – Z 一种,其基材适应性和喷涂工艺性差,需要发展空间环境稳定性好漆类涂层以及宽频超黑消杂光膜层、智能型温控涂层、低阻值防静电热控涂层、抗高温抗冲刷涂层、防污染自清洁型热控漆。在表面改性方面,重点发展复合材料表面金属化、镁合金微弧氧化、金属激光强化等工艺。薄膜技术重点发展离子注入、沉积复合功能薄膜技术。

6. 电子装联技术

航天电子产品装联技术发展速度快,技术进步显著,但与国外先进技术相比,差距相对较大。目前已开展了三维布线设计和仿真、三维立体组装模块与封装结构等关键技术研究,在板级封装互联、多芯片级封装、整机级立体组装等方面已进入应用研究阶段,表面贴装、微组装技术在航天产品上得到广泛应用。针对未来航天产品发展的总体需求,开展立体与高密度组装技术,高频宽带大容量微波电路互联技术。重点发展厚膜混合电路基板制作及微组装工艺、空间射频MEMS 制造、三维立体组装技术(3D – MCM)、柔性基板组装技术,实现航天电子产品模块和子系统的微型化、轻量化和高可靠。

7. 无损检测技术

载人航天技术是我国航天技术一个大的飞跃,建立长期在轨有人照料的航天器对结构制造可靠性提出很高要求。如何评价焊接结构残余应力是新的挑战,需要发展针对铝合金焊接结构的非破坏残余应力检测技术。空间站的在轨泄漏问题影响到空间站的使用以及人员的安全,需要建立快速响应的高精度泄漏实时监测及泄漏点定位技术。空间结构在轨健康检测技术是一种多类技术结合的监测技术,其中系统集成技术的发展关系到检测技术的先进性与可靠性,信息处理技术主要关系到航天器在轨运行的健康反应速度,对航天器健康做出快速响应,进行快速修补,延长航天器在轨使用寿命。

8. 装配技术

针对未来卫星组网建设的发展需求,建立具备批生产的总装工艺技术,发展自动装配、数值装配等批生产支撑技术以及批生产模式。发展高精度、自动化的工艺装备技术,完善总装工艺设备。在精度测量方面,面对我国航天器测量精度越来越高的要求,发展高精度测量技术和装置,具备尺寸测量精度 $2\mu m$,部件微形变测量精度优于 $1''$,整星微形变精度测量优于 $3''$,动态测量精度 $0.05mm$ 等测量能力。建立大承载、特殊构型航天器的质量特性测量技术,实现 40t 以上航天器的测量工作。具备超大型复杂航天器的检漏方法,数字化检漏技术初具规模。

参考文献

[1] 高慎斌. 卫星制造技术[M]. 北京:宇航出版社,1998.
[2] 陈烈民. 航天器结构与机构[M]. 北京:中国科学技术出版社,2005.
[3] 徐福祥. 卫星工程概论[M]. 北京:宇航出版社,2003.
[4] 尚育如. 航天工艺基础知识培训教材[M]. 北京:宇航出版社,2005.
[5] 易维坤. 航天制造技术[M]. 北京:宇航出版社,2003.
[6] 盛晓敏,邓朝晖. 先进制造技术[M]. 北京:机械工业出版社,2000.

第 2 章
航天器金属结构制造技术

2.1 概述

一般航天器结构是指航天器的本体,它将各个分系统连接成一个整体,为所有仪器设备提供支撑、固定和安装空间,并承受各种载荷的作用。目前航天器结构分为金属结构和非金属结构两类。航天器金属结构分为密封舱结构和非密封舱结构两种。

1. 密封舱结构

目前航天器密封舱壳体均为焊接结构,从结构形式上基本可分为两类。

(1) 蒙皮加筋结构。壳体材料主要为铝合金或钛合金。我国的返回式系列卫星的密封舱、神舟号系列飞船的返回舱和轨道舱等均属于蒙皮加筋结构(图2.1.1、图2.1.2)。美国天空实验室、俄国的联盟号飞船、礼炮号及和平号空间站的密封舱为铝合金的半硬壳式结构。

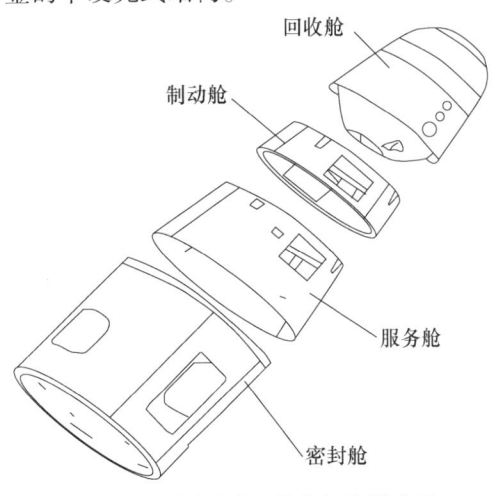

图 2.1.1 返回式卫星主结构示意图

(a) 返回舱结构　　　　　　　　(b) 轨道舱结构

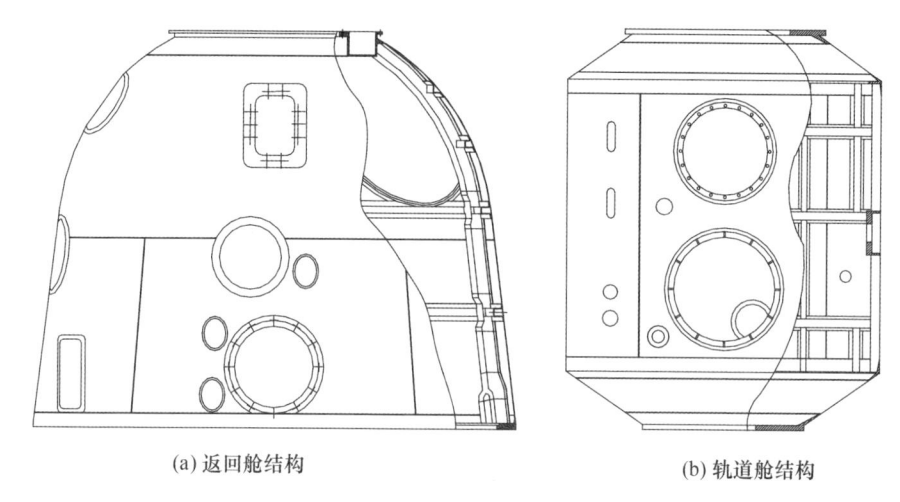

图 2.1.2　神舟号飞船密封舱主结构示意图

（2）整体壁板结构。其蒙皮无桁条隔框加强件，直接通过数控加工，铣出加强筋，来进行加强。我国的空间实验室实验舱、货运飞船密封舱、空间站密封舱等均属于整体壁板结构（图 2.1.3）。国际空间站的密封舱也是这种结构形式。

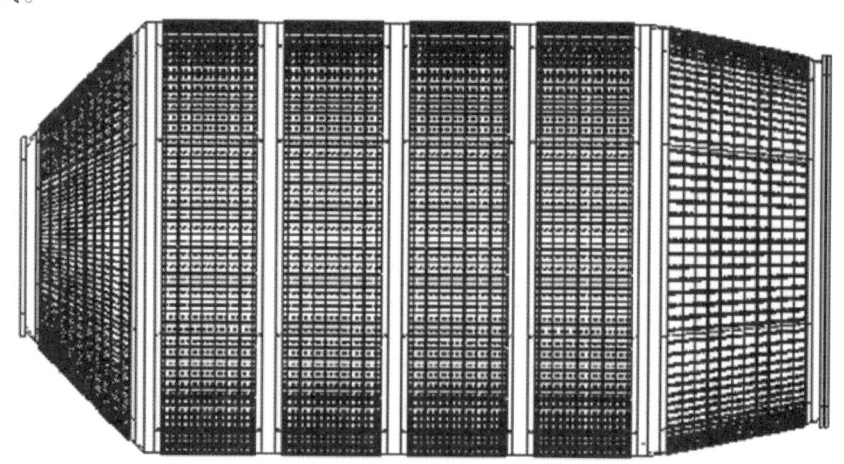

图 2.1.3　航天器整体壁板结构密封舱主结构示意图

2. 非密封舱结构

目前航天器非密封舱结构均为铆接结构，且都是蒙皮加筋结构。壳体材料主要为铝合金或金属基复合材料。我国的遥感系列卫星的对接段、小卫星推进舱以及天宫一号空间实验室的后锥段等均属于蒙皮加筋结构（图 2.1.4）。

图 2.1.4 非密封舱体结构

为满足轻量化要求,目前航天器金属结构多采用轻质高强的有色金属材料,如铝合金、镁合金和金属基复合材料等。航天器金属材料工艺技术是航天器制造技术的基础和重要组成部分,不仅涉及到传统的机械加工方法,还涉及到材料及热处理技术、检测技术、工艺装备技术等。同时,对工艺规程的编制、工艺参数的选用以及工艺因素的影响分析等提出了更高的要求。

2.2 航天器金属结构的材料性能与工艺特点

2.2.1 铝合金材料

2.2.1.1 铝合金的性能特点

(1) 优良的物理性能。铝合金密度小,熔点低,导电性、导热性好,磁化率低。纯铝的密度 2.72g/cm^3,仅为铁的 1/3,熔点为 660.4℃,导电性仅次于 Au、Cu、Ag。铝合金的密度也很小,熔点更低,但导电、导热性不如纯铝。铝及铝合金的磁化率极低,属于非铁磁材料。

(2) 抗大气腐蚀性能好。铝和氧的化学亲和力大,在大气中,铝和铝合金表面会很快形成一层致密的氧化膜,防止内部继续氧化。但在碱和盐的水溶液中,氧化膜易破坏,因此不能用铝及铝合金制作的容器盛放盐和碱溶液。

(3) 加工性能好,比强度高。纯铝为面心立方晶格,无同素异构转变,具有较高的塑性(δ 为 30%~50%,ψ 为 80%),易于压力加工成形,并有良好的低温性能,纯铝的强度低(70MPa),虽经冷变形强化,强度可提高到 150~250MPa,但也不能直接用于制作受力的结构件,而铝合金通过冷成形和热处理,其抗拉强度可达到 500~600MPa,相当于低合金钢的强度,比强度高,成为航空航天器的主要结构材料。

2.2.1.2 铝合金的分类

（1）铝合金按主要合金元素分类：可分为铝硅系合金、铝锰系合金、铝铜系合金、铝镁系合金、铝锌系合金、铝镁硅系合金。

（2）铝合金按热处理可否强化分类：可分为可热处理强化铝合金和不可热处理强化铝合金。不可热处理强化铝合金，仅冷加工能够强化，而热处理不能明显强化。

（3）按合金成分和工艺性能的特点分类：可分为变形铝合金和铸造铝合金两大类。

变形铝合金按使用性能和工艺性能，可分为硬铝合金、超硬铝合金、防锈铝合金、锻铝合金和特殊铝合金等五类。

变形铝合金常用的包括防锈铝合金、硬铝合金、超硬铝合金、锻铝合金。

铸造铝合金常用的包括铝硅系合金、铝铜系合金、铝镁系合金、铝锌系合金。

2.2.1.3 航天器常用铝合金材料

1. 5A06,2A12,2A14 铝合金

5A06,2A12,2A14 铝合金,旧牌号分别为 LF6,LY12,LD10,属于成熟材料,该材料工艺成熟稳定,特别是 5A06 铝合金焊接和机械加工性能极佳,是航天器密封舱体主结构的常用材料。国内东北轻合金有限责任公司、西南铝业集团有限责任公司均能规模生产。

5A06 铝合金为铝镁系防锈铝合金,合金具有较高的强度和腐蚀稳定性,在退火和挤压状态下塑性尚好,用氩弧焊的焊缝气密性和焊缝塑性尚可,气焊点和点焊焊接接头强度为基体强度的 90%~95%,可切削性能良好。

2A12 铝合金是高强度硬铝,可热处理强化,在退火和淬火状态下塑性中等,点焊焊接性能良好,用气焊和氩弧焊时有形成晶间裂纹的倾向,合金在淬火和冷作硬化后可切削性能尚好,退火后可切削性变差,抗腐蚀性不高。

2A14 铝合金具有良好的可切削性,电阻焊、点焊和缝焊性能良好,电弧焊和气焊性能差,可热处理强化,有挤压效应,因此,纵向和横向性能有所差别,耐腐蚀性不高,在人工时效状态时有晶间腐蚀倾向和应力腐蚀破裂倾向。

2. 5B70 铝合金

几十年来,国际材料界对铝钪合金进行了大量的研究。特别是苏联在 20 世纪 70 年代以后,俄罗斯科学院巴依科夫冶金研究院和全俄轻合金研究院相继对 Sc 在铝合金中的存在形式和作用机制进行了系统的研究,从基础到应用都取得了许多成果。开发的所有的含 Sc 铝合金的强度都比未添加 Sc 元素的有明显的提高,同时具有很好的焊接性能。自 70 年代以来,世界其他一些发达国家如美国、日本、德国、加拿大等在含钪铝合金方面也开展了不少研究工作。在俄罗斯,铝镁钪系合金有以下几个牌号：01570,01570C,01571,01545,01545K,01535,

01523 和 01525。这些合金除 Mg 含量不同外,都是用 Sc 和 Zr 微合金化的铝镁系合金。

我国对含 Sc 铝合金的研究始于 20 世纪 90 年代初期,如中南大学、东北大学及东北轻合金公司已经就钪对铝镁系、铝铜镁系和铝铜镁铁镍系合金的组织与性能的影响,钪对其再结晶温度的影响等开展了一系列基础研究工作,取得了一些成绩。

5B70 铝合金是我国含钪铝镁系合金牌号,是 5A06 的改进材料,在 5A06 中加入微量的钪元素,合金抗拉强度和屈服强度提高了 25%,而塑性仍分别保持在 13% 和 10% 的高水平。

钪元素加到铝及铝合金中,不仅能够显著细化铸态合金晶粒、提高再结晶温度从而提高铝合金的强度和韧性,而且能显著改善铝合金的可焊性、耐热性、抗蚀性、热稳定性和抗中子辐照损伤的作用。

目前,国内已经攻克了铝镁钪锆合金板材轧制技术,铝镁钪锆合金型材挤压工艺技术和锻造工艺技术,成功研制了中强高韧可焊铝镁锰钪锆合金板材、挤压材、锻件和配用焊丝。

3. 2219 铝合金

2219 铝合金为铝铜锰系可热处理强化铝合金,其突出特点是低温性能较好,从 -253℃ 到 +200℃ 均具有良好的力学性能、抗应力腐蚀性能,对焊接热裂纹的敏感性较低,焊接接头塑性及低温韧性较好。在美国已作为推进剂贮箱的主要结构材料,美国土星 V 号 I 级贮箱、航天飞机外贮箱等均采用了 2219 铝合金。苏联在能源号和暴风雪号航天飞机均大量采用了 1201(相当于 2219)铝合金。

国内研制的 S147 铝合金与 2219 铝合金相类似,生成焊接裂纹的倾向性较低,但生成气孔的敏感性较强,尤其是熔合区、密集的微气孔是影响焊接接头性能的主要缺陷。目前该材料东北轻合金有限责任公司和西南铝业集团有限责任公司均能生产(厚度 200mm 以下板材、直径 300mm 以下棒材)2219 铝合金,2219 铝合金已被确定为我国新一代运载火箭贮箱主结构材料,焊接时主要采用搅拌摩擦焊工艺。

4. 2195 铝锂合金

2195 铝锂合金是热处理可以强化的铝合金,是第三代铝锂合金的佼佼者,美国猎户座飞船密封舱、发现号和奋进号航天飞机的外贮箱均采用了 2195 铝锂合金。2195 铝锂合金抗拉强度为 580~710MPa,延伸率为 8.8%,熔焊接头强度可达 380MPa,搅拌摩擦焊接头强度可达 420MPa,延伸率为 8%。

2195 合金的贮箱采用 ER4043 焊丝,变极性等离子弧焊(VPPA)焊接。VPPA 焊接 2195 铝锂合金的关键是焊缝背面保护,铝锂合金含有活泼的 Li 元素,如焊接时背面保护不好,极易氧化。目前国内西南铝业集团有限责任公司可批量化生产2195铝锂合金板材(厚度6mm以下,宽度2400mm以下),棒材与管材尚处于研制开发阶段。中南大学、北京航空材料研究院、北京有色金属研究院等对其焊接材料进行了研究。2195铝锂合金焊接结构在国内的应用仍属于空白。

5. 5A90铝锂合金

苏联于20世纪60年代末发明了铝镁锂系的1420铝锂合金。1980年1420铝锂合金被用于制造米格-29超声速战斗机的焊接机身、油箱、座舱,这使飞机的重量降低了24%。至今,1420合金已成功使用了40多年,广泛用于军用、民用飞机和火箭上。国内5A90铝锂合金与1420铝锂合金相当。

5A90铝锂合金为中等强度合金,母材强度450MPa,延伸率为12%。5A90铝锂合金熔化焊接的主要缺陷有气孔、氧化物夹杂、裂纹等,而且接头强度与母材抗拉强度相比明显偏低,焊接接头的强度系数0.6~0.7。采用搅拌摩擦焊工艺接头强度系数可达0.85以上。

目前,西南铝业集团有限责任公司能够批量化生产5A90铝锂合金(型材、板材和锻件),5A90铝锂合金在国内航天器星船(非焊接)结构中已获得应用。

2.2.1.4 铝合金提高强度的途径

1. 时效强化

固溶处理:将热处理可强化的铝合金材料加热到固态溶解度线以上某一温度,获得单相固溶体,然后水冷(淬火),获得过饱和固溶体称为固溶处理。

时效强化:上述过饱和固溶体是不稳定的,在室温放置或在低于固溶度线的某一温度下加热时,使过饱和固溶体趋于发生某种程度的分解,使合金的强度和硬度明显提高,这种现象称为时效或时效硬化(时效强化)。在室温下进行的时效称为自然时效,在加热条件下进行的时效称为人工时效。

(1)合金发生时效的条件(图2.2.1):①合金能在高温下形成均匀的固溶体;②固溶体中溶质的溶解度必须随温度的降低而显著降低。

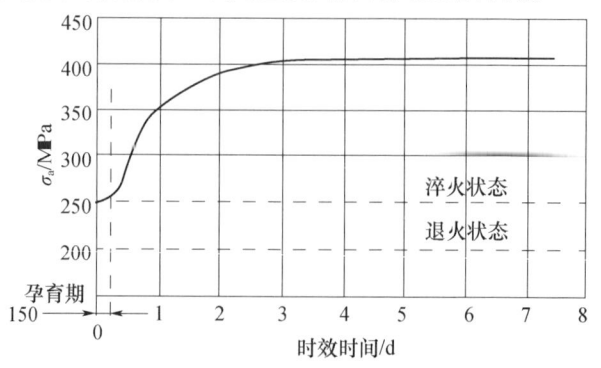

图2.2.1 含4%Cu的铝合金自然时效曲线

（2）时效规律（图2.2.2）：①时效温度越高，强度峰值越低，强化效果越小；②时效温度越高，时效速度越快，强度峰值出现所需时间越短；③低温使固溶处理获得的过饱和固溶体保持相对的稳定性，抑制时效的进行。

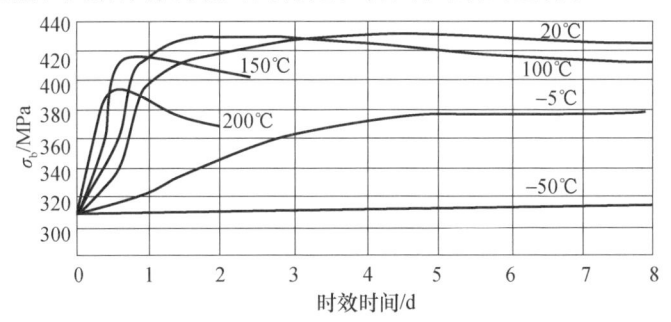

图2.2.2 含4%Cu的铝合金在不同温度下的人工时效曲线

（3）时效强化的原因：在时效过程中溶质原子发生了如下的变化，首先溶质原子发生富集，形成富集区，使晶格畸变加大，使位错运动阻力增大，强度提高。其次随时间的延长，富集区的原子趋于有序化，趋于形成第二相，但还没形成第二相，其与原晶格保持共格关系，晶格畸变进一步增大，使强度进一步提高。随时间的继续延长，第二相形成并逐渐脱离与母体的共格关系，这时晶格畸变减小，强度下降。

2. 细晶强化

纯铝和铝合金在浇注前进行变质处理，即在浇铸前向合金注液中加入变质剂，可有效地细化晶粒，从而提高合金强度，称为细化晶粒强化（图2.2.3）。

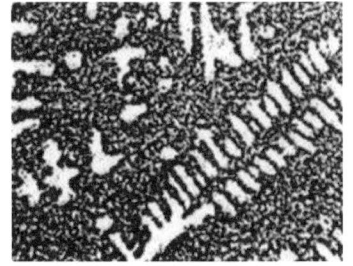

(a) 未变质处理　　　　(b) 变质处理后

图2.2.3 铝合金的细晶强化（变质处理）

细晶强化对于变形铝合金的作用：对于纯铝和变形铝合金，常用的变质剂钛（Ti）、硼（B）、铌（Nb）、锆（Zr）等元素，它们所起的作用就是形成外来晶核，从而细化铝的晶粒。

细晶强化对于铸造铝合金的作用：典型的铸造铝合金是铝硅系合金，这类合金具有优良的铸造性能（熔点低、流动性好、收缩性小）和焊接性能好，尤以含

11%~13%Si 的二元铝硅合金铸造性能最好。二元铝硅合金铸造后几乎全部得到(α+Si)的共晶体,其中 Si 量呈现粗大针叶状,使合金变脆,强度和塑性都很低,不宜作为工业合金使用,若对其采用变质处理,在浇注前向合金中加入占合金质量2%~3%的变质剂(2份 NaF 和1份 NaCl),可将针状 Si 改变为细小粒状 Si,得到细小均匀的共晶体和初生α固溶体的亚共晶组织(α+Si)+α,显著提高合金的强度和塑性。

铸造铝合金中,变质处理细化晶粒的原因:一般认为是 Na 等元素能促进硅的形核,并吸附在硅晶体的表面,阻止硅的长大。同时钠的存在使液态合金产生5~10℃的过冷度,并使共晶点向右移动,这样不仅形核率增加,细化共晶组织而且使合金组织中出现了初生α固溶体。

2.2.1.5 铝合金的切削加工

铝合金具有优良的切削加工性能,主要表现为切削力比切削钢低得多、良好的导热性有助于切削热的散发、铝合金加工速度高,切削效率也高。

1. 常用铝合金的加工

卫星和飞船等航天器金属薄壁结构零部件多采用 2A12T4,2A14T6 和 LC9CZ 等高强度铝合金。在焊接、成形、铸造等生产制造过程中,由于受热冷、机械变形作用,在工件内部产生残余应力,由于材料残余应力大且分布不均匀,引起加工变形大,产品加工效率和合格率低。其机理是材料在加工前,存在很大且分布不均匀的残余应力,由于切削加工引起材料残余应力部分释放和重新分布,从而引起加工变形。这个变形,很大程度上并不是因为切削力引起的变形,而更多的是由于材料中在加工前就存在残余应力,致使工件处于不平稳状态,降低了工件的尺寸稳定性和物理力学性能,产生应力变形,尺寸精度很难得到保证。

为了消除残余应力,通常采用热处理人工时效和自然时效的方法进行处理。自然时效虽不耗能,但周期太长,占地面积大,不适应航天器研制进度要求;热处理人工时效通过把工件加热到相应温度,在热状态下加速应力释放,其周期较自然时效大为缩短,应用最为广泛。而低温时效温度低,应力去除效果不理想。同时,多次热处理会降低材料的性能。在加工过程中,为了不改变材料的状态,不降低材料的性能,在工件消除应力时,不能采用热处理退火工艺方法,只能采用低温时效消除应力,采用多道工序加工,且选用小切削用量(高速)进行加工,以减小冷加工附件的残余应力。

由于振动消除应力原理简单,振动时效的技术经济效果日益显著,其应用范围也不断扩大。但是由于振动消除应力工艺参数的优化确定以及应力消除后的监测和评定方法难度大,因此该项技术目前在有色金属零部件制造,特别是在航空航天领域刚处于起步阶段,需要加大力度重点突破。

2. 铝锂合金材料加工

铝锂合金虽具有低的密度、高比强度、高比刚度和良好焊接性能,但铝锂合金有某些性能不足的方面,加入 Li 元素后大大降低了该合金的塑性,由于铝锂合金塑性和断裂韧性较差,易出现各向异性,同时对缺口敏感性较高,使加工工艺和成形工艺比铝合金困难得多。在成形时,零件弯角处易产生微细裂纹甚至使零件断裂。Li 元素易被氧化,焊接过程中极易产生气孔和缺陷。

由于此材料的塑性与断裂韧性较差,在加工过程中易出现各向异性,应力集中较敏感,一般钻孔直径不能太小,若孔径小于 3mm,由于应力集中会造成材料起层、孔径增大、孔内壁粗糙度较差,小孔边缘易产生微细裂纹,必须采取有效措施,消除材料打孔时的起层现象和小孔边缘的微细裂纹,降低孔壁表面粗糙度。

2.2.2 镁合金材料

2.2.2.1 镁合金的性能特点

随着航天器结构减重要求日益迫切,镁合金在航天器结构中的应用越来越广泛,镁合金可分为铸造镁合金和变形镁合金,二者在组织与性能方面有些差异,但没有铸造铝合金和变形铝合金之间的差异大。如镁铝系合金中,既包括铸造镁合金又包括变形镁合金,是目前牌号最多,应用最广泛的镁合金系列。镁合金具有以下特点:

(1) 密度小:镁合金的密度比纯镁($1.738g/cm^3$)稍高,为 $1.74 \sim 1.85g/cm^3$,比铝合金低 36%,仅为钢的 1/4,因而其比强度很高,是航天器轻量化的良好材料。

(2) 镁合金的比弹性模量与高强度铝合金、合金钢大致相同,用镁合金制造刚性好的整体构件,十分有利。

(3) 镁合金有高的振动阻尼容量,即高的减振性能、低惯性。

(4) 镁及其合金在高温和常温下都具有一定的塑性,因此可用压力加工的方法获得各种规格的棒材、管材、型材、锻件、模锻件和板材以及压铸件、冲压件和粉材等。

(5) 镁合金具有优良的切削加工性能,其切削速度大大高于其他金属。因其较高的稳定性,铸件的铸造和加工尺寸精度高。

(6) 镁在铸造工艺方面具有较大的适应性,几乎用所有的特种铸造工艺都可以铸造。

与其他合金材料相比,镁合金也存在如下缺点:

(1) 镁的化学活性很强,在空气中易氧化,易燃烧,且生成的氧化膜疏松,所以镁合金必须在专门的熔剂覆盖下或保护气氛下熔炼。加工车间和制粉车间要特别注意防火。

(2) 抗腐蚀能力差,因此必须进行防腐处理。

(3) 同钢铁材料接触时,易产生电化学腐蚀。
(4) 弹性模量、疲劳强度和抗冲击性能等方面的性能比铝合金低。
(5) 铸造性差,易产生气孔。镁合金铸件的综合成本比铝合金高。

近年来,镁合金由于该材料在民用(图2.2.4)、武器装备领域(图2.2.5)的逐步推广应用日益受到重视,在高性能镁材料的研究、镁加工装备的开发以及镁合金深加工产品的开发应用方面都取得了较大的进展,已形成了从原材料到深加工到应用的完整产业链。在航空航天、航海、通信、医疗、广播电视、音响影像器材、微电子技术、光学仪器等领域内都可看到镁合金的踪迹。

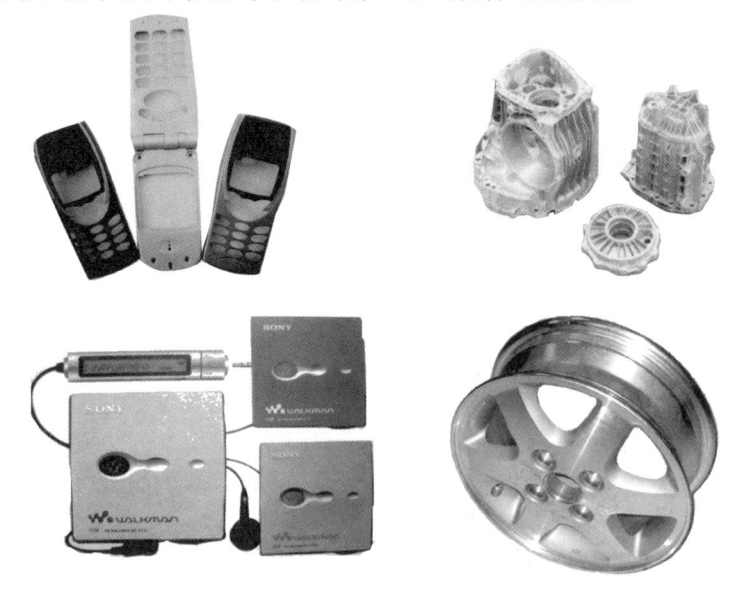

图 2.2.4　镁合金在民用领域的应用

图 2.2.5　镁合金在武器装备领域的应用

2.2.2.2　镁合金的分类

1. 铸造镁合金

ZM5 合金是一种典型镁铝锌铸造镁合金,与美国的 AZ81(Mg－8Al－0.5Zn)合金相当,是唯一的国产镁铝锌系合金,也是应用最广的一种合金。适于砂模和压铸法铸造各种零件,韧性好。国外还用含 Zn 量更高的 AZ63(Mg – 6Al – 3Zn)和高 Al 合金 AZ91(Mg – 9Al – 0.5Zn),这两种合金室温强度和塑性高,后者还有较高的疲劳强度,所以用途比镁铝系二元合金(AZ80)广。

ZM5 能进行 T4 和 T6 处理,淬火温度 410～420℃,空冷,T_a = 175～200 ±5℃,时效 16h 或 8h。T6 的强度,尤其是屈服强度比 T4 高,但塑性明显降低,应根据零件的要求选择热处理制度。

(1) ZM5 合金工艺性能和使用性能较好。铸造温度范围为 690～800℃,有良好的流动性,但凝固时易形成显微疏松。

(2) ZM5 合金易于用氩弧焊进行补焊,补焊工艺性良好。

(3) ZM5 合金铸件可进行各种热处理。固溶处理时热处理炉内的气氛应含有 0.7%(不少于 0.5%)SO_2(每立方米的炉膛体积内须加入 0.5～1.5kg 硫铁矿或硫化亚铁)或 3% CO_2 气体作为保护气氛,以保护镁铸件不致氧化燃烧。

(4) ZM5 合金铸件表面应经化学氧化处理,使其表面形成一薄防护层。在处理之前,铸件必须经吹砂、除油。根据零件的不同用途,在氧化处理后再进行涂油和涂漆保护。

(5) ZM5 合金具有优良的切削加工性能,可以用较大的切削深度,并以很高速度进行切削加工。切削掉一定量金属所需要的功率低于其他任何金属。切削加工时,用或不用切削液,一般都不需磨削和抛光,即可得到很好的光洁表面。

2. 变形镁合金

变形镁合金经过挤压、轧制和锻造等工艺加工后,具有比相同成分的铸造镁合金更高的力学性能。变形镁合金制品有轧制薄板、挤压件和锻件等。这些产品具有更低成本、更高强度和延展性以及多样化的力学性能等优点。其工作温度不超过 150℃。

在变形镁合金中,常用的合金系是镁铝系与镁锌锆系合金。镁铝系变形合金一般属于中等强度,塑性较高的变形镁材料,铝含量约为 0～8%,典型的合金为 AZ31、AZ61 和 AZ80A 合金,由于镁铝合金具有良好的强度、塑性和耐腐蚀综合性能,而且价格较低,因此是最常用的合金系列。镁铝锆系合金一般属于高强度材料,变形能力不如镁铝系合金,常要用挤压工艺生产,典型合金为 ZK60A 合金。常用变形镁合金有 AZ31B、AZ61A、AZ80A 和 ZK60A 等。

MB2 合金强度高,铸造性能良好,但是耐腐蚀性较差;MB2 热塑性很高,可加工成板材、棒材、锻件等各种镁材,这些材料在热状态下有良好的成形性能,同时合金的切削加工性能良好。对于 MB2 合金,由于合金元素的含量较低,强化相 γ($Mg_{17}Al_{12}$)数量较少,因此不能进行热处理强化,唯一的热处理方式是退火。

2.2.2.3 航天器常用镁合金材料

从 20 世纪 70 年代起,在我国研制的以尖兵三号为代表的一系列卫星中,其贮箱、相机等设备的支撑结构均采用了镁合金薄壁框架型结构作为承力主构架,如载荷舱底板、肼瓶支架、仪器盘、发动机支架等,结构形式如图 2.2.6、图 2.2.7 及图 2.2.8 所示。

图 2.2.6 航天器铸造镁合金承力构件

图 2.2.7 航天器铸造镁合金支架类零件

图 2.2.8 航天器整体机加镁合金零件

变形镁合金不同于铸造镁合金的液态成形,而是通过在 300~500℃温度范围内挤压、轧制、锻造的方法固态成形。由于变形加工消除了铸造组织缺陷及细化了晶粒,故与铸造镁合金相比,变形镁合金具有更高的强度、更好的延展性和更好的力学性能,同时生产成本更低。

由于镁是活泼金属,其标准电极电位为-2.37V,其标准电极电位比铁、铝、锌、铜等金属的电位都低,是目前实际应用的结构材料中标准电位最低的,因此,镁及镁合金耐蚀性较差,具有极高的化学和电化学活性。例如,镁合金承力构件在加工、存储、集成装配和使用过程中,易产生腐蚀、磨损,使承力构件的性能指标下降,从而降低卫星结构的可靠性。近年来,国内相继开展了镁合金耐蚀性能及耐蚀技术的研究。

2.2.2.4 镁合金的切削加工

镁合金与其他技术结构材料相比,密度较小,机械加工较容易。尤其是加工余量较大时,可以采用较大的切削深度和进给量。镁合金散热很快,加工表面冷却迅速,通常不需要切削润滑液。在钻深孔或进行高速大进给量加工时,需要采用切削液进行冷却。但是,需要注意冷却时也不得选用水基冷却液。

镁合金加工应注意的问题:

(1) 对镁合金进行车、铣、刨、钻等切削加工时,必须正确选择刀具的几何角度和切削用量,避免产生很大的摩擦和切削力,防止温度显著升高而引起燃烧。

(2) 所使用刀具应符合下列要求:应有足够容屑空间,采用齿数少、排屑槽宽、螺旋角大的刀具;应采用锋利和前后角较大的刀具。

(3) 尽量采用大的切削深度和进给量,一般不宜选用小于0.05mm/r的进给量。

(4) 钻孔时应经常把切屑排出,防止切屑打卷和堵塞钻头排屑槽以及与零件产生的摩擦。

(5) 切削时应尽量不采用冷却液,如必须冷却时,应用矿物油冷却,不得使用油水混合冷却液(如乳化液)。

(6) 在切削过程中当走刀停止时,注意必须立即将刀具退出,防止刀具与工件摩擦使温度升高,产生燃烧。

(7) 不准在机床上下或工作地点附近堆积镁合金切屑,切屑应收集并放入专用铁箱内,干、湿切屑必须分开存放。箱内切屑必须当日清除运出车间。

(8) 镁合金加工地点不得存放易燃物品和堆积大批镁合金零件。

(9) 工作地点应备有防火用干砂和干铸铁粉,注意砂中或铸铁粉内不得有镁合金切屑。

(10) 万一发生燃烧应立即切断电源,用干砂或干铸铁粉扑灭,并尽可能把切屑及时取出,禁止用水和泡沫灭火器灭火。

(11) 镁合金加工机床应与加工黑色金属的机床隔离开来。墙壁上粘积的镁屑要经常清除,以防燃烧。

镁合金生产的安全问题：

一般认为镁合金容易燃烧，是一种可怕的材料，实际上并非如此。镁在燃烧之前必须先在650℃熔化成液体，再由液体转变为气体方可燃烧。因此，对镁合金的危险性不能一概而论。真正的安全问题体现在以下方面。

镁合金铸造：镁合金铸造过程严禁泄漏，液态的镁合金很容易氧化，而且遇水时会引起剧烈汽化和发生置换反应产生氢气，极易发生爆炸。

镁屑：镁合金加工产生的切屑也非常危险，这些碎屑由于彼此不能传热，且表面积大，即使用火柴或烟头也可以点燃。镁屑不能与其他废料混在一起，处理不当容易引起自燃。

镁粉尘：镁的粉尘也非常危险，在清理打磨镁合金零件时，镁的粉尘有时会自行燃烧，甚至还会导致爆炸。

镁合金加工车间应当配备必须的灭火材料(砂子、干粉灭火器等)。

2.2.2.5 镁合金的表面处理

1. 化学氧化处理

化学氧化处理是目前镁合金最常用的表面处理工艺。化学氧化膜层是表面微孔结构，不能完全抑制腐蚀，只能降低腐蚀速度。因此，化学氧化处理主要用于涂层的前处理，也用于镁合金加工过程中或短时间存放时的临时表面防护处理，而不能作为镁合金零件的最终防护处理。镁合金的化学氧化处理后必须立即清洗并烘干，并注意在存放时严禁在潮湿环境中叠放。

由于镁合金材料表面易氧化腐蚀，因此，镁合金在铸造、加工、热处理及存放过程中需进行表面处理和防护。镁合金铸造后，需进行清除毛刺、喷沙和化学氧化处理；铸造后4天内必须进行表面氧化处理，铸件化学氧化处理后，可放置1个月，超过上述规定期限后，铸件应重新进行表面氧化处理。在镁合金机加过程中，空气潮湿时，1周内进行1次表面氧化处理；空气干燥时，2周内进行1次表面氧化处理。为提高镁合金力学性能和消除零件加工应力，在镁合金机加过程中，需进行热处理，镁合金热处理后必须在24h内进行表面氧化处理。

2. 阳极氧化处理

阳极氧化处理也是镁合金常用的表面处理方法(图2.2.9)。普通阳极氧化膜层与化学氧化膜层类似，防腐蚀能力很差。近年来，在普通阳极氧化技术基础上发展了等离子体微弧阳极氧化技术，该技术利用高压高电流的作用在阳极区产生等离子微弧放电，使阳极区表面局部瞬间达到2273K的高温，使氧化物熔化，生成一层氧化镁陶瓷层熔覆在镁合金表面，形成陶瓷质阳极氧化膜，其硬度、致密度、耐磨和耐蚀性都显著提高。对于耐蚀性要求高的镁合金零件，可以在氧化膜的多孔进行填充处理，填充材料可以选用环氧树脂、乙烯树脂等。

图 2.2.9　镁合金微弧阳极氧化处理的零件

3. 有机涂层

有机涂层是目前提高镁合金耐蚀性的最成熟的工艺方法。有机涂层的前处理采用表面化学氧化处理,表面化学氧化处理后必须在 24h 内进行表面喷漆处理。涂层底层一般选用环氧树脂涂层以提高与基体的结合力,涂层的面层根据热控性能要求和颜色需要选定。

镁合金机械加工完成后,需进行表面氧化处理和喷漆,表面氧化处理后必须在 24h 内进行表面喷漆处理。钢丝螺套安装应安排在零件喷漆后进行,安装钢丝螺套时,必须在钢丝螺套底孔内涂少许 618 环氧树脂,防止钢丝螺套底孔氧化和保证钢丝螺套安装牢固。

4. 金属涂层

利用电镀或真空镀膜技术,在镁合金零件表面制作一层铝镀膜,是提高镁合金耐蚀性的有效方法。由于镁合金十分活泼,通常在镁合金表面进行电镀是很困难的,目前还没有成熟的镁合金电镀工艺。离子注入、离子沉积等工艺技术也可以实现镁合金表面的金属涂层,但成本比较高,而且零件的结构形状和大小也受到很多约束。

另外,冷喷涂技术是在镁合金表面上生成铝镀膜的一种新的工艺方法,该方法是将以超声加速的固体颗粒的动能在撞击到镁合金零件表面时转变为热能,从而完成冶金焊接,在镁合金表面形成镀膜。铝镀膜表现出对镁合金零件具有很好的防腐蚀能力。

2.2.3　钛合金材料

2.2.3.1　钛合金的性能特点

钛合金具有密度低、比强度高、屈强比高、高温力学性能优异等突出特点,是航天器的重要结构材料。

(1) 密度小、熔点高,固态下有同素异构转变。纯钛是纯白色轻金属,密度为 4.507g/cm³,介于 Al 和 Fe 之间,熔点 1668℃,高于铁,在 882.5℃ 发生同素异构转变,882.5℃ 以上为 β-Ti(体心立方晶格),882.5℃ 以下为 α-Ti(密排六方晶格),钛合金的密度也较小,也有同素异构转变。

(2) 加工性能好,比强度高,低温韧性好。纯钛强度低,塑性好,易于压力加工成形。钛合金的强度很高,σ_b 最高可达 1400MPa,与某些高强度合金钢相近,还具有良好的低温力学性能。

(3) 抗腐蚀性能好。钛及钛合金在大气、海水、含氧酸和湿氯气中其表面极易形成致密的氧化物和氮化物的保护膜,具有优良的抗蚀性。

2.2.3.2 航天器常用钛合金

钛合金由于所含合金元素的种类和数量的不同,通常被划分为 α 型、β 型和 α+β 三类,我国对应的钛合金牌号分别为 TA 系列、TB 系列和 TC 系列。目前航天金属结构产品中应用比较多的钛合金是 TB2(密度 4.81g/cm³)及 TC4(4.45g/cm³)两种钛合金。

TB2 属于 β 型钛合金,可热处理强化,有较高的强度,焊接性能和压力加工性能良好;但性能不够稳定,熔炼工艺复杂。目前卫星用星箭分离包带为 TB2 材料。

TC4 属于 α+β 型钛合金,具有良好的综合力学性能,可热处理强化,锻造、冲压及焊接性能均较好,可切削加工;室温强度高,150~500℃ 以下具有较好的耐热性,并有良好的低温韧性和良好的抗海水应力腐蚀及抗热盐应力腐蚀能力;但其缺点是组织不够稳定。

2.2.3.3 钛合金的切削加工

若以 45 钢的可切削性为 100%,则钛合金的可切削性约为 20%~40%,其可切削性比不锈钢差,但比高温合金稍好。在钛合金中又按 β 型钛合金、α+β 型钛合金、α 型钛合金为序其可切削性逐步改善,而纯钛的可切削性最好。即在一般情况下,材料硬度越高,加入合金元素越多,材料的可切削性越差。加工钛合金时,若材料硬度小于 300HB 将会出现强烈粘刀现象,而硬度大于 370HB 时加工又极其困难,因此最好使钛合金材料的硬度在 300~370HB 之间。

钛合金的弹性模量小,如 TC4 的弹性模量为 110GPa,约为钢的 1/2,因而由切削力所引起的被加工件弹性变形大,将降低工件精度,为此要改善加工系统的刚性。工件必须很牢固地装夹,刀具对工件支撑点的刀矩减到最小。刀具必须锋利,否则将发生振动、磨擦,使刀具耐用度缩短,工件精度下降。

切削钛合金时,在 45~175m/min 切削速度范围内,均观察到黏结层和积屑瘤的存在。钛合金与刀具之间的冷焊黏结非常牢固,此时大部分的切削运动实际是发生在工件材料内部的剪切滑移运动,而不是刀具与工件界面之间的滑动。

有时运动也发生在刀具材料内部缺陷处,形成刀具材料的沿晶破坏,称为刀具的黏结磨损。只有在刀具与工件的接触区边缘,由于正应力和温度的下降,刀具与工件界面冷焊黏结消失,才会发生界面之间的滑动。因此切削摩擦力实际上主要是工件材料的塑性剪切抗力,它远大于界面滑动的摩擦力。由于黏结层和积屑瘤是非稳态结构,其大小、形状始终在变化,因而加工表面粗糙度较差。任何抑制刀具与工件,黏结和积屑瘤的措施都会对改善粗糙度有益,包括施加合适的切削液。此外,为了改善切削条件,降低切削温度,提高刀具寿命,同时为了消除火灾的危险,加工时使用大量可溶性冷却剂也是必要的。

通常钛合金零件加工时没有发火燃烧的现象,可是在微切削状态下加工时有发火燃烧现象,为了避免这种危险性,应该:①大量使用冷却液;②及时从机床上清除切屑;③备有灭火器材;④及时更换用钝的刀具;⑤工件表面污染时易引起火花,此时必须降低切削速度;⑥与薄切屑相比,厚切屑不易产生火花,因此要加大进给量,加大进给量不会像加大切削速度那样使温度迅速升高。

加工钛合金切削用量的选用准则:应从降低切削温度的观点出发,采用较低的切削速度和较大的进给量。由于高的切削温度使钛合金从大气中吸收氧和氢,造成工件表面硬脆,使刀具剧烈磨损,因此在加工过程中,需使刀尖温度保持在合适的温度,避免温度过高。

钛合金的钻削加工比较困难,常在加工过程中出现烧刀和断钻现象,其主要原因是钻头刃磨不良、排屑不及时、冷却不佳以及工艺系统刚性差等。钻头的选择原则为:

(1) 直径大于 5mm 的钻头,最好选用高速钢作为刀具材料;

(2) 加工小于 5mm 的孔时,可用硬度大于 63HRC 的高速钢钻头(如 M42 或 B201);

(3) 当孔深小于直径两倍时,采用斜槽(短型)的钻头,当孔深大于直径两倍时,采用麻花钻头。

2.2.4 金属基复合材料

2.2.4.1 国内外研究状况

金属基复合材料是近年来迅速发展起来的一种高技术的新型工程材料,它具有高的比刚度、比强度,优良的高温性能,低的热膨胀系数以及良好的耐磨、减摩性。由于其优良的加工、成形性能,显著的性价比优势,世界许多国家,如美国、英国、日本、印度、巴西等对它的研究和应用开发正多层次大面积的展开。

金属基复合材料的成功应用首先是在航空、航天领域,如美国宇航局(NASA)采用 B/Al(硼-铝)复合材料制造飞机中部 20m 长的货舱桁架;Martin 公司用 TiB_2 颗粒增强铝制造机翼。近年来金属基复合材料已逐渐被用于要求更精密的关键零部件,英国航天公司从80年代起研究用颗粒和晶须增强铝合金制造三叉戟导弹制导元件,美国DWA公司和英国BP公司已制造出专门用于飞机和导弹的复合材料薄板型材,以及航空结构导槽等。

随着复合材料研究的深入,其应用范围也开始从军工(飞机、导弹零部件)扩展到民用(汽车、摩托车、纺织、石油、化工等行业),尤其在制造领域有着十分广阔的应用前景。

2.2.4.2 金属基复合材料的性能特点

作为一种新型的工程结构材料,不但要满足所制机械,机器零件在不同工况(简单工况或严酷工况)下所需的各种性能,而且价格、制备工艺、加工工艺等与传统材料相比也应具备其优越性。

金属基复合材料的最大优点是性能可设计性,即按零件在不同工况下的性能要求,对材料的成份、组织进行设计。

金属基复合材料常用的基体材料有铝及铝合金、镁及镁合金、钛及钛合金、不锈钢、铜及铜合金等,其中铝及铝合金最为常用,增强体主要分为颗粒、纤维(长短)及晶须,其中颗粒增强工艺最简单,成本也较低。

铝基复合材料的性能特点:

(1) 低密度:铝基复合材料的密度一般在 2.8g/cm³ 左右,基本上与一般铝合金相当,比钢低 2/3(同等几何尺寸的零件,其重量仅为钢制的 1/3 左右)。

(2) 高的比强度(强度/密度):颗粒增强的铝基复合材料,其强度在 400~700MPa,与一般结构钢相当(例 45 钢正火态 σ_b = 600MPa,20 钢正火态 σ_b = 400MPa,16MnNbσ_b = 550MPa),其比强度约为一般结构钢的 3 倍。

(3) 高的比刚度(弹性模量/密度):颗粒增强的铝及铝合金基复合材料弹性模量 E 约为 80~140GPa(常用铝合金的 E 值约为 70GPa 左右,钢铁材料约 E = 200GPa,一般灰铸铁 E = 97~180GPa),其比刚度(E/P)比一般铝合金高约 60%,是钢铁材料的 1.5~2 倍。

(4) 优良的高温性能及高的抗大气腐蚀能力:一般铝合金(如硬铝、超硬铝)的强度对温度较为敏感,而铝基复合材料的强度在高于 300℃ 时才呈快速下降趋势,300℃ 时短时拉伸强度仍有 400MPa 以上。由于此材料的基体为铝及铝合金,故其抗大气腐蚀能力好,但在酸、碱及 NaCl 介质中抗蚀性较差。

(5) 高的耐磨性:高的耐磨性是此材料(SiC,Al_2O_3 增强)显著的特点之一,在湿摩擦条件下呈现出优良的耐磨性。试验表明,其耐磨性明显优于铸铁,而且通过成份设计,还可获得满意的减摩性,但在干摩擦条件下耐磨性较差。

2.2.4.3 金属基复合材料的加工

由于将硬的增强颗粒分布在较软的铝合金基体中,使复合材料的切削加工性能同基体合金差别较大。目前用刀具切削仍然是金属基复合材料的重要加工方法,研究复合材料的切削加工性能对保证零件的加工质量,降低生产成本,提高生产效率等有着非常重要的意义。

金属基复合材料虽然具有很好的综合性能,但由于材料中脆性大、硬度极高的增强颗粒的影响,使之难于加工,主要表现在刀具磨损非常严重和切削表面质量差上。这也是目前亟待解决的关键问题。刀具是否能达到有效切削时间或有效切削长度,是衡量该刀具材料是否能用于加工金属基复合材料的主要标准。

1. 冷却液对切削性能的影响

加工过程中,使用冷却液可使刀具磨损下降。切削试验表明,在车、铣加工中使用乳化液,刀具磨损并没有减轻,但加工表面质量有所改善。

2. 不同刀具材料的切削试验

在现有条件的基础上,针对金属复合材料 SiC_p/Al 进行了四类材料刀具的切削试验。选用的 SiC_p/Al 材料的体积百分比为25%。进行了高速钢刀、K类硬质合金无涂层、TiCN、TiAlN 涂层和 PCD 立铣刀的切削试验。

试验证明:

在低速和低进给的切削条件下,刀具表面有涂层对加工 SiC_p/Al 的效果没有改善。高速钢刀具磨损很严重,不适宜加工 SiC_p/Al 复合材料。

对于零件精度要求不高、且加工量不大的情况下,选用耐热性和耐磨性较好的 K 类硬质合金刀具是可以的,而且刀具可以进行重磨。但刀具磨损较快,不能达到铰链关键件的高精度和高表面质量要求。

对比硬质合金涂层刀具,有 TiAlN 涂层的整体硬质合金刀具,在切削过程中有抗氧化和抗扩散磨损作用,在高速切削时其效果优于不含铝的 TiCN,耐磨性比一般涂层刀具提高 3~4 倍。

采用 PCD 刀具加工 SiC_p/Al 复合材料时,由于金刚石硬度高,表面与零件材料亲和力小,不易产生积屑瘤,因此加工零件尺寸稳定,表面质量好,刀具寿命较长。同样的切削参数和条件下,硬质合金刀具的磨损量约是聚晶金刚石刀具的十几到几十倍以上。由于铣削不是连续加工,在加工硬度高的材料时,产生的持续不断的冲击会造成加工应力。特别是直刃的 PCD 立铣刀。因此加工设备和刀具必须保持较好的刚度,以便承受在加工中产生的冲击载荷。

试验结论:在粗加工和半精加工时使用质量好的 K 类硬质合金刀具,在半精和精加工加工时必须选用耐磨性好、硬度高、抗弯强度好的优质聚晶金刚石刀具和 S - AlTiN 涂层刀具相互配合使用。在保证产品质量的同时,降低制造成本。目前,卫星制造厂加工的典型铝基碳化硅复合材料零件如图 2.2.10 所示。

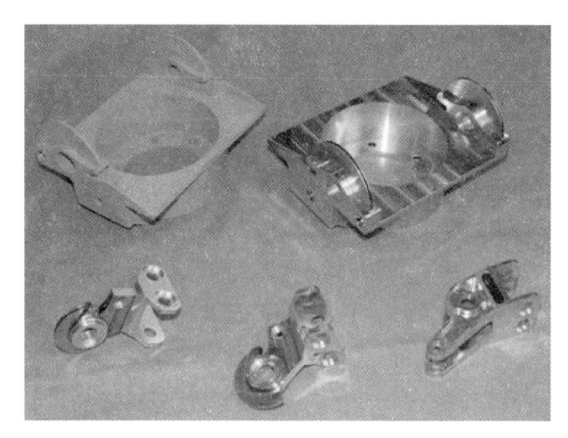

图 2.2.10　铝基碳化硅复合材料零件

2.3　航天器金属结构机械加工工艺方法选用

2.3.1　概述

我国现有的航天器的生产多属于单件研制生产类型。航天器的研制一般要经历模样、初样、正样等阶段。这种小而分散的生产模式,研制周期相对较长,对于单件、新型号的研制还是合理、可行的,为航天器的高可靠性、高质量也提供了必要的保障;但同时这种生产模式存在着缺乏整体统筹规划、生产能力不足等缺点。随着航天器需求的不断增加,现有的这种单件研制模式就显得极不适应。

尽管批量很小(此处所说的批量,是针对卫星和飞船等航天器而言的,不同于常规意义上的批量),但小批量生产阶段与研制阶段仍具有截然不同的性质。它应是在设计与工艺基本成熟的基础上进行的。一般不应存在工艺攻关、研制试验等研究问题。采用的先进工艺技术和手段应是相对成熟、可控的,是现有设备、环境等条件能够满足的,而不是特殊的,即它应是一个成熟技术的复制过程,只是要求严格的过程控制和质量管理。从原材料、元器件的供应、加工的所有工序到产品最终的测试检验,都需要极其严格的控制以保证产品的质量和可靠性。并且它需要通过提高自动化程度、流程再造等追求速度和效益。

因此,为了满足航天器的小批量的要求,需要从组织结构、设计、工艺、生产、检验、管理等多方面进行适应性调整。通过流程再造,根据研制周期和生产任务情况,进行整体策划,统筹规划,专业化分工协调,建设适应批量生产、多型号并行的现代化精密加工及装配制造中心,依据任务需求和工艺技术流程,进行生产流程的优化组合,并增加部分必要的仪器设备,在提高生产效率、缩短生产周期的同时,提高产品的可靠性和质量稳定性,提升生产能力,满足载人航天器的小批量生产需求,满足型号研制和小批量混合型生产模式的需要。

2.3.2 毛坯的选择

毛坯的状态一般是根据零件的性能及结构确定的,但可以根据生产条件,在不降低产品性能的条件下做适当调整,但必须经过设计人员的同意。不同的毛坯状态不仅影响工艺方法的选用,而且还影响到工序的安排和工序的繁简。如一般棒料、板料等原材料具有较规整的粗基准。而锻、铸件的粗基准则比较粗糙,在安排工艺规程时必须首先将锻、铸件的初基准加以修整,又如锻、铸件一般需要特种检验和热处理等,而一般的原材料则不需要。

选择毛坯的原则:满足产品结构、性能等设计要求;提高材料特别是贵重金属的利用率;从现有的设备和技术出发考虑可行性与经济性;与生产规模、生产条件相适应,有利于提高生产效率。

2.3.3 工艺方法选用

(1) 应充分考虑利用现有的生产条件及能力,采用先进、可行、经济的工艺方案,产品应符合设计技术要求和标准规定。

(2) 工艺方法必须符合现行有效的工艺规范和有关标准的规定。

(3) 工艺规程不得选用禁用工艺,尽量避免限用工艺。

(4) 对于定型产品和批生产产品工艺方法选用还要考虑:

① 所采用的工艺技术应该保证生产过程的稳定、均衡,不应存在大量工艺技术难题需要组织攻关。

② 产品的质量应该由生产技术来保证其稳定和可靠,尽量减少人为因素的影响,产品的技术状态应具有一定的一致性。

③ 应保证生产组织高效、快速、低成本。

④ 生产模式要具有一定的柔性,可以快速转换,而不是仅仅适应于生产某一型号、某一结构。

2.3.4 定位基准的选择

(1) 尽量做到定位基准与测量基准与设计基准一致。

(2) 如果必须保证工件某重要表面的余量均匀,应选择该面作基准。

(3) 用工序基准作为精基准,实现"基准重合",以免产生基准不重合误差。

(4) 当工件以某一组基准定位可以较方便的加工其他各表面时,应尽可能在多数工序中采用此组基准定位,实现"基准统一",以减少工装设计制造费用,提高生产率,避免基准转换误差。

（5）粗加工阶段的主要任务是切除大部分余量，选择定位基准时应该重点保证工件安装时的稳定可靠。粗基准的选择原则主要应考虑下面的情况：

① 选择与加工表面精度要求高的不加工表面或加工余量小、公差小的表面。

② 表面平整，定位装夹方便，稳定可靠。

③ 粗基准最好只使用一次，以免产生较大的位置误差。

④ 选择粗基准时，尽量使作为精基准的表面先加工，以便使它作为定位基准来加工其他表面。

（6）当精加工工序要求余量小且均匀时，应选择加工表面本身作为基准，遵循"自为基准"原则。该加工表面与其他表面间的位置精度要求由先行工序保证。"自为基准"不能提高加工面的位置精度，只能提高本身的形状精度。

（7）为了获得均匀的加工余量或较高的位置精度，可遵循互为基准、反复加工的原则。一般该原则适用于加工面间有较高的位置精度，加工余量小而均匀。

2.3.5 加工方法的选用

零件表面的加工方法，首先取决于加工表面的技术要求，这些技术要求还包括由于基准不重合而提高对某些表面的加工要求；由于被作为精基准而可能对其提出更高的加工要求。根据各加工表面的技术要求，首先选择能保证该要求的最终加工方法，然后确定各工序、工步的加工方法。

选择加工方法应考虑的因素包括：每种加工方法的加工经济精度范围；材料的性质及可加工性；工件的结构形状和尺寸大小；生产效率要求；现有设备和技术条件。

在检测加工尺寸，特别是大尺寸时，需要考虑环境温度对尺寸的影响，必要时需要对温度影响进行补偿。

2.3.6 加工余量的确定

加工余量的确定在编制工艺规程中是十分重要的工作，其合理与否是评价工艺规程的重要因素。如工序加工余量过大，不但浪费原材料，而且增加工序的劳动量，使生产率下降；反之，若工序加工余量太小，一方面定位装夹困难，另一方面容易造成废品。

加工余量选择原则：工序加工余量的大小，应当使被加工表面经过本工序加工后，不再留有上一工序加工的痕迹和缺陷。主要应考虑以下几方面的因素。

（1）前工序的表面质量：在前一道工序加工后，表面粗糙度的最大高度和表面缺陷层深度应在本工序切除。

（2）前工序加工尺寸公差：由于前工序加工中存在着尺寸误差，形状误差，当考虑本工序的加工余量时，应将这些误差的总和考虑进去。

（3）前工序的位置关系误差、本工序的安装误差、本工序设备的加工精度。

2.3.7 机械加工工装选用

1. 专用夹具

专用夹具的特点是专一性强，可以根据不同的使用要求设计不同的工装，因而使用效果比较好。但是其明显的缺点是通用性极差，甚至没有通用性，这就要求不同的工序安装设计不同的工装，甚至不同的加工余量也要设计不同的专用工装。因此需要设计的工装就特别多，成本很高。专用工装另一个致命的缺点是生产周期比较长。专用工装适合于批量生产，批量越大，相对成本越低。

对大型薄壁舱体而言，由于尺寸大，型面复杂，专用工装的设计加工特别困难。而且产品几乎是单件生产，周期特别短。所以不适合选用专用夹具。

2. 组合夹具

组合夹具是由一套预先准备好的不同形状、不同规格尺寸的标准元件与组合件所组成，并根据工件形状和工序要求装配成各种夹具。在夹具用完后，将夹具拆开，油封分类存放，需要时再重新组成其他夹具。根据组合夹具的特点可以看出，它最适合于新产品试制、单件小批量生产，对于临时性的突击任务具有特别的适应能力。组合夹具的技术准备周期也很短。

一般工厂均具有比较完备的中系列组合夹具库，中系列组合夹具元件理论适合范围为工件外轮廓尺寸在 20～400mm。组合夹具可广泛用于钻、车、镗、铣、刨、磨、检验等工种，组合夹具通常可达到位置精度为孔距精度 ±0.03～±0.05mm，平行度或垂直度为(0.01～0.05)/100mm。

3. "三化"工装

由于专用工装和组合夹具都不适用于大型薄壁舱体的装夹，而专用工装和组合夹具又各有其独特的优点，为此，提出专用工装和组合夹具相结合的工装设计方案。这样既保证了工装的有效性，又能达到组装灵活多变、元件多次适用、缩短研制生产周期、降低成本的目的。工装设计的思路是：有效的工装 = 大量通用件（标准件）+ 少量的专用件。这种工装设计思路与目前提倡的"三化"（通用化、系列化和组合化）相吻合。具有成本低，生产周期短，使用灵活性强等优点。

4. 工装的设计选用原则

（1）机械加工工装应按组合夹具、"三化"工装、专用工装的优选顺序原则。

（2）专用工装尽量实现"三化"设计。

(3) 对于批生产产品,特别是大批生产时,一般选用专用夹具。

(4) 对于新产品试制、单件小批量生产及临时性的突击任务,尽量选用组合夹具。

2.3.8 机械加工工序的安排

(1) 对于形状复杂、尺寸较大的部件,应首先对工件的技术状态进行检测,以便确定工艺余量,提供找正基准。

(2) 按"先基面后其他"的顺序,首先加工精基准面。

(3) 在重要表面加工前应对精基准进行修正。

(4) 按"先主后次、先粗后精"的顺序,对精度要求较高的各主要表面进行粗加工、半精加工和精加工。

(5) 对于和主要表面有位置精度要求的次要表面应安排在主要表面加工之后加工。

(6) 一般情况主要表面的精加工应放在最后阶段进行。组合加工时,应注意对已加工好的密封面或高表面质量表面的保护。

(7) 对于金属焊接部件,在组合加工前,一般要进行一次热处理,消除内应力,确保组合加工后部件总体尺寸和形状的稳定性。常见的热处理工艺方法见表 2.3.1 所列。在热处理工序中,应明确热处理方法,热处理应达到的目的。特别的应注明热处理时工件放置方法、特殊表面的保护等。

表 2.3.1 常见的热处理工艺的选用

热处理方法	目的	适用范围	工序安排	注意事项
淬火处理	提高强度、硬度	黑色金属(结构钢、工具钢、弹簧钢)	精加工前	
时效处理	消除残余应力	精度高、刚度差的零件;铝合金	粗加工、半精加工后,精加工前	
固溶处理	通过时效强化,提高力学性能	镁合金、铍青铜、钛合金		用真空炉
正火退火	降低材料的强度、硬度、提高塑性	黑色金属 冲压零件 机加零件		毛坯能做透的、不允许有氧化皮的应安排在加工前做;否则应使用盐炉
去应力退火	稳定零件尺寸	所有金属材料		

(8) 对于焊接零件,焊前一般要进行表面清洗,以保证焊接质量。在表面处理工序中,应明确表面处理的技术要求、方法、表面处理应达到的目的。特别的

应注明表面处理时工件特殊表面和螺纹孔的保护等要求。

(9) 对于有 X 射线检测、超声检测、全息照相、涡流检测、磁粉探伤、视频显微和检漏等无损检测要求的,要与相关检测技术人员进行协商,确定产品的检测时机、检测状态和检测要求等技术状态,并依据此要求调整产品技术状态,安排检测工序。

对于有精度测量要求的部件,要与测量专业技术人员进行协商,确定测量方法、测量基准等测量保障条件。并在工艺中安排合理的工序保障精测条件,并安排精测工序。一般精测工序为最后工序。

2.4 航天器金属结构典型产品工艺介绍

2.4.1 典型产品组成介绍

不论航天器的壳体结构有多复杂,都是由端框(对接框)、连接框(中间框)、隔框、桁条、蒙皮、杆件、各种口框(门框、舷窗口框、发动机安装框、返回舱上的伞舱口框)、支架以及各种承力梁等基本金属构件组成。

金属结构件制造技术是航天器制造技术的基础和重要组成部分,不仅涉及到传统的机械加工方法(如车削、铣削、刨削和磨削等),还涉及到材料学及其热处理技术、检测技术、设备和工艺装备的选取与研制等;同时,对工艺规程的编制、工艺参数的选取、加工过程中的误差分析、工艺因素的影响分析等提出要求。现着重从几种典型零件的制造加以叙述。

2.4.2 端框、连接框类零件制造工艺

2.4.2.1 结构特点及技术要求

端框、连接框类零件是航天器金属结构中经常采用的一种承力构件,其特点是:内外圆的直径相差不大,径向尺寸远远大于轴向尺寸,端面面积小。这类零件的壁厚和径向尺寸相差悬殊(一般在数十倍以上),因此,这类零件的刚度较小,现以某航天器的柱段中间框(图 2.4.1)为例介绍如下:

(1) 材料为铝锻件 5A06H112 GBn223 - 84,由于采用自由锻大型锻环,订货周期长,因此,需确定设计状态,提前安排大型锻环订货。

(2) 外形尺寸大、壁薄、刚性弱、易变形,中间框外圆直径为 3320 ± 0.2mm,内孔直径为 3110 ± 0.5mm,减轻槽壁厚为 6mm。由于零件增加了大量减轻槽,中间框整体刚性很弱,加工易变形。

(3) 重要尺寸多、精度要求高,中间框是天宫柱段壁板间的连接框,其两端与柱段壁板通过环焊连接,所以焊口直径 3320 ± 0.2mm、外圆柱面全跳动

0.4mm 及高度 183.4±0.2mm 均为重要尺寸。

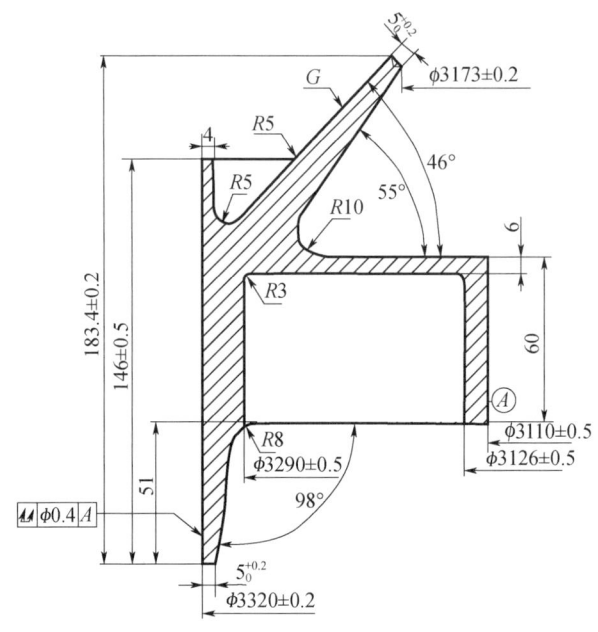

图 2.4.1　中间框截面尺寸图

2.4.2.2　工艺分析及工艺过程控制

柱段连接框属于薄壁框类零件,由于铝合金薄壁件刚度小、强度低,机械加工中不能承受较大的切削力、夹紧力和切削用量,否则,会导致工件加工后圆度误差较大。柱段连接框的加工工艺主要回转轮廓采用车加工,台阶、凹槽及孔采用数控铣加工。为了保证产品的精度和稳定性,在毛坯状态和加工过程中,安排振动消除应力工序。工艺流程如图 2.4.2 所示。

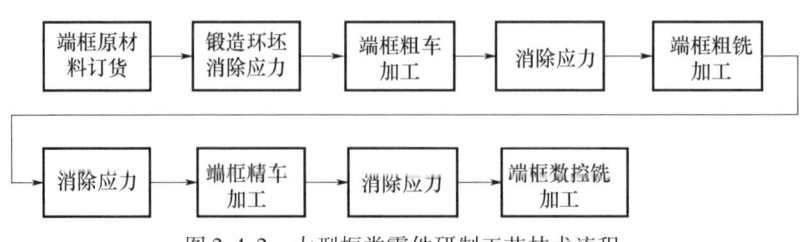

图 2.4.2　大型框类零件研制工艺技术流程

注意:由于端框外型尺寸大,在加工、检测等过程中,需要特别考虑温度影响因素,对大的线性尺寸进行补偿。

柱段中间框的零件实物如图 2.4.3 所示。

图 2.4.3　柱段中间框

2.4.3　隔框、桁条、蒙皮类零件制造工艺

2.4.3.1　结构特点及技术要求

航天器金属结构舱体是由蒙皮和壳体与框、隔框桁条等零件组成。隔框、桁条、蒙皮零件是航天器金属结构的重要承力部件，承受运载火箭加给星体的载荷，抵挡空间高能粒子的辐射；返回大气层时，还要承受空气阻力，高速气流引起的高温，还应有较高的气密性，保证舱体内部各种仪器工作正常。

1. 隔框

为了提高壳体承受内外压和横向载荷的能力，在壳体内壁，设置一定数量与端框平行的隔框，隔框大多使用铝合金型材或铝板成形而成。隔框上还有一定数量的安装孔，用来安装仪器设备安装支架。隔框截面一般为"几"字形，壁厚一般为 1~2mm，如图 2.4.4 所示。

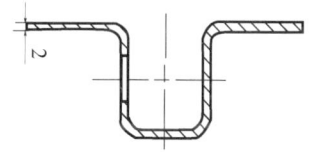

图 2.4.4　隔框截面示意图

2. 桁条

为了提高壳体承受纵向载荷的能力，沿着壳体的纵轴方向，布置一定数量的桁条，桁条大多是用铝合金型材或板材成形。桁条截面一般为"几"字形，壁厚一般为 1~2mm，结构形式如图 2.4.5 所示。

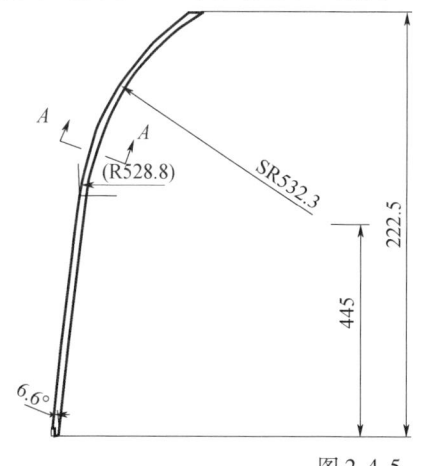

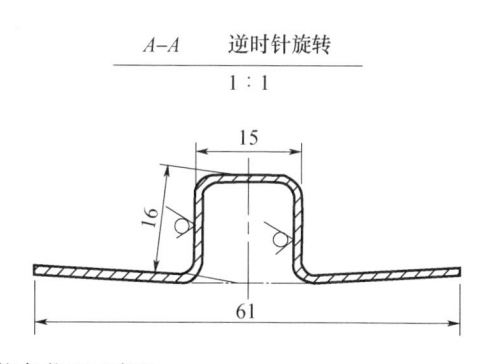

图 2.4.5　桁条截面示意图

隔框和桁条交叉处需要连接起来,一般用一个十字接头进行过渡连接。

3. 蒙皮

为了使用端框、隔框、中间框和桁条组成的框架能够形成一个完整的壳体结构(密封的或非密封的),需要用蒙皮将这些构件连接(焊接或铆接)起来,蒙皮的材料为铝板,焊接结构用防锈铝板,铆接结构多用硬铝板。

2.4.3.2 工艺分析及工艺过程控制

(1)隔框、桁条一般均由薄铝板冷成形制造,工艺流程如图 2.4.6 所示。

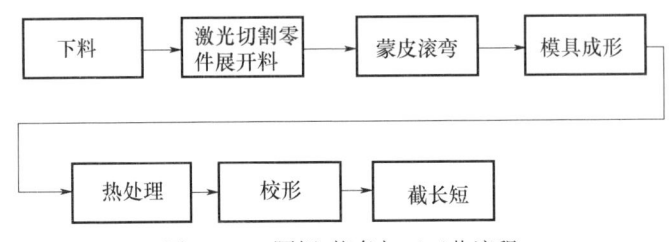

下料 → 激光切割零件展开料 → 蒙皮滚弯 → 模具成形 → 热处理 → 校形 → 截长短

图 2.4.6 隔框、桁条加工工艺流程

(2)蒙皮类零件均由薄铝板成形制造,根据航天器金属壳体结构的形状,蒙皮分为锥段蒙皮、柱段蒙皮以及球段蒙皮。

① 以神舟飞船轨道舱壳体锥段蒙皮为例,零件厚度为 3mm,锥高 215.4mm,锥角 55.5°,向心角为 120°,大口直径为 ϕ2117mm,如图 2.4.7 所示,具体的工艺流程见图 2.4.8 所示。

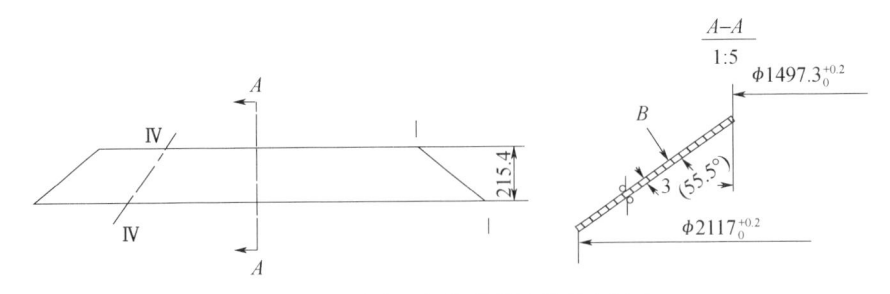

图 2.4.7 神舟飞船轨道舱锥段蒙皮尺寸

蒙皮下料 → 激光切割零件展开料 → 蒙皮滚弯成形 → 蒙皮切边 → 蒙皮划线开孔

图 2.4.8 神舟飞船锥段蒙皮加工工艺流程

② 柱段蒙皮与锥段蒙皮的成形工艺相近,不作具体介绍。

③ 以神舟飞船返回舱壳体球段蒙皮为例,球段蒙皮零件厚度为 2mm,球面

半径为 SR1101mm,弦高约为 929mm,下口直径约为 ϕ2228mm,结构形式如图 2.4.9 所示。

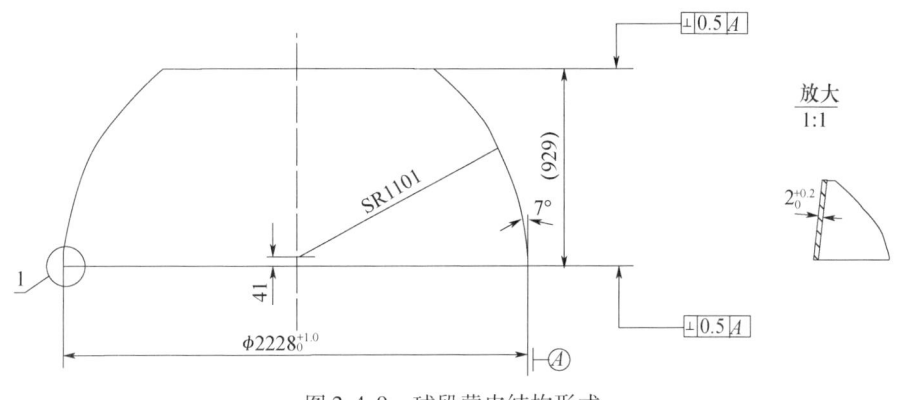

图 2.4.9 球段蒙皮结构形式

球段蒙皮采用 2.3mm 厚的 5A06 铝板超塑成形加工,零件成形需要一套成形胎具及一套切边胎具,具体的工艺流程如图 2.4.10 所示。

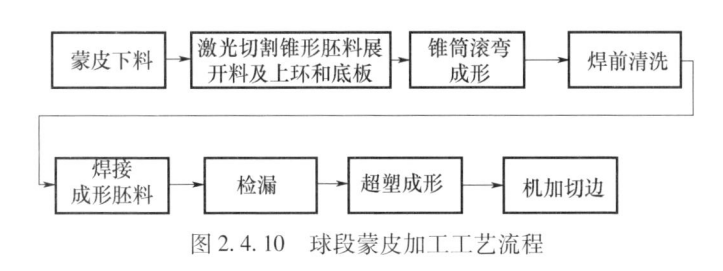

图 2.4.10 球段蒙皮加工工艺流程

2.4.4 壁板类零件制造工艺

2.4.4.1 结构特点及技术要求

壁板是由整块板坯制成的航天器整体结构承力件。壁板结构要素(如长桁、蒙皮加强垫板等)之间无任何连接,一般构成弹(箭、星、飞船)的气动外形。现以"天宫一号"的柱段壁板为例介绍如下。

壁板零件按构型可以分为锥形壁板、柱形壁板、球形壁板;按照加强筋和蒙皮的位置可以分为内筋壁板和外筋壁板两种。典形产品如天宫一号的前锥段壁板、柱段壁板、后锥的相机舱门、空间站节点舱的球形壁板。前锥段和柱段壁板零件,总厚度为 20mm,无筋部位壁厚为 2.4~3mm,焊接部位壁厚为 5mm。材料选用 5A06 铝合金厚板材。其结构示意图如图 2.4.11 所示。

(1) 壁板采用网格结构,外形尺寸大、壁薄、刚性弱、易变形。以天宫一号的壁板零件为例,壁板厚度为 20±0.1mm,其中前锥段壁板 2、壁板 4-5 上局部法兰厚度为 35mm,前锥段壁板网格底部厚度为 $2.4_0^{+0.1} \sim 3_0^{+0.1}$ mm,厚度尺寸从小端向大端逐渐变大,柱段壁板网格底部厚度为 $2.4_0^{+0.2}$ mm,加强筋宽度均为 4±0.1mm。

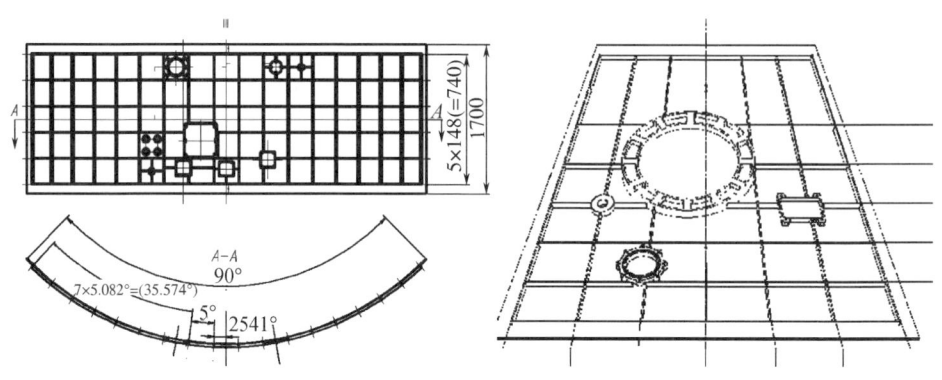

图 2.4.11　天宫一号壁板 3-3、前锥段壁板 2 零件结构简图

(2) 重要尺寸多、精度要求高。整体壁板零件作为航天器结构上重要的结构件,其重尺寸多,尺寸精度要求很高,以天宫一号的壁板零件为例:网格底部壁厚为 $2.4_0^{+0.1} \sim 3_0^{+0.1}$ mm,密封槽直径 $\phi 108_{-0.2}^{0}$ mm、宽度 $5_0^{+0.1}$ mm、深度 $2.9_{-0.05}^{0}$ mm、圆角 $R0.3$ mm、圆台内孔直径 $\phi 28.5_0^{+0.1}$ mm、台阶孔深度 $2.2_{-0.05}^{0}$ mm 等多处尺寸均为重要尺寸,必须严格控制。同时还有网格尺寸精度±0.2mm、网格分布精度±1mm、台阶孔同轴度 0.15mm 等要求。

(3) 法兰接口位置精度要求高。整体壁板零件一般作为航天器的主结构零件,为了安装各种舱外设备支座,壁板结构中设计有多种法兰接口。支座的安装精度取决于法兰的位置精度,要求各法兰中心及设备安装孔位置度为 0.2mm。

(4) 密封面密封性指标要求高:整体壁板零件在航天器上一般用于密封结构中,性能优良,也可以用于非密封结构。用于密封结构中时,如天宫一号的壁板零件,壁板上一般会有多种尺寸不同的密封槽、密封面,表面粗糙度为 $Ra0.8\mu m$。

2.4.4.2　工艺分析及工艺过程控制

针对壁板零件产品的特点,进行了工艺分析及过程控制分析。主要从以下四个方面来保证产品的生产。

1. 壁板机械加工时壁厚尺寸的保证

整体壁板零件,最重要的特性指标为网格底部厚度尺寸的精度及大面积网格底部厚度尺寸的均匀性。天宫一号壁板为了保证壁板底部壁厚尺寸的公差在

0.1 或 0.2mm 以内,要求壁板零件在机械加工过程中在大面积上的平面度在 0.1mm 以内,装夹后受力均匀,不会有缝隙产生,不产生振动,特设计制作了壁板零件的专用夹具——真空夹具系统,达到了壁板底部壁厚尺寸同板厚度差 0.1mm/2000mm 的精度要求,满足了设计指标。

2. 壁板成形精度的保证

绝大部分整体壁板零件在完成机械加工后,需要通过不同的工艺方法来成形零件最终的轮廓。天宫一号壁板零件的成形分为预成形和校形两步完成,以保证成形精度的要求。壁板的预成形一般采用滚弯的工艺,滚弯时采用了多次滚弯,逐次逼近的形式。对于具有大型法兰结构的壁板,由于存在较大的尺寸突变,采用了模具成形的方式,模具压弯时,在考虑好零件的回弹问题与成形顺序后,对其作相关的理论计算与工艺试验,最后再压弯成形零件。

壁板的校形主要采用热校形的方式,在不引起零件过热、过烧的情况下,消除内部残余应力,使部分弹性变形转化为永久的塑性变形,从而完成壁板零件的精确成形,零件的轮廓度在 1mm 以内。

3. 壁板零件的应力消除

大型壁板零件,零件应力分布不均匀,加工变形较大,产品质量一致性差。因此,在壁板的加工过程中,需要采用工艺方法控制产品的内应力。天宫一号的整体壁板零件采用了振动消除应力的工艺,以适应大型壁板零件去应力处理的需求。

4. 壁板上各种法兰位置度及自身精度的保证

由于壁板零件结构复杂,并且存在大量的法兰接口,对精度也有不同的要求。对于壁板上位置精度要求不高的法兰,在零件完成成形工序后,进行精加工,保证自身的精度,以消除成形过程对其精度的影响。对于与象限线有相对位置关系的法兰,在成形后对其进行半精加工,位置精度留待组件状态下进行组合加工,以保证法兰在组件上的相对位置要求。

通过对壁板零件特性及制造过程的分析,壁板零件的一般加工工艺流程如图 2.4.12 所示。

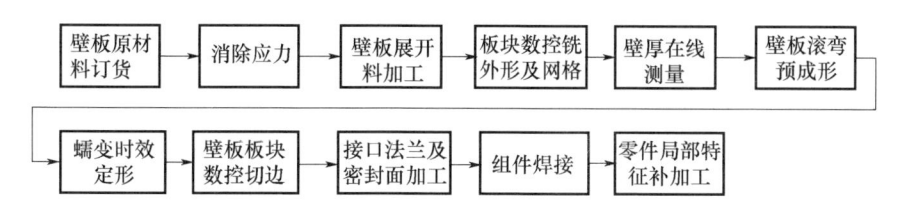

壁板原材料订货 → 消除应力 → 壁板展开料加工 → 板块数控铣外形及网格 → 壁厚在线测量 → 壁板滚弯预成形 → 蠕变时效定形 → 壁板板块数控切边 → 接口法兰及密封面加工 → 组件焊接 → 零件局部特征补加工

图 2.4.12 壁板零件工艺流程

2.4.5 口框类零件制造工艺

2.4.5.1 结构特点及技术要求

在舱段壳体的侧壁和上下底上,设有一些用于安装某些功能组件的框,如门框、舷窗口框、光学仪器安装口框、天线舱口框、穿舱电路和气液路插头密封板口框等。这些口框开在舱壁的蒙皮上,口框的边缘与舱体的蒙皮或隔框、桁条焊接,口框的内侧则与安装在它上面的组件螺接。在口框和隔框桁条被切断的位置上,需要有加强措施。

口框上都有密封面或密封槽,不论是密封槽还是密封面,与密封圈接触部分的粗糙度都必须低于 $Ra1.6\mu m$。现以神舟飞船的伞舱口框为例介绍如下。

(1) 材料为铝锻件 5A06H112 GBn223-84,由于锻环尺寸较大 $\delta150mm \times \phi1000mm \times \phi730mm$,订货周期长,因此,需确定设计状态,提前安排大型锻环订货。

(2) 重要尺寸多、精度要求高,伞舱法兰为伞舱提供重要的安装接口,所以焊口直径 $\phi970_{-1}^{-0.5}mm$ 以及焊口壁厚($2.3_{0}^{+0.2}mm$)、伞舱盖安装面($\phi916_{+0.2}^{+0.5}mm$)、伞舱通道内孔($\phi768_{+0.1}^{+0.2}mm$)等均为重要尺寸;伞舱安装面及弹射器安装孔留 1.5mm 余量。

(3) 此外安装接口面平面度及表面粗糙度要求较高,结构尺寸如图 2.4.13 所示。

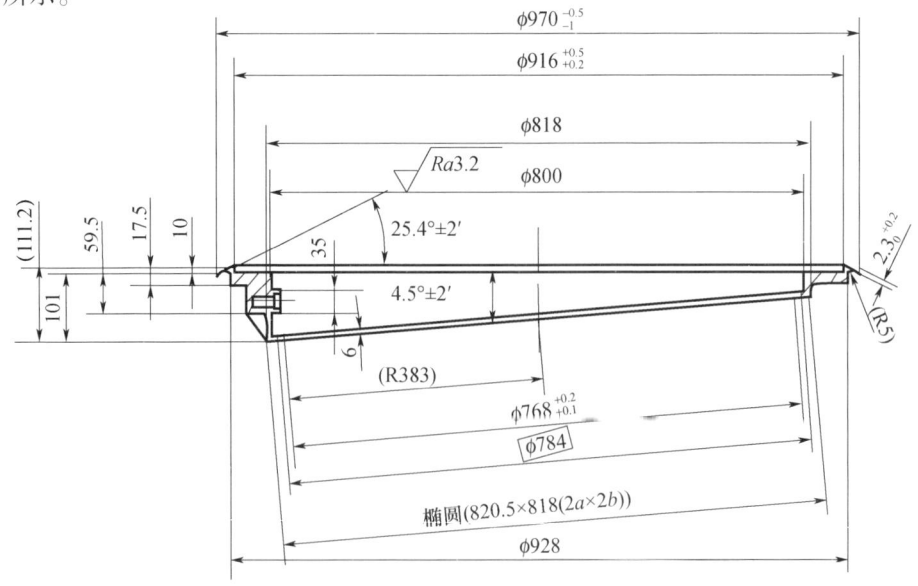

图 2.4.13 伞舱口框结构形式

2.4.5.2 工艺分析及工艺过程控制

伞舱口框的加工工艺主要回转轮廓采用车加工，台阶、凹槽及孔采用数控铣加工。为了保证产品的精度和稳定性，在毛坯状态和加工过程中，安排振动消除应力工序，在接口尺寸精度要求较高的面留有余量，待整舱状态下组合加工。工艺流程如图 2.4.14 所示，伞舱口框的实物零件如图 2.4.15 所示。

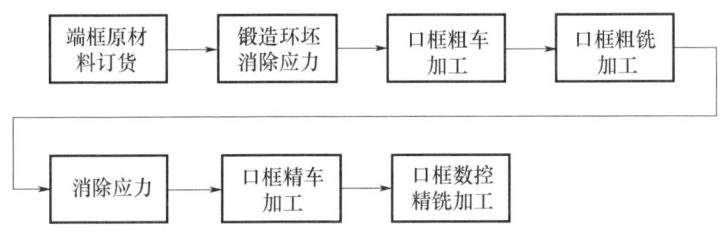

图 2.4.14　口框类零件研制工艺技术流程

图 2.4.15　伞舱口框

2.4.6　薄壁支架类零件制造工艺

2.4.6.1　结构特点及技术要求

在航天器侧壁外侧分布有许多薄壁支架零件，这些支架为相机、天线等设备提供相应的安装接口。随着航天器结构功能的不断增加，薄壁支架的构型日趋复杂，同时为满足轻量化、高精度要求，需对薄壁支架的制造技术提出更高的要求。现以神舟飞船某支架为例进行详细介绍，结构如图 2.4.16 所示。

（1）零件外形复杂、壁薄、通槽深度较深，零件上下两面之间有空间夹角。零件上表面直接安装仪器设备，因此此类零件的尺寸、精度要求较高。

（2）角度公差为 1°50′±2′，3°33′±2′，9°34′±2′；高度尺寸为 236.4±0.2mm。

2.4.6.2　工艺分析及工艺过程控制

为解决薄壁通槽类零件的加工难度问题，工艺上采取了铣加工 – 线切割的加工方案，加工工艺流程如图 2.4.17 所示。

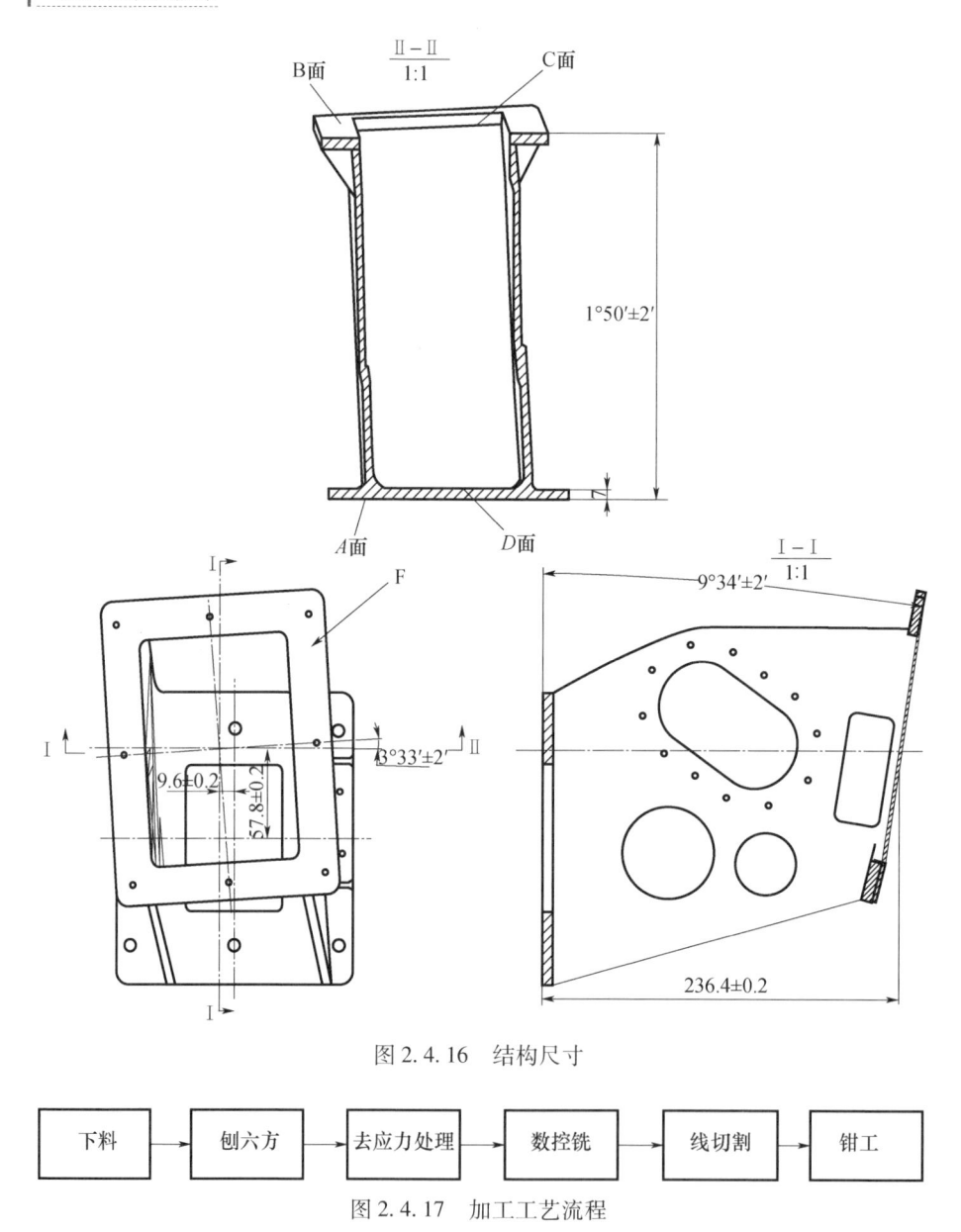

图 2.4.16 结构尺寸

图 2.4.17 加工工艺流程

下料 → 刨六方 → 去应力处理 → 数控铣 → 线切割 → 钳工

对零件原材料刨六方后,进行去应力处理,消除原材料内部的应力。合理安排加工工艺路线,采取先外部型面后内腔的方案,优点是未加工内腔时可以有效保持零件的刚性,同时便于进行装夹,从而高速、高效的去除余量。

由于零件 C 面、D 面(图 2.4.16 所示)表面粗糙度要求较高,完全用线切割加工后表面质量较差,因此针对零件内腔,采用铣加工-线切割相结合的方法保证内表面的粗糙度。数控铣零件外形到尺寸,分别以零件上下两面为基准,将零件两侧内腔铣通,在内腔中部留余量,通过线切割将零件内腔中部多余的料去除,解决了常规铣加工的难题,最终的零件外形如图 2.4.18 所示。

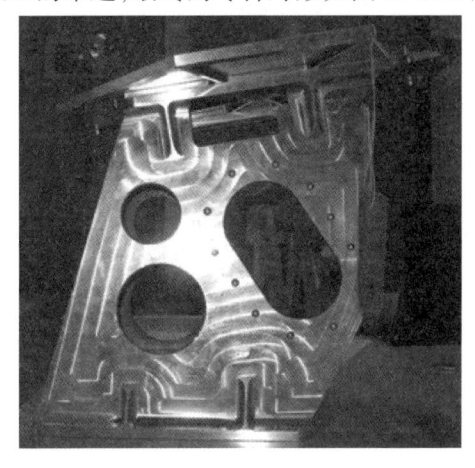

图 2.4.18 零件实物

2.4.7 承力梁

2.4.7.1 结构特点及技术要求

承力梁是航天器金属结构中经常采用的一种承力构件,材料一般选用铝合金、镁合金以及铸镁件加工制造,其特点是:截面一般为"工"字梁,长宽比大。为了提高工件的刚度,"工"字形的腹板较高、较窄,能承受较大的载荷。承力梁上设有安装各类仪器设备的安装接口。

以 XX-5T1 型号的镁合金大梁为例,大梁是返回器设备仪器安装的重要结构部件,大梁提供设备安装接口以及与侧壁后端框的安装接口。大梁构型为类"井"字构型,由两根横梁和四根纵梁组成,大梁设备安装面距返回器前端面距离为 947mm,结构形式如图 2.4.19 所示。大梁结构采用变形镁合金(MB2)机加成形。

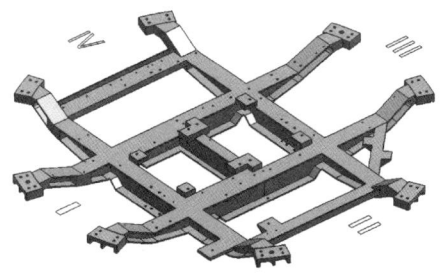

图 2.4.19 镁合金大梁的结构外形图

其具体的结构特点如下所列。

(1) 结构尺寸大:高度方向尺寸为110mm,外圆直径为ϕ1150mm。

(2) 结构复杂:大梁是由整体镁板加工出来,为类"井"字构型,含有不规则的"工"字形截面,上截面内有多处凸台结构。

(3) 大梁8个接头胶接结构:大梁接头上表面分别与隔热垫片和铝片进行胶接,整体平面度和安装孔位置度要求较高。

(4) 大梁部件尺寸精度及形位公差要求高,主要尺寸精度及形位公差要求如下:

① 大梁结构板仪器安装面中部6个凸台上表面相对于大梁部件接头上表面平行度为0.1mm;

② 结构板仪器安装面的平面度为0.1mm/(60mm×400mm);

③ 大梁接头上 32-$\phi 6.5^{+0.2}_{+0.1}$mm 和 3-$\phi 12^{+0.05}_{0}$mm 孔的位置度均为 ϕ0.1mm;

④ 大梁(胶接后)接头上表面平面度为0.05mm/(50mm×100mm)。

2.4.7.2 工艺分析及工艺过程控制

根据镁合金大梁材料及零件结构特点,安排合理的加工工艺方案,制定了合理的加工流程,如图2.4.20所示。

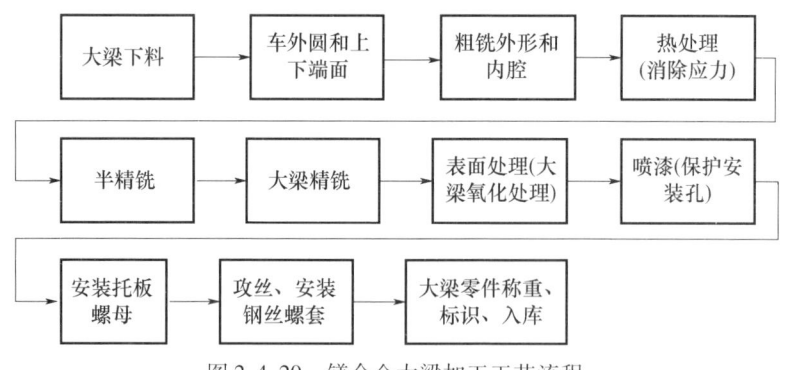

图 2.4.20 镁合金大梁加工工艺流程

工艺主要采取的措施有以下几方面:

(1) 针对大梁结构内部多处工字形凹腔,采用T形铣刀与L形角度铣头相结合的加工工艺方案,并采取"先中间、后两边"的循环铣削方式进行实施。

(2) 零件加工过程中通过控制装卡变形,减少装夹应力,加工后通过热处理消除残余应力。

(3) 各孔位一次装夹加工完成,保证相互位置精度。

(4) 有形位要求的平面,留小余量进行组合加工。

(5) 零件加工完成后,需进行表面氧化处理和喷漆,表面氧化处理后必须在

24h 内进行表面喷漆处理。

（6）钢丝螺套安装应安排在零件喷漆后进行，钢丝螺套安装时，必须在钢丝螺套底孔内涂少许 618 环氧树脂，防止钢丝螺套底孔氧化和保证钢丝螺套安装牢固。

通过合理的工艺措施以及工艺参数，严格控制了大梁零件的变形，保证了大梁的尺寸精度，零件实物如图 2.4.21 所示。

图 2.4.21　镁合金大梁实物图

2.4.8　防护板结构零件

2.4.8.1　结构特点及技术要求

随着我国空间技术的不断发展，卫星、飞船等航天器结构中大量使用防护板结构零件，特别是载人航天器中防护板结构件更是普遍，它是目标飞行器以及后续空间站密封舱体的防护装置，主要用来保护舱体结构，使其不会由于受到空间粒子、碎片等撞击发生结构失效。防护板结构对曲面形状、尺寸精度、表面质量以及结构刚性均有较高要求。防护板结构为空间三维曲面结构，防护板结构的特点是尺寸大、局部浅槽、精度高，其成形质量直接关系飞船的可靠性、寿命和功能，甚至关系到飞船在轨运行的成败。防护板结构的典型件如图 2.4.22 所示，壁厚为 1mm，材料为 6061T6。防护板上面有各种各样凹下去的加强筋用来增加防护板的刚性，加强筋深度为 2.5～3mm，加强筋典型截面形状及典型成形端结构见图 2.4.23。

图 2.4.22　航天器防护板典型件

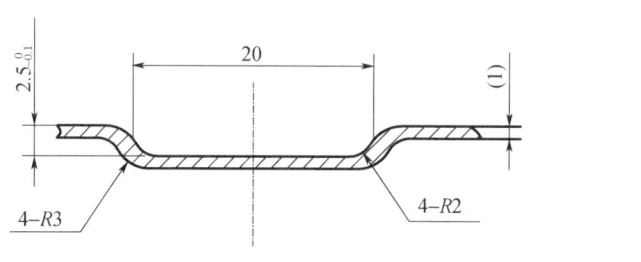

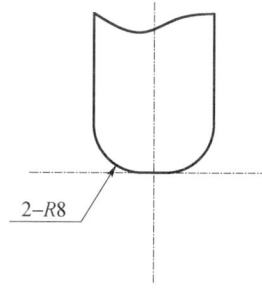

(a) 加强筋截面形状　　(b) 典型成形端结构

图 2.4.23　加强筋截面形状及典型成形端结构

2.4.8.2　工艺分析及工艺过程控制

防护板结构是复杂三维空间结构,形状复杂多样,属于单件生产制造,如果该类防护板采用传统方法即采用上下模具直接冲压成形,然后利用切边胎加工外形会存在以下缺点:

(1) 需要设计制造凸凹模,并且对凸凹模的相对定位精度具有极高要求,模具结构设计复杂。

(2) 由于模具的设计制造周期比较长,为得到满足要求的零件,需要反复试模、修模,一般一个成品需 4 个月左右的制造周期,模具制造费用高,生产成本高,甚至模具调试不当造成模具报废,风险较大。

(3) 模具冲压成形需要大台面的双动设备才能实现,对设备要求较高。

(4) 模具冲压成形,在加强筋的圆角过渡处容易发生破裂,缺陷较多。

(5) 模具冲压成形凸凹模具完全接触,零件成形过程中表面容易划伤,影响零件表面质量,需要特别防护。

(6) 一些复杂的防护板结构,采用该方法根本无法成功成形。

为了降低生产成本,缩短生产周期,适应空间曲面防护板单件或小批量研制的需求,引用了易于实现设计与制造一体化的柔性成形技术,其工艺流程如图 2.4.24 所示。

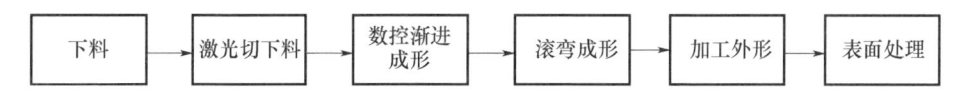

下料 → 激光切下料 → 数控渐进成形 → 滚弯成形 → 加工外形 → 表面处理

图 2.4.24　防护板结构工艺技术流程

2.4.9　舱体的部装

2.4.9.1　结构特点及技术要求

航天器结构部装是指在航天器主承力结构的基础上，将其他传力次结构以不同的方式与主承力结构进行连接装配，形成航天器结构平台，提供满足要求的结构连接接口以及设备和载荷安装接口（如星箭对接接口，天线、太阳翼、发动机等安装接口），为航天器的总装提供装配基础。航天器结构部装包括复合材料结构舱体部装和金属结构舱体部装，前者主要是指各类卫星和探测器的部装（图 2.4.25），后者是指各类载人航天器的部装（图 2.4.26）。

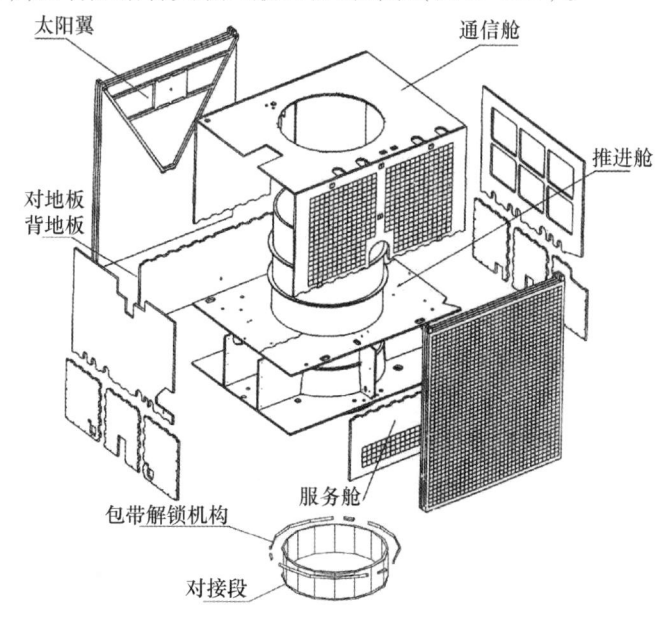

图 2.4.25　卫星结构部装组成示意图

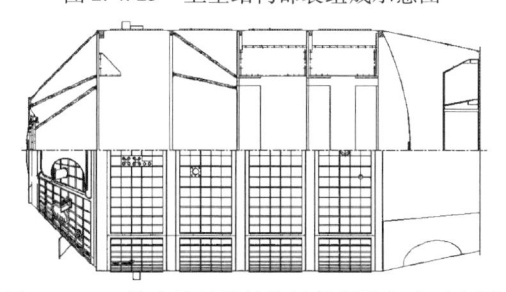

图 2.4.26　载人航天器舱体结构部装组成示意图

航天器结构部装时对环境温度、湿度、洁净度都有一定的要求。一般洁净度要求：不大于 100000 级；温度：(20 ± 5)℃；相对湿度：≤60%。部装同时需要穿插进行喷涂等热控实施，部装完成后对装配精度及舱体漏率等其他指标进行检测。

航天器结构部装基本流程均是以主承力结构的某一基准面为基准，进行其他次结构及连接件的装配，再采用不同的测量手段进行传力次结构的安装精度测量，并对精度不满足要求的构件进行调试。结构全部安装到位后，对于需要重复拆装的构件，通过定位销孔和销套等手段，保证重复拆装精度；对一些精度要求较高的重要接口还需进行反复调试，必要时进行组合加工。

航天器结构部装的装配工艺流程一般如图 2.4.27 所示。

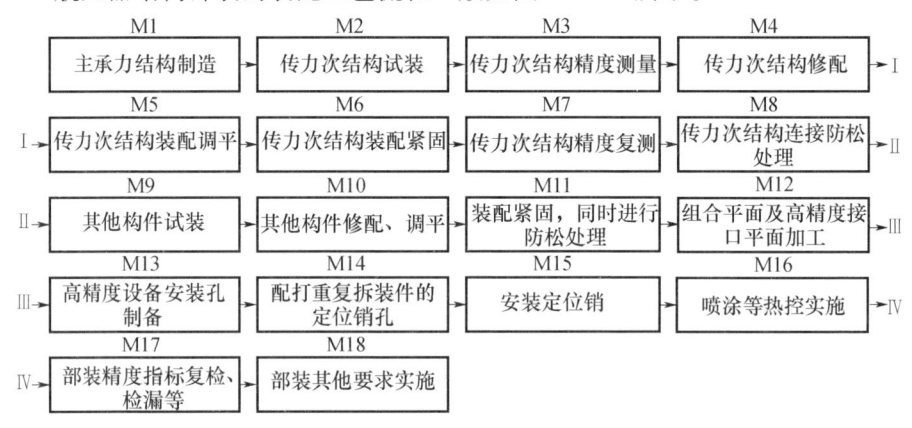

图 2.4.27 航天器结构部装流程图

对于航天器结构部装来说，其目的是为器上载荷提供安装接口和支撑连接，在结构轻量化、功能化的要求下，无论是载人航天器还是其他非密封的航天器结构部装均具有如下特点：

（1）航天器结构部装主要的安装对象是板、梁、杆、支架等类型的结构件，安装对象的载体均为结构刚性较好的主承力结构，如密封舱的壳体、卫星承力筒等。

（2）航天器结构部装安装对象的安装接口制造精度较低。受主承力结构的结构特性以及制造工艺手段的制约，主承力结构最终的形位精度较低，也导致航天器的传力次结构的安装接口位置的精度不高。

（3）航天器结构部装时均要满足部分载荷设备对接口的高精度需求。航天器总装时有大量设备对承力结构有很高的定位精度、形位精度要求，部装时需要实现该要求的精度指标。

（4）航天器结构部装的装配连接方式主要是螺纹连接，有时辅以胶接，部分部位需要反复拆装,并且重复安装定位精度要求高。

(5)航天器结构部装时受到航天器自身空间的限制。受发射能力等因素的限制,航天器结构空间不可能很大,故航天器结构部装零部件的装配操作空间有限,特别是在密封舱体内的装配受限情况尤为突出。

(6)航天器结构部装对工装的需求和依赖较大。现阶段航天器结构部装以手工装配为主,为满足人员操作的需求,均辅以相应的工装配合,同时某些局部的装配精度也是靠工装来保证。

(7)航天器结构部装时对大型数控加工中心的需求强烈。航天器上部分载荷设备对结构接口的高精度需求与结构制造精度不高相互矛盾,通常需要对高精度的设备接口进行组合加工来实现其精度指标,故需要与航天器结构尺寸相适应的加工中心。

(8)航天器结构部装依赖于高精度的空间尺寸测量设备,测量效率较低。航天器结构部装时,基准通常选择整器基准,大量构件的安装精度直接与整器基准发生关系,普通的测量手段无法满足测量需求,需采用激光跟踪仪等类设备。

2.4.9.2 工艺分析及工艺过程控制

航天器结构部装最终要保证的是结构安装面的精度,即结构上太阳翼、相机、天线等大型结构机构安装面的精度,承力构件的精度,如仪器板、肼瓶支架、座椅安装支架、相机大梁、承力梁等大型承力构件的安装精度。

航天器结构部装中,典型的安装精度有以下几类:

1. 太阳翼安装面的平面精度

(1)有调整块的,用基准模板调整、测修调整垫块,以调整安装面的精度。

(2)无调整块的,在整星状态用大型部装加工测量设备上进行加工、检测,或在数控加工中心上加工,用激光跟踪仪检测,加工时应予以防护,避免污染。

2. 太阳翼安装面上安装孔的位置精度

(1)有调整块的,将模板对准象限方位,固定于星体结构上,按模板上定位销钉孔位确定调整块的位置,用螺钉固定。调整块与压紧座安装不协调时,可修锉调整块或加垫片调整使其满足要求。

(2)无调整块的,有模板的按模板制孔,无模板的,在数控加工中心上制孔。按模板制孔时,将模板对准象限方位后固定,先用底孔钻套定位钻制铰前孔,再换上铰孔钻套铰孔到尺寸;在数控加工中心上制孔时,先按程序制出铰前孔,再用铰刀铰到尺寸。

3. 天线安装孔、相机安装孔的位置精度

根据型号类型采用不同的措施保证天线安装孔、相机安装孔的精度:

(1)安装块与结构板胶接为一体的,安装平面修整达到要求后,将模板对准象限方位后固定,按模板制孔;或在整星结构状态下,用数控加工中心制孔。

（2）安装块与结构板定位螺接的,安装平面修整达到要求后,将模板按整星基准找正,按模板在安装块上划出中心位置线后,将安装块卸下后在机床上制孔。

（3）由于测量存在偏差、制孔本身偏差,部装中定位销孔相对整星基准的位置精度指标不应高于0.3mm。

4. 太阳翼驱动机构安装面的平面精度及孔位精度

（1）按整星基准加工或用模拟驱动机构按整星基准调整。

（2）用模拟驱动机构以太阳翼安装面及安装孔为基准调整。

5. 肼瓶支架和贮箱的安装精度

以整星基准测定钻模位置,按钻模制肼瓶支架安装孔,保证其位置精度,或以整星基准测定其调整垫片厚度的方法来保证。

6. 仪器板的安装精度

仪器板的安装精度包括仪器板的定位尺寸精度以及与航天器结构端面的平行度。其中定位尺寸精度主要通过调整垫片以及安装孔位的修配来保证,与航天器结构端面的平行度的要求,主要通过调整垫片调平仪器板自身,防止仪器板自身产生装配变形,并且通过修配调整垫片的角度,来调整仪器板与基准面之间的倾角。

7. 座椅安装支架的安装精度

座椅安装支架的安装精度主要是指定位尺寸精度,座椅安装支架与金属舱体的连接孔的位置在装配时以安装支架的孔为基准配打舱体上的安装孔,装配时的高度尺寸及平面度、平行度通过调整垫片调整。

8. 承力梁的安装精度

相机大梁与载人飞船大底承力大梁的安装精度主要包括大梁上相机和设备的安装平面的平面度、与基准平面的平行度、定位尺寸等要求;相机和设备的安装孔相对于整舱基准的位置度要求。

由于相机大梁与承力大梁结构尺寸大,并且以组件形式与舱体连接,受舱体结构限制,无组合加工操作空间;另一方面受其自身性能需求限制,一般不可再次加工以牺牲其结构特性来满足总装设备对精度的需求。故从可行性上否决了装配后组合加工的可能,必需采用装调的手段来满足精度要求。

一般采用的工艺手段为:先在部组件级产品状态下进行试装配,必要时在工艺余量上进行组合加工;同时舱体结构上的大梁安装面及安装孔也在组件状态下组合加工,通过组件级尺寸精度的控制来改善和提高两大部件之间的装配接口精度。相机大梁及大底承力梁组件入舱后再采用调整垫片及修配的手段进行局部调试,满足最终的安装精度要求。

2.5 航天器金属结构特色制造工艺

2.5.1 机械加工的发展趋势

机械加工发展的总趋势是高效、高精度、高柔性和强化环保意识。在机械加工领域,切削、磨削加工是应用最广泛的加工方法。对高硬度材料和某些难加工材料,多数采用特种加工技术。在高效切削加工方面主要是高速切削,在国外,在刀具材料许可条件下,加工钢、铁及其合金的切削速度一般为 150～1200m/min,加工镍基合金为 15～600m/min,加工钛合金为 30～200m/min,加工铝合金可达 3500～4000m/min,但高硅铝合金(硅含量在 12% 以上),一般为 200～500m/min。当然,在生产实际中,被加工材料和刀具与加工要求不同,常常以材料切除率(即切削深度、进给量和切削速度的乘积)作为高效切削指标,而不是单纯追求高切削速度。在我国制造业中,由于广泛使用普通高速钢与硬质合金和通用机床,切削速度和切削效率普遍较低,一般加工钢、铁及其合金的切削速度在 200m/min 以内,采用新型刀具材料和数控机床可达 500m/min 以上,加工铝合金的效率也普遍较低,在加工超硬材料方面,除磨削外,主要是电火花、超声、激光和电化学等特种加工方法。但这些方法有的效率低,有的加工表面质量较差影响使用性能,因此机械加工的发展方向主要是高效复合加工技术。

2.5.2 高速加工技术

2.5.2.1 高速加工起源与发展

高速加工(High Speed Machining,HSM)是指采用比传统切削速度高出很多(通常高出 5～10 倍)的速度所进行的加工,以高切削速度、高进给量、高加工精度为主要特征(图 2.5.1)。

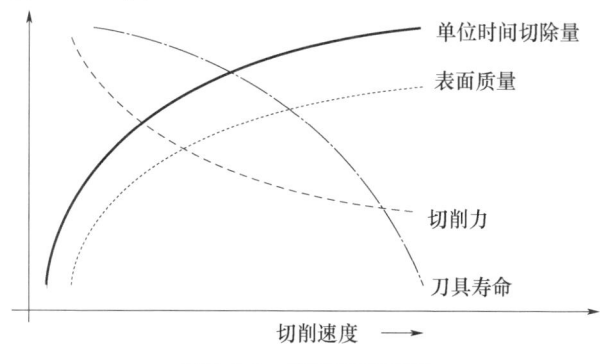

图 2.5.1 高速加工特征

高速加工发展迅速，目前已成为现代数控加工的主要发展趋势。高速加工与传统切削加工相比，具有许多优势，主要体现在：

(1) 采用高速主轴和高速进给，能显著提高机床的生产率；

(2) 采用高速进给薄切深和小步距走刀，改善工件表面质量和加工精度；

(3) 传入工件的切削热大幅度减少，可获得良好表面结构状态、物理性能和力学性能；

(4) 切削力较小，温度低，延长刀具的使用寿命，且干切削或准干切削，减少环境污染；

(5) 擅长加工铝钛基薄壁零件脆性材料，在航空航天等领域里有广泛应用前景。

高速加工的工艺特点可以满足越来越高的生产效率、加工质量和越来越复杂的三维曲面形状精密加工要求，并为此提供了解决的新方案，如薄壁弱刚性零件的加工；大余量复杂曲面零件加工；钛合金、复合材料等难加工材料零件的加工；精密微细零件的加工等。因此，高速加工技术特别适用于卫星、飞船等航天器结构、机构产品的研制。

2.5.2.2　高速加工技术应用现状

国外工业发达国家对高速加工的研究起步早，处于领先地位的国家主要有德国、日本、美国、意大利等。他们除了进行工艺研究外，还开展了研制、发展和提供能够适应于高速切削加工用的高质量、高性能、高可靠性的加工设备和装置。

飞机制造业是最早采用高速铣削的行业，飞机大型复杂构件大量采用"整体制造法"，即在整体上采用"掏空"加工以形成多筋薄壁构件，其金属切除量相当大，采用高速数控加工技术是近几年飞机加工技术发展的一种趋势。

高速电主轴是高速加工机床的关键部件，目前在国外生产中应用的机床最高转速已达180000 r/min，功率最大达70kW。转速200000r/min乃至更高的实用电主轴已在研究开发中。切削速度目前已能以8000m/min的速度铣削铝合金，加速度达到2.0g。近期有望达到10000m/min，也有以1500m/min的速度铣削硬度超过60HRC的高硬度钢的报道。

国内也有多家单位对高速加工技术进行了研究和开发。如南京航空航天大学、上海交通大学、北京理工大学、广东工业大学等高校与一些企业也陆续开展研究和应用，并已取得了一些成绩。但是，总体来说，我国高速加工技术还处于试验研究和低水平应用阶段，在航天器制造领域，高速加工的应用才刚刚起步，高速加工技术涉及的关键技术如图2.5.2所示。

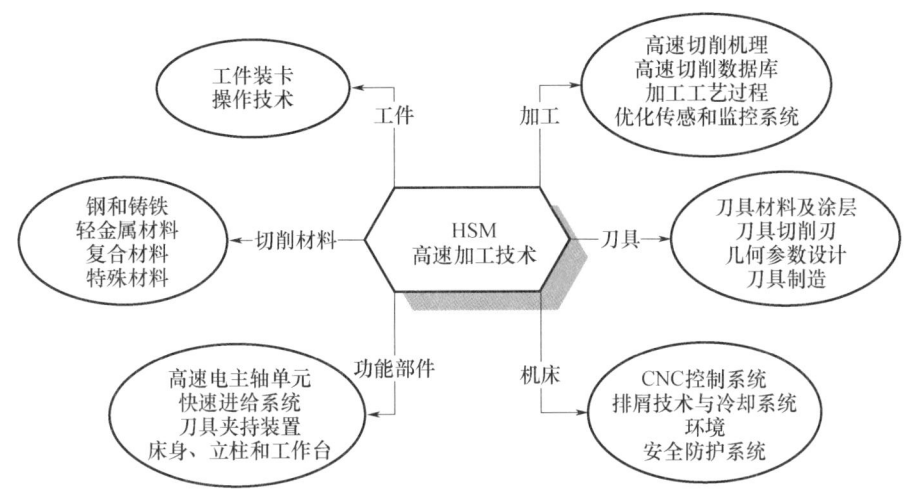

图 2.5.2　高速加工涉及的关键技术

2.5.2.3　高速加工技术在航天器制造中的应用分析

卫星、飞船等航天器制造属于多品种研制生产形式,近年来,随着航天技术和应用的迅速发展,航天器制造也提出了小批量生产或组批生产的需求。根据航天产品特点和需求情况分析,特别是小批量生产能力需求,无论是单件研制还是小批生产,高速加工都具有广泛的应用前景。

1. 薄壁弱刚性零件的加工

在卫星、飞船等航天器结构、机构中有大量精密薄壁弱刚性零部件(图2.5.3),如太阳翼展开机构、陀螺、相机等。材料多选用2A12T4,2A14T6等高强铝合金材料。此外,为了实现卫星、飞船等航天器结构的轻量化,结构设计大量采用薄壁加筋复杂曲面零件(图2.5.4)。这类材料在加工中极易变形,特别是薄壁复杂零件的加工变形更难于控制。为了不改变材料的状态,不降低材料的性能,不能采用热处理退火工艺方法去应力,只能采用热处理时效消除应力,而热处理时效温度低,应力去除效果不理想。目前采用多工序少余量加工,进行多

图 2.5.3　典型薄壁弱刚性零件

次热处理时效的工艺方案。该工艺方案存在生产周期长、产品质量一致性差等问题,成为制约产品工艺定型和小批量生产或组批生产的关键问题。

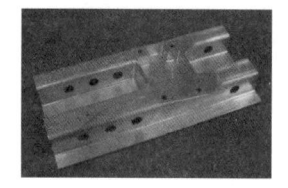

图 2.5.4　典型大余量复杂曲面零件

为解决此类零件的生产瓶颈问题,引入高速加工技术,对现有的加工路线、加工刀具、加工参数、加工程序等进行优化,将有效提高卫星薄壁复杂结构零部件的加工精度,提高合格率,缩短研制周期。

2. 整体壁板零件的加工

大型整体壁板结构制造技术是国际航天领域金属结构制造技术的主流和发展方向(图 2.5.5),是目前在卫星和飞船等航天器结构中广泛应用的大型薄壁密封结构制造技术的技术升级和跨越。相对于半硬壳式结构,大型壁板结构不仅大幅度提高了结构的强度与刚度,而且采用整体壁板可提高结构的密封性能和抗疲劳性能。大型壁板结构属于轻量化结构,可带来明显的减重效果,可使结构减重约 10%~30%。

图 2.5.5　整体壁板类零件

整体壁板结构厚度一般为 2~5mm,需切除大量余量,加工精度要求高。为了控制变形,保证加工精度,提高加工效率,需要高速、小切削量加工。

2.5.2.4　高速加工应用存在的问题及解决途径

1. 高速加工机床参数的选择定位问题

高速机床的性能主要取决于精度、主轴速度及动态性能、刚度和可靠性等因素。根据零件高速加工特点及性价比,经过分析对比,并不是切削速度越快越好。切削转速为 24000r/min,切削进给为 30m/min 以上时,除购买成本费用增加外,同时对高速加工工艺提出了更高的要求,给质量和安全带来风险,同时为用好机床,保持机床高效率,高转速高进给的要求给技术人员和操作工人带来压力。

高速切削一般要求转速和进给到达恒定后,才开始切削工件,在切削零件时,方向和速度的经常变化和突然改变、频繁的加减都不可避免。因此,不能过于追求超高速,而是根据产品的材料、结构等特点来选择加工速度。与此同时,除了要求机床不但要具有相对高转速和高进给速度,而且要具有很高的刚性和动态性能,即切削进给加速度指标,一般小型机床选1~2,大型机床则要低一些,否则会产生跟随误差,加工精度不容易保证。

2. 高速加工过程质量监控和安全保证问题

高速机床在切削过程中必须封闭起来,主要是因为刀具转速和切削速度非常高,必须加强安全防护,脱落刀片的动量接近子弹动量。编程技术人员一般在仿真的基础上要进行现场的试切,需要随时了解高速加工情况。如果工件较大,或进行舱体内部加工,将极大增加过程监控难度,技术人员和操作工人不能及时了解加工状况,给质量控制和安全都带来较大风险。高速加工技术广泛的应用,对编程技术的要求越来越高,价格昂贵的高速加工设备对数控加工程序提出更高要求的安全性、有效性。任何编程过程的失误(如过切、干扰、碰撞等)都会造成非常严重的事故。

质量控制和安全保证对CAM编程技术人员提出了较高要求,这需要CAM系统必须具备全自动的(而不是半自动或人工的)防过切、防碰撞功能,确保NC指令的绝对安全性。在程序仿真的基础上,有条件的还需进行有限元仿真,分析加工过程切削力和温度变化情况。

3. 高速刀具选择问题

刀具的选择是数控加工工艺中的重要内容,它不仅影响数控机床的加工效率,而且直接影响加工质量。数控加工刀具必须适应数控机床高速、高效和自动化程度高的特点,一般应包括通用刀具、通用连接刀柄及少量专用刀柄。首先刀柄需采用短圆柄,定位采用HSK规格刀柄较好。其次要有较高的动平衡性,常加上动平衡环,在刀具装卡后,利用动平衡仪进行平衡。另外在材料上刀具多采用整体硬质合金刀或采用涂层CBN,或采用人造金刚石PCD等。一般来说陶瓷/金属陶瓷和PCBN刀具等适合加工钢、铁等黑色金属;PCD等刀具适合加工铝、镁、铜等有色金属。在刀具性能方面要求径向跳动很小(小于0.003mm),刀长与刀具直径比小于4。

4. 高速铣削加工CAM数控编程及工艺问题

工艺是进行高速切削加工的关键,如果只有高速机床和刀具而没有良好的工艺技术作指导,昂贵的高速切削加工设备也只能同一般设备一样使用,不能充分发挥作用。高速铣削对工艺的改进提出了新的要求,主要体现在实现加工过程的平稳过渡,控制系统支持先进的NURBS插补功能。加工过程的平稳过渡以保证加工过程中拐角处以及尖角处通过圆角过渡。NURBS表示的曲线/曲面可以方便地实现曲线/曲面的局部变更。在修改曲线(或曲面)的一部分时不会对其他部分带来影响。用 NURBS 曲线表达的 NC 后置程序小,产生的加工精度高、加工时间比普通插补方法的时间短,也更适合于高速铣削。因此采用的编程软件是否能够很好的支持 NURBS 插补至关重要。编程技术人员必须对整个加工过程有一个全面清楚的认识,在编程过程中重点注意以下几点:

(1) 尽管高速加工中心有预览功能,但为避免惯性冲击过大,在使用 CAM 进行数控编程时,要尽一切可能保证刀具运动轨迹的光滑与平稳。

(2) 采用 NURBS 曲面插补法可显著减少程序块,提高曲面加工效率和质量,要求 CAM 系统和 CNC 系统都必须具有 NURBS 曲面插补功能。

(3) 尽可能减少速度的急剧变化,在程序段中可加入一些圆弧过渡段,尽可能减少铣削负荷的变化,避免刀具过载。

(4) 高速加工一般可分为以去除余量为目的的粗加工、残留粗加工及以获取高质量的加工表面及细微结构为目的的半精加工、精加工等。半精加工、精加工前应尽量使工件各处余量一致。

(5) 对薄壁深腔零件可采用等粗糙度等高加工或最佳等高速加工方式,它能控制切削载荷均匀性,保持刀具与工件的持续接触,避免频繁抬刀、进刀对零件表面质量的影响及机械设备不必要的耗损。

(6) 采用光滑进/退刀方式(图 2.5.6),保证加工质量和粗糙度,同时延长刀具的寿命。

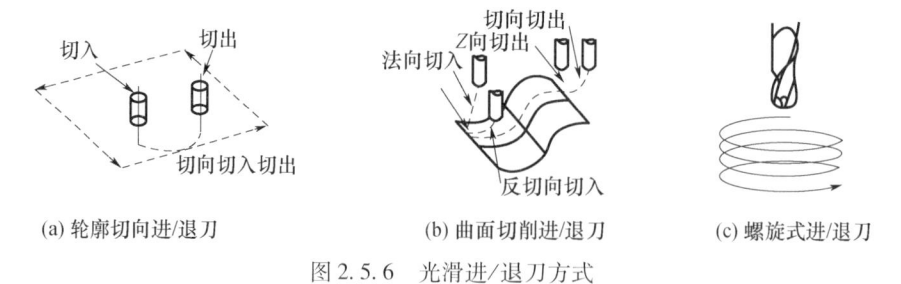

(a) 轮廓切向进/退刀　　(b) 曲面切削进/退刀　　(c) 螺旋式进/退刀

图 2.5.6　光滑进/退刀方式

(7) 要尽量在空走刀的时候换向,不在刀具处于切削状态的时候改变方向,或者在改变进给方向之前降低进给速度,拐角处尽量采用圆弧刀轨走刀(图 2.5.7)。

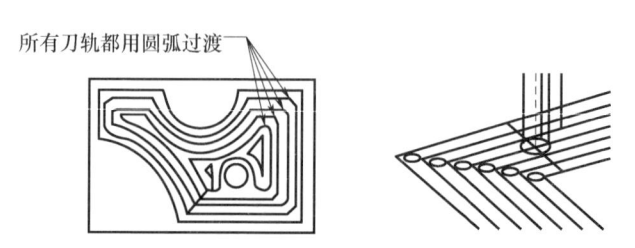

图 2.5.7　拐角处刀轨圆弧走刀

(8) 逐步建立高速加工参数数据库,正确使用已有的高速机床,充分发挥高速加工中心的效能。

2.5.3 数控渐进成形技术

2.5.3.1 数控渐进成形概述

20世纪90年代初,日本学者松原茂夫提出了一种新型的金属板料成形技术,即数字化渐进成形技术(NC incremental forming),又称为无模 NC 成形(dieless NC forming),其思路是将快速原型制造技术中"分层制造"的思想引入到塑性加工领域,把复杂的钣金零件三维模型沿一定方向离散化,并在分解后的每个等高层上生成数控加工轨迹,根据事先编好的数控代码,利用数控渐进成形机床控制成形工具头,使之沿着加工轨迹运动逐点成形零件,从而获得目标制件,实现金属板料的数字化无模制造。与传统成形工艺相比,数字化渐进成形技术具有以下优点:

(1) 钣金零件 CAD/CAM 一体化制造,易于实现自动化三维造型、工艺规划、成形过程模拟、成形过程控制等过程全部采用计算机技术,实现 CAD/CAM/CAE 一体化,具有很大的柔性,是一项很有发展前景的先进制造工艺。

(2) 实现无模成形,不需要传统的对合模具,不需要模具或仅采用简单支撑模具就可以通过数控设备加工出成形极限较大,高精度、高质量、形状复杂的板材零件。大大降低钣金件原型的制造成本。在航空航天、汽车、船舶、家用电器等领域有着广泛的应用空间。

(3) 设计到制造,周期短,易改进,适合快速原型制造和小批量、高精度零件制造。

(4) 由于采用的是分层增量成形,比传统成形技术更充分地利用材料的成形性能,因此可以制造变形程度更大的零件。

(5) 将快速原型制造技术与塑性成形技术有机结合,目前已有的快速原型制造方法很难造出能直接作为零件使用的薄壳类零件,对于大型零件传统意义的快速成形方法不仅无法保证其精度,而且制造过程耗时、原材料昂贵、后处理复杂,该项技术能够填补传统快速原型制造方法的空白,既是快速成形技术的发展,也是一种全新的塑性成形技术。它可以对板材成形工艺产生革命性的影响,也将引起板壳类零件设计理念的更新。

2.5.3.2 数控渐进成形基本分类及过程

数控渐进成形技术是目前国际上新兴的一种用于板料成形的柔性加工工艺。其利用通用的商业 CAD/CAM 系统生成成形工具的刀具运动轨迹驱动专用的数控设备,在不需要模具或仅采用简单支撑模具的情况下即可加工出变形程度大、形状复杂的钣金零件。

1. 基本分类

根据成形零件是否采用支撑模具,数控渐进成形可以分为正成形和负成形两种方式,如图2.5.8(a)、2.5.8(b)所示。①正成形方法中板料的下部需要一个形状与成形零件相近的支撑模型,成形过程中拖板带动板料随成形工具头的下降而下降。如图2.5.8(a)所示,正向成形工具头沿着模型的外表面成形,板材的边缘随着工具头的下降而下降,直至成形完成。②负成形方法是利用专用夹具夹住板料的四周,零件下部无约束,成形具有单个零件特征的零件。如图2.5.8(b)所示,该成形方法通常不需要模具,板材的边缘固定而不下降,工具头由边缘向心部逐层碾压板材,直至成形完成。

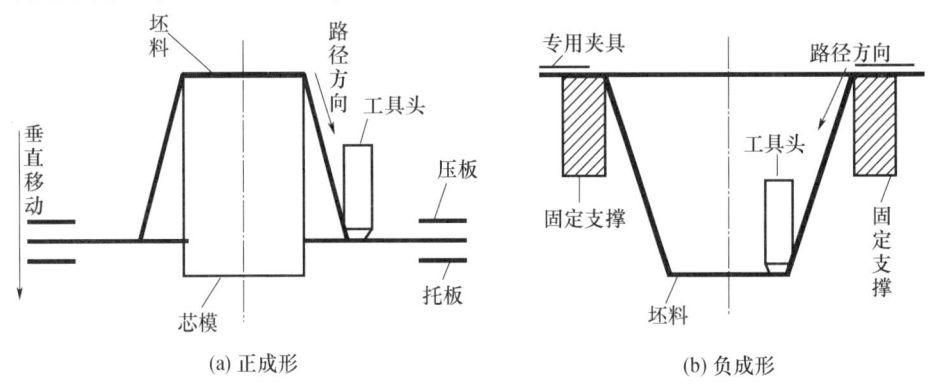

(a) 正成形　　(b) 负成形

图 2.5.8　渐进成形方式示意图

根据成形工具下压进给运动方式分,数字化渐进成形可简单的分为两轴半渐进成形和连续渐进成形。①两轴半渐进成形,即成形工具在专用数控机床的控制下按两轴半方式运动。成形时,首先将金属板料用专用夹具固定在三轴联动的专用数控成形机床上,加工时,成形工具头先走到指定位置,并对金属板料压下设定的高度,然后根据控制系统的指令,按照第一轮廓的要求,以走等高线的方式,对金属板料进行连续单点渐进加工。在成形完所需的第一层界截面轮廓后,成形工具再压下设定的高度,再按第二层截面轮廓要求运动,并成形第二层轮廓,如此重复,直到整个工件成形完成。②连续渐进成形,即成形工具头在专用数控机床的控制下按四轴三联动的方式运动。在正成形时,导柱(升降台)作为第四轴(A轴)随着成形工具头下降而下降,从而实现工件的连续渐进成形。

根据金属板料在成形过程中的变形特点,板料渐进成形可以简单的分为胀形类数字化渐进成形和拉伸类数字化渐进成形。①胀形类数字化渐进成形,成形过程中,金属毛坯板料被专用夹具固定死,由于专用夹具及已经成形过的金属板料的约束作用,在成形工具头的作用下,变形区大部分材料受双向拉应力作用

（忽略板厚方向的应力），沿切向和径向产生拉伸变形，是材料厚度减薄、表面积增大，并形成一个小的变形区。简单地说，胀形类数字化渐进成形是指完全依靠材料厚度减薄、表面积增大从而加工出零件的几何形状；②拉伸类数字化渐进成形，是指金属板料在没有专用夹具的约束时，在成形工具头的作用下，金属板料在径向和切向分别产生伸长和压缩变形，厚度有所增大，金属板料的外缘厚度增大，在成形工具头周围，材料除受径向拉伸外，同时产生塑性变形，使板料厚度减薄，简单的说，拉伸类数控渐进成形，是依靠材料的流动及拉伸变形和材料的厚度减薄共同作用，加工出零件的几何形状。

2. 成形过程

金属板料数字化渐进成形工艺中，由于成形工具头的球头半径远小于金属板料的尺寸，所以当成形工具头运动到某一位置时，金属板料的变形仅发生在成形工具球头周围。在成形过程中，由于成形工具头的连续作用，从而使球头周围微小局部变形累积产生金属板料的整体变形。

金属板材数控渐进成形的整个工作过程如图2.5.9所示，首先用三维设计软件绘制工件的三维图，三维图数控输入成形机的控制系统后，系统中的切片软件对三维数字模型进行分层（切片）处理并进行工艺规划，接着生成加工路径文件，控制板料数控成形机加工出所需工件。

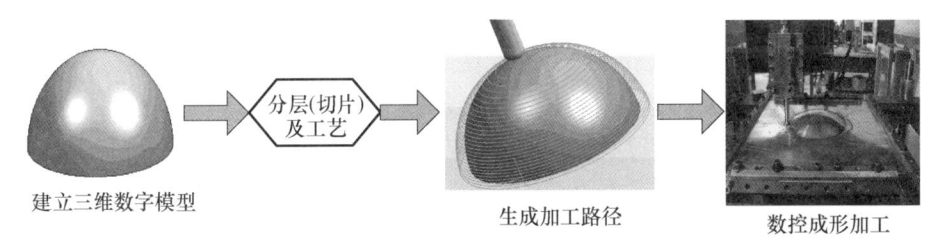

图2.5.9 金属板材数控渐进成形工作过程

2.5.4 柔性装夹技术

2.5.4.1 柔性装夹技术概述

真空吸盘装夹安全可靠，具有很好的柔性，可以实现平面和曲面弱刚性结构的有效装夹。对于航空航天领域的大型薄壁弱刚性结构工件的加工装夹难题，是一个切实可行的解决途径。

一般来说，利用真空吸盘装夹工件是最廉价的一种方法。在产品包装、物体传输和机械装配等自动作业线，使用真空吸盘来抓取物体的案例越来越多。真空吸盘具有吸持力大、稳定可靠、操作简单等优点，因此，利用真空吸盘原理的真空装夹技术，在机械加工工艺中的应用案例也越来越多。

真空装夹技术就是在工件和夹具之间形成真空室,利用真空室与大气的压差,产生巨大的压力,将工件牢固的吸附在夹具上,从而达到工件定位装夹的目的。对于大型薄壁弱刚性结构件、小型精密弱刚性结构件等工件的加工装夹难题,采用真空装夹技术可以迎刃而解。图 2.5.10 为典型大型薄壁弱刚性结构件,材料为 7075 铝合金,外形尺寸 2362mm × 2210mm × 82.6mm,壁厚 0.305mm,槽底部壁厚 0.381mm。图 2.5.11 为典型小型精密弱刚性结构件,材料为 LD10CS,外形尺寸为 186mm × 100mm × 40mm,壁厚 1.5mm,槽底部壁厚 1.5mm。

图 2.5.10　大型薄壁弱刚性结构件 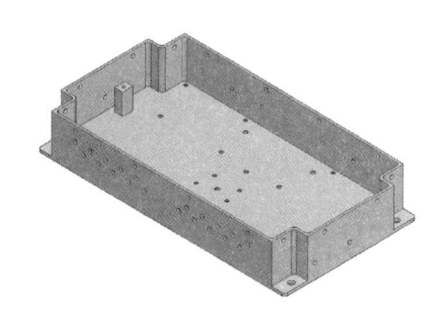　　图 2.5.11　小型精密弱刚性结构件

2.5.4.2　真空装夹系统

真空装夹系统一般由真空吸盘、真空源、管路等组成,图 2.5.12 为真空装夹系统组成示意图。真空吸盘可以是整体式的,也可以是分体组合式或离散的。真空的产生可以是由电动机、真空泵以及各种真空器件所组成的真空系统来提供,也可以由压缩空气通过真空发生器所产生的二次真空来提供。前者需要配置独立的真空系统,而后者可以利用一般生产过程中已有的空气压缩系统。因此,利用二次真空方法显得十分方便、经济。真空发生器的原理是:压缩空气通过收缩的喷嘴后,从喷嘴喷射出的高速气流卷吸周围的静止流体和它一起向前流动,从而在接受室形成负压,诱导二次真空。这样的真空系统,尤其对于不需要大流量真空的工况条件更显出它的优越性。

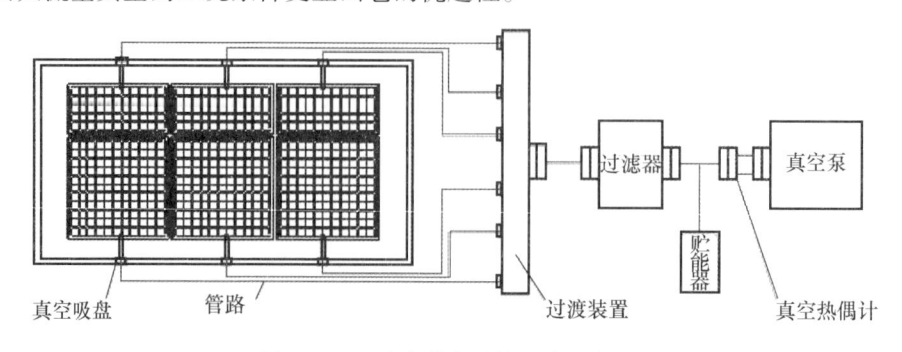

图 2.5.12　真空装夹系统组成示意图

2.5.4.3 平面真空装夹

平面真空装夹是真空装夹系统中最简单，也是应用最多的。要求工件具备一个满足密封装夹的基准平面，该基准面可以是工件自身固有的，也可以是加工过程中预留的工艺装夹基准面（在后续工序中去除）。

为了降低真空吸盘工装成本，缩短研制周期，要求真空吸盘必须具备足够的柔性，以适应尽可能多的工件种类，即适应不同的装夹面积和形状。

一般而言，对于整体式真空吸盘，抽气孔设在吸盘的几何中心，吸盘上设计栅格状分布的密封槽，在用密封槽围城密封腔体后，墙体内的密封槽形成抽气通道。这样通过调整密封圈的长度和布局，可以适应吸盘栅格最大面积内的任意形状和大小的工件的真空装夹。图2.5.13为典型整体式真空吸盘结构。

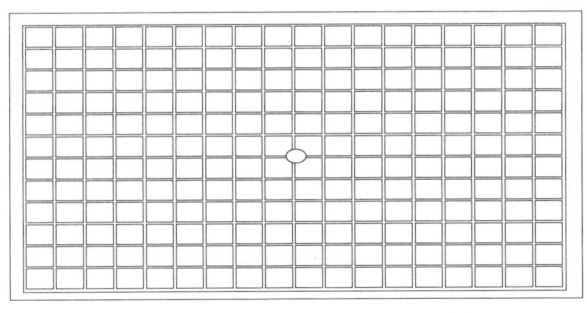

图2.5.13 典型整体式真空吸盘结构

对于分体组合式真空吸盘，类似于整体式真空吸盘，只是需要优化每个分块的大小，组合方式，每块的抽气孔的位置和数量等内容，以便通过密封圈的合理布局，适应多种类的工件装夹。图2.5.14为分体组合式真空吸盘结构。

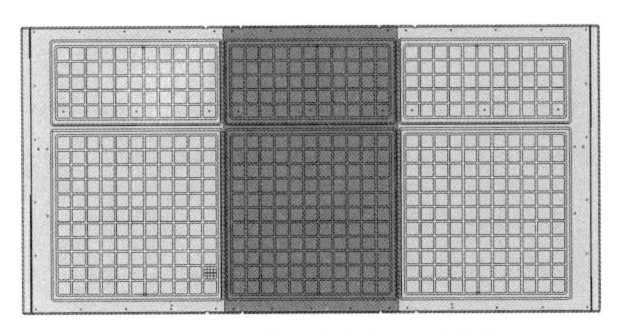

图2.5.14 分体组合式真空吸盘结构

多点离散结构的真空吸盘，采用多个真空吸块根据零件的大小和形状，分布安装在栅格台面上，安装灵活、简便，具有充分的柔性，能固定不同高度的复杂工件或多台阶式工件。图2.5.15为多点离散式真空吸盘结构。

图 2.5.15　多点离散式真空吸盘结构

2.5.4.4　曲面真空柔性装夹

大型薄壁曲面弱刚性工件的加工一直是工艺难题,传统的做法是采用钣金成形等非切削加工工艺方法。这种工艺方法相对而言精度较低,而且有些曲面成形难度很大或者不能成形;有些虽能成形,但由于生产数量极少(多为单件生产)等因素影响,产品总生产成本过高。因此,必须采用切削加工的工艺方法达到尺寸和形状位置精度的要求,同时成本得到控制。特别是近年来随着高速加工技术的推广应用,切削加工的精度和效率得到大幅度提高,而成本也在逐渐下降,整体加工大型薄壁曲面弱刚性工件的工艺方法也逐渐被采纳。

真空吸盘可以有效解决大型薄壁曲面弱刚性工件的加工装夹问题。为了实现有效装夹,要求真空吸盘必须具有足够的柔性,以适应不同曲率曲面的定位装夹,因此,采用多点离散结构的真空吸盘。采用计算机集成控制系统,实现每个离散的真空吸盘高度的数字控制。这样,栅格结构离散分布的真空吸盘阵具有很大的柔性,可以自动完成调形,适应不同曲面的工件装夹。

对于工件曲面的包容高度尺寸较小的工件,真空吸盘阵的可以采用平面栅格结构,这样结构和控制系统相对简单,可以降低真空吸盘系统的成本。图 2.5.16 为平面栅格结构真空吸盘应用实例。

图 2.5.16　平面栅格结构真空吸盘应用实例

对于工件曲面的包容高度尺寸较大的工件,真空吸盘阵的可以采用曲面栅格结构,每个真空吸盘单元安装在曲面结构基体上。这样可降低真空吸盘单元的高度行程,提高真空吸盘装夹的刚性。图 2.5.17 为曲面栅格结构真空吸盘典型结构,图 2.5.18 为曲面栅格结构真空吸盘工作效果示意图。

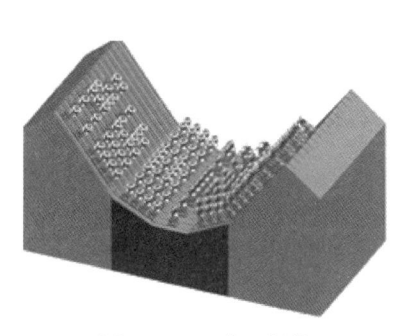

图 2.5.17　曲面栅格结构真空吸盘

图 2.5.18　曲面栅格结构真空吸盘工作示意图

2.6　发展趋势

2.6.1　先进机械制造理念

机械制造业历来是应用科学技术的主要领域,是应用最新科技推动社会、经济发展的主导产业。随着现代科学技术的飞速发展,以及市场需求的个性化与多样化,机械制造业发生了极为深刻和广泛的变化,已不是传统意义上的机械制造业。其发展特点与趋势主要体现为绿色制造、计算机集成制造、柔性制造、虚拟制造、智能制造、并行工程、敏捷制造和网络制造等方面。

(1) 柔性、集成、并行工作。现代机械制造系统具有多功能性和信息密集性,能够制造生产成本与批量无关的产品,能按订单制造,满足产品的个性要求。

(2) 设计与工艺一体化。设计与工艺密切结合,以工艺为突破口,形成设计与工艺的一体化。改变了传统的制造工程设计和工艺分步实施,工艺从属于设计、工艺与设计脱离等影响了制造技术发展的限制。

(3) 精密加工技术是关键。精密和超精密加工技术是衡量先进制造技术水平的重要指标之一。当前,纳米加工技术代表了制造技术的最高精度水平。

2.6.2 现代机械制造技术的新发展

1. 绿色制造(Environmentally Conscious Manufacturing)

绿色制造是一个综合考虑环境影响和资源效率的现代制造模式,是可持续发展战略在制造业中的重要体现。其目标是使产品在设计、制造、装配、运输、销售及使用的整个过程中努力做到资源的优化利用、清洁生产和废弃物的最少化及综合利用。要力求实现切削加工工艺的绿色化。

目前绿色加工工艺主要集中在不使用切削液上。在欧洲的大批量机械加工中,已有10%~15%的加工使用了干切削和准干切削。

2. 柔性制造系统(Flexible Manufacturing System, FMS)

柔性制造系统是由统一的控制系统(信息流)、物料(工件、刀具)和输送系统(物料流)连接起来的一组加工设备,能在不停机的情况下实现多品种、小批量零件的加工,并具有一定管理功能的自动化制造系统。柔性制造技术是制造业适应动态市场需求及产品迅速更新的主要手段,是各国制造业发展的主流趋势,是先进制造领域的基础技术。数控技术的成熟及单台数控设备的问世,使许多工业发达国家开始了柔性制造系统的应用。

3. 计算机集成制造(Computer Integrated Manufacturing, CIM)

CIM就是通过计算机实现信息集成,实现现代化的生产制造,求得企业的总体效益,使企业能够持续稳定的发展。集成制造主要包括人员集成、信息集成、功能集成、技术集成。

4. 虚拟制造(Virtual Manufacturing, VM)

虚拟制造主要就是利用计算机技术和装备产生一个虚拟环境,应用人类知识、技术和感知能力,与虚拟对象进行交互作用,对产品设计、制造进行全面的建模和仿真。

虚拟制造技术从根本上改变了设计、试制、修改设计和规模生产的传统制造模式。在产品真正制造以前,首先在虚拟制造环境中生产软产品原形,代替传统的硬样品,预测产品的设计和制造的合理性、产品性能和制造周期等,从而使产品的开发生产周期最短、成本最低、质量最优,最终提高快速响应市场多变的能力。

5. 敏捷制造(Agile Manufacturing, AM)

敏捷制造是将柔性生产技术、熟练掌握生产技能的劳动力,与促进企业内部和企业之间相互合作的灵活管理集成在一起,通过所建立的共同基础结构,对迅速改变或无法预见的市场作出快速反应,它旨在不可预测的持续变化的环境中使企业具有卓越的自适应能力,从而占据主导地位的总体战略,同时也是对市场需求做出快速响应、快速重组的生产模式。

敏捷制造是一种哲理或管理哲学,是企业管理的战略性变革。其特征是:制造柔性和成员合作,制造柔性是敏捷制造的组成部分,包括人员、设备和软件三方面的柔性。提高从产品设计、制造和销售全过程的整体柔性,进而保证敏捷制造系统快速响应、快速重组的能力。目前,敏捷制造在西方国家已初见成效。

参考文献

[1] 高慎斌. 卫星制造技术(上)[M]. 北京:宇航出版社,1998.
[2] 松原茂夫. タィしスフォーミンケとしての数值制御逐次成形法[J]. ァしス技术,1998,36(10):109–115.
[3] 周六如. 板料零件数控渐进成形工艺研究[J]. 塑性工程学报,2003(4):27-29.

第 3 章
复合材料结构制造技术

3.1 复合材料的定义

从广义上讲,复合材料可以泛指由多种不同相态的组分所组成的任何材料。在现代科学中,复合材料是指由两种或两种以上性能不同的材料复合而成的具有新性能的材料。一个比较严格的定义应该是:用经过选择的、比例不小于5%的两种或两种以上的组分,通过人工复合制造或成形的,组成多相、三维结合且各相之间有明显界面的、具有区别于各组分单独性能的固体材料。

从复合材料的定义可以看出,①复合材料的组分和它们的相对含量是经人工选择和设计的;②复合材料是经人工制造而非天然形成的;③组成复合材料的组分材料性能差异较大,在复合后仍然保持其固有的物理和化学性质;④复合材料的性能取决于各组分性能的协同,各组分混合后,性能有明显变化。复合材料具有新的、独特的和可用的性能,这种性能是单个组分材料性能所不及或不同的;⑤复合材料是各组分之间被明显界面区分的多相材料,细观上看是非均相材料,组分间有明显的界面。

先进复合材料是指由硼纤维、碳纤维、芳纶纤维、高强玻璃纤维等高性能纤维增强的复合材料,可用于主承力结构或次承力结构。由于密度低、比强度和比刚度大、可设计性强,先进复合材料是非常适合航天器结构的材料。同时,它具有热稳定性好、耐化学腐蚀、抗疲劳、制造工艺性佳等优势。

3.2 复合材料的组成

一般来说,复合材料的组成成分包括增强材料、基体和界面。

(1) 增强材料可以是颗粒、片状、短纤维、连续长纤维等,基本力学性能强于基体,主要起增强、承载、增韧等作用,从航天器结构的特点看,主要是为了追求高比强度和高比刚度。

（2）基体，一般为树脂、金属或合金、陶瓷等材料，与增强材料结合形成复合材料结构外形，并通过界面将应力传递到增强材料，并起到保护增强材料免受外界环境的侵蚀。对航天器而言，轻质、高强、耐空间环境是对基体的最核心的性能要求。

（3）界面是增强材料与基体的结合处，对应力传递、抵抗破坏起关键作用。界面的优劣成为评价"复合"效果的内在指标，通过对界面的设计与控制，可以使复合材料超越原来各组分的性能，达到大幅度改善强度、刚度或韧性的目的，获得预期的"复合"效果。

考虑到航天器制造技术的历史和现状，本书中的复合材料仅指常用于我国航天器结构的"连续纤维增强树脂基复合材料"，相关的材料、工艺也主要集中在航天器结构制造领域，而对此外的工艺与产品较少提及。

3.2.1 增强材料

增强材料是复合材料中承担外界载荷的组分，直接决定了复合材料最为关键的力学性能，如对航天器结构尤其重要的刚度、强度等。此外，在发射和在轨运行期间，可能经历各种苛刻的空间环境，如振动噪声、高低温冲击、高能粒子辐照、原子氧等，复合材料必须能够在复杂的环境中保持其力学性能和结构的完整性，为航天器提供工作平台。

在航天器结构的研制过程中，对于增强纤维的物理、化学和力学性能，有着非常严格的指标要求：不同环境下，批次内、批次间的性能波动必须控制在一定范围内。为了更准确、客观地判定增强纤维的性能，一般选择以下几个典型参数作为评估和判断的依据。

（1）线密度。线密度指一定长度连续纤维具备的质量，是表示纤维粗细程度、纤维丝束大小的指标，其单位名称为"Tex"（特），即1000m长度连续纤维的克数。

（2）断裂强度。断裂强度指材料发生断裂时的最大应力与断裂横截面积的比值，其单位通常为 MPa。

（3）弹性模量。弹性模量指材料在弹性变形阶段，其应力和应变成正比例关系，其比例系数称为弹性模量，其单位通常为 GPa。

（4）断裂延伸率。断裂延伸率指材料在拉断时的伸长量对起始长度的比值。

一般而言，模量高的纤维，断裂延伸率低，纤维表现为脆性，在加工过程中纤维易磨损；而断裂延伸率高的纤维韧性好，手感柔软，在加工过程中纤维损伤少。

随着复合材料技术的发展和新材料的不断出现，制造复合材料常用的增强材料主要有碳纤维、芳纶纤维、玻璃纤维等,此外,PBO 纤维、聚芳酯纤维及玄武岩纤维也具有广阔的发展前景。

1. 碳/石墨纤维

碳纤维是由含碳有机高分子聚合物经固相反应转化而成的连续纤维状无机碳材料,其中的碳元素含量在90%以上;而碳元素含量在99%以上的纤维,称为石墨纤维或高模量碳纤维。图3.2.1是碳纤维原丝和石墨纤维的照片。一般碳/石墨纤维的直径在$5 \sim 10\mu m$之间,仅为人头发丝的1/3左右。碳/石墨纤维的主要特点是轻质、高强、高模、耐腐蚀、耐空间环境、耐湿热,是最佳的航天器结构用增强纤维,目前已经广泛应用于国内外几乎所有航天器结构上,并在航空、武器、装备、汽车、体育和其他民用领域有着较广泛的应用和巨大的潜力,可以称为现代先进材料的代表。表3.2.1给出了几种牌号碳/石墨纤维与常用金属的物理、力学性能数据。

图 3.2.1 碳纤维原丝及石墨纤维照片

表 3.2.1 碳/石墨纤维与金属的物理、力学性能

纤维	密度 ρ /(g/cm³)	直径 D /μm	杨氏模量 E/GPa	拉伸强度 X_t/GPa	断裂延伸率 E/%	CETα /($\times 10^{-6}$/K)	比模量 E/ρ /(MPa/(g·cm⁻³))	比强度 X_t/ρ /(GPa/(g·cm⁻³))
PAN 基碳纤维 T300	1.80	8	230	3.6	1.6	-0.4	127	2.0
PAN 基碳纤维 T800	1.80	5	300	5.8	2.0	-1.0	167	3.2
PAN 基碳纤维 T1000	1.80	5	300	7.3	2.4	-1.0	167	4.0
PAN 基石墨纤维 M50	2.00	7	500	2.5	0.5	-1.0	250	1.2
PAN 基石墨纤维 M60J	2.00	7	600	4.0	0.7	-1.2	300	2.0
沥青基石墨纤维 P100	2.10	10	725	2.2	0.3	-1.6	345	1.0
沥青基石墨纤维 P140	2.10	10	960	1.4	0.15	-1.8	457	0.7
高碳钢	7.80		200	1.0	0.5	12	25.6	0.12
钛合金	4.40		116	1.0	0.9	8.5	26	0.22
高强铝合金	2.70		72	0.7	0.9	23	27	0.25
金属钨	19.35		400	1.0	0.25	4.5	20	0.05
金属铍	1.85		300	0.7	0.38		162	0.38

由表3.2.1可以看出,碳/石墨纤维的比强度和比模量要远远高于高碳钢和高强铝合金,在同等重量的条件下,制件可以获得更高的力学性能;在同等力学性能的条件下,制件可以做得更轻。因此,复合材料特别适合于对重量要求苛刻的航天器结构。

制备碳纤维的主要原材料有黏胶纤维、沥青纤维和聚丙烯腈(PAN)纤维。其中黏胶基碳纤维采用植物性纤维作为原料,耐烧蚀性好,但力学性能较差,用量很少;沥青基碳纤维则以中间相沥青为原材料在高温下石墨化得到,石墨结晶取向度高,弹性模量大,导电、导热率高,但强度较低,不适于作为结构材料,适于作为功能复合材料;聚丙烯腈基碳纤维是目前用量最大、牌号最多的碳纤维,综合力学性能好,强度、模量选择多,民用级碳纤维价格不高,应用范围广。

航天器结构件主要采用聚丙烯腈基的碳纤维,在高温转化过程中,由于原料、碳化历程、工艺技术的不同,形成的产物结构大不相同,性能也差别很大,由此形成了两大系列的高性能碳纤维,从性能上分为高强度型和高模量型。前者是经过1400~1900℃碳化处理的高强度、中等模量的碳纤维,后者则是经过2500~2800℃进一步高温石墨化、模量更高的高模量碳纤维(也称为石墨纤维)。相关研究表明,高模量碳纤维的晶胞尺寸较接近于石墨结构,晶粒尺寸和取向度较大,表面沟槽细浅,排列整齐。图3.2.2是高模量碳纤维的表面与横截面的电镜照片。高模量碳纤维与高强度碳纤维结构及性能的差异,使得其应用

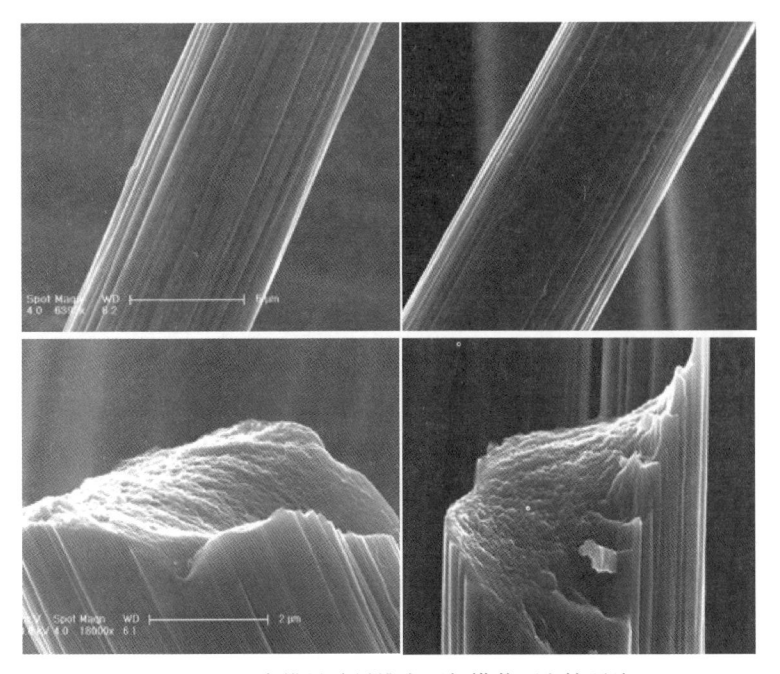

图3.2.2 高模量碳纤维表面与横截面电镜照片

范围也有所不同。高强度型碳纤维(T系列)主要包括T300,T700,T800和T1000,主要应用于民用产品和各种航空结构中;而高模量型碳纤维(M系列和MJ系列)主要包括M40,M40J,M55J以及M60J等,则主要用于航天器结构。图3.2.3给出了常用各牌号碳纤维的性能数据。

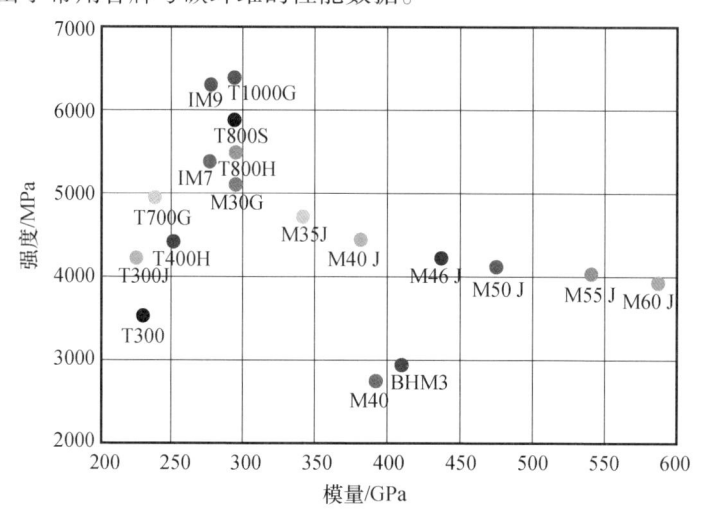

图 3.2.3　各牌号碳纤维的性能

航天器需要经受运载火箭发射、空间轨道运行的工作环境,返回式航天器还要经受再入大气层的工作环境。这些特殊的工作环境,决定了对航天器结构材料有着与一般结构材料不同的要求,主要包括低密度、高模量、高强度、热膨胀系数小、比热容高、热导率高、空间环境稳定性好等。高模量碳纤维复合材料能够满足以上要求,因此广泛地应用于各类航天器的主承力结构、次承力结构,以及有效载荷等。目前我国的卫星和空间探测器的承力筒、仪器安装板、太阳翼基板、连接架、发动机支架、桁架、天线、相机镜筒等均采用高模量碳纤维树脂基复合材料制造。

2. 芳纶纤维

20世纪70年代初期出现的、较为有影响的、用于增强复合材料的有机纤维是芳纶,也就是聚对苯二甲酰对苯二胺纤维(PPTA)。芳纶纤维是最早商业化的有机纤维,市场上常见的芳纶纤维有美国杜邦公司的Kevlar®、Nomex®,荷兰阿克苏公司的Twaron®,中国的芳纶1313、芳纶1414以及俄罗斯的Armos®、Rusa®等。

芳纶纤维的模量介于玻璃纤维和碳纤维之间,但它有很高的强度和很低的密度,因此具有高比强度。这种纤维是微纤状的,它的破坏模式是劈裂而不是折断,具有很高的韧性。芳纶纤维的这种特性使它在防护盔甲上得到了应用,同时也可以用于制作成几乎无法切断的芳纶毡及芳纶布。

Kevlar 纤维主要有 Kevlar 29(高韧性)、Kevlar 49(高模量)和 Kevlar 149(超高模量)三个牌号,工艺条件的变化造成纤维结晶度的不同,因此纤维的模量也就不同,分别用模量值(例如 29,49,149MPa)来命名。其中,Kevlar49 纤维是工程上应用最多的一种芳纶纤维。

芳纶纤维的压缩强度(相对碳纤维)虽然较低,但它的拉伸强度及韧性很高。芳纶纤维的密度在 1.4~1.5g/cm³ 范围内,比玻璃纤维低约 40%,比碳纤维低约 20%。

芳纶纤维具有低密度、高拉伸强度、中等拉伸模量和优异的韧性。芳纶纤维是芳香族聚酰胺聚合物,具有高的热稳定性、介电性和化学性能。芳纶在真空中长期使用温度为 160℃,温度低至 -60℃ 也不变脆,玻璃化转变温度为 250~400℃,热膨胀系数低(300℃ 以下为负值)。芳纶纤维的单丝强度可达 3773MPa;254mm 长的纤维束的拉伸强度为 2744MPa,大约为铝的 5 倍。芳纶纤维的耐冲击性能大约为石墨纤维的 6 倍、硼纤维的 3 倍、玻璃纤维的 0.8 倍。芳纶纤维的断裂伸长率在 3% 左右,接近玻璃纤维,高于其他纤维。用它与碳纤维混杂,将大大提高复合材料的冲击性能。

芳纶纤维的缺点也比较明显。芳纶纤维耐光性差,暴露于可见光和紫外线时会产生光致降解,使其力学性能下降和颜色发生变化,用高吸收率材料对芳纶纤维复合材料作表面涂层,可以减缓其光致降解。此外,其溶解性差,抗压强度低,吸湿性强,吸湿后纤维性能变化大。因此,应密封保存,在制备复合材料前应增加烘干工序。芳纶纤维的基本性能见表 3.2.2。

表 3.2.2 芳纶纤维的基本性能

性能	Kevlar-29	Kevlar-49	Kevlar-149
密度/(g·cm⁻³)	1.44	1.44	1.47
吸水率/%	7	3.5	1.2
拉伸强度/MPa	2900	2900	2400
断裂伸长率/%	3.6	1.9	1.5
分解温度/℃	约 500	约 500	约 500

芳纶以织物或复合材料形式使用,用于人体、装甲车、军用飞机等防弹保护。芳纶纤维增强的复合材料具有优良的振动-阻尼特性,在受冲击时不会碎裂。芳纶纤维的比强度、比模量优于高强度玻璃纤维,应用于火箭发动机壳体、整流罩、压力容器;飞机的窗框、天花板、隔板、地板、舱壁、舱门、行李架、座椅、机翼前缘、方向舵、安定面翼尖、尾锥和应急出口系统构件等。美国的 MX 陆基机动洲际导弹的三级发动机和新型潜地"三叉戟 II"D5 导弹的第三级发动机都采用了

Kevlar纤维缠绕的壳体。20世纪苏联的SS-24,SS-25机动洲际导弹各级固体发动机也都采用了芳纶纤维复合材料的壳体。芳纶纤维还应用于航空航天领域耐热、隔热的功能件,如芳纶短切纤维增强的三元乙丙橡胶基复合材料的软片或带材,作为发动机的内绝热层。在航天器结构上,芳纶纤维应用于天线支撑结构、绳索、隔热垫和透波结构件。

3. PBO纤维

PBO纤维是聚对苯撑苯并双噁唑纤维的简称,是20世纪80年代美国为发展航空航天事业而开发的复合材料用增强纤维,是含有杂环芳香族的聚酰胺家族中最有发展前途的,被为21世纪超级纤维。

PBO纤维具有十分优异的物理、力学性能和化学性能,其强度、模量等力学性能为Kevlar纤维的2倍,还兼有间位芳纶耐热、阻燃的性能。据报道,东洋纺生产的Zylon拉伸强度为5.8GPa,拉伸模量为180GPa(经热处理后280GPa),综合力学性能居各种高分子材料之冠。而理论研究表明,各项性能仍有较大增长空间。此外,PBO纤维的耐冲击性、耐摩擦性和尺寸稳定性均很优异,并且质轻、柔软,是极其理想的纺织原料,应用领域十分广阔。表3.2.3列出了三种商业PBO纤维的性能数据。

表3.2.3 商业PBO纤维的性能

纤维类型	公司	密度/(g·cm^{-3})	拉伸强度/MPa	拉伸模量/GPa	断裂伸长率/%	LOI	分解温度/℃	最高使用温度/℃
PBO-AS	东洋纺织株式会社	1.54	5800	180	3.5	68	650	350
PBO-HM	东洋纺织株式会社	1.56	5800	280	2.5	68	650	350
PBO-UM	阿克苏诺贝尔	1.70	—	330	1.2	75	—	—

在一些特殊的航天器结构领域,比强度高的材料有着十分重要的意义。PBO纤维是现有比强度最高的纤维,可以应用于飞船的电子电器结构件、航天服、火星探测器的气球膜等。据报道,美国的火星探测车采用了PBO纤维复合材料作为抗冲击防护层。美国布伦斯维克公司已用PBO纤维(拉伸强度为5.5GPa)进行缠绕容器的综合研究,共缠绕6台内径250mm的球形高压容器,性能优于用T-800碳纤维(拉伸强度为5.65GPa)缠绕的容器。因此,可将PBO纤维应用于固体火箭发动机壳体材料,有利于提高固体发动机的性能和武器的战术指标,如导弹的射程、弹头和助推器的有效载荷、武器的机动能力和火箭发动机性能等。

4. 聚芳酯纤维

这种聚合物是一种类似芳族聚酰胺的聚酯。首个具有完全意义上的聚芳酯是由 Celanese 于 20 世纪 80 年代发明的 Vectran 聚合物，20 世纪 90 年代开始商业化生产，商品名为 Vectran 纤维。Vectran 聚合物是由约 70% 的对羟基苯甲酸（HBA）和 30% 的 2-羟基-6-奈甲酸（HNA）经熔融无规共聚合制得。在聚合之前，HBA 和 HNA 两种单体和醋酐反应进行乙酰化，在催化剂和惰性气体保护的条件下，进行酯交换反应，脱去醋酸，再在真空下进一步聚合最后得到 Vectran 聚合物（也可加入第三组分单体进行熔融共聚合）。由于 Vectran 属于聚酯类化合物而不属于聚酰胺类，其依然保留着聚酯的优点，如高强、较好的尺寸稳定性和极低的回潮率。

Vectran 是一种高弹性、高强度、低吸水且高耐磨的多芳基纤维材料。吸湿率极低，几乎不存在吸湿的问题，干、湿环境中物性差异小。Vectran 纤维有优良的耐热、耐蠕变、耐摩耗性能，防火阻燃，高温下不熔、不滴流，尺寸稳定，热变形小，不受水份和温度的影响，不发生瞬时的尺寸变化。无论对研磨机的磨耗，还是纤维间的磨耗，均远远低于 Kevlar 纤维。折断纤维所需的摩擦次数比 Kevlar 大 10~20 倍。聚芳酯纤维的单丝纤度可以较粗，强度几乎不随纤度增大而降低，有利于改善纤维的耐磨损性。耐化学药品性特别是耐酸性好，在酸性条件下使用，比 Kevlar 纤维有利。在酸或碱中经受一定温度和一定时间的浸泡，强度保持率比 Kevlar 纤维高得多。Vectran 纤维及织物耐切割性能特别突出，对锋利刃器抗击性能极强，是优良的防护材料。尽管聚芳酯纤维为熔纺纤维，但遇热不会产生熔滴，有自熄性，分解温度在 400℃ 以上。

如上所述，Vectran 纤维的强度、弹性模量、伸长率、耐热性等性能与芳纶纤维相当，完全能满足结构件对增强纤维的力学要求。可作光纤、通信电缆、特种电线、发热毯中发热线的增强材料。其织物与水泥复合材料制成的棒材可代替钢筋，在土木建筑业应用。Vectran 纤维增强的橡胶制品可作耐压软管、传送带、密封件，还可作汽车用的特种橡胶结构件。Vectran 纤维具有优良的防火阻燃及耐切割性能，是优良的防护材料。可作防护服、防护罩、防护板、安全帽以及耐高温、高强度的防护手套等。此外，还可作耐高温防酸、防碱的过滤材料。Vectran 纤维密度低、强度高、耐湿热、耐磨耗，做成缆索后操作性能好，可代替钢丝缆索。另外，与芳纶纤维相比，耐气候老化性好。Vectran 纤维及其织物在航天领域也有应用。如 1997 年美国航天局的火星探测器采用 Vectran 纤维制成气囊，减轻了着陆时精密仪器所受的冲击。次年，日本的宇宙飞艇也采用了 Vectran 面料。图 3.2.4 是国外宇航公司采用 Vectran 纤维制造的可展开结构。

5. 玻璃纤维

玻璃纤维（Glass Fiber 或 Fiberglass）是最早开发的一种性能优异的无机非

图 3.2.4　Vectran 纤维制造的可展开结构

金属材料,已有数十年的历史。它是以玻璃为原料,经高温熔化、拉丝等工艺制得,其单丝直径在 2~20μm 之间。玻璃纤维种类多、综合性能好、技术成熟、应用广泛,如工业过滤器、防腐、防潮、隔热、隔声、减振材料等。目前商品化的主要品种有纤维和织物(俗称玻璃布)。

玻璃纤维的主要优点是绝缘性好、耐高温、抗腐蚀、机械强度较好,但是其缺点也很明显,即脆性大、耐磨性差、密度较高。在航空航天领域,玻璃纤维的应用因其重量原因受到限制,使用范围较小。只有 S 型(高强)玻璃纤维在军工和航空航天领域有一定的应用。

玻璃纤维的优点还包括拉伸强度高,伸长率小于 3%;吸水性弱;耐热性好,不易燃烧,高温下熔融成玻璃状小珠;加工性好,可制成股、束、毡、织物等不同形态产品;透明性好,可透过光线;价格便宜,应用广泛,可回收再利用。

6. 玄武岩纤维

玄武岩纤维是用火山爆发出的玄武岩矿石破碎后经 1450~1500℃ 的高温熔融后拉丝而成。连续玄武岩纤维(Continuous Basalt Fiber,CBF)是苏联于 20 世纪 60 年代研究开发的高科技纤维。

玄武岩连续纤维的主要特点如下:

(1) 应用温度范围广(-270~900℃),在超低温度和高温条件下,经多次冻结与解冻、浸湿与干燥循环,均能保持优良性能,且性能稳定,可以满足超低温和高温环境条件下的应用要求。

(2) 耐酸碱性能好,在腐蚀性介质中和环境中均能经得起长期腐蚀。

(3) 导热系数很低,只有 0.03~0.038W/(m·K)。

(4) 表面光滑,手感柔软,是纯环保纤维,对人体无害,可广泛用于纺织品。

(5）生产成本低,耐温范围、耐腐蚀方面以及弹性模量等方面均优于玻璃纤维。

玄武岩连续纤维的主要应用领域有：

（1）建筑业。玄武岩连续纤维复合材料适合于防火卷帘的主隔层。在俄罗斯玄武岩纤维作为隔热材料已经应用于市政建设工程。玄武岩纤维具有优良的隔热及保温特性,用玄武岩纤维作成的垫、棉及板材用于建筑结构,如房屋的外墙及屋顶的隔热材料。此外,据有关资料介绍,美国已用玄武岩纤维增强水泥建成了一座跨度40m、宽度30m的大桥。

（2）电子工业。玄武岩连续纤维复合材料可用于电子仪表壳体、具有高抗静电指标的结构材料、印制电路板基材等。玄武岩纤维镀铜（或其他金属）后的复合材料可用于防护电磁辐射。

（3）交通运输业。用玄武岩纤维复合材料面板的蜂窝板可制成火车车厢板,既减轻了车厢的质量,又是良好的阻燃材料。据悉美国福特、通用等汽车制造公司正在着手起草制订采用玄武岩纤维替代碳纤维作增强材料的工业标准。

（4）国防及航空航天工业。早在1975年,与苏联"联盟"-19号宇宙飞船第一次完成对接的美国"阿波罗"号宇宙飞船的结构材料上,应用了苏联的玄武岩纤维。玄武岩纤维的耐温特性,使得它成为高温过滤材料、阻燃隔热面料、过冷防护服、防弹服、军用帐篷、坦克发动机绝热隔声罩、火箭燃烧喉管等军事装备的材料。

（5）汽车工业。玄武岩纤维具有很高的耐冲击强度及韧性,可以制造汽车的装甲护扳。此外,由于玄武岩纤维具有很好的抗潮湿、耐酸、碱及盐溶液的性能,适合作汽车的外部零件。2009年,第79届日内瓦国际车展上,展出了一款轻型概念车,采用玄武岩纤维复合材料打造车体,兼具轻巧、稳定等优点,最重要的是,玄武岩纤维100%可回收再利用,是一种环境友好纤维。

3.2.2 基体

基体是构成复合材料的组分之一,作用是将增强材料固定连接在一起,并将外力传递给增强材料。基体的性质既决定了复合材料中增强材料性能的发挥程度,同时也是复合材料功能性的主要来源。树脂的化学组成和物理性能从根本上影响复合材料的工艺、制造和最终性能。

可用作复合材料基体的材料很多,如树脂、塑料、陶瓷、金属等,由于树脂基复合材料在航天领域占据了主要地位,本节重点描述用于树脂基复合材料中的树脂。树脂是一个通用术语,用于表示各种聚合物、聚合物前驱体材料和/或混合物或其中含有各种添加剂或化学反应成分的配方。另外,本章中所指的基体一般指树脂,对其他基体材料不做介绍。

在航天结构领域中,高性能树脂基体以其分子网络形式分为热固性和热塑性两类。其中热固性基体强度高、模量高、耐环境性能好、工艺性好,是航天器结构的主流基体,主要有环氧树脂、氰酸酯、双马来酰亚胺、聚酰亚胺、聚酯等。而热塑性基体的优点在于可回收、韧性好,但是因为模量低、蠕变大、加工性不佳、耐紫外辐射能力差,在航天器结构上应用较少。但最近也逐渐出现了一些结合热固性和热塑性材料的复合基体,具备了两者的优点,有较大的发展潜力。

先进复合材料对树脂的要求越来越高,在航天器结构领域,理想的基体材料应具备的性能包括:

(1) 在各种地面和空间环境条件下都具有很好的力学性能。
(2) 容易制成预浸料并有较长的贮存期。
(3) 工艺上容易操作,质量容易控制。
(4) 真空出气性能满足指标要求。
(5) 耐受空间环境。
(6) 在轨工作期间,性能降低不超过 20%。

1. 环氧树脂(Epoxy,EP)

环氧树脂是复合材料中最常见的热固性基体材料。从聚合物化学的角度来说,环氧树脂是一个分子中含有两个以上环氧基(两个碳原子和一个氧原子)的化合物总称。一般环氧树脂单独是不能固化的,它是通过和含有活性氢的化合物(固化剂)反应而形成固化状态的。通常所称的环氧树脂,是指与活性氢化合物的硬化剂反应后固化的树脂。使用不同的活性氢化合物可以得到不同类型的环氧树脂。因此,环氧树脂有很多种类。最常见的是双苯酚型环氧树脂,具有较好的力学、电气和耐腐蚀等性能。

环氧树脂的优点是强度和模量高、挥发分低、优良的粘合性、低收缩率、良好的耐化学性和易于加工成形。其主要缺点是脆性和吸湿后性能下降。环氧树脂的加工或固化比聚酯树脂慢,其价格也高于聚酯树脂。它的固化温度从室温至 180°C。最常用的固化温度范围在 120~180°C 之间。复合材料的使用温度也随树脂的固化温度变化。

环氧树脂可用 RTM、缠绕、拉挤、手糊、预浸料/热压罐、真空袋等工艺方法成形。由于其优异的性能,应用非常广,从航天到航空,从军用到民用。环氧树脂除用作复合材料的基体外,还可广泛用作涂料、黏合剂、封装材料等。

如前所述,环氧树脂具有多种状态,有液态、固态和半固态。固化剂可用胺、酸酐、羧酸和醇等。因此,通过改变树脂的配方,可调节控制树脂的固化速度、加工温度、成形周期、黏性、耐温性等。环氧树脂可与其他树脂共混、共聚合,因此可进行增韧改性。高性能环氧树脂常用的固化剂是芳香族二胺,有 DDS 和醚胺,如 BDAS,BDAO,BDAP 和 BDAF。各种固化剂得到的固化物吸湿率和玻璃化转变温度略有不同。

2. 氰酸酯树脂(Cyanate Ester,CE)

氰酸酯是双元或多元羟基与氢氰酸形成的酯类分子,是一种热固性树脂单体,具有较好的综合性能。氰酸酯树脂是指氰酸酯的预聚物或固化产物。氰酸酯树脂在热和催化剂作用下,会发生环三聚反应,生成含有三嗪环的高交联密度网络结构的大分子,固化氰酸酯树脂具有低介电常数(2.8~3.2)和极小的介电损耗(0.002~0.008)、高玻璃化转变温度(240~290℃)、低收缩率、低吸湿率(<1.5%)以及优良的力学性能和黏结性能等特点。

自从氰酸酯树脂商品化以来,短短几十年时间内,氰酸酯以其优异的电绝缘性能、极低的吸湿率、较好的耐热性、优良的尺寸稳定性、良好的力学性能以及与环氧树脂相近的成形工艺性等,备受人们的青睐,在航空航天、电子、医疗器械等诸多领域获得了广泛的应用,成为继环氧树脂、聚酰亚胺、双马来酰亚胺之后的又一高性能复合材料树脂基体。虽然氰酸酯具有上述的优异性能,但由于纯氰酸酯单体聚合后的交联密度大、结晶度高,造成纯氰酸酯制备的复合材料脆性大,影响了其应用前景。因此往往通过共聚或共混等方法对氰酸酯进行增韧改性,以提高其使用性能。常见的改性方法包括环氧改性、添加剂改性、催化剂改性等。根据不同的改性方法和应用方向,我国航天用氰酸酯已经逐步发展为以承力结构为目标,兼顾功能性、工艺性和制造成本的系列化产品。目前,我国部分航天器结构已采用国产的改性氰酸酯树脂基复合材料。

氰酸酯树脂具有与环氧树脂相近的加工性能,可以适应包括预浸料制备、RTM、缠绕、挤拉、模压等多种工艺方法的要求,可以用传统的复合材料成形设备加工。具有与双马来酰亚胺树脂相当的耐高温性能,比聚酰亚胺更优异的介电性能,与酚醛树脂相当的耐燃烧性能。尽管氰酸酯树脂出现得较晚,但它在国内外航天器结构中已经得到应用。"十五"和"十一五"期间,某航天器研制单位成功开发了BS-4氰酸酯树脂基体,其性能比现用的4211环氧体系有了大幅度的提高,"十二五"期间在多个预研或型号产品上应用,取得了较好的效果。但在使用过程中BS-4氰酸酯树脂也暴露出一些工艺问题,给产品生产和型号研制造成了影响。例如:氰酸酯树脂固化温度高,压力大,固化后易产生较大的残余应力;氰酸酯黏度随温度变化大,在中温范围内黏度很低,造成树脂流动性过大,制品易出现贫胶等质量问题。基于上述薄弱环节,在现有氰酸酯树脂的基础上,以降低氰酸酯复合材料固化温度和压力,提高氰酸酯中温流动性控制能力和减少结构缺陷为目标,某航天器研制单位成功开发了中温固化氰酸酯,大幅度降低氰酸酯的固化反应温度,提高产品合格率,降低了生产成本。

3. 酚醛树脂(Phenol Formaldehyde,PF)

20世纪初苯酚-甲醛树脂及其直接前驱体首次商业化生产并投入市场。

在二三十年代脲甲醛和三聚氰胺-甲醛作为更便宜的替代品问世,在较低温度使用。通常,酚醛树脂通过缩聚方法固化,伴随有水气排出,所得树脂的特点在于耐化学性和耐热性以及高硬度、降解产物低烟和低毒性。

酚醛聚合物经常称作可熔酚醛树脂或线性酚醛树脂。可熔酚醛树脂与线性酚醛树脂之间基本区别是:在线性酚醛树脂中没有羟甲基基团,并由此引起需要延伸剂,如多聚甲醛、六亚甲基四胺或补充甲醛作为固化剂。这些树脂比任何一种母体材料都具有更高的相对分子量和黏度,因此,它们是成形独特构造和复杂曲率最理想的材料。该树脂允许模压或热压罐固化,并能够承受较高温度的后固化,以提高其使用温度。

酚醛树脂是最早工业化的合成树脂,由于它原料易得、合成方便,以及固化后性能满足多种使用要求,在工业上得到广泛应用。酚醛树脂与其他热固性树脂比较,其缺点是固化温度较高,固化后树脂的力学性能、耐化学腐蚀性能不及环氧树脂,且其脆性较大、收缩率高、不耐碱、易吸潮、电性能差。但其最大的优势在于耐热性能好,在300℃以上才开始分解,并逐渐炭化,整个过程中可以吸收大量热,且其热导率较低。酚醛树脂在高温800~2500℃下在材料表面形成炭化层,使内部材料得到保护。因此,酚醛树脂广泛用作烧蚀材料,用于火箭、导弹、卫星、宇宙飞船等。国内某大学与某航天器研制单位合作研制的PICA类微烧蚀耐高温隔热材料,就是一种基于酚醛树脂的高性能航天材料。此外,由于酚醛树脂及其复合材料具有优良的耐辐射性,且具有较高的耐热性,因此可用于核电设备和高压加速器的电学元件、处理辐射材料的装备元件、空间飞行器的电器和结构组件,以及用作核电厂的防护涂料。

4. 双马来酰亚胺树脂(Bismaleimide,BMI)

双马来酰亚胺树脂是一种热固性树脂,是由二胺和顺丁烯二酸酐生成的马来酰亚胺聚合而成。典型的二胺是芳香族胺,到目前为止最普遍的是二苯氨基甲烷。双马来酰亚胺通过均聚合或通过与二胺、环氧或单一的或混合的不饱和化合物聚合形成有用的聚合物。各类材料像烯丙基、乙烯基、丙烯酸酯、环氧、聚酯、及酚醛类活性稀释剂和树脂可用于改进双马来酰亚胺体系的性能。然而,为了得到有用的聚合物,需注意特定的组分。

双马来酰亚胺树脂的物理形态取决于最终应用的要求。其形态能从固体变化到室温下可浇注的液体。对双马来酰亚胺树脂谈论最多的是与环氧树脂相比的优点。新出现的数据表明双马来酰亚胺树脂是在电子和宇航工业中得到广泛应用的多用途树脂。与环氧树脂相比的主要优点是其较高的玻璃化转变温度,可高达260~320℃。高温环氧的玻璃化转变温度通常低于260℃。双马来酰亚胺树脂的第二个优点是高使用温度下的高伸长率。用二氨基二苯砜(Diamino Diphenyl Sulfone,DDS)固化的高温环氧具有大约1%的伸长率,而双马来酰亚胺树脂可具有 2%～3% 的伸长率。因此，双马来酰亚胺树脂具有更高的耐温能力和更高的韧性，能在大气环境和高温条件下提供优良的性能。

双马来酰亚胺树脂成形工艺基本上与环氧树脂类似，适合于热压罐法、RTM 和 SMC（片状模塑料）等工艺方法。使用温度更高时需要在烘箱中进行自由状态的后固化。

双马来酰亚胺树脂具有耐热性好、便于加工、成形过程中不产生小分子挥发物，以及合成工艺简单等诸多优点。用它作为树脂基体制成的复合材料在航空航天、电子、汽车、机械等工业中广泛应用。在航空航天领域，主要是与碳纤维复合，制备连续纤维增强复合材料，用作军用飞机、民用飞机或航天器件的承力或非承力构件。美国 20 世纪 90 年代中期服役的先进战斗机 ATF，F16 飞机和新一代战斗机的翼、机身、尾翼、各种肋、梁及水平安定面等均采用高韧性双马来酰亚胺树脂基复合材料制造。美国的第四代战斗机 F-22 中，复合材料的使用量已达到总质量的 24%，其中大部分是高韧性双马来酰亚胺树脂基复合材料。此外，双马来酰亚胺树脂具有显著的耐湿/热性能，尺寸稳定性高，热膨胀系数低，可用于电子电器的绝缘材料。QY8911 是我国第一个通过国家鉴定并获得国家科技进步奖的双马来酰亚胺树脂，它已应用于多种机形的飞机和导弹结构。

虽然，双马来酰亚胺树脂材料的研究、应用已取得很大进展，但是在材料结构与性能的关系方面还有待深入细致地研究。今后的工作将集中在新双马来酰亚胺树脂材料的开发、材料的改性以及应用研究等方面。

5. 聚酰亚胺树脂（Polyimide,PI）

聚酰亚胺树脂系列包括多种聚合物，所有这些聚合物都含有芳香杂环结构。双马来酰亚胺是该系列的一个分支。其他聚酰亚胺是由各种环酐或其二酸衍生物通过与二胺反应合成的。此反应生成聚酰胺酸，该聚酰胺酸通过除去水和/或乙醇进行缩聚。在高温环境下，聚酰亚胺基复合材料性能优异，其耐热性、氧化稳定性、低热膨胀系数和耐溶剂性对航天器结构十分有用。其主要用途是太阳电池帆板的绝缘层、发动机高温防护层和一些特殊航天器结构。

聚酰亚胺树脂可以是热固性树脂，也可以是热塑性树脂。热固性聚酰亚胺的特性是具有可交联的封端和/或刚性聚合物主链。如果后固化温度足够高，一些热塑性聚酰亚胺在零件成形过程中也可能变成热固性聚合物。另一方面，含残余增塑溶剂部分固化的热固性聚酰亚胺可能显示出热塑性行为。因此，很难肯定地说一种具体的聚酰亚胺确实是热固性的还是热塑性树脂。所以，聚酰亚胺代表这两类聚合物之间的过渡。

聚酰亚胺的性能，如韧性和耐热性，受交联程度和链延长程度的影响。相对分子质量和交联密度由具体的封端基团和酸酐-胺混合物的化学计量法确定。该混合物通过逐步链增长反应产生聚酰胺酸，然后通过连续热固化循环，形成最终聚合物结构。树脂配方中所选溶剂对交联和链延长有重要影响。如 N - 甲基 2 - 吡咯烷酮(N - Methyl - 2 - pyrrolidinone,NMP)这样的溶剂,在形成相当大的交联网络之前,通过提高树脂流动、链迁移率和相对分子质量促进链延长。从实际出发,这些溶剂有益于聚合作用,但由于它们有引起分层的趋势,对航天器结构是有害的。

聚酰亚胺需要很高的固化温度,通常超过290℃。因此,有些用于环氧树脂基复合材料成形的辅料和模具就不适用了,必须使用耐高温的辅料和模具。聚酰亚胺基复合材料成形所用的真空袋材料和隔离薄膜,如 Kapton 和 Upilex,替代了环氧基复合材料成形的低成本尼龙真空袋和聚四氟乙烯(PTFE)隔离薄膜,并必须用玻璃纤维织物代替聚酯毡作为吸胶和透气材料。

6. 聚三唑树脂(Polytriazole,PTA)

聚三唑树脂特指主链结构中含有 1,2,3 - 三唑环的一类高性能树脂,由华东理工大学率先在国内合成制备,是为复合材料低温固化技术而研发的新型树脂基体。

聚三唑树脂是一种全新的树脂体系,具有优良的低温固化特性、优异的力学性能和良好的耐热性能。

低温固化即意味着低温反应,反应体系具有较低的活化能,反应活性高。既保持体系的低温固化反应特性,同时又使树脂体系满足应用要求,成为低温固化聚三唑树脂体系的重要研究内容。随着复合材料技术的发展和低成本化的需求,聚三唑树脂将有望在航空航天结构、低温固化胶粘剂和电子产品封装领域等得到应用。

3.2.3 复合材料界面

复合材料界面不仅仅是指由增强体和基体接触的、单纯的一个几何面,而是包含几何面在内的从基体到增强体的过渡区域。该区域的微观结构和性质与基体和增强体均有区别,常称为界面相或界面层。其确切的定义为:从与增强体内部性质不同的各个点开始,直到与基体内整体性质相一致的各个点之间组成的区域。界面相的厚度从几十纳米到几十微米之间,主要取决于基体和增强体的结构和性质、增强体的表面处理以及复合材料的制备工艺等。从基体向增强体过渡形成的界面相可能是连续变化的,也可能是不连续变化的,它们之间的边界不是特别清晰,再加上界面相厚度非常小,采用现有的测试手段很难清晰显示界面区域,一般只能观察到基体与纤维之间相互接触的"模糊"边界线。图 3.2.5 是典型的碳纤维树脂基复合材料界面显微照片。

复合材料界面的形成主要包括纤维与基体材料在接触表面的物理和化学结合,结合机理包括了吸附和润湿(浸润),静电吸附,元素或分子相互扩散,机械

(a) 断裂前,垂直于纤维方向

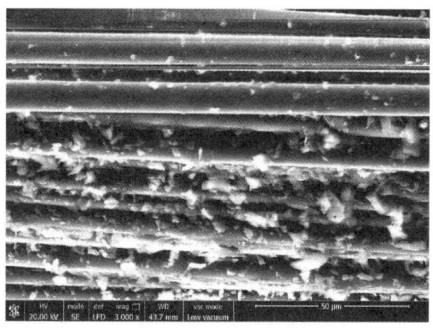

(b) 断裂前,平行于纤维方向

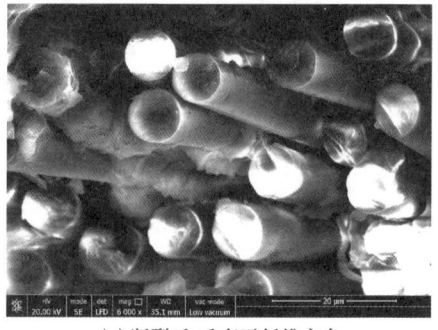

(c) 断裂后,垂直于纤维方向

(d) 断裂后,平行于纤维方向

图 3.2.5 典型碳纤维树脂基复合材料界面显微照片

啮合,范德华力,化学基团连接以及反应形成新的化合物等。

界面的作用是将增强体与基体粘结在一起,形成复合材料整体,并将外界的载荷传递到增强材料,它是基体和增强体应力传递的桥梁;同时界面还能吸收能量阻止基体中的裂纹扩展,提高复合材料的韧性。对以增强为目标的复合材料,一般要求界面需要良好的结合,以便界面应力传递效率提高。为了提高界面性能,常采用纤维表面处理的方法改变纤维表面的物理化学性能。例如对玻璃纤维使用偶联剂改善界面性能,在碳纤维表面进行氧化处理、等离子体刻蚀、等离子体聚合物表面涂覆等方法改善界面性能等。

复合材料界面能否有效传递载荷,取决于增强体和基体之间的物理化学结合程度,而界面结合程度与界面微观结构密切相关。复合材料的结构缺陷,如孔隙、夹杂和微裂纹,往往集中在界面区域,在服役过程中受载荷交变等影响往往引发结构破坏,因此界面微结构是界面研究的一个焦点。研究界面微结构的方法包括 SEM、TEM、AFM、显微拉曼光谱、纳米动态划痕、纳米动态模量成像等方法。

此外,为了表征复合材料界面传递应力的效率,需要得到界面剪切强度。界面在整个复合材料中所占比例的非常低,直接测试这一微小区域的性能是不现实的,一般采用复合材料的宏观测试方法来表征,如短梁剪切、导槽剪切、横向拉伸和 Iosipescu 剪切等,获得层间剪切强度来表征界面结合的强弱。此外针对单根纤维与基体形成的界面也发展了一些表征方法,如单丝拔出、微脱粘、单丝断裂、单丝顶出等,可以从更微观的层面直接评价界面剪切强度。

由于界面尺寸小且不均匀,化学成分和物理结构复杂,受力状态难以简化等难点,对于界面结构和性能的研究还不充分,很多表征方法还处于定性描述或者半定量表征状态,还有待更深入的研究。

3.2.4 复合材料的命名与分类

复合材料可根据增强材料与基体的名称来命名与分类。将增强材料的名称放在前面,基体的名称放在后面,再加上复合材料,即复合材料的一般命名方法。例如,玻璃纤维和环氧树脂构成的复合材料称为玻璃纤维环氧树脂复合材料,或玻璃纤维增强环氧树脂复合材料。为书写简便,也可以只写增强材料和基体材料的缩写,中间加一斜线隔开,如玻纤/环氧复合材料。有时为了突出增强材料或基体,根据需要突出强调的组分不同,也可以简称为玻璃纤维复合材料或环氧树脂复合材料。

按照不同的着眼点,复合材料有许多种分类方法,例如复合材料可以按照增强材料的形态、种类,基体的材料和材料作用进行分类。

1. 按增强材料的形态分类

(1) 连续纤维增强复合材料:增强材料以连续纤维的形式存在于复合材料中,并以其连续性承担复合材料的载荷或电、热传递功能。

(2) 短纤维增强复合材料:增强材料以较短长度的纤维分散于基体中,仅对局部的基体有连接与增强作用,大部分增强短纤维没有方向性。

(3) 颗粒增强复合材料:增强材料以微小颗粒状存在于基体中。

2. 按增强纤维的种类分类

(1) 玻璃纤维复合材料。

(2) 碳纤维复合材料。

(3) 有机纤维复合材料(如芳纶纤维、聚芳酯纤维、高强度聚乙烯纤维等)。

(4) 金属纤维(钨丝、原位合成金属晶须等)复合材料。

(5) 陶瓷纤维(氧化铝、氧化锆、碳化硅、硼纤维等)复合材料。

此外,如果用两种或两种以上纤维增强同一基体制成的复合材料,称为混杂复合材料。

3. 按基体材料分类

(1) 聚合物基复合材料。以热固性树脂和热塑性树脂为基体的复合材料。

(2) 金属基复合材料。以金属或合金为基体的复合材料,如铝基、镁基和钛基复合材料。

(3) 陶瓷基复合材料。以陶瓷为基体的复合材料,如氧化物陶瓷(氧化硅、氧化铝)、氮化物陶瓷(氮化硅、氮化硼)、碳化物陶瓷(碳化硅、碳化铪)、硼化物陶瓷(硼化锆)。

(4) 碳/碳复合材料。以碳纤维增强的碳基复合材料。

4. 按材料作用分类

(1) 结构复合材料:结构复合材料主要是作为承力结构使用的复合材料,它是由能承受载荷的增强材料与传递载荷的基体构成。结构复合材料的特点是可根据使用要求,进行组分选材和增强材料的排布设计,从而充分发挥各组分的效能。

(2) 功能复合材料:功能复合材料具有某些特殊的物理或化学特性,如声、光、电、磁、热、耐腐蚀、零膨胀、阻尼、摩擦或换能等。功能复合材料中的增强材料又可称为功能材料组分,它分布于基体组分中。基体不仅起到构成整体的作用,而且能够产生协同或加强功能的作用。

3.3 航天器复合材料概述

航天器结构材料要解决的主要问题是在满足强度要求的条件下,尽量提高结构刚度和稳定性,具有良好的耐空间环境性能,质量轻。因此要求其结构材料具有高比模量、高比强度、低热膨胀系数和优异的耐空间环境性能,而复合材料则是满足上述要求的最佳材料。

3.3.1 航天器对复合材料的需求

1. 结构高刚度需求

航天器在发射过程中会承受剧烈的加速度过载和振动载荷,对航天器主结构刚度要求相对较高,在这种使用要求下,高模量碳纤维复合材料是满足发射要求的较为理想材料。

在轨工作状态下的卫星通常带有一些大型的次级结构,如太阳翼、天线等,受姿轨控的操作、热应力等因素的影响,这些次结构经常会以自然频率做简谐振动,如果其自然频率过低,就会对卫星控制系统造成干扰,增加控制难度甚至失控。所以,卫星的推进与控制分系统对这些大型次级结构的一阶基频要求较高,因此需要增加高模量碳纤维复合材料在这些次级结构中的应用,以提高结构刚度。

2. 结构轻量化需求

由于运载资源有限,对航天器重量有着极严格的要求。为提高航天器在轨运行的寿命,对结构的轻量化提出了苛刻的要求。为增加有效载荷的数量,必须最大程度地减轻结构重量,为此需要减小结构壁厚,所引发的刚度和强度问题就更突出。在保证强度的前提下,要提高结构刚度,解决措施是一方面采取特殊的结构形状,另一方面是采用高模量材料增加结构刚度,因而航天器结构一般采用高模碳纤维复合材料制造。卫星的主承力结构件、次承力结构件,如卫星的中心承力筒、结构板、太阳翼电池帆板、太阳翼连接架、天线及支撑结构、遥感卫星相机镜筒等均采用高模量碳纤维树脂基复合材料制造,除载人飞船和返回式卫星外,均有高模量碳纤维树脂基复合材料应用,尤其是通信系列卫星,复合材料结构占整星结构的90%以上,卫星的结构重量与整星的重量之比在8%以下。

目前我国卫星常用材料的性能如表3.3.1所列。

表3.3.1 卫星常用材料性能

材料	拉伸强度 /MPa	拉伸模量 /GPa	比强度 /(MPa/(g·cm^{-3}))	比模量 /(MPa/(g·cm^{-3}))	密度 /(g·cm^{-3})
玻璃纤维/环氧单向板	1245	48.2	623.0	24.1	2.0
铝合金	393	72	141.3	25.9	2.78
钛合金	712	117	157.3	25.8	4.52
钢	413	206	52.6	26.3	7.85
Kevlar-49/环氧单向板	1373	78.4	981	56.0	1.40
高强碳纤维/环氧单向板	1471	137.3	1014	94.7	1.45
M40碳纤维/环氧单向板	1470	240	967.1	157.9	1.52
M55J碳纤维/环氧单向板	1800	340	1125	212.5	1.60

从表3.3.1中也可看出,碳纤维/环氧复合材料的比模量和比强度远高于金属材料,密度远低于金属材料,综合性能优于其他材料。采用高比模量的碳纤维复合材料,用最小的重量代价满足卫星结构高刚度和强度指标,可以降低卫星燃料消耗,同时还可以增加卫星有效载荷,增加卫星功能。

3. 结构尺寸稳定性需求

高模量碳纤维复合材料具有高比模量、低膨胀系数、良好的振动阻尼性能等突出优点,是卫星主结构、太阳翼结构、天线结构和相机结构等不可替代的关键结构材料。卫星在轨道变化和姿态控制过程中,卫星的结构尺寸稳定性是各种载荷工作精度的重要保证。卫星的抛物面天线反射面和遥感相机镜筒及支架等结构件要求具有高精度和高稳定性,影响其精度和变形的主要因素是在空间环境下由于温度冷热交变引起的热变形。由材料力学可知,在相同的载荷条件下,弹性模量越高则变形越小,因此高模量碳纤维复合材料是制造这类结构的理想材料。

4. 结构-功能一体化的需求

随着航天器功能的不断增加,以及载人、探月、深空探测等复杂航天项目的逐步开展,对其结构材料的要求也不断提高。生理环境保持能力、空间防护能力、热控能力和隐身能力等多种多样的功能成为现代航天器结构的必然发展趋势。碳纤维复合材料作为一种多相复合结构,能够在不损失结构强度的基础上,顺利地引入各种功能,即实现结构-功能一体化。

3.3.2 航天器复合材料的优点

1. 轻质、高比强度、高比刚度

卫星运行在数百到数万千米的空间轨道上,克服地球引力需要巨大的能量,因此航天技术对卫星的重量有着极其严格的要求。据估算,卫星每节省1kg的质量,运载火箭就可以减少500kg的燃料,并降低发射成本数万到数十万元。在整星重量相同的条件下,减少结构重量意味着增加有效载荷的重量,提高了卫星的功能、延长了寿命。复合材料是具有高比强度和高比模量的先进材料,可以用最小的重量代价满足卫星结构高刚度和强度的指标。

2. 具有可设计性

通过改变材料的组分,结构、工艺方法和工艺参数来调节材料的性能,就是材料性能的可设计性。复合材料由多个组分组合而成,选择不同的增强材料和基体,不同的配比和添加剂,不同的成形方法与工艺参数,可以得到性能差别很大的复合材料结构。因此复合材料具有可设计、设计自由度大的特点。对航天器结构而言,其所处的工作环境、承担的载荷、追求最高结构效率及高可靠性,使得复合材料的可设计性具有特别突出的重要性和优势。例如,对工作在低轨道上的卫星,需要长期面临高活性原子氧冲刷,必须调整复合材料的组分使其能够抗氧化;而对大型高精度天线,则要求其具有轻质、高强、高反射率、极低热变形,需要针对这些特殊要求来设计材料、结构并优化工艺。

3. 叠加效应

复合材料不仅仅是几种材料的简单组合,而是在原材料的基础上,形成新的结构、性能和功能。要实现预期的性能指标,应依靠增强材料与基体的叠加(或互补),使复合材料获得一种新的、独特而又优于各组分的简单混合物的性能,这就是叠加效应。叠加的结果是扬长避短,即每种组分只将自己的优点贡献给复合材料,而避开各自的缺点;或者由各组分性能互补,从而使复合材料在任何使用环境中增强材料与基体之间均能保持协调一致,成为能够在特殊工作环境中有效承担预期任务和发挥预期效能的有机整体。由于航天器结构的重量限制和工作环境的苛刻,往往需要追求极端的性能,为了实现最佳的性能、最小的密度和最强的功能,航天器复合材料的设计必须充分考虑各组分及其复合后的材料性能,最大限度地利用叠加效应。

4. 适合于整体成形

整体成形是指复合材料的不同组分通过连续铺放/编织/缝合或共固化/共胶接等技术,在材料形成过程中结为一体,这一过程称为复合材料结构的整体化成形。复合材料整体成形的意义在于,在满足结构总体性能要求的前提下,可以通过减少零件数目、紧固件数量和协调/连接装配工作量,进一步减轻结构重量,降低成本,特别是制造成本。同时由于孔数量的下降,可改善结构的承载能力,采用整体成形技术还可以减少分段、对接、间隙和台阶,使结构设计更为灵活。

对航天器而言,复合材料结构的整体成形优势更加突出,减少零件数目意味着提高制造效率,同时提高了可靠性,降低了人为错误的可能性;取消部分紧固件则可以显著降低无效重量,提高结构效率,满足航天器结构的减重需求。

3.3.3 航天器复合材料的基本类型

纤维与树脂的复合有很多种方式,而在航天领域中,大量采用的是用薄壁类的连续纤维增强层合结构。它是先将连续平行纤维与树脂基体制成层片(通常以预浸料的形式提供),再经过铺层设计,将层片按不同的纤维取向进行叠合(图3.3.1),最后用热压成形的方法使树脂发生聚合交联反应,制成特定形状和大小的层合板(也称为层压板)。这种层合板分为单向层合板(图3.3.1(a))和多向层合板(图3.3.1(b)),取决于其中各层内纤维的取向是否一致,表现出来的一般是定向增强各向异性材料,或是沿着板内方向呈准各向同性。这一特点是复合材料与金属材料截然不同之处,即其结构与材料的可设计性。

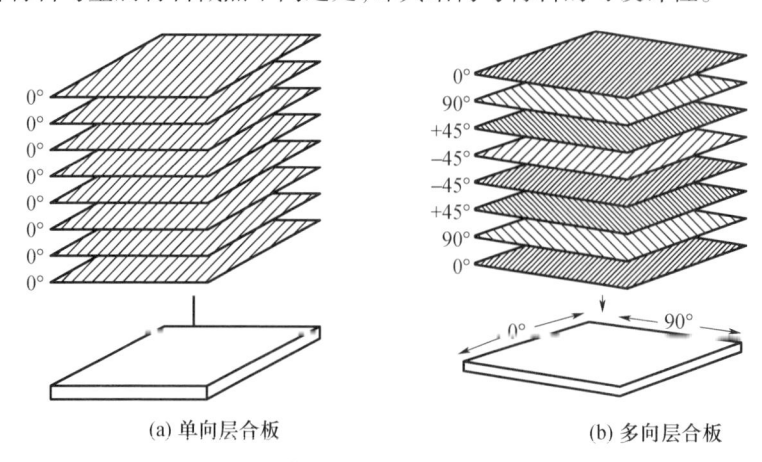

(a) 单向层合板 　　(b) 多向层合板

图 3.3.1　单向层合板与多向层合板示意图

另一种特殊的复合材料结构形式是"夹芯结构"(图3.3.2)。强度较高的上、下面板(也称作上、下蒙皮)与轻质蜂窝芯材通过高性能胶膜粘结在一起,形成一种"三明治"结构。这种结构的特点是重量轻、刚性好,能承受较高的弯曲和压缩载荷,在航天器的主、次级结构上有着广泛的应用。其中面板是碳纤维复合材料层合板或铝合金薄板,芯材主要是铝蜂窝芯。

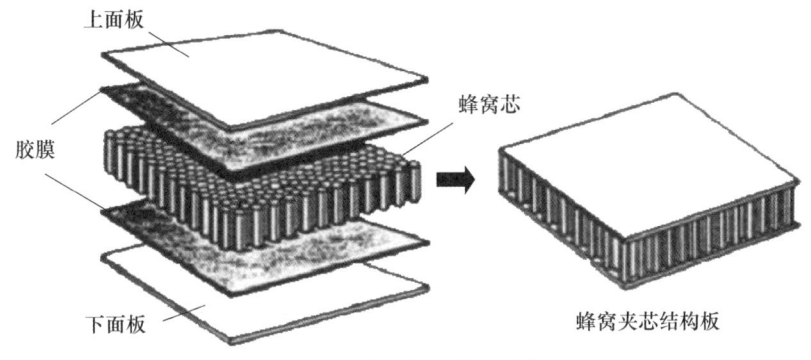

图 3.3.2　蜂窝夹芯结构示意图

3.4　复合材料成形工艺

复合材料成形工艺是复合材料工业发展的基础和条件。数十年来,先进树脂基复合材料的成形和制造技术已发展为一门交叉、前沿的现代工程技术。复合材料结构技术涵盖了材料研究、产品设计、高精度制造、性能评价和可靠性等多方面的内容,集数字化仿真技术、现代无损检测技术、过程控制技术等于一体,是实现航天器复合材料结构高性能的重要保证,也是降低成本、提高制造可靠性的一个重要方面。随着工程经验的不断积累,复合材料将在未来卫星和其他航天器上得到更广泛的应用,高效、节能、高可靠和低成本制造技术成了当代航天器复合材料发展的主流。

复合材料结构的研制过程(图 3.4.1),有着周期长、步骤多、串行衔接、关键点多、工艺技术复杂的特点,此外由于航天器结构的高可靠性要求,使得复合材料结构过程控制体系尤为复杂,门槛高且学习难度大,与其他结构制造技术有着明显不同。

随着复合材料在航天应用领域的拓宽,复合材料也得到迅速发展。近年来,随着"传统"的成形工艺日臻完善,新的成形方法不断涌现。目前应用于航天器结构复合材料成形的工艺方法已有 20 多种,针对不同结构、不同环境、不同功能及成本的要求,选择恰当的成形方法,是复合材料工艺研究的重要方向。常用的复合材料成形工艺包括预浸料/热压罐成形工艺;真空袋成形工艺、模压成形工艺、纤维铺放工艺、纤维缠绕工艺、液体成形工艺(RTM、VARTM、RFI)等。

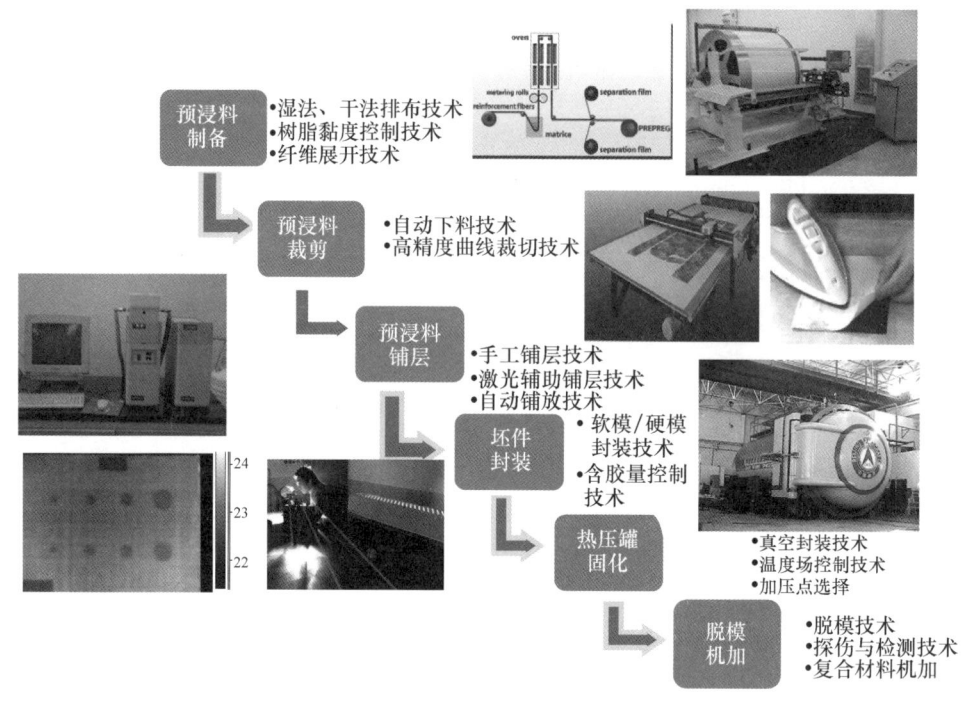

图 3.4.1　典型卫星复合材料产品制造流程

根据产品的结构形式、使用要求、增强材料和树脂的情况,选择合适的成形工艺。上述工艺方法在各类航天器复合材料结构件的生产中均有应用,有些工艺适用范围较广,例如预浸料/热压罐成形工艺;而有些工艺方法则更适合在一定条件下使用,例如 RTM 工艺适用于制造体积不太大、结构复杂的结构件,VARTM 和 RFI 工艺适于体积较大、结构相对简单的结构件,缠绕工艺适于轴对称的结构件,模压工艺适于制造厚度较大或构型复杂、体积不大的结构件。与其他材料加工工艺相比,复合材料的材料制造与结构成形是同时完成的。复合材料的可设计性强,人们能够根据产品的使用要求进行设计,包括增强材料和树脂基体的选择、纤维体积含量、纤维取向和成形方法等。

不论采用哪种成形方法,在工艺过程中必须共同遵守的原则是:
(1) 纤维均匀、平直地分布;
(2) 最大程度地发挥纤维的力学性能;
(3) 树脂适量、均匀地分布,并适当地固化;
(4) 尽最大的努力减少缺陷,降低空隙率,提高产品的致密性;
(5) 充分掌握树脂的工艺性,制定合理的工艺参数,提高可靠性。

从产品成本控制角度看,复合材料制件的成本由多个方面组成。由图

3.4.2 可以看出,即使在碳纤维价格很高的情况下,制造成本仍然占据了复合材料产品成本的72%。而在制造成本的分解中,人工成本占了相当大的比例,这是复合材料技术的短板,也是未来自动化制造技术发展的契机。

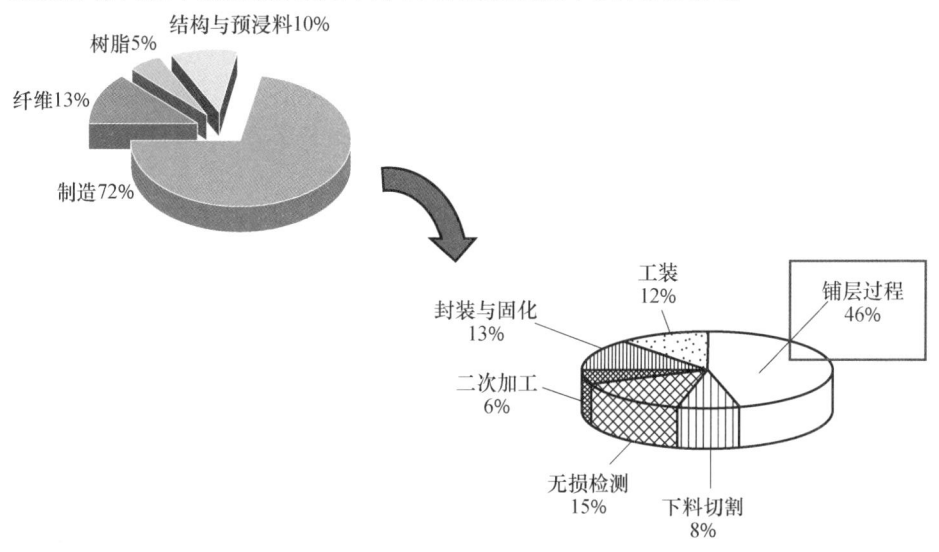

图 3.4.2　复合材料成本分解

3.4.1　预浸料/热压罐成形工艺

1. 预浸料的制备

预浸料是将树脂体系浸涂到纤维或织物上,通过一定处理后储存备用的半成品。预浸料的制备是大多数复合材料产品制造的第一步,也是决定后续成形方法、工艺参数和最终性能的起始步骤。预浸料在使用时需要具有合适的黏度、铺覆性和凝胶时间等工艺性能,复合材料产品的力学及化学性质在很大程度上取决于预浸料的质量。

卫星结构在轻量化和高承载方面要求较高,因此目前卫星结构用预浸料主要以高模量碳纤维为增强材料,采用热固性环氧树脂或氰酸酯作为基体。在树脂基体方面,以环氧树脂和耐空间环境性能较好的改性氰酸酯为主要树脂基体。两种树脂的特性不同,尤其是在固化前的黏度变化差异较大,使得二者的工艺性和采取的工艺措施不同。由于环氧树脂的应用时间很长,这方面的工程经验丰富,易于得到稳定可靠的预浸料。氰酸酯树脂从 21 世纪初才开始研究,并于近几年开始应用于卫星结构,所以,有些工艺性掌握得不够,预浸料制备技术不是很成熟。但氰酸酯树脂整体性能好,解决了工艺性问题后,有望部分取代环氧树脂成为下一代树脂基复合材料的主流基体材料。

图 3.4.3 中是两种典型预浸料(单向预浸料和平纹织物预浸料)的产品照片。

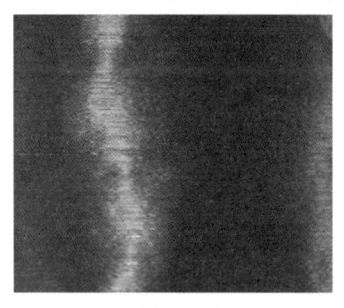

(a) 单向预浸料　　　　　　　　(b) 平纹织物预浸料

图 3.4.3　典型的预浸料

预浸料制备常用的工艺方法有湿法(溶液法)和干法(热熔法)两种。

1) 湿法制备预浸料

湿法即溶液法,是先将树脂用溶剂配制成一定浓度的溶液,纤维从溶液槽中通过,便浸渍上了树脂,而后烘干、收卷。采用湿法制备预浸料时,纤维上浸渍树脂的量与溶液浓度、在溶液中停留的时间、纤维所受张力、溶液对纤维的浸润能力以及纤维是否加捻等因素有关。湿法制备预浸料的工艺简便,但其树脂含量一般难于精确控制。圆筒作周向运动时,通过一变距器、在一定间隙量下运动丝杠带动树脂溶液胶槽的平移,使纤维束以一定的展开宽度缠绕在滚筒上。将绕满纤维的圆筒表面于母线方向切开就展现出一块定长的预浸料,其长度取决于圆筒直径,宽度则取决于纤维绕在圆筒的圈数和纤维展开情况。浸渍与缠绕过程中纤维束均受到一定的张力,以保持纤维的平展性。图 3.4.4 是湿法预浸料的制备过程示意图。

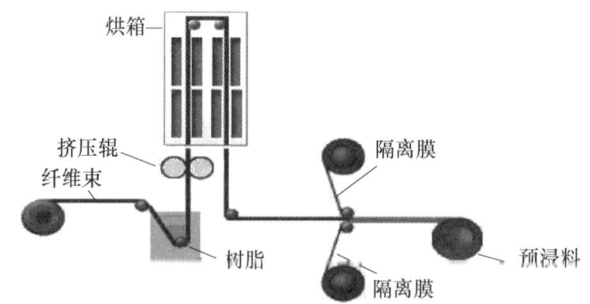

图 3.4.4　湿法预浸料制备过程

湿法制备预浸料存在一些不可克服的问题:

(1) 预浸料中有残留溶剂,在制造复合材料制件的过程中,溶剂受热挥发,致使制品产生气泡、疏松甚至分层等内部缺陷,影响产品性能。

（2）预浸料的树脂含量高，在复合材料制件成形过程要增加吸胶的步骤，因而延长了生产周期，提高了制造成本。同时还难以准确控制复合材料制件的树脂含量，从而影响制件性能及其重量的控制。

（3）由于大量溶剂的挥发，造成环境污染，同时对航天器结构材料的真空出气性能造成影响。

（4）采用湿法制备预浸料，高模量碳纤维在制造过程中强度有一定损失。

2) 干法制备预浸料

干法即热熔法，热熔法制备预浸料可以克服溶剂法中使用溶剂造成的挥发分问题，更适合高质量卫星复合材料构件的制造。热熔法不使用溶剂，能够制造挥发分含量很低的预浸料，因此采用热熔法预浸料制造的复合材料制件空隙率低，力学性能高，减轻了生产环境对人体的危害；采用热熔法制造的预浸料外观更好，预浸料树脂含量控制精度高；省去复合材料成形工艺过程中吸胶的步骤，缩短生产周期，降低了制造成本。研究表明，采用热熔法制备的复合材料性能明显好于溶液法制备的复合材料性能，热熔法制备的复合材料弯曲强度及层剪强度在相同条件下比溶液法制备的复合材料高出10%以上。

现有的热熔法预浸料制备工艺也分两类，即熔融法和胶膜法。

目前的卫星复合材料实际生产中，预浸料采用的是单丝树脂浸渍缠绕工艺，即碳纤维单丝束经过熔融树脂浸渍后，在一系列辊子的作用下，调整树脂含量到一定程度，然后逐圈缠绕在滚筒上(图3.4.5)，沿宽度方向增加，达到宽度后截断并取下，形成长度与滚筒周长相同的一张预浸料。这种一次成形的方法生产效率较低，但是考虑到卫星结构产品批量小的特点，这种工艺方法仍然能够满足使用要求，且预浸料储存期较短，性能可以得到保证。但是相应的缺点也比较明显，如树脂含量控制依赖辊子碾压，容易造成纤维损伤等。另外，由于预浸料是从圆形的滚筒上拆下来拉平，可能造成预浸料有褶皱现象，对产品性能有一定影响。

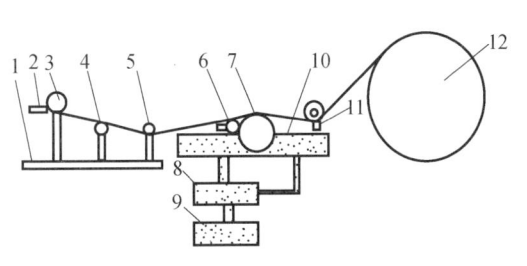

图3.4.5 熔融法预浸料制备原理与设备
1—纱架；2—张力控制器；3—纱团；4—纤维集束器；5—张力控制器；
6—胶膜厚度控制装置；7—浸胶系统；8—胶液储存器；9—流量泵；10—胶液恒温控制装置；
11—纤维束开纤装置；12—滚筒。

胶膜法,是通过两步完成,即先将树脂在特定温度下软化,利用精确控制的制膜机将其碾压成为极薄的树脂膜(微米级)。随后,将多轴丝束(往往超过50轴)同时展开,并将两层树脂膜贴合在平行排列的丝束上,形成一个连续、平直的预浸料带(图3.4.6)。树脂含量可由树脂膜厚度精确控制,因此其树脂含量更加精确,重复性更好。胶膜法最大的优势是制造过程中纤维通过的辊子数量显著减少,对纤维的损伤更低。但是这种方法纤维与树脂的浸渍过程短、树脂渗透不充分。此外,由于纤维用量很大,不适于高模量碳纤维预浸料的制备,因为纤维的成本太高、浪费多,且卫星结构用复合材料批量小,预浸料用量远不如航空复合材料。

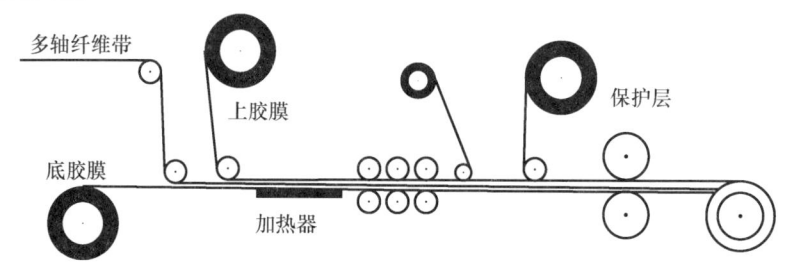

图 3.4.6　胶膜法制备预浸料原理图

3)影响因素

预浸料是制造复合材料的半成品,其质量受到制备过程中各种因素的影响,主要因素如下。

(1)张力。张力是预浸料制备过程中重要工艺参数之一。在浸胶过程中,纤维所受张力的大小和均匀性会影响预浸料的树脂含量和均匀性,张力的大小和稳定性与预浸料的均匀性有明显的关系。如果预浸料发生了变形,对制得产品的平整度和力学性能影响很大。因此,浸胶过程中应严格控制张力。要注意的是对不同纤维而言,张力有一个最佳范围。纤维张力的大小直接影响纤维的浸润性,这是因为树脂在一定的温度和压力下黏度变小,并发生流动,使纤维束扩展浸润。制备过程中张力越大,纤维成"绳状"的倾向越大,越难获得所需的丝束展开宽度,并且胶液不能完全浸润每根单丝。由于高模量碳纤维的断裂延伸率只有0.6%~0.8%,很脆而且耐磨性差,大张力可能使得纤维损伤程度加重。而如果纤维张力太小或没有张力,碳纤维会左右滑动,纤维束变松甚至散落,预浸料易发生纤维鼓包、弯曲现象,影响纤维力学性能的发挥。合适的张力可以在尽量减少碳纤维损伤的前提下,还能够保证纤维展开、拉直、且使得树脂充分浸润纤维,得到最佳性能的预浸料。

(2)胶液浓度。胶液浓度是指树脂质量在溶液总质量中所占的百分率。它直接影响树脂溶液对纤维的渗润能力和纤维表面黏附的树脂量。由于胶液的浓度和密度受温度影响,所以还应控制环境温度。采用不同的纤维、不同的树脂时,胶液浓度也不一样。

(3) 胶液黏度。胶液的黏度直接影响到对纤维的浸润能力和胶层的厚度。若胶液的黏度太大,纤维不易被渗透;黏度过小,会导致预浸料的树脂含量太低。由于它与树脂的浓度、温度有关,故一般可用胶液浓度和环境温度来控制。浸胶温度的控制方法有两种:厂房恒温或恒温胶槽。

(4) 浸胶时间。浸胶时间是指纤维通过胶液的时间。实践证明,一般浸胶时间为15~30s,时间过长则影响生产效率,过短则导致预浸料的树脂含量偏低。

4) 预浸料的基本要求

航天系统的质量体系对产品的可靠性和全程可控能力有着极其严格的要求,从原材料开始就有国家标准、国军标、部标和各级企业标准的控制。例如,对航天器用碳纤维预浸料,目前执行的标准是国军标 GJB 3065《碳纤维单向和织物预浸料通用规范》和中国空间技术研究院院标准 Q/W 212A《高模量碳纤维/环氧湿法预浸无纬布制造工艺规范》等。

常用的预浸料性能指标包括以下几种。

(1) 外观要求。

① 纤维连续平行,无明显交叉、起皱或松散。
② 树脂分布均匀,并完全浸润纤维。
③ 无外来杂质、固化树脂的颗粒、毛丝等。
④ 缝隙、叠接、纤维准直度、侧边不直度等。

图 3.4.7 是两块碳纤维预浸料,图(a) 为外观符合要求的合格预浸料;图(b) 预浸料的纤维缝隙过大,毛丝较多,外观不合格。

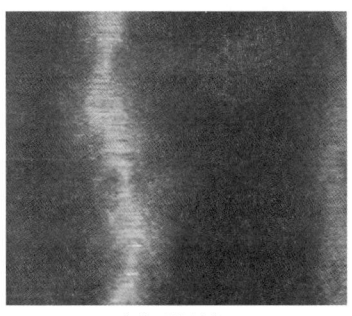

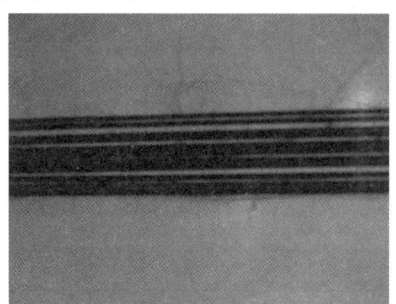

(a) 合格预浸料   (b) 不合格预浸料

图 3.4.7 碳纤维预浸料

(2) 物理性能。具体指标根据不同的纤维、树脂和预浸料需求而不同,可测的物理性能包括以下几种。

① 单位面积纤维质量。

② 树脂含量:预浸料中树脂所占的质量百分比。

③ 挥发分含量:预浸料在一定条件下能挥发出的成分所占的质量百分比。通常情况下,挥发成分包括残留溶剂、固化反应产生的低分子物,树脂中易挥发成分及裹入的空气等。

④ 黏性:指预浸料表面的黏着性能,是预浸料铺覆性和层间粘合性的指标。理想的预浸料黏性指标应该是在室温下预浸料之间能顺利的黏合,但如果铺叠错误,又能从上一层顺利地撕下。

⑤ 流动度:是指在一定条件下,预浸料可流出的树脂的质量百分比,是确定预浸料成形工艺参数的重要依据。

⑥ 凝胶时间:对复合材料成形有着重要的指导意义。凝胶时间与温度、预浸料的存放时间有关。温度越高、存放时间越长,则凝胶时间越短。

2. 预浸料的裁剪

预浸料制备得到的是面积较大的预浸料。为了成形特定的产品,需要将其裁剪成一定的形状和尺寸。预浸料的裁剪就是根据复合材料构件的外形、尺寸需求,以及纤维铺叠方向,将预浸料按一定的方向裁剪成合适的形状和大小的过程。对简单的平板类结构,裁剪尺寸就是结构尺寸,但是对异形、曲面、变厚度的产品,往往需要根据产品形状,通过仿真计算等方式得到二维展开的预浸料形状,并利用自动裁剪设备进行剪裁。

预浸料的裁剪是复合材料铺层操作的关键步骤之一。传统的预浸料裁剪,是按照样板或图样画线后用手工切割的办法来实现,这是一个费时、费力、繁琐的工作,手工裁剪的效率低、精度差,特别是针对非0°或90°方向预浸料的裁剪,很难精确控制纤维方向;并且裁剪时需要留余量,材料浪费较严重。随着自动化、智能化设备不断涌现,目前主要采用自动裁剪设备进行预浸料的剪裁。

1) 自动裁剪

采用自动化设备及相应的数控软件,不仅可以使预浸料的裁剪过程更准确、更快捷,而且可以对不规则图样进行重排,最大限度地节省预浸料。图3.4.8为美国Gerber公司的DCS3500可移动台面自动激光切割机。

在预浸料自动裁剪技术中,铺层展开后排样技术是实现预浸料裁剪自动化的关键技术之一。排样又称排料,是指在给定的原材料上(可以是一维或多维),在一定约束条件下,排放尺寸较小的样片,通过寻找样片的最优排布,使得给定材料的利用率最高,以达到节约材料,提高效益的目的。根据产品构件的形状和尺寸,自动裁剪系统的控制软件可以读取设计软件输出的排样下料数据,然后在原材料宽度约束下,将同一材料相同铺设角度的各铺层展开几何形状重新

图 3.4.8　自动激光切割机

排列,利用控制软件的优化排样功能或专门的优化排样软件生成优化排样数据,以便最大限度地利用原材料。根据优化排样数据,控制软件自动生成数控切割文件,自动裁剪系统读取该文件并自动进行剪裁,采用此方法得到的预浸料形状准确,且每一层都印有铺层编号,可以减少铺放过程中的错误,比手工裁剪效率提高 3 倍以上,节约原材料 20% 左右,如图 3.4.9 所示。

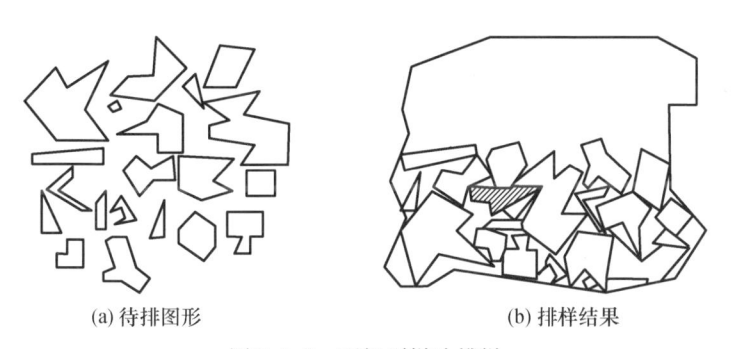

(a) 待排图形　　　　　　　　(b) 排样结果

图 3.4.9　不规则样片排样

目前广泛采用的复合材料构件设计软件有 CATIA 的复合材料构件专用模块 COMPOSITES COVERING,欧洲航天局资助开发的 ESAComp 软件和美国 Vistagy 公司开发的设计制造一体化工具 FiberSim 等。图 3.4.10 为 Eastman 公司的 M900 自动切割机对预浸料进行剪裁的照片。

2）工艺特点

预浸料的自动化剪裁方法,主要包括机械式切割、激光切割、水切割和超声切割。下面列出了手动切割和多种自动化剪裁预浸料方法的特点。

（1）手动切割。

① 加工时间长,工效低,需要样板,柔性化程度低。

② 精度差,重复性差。

③ 对操作人员可能造成职业伤害。

图 3.4.10　Eastman 公司的 M900 自动切割机

（2）机械式切割。

① 拉刀切割（普通割刀，机械拖拉切割）：切割摩擦力大，引起刀具黏连。

② 往复式刀具切割（垂直往复裁切）：刀具黏连效应，难于加工细小图形。

③ 盘式刀具切割（比萨饼式刀具-滚切）：刀具黏连效应，难于加工细小图形，过切割问题。

（3）激光切割。

① 切缝小、速度快。

② 可沿任何方向切割出各种复杂的形状。

③ 切割边缘的热效应（树脂本身固化或损伤）。

（4）水切割。

① 切口质量和结构完整性优于常规机械切割。

② 无切屑粉末飞扬。

③ 切割边缘的水汽浸润对树脂有影响。

（5）超声切割。

① 精度高。

② 成本低，设备要求低。

③ 易于实现自动加工。

3. 铺叠成形

将裁剪好的预浸料，按照一定的顺序在模具表面进行铺叠，是复合材料结构件成形的重要过程。目前的铺叠工艺主要分为手工铺叠和自动铺放两大类。手工铺叠是复合材料最早的方法，也是最简单的方法。由于卫星结构件的体积不大且批量小等原因，自动铺放技术开展得较晚，至今仍然没有形成系统性。目前，国际上各航天制造企业大部分结构件仍然以手工铺放为主（图 3.4.11）。

图 3.4.11　手工铺叠航天器结构件

1）手工铺叠成形工艺的优点
（1）不受产品尺寸和形状限制，适宜尺寸不大、批量小、形状复杂产品的生产。
（2）工艺简单。
（3）易于满足产品设计要求，可以在产品不同部位任意增减材料。
2）手工铺叠成形工艺的缺点
（1）生产效率低，劳动强度大，劳动卫生条件差。
（2）产品质量不易控制，性能稳定性不高。
（3）材料浪费较大。

虽然手工铺放技术有着诸多缺点，但是目前仍然是卫星复合材料铺叠工艺的主流。自动铺放技术的设备要求高、成本高且编程困难。为了快速简便地提高手工铺叠的质量，已经开发出来几种计算机辅助方法，并投入实际使用中。其中主要的两个商业化产品包括激光投影辅助铺放系统和英国 Anaglyph 公司的 PlyMatch 软件。前者能够将待铺叠形状的轮廓通过激光投影到模具或坯件上，使得工人在铺放时有清晰的边界可以参考，大大提高铺叠精度。而后者则更进一步消除了激光投影可能被遮挡的问题，直接在屏幕上显示出坯件和待铺叠区域的三维模型，工人铺叠时甚至可以随意调整产品或模具的角度和位置，操作更加便捷。

4. 封装

预浸料在模具上铺叠形成坯件之后，下一个步骤是为进入热压罐固化而做准备的真空袋封装过程。在此过程中，坯件和模具一起，被放置在热压罐的小车平台上，使用多种辅料进行密封包装，并进行抽真空测试，最终进入热压罐的是封装完毕的一个多层复合密封结构，如图 3.4.12 所示。

真空袋封装过程有下列步骤：

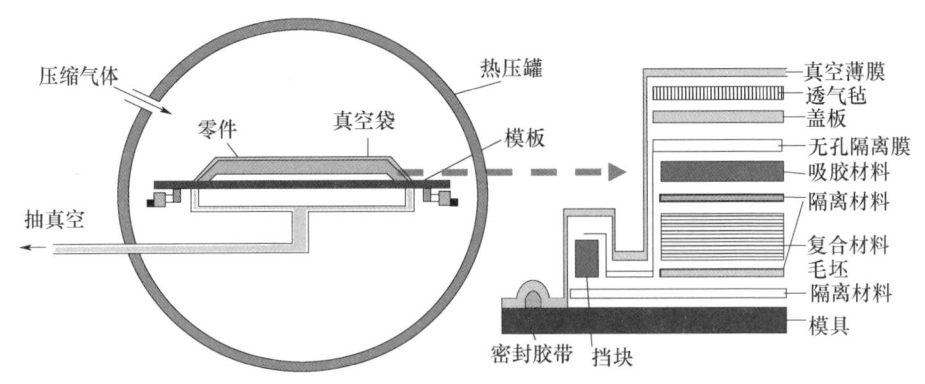

图 3.4.12　热压罐真空袋封装示意图

（1）隔离膜铺放在小车平台上。
（2）复合材料坯件与模具一起放置在隔离膜之上。
（3）安置隔离材料、吸胶材料和透气材料。
（4）铺放真空袋膜，并在四周黏贴密封胶带。
（5）将真空袋膜与胶带紧密贴合。
（6）抽真空，检查密封袋是否漏气。
（7）将小车连带封装好的真空袋转移至热压罐内，关闭罐门。

封装步骤中涉及到了多种辅料的使用。辅料是用于热压罐成形工艺的辅助性材料的统称，包括隔离材料、吸胶材料、密封材料等。这些材料品种繁多、用途各异，且大部分属于一次性消耗品，在复合材料生产过程中用量大、成本高，往往占据了复合材料制造成本的相当比例。但是从市场占有情况看，国产辅料目前在性能和可靠性上仍然与进口材料有较大差距。可以说辅料有着重要的意义，但是却缺少深入的研究，是我国复合材料技术体系中的短板之一。

辅料对复合材料成形质量有着重要的意义，任何一种辅料的性能波动、破损和变形都会直接影响复合材料结构件的最终性能。例如，真空袋破裂会导致真空压丢失，在树脂凝胶前发生则意味着整个复合材料结构件的报废。隔离材料如发生破损，可能导致脱模失败，轻则破坏结构表面质量，重则可能使得整个产品无法使用。

表 3.4.1 列出了几种航天器复合材料生产中常用辅料及其用途。

表 3.4.1　常用辅料及其用途

种类	用　　途
透气毡	提供真空袋内气体流动通道，使得树脂内溶解的气体能够扩散出来，提高复合材料均匀性和致密性

（续）

种类	用　　途
真空袋膜	隔离、包裹和保护复合材料坯件，提供真空环境，传递罐内压力，须具有较好的强度、延展性、耐温性和耐磨性
密封胶带	在固化平台上围绕坯件，与真空袋膜一起形成真空环境。常温和高温下具有足够的黏性和密封性，固化后易于清除
吸胶材料	常为吸胶纸、吸胶棉、无纺布等，有孔隙可以吸附坯件溢出的多余树脂，具有一定透气能力，是控制复合材料产品树脂含量的重要材料
隔离材料	在复合材料坯件与模具、吸胶材料之间隔离，避免黏连，并直接决定复合材料产品的表面质量。分为带孔隔离膜、无孔隔离膜、透气氟布、不透气氟布等
脱模剂	类似隔离材料，但是以液体或胶体形式使用，避免坯件与模具的黏连

5. 热压罐固化

1）热压罐基本构造

简单地说，热压罐（图3.4.13）是一个能够加热加压的压力容器，一般内压能达到1~2 MPa，温度能达到350℃。热压罐内部能够提供一个均匀的温度场和压力场，适合高质量的热固性复合材料固化成形。

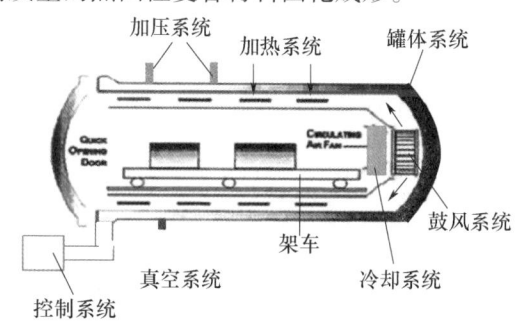

图3.4.13　热压罐的基本构造

热压罐内通入空气或氮气，并可在真空袋内抽真空，内部压力和温度均有多点监控，可以对制品加压、加热、抽真空，使其在热压条件下固化。这种方法固化的产品质量高、适用范围广，能够生产尺寸较大、形状复杂的高质量、高性能复合材料制品。对航天器结构件而言，高压下的密实度和均匀性好，空隙率低，缺陷少。目前国内的航天器结构复合材料大多数采用热压罐法固化成形。

但是热压罐法也有着非常明显的不足，主要是设备复杂、投资大、生产成本高、效率偏低。此外产品尺寸受热压罐的大小限制。目前世界上最大的热压罐（见图3.4.14）直径超过9m，长23m，专门为波音787飞机生产舱段的整体成形产品。航空航天产品因为单件尺寸大、价值高，在热压罐内固化时对各环节（设备、辅料、真空等）的可靠性要求都很高，有因为单一故障造成整件产品损失的风险。在实际生产中,发生最多的问题是真空袋破损造成的真空压丢失,以及由于模具设计不当造成的温度、压力不均衡等问题。

图 3.4.14　当今世界最大的热压罐

2) 热压罐固化工艺参数控制

热压罐工艺过程中,温度和压力是固化过程最主要的参数。温度决定了树脂固化的速度和均匀性,也决定了复合材料的内应力和残余应力。压力则是保障预浸料压实,结构均匀、致密性的重要条件。固化温度、时间往往取决于树脂体系和制件厚度;同时升、降温速率和真空度也是决定复合材料质量的重要因素。

通常一个热压罐固化工艺过程包括 5 个阶段,如图 3.4.15 所示。

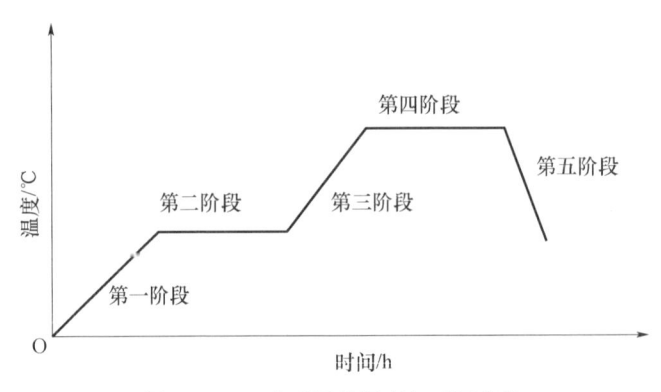

图 3.4.15　典型固化温度与时间曲线

第一阶段,即预热阶段,从室温升到树脂开始显著反应的温度。目的是使树脂熔化,进一步均匀浸润纤维,并去除部分挥发分。此阶段一般不加外压,仅保持袋内真空压。此阶段升温速度是重要控制参数,升温过快可能导致均匀性降低,产品各部位的固化速度和固化收缩有差异,造成产品变形;升温过慢则导致成本上升,降低了生产效率。

第二阶段,即保温阶段,目的是使树脂均匀地浸润纤维,去除绝大部分挥发分,树脂单体发生初步交联聚合。当树脂到达凝胶点时,开始加外压,逐步提高压力以保证产品尺寸和精度。"加压点",即热压罐内开始加压的时机,是决定复合材料质量的关键因素。加压点过早,可能因为外压大而使树脂被挤出,造成贫胶缺陷;加压点过晚,可能由于树脂流动性变差而使复合材料内部疏松,纤维与树脂之间的界面结合不好,力学性能下降。

第三阶段,即升温阶段,在树脂到达凝胶点后,继续升温,加快交联聚合反应速度,同时继续升高温度,提高复合材料的致密程度。

第四阶段,即热压保温阶段,使树脂充分交联,聚合度达到90%以上,产品完全固化。

第五阶段,即冷却阶段,逐步降温、减压,控制产品冷却速度,避免由于过快收缩造成的变形或裂纹。根据产品与模具的特点,选择在热状态或冷却至室温后打开热压罐的门,取出产品并脱模。

热压罐成形工艺在航天器复合材料结构制造方面有着很大的优势,是现有航天器复合材料的主要成形方法。但是与此同时,热压罐法也存在着一些不足,难以全面满足航天器复合材料结构制造的需求。下面介绍几种除预浸料/热压罐工艺以外的几种复合材料成形工艺。

3.4.2 真空袋成形工艺

在对产品性能要求不高的情况下,可以将热压罐技术加以简化,在烘箱内采用真空压力成形,这种方法即称为真空袋成形工艺。此方法得到的产品密实程度不如热压罐法,但是均匀性满足要求,且制造成本大大下降。

真空袋成形工艺是通过在预浸料叠层与覆盖其上的柔性、密封的真空袋膜间形成真空而对预浸料叠层加压,进而升温固化的工艺过程。其封装方式与热压罐方法相同,同样采用真空袋加辅料封装,但是并不送入热压罐,而是在烘箱内升温固化。产品在成形过程中只承受 0.1MPa 的真空负压。图 3.4.16 是典型的真空袋封装图,将隔离材料置于预浸料叠层与吸胶材料之间,防止两者相互黏连,吸胶材料用来吸掉多余的树脂。在吸胶材料上面盖一层隔离层以阻止胶液的过分流失,同时隔离层有微孔,可以使空气与挥发性气体排出,然后在隔离层上铺一层导气材料,保证袋内气路畅通,最后用真空袋膜和密封胶带将整个袋子密封,在抽真空的情况下成为一个真空系统。

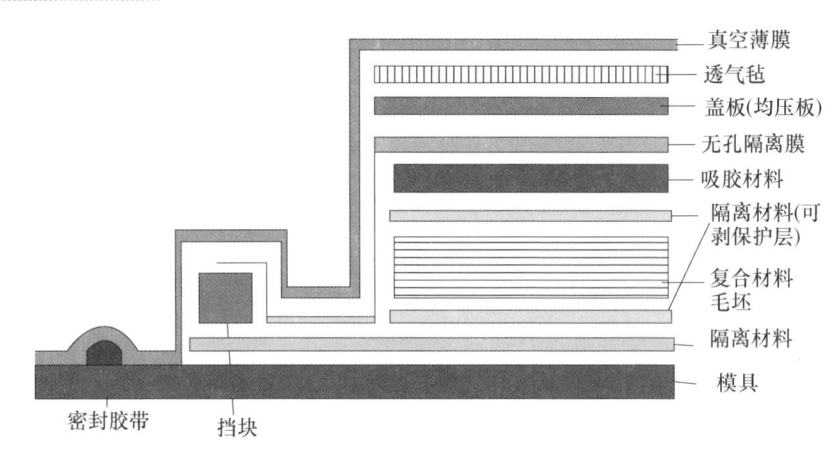

图 3.4.16　真空袋封装示意图

真空袋成形工艺简单,模具为单面模具,且生产过程短,成本大大低于热压罐法,产品贴模面光滑。在航天器结构领域,主要用于成形薄壁零件,如太阳电池帆板的基板、薄壁管件等。

但是真空袋成形的缺点是压力较小,通常只适用厚度 1.5mm 以下的复合材料制件。与热压罐成形的同类产品相比,真空袋工艺成形的复合材料制件一般空隙率较高,主要是因为真空使挥发性气体在预浸料叠层中积聚,而又没有外压使其破裂造成的。

在航天器结构制造领域,太阳电池帆板的成形采用的是真空袋成形工艺,图 3.4.17 是一块卫星太阳电池帆板的基板(未贴太阳电池片)。

图 3.4.17　卫星太阳电池帆板的基板

3.4.3 模压成形工艺

模压成形工艺是将一定量预浸料放入到金属模具的对模模腔中,利用带热源的压机产生一定的温度和压力,合模后在一定的温度和压力作用下使预浸料在模腔内受热软化、树脂受压流动充满模腔成形和固化,从而获得复合材料制件的一种工艺方法。

模压成形工艺所需的成形压力较其他工艺方法高,属于高压成形。模压成形的设备是压机(一般为液压驱动),用来压紧阴模和阳模(也就是所谓的对模模压),其原理图见图3.4.18。模具通常由硬质合金(如工具钢)制造,并且能够通过高抛光和镀铬处理达到较低的表面粗糙度。压机能够产生高达数百吨的压力,从而保证制件良好的致密性。

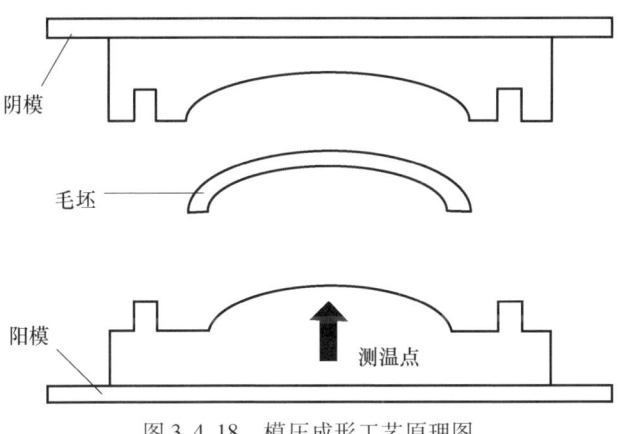

图 3.4.18 模压成形工艺原理图

模压成形的典型工艺过程是:预浸料裁剪与铺层→装模→合模→排气→固化→脱模→清理模具。

模压成形工艺最早应用于玻璃钢产品的制造,其增强材料多为短切玻璃纤维或玻璃纤维毡。在航天器复合材料领域,模压成形工艺使用的增强材料多为连续纤维预浸料,用于制造小批量、体积不大、尺寸精度要求较高、型面复杂的构件,如遮光罩、发动机叶片、接头等。此外,还用于高厚度复合材料板材的制造。由于这种工艺方法无需使用昂贵的热压罐,因此成本较低。

模压成形工艺的优点:

(1)内外表面均光洁。
(2)生产效率高。
(3)人力成本低。
(4)制件后加工量小。

(5) 制件尺寸精度和机械强度高。

(6) 制件致密性好。

模压成形工艺的缺点：

(1) 设备投资较高。

(2) 模具设计与制造较为复杂，初次投入较大。

(3) 一般限于中小型制件的批量生产。

3.4.4 纤维铺放工艺

随着制造技术的发展，自动化设备被引入复合材料的铺叠成形中。纤维铺放技术是指使用铺放设备按照铺层设计要求，把预浸纤维束逐层铺放到模具表面，同时压实，并进行在线固化或离线热压固化。图3.4.19(a)是自动纤维铺放设备，图(b)是其铺放头。纤维铺放工艺又分为自动铺丝(Auto Fiber Placement，AFP)、自动铺带(Auto Tape Layer，ATL)工艺，自动铺丝和自动铺带的区别见表3.4.2。纤维铺放类似于多自由度纤维缠绕。纤维铺放设备由旋转芯模和多自由度的铺放头系统构成，铺放头是实现自动铺放功能的关键环节。由计算机系统协调、控制铺放过程。

(a) 自动铺放设备　　(b) 铺放头

图3.4.19　自动铺放设备及其铺放头

表3.4.2　自动铺带与自动铺丝工艺的比较

工艺方法	带宽/mm	速度/(kg/h)	适用范围	备注
自动铺带（ATL）	75~300	1.3~20.4	小曲率或平板	手工铺层的速度0.9kg/h
自动铺丝（AFP）	3.2~102	6.8~23.0	大曲率、复杂曲面	

自动铺带工艺主要用于平面型或小曲率的曲面型整体复合材料构件的铺层,飞机的机翼蒙皮(图3.4.20(a))、垂/平尾蒙皮、翼肋、方向舵、升降舵、发动机进气处整流片和门窗口等。对大曲率轮廓复合材料整体构件,如飞机机身段,以及其他诸如喷气发动机整流罩、进气道(图3.4.20(b))、喷管、锥形管、压气机叶片、圆形或C形通道管等椭圆高曲率轮廓整体复合材料构件,使用自动铺带设备将无法进行预浸料带的铺放,这种情况下,需要使用自动铺丝设备。

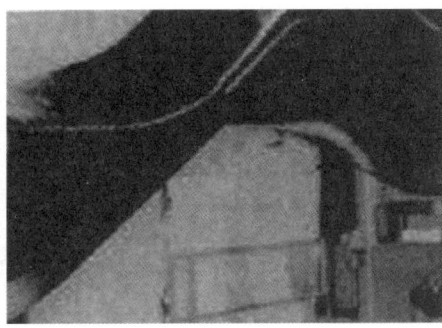

(a) 机翼蒙皮　　　　　　　　　(b) 进气道

图3.4.20　飞机的机翼蒙皮与进气道

世界上第一台计算机控制的全自动铺带设备由通用动力(General Dynamics)公司和康洛克(Conrac)公司合作完成,用于铺放F16战斗机的复合材料机翼结构件。随着大型运输机、轰炸机和商用飞机复合材料用量的增加,纤维铺放技术应用越来越广泛,铺带设备也日益完备,目前带有双超声切割刀和缝隙光学探测器的十轴铺放设备已经成为标准配置,铺带宽度最大达到300mm,生产效率达到1000kg/周。

纤维铺放技术在飞机制造中展现了优势,国内航空业已有应用,但是在国内航天领域还未应用。一方面航天领域主要采用高模量碳纤维,铺放头对纤维进行多角度的压紧和释放时易造成纤维损伤;另一方面,卫星结构件的尺寸较小、无批量。

3.4.5　纤维缠绕工艺

纤维缠绕工艺是一种自动化工艺,即连续纤维束(或带),以预浸纱或干纱浸渍树脂的形式按照一定的线型缠绕在可移动的芯轴上。缠绕过程中,阳模旋转的过程中丝头沿着其轴线方向运动。丝头的移动速度与芯轴的转速一起控制着缠绕角。

纤维缠绕制件在航空航天及军工方面的应用实例有固体火箭发动机壳体、固体火箭发动机烧蚀衬套、火箭发射筒、鱼雷仪器舱、飞机机头雷达罩、直升机旋翼、卫星中心承力筒(图3.4.21)、燃料箱及天线支撑杆(图3.4.22)、导弹连接裙和空间站的机械臂等。

按照缠绕线型分类,纤维缠绕可分为环向缠绕、螺旋缠绕和立式缠绕,如图3.4.23所示。

图3.4.21　卫星中心承力筒　　　　图3.4.22　天线支撑杆

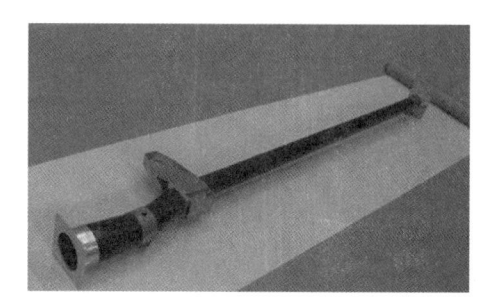

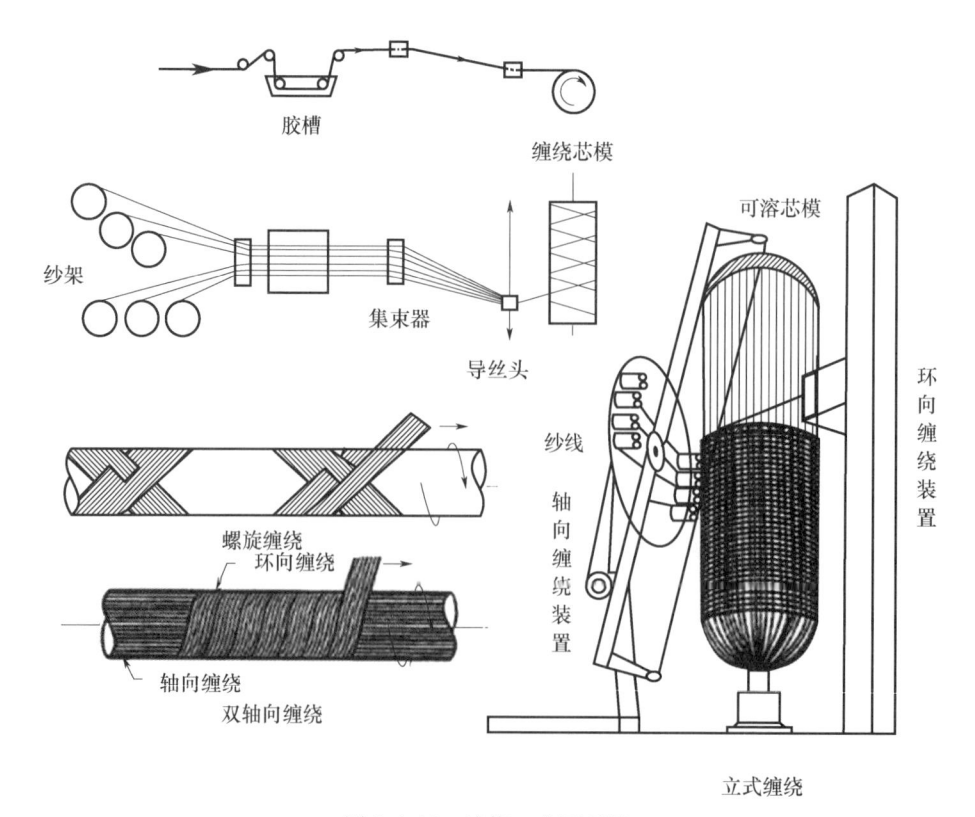

图3.4.23　缠绕工艺原理图

（1）环向缠绕，芯模绕自轴匀速转动，导丝头在筒身区间作平行于芯模轴线方向运动。芯模转一周，导丝头移动一个纱片宽度，如此循环，直至纱片均匀布满筒身段表面为止。环向缠绕只能在筒身段进行。

（2）螺旋缠绕，芯模绕自轴匀速转动，导丝头依特定速度沿芯模轴线方向往复运动。纤维缠绕轨迹是由圆筒段的螺旋线和封头曲面上与极孔相切的空间曲线组成。螺旋缠绕适合缠绕长径比较大的筒形容器和变径回转体。

（3）立式缠绕又称平面缠绕，导丝头在固定的平面内作匀速圆周运动，芯模绕自轴慢速旋转。导丝头转一周，芯模转动一个微小角度，反映在芯模表面为近似一个纱片宽度，如此循环，直至均匀布满芯模表面。立式缠绕适合缠绕两端极孔不等、长径比较小的筒形内压容器，如固体火箭发动机壳体。立式缠绕一般由立式绕臂式缠绕机来实现，因此需要采用预浸带干法缠绕。

纤维缠绕工艺的优点：

（1）纤维缠绕工艺能够按制件的受力状况设计缠绕线型，能充分发挥纤维的性能。

（2）缠绕成形的制件质量稳定、可靠性高。

（3）容易实现制件几个方向的强度要求。

（4）纤维利用率高。

（5）利用后加工手段，可以缠绕非回转体。

（6）芯模可以留在结构件中作为容器的内衬。

（7）在缠绕过程中容易实现埋入金属零件。

（8）适用于简单轴对称零件的批生产（中等生产速度），也可以用于复杂零件的生产。

（9）能制造高压容器。

（10）采用机械化或自动化生产，需要的操作工人少，缠绕速度快，劳动生产率高。

纤维缠绕工艺的缺点：

（1）纤维缠绕成形工艺适用范围较窄，不能缠任意结构形式的制件，特别是凹面的制件，因为缠绕时，纤维不能紧贴芯模表面而架空。

（2）纤维缠绕成形的制件是层合结构，因此层间剪切强度较低。

（3）在纤维缠绕成形的制件上开孔，会使缠绕结构的强度受到损失。因此必须在开口处进行局部加强。

（4）纤维缠绕成形需要有缠绕机、芯模、固化加热炉、脱模机及熟练的技术工人，需要的投资大，技术要求高。

（5）缠绕过程中要监测树脂的黏度，注意树脂的适用期。

（6）编程复杂。

（7）关键工艺参数的控制很重要（例如纤维张力）。

3.4.6 液体成形工艺

液体成形工艺(Liquid Composite Molding,LCM)是指以树脂传递模塑(Resin Transfer Molding,RTM)、真空辅助树脂传递模塑(Vacuum Assisted Resin Transfer Molding,VARTM)和树脂膜熔渗(Resin Film Infusion,RFI)为代表的复合材料成形工艺技术,其主要原理是首先在模腔中铺放按性能和结构要求设计好的增强材料预制件,再采用注射设备将树脂体系注入闭合模腔或加热熔化模腔内的树脂膜,通过树脂流动排出模腔内的气体,同时浸润纤维,再经加热固化、冷却脱模即可得到成形的制品。

液体成形工艺一般是低压成形,如RTM工艺,其树脂的注射压力通常不超过0.3MPa;VARTM工艺只需要真空压力即可使制品成形;RFI工艺,根据树脂的特质,有些可以只利用真空压力,在烘箱中成形。VARTM和RFI工艺,无需复杂的、耐压、密闭模具,只需单面刚性模具。因此,液体成形属于复合材料低成本制造技术,在汽车、船舶、航空航天等领域,得到越来越广泛的应用。

1. RTM 工艺

RTM工艺是将纤维增强材料放入封闭的模具中,然后注射树脂进入模具浸渍纤维增强材料,原理如图3.4.24所示。在压力作用下,树脂浸透纤维预制件,通常在注射过程中辅以抽真空,以排除预制件中裹挟的空气,同时也提高了树脂的流动速度。RTM工艺用树脂在注射温度下黏度必须低,以保证纤维预制件能完全被浸润。另外,树脂的适用期在这一温度下应不少于2h,以保证在注射过程中树脂不会凝胶。当预制件被浸透后,需升温或添加催化剂以固化树脂。如果使用催化剂(典型的是室温固化),树脂和催化剂需要同时被泵压至混合器,

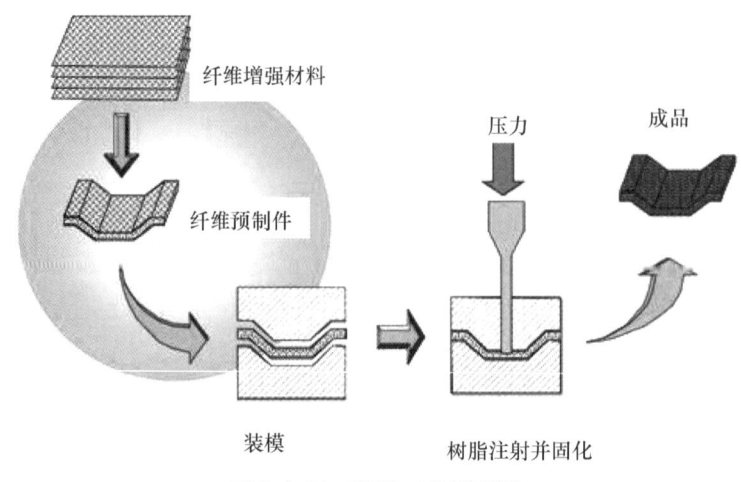

图 3.4.24 RTM 工艺原理图

混合后再注入模具,以便固化剂在模腔内均匀分布。模具通常需要预热或加热,使树脂在模具内部保持低黏度,尤其是对于结构形式复杂的制件,树脂浸润预制件相对困难些。这个温度需保证树脂在凝胶前充满模腔并浸透纤维预制件。模具的出料口可以排出注射过程中树脂内部的空气。当模具被充满后,可以向模具中压入氮气或压缩空气以挤压树脂内部的气泡,使之破裂。

选择 RTM 工艺用树脂必须考虑的因素包括一定温度下树脂的黏度和凝胶时间。一般来说,在注射温度下,树脂的黏度低于 1Pa·s 为宜。浸润时间取决于很多参数,包括纤维体积含量、预制件的结构形式、模腔的体积、出料口的位置、渗透率等。进料口和出料口的布置是决定 RTM 工艺成败的关键因素,因为在树脂注射过程中必须保证树脂能够到达模腔的每一处位置,同时保证树脂快速流动,且不能冲移纤维,这样才能确保不同批次制件性能的稳定。成形体积不大、精度高、结构复杂的制件是 RTM 工艺的优势。相对于传统的预浸料/热压罐工艺,其生产效率高、成本低。

RTM 工艺的优点:

(1) 适于制造体积不大、形状复杂的结构件。
(2) 纤维浪费少,几乎不需后加工。
(3) 产品的内、外表面光洁、美观。
(4) 产品尺寸精度高。
(5) 产品的重复性好。
(6) 职业健康危害和安全风险低。

RTM 工艺的缺点:

(1) 设计 RTM 模具需要丰富的工程经验。
(2) 需要刚性、密闭的模具,模具成本略高。
(3) 产品的空隙率比热压罐工艺成形的要略高。
(4) 产品的纤维体积含量比热压罐工艺成形的低。

在航天器结构制造领域,RTM 工艺常用于成形体积不大、结构复杂、整体力学性能佳的结构件,图 3.4.25～图 3.4.27 是几种 RTM 工艺成形的卫星结构件。

图 3.4.25　天线支架连接件　　　　图 3.4.26　陀螺支架

图 3.4.27　桁架结构接头

2. VARTM 工艺

VARTM 与 VARI(Vacuum Assisted Resin Infusion)是同一种工艺,是在真空状态下排除纤维增强体中的气体,通过树脂的流动、渗透,实现对纤维或织物的浸渍,然后室温或升温固化的方法,其工艺原理如图 3.4.28 所示。

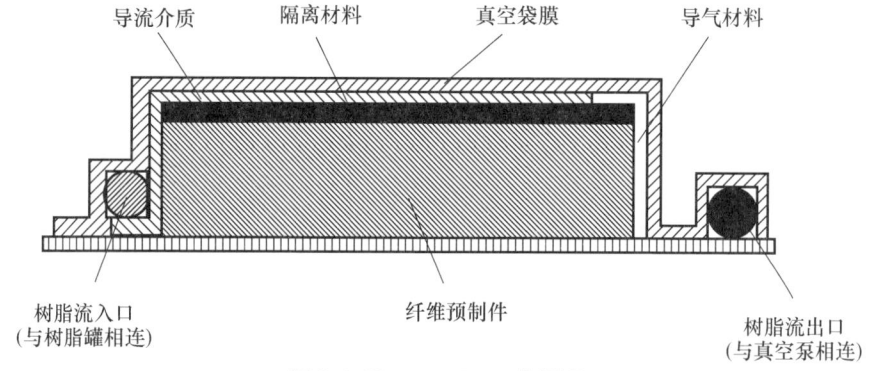

图 3.4.28　VARTM 工艺原理

VARTM 与 RTM 工艺的区别在于,它不需要一个闭合的、能承受注射压力的模具,也不需要成形压力。用 VARTM 工艺成形复合材料制件时仅需要一个在真空下不会漏气的单面模具。

和传统的复合材料成形工艺相比,VARTM 工艺不需要热压罐,仅在真空压力下成形;比手糊成形的制件空隙率低、性能好、纤维体积含量高;更适合成形大尺寸的制件,如风机叶片。

西曼树脂浸渍成形工艺(Seemann Composites Resin Infusion Manufacturing Process,SCRIMP™),是美国 Bill Seemann 为美国海军研制产品过程中发明的一种工艺方法,获得美国国家专利。它实际上是一种 VARTM 工艺,其独特之处在于:通过精心设计的树脂分配系统,将树脂在真空作用下注入模腔内;通过铺设管路增加注胶口,大大缩短树脂的流动路径。

VARTM 工艺的出现标志着液体成形工艺在特大面积复合材料结构中应用的重大突破,尤其适合于船体(图 3.4.29)、风机叶片(图 3.4.30)等结构。

图 3.4.29 SCRIMP™ 工艺成形的大型船体结构

图 3.4.30 VARTM 工艺成形的风机叶片

3. RFI 工艺

RFI 工艺是与 RTM 工艺类似的浸渍纤维预制件的方法,但它使用的是在室温时呈固态膜状、仅在模具加热时流动的树脂(包括典型的、航天级的环氧树脂、双马树脂和聚酰亚胺树脂等)。按照一定的比例,将纤维预制件与树脂膜铺放于模具表面,具体的配比和树脂膜的铺放位置取决于预制件的厚度、形状和后加工方法,典型的 RFI 工艺组合如图 3.4.31 所示。

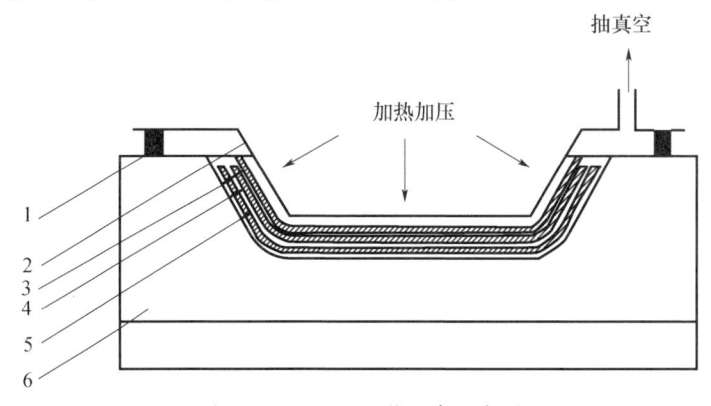

图 3.4.31 RFI 工艺组合示意图
1—密封胶条;2—真空袋膜;3—隔离膜;4—纤维增强材料;5—树脂膜;6—模具。

在烘箱或热压罐中,热传导到预制件和树脂膜,树脂膜变成液态、流动的树脂,浸渍预制件。是否施加外压,根据树脂特性、预制件厚度及制件的力学性能决定。真空有助于排出树脂和纤维预制件中裹入的空气和挥发分,帮助树脂浸润预制件。在升温条件下,树脂粘度降低,通过毛细管效应浸润预制件。可以循环真空以防止树脂起泡过度,并(或)产生吸力以帮助毛细管效应的浸润。当浸润完成时,树脂没有完全固化,而是处于 B 阶段,最终的阶段是成形复合材料结构件,固定纤维与树脂的比例,固化树脂,赋予复合材料结构件以设计的力学性能和热性能。树脂与纤维的比例通过控制模腔内的纤维量和制件的最终厚度来实现,允许过量的树脂流到制件周围的溢胶槽内。

RFI 工艺的特点在于:

(1) 与传统的预浸料/热压罐工艺相比,省去了预浸料制备、吸胶、预压等工序。

(2) 树脂膜较贵(一般是树脂的 2 倍)。

(3) 树脂仅在厚度方向流动,浸渍均匀。

(4) 树脂浪费少,树脂含量控制准确。

(5) 适于成形较薄的制件,如肋、梁、蒙皮等。

RFI 工艺常与缝纫工艺相结合使用,借助缝纫工艺将多层纤维织物缝合成具有一定形状的纤维预制件,然后再铺放于模具表面,按照图 3.4.31 所示的 RFI 工艺组合进行封装,而后渗透、固化成形。图 3.4.32 是两种用 RFI 工艺成形的复合材料结构件。

(a) 蒙皮 　　　　　　　　　　(b) 帽型梁

图 3.4.32　RFI 工艺成形的复合材料结构件

3.4.7　低温固化工艺

低温固化复合材料通常指固化温度明显低于常规固化温度,但经过自由状态高温后处理可以在较高温度下使用的复合材料体系。低温固化的树脂体系主要包括环氧、双马来酰亚胺、聚酰亚胺和氰酸酯等,其中以环氧体系为主。

低温固化工艺可以大大降低主要由昂贵的模具、高能耗设备和高性能工艺辅料等带来的费用。此外,低温固化复合材料结构件的尺寸精度高,固化残余应力低,适于制备大型和形状复杂的复合材料结构件,也可用于制造复合材料成形所用的工装、模具以及复合材料的修补等。低温固化工艺在军民两用领域具有良好的应用前景。

1. 低温固化复合材料体系

低温固化环氧复合材料是低温固化复合材料中最重要的品种,技术最成熟,品种最多,应用最广泛。一般来说,高性能低温固化环氧复合材料体系,其固化温度在60~100℃之间。低温固化剂是低温固化环氧材料技术的关键之一。一般来说,环氧复合材料的固化温度越低,预浸料在室温下的适用期就越短。由于复合材料结构件制造周期较长,一般要求预浸料在室温下至少能够有一周左右或更长的适用期。因此,低温固化环氧复合材料技术首先要解决的关键问题是低温快速固化和室温长适用期的矛盾。目前低温潜伏性固化剂主要包括改性咪唑类、硼胺络合物、改性双氰胺和微胶囊类等。

聚酰亚胺复合材料的固化温度往往较高,一般在300℃以上。Cytec公司报道其成功开发了可以在177℃固化,经过自由状态后处理后,可以在288~343℃温度范围内使用的低温固化聚酰亚胺Cycom® 3002预浸料体系。该预浸料体系黏性和铺覆性优异,增强材料包括玻璃纤维织物、石英纤维织物以及碳纤维织物等,玻璃纤维和石英纤维增强聚酰亚胺复合材料具有优异的介电性能,广泛应用于天线和雷达罩等结构。

除环氧和聚酰亚胺树脂体系外,国际上也不断开发、应用其他类型的低温固化高温使用树脂体系,如氰酸酯树脂等。ACG研发了低温固化氰酸酯及其复合材料,如LTM100系列(LTM110和LTM123)。LTM100的固化温度为80℃左右,最高干态使用温度为240℃左右。LTM123氰酸酯树脂的基本特征如下:

(1) 初始固化温度在70~135℃之间。

(2) 后处理温度可以达到204℃,玻璃化转变温度可以在90~240℃之间变化。

(3) 吸湿率低,湿膨胀系数低于环氧和高温固化氰酸酯体系。

(4) 适于热熔法制备各类单向及织物预浸料。

2. 低温固化复合材料的应用

低温固化复合材料从20世纪80年代开始推广,最初主要应用于复合材料工装、模具和汽车领域;90年代早期,低温固化复合材料开始应用于航空结构件。1996年,NASA和麦道公司采用LTM110低温固化复合材料制造了X-36无人战斗机蒙皮。2009年6月,美国空军研究实验室和洛克希德·马丁公司联合完成了"先进复合材料货运飞机"(ACCA)的首次验证飞行。ACCA是基于道尼尔328J飞机升级改造而来,其主要变化包括采用先进低温固化复合材料制造机身尾段和垂尾。低温固化LTM123氰酸酯复合材料,已被指定应用于英国火星登陆者项目。聚酰亚胺 Cycom® 3002 低温固化预浸料体系广泛应用于天线和雷达罩等结构,由于耐热性能优异,该材料体系也同时应用于航空发动机的结构件领域,如消声罩、绝缘舱壁、推力反向器和进气道。

国内低温固化复合材料在航空航天领域也已经逐渐得到推广应用。LT01 系列低温固化复合材料已经用于大型飞机腹鳍、歼击机 S 形蒙皮、卫星百叶窗和反射镜等。

3. 低温固化复合材料的发展方向

国内低温固化树脂体系已开发了环氧、双马来酰亚胺、聚酰亚胺、氰酸酯等。低温固化高性能复合材料在军民两用领域具有良好的应用前景,但其技术在许多方面有待改进:

(1)降低材料成本。

(2)缩短初始固化和后固化时间,降低能耗,提高生产效率。

(3)相对于高温固化、热压罐工艺成形的复合材料,力学性能仍相对偏低,有待进一步提高。

(4)树脂体系有待丰富。

3.5 固化过程模拟仿真

树脂基体的固化特性、树脂基体对纤维的浸润性、复合材料内部的残余应力、缺陷和性能等都与固化和温度历程密不可分。复合材料制造过程固化模拟仿真技术是保证复合材料质量、提高性能和实现高效应用的关键技术。

固化度、升降温速率、温度和固化时间等是复合材料制造过程中的重要参数,固化反应动力学揭示上述各因素之间的关系,是复合材料固化过程模拟的基础。复合材料固化过程中,内部温度分布主要取决于树脂基体的固化反应放热和材料的热传导。固化过程中,向复合材料传热的速率和固化反应热产生的速率决定了材料内部的温度分布,进而影响复合材料的固化进程,决定了复合材料固化是否完全和均匀,是否会引起结构变形,内部分层以及烧焦损坏等。

3.5.1 固化反应动力学实验技术

差示扫描量热(Differential Scanning Calorimetry,DSC)技术是目前研究各种树脂基体固化反应动力学的最主要方法之一,主要是通过反应过程中反应热的变化情况获取树脂基体的反应历程。主要采用 DSC 技术研究树脂基体的固化反应动力学,通过动态实验和恒温固化实验确定固化反应动力学参数。DSC 曲线反应固化反应放热速率 dH/dt 对温度 T 的关系,采用 DSC 技术进行固化反应动力学研究时,假定固化反应放出的热量正比于反应速度,DSC 的放热峰相当于反应热,在任何温度和时间下,峰左边的面积相应于已经反应了的物质。

树脂基体的反应程度用 α 来表示,基于树脂基体化学反应热对 α 进行定义。树脂基体的固化度 α 定义为

$$\alpha = \frac{H(t)}{H_u} \tag{3.5.1}$$

式中:$H(t)$ 为从反应开始到某一时间 t 时放出的热量;H_u 为固化期间反应放出的最大或总热量。

对于未固化材料 $\alpha=0$,对于完全固化材料 $\alpha=1$。

忽略化学物质的扩散,若固化速率已知,则材料内任一点的固化度可以通过下式计算:

$$\alpha = \int_0^t \left(\frac{d\alpha}{dt}\right) dt \tag{3.5.2}$$

为了建立固化反应动力学模型,必须知道固化速率对温度和固化度的依赖关系。将转化率 $\frac{d\alpha}{dt}$ 与反应程度函数 $f(\alpha)$ 联系起来的基本速率方程较多,对于非自催化反应常用的经验动力学模型(也称 n 级反应模型)为

$$\frac{d\alpha}{dt} = kf(\alpha) = k(1-\alpha)^n \tag{3.5.3}$$

式中:k 为反应速率常数,遵循 Arrhenius 关系:

$$k = A e^{\left(\frac{-E}{RT}\right)} \tag{3.5.4}$$

式中:E 为表观活化能;R 为气体常数;T 为反应温度;A 为频率因子。

对于动态试验,反应速率可以表达为

$$\frac{d\alpha}{dt} = \frac{A}{\beta} f(\alpha) e^{\left(\frac{-E}{RT}\right)} \tag{3.5.5}$$

式中:A 为频率因子;β 为升温速率。

对于恒温试验,反应速率可以表达为

$$\frac{d\alpha}{dt} = A f(\alpha) e^{\left(\frac{-E}{RT}\right)} \tag{3.5.6}$$

对于多步反应,与转化率相关联的固化反应动力学模型可以与重量系数相联系,即

$$f(\alpha) = \sum y_i f_i(\alpha) \tag{3.5.7}$$

J. M. Jenny 认为如下模型能更好地描述热固性树脂的固化行为

$$k = A e^{\left(\frac{-E}{RT}\right)} (\alpha_m - \alpha)^n \tag{3.5.8}$$

其中,α_m 是一恒定温度下反应的最大固化度,其与恒温反应温度成线性关系:

$$\alpha_m = a + bt \tag{3.5.9}$$

式中：t 为恒温反应温度；a 和 b 为常数。

考虑自催化行为，同时考虑到 n 级反应，J. M. Jenny 和 A. Moroni 等认为 Kamal 的模型方程精确可靠：

$$\frac{\mathrm{d}\alpha}{\mathrm{d}t} = K\alpha^m(1-\alpha)^n \tag{3.5.10}$$

式中：K 为反应速率常数，遵循 Arrhenius 关系；m 和 n 为反应级数。

目前针对环氧树脂和双马来酰亚胺树脂等已经提出了多种固化反应动力学模型，不同树脂的固化反应动力学模型往往有所不同，但多数固化反应动力学模型是在上面提到的几种固化反应动力学方程的基础上得到的。固化反应动力学方程各个参数也可通过各种不同的方法和途径获得。对国外各种研究结果分析表明，由于 Kamal 方程同时考虑了自催化行为和 n 级反应，更能准确地反映树脂的固化反应历程，因此基础模型方程统一为 Kamal 方程。

3.5.2 固化反应动力学模型

1. 等温固化反应动力学模型

如前面所述，在等温固化反应过程中，某一时刻的固化度 α 由式（3.5.1）给出，固化反应速率

$$\frac{\mathrm{d}\alpha}{\mathrm{d}t} = \frac{\frac{\mathrm{d}H(t)}{\mathrm{d}t}}{H_u} \tag{3.5.11}$$

固化反应的总反应热 H_u 可由动态固化反应热求得。一般取不同升温速率下的动态固化反应热的平均值作为 H_u。

在等温固化反应过程中，随着固化反应的进行，反应前的化学控制过程转变为后阶段的分子扩散控制过程，这是因为在固化反应的后阶段树脂的玻璃化降低了分子的运动性，使在所设定的温度范围内，等温固化反应在结束时均不能达到完全固化。因此有必要引入最大固化度 $\alpha_{\max} = \frac{H_t}{H_u}$。$H_t$ 为温度 T 下等温固化反应热。相应的固化反应动力学模型方程应修正如下：

$$\frac{\mathrm{d}\alpha}{\mathrm{d}t} = k\alpha^m(\alpha_{\max} - \alpha)^n \tag{3.5.12}$$

2. 动态固化反应动力学模型

在动态固化反应中样品完全固化，因此由 Kamal 方程可得

$$\frac{\mathrm{d}\alpha}{\mathrm{d}t} = k\alpha^m(\alpha_{\max} - \alpha)^n = A\mathrm{e}^{\frac{-E}{RT}}\alpha^m(1-\alpha)^n \tag{3.5.13}$$

动态固化反应的活化能 E 可按 Kissinger 方法求得。以 α 为自变量，$\mathrm{e}^{\frac{E}{RT}}\frac{\mathrm{d}\alpha}{\mathrm{d}t}$ 为

因变量对式(3.5.13)进行数学拟合可求得各个升温速率下的参数 A,m 和 n 的值。

3.5.3 固化过程温度分布模型的建立

复合材料固化过程的外部加温历程和树脂基体的固化反应放热决定了复合材料固化过程的温度分布。温度分布和固化反应热与加温历程密切相关。采用三维热传导模型,并通过固化动力学方程将固化反应热引入到模型中热源项,建立了复合材料固化过程的温度分布模型,实现了温度分布的描述,采用有限元逐次迭代的计算方法实现了固化过程中温度分布的模拟计算。

复合材料固化过程三维热传导方程为

$$\frac{\partial(\rho_c C_c)}{\partial t} = \frac{\partial}{\partial x}\left(K_x \frac{\partial T}{\partial x}\right) + \frac{\partial}{\partial y}\left(K_y \frac{\partial T}{\partial y}\right) + \frac{\partial}{\partial x}\left(K_z \frac{\partial T}{\partial z}\right) + \rho_r V_r \dot{H} \quad (3.5.14)$$

式中:ρ_c 为复合材料密度;C_c 为复合材料热熔;K_x,K_y,K_z 为复合材料 x,y,z 方向的导热系数;T 为温度;t 为时间;V_r 为树脂体积分数;$\dot{H}$ 为固化反应防热速率。

固化反应放热速率$\dot{H}$的表达式为

$$\dot{H} = \frac{d\alpha}{dt} H_u \quad (3.5.15)$$

$\frac{d\alpha}{dt}$由固化反应动力学方程决定。

基本假设:任一时刻复合材料内部同一点树脂和纤维的温度相同;忽略树脂流动引起的热传递。

初始条件:初始固化度均匀分布,固化度 $\alpha \approx 0$($\alpha = 10^{-4}$);初始温度均匀分布。

边界条件:预浸料叠层的上、下表面及四周温度与热压罐温度相等;热压罐的温度历程为各材料体系的温度历程。

采用有限元逐次迭代来求解温度分布,通过编写程序实现。固化度初始值取 10^{-4},并将每个时间增量起始时刻的固化度作为该时间增量中的平均固化度。

3.6 复合材料的加工

航天器复合材料由于增强纤维的连续性和热固性树脂的脆性,相对于金属材料而言是难于加工的。复合材料技术发展的目标是近净成形,即一次成形到接近于最终产品的尺寸和精度。但是在目前技术水平下,复合材料成形后仍然需要一些加工来达到需要的形状和尺寸,例如余量去除、外形加工及孔加工等。

由于碳纤维增强热固性树脂基复合材料具有硬度高、脆性大、导热性差、各向异性等特点,在加工过程中易产生分层、撕裂、毛刺、拉丝、崩裂等缺陷,加工难度较大。近年来,专家学者们在复合材料切削机理、刀具材料选择、刀具设计、特种加工技术、表面质量影响因素等领域开展了大量的研究工作,取得了一定的成果。

20世纪70年代以前,复合材料的加工基本上沿用金属材料的加工刀具和切削工艺。但由于复合材料具有诸多不同于金属材料的特点,其切削加工过程中遇到越来越多的问题,如刀具磨损严重、加工孔时孔边分层、跳丝等。这些问题的出现给复合材料的加工提出了新的课题,70年代后,国内外陆续发表了一些有关复合材料加工的论文。早期的复合材料加工技术是塑料加工的延伸,随着对复合材料特性的深入研究,复合材料的加工工艺取得了较大进展。

3.6.1 机械加工

复合材料机械加工的关键技术包括切削刀具材料、切削角度优化、切削加工参数优化、切削力和切削温度控制、加工质量评价以及加工缺陷控制等。树脂基复合材料的耐磨性好、硬度大、导热性差,在切削过程中,切削热的作用下常规材料刀具会快速磨损,难以完成复合材料制件的切削全过程。这对复合材料切削刀具的选材和结构设计提出了新的挑战。在复合材料切削加工过程中,刀具连续遭受树脂和纤维的摩擦,切削力变化大,易磨损。例如,加工碳纤维/环氧复合材料时,刀具和工艺参数必须同时满足相对较软的环氧树脂和高硬度碳纤维的磨损要求,刀具要适应这些变化,并在技术上要有针对性地解决精度、散热等问题。不少学者曾针对不同复合材料的切削做了大量的试验。国内也已进行了碳纤维复合材料钻孔加工的刀具试验,采用不同材料、不同钻头后角角度、不同钻速进行对比试验。结果表明,加工碳纤维复合材料时,采用硬质合金钻头或刃口涂覆金刚石的钻头明显优于普通工具钢的钻头,钻孔时复合材料分层较少,毛刺较少,钻头磨损少。但是与此同时,硬质合金或金刚石涂覆的刀具成本也显著增加。如何在成本、效率与切削质量、精度之间找到最佳的平衡点,是航天器复合材料机械加工面临的问题。

3.6.2 特种加工

1. 激光束加工

激光加工基于强光源引起的局部高温,使局部材料气化,在材料上留下极小的高热影响区。激光加工能会聚直径0.1mm,能量超过10^8W/cm^{2}的光束,可用于切割各种材料。激光切割的特点在于切缝小、速度快、能大量节省原材料和可以沿任何方向切割出各种复杂的形状。工业上常用两种激光器切割复合材料:掺钕钇铝石榴石激光器(Nd:YAG),其波长为1065nm,脉冲频率高达200Hz,这种激光器能有效地切割金属基复合材料,有机材料碰到这种波长的激光束会发生分解;CO_2激光器,其波长为10.6μm,加工脉冲宽度10^{-4}s,它能有效地被大多数有机材料所吸收,这种激光器的优点是能减少高热影响区,原因是在脉冲之间产生了一定的冷却。CO_2激光器已成功地用于切割玻璃钢板,沿切割边缘的热影响区很窄,且玻璃纤维断头被熔融,可防止纤维脱散。芳纶/环氧和石墨/环氧层合板可采用较大功率的1200W CO_2激光器切割,切割边缘光滑,无脱散,几乎不需要二次修整。比较而言,芳纶纤维层合板的切割性能最好,其次是玻璃钢板,最差的是石墨纤维层合板。图3.6.1是用CO_2激光器加工薄石墨纤维层合板窄缝的照片。

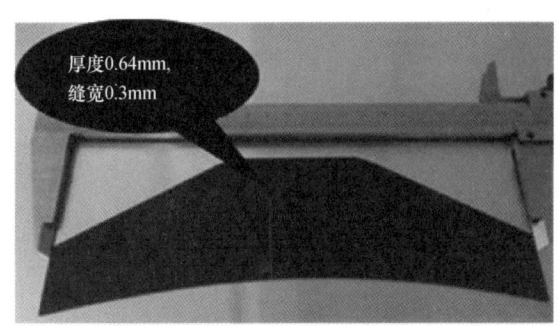

图3.6.1 激光加工复合材料薄板的窄缝

2. 高压水切割和高压水磨砂切割

高压水切割的原理是高压水经小孔喷嘴射向材料,将动能转化为压力,使材料断裂而被切割。该方法切口质量和结构完整性优于常规机械切割,而且无切屑粉末飞扬。这种技术已在航空航天和其他工业领域获得了广泛的应用,可用于切割碳纤维/环氧、有机纤维/环氧、硼纤维/环氧和玻璃纤维/环氧等多种复合材料。高压水切割喷嘴直径可小到0.13mm,水压可超过350MPa。高压水磨砂切割与高压水切割的区别在于高压水流中混杂了磨砂粒子,它主要用于切割金属基复合材料(B/Al,SiC/Al)和陶瓷材料。高压水磨砂切割的质量取决于以下主要参数:液压参数、磨砂参数、混合室参数、流通参数、被切割材料类型等。高压水切割时射水(含有磨砂更好)速度很高(可达800m/s,适于金属基复合材料的切割),切割速度很快,对材料损伤很小。

3. 电火花加工

电火花加工是基于电火花侵蚀的电加工方法。在用介电材料隔开的工件与电极之间加一电压,当所加电压足以击穿介质时产生电火花,电火花产生的局部高温可达12000℃,足以熔融甚至气化被切割材料,在工件表面形成一个小豁口。该方法适于均匀导电材料的切割加工(如金属基复合材料、具有良好导电性的复合材料等)。此方法的优点在于工件不会产生裂纹,因而可减少疲劳致损,且加工表面粗糙度低于 $25\mu m$。但电火花加工的缺点在于工具电极磨损太快,加工成本较高,应用较少。应用电火花还可加工含导电添加剂的陶瓷基复合材料,如 Si_3N_4。

4. 超声波加工

超声波加工以工件表面与高速磨砂粒子(悬浮液中所带)的撞击为基础,超声波振子引起有关工具小振幅($0.05\sim0.125mm$)和高频($20\sim30kHz$)直线振动。所用磨砂粒子多为 Al_2O_3、SiC、氧化硼或其他类似材料。磨砂粒度:粗加工为 100 目,精加工为 1000 目。精加工公差可达 $0.013mm$。超声波加工适于硬而脆材料(如陶瓷基复合材料)的打孔和开槽。

5. 离子束加工

离子束抛光技术(Ion Beam Figuring,IBF)的基本原理为:在真空室里利用被加速的高能粒子与工件表面原子核直接发生弹性碰撞,将粒子能量传递给工件材料的原子,使其逸出表面,在原子量级上将材料去除。离子束抛光为非接触式加工,表面无痕迹,无加工应力产生。

针对碳纤维增强树脂基复合材料的离子束抛光,可以实现单层 10nm 量级的去除量。

特种加工方法还有电子束加工法、电化学加工法等,这些加工方法都有自身的优点和适用条件,由于自身的局限性和缺点,这些特种加工技术还未在航天器复合材料中得到广泛的应用。

3.7 复合材料成形模具

复合材料产品的成形过程不同于常规的金属材料,相当于一种增材制造技术。复合材料产品的形状、尺寸、精度均依靠模具来实现。因而无论采用何种成形工艺,对模具都有严格的要求。模具决定了制品的几何边界,又在很大程度上影响着产品的质量和表面状态。在复合材料的制造成本中,模具在几种主要的成形方法中占有较大的比例。因此,合理地选择模具材料、设计模具对保证产品质量和降低成本很重要。

3.7.1 模具材料的选择

模具材料的种类繁多,常用的材料有金属、复合材料、橡胶、陶瓷、石膏、硬质泡沫塑料等。

各种成形工艺对模具都有不同的具体要求,但一些基本要求大体相同:

(1)满足产品的精度要求。模具尺寸精确,模具材料尽可能与产品的热膨胀系数相匹配,以保证成形的产品变形小,尺寸稳定性好;模具表面光滑、平整、密实、无裂缝、无针眼,以保证产品表观质量。

(2) 要有足够的刚度和强度。要能承受自重、产品重量、生产过程中的振动及动载的组合作用。对于大型产品,除满足强度要求外,刚度要求也很重要,以防止模具型面变形,影响产品质量和模具使用寿命。

(3) 良好的热传导性和热稳定性。要使热量尽快、均匀地传递给产品,并在整个固化周期内,保持形状和尺寸精度。

(4) 重量轻、材料来源充分。模具材料容易采购,模具重量尽量轻,以方便使用和转运。

(5) 成本低、易于加工。模具的结构形式尽量简单,以便于加工和控制成本。

(6) 维护及维修简便。模具应长寿命,易维护和可维修。

复合材料成形工艺不同,相应的模具材料也各异。表 3.7.1 列出了常用模具材料的优缺点及适用范围。

表 3.7.1 常用模具材料

材料名称	优点	缺点	适用范围
铝	制造工艺性好 导热性好 重量轻	热膨胀系数大 耐温不高	一般精度的制品
钢	热膨胀系数小 刚性大 使用温度高	自重大 尺寸受限制 加工成本高	精度要求高的制品
可膨胀橡胶	柔软、可成形 可塑性成形 可用于传递压力	材料昂贵 膨胀量较难控制	复杂形面、中空结构或难脱模制品
碳纤维复合材料	热膨胀系数低 重量轻	成本昂贵 热传导率低	大型高精度制品
蜡、木材、石膏	可塑性成形 成本低	一次性使用	复杂中空结构制品

表 3.7.2 列出了一些常用的成形方法对模具材料的选择。

表 3.7.2 不同成形方法对模具材料的选择

成形方法	模具材料
热压罐成形	铝材、钢材、碳纤维复合材料
真空袋成形	铝材、木材
模压成形	钢材
缠绕成形	钢材、铝材、木材、蜡、低融点合金

(续)

成形方法	模具材料
拉挤成形	耐磨钢材
软模成形	可膨胀橡胶、硫化橡胶片、未硫化橡胶
喷射成形	耐磨钢材

3.7.2 模具的结构形式

目前,制造复合材料产品采用的模具结构大致有如下几种形式。

1. 框架式模具

这是一种由金属板与支撑构架组成的模具结构。金属板用滚弯法或拉伸法制成所要求的型面,支撑构架一般由金属管材、角材或板材组成,用于支托和固定位于上面的金属板。支撑构架的调节系统通常有机械式和液压式两种。

框架式结构(图3.7.1)内部空心,因而热容量小,热空气可以在金属板内外表面畅通流动,且自重轻,运输方便。这种框架式结构常用于热压罐成形和真空袋成形。

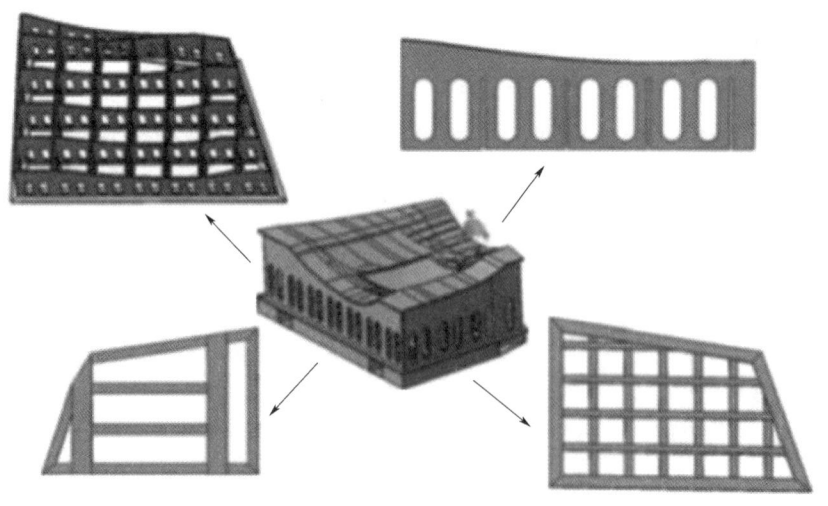

图 3.7.1 框架式模具

2. 刚性组合模

传统复合材料成形模具主要以钢质和铝质为主。模压、拉挤、注塑工艺中其成形模多半采用对模的组合结构形式。图 3.7.2 是一种简易的组合模具示意图,各部分应精密地配合,因此要求较高的加工精度。在模具设计时应安排溢胶槽,并考虑到树脂收缩量、制品变形等细节。

钢和硬铝表面光滑、致密、硬度大、易于脱模,清理模具时不易损坏,并且耐温性能好,但存在着和复合材料热膨胀系数不匹配的问题(钢的膨胀系数约为 $12 \times 10^{-6}/℃$,铝的膨胀系数约为 $22 \times 10^{-6} \sim 24 \times 10^{-6}/℃$,碳纤维复合材料的膨

图 3.7.2 组合模具示意图

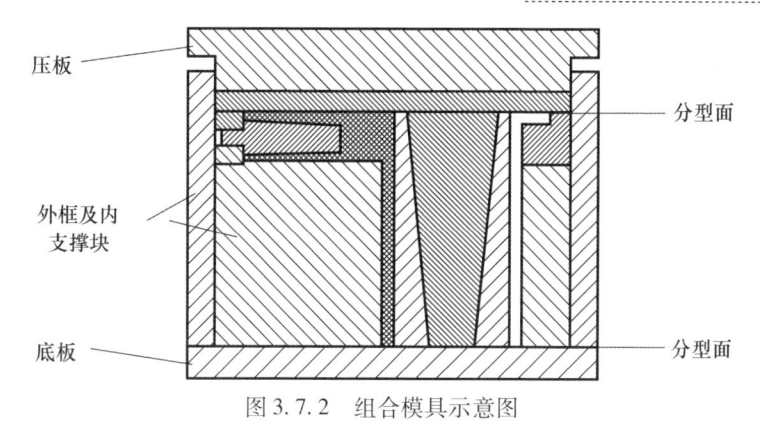

胀系数约为 $-0.5\times10^{-6} \sim 2\times10^{-6}/℃$）。因此，在设计金属模具时，要考虑制品固化升温过程中的热膨胀量。

3. 软/硬组合模

利用橡胶的可塑性成形出各种型面的软模，与刚性的金属模具组合使用，对于复杂型面，如帽形梁的成形十分有效。橡胶软模的工作原理是利用橡胶在加热过程中的膨胀性，提供复合材料固化所需的压力，也可用橡胶软模作为压力传递介质。制造橡胶软模通常有两种方式：一种是使用双组份的含硅或不含硅的液体，在模腔内浇注出橡胶软模；另一种是采用未硫化的橡胶片材，在模具表面叠层后，加热使其硫化成形。

利用橡胶作为膨胀加压介质时，一般将它设计为成形模的芯模，其四周采用封闭的金属结构，如图 3.7.3 所示。

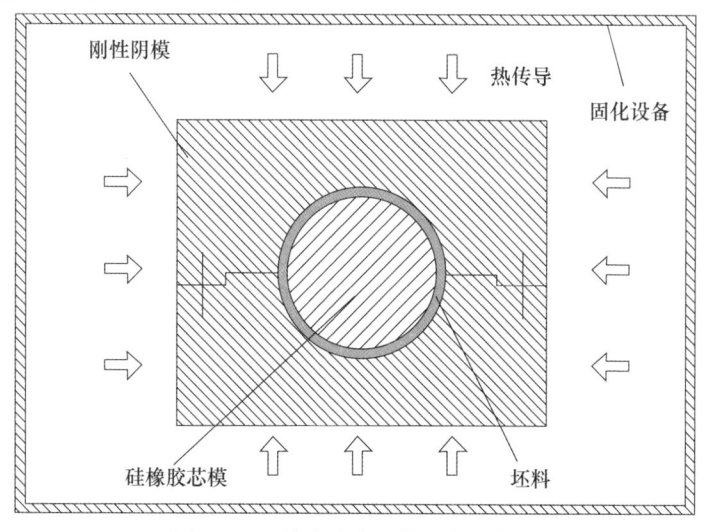

图 3.7.3 热膨胀成形模具断面简图

3.7.3 金属模具

金属模具易于加工,可重复使用,易维护。因此,在能满足使用要求的情况下尽量采用金属模具,以利于降低成本和长期使用。

目前,复合材料成形所用的金属模具材料多种多样,在满足使用要求的前提下,成本是首先要考虑的问题。表3.7.3列出了常用金属模具材料的基本特征。

表3.7.3 典型金属模具材料的特征与应用

品种		基本特征	应用
优质碳素结构钢	20	经渗碳淬火,可获得高的表面硬度	型面复杂的模具
	45	较高强度,经调质处理有较好的综合力学性能,可进行表面淬火以提高硬度	广泛地应用于各种模具
碳素工具钢	T7 T8 T10	有较好韧性,经淬火后有一定硬度	要求较高的模具型腔
合金结构钢	20Cr 12CrNi3	具有良好塑性、焊接性和切削性,经渗碳淬火后有高硬度和耐磨性	要求很高的复杂模具
	40Cr	调质后有良好的综合力学性能,淬透性好,淬透后有较好的疲劳强度和耐磨性	
殷钢	4J32 4J36	热膨胀系数低($\leqslant 1.5 \times 10^{-6}/℃$),强度、硬度较高,导热系数低,塑性、韧性、延伸率都很高,难于机械加工,价格昂贵	尺寸精度高、热变形小的模具
铝合金	2A12H112 2A12T4	强度、硬度适中,密度低,综合性能优良,易于机械加工	广泛地应用于各种模具

优质碳素结构钢、硬质铝合金是航天器复合材料成形最常用的金属模具材料。殷钢由于热膨胀系数很小,与复合材料的热膨胀性能相匹配,而且使用寿命长,是最具竞争力的一种模具材料,也是在欧美国家用得比较多的一种模具材料。特别是以聚酰亚胺、双马来酰亚胺等高温树脂为基体的复合材料结构件,多半采用殷钢模具进行成形。殷钢的主要问题是加工比较困难,而且价格昂贵。

3.7.4 复合材料模具

复合材料模具是由碳纤维或玻璃纤维预浸料或预浸织物在母模上铺叠成形,经固化和后固化而成的模具。采用碳纤维或玻璃纤维预浸料铺叠成产品所需形状的复合材料模具,型面由铺叠成形并可作任意的修补,因而可将模具制造得十分精确。由于模具材料与被成形的材料大体上属于同类材料,因而有效地解决了模具表面与复合材料制品热膨胀匹配的问题。这种模具结构已成功地用于制造尺寸与形位精度要求高的复合材料制品。随着复合材料制造技术的发展,出现了专门制造复合材料模具的低温固化、高温使用的预浸料。在国外,复合材料模具已得到广泛应用,如欧洲 AIRBUS A320 垂尾工装、英国宇航黑鹰直升机工装、美国波音 V229(鱼鹰)旋转壁工装等。复合材料模具的一系列优点,使其成为未来复合材料成形用模具的发展主流。目前,在欧美发达国家的航空航天部门,碳纤维复合材料模具的应用已经相当普遍,其数量约占模具总量的 60% 以上。在国内,除了哈尔滨飞机工业集团、西安飞机工业集团等航空制造企业采用复合材料模具比较早、比较多之外,其他单位以及航天企业用得还比较少,主要是因为复合材料模具价格昂贵,维护和维修成本高。

1. 复合材料模具的主要优点

1)热膨胀性能相匹配

用碳纤维复合材料模具成形碳纤维复合材料结构件的最大优点是它们的热膨胀性能相匹配,从而可以获得形面精度和尺寸精度高的结构件。在复合材料结构件固化成形过程中,模具与结构件之间相互关系发生变化的过程如下:

(1)开始加热时,随着温度的升高,模具受热膨胀,其尺寸跟着增大。这时的结构件坯料还是软的,所以它也跟着模具一起增大。

(2)继续升温,在树脂体系的凝胶温度下,受热膨胀的模具与结构件坯料具有相同的尺寸。这时的树脂体系只有部分固化,性能还比较低。

(3)当加热到最后的固化温度时,模具和半固化的结构件坯料以各自的热膨胀系数膨胀。如果它们的热膨胀系数不同,结构件中将产生内应力。

(4)在保温阶段,结构件在已经膨胀到最大尺寸的模具中得到进一步固化。

(5)保温结束后,从固化温度开始冷却至室温的过程中,模具和结构件都以各自的收缩率收缩。如果它们的收缩率不同,结构件的最后尺寸将与模具的尺寸不同。

从以上在固化过程中,模具与结构件坯料之间关系的变化可以清楚地看出,当模具与结构件的热膨胀性能之间存在差异时,将直接影响结构件的形面的准确性、尺寸精度和内部质量,实际使用中得到的数据清楚地说明了这一点。显然,在选择复合材料成形模具的材料时,热膨胀性能是必须考虑的首要因素。而且,尺寸越大的复合材料结构件越是应该选择热膨胀性能相匹配的复合材料模具。据报导,长达 18m 的 Delta-1 型运载火箭整流罩成形时,就是用了复合材料模具才保证了其要求非常高的形面准确性和尺寸精度。几种常用模具材料的热膨胀系数见表 3.7.4。

表3.7.4 部分模具材料的热膨胀系数

序号	材料	热膨胀系数/($\times 10^{-6}$/℃)
1	碳/环氧复合材料	3.5
2	玻纤/环氧复合材料	12
3	低碳钢	12.1
4	铝合金	24
5	整体石墨	2.4

从表3.7.4中可以看出,整体石墨和碳/环氧复合材料的热膨胀性能与碳纤维复合材料比较相近,比常用的铝合金、低碳钢的热膨胀系数低一个数量级。整体石墨的机械强度较低,脆性比较大,用它制作大型、复杂的复合材料结构件成形模具,无论从机械加工、连接和实际使用方面都存在很多问题。目前,只有为数极少的体积不大、形状简单的复合材料结构件才用整体石墨材料作为其成形模具。

2) 密度小、重量轻

由于碳纤维复合材料具有高强度、高模量和低密度等特点(表3.7.5)。所以,用它制作的模具成形面厚度可以做得很薄,一般只有6mm左右,最厚不会超过9mm,所以即使是大型复杂的模具,其重量也非常轻,易于搬运,方便使用。以尺寸为0.9m×1.5m的模具为例,用碳纤维复合材料制造,其质量只有59kg;如果用殷钢制造,模具成形面厚度一般需要19mm左右,整个模具的质量达648kg。欧洲空中客车公司的A320飞机复合材料垂直尾翼原计划采用低碳钢制作其成形模具,但经过计算,钢模具的重量太重,超过了德国MBB公司当时的热压罐和起吊设备的承受能力,后来改用复合材料模具,不但很好地解决了模具重量问题,而且高质量地制造出当时全球最大的民用客机复合材料结构件。

表3.7.5 部分模具材料的密度和拉伸性能

材料	密度/(g/cm^3)	拉伸强度/MPa	拉伸模量/GPa
铝合金	2.7	400	70
低碳钢	7.8	600	210
殷钢	8.2	450	140
碳纤维织物复合材料	1.5	900	60

3) 加热固化时所需热量比较小

碳纤维复合材料的比热容一般都大于金属材料(表3.7.6),但是,由于碳纤维复合材料模具的重量比金属材料要轻,特别是比碳钢和殷钢模具的重量要轻得多。所以,在固化成形加热时,碳纤维复合材料模具所需要的热量远小于殷钢等金属材料模具,它可以按要求以比较快的升温速度进行加热固化,可以在较短的固化周期内完成复合材料结构件的固化成形,从而可以节约能源和工时,降低制造成本。

表 3.7.6　部分模具材料的比热容

材料	比热容 /(J/(kg·K))	模具质量 /kg	热容 /(kJ/K)	固化周期 /h
铝合金	900	210	185	9
低碳钢	450	590	278	10
殷钢	510	648	334	12
碳纤维复合材料	879	59	52	3~6

2. 存在的主要问题

(1) 要求从事复合材料模具设计、制造的人员应具有较高的专业知识和丰富的实际制造经验。同时,还应有完善的质量管理体系和先进的质量检测技术;不同设计、制造水平的单位和人员制造的复合材料模具的质量和使用寿命往往会相差很大。

(2) 复合材料模具较为常见的问题是真空泄漏,达不到复合材料结构件成形工艺所要求的真空度,特别是当复合材料模具存在制造缺陷(如空隙率过高)时,更容易出现这一问题。

(3) 复合材料模具的表面硬度较低,在使用过程中,成形面容易划伤。另外,在使用过程中还容易受撞击(如被叉车撞伤或坠物撞击)产生分层而出现真空泄漏。

(4) 与一般使用寿命在 1000 次以上的金属模具相比,复合材料模具的使用寿命相对比较短,一般只能使用几十次。

(5) 复合材料模具的制造成本比低碳钢和铝合金模具来说还是要高出不少。

3.7.5　基于特殊要求的模具

有些航空航天复合材料结构件外形非常复杂,比如翼面类的纵横加筋壁板、机身类的 M 形加筋壁板、S 形进气道非开敞结构、大型桁架结构接头、光学遥感器支架等。这些复杂结构的成形和脱模对模具材料和模具结构都有特殊要求。近几年,出现了一些能够满足这些要求的具有特殊功能的模具材料和结构,例如可溶模具,以水溶性模具为代表;还有就是可变形模具,以形状记忆高分子材料模具为代表。此外,产品低成本、短周期的要求,也使得模具的柔性化发展成为一种新的趋势。

1. 可溶模具

可溶模具是指用在某种溶剂中易于溶解的材料采用浇铸法或模压法制成空心或实心的模具。复合材料构件依赖这种模具成形后,从开口处通入合适温度的溶剂,使模具材料溶解进而从构件流出。流出的溶体和砂子,清理后可重复使用。

比较有代表性的是用水作溶剂,即水溶性模具。具有异形内腔结构的复合材料结构件,芯模不易取出,可采用水溶性芯模,而且水溶性芯模对制品的污染小。国外已有研究把水溶性模具用于共固化成形复合材料副翼。

某航天器研制单位掌握水溶性芯模的制造技术,并已应用于多种封闭型腔、复杂腔体、细长中空结构复合材料零件的成形。图 3.7.4 ~ 图 3.7.6 是水溶性芯模及其复合材料零件的照片。

(a) 水溶性芯模装卡于缠绕机　(b) 在水溶性芯模表面缠绕碳纤维　(c) 复合材料杆件

图 3.7.4　采用水溶性芯模、缠绕细长中空杆件

(a) 水溶性芯模　(b) 多向接头

图 3.7.5　采用水溶性芯模、RTM 工艺成形多向接头

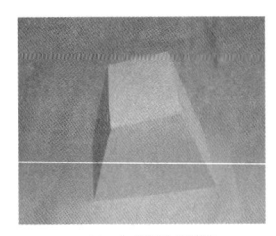

(a) 水溶性芯模　(b) 水溶性芯模装入预制件腔体　(c) 发动机支架

图 3.7.6　采用水溶性芯模、RTM 工艺成形发动机支架

2. 可变形模具

可变形模具是指这种模具在某一种物理状态下保持一定模具形状,在另一种物理状态下变成另外的模具形状。比较有代表性的易变形模具是形状记忆高分子材料模具,这种模具通常由保持原始形状的固定相和随温度变化能发生可逆软化与硬化变化的可逆相组成。固定相的作用是保持与恢复成形构件原始形状,而可逆相的作用则是发生变形。国外已有研究把形状记忆高分子材料模具用于缠绕成形 S 形复合材料构件,如图 3.7.7 所示。

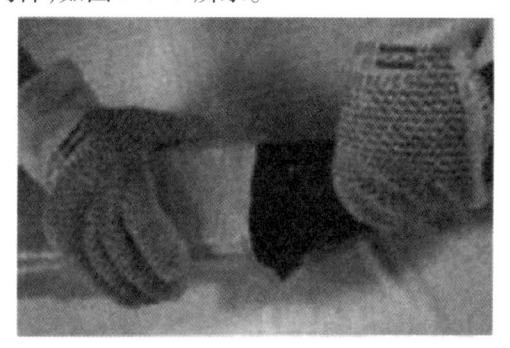

图 3.7.7 形状记忆模具用于缠绕 S 形复合材料构件

3.7.6 高精度模具加工

为提高模具的寿命,一般使用高硬度材料,故模具的材料越来越难加工,模具的形状越来越复杂,但要求的精度却越来越高,因此高精度模具技术的发展越来越重要。模具加工经历了手工加工、仿形加工到数控加工几个阶段,随着 CAD/CAM 系统的引入,模具结构已向数控加工为主体的自动化加工转变。

1. 模具型腔的加工

对于高精度模具的加工,是先在模具基体上加工出一定形状的型腔,然后再进行最终的研磨加工,以达到表面粗糙度($Ra<0.1\mu m$)的要求。模具型腔的加工分粗加工、半精加工和精加工。拔模斜度的加工是模具加工所特有的。就现有的加工能力来说,这些加工很难 100% 地用 CAD/CAM 系统来完成高精度模具的数控加工。

利用 CAD/CAM 系统或自动程序设计系统提供数控信息,不需要物理模型,即可得到比较高的精度,但还是达不到所要求精度与加工效率,主要原因有以下两方面:一方面,由于目前 CAD/CAM 系统是以机械零件为主要对象开发的,所以,当模具型面为自由曲面时,处理技能显得不足,限制了加工精度的提高;另一方面,识别模具型腔的 CAM 技能不足,即产生的数控信息不能形成适合于模具加工或有效利用加工技巧,数控的加工效率难以充分发挥。

适应于高精度模具加工的 CAD/CAM 系统具有以下三个特点：①具备处理自由曲面和可用数字表达式表示的曲面的技能，提高了系统对数据结构、性质完全不同的两种形状同时进行处理的能力；②零件形状展成（CAD）和刀具运动轨迹形成（CAM）机能完全分离，这样生成粗加工、半精加工和精加工程序的模型可共用一个，能很快地形成刀路；③系统能高速自动地形成刀具运动轨迹，大大地减轻了程序员的负担，刀具在高速运转中实现在线处理。

2. 模具的研磨与抛光

研磨、抛光的主要目的是去除形状加工中形成的加工变质层，使表面光滑平整。其加工分为两个阶段，即除去切削波纹痕迹的光整加工和提高表面质量降低粗糙度 Ra 值的镜面加工。在镜面加工中，要求模具的尺寸精度和形状精度不能降低，特别是尖角和拐角处不能产生崩碎和塌边，这道工序一般用砂布进行手工抛光。因为模具是加工工具，所以它的精加工质量比一般零件更重要。

研磨与抛光一直是高精度模具加工的重要手段。随着电子工业的飞速发展，使这一古老工艺注入了新的生命，并得到了飞速的发展。目前人们正在努力开发这种加工方法，并取得了一定的成绩。如弹性发射加工（Elastic Emission Machining，EEM）、浮动研磨、液上漂浮研磨、电磁场研磨、固相反应的研磨与抛光、滚筒加工研磨等。随着计算机技术的发展及机器人技术的应用，像研磨这种需要耐心的重复工作，现已完全可用机器人来代替手工操作。

3.8 本章小结

本章介绍了复合材料的定义、组成、特点、成形工艺、加工方法以及模具等内容。复合材料是现代高性能航天材料的一个典型代表，由多组分经特殊方法复合而成，具有新的性能和功能的材料，是未来材料领域发展的重点。复合材料的优势体现在可设计、高比强度、高比模量、抗疲劳、耐空间环境等方面。与此同时，复合材料的原材料、成形工艺、加工等技术，都有着与传统金属材料不同、甚至很大的差异。卫星等航天器用复合材料结构的制造过程涉及五大部分，40 余个子项目，是一个复杂、串行、多点控制的过程，必须对其中的原材料特性、关键工艺和材料性质变化规律有充分的理解，才能实现高性能和高可靠性的航天器结构制造。

我国在航天复合材料领域起步较晚，目前在原材料、工艺稳定性和自动化制造领域仍然落后于美国、西欧、俄罗斯等航天强国。但近年来复合材料技术呈现出快速上升、多领域突破、全面应用的特点，航天复合材料必将成为我国航天技术发展的重要推动力和保证。

参考文献

[1] 航空航天科学技术研究院. 复合材料设计手册[M]. 北京:航空工业出版社,1990.
[2] 中国航空研究院. 复合材料结构设计手册[M]. 北京:航空工业出版社,2001.
[3] 谭维炽,胡金刚. 航天器系统工程[M]. 北京:中国科学技术出版社,2009.
[4] (澳)克鲁肯巴赫. 航空航天复合材料结构件树脂传递模塑成形技术[M]. 佩顿,李宏运,译. 北京:航空工业出版社,2009.
[5] 包建文,等. 高效低成本复合材料及其制造技术[M]. 北京:国防工业出版社,2012.
[6] 沈真,张晓晶. 复合材料飞机结构强度设计与验证概论[M]. 上海:上海交通大学出版社,2011.
[7] 沈观林. 复合材料力学[M]. 北京:清华大学出版社,1996.
[8] 陈烈民,杨宝宁. 复合材料的力学分析[M]. 北京:中国科学技术出版社,2006.
[9] 益小苏,杜善义,张立同. 复合材料手册[M]. 北京:化学工业出版社,2009.
[10] Shojaeia A, Ghafforiana S R, Karimian S M H. Numerical simulation of three dimensional mold filling process in resin transfer molding using quasi – steady state and partial saturation formulations[J]. Composites Science and Technology, 2002, 62: 861 – 879.
[11] Seung Hwan Lee, Mei Yang, Young Seok Song, et al. Three – dimensional flow simulation of resin transfer molding utilizing multilayered fiberpreform[J]. Journal of Applied Polymer Science, 2009, 114: 1803 – 1812.
[12] 李彩林,文友谊,窦作勇. 复合材料成型工艺仿真技术[J]. 宇航材料工艺,2011(3):27 – 30.
[13] 张玲玲,姜兆华,张伟,等. 超强度纤维柔性复合材料激光加工工艺研究[J]. 应用激光,2012(3):238 – 243.
[14] 花银群,肖淘,薛青,等. 激光切割碳纤维复合材料的试验研究[J]. 激光技术. 2013(5):565 – 570.
[15] 祁萌. F – 35 联合攻击战斗机复合材料蒙皮的精密加工[J]. Defense Manufacturing Technology, 2010(5):49 – 50.
[16] 张厚江,陈五一,陈鼎昌. 碳纤维复合材料(CFRP)钻孔出口缺陷的研究[J]. 机械工程学报,2004,40(7):150 – 155.
[17] 董星,李嫚,董海,等. 镗削碳纤维复合材料时切削用量对切削力及孔出口撕裂的影响[J]. 宇航材料工艺,2012(6):79 – 82.
[18] Omer Soykasap, SukruKarakaya. Design and testing of ultra – thin shell reflector demonstrator[C]. 53rd AIAA/ASME/ASCE/AHS/ASC STRUCTURES, STRUCTUAL DYNAMICS AND MATERIAL COMFERENCE, 2012.

第4章 特种加工技术

4.1 概述

特种加工技术是直接利用电能、热能、声能、光能、电化学能、化学能及特殊机械能等多种能量或其复合能量以实现材料去除的加工方法。其研究范围是电加工、高能束流（激光束、电子束、离子束、高压水束）加工、超声波加工及多能源复合加工。

特种加工技术的发展可以追溯到20世纪40年代。20世纪以来，科学技术发展到了一个崭新阶段，特别是在新技术革命浪潮推动下，生产和科学技术的发展更为迅速。在许多工业部门，特别是国防工业部门，高技术产品要求向高精度、高速度、高温、高压、大功率和小型化方向发展，对材料的要求越来越高。相应地涌现出大量的具有高熔点、高强度、高硬度、高脆性和高纯度等特殊性能的材料。为了满足高技术产品的高性能要求，零件的结构形状越来越复杂，对精度、表面粗糙度和表面质量的特殊要求越来越高，特别是对表面完整性提出了更加严格的要求。50年代以来，航空航天技术迅猛发展，高性能的航空产品要求具有很高的强度重量比和性价比，而且要求在高温、高压、高速、大载荷和强腐蚀等苛刻的条件下长期而可靠的工作。现代高性能的飞机和航空发动机上大量采用了钛合金、复合材料、粉末冶金和定向凝固高温合金材料。在高性能战斗机上钛合金用量已经达到30%以上，如F-22战斗机钛合金用量已经达到36%，碳纤维增强树脂基复合材料用量达到25%，而且先进复合材料的用量在先进战斗机上有不断增加的趋势。2000年的高性能航空发动机的结构材料中超级合金、粉末冶金和定向凝固合金的结构重量约占55%，复合材料用量约占20%，钛合金用量约占10%，高强度结构钢用量占15%，陶瓷材料占2%。航空发动机的热端部件将继续发展高温、高强、高韧合金特别是各向异性的超级耐热合金、热障陶瓷涂层材料、陶瓷结构材料。涡轮叶片已广泛采用定向凝固、单晶合金、快速凝固合金、粉末冶金合金和陶瓷材料；正在研制陶瓷和陶瓷基复合材料的涡轮叶片。

上述新材料和新结构的大量采用使得现代武器装备的可加工性和可生产性急剧恶化，对制造技术提出更加苛刻的要求。许多新型材料和新型结构采用常规加工方法是难以加工甚至是根本无法加工的。为此必须解决：①难加工材料的加工；②复杂型面的加工；③高精密表面的加工（微米级、纳米级精度，表面粗糙度 $Ra \leq 0.01\mu m$；④特殊要求零件的加工（壁厚 $\leq 0.1mm$ 薄壁和弹性零件等）。20世纪50年代以来国外工业界通过各种渠道，借助各种能量形式，探寻新的加工途径，相继推出了多种与传统加工方法截然不同的新型的特种加工方法，如电火花加工、电解加工、化学加工、超声波加工以及高能束加工等。20世纪70年代以来，以激光、电子束、离子束等高能束流为能源的特种加工技术获得了迅速发展和广泛应用。目前以高能束流为能源的特种加工技术和数控精密电加工技术已成为航空产品制造技术群中不可缺少的分支。国内外经验表明，没有先进的特种加工技术，现代高性能航空航天产品难以制造和生产。因此先进的特种加工技术的开发和应用与现代航空航天技术的发展息息相关。

4.1.1 特种加工的分类

特种加工的分类还没有明确的规定，一般按能量来源和作用形式以及加工原理可分为表4.1.1所示的各种加工方法。

表4.1.1 常用特种加工方法分类表

特种加工方法		能量来源及形式	作用原理	英文缩写
电火花加工	电火花成形加工	电能、热能	熔化、气化	EDM
	电火花线切割加工	电能、热能	熔化、气化	WEDM
电化学加工	电解加工	电化学能	金属离子阳极溶解	ECM
	电解磨削	电化学、机械能	阳极溶解、磨削	EGM（ECG）
	电解研磨	电化学、机械能	阳极溶解、研磨	ECH
	电铸	电化学能	金属离子阳极沉积	EFM
	涂镀	电化学能	金属离子阴极沉积	EPM
激光加工	激光切割、打孔	光能、热能	熔化、气化	LBM
	激光打标记	光能、热能	熔化、气化	LBM
	激光处理、表面改性	光能、热能	熔化、相变	LBT
电子束加工	切割、打孔、焊接	电能、热能	熔化、气化	EBM
离子束加工	蚀刻、镀覆、注入	电能、动能	离子撞击	IBM
等离子弧加工	切割	电能、热能	熔化、气化（涂覆）	PAM

(续)

特种加工方法		能量来源及形式	作用原理	英文缩写
超声加工	切割、打孔、雕刻	声能、机械能	磨料高频撞击	USM
化学加工	化学铣削	化学能	腐蚀	CHM
	化学抛光	化学能	腐蚀	CHP
	光刻	光、化学能	光化学腐蚀	PCM
快速成形	液相固化法	光、化学能	增材法加工	SL
	粉末烧结法	光、热能		SLS
	纸片叠层法	光、机械能		LOM
	熔丝堆积法	电、热、机械能		FDM

在发展过程中也形成了某些介于常规机械加工和特种加工工艺之间的过渡性工艺,例如在切削过程中引入超声振动或低频振动切削,以及导电切削、加热切削、低温切削等。这些加工方法的目的是改善切削条件,因此还属于切削加工。

在特种加工范围内还有一些属于减小表面粗糙度或改善表面性能的工艺,前者如电解抛光、化学抛光、离子束抛光等,后者如电火花表面强化、镀覆、刻字、激光表面处理、改性和电子束曝光,离子镀、离子束注入掺杂等。

表 4.1.2 为几种特种加工方法的综合比较。

表 4.1.2 几种特种加工方法的综合比较

加工方法	可加工材料	工具损耗率/%（最低/平均）	材料去除率/(mm³/min)（平均/最高）	可达到尺寸精度/mm（平均/最高）	可达到表面粗糙度 $Ra/\mu m$（平均/最高）	主要适用范围
电火花加工	任何导电的金属材料如硬质合金、耐热钢、不锈钢、淬火钢、钛合金等	0.1/10	30/3000	0.03/0.001	10/0.04	从数微米的孔、槽到数米的超大型模具、工件等。如圆孔、方孔、异形孔、深孔、微孔、弯孔、螺纹孔以及冲模、锻模、压铸模、塑料模、拉丝模,还可刻字、表面强化、涂覆加工
电火花线切割加工		较小（可补偿）	20/500[①] mm²/min	0.02/0.001	5/0.04	切割各种冲模、塑料模、粉末冶金模等二维及三维直纹面组成的模具及零件。可直接切割各种样板、磁钢、硅钢片冲片。也常用于铂、钨、半导体材料或贵重金属的切割

（续）

加工方法	可加工材料	工具损耗率/%（最低/平均）	材料去除率/(mm³/min)（平均/最高）	可达到尺寸精度/mm（平均/最高）	可达到表面粗糙度 Ra/μm（平均/最高）	主要适用范围
电解加工	任何导电的金属材料如硬质合金、耐热钢、不锈钢、淬火钢、钛合金等	不损耗	100/10000	0.1/0.01	1.25/0.16	从细小零件到1t的超大型工件及模具，如仪表微型小轴、齿轮上的毛刺、蜗轮叶片、炮管膛线、螺旋花键孔、各种异形孔、锻造模、铸造模，以及抛光、去毛刺等
电解磨削		1/50	1/100	0.02/0.001	1.25/0.04	硬质合金等难加工材料的磨削，如硬质合金刀具、量具、轧辊、小孔、深孔、细长杆磨削，以及超精光整研磨、珩磨
超声加工	任何脆性材料	0.1/10	1/50	0.03/0.005	0.63/0.16	加工、切割脆硬材料。如玻璃、石英、宝石、金刚石、半导体单晶锗、硅等。可加工型孔、型腔、小孔、深孔以及切割等
激光加工	任何材料	不损耗（没有成形的工具）	瞬时去除率很高，受功率限制，平均功率不高	0.01/0.001	10/1.25	精密加工小孔、窄缝及成形切割、刻蚀，如金刚石拉丝模、钟表宝石轴承、化纤喷丝孔、镍、不锈钢板上打小孔、切割钢板、石棉、纺织品、纸张，还可焊接、热处理
电子束加工					1.25/0.2	在各种难加工材料上打微孔、切缝、蚀刻、曝光以及焊接等，现常用于制造中、大规模集成电路微电子器件
离子束加工			很低②	/0.01μm	/0.01	对零件表面进行超精密、超微量加工、抛光、蚀刻、掺杂、镀覆、注入等表面改性等
水射流切割	钢铁、石材	无损耗	>300	0.2/0.1	20/5	下料、成形切割、剪裁
快速成形	增材制造，无可比性			0.3/0.1	10/5	快速制作样件、模具

① 线切割加工的金属去除率按惯例均用 mm²/min 为单位。但单向走丝和往复走丝机床的指标差异较大；
② 这类工艺，主要用于精微和超精微加工，不能单纯比较材料去除率

4.1.2 特种加工的特点

特种加工产生和发展的内因,就在于它具有切削加工所不具有的本质和特点:

(1) 不是主要依靠机械能,而主要用其他能量(电、化学、光、声、热等)去除材料。

(2) 工具硬度可以低于被加工材料的硬度,如激光、电子束等加工时甚至没有成形工具。

(3) 加工过程中工具和工件之间不存在显著的机械切削力,如电火花、线切割、电解加工时工具与工件不接触。

正因为特种加工工艺具有上述特点,特种加工可以加工任何硬度、强度、韧性、脆性的金属或非金属材料,且专长于加工复杂、微细表面和低刚度零件。同时,有些方法还可用以进行超精加工、镜面光整加工和纳米级(原子级)加工,其主要优势表现在以下几个方面:

(1) 以柔克刚。因工具与工件不直接接触,加工时无明显的机械作用力,故加工脆性和高硬度材料时工具硬度可低于被加工材料的硬度。

(2) 以简单运动可加工复杂型面,许多特种加工技术只需简单运动即可加工出三维复杂型面。

(3) 不受材料硬度限制。因特种加工技术的瞬时能量密度高,可直接有效地利用各种能量,造成瞬时或局部熔化,同时以强力、高速爆炸、冲击去除材料。其加工性能与工件材料的强度和硬度无关,故可以加工各种超硬超强材料、高脆性和热敏材料以及特殊的金属和非金属材料。

(4) 可以获得良好的表面质量。特种加工过程中,工具表面不产生强烈的弹、塑性变形,故有些特种加工方法可以获得良好的表面质量和表面粗糙度。热应力、残余应力、冷作硬化、热影响区及毛刺等表面缺陷均比机械切削小。

(5) 各种加工方法可以任意复合,形成扬长避短的新型复合加工方法,可以扩大其应用范围。

4.2 电火花加工

电火花加工在日本和欧美又称放电加工(Electrical Discharge Machining, EDM),在20世纪40年代开始研究并逐步应用于生产。它是在加工过程中,使工具和工件之间不断产生脉冲性的火花放电,靠放电时局部、瞬时产生的高温把金属蚀除下来。因放电过程中可见到火花,故在苏联和我国称为电火花加工,现俄罗斯也称电蚀加工。

4.2.1 电火花加工原理及规律

电火花加工的原理是基于工具和工件(正、负电极)之间脉冲性火花放电时的电腐蚀现象来蚀除多余的金属,以达到对零件的尺寸形状及表面质量的加工要求。电腐蚀现象早在 20 世纪初就被人们发现了,例如在插头或电器开关触点开、闭时,往往产生火花而把接触表面烧毛、腐蚀成粗糙不平的凹坑而逐渐损坏。研究表明,电腐蚀的主要原因是:电火花放电时火花通道中瞬时产生大量的热,达到很高的温度,足以使任何金属材料局部熔化、气化而被蚀除掉,形成放电凹坑。

人们在研究防止电火花腐蚀办法的同时,也研究利用电腐蚀现象对金属材料进行加工。要达到这一目的,必须创造条件,解决下列问题:

(1) 必须使工具电极和工件被加工表面之间经常保持一定的放电间隙。这一间隙随加工条件而定,通常约为 0.02~0.1mm。如果间隙过大,极间电压不能击穿极间工作液介质,因而不会产生火花放电;如果间隙过小,很容易形成短路接触,同样也不能产生火花放电。

(2) 火花放电必须是瞬时的脉冲性放电(图 4.2.1)。放电间隙加上电压后,延续一段时间 t_i,需停歇一段时间 t_o,这样才能使放电所产生的热量来不及传导扩散到其余部分,把每一次的放电蚀除点分别局限在很小的范围内,否则,像持续电弧放电那样,会使表面烧伤而无法用作尺寸加工。为此,电火花加工必须采用脉冲电源。图 4.2.1 上部为脉冲电源的空载、火花放电、短路电压波形,其下对应的为空载电流、火花放电流和短路电流。图中 t_i 为脉冲宽度,t_o 为脉冲间隔,t_d 为击穿延时,t_e 为放电时间,t_p 为脉冲周期,$\hat{u}_i$ 为脉冲峰值电压或空载电压,一般约 80~100V,$\hat{i}_e$ 为脉冲峰值电流,$\hat{i}_s$ 为短路峰值电流。

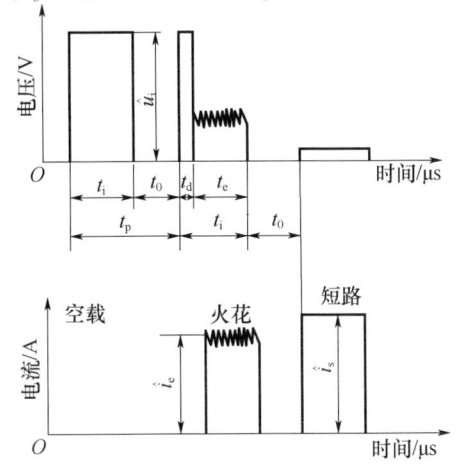

图 4.2.1 晶体管脉冲电源波形

（3）火花放电必须在有一定绝缘性能的液体介质中进行,例如煤油、皂化液或去离子水等。液体介质又称工作液,它们必须具有较高的绝缘强度(电阻率为 $10^3 \sim 10^7 \Omega \cdot cm$),以有利于产生脉冲性的火花放电。同时,液体介质还能把电火花加工过程中产生的金属细屑、碳黑、小气泡等电蚀产物从放电间隙中悬浮排除出去,并且对电极和工件表面有较好的冷却作用。

以上这些问题的综合解决,是通过图4.2.2所示的电火花加工系统来实现的。工件1与工具4分别与脉冲电源2的两输出端相连接。自动进给调节装置3(此处为电动机及丝杆螺母机构)使工具和工件间经常保持一很小的放电间隙,当脉冲电压加到两极之间时,便在工具端面和工件加工表面间某一相对间隙最小处或绝缘强度最低处击穿介质,在该局部产生火花放电,瞬时高温使工具和工件表面都蚀除掉一小部分金属,各自形成一个小凹坑。图4.2.3(a)表示单个脉冲放电后的电蚀坑。脉冲放电结束后,经过一段间隔时间(即脉冲间隔 t_o),使工作液恢复绝缘后,第二个脉冲电压又加到两极上,又会在当时极间距离相对最近或绝缘强度最弱处击穿放电,再一次电蚀出一个小凹坑。图4.2.3(b)表示多次脉冲放电后的电极表面。这样以相当高的频率,连续不断地重复放电,工具电极不断地向工件进给,放电点不断"转移",就可将工具的形状复制在工件上,加工出所需要的零件,整个加工表面将由无数个小凹坑所组成。

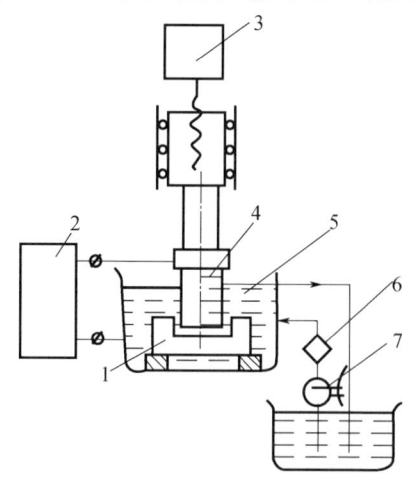

图4.2.2　电火花加工原理示意图
1—工件;2—脉冲电源;3—自动进给调节装置;
4—工具;5—工作液;6—过滤器;7—工作液泵。

按工具电极和工件相对运动的方式和用途的不同,将电火花加工进行分类,见表4.2.1。其中前五类属电火花成形、尺寸加工,是用于改变零件形状或尺寸的加工方法;第六类则属于表面加工方法,用于改善或改变零件表面性质。

(a)   (b)

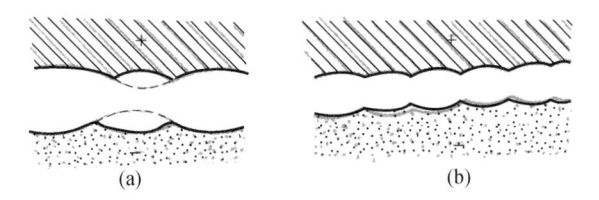

图 4.2.3　电火花加工表面局部放大图

表 4.2.1　电火花加工工艺方法分类

类别	工艺方法	特 点	用 途	备 注
Ⅰ	电火花穿孔成形加工	(1) 工具和工件间主要只有一个相对的伺服进给运动； (2) 工具为成形电极，与被加工表面有相同的截面和相反的形状	(1) 型腔加工：加工各类型腔模及各种复杂的型腔零件； (2) 穿孔加工：加工各种冲模、挤压模、粉末冶金模、各种异形孔及微孔等	约占电火花机床总数的30%，典型机床有D7125、D7140等电火花穿孔成形机床
Ⅱ	电火花线切割加工	(1) 工具电极为顺电极丝轴线方向移动着的线状电极； (2) 工具与工件在两个水平方向同时有相对伺服进给运动	(1) 切割各种冲模和具有直纹面的零件； (2) 下料、截割和窄缝加工	约占电火花机床总数的60%，典型机床有DK7725、DK7740数控电火花线切割机床
Ⅲ	电火花内孔、外圆和成形磨削	(1) 工具与工件有相对的旋转运动； (2) 工具与工件间有径向和轴向的进给运动	(1) 加工高精度、表面粗糙度小的小孔，如拉丝模、挤压模、微型轴承内环、钻套等； (2) 加工外圆、小模数滚刀等	约占电火花机床总数的3%，典型机床有D6310电火花小孔内圆磨床等
Ⅳ	电火花同步共轭回转加工	(1) 成形工具与工件均作旋转运动，但二者角速度相等或成整倍数，相对应接近的放电点可有切向相对运动速度； (2) 工具相对工件可作纵、横向进给运动	以同步回转、展成回转、倍角速度回转等不同方式，加工各种复杂型面的零件，如高精度的异形齿轮，精密螺纹环规，高精度、高对称度、表面粗糙度小的内、外回转体表面等	约占电火花机床总数不足1%，典型机床有JN-2、JN-8内外螺纹加工机床
Ⅴ	电火花高速小孔加工	(1) 细管 ($>\phi 0.3$mm)电极，管内冲入高压水基工作液； (2) 细管电极旋转； (3) 穿孔速度较高 (60mm/min)	(1) 线切割穿丝预孔； (2) 深径比很大的小孔，如喷嘴等	约占电火花机床2%，典型机床有D703A电火花高速小孔加工机床

（续）

类别	工艺方法	特 点	用 途	备 注
Ⅵ	电火花表面强化刻字	(1) 工具在工件表面上振动； (2) 工具相对工件移动	(1) 模具刃口，刀、量具刃口表面强化和镀覆； (2) 电火花刻字、打印记	约占电火花机床总数的2%~3%，典型设备有D9105电火花强化器等

4.2.1.1 电火花加工的原理

火花放电时，电极表面的金属材料究竟是怎样被蚀除下来的，这一微观的物理过程即所谓电火花加工的机理，也就是电火花加工的物理本质。了解这一微观过程，有助于掌握电火花加工的基本规律，才能对脉冲电源、进给装置、机床设备等提出合理的要求。从大量试验资料来看，电火花腐蚀的微观过程是电场力、磁力、热力、流体动力、电化学和胶体化学等综合作用的过程。这一过程大致可分为以下四个连续的阶段（图4.2.4和图4.2.5）。

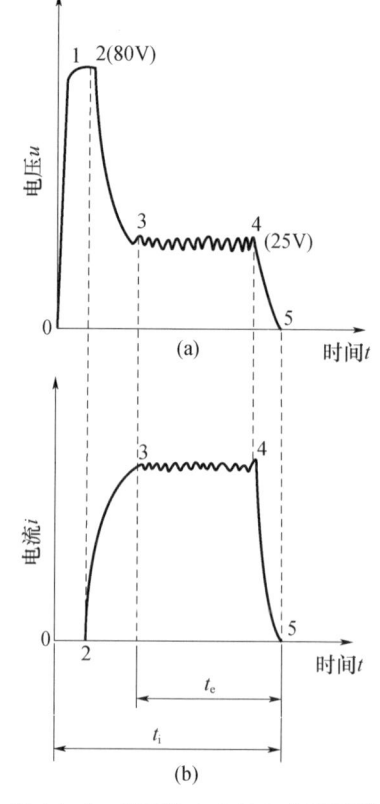

图4.2.4 极间放电电压和电流波形

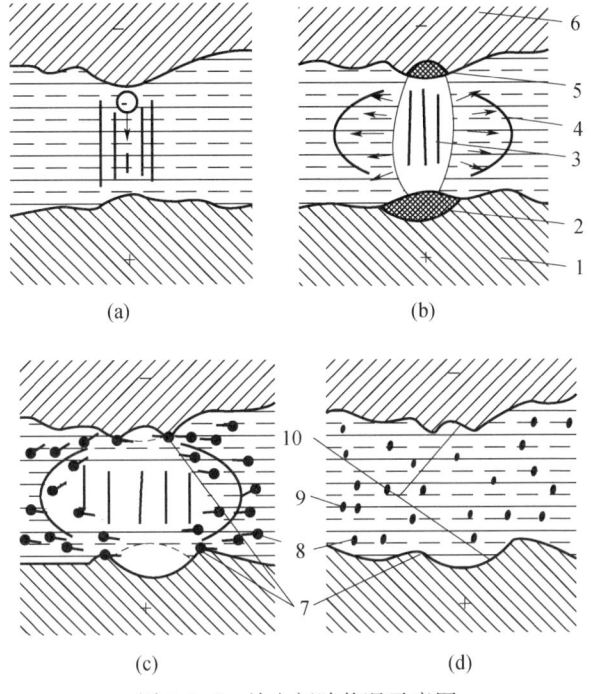

图 4.2.5 放电间隙状况示意图

1. 极间介质的电离、击穿,形成放电通道

图 4.2.4 为矩形波脉冲放电时的电压和电流波形。当约 80~100V 的脉冲电压施加于工具电极与工件之间时(图 4.2.4 中 0~1 段和 1~2 段),两极之间立即形成一个电场。电场强度与电压成正比,与距离成反比。由于工具电极和工件的微观表面是凸凹不平的,极间距离又很小,因而电场强度是很不均匀的,两极间离得最近的突出点或尖端处的电场强度一般为最大。

当阴极表面某处的电场强度增加到 10^5 V/mm 即 100V/μm 左右时,就会产生场致电子发射,电子高速撞击工作液介质中的分子或中性原子,产生碰撞电离,导致带电粒子雪崩式增多,使介质击穿而形成放电通道,如图 4.2.5 所示。

建立放电通道的时间一般小于 0.1μs,间隙电阻从绝缘状况迅速降低到几分之一欧姆,间隙电流迅速上升至某一峰值电流(几安到几百安,电流密度可高达 10^3~10^4 A/mm²),间隙电压则由击穿电压迅速下降到火花维持电压(一般约为 25V),见图 4.2.4(a)、(b) 中 2~3 段至 3~4 段。

放电通道是由带正电(正离子)粒子和带负电粒子(电子)以及中性粒子(原子或分子)组成的等离子体,通道中心温度可高达 10000℃ 以上,通道内由瞬时高温热膨胀形成的初始压力可达数十兆帕。高压高温的放电通道以及随后瞬时气化形成的气体(以后发展成气泡)急速扩展,并产生一个强烈的冲击波向四周传播。在放电过程中,同时还伴随着一系列派生现象,其中有热效应、电磁效应、光效应、声效应及频率范围很宽的电磁波辐射和局部爆炸冲击波等。

2. 介质热分解、电极材料熔化、气化热膨胀

形成放电通道后,脉冲电源使通道间的电子高速奔向正极,正离子奔向负极。电能变成动能,动能通过碰撞又转变为热能,于是在通道内,正极和负极表面分别形成瞬时热源,分别达到5000℃以上的温度。通道高温首先把工作液介质气化,进而热裂分解气化,也使金属材料熔化,直至沸腾气化。工作液和金属蒸气迅速热膨胀,具有爆炸的特性,如图4.2.5(b)所示。主要靠此热膨胀和局部微爆炸,使熔化、气化了的电极材料抛出蚀除,相当于图4.2.4中3~4段,此时80~100V的空载电压降为25V左右的火花维持电压,由于它含有高频成分而呈锯齿状,电流则上升为锯齿状的放电峰值电流。

3. 材料的抛出

气化了的气体向外膨胀形成扩张的气泡,气泡上下、内外的瞬时压力并不相等,压力高处的熔融金属液体和蒸气就被排挤、抛出而进入工作液中,凝聚成细小的圆球颗粒(直径约0.1~300μm,如图4.2.5(c)所示)。

实际上,金属材料的蚀除、抛出过程远比上述复杂。当放电结束后,气泡温度不再升高,但由于液体介质惯性作用使气泡继续扩展,致使气泡内压力急剧降低,甚至降到大气压以下,形成局部真空,使在高压下溶解在熔化和过热液态金属材料中的气体析出,以及液态金属本身在低压下再沸腾,使熔融金属材料再次爆沸飞溅而被抛出。

熔融材料抛出后,在电极表面形成单个脉冲的放电痕,如图4.2.6所示。熔化区未被抛出的材料冷凝后残留在电极表面,形成熔化凝固层,在四周形成稍凸起的翻边。熔化凝固层下面是热影响层,再往下才是无变化的金属材料基体。

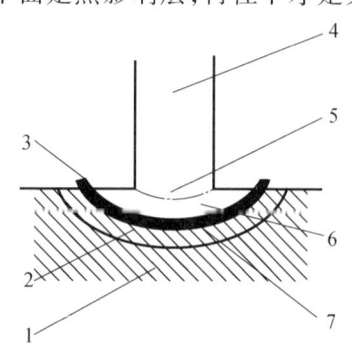

图4.2.6 单个脉冲放电痕剖面放大示意图
1—无变化区;2—热影响层;3—翻边凸起;4—放电通道;
5—气化区;6—熔化区;7—熔化凝固层。

总之,材料的抛出是热爆炸力、电磁动力、流体动力等综合作用的结果,对这一复杂的抛出机理的认识还在不断深化中。

4. 极间介质的消电离

随着脉冲电压的结束,脉冲电流也迅速降为零,图4.2.4中4~5段标志着一次脉冲放电结束。但此后仍应有一段间隔时间t_0,使间隙介质消电离,如图4.2.5(d)所示。

在加工过程中产生的电蚀产物(如金属微粒、碳粒子、气泡等)如果来不及排除、扩散出去,就会改变间隙介质的成分和降低绝缘强度。脉冲火花放电时产生的热量如不及时传出,带电粒子的自由能不易降低,将大大减少复合的几率,使消电离过程不充分,结果将使下一个脉冲放电通道不能顺利地转移到其他部位,而始终集中在某一部位,脉冲火花放电将恶性循环地转变为有害的稳定电弧放电,使加工无法进行下去,并烧伤电极对。

到目前为止,人们对电火花加工微观过程的了解还是很不够的,诸如工作液成分作用、间隙介质的击穿、放电间隙内的状况、正负电极间能量的转换与分配、材料的抛出,以及电火花加工过程中热场、流场、力场的变化,通道结构及其高频振荡等,都还需进一步研究。

4.2.1.2 电火花加工中的一些基本规律

1. 影响材料放电腐蚀的主要因素

电火花加工过程中,材料被放电腐蚀的规律是十分复杂的综合性问题。研究影响材料放电腐蚀的因素,对于应用电火花加工方法,提高电火花加工的生产率,降低工具电极的损耗是极为重要的。主要因素如下所列。

1)极性效应

在电火花加工过程中,无论是正极还是负极,都会受到不同程度的电蚀。即使是相同材料,例如钢加工钢,正、负电极的电蚀量也是不同的。这种单纯由于正、负极性不同而彼此电蚀量不一样的现象叫做极性效应。如果两电极材料不同,则极性效应更加复杂。在生产中,我国通常把工件接脉冲电源的正极(工具电极接负极)时,称正极性加工,反之称负极性加工,又称反极性加工。产生极性效应的原因很复杂,一般解释是:在火花放电过程中,正、负电极表面分别受到负电子和正离子的轰击和瞬时热源的作用,在两极表面所分配到的能量不一样,因而熔化、气化抛出的电蚀量也不一样。此外,影响极性效应的还有脉宽、脉间、峰值电流、放电电压、工作液以及电极对的材料等参数。

2)电参数对电蚀量的影响

电参数主要是指电压脉冲宽度t_i、电流脉冲宽度t_e、脉冲间隔t_0、脉冲频率f、峰值电流$\hat{i}_e$、峰值电压$\hat{u}_i$和极性等。研究结果表明,在电火花加工过程中,无论正极或负极,都存在单个脉冲的蚀除量q'与单个脉冲能量W_M在一定范围内成正比的关系。单个脉冲放电所释放的能量取决于极间放电电压、放电电流和放电持续时间。击穿后间隙上的火花维持电压是在 25～30V 范围内的一个近似稳定值,因而正负极的电蚀量正比于平均放电电流的大小和电流脉宽。由此可见,提高电蚀量和生产率的途径在于:增加平均放电电流和脉冲宽度,减小脉间。当然,实际生产时要考虑到这些因素之间的相互制约关系和对其他工艺指标的影响。

3) 金属材料热学常数对电蚀量的影响

当脉冲放电能量相同时,金属的熔点、沸点、比热容、熔化热、气化热越高,电蚀量将越少,越难加工;另一方面,热导率越大的金属,由于较多地把瞬时产生的热量传导散失到其他部位,因而降低了本身的蚀除量。

4) 工作液对电蚀量的影响

介电性能好、密度和黏度大的工作液有利于压缩放电通道,提高放电的能量密度,强化电蚀产物的抛出效应,但黏度大不利于电蚀产物的排出,影响正常放电。

5) 影响电蚀量的一些其他因素

加工过程的稳定性、加工面积、电极材料、脉冲电源的波形、电极材料抛出速度、正极上碳黑膜的形成等都会影响到电蚀量。

2. 电火花加工的加工速度和工具的损耗速度

单位时间内工件的电蚀量称为加工速度,亦即生产率,而工具的电蚀量称为损耗速度。

1) 加工速度

一般采用体积加工速度 v_W (mm^3/min)或质量加工速度 v_m (g/min)来表示。

提高加工速度的途径在于提高脉冲频率 f,增加单个脉冲能量 W_M,设法提高脉冲利用率。同时还应考虑这些因素间的相互制约关系和对其他工艺指标的影响。

电火花成形加工的加工速度,粗加工(加工表面粗糙度 Ra 为 10～20μm)时可达 200～1000mm^3/min,半精加工(Ra 为 2.5～10μm)时降至 20～100mm^3/min,精加工(Ra 为 0.32～2.5μm)时一般都在 10mm^3/min 以下。随着表面粗糙度的减小,加工速度显著下降。加工速度与加工电流 i_e 有关。对电火花成形粗加工,较好时约每安培加工电流的速度为 10mm^3/min。

2) 工具相对损耗

在生产实际中用来衡量工具电极是否耐损耗,不只是看工具损耗速度 v_E,还要看同时能达到的加工速度 v_W,因此,采用相对损耗或称损耗比 θ 作为衡量工具电极耐损耗的指标,即

$$\theta = v_E/v_W \times 100\% \qquad (4.2.1)$$

在电火花加工过程中,降低工具电极的损耗具有重大意义,因此,一直是人

们努力追求的目标。为了降低工具电极的相对损耗,必须很好地利用电火花加工过程中的各种效应,这些效应主要包括极性效应、吸附效应、传热效应等。这些效应又是相互影响、综合作用的,详见相关专著。

3. 影响加工精度的主要因素

和通常的机械加工一样,机床本身的各种误差、工件和工具电极的定位、以及安装误差都会影响到加工精度,这里主要讨论与电火花加工工艺有关的因素。

影响加工精度的主要因素有放电间隙的大小及其一致性、工具电极的损耗及其稳定性。

电火花加工时,如果放电间隙能保持不变,则可以通过修正工具电极的尺寸对放电间隙进行补偿,以获得较高的加工精度。然而放电间隙的大小实际上是变化的,影响加工精度。对复杂形状的表面,棱角部位电场强度分布不均,间隙越大,影响越严重。电参数对放电间隙的影响非常显著,精加工的放电间隙一般只有 0.01mm,而粗加工时则可达 0.5mm 以上。

工具电极的损耗对尺寸精度和形状精度都有影响。穿孔加工时,电极可贯穿型孔而补偿损耗,型腔加工时则无法采用这一方法,精密型腔加工时可采用更换电极法。

影响电火花加工形状精度的因素还有二次放电。二次放电是指侧面已加工表面上由于电蚀产物等的介入而再次进行的非正常放电,集中反映在加工深度方向产生斜度和加工棱角棱边变钝方面,如图 4.2.7 所示。

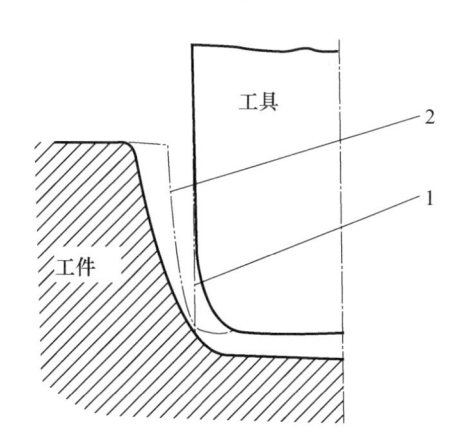

图 4.2.7 电火花加工时的加工斜度
1—电极无损耗时工具轮廓线;
2—电极有损耗而不考虑二次放电时的工件轮廓线。

电火花加工时,工具的尖角或凹角很难精确地复制在工件上,这是因为当工具为凹角时,工件上对应的尖角处放电蚀除的概率大,容易遭受腐蚀而成为圆角,如图4.2.8(a)所示。当工具为尖角时,一是由于放电间隙的等距性,工件上只能加工出以尖角顶点为圆心、放电间隙 S 为半径的圆弧;二是工具上的尖角本身因尖端放电蚀除的概率大而损耗成圆角,如图4.2.8(b)所示。采用高频窄脉宽精加工,放电间隙小,圆角半径可以明显减小,因而提高了仿形精度,可以获得圆角半径小于0.01mm的尖棱。

目前,电火花加工的精度可达 0.01~0.05mm。

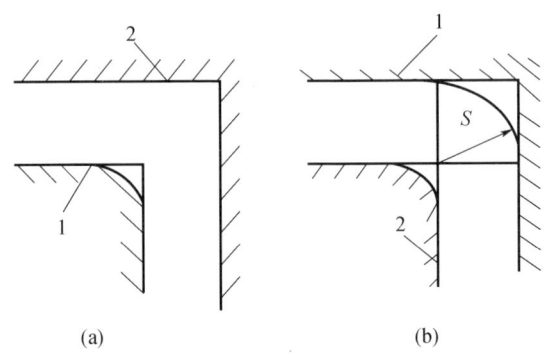

图4.2.8 电火花加工时尖角变圆
1—工件;2—工具。

4. 电火花加工的表面质量

1) 表面粗糙度

电火花加工表面和机械加工的表面不同,它是由无方向性的无数小坑和凸边所组成,特别有利于保存润滑油,对未淬火钢,电火花加工后的表面硬度还可提高。

电火花加工的表面粗糙度和加工速度之间存在着很大的矛盾。按目前的工艺水平,较大面积的电火花成形加工要达到优于 $Ra0.32\mu m$ 是比较困难的,但是采用平动或摇动加工工艺,可以大为改善。目前,电火花穿孔加工侧面的最佳表面粗糙度 Ra 为 $1.25~0.32\mu m$,电火花成形加工加平动或摇动后最佳表面粗糙度 Ra 为 $0.63~0.04\mu m$,而类似电火花磨削的加工方法,其表面粗糙度 Ra 为 $0.04~0.02\mu m$,这时加工速度很低。

工件材料对加工表面粗糙度也有影响,熔点高的材料(如硬质合金),在相同能量下加工的表面粗糙度要比熔点低的材料(如钢)好。当然,加工速度会相应下降。

精加工时,工具电极的表面粗糙度也将影响到加工表面粗糙度。

实践中发现,加工面积越大,可达到的最佳表面粗糙度越差。这是因为在工作液中的工具和工件相当于电容器的两个极,具有潜布电容(寄生电容),相当于在放电间隙上并联了一个电容器,小能量的单个脉冲到达工具和工件表面时不会产生击穿放电,电能被此电容器"吸收",只能起充电作用而不会引起火花放电。只有当经过多个脉冲充电到较高的电压、积累了较多的电能后,才能引起击穿放电,形成较大的放电凹坑。

混粉加工工艺,可以较大面积地加工出 Ra 为 $0.05\sim0.1\mu m$ 的光亮面。其办法是在煤油工作液中混入硅或铝等导电微粉,使工作液的电阻率降低,放电间隙扩大,潜布、寄生电容成倍减小;同时,每次从工具到工件表面的放电通道被微粉颗粒分割形成多个小的火花放电通道,到达工件表面的脉冲能量经"分散"后变得很小,相应的放电痕也就较小,故可以稳定获得大面积的光亮表面。

2)表面变质层

电火花加工过程中,在火花放电的瞬时高温和工作液的快速冷却作用下,材料的表面层发生了很大的变化,从基体至放电通道,形成了多个层区,如图 4.2.6 所示。

(1)熔化凝固层:工件表面被放电时瞬时高温熔化而又滞留下来,受工作液快速冷却而凝固。熔化层的厚度随脉冲能量的增大而变厚,约为 1~2 倍的 R_{max},但一般不超过 0.1mm。

(2)热影响层:介于熔化层和基体之间。热影响层的金属材料并没有熔化,只是受到高温的影响,使材料的金相组织发生了变化,它和基体材料之间并没有明显的界限。由于温度场分布和冷却速度的不同,对淬火钢,热影响层包括再淬火区、高温回火区和低温回火区;对未淬火钢,热影响层主要为淬火区。因此,淬火钢的热影响层厚度比未淬火钢大。

热影响层中靠近熔化凝固层部分,由于受到高温作用并迅速冷却,形成淬火区,其厚度与条件有关,一般为 2~3 倍的 R_{max}。对淬火钢,与淬火层相邻的部分受到温度的影响而形成高温、低温回火区,回火区的厚度约为 R_{max} 的 3~4 倍。不同金属材料的热影响层金相组织结构是不同的,耐热合金的热影响层与基体差异不大。

(3)显微裂纹:电火花加工表面由于受到瞬时高温作用并迅速冷却收缩而产生拉应力,往往出现显微裂纹。实验表明,一般裂纹仅在熔化层内出现,只有在脉冲能量很大的情况下(粗加工时)才有可能扩展到热影响层。脉冲能量很小时(如粗糙度 Ra 优于 $1.25\mu m$ 时),一般不出现微裂纹。

3)表面力学性能

(1)显微硬度及耐磨性:电火花加工后表面层的硬度一般均比较高,但对某些淬火钢,也可能稍低于基体硬度。

(2)残余应力:电火花加工表面存在着由于瞬时先热膨胀后冷收缩作用而形成的残余应力,而且大部分表现为拉应力。

(3)耐疲劳性能:电火花加工表面存在着较大的拉应力,还可能存在显微裂纹,因此其耐疲劳性能大大低于机械加工表面。采用回火处理、喷丸处理等,有助于降低残余应力,或使残余拉应力转变为压应力,从而提高其耐疲劳性能。

试验表明,当表面粗糙度 Ra 在 $0.32 \sim 0.08\mu m$ 范围内时,电火花加工表面的耐疲劳性能将与机械加工表面相近,这是因为电火花精微加工表面所使用的加工规准很小,熔化凝固层和热影响层均非常薄,不会出现显微裂纹,而且表面的残余拉应力也较小的原因。

4.2.2 电火花加工特点

1. 主要优点

(1) 适合于任何难切削导电材料的加工:由于加工中材料的去除是靠放电时的电热作用实现的,材料的可加工性主要取决于材料的导电性及其热学特性,如熔点、沸点、比热容、热导率、电阻率等,而几乎与其力学性能(硬度、强度等)无关。这样可以实现用软的工具加工硬韧的工件,目前工具电极材料多采用纯铜(俗称紫铜)、黄铜或石墨,较容易加工。

(2) 可以加工特殊及复杂形状的表面和零件:由于加工中工具电极和工件不直接接触,没有机械加工宏观的切削力,因此适宜加工低刚度工件及作微细加工。由于可以简单地将工具电极的形状复制到工件上,因此特别适用于复杂表面形状工件的加工,如复杂型腔模具加工等。数控技术的采用使得用简单的电极加工复杂形状零件也成为可能。

2. 电火花加工的局限性

(1) 主要用于加工金属等导电材料,但在一定条件下也可以加工半导体和非导体材料。

(2) 一般加工速度较慢。通常安排工艺时多采用切削加工来去除大部分余量,然后再进行电火花加工以求提高生产效率。但已有研究成果表明,采用特殊水基不燃性工作液进行电火花加工,其生产率甚至可不亚于切削加工。

(3) 存在电极损耗。由于电极损耗多集中在尖角或底面,影响成形精度。但近年来粗加工时已能将电极相对损耗比降至 0.1% 以下,甚至更小。

4.2.3 电火花加工应用

由于电火花加工具有许多传统切削加工所无法比拟的优点,因此其应用领域较广,目前已广泛用于机械(特别是模具制造)、航空航天、电子、电机电器、精密机械、仪器仪表、汽车、轻工等行业,以解决难加工导电材料及复杂形状零件的加工问题。加工范围已达到小至几微米的小轴、孔、缝,大到几米的超大型模具和零件。

(1) 复杂零件形状零件加工。电火花采用各种加工方法制造特殊形状电极,在电极的作用下,加工出与电极相似形状零件的产品。图 4.2.9 为电火花加工的轮胎模具,图 4.2.10 为电火花加工的异形尖角零件。

图 4.2.9　电火花加工轮胎模具 　　图 4.2.10　电火花加工异形尖角零件

（2）由于电火花能加工任何硬度材料的导电材料,在硬质合金等高硬度材料加工方面有着重要优势,图 4.2.11 为电火花加工的合金刀具。

（3）精密微细加工可实现精密微细零件及精密精细特征的加工（图 4.2.12）。

图 4.2.11　电火花加工的刀具（带涂层）

图 4.2.12　电火花微细加工的喷丝孔

4.3 电火花线切割加工

4.3.1 电火花线切割加工的原理

电火花线切割加工的基本原理是利用移动的细金属导线(铜丝或钼丝)作电极,利用数控技术对工件进行脉冲火花放电,可切割成形各种二维、三维甚至多维表面。

根据电极丝的运行方向和速度,电火花线切割机床通常分为两大类:一类是往复高速走丝(或称快走丝)电火花线切割机床(WEDM-HS),一般走丝速度为 8~10m/s,这是我国生产和使用的主要机种,也是我国独创的电火花线切割加工模式;另一类是单向低速走丝(或称慢走丝)电火花线切割机床(WEDM-LS),一般走丝速度低于 0.2m/s,这是国外生产和使用的主要机种。

图 4.3.1(a)、(b)为往复高速走丝电火花线切割工艺及机床的示意图。利用细钼丝 4 作工具电极进行切割,贮丝筒 7 使钼丝作正反向交替移动,加工能源由脉冲电源 3 供给。在电极丝和工件之间浇注工作液介质,工作台在水平面两个坐标方向各自按预定的控制程序,根据火花间隙状态作伺服进给移动,从而合成各种曲线轨迹,把工件切割成形。

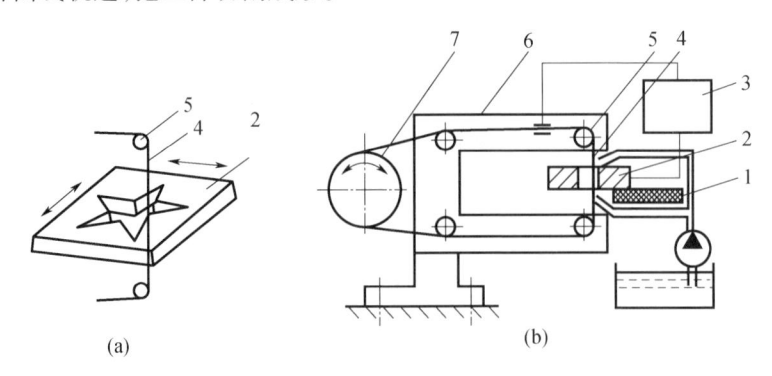

图 4.3.1 电火花线切割原理
1—绝缘底板;2—工件;3—脉冲电源;4—钼丝;5—导向轮;6—支架;7—贮丝筒。

4.3.2 电火花线切割加工的特点

1. 电火花线切割加工与电火花成形加工的共性表现

(1) 线切割加工的电压、电流波形与电火花加工的基本相似。单个脉冲也有多种形式的放电状态,如开路、正常火花放电、短路等。

(2) 线切割加工的加工机理、生产率、表面粗糙度等工艺规律,材料的可加工性等也都与电火花加工的基本相似,可以加工硬质合金等导电材料。

2. 线切割加工相比于电火花加工的不同特点

(1) 由于电极工具是直径较小的细丝,故脉冲宽度、平均电流等不能太大,加工工艺参数的范围较小,属中、精正极性电火花加工,工件常接脉冲电源正极。

(2) 采用水或水基工作液,不会引燃起火,容易实现安全无人运转,但由于工作液的电阻率远比煤油小,因而在开路状态下,仍有明显的电解电流。电解效应稍有益于改善加工表面粗糙度,但对硬质合金等会使钴元素过多蚀除,恶化表面质量。

(3) 一般没有稳定电弧放电状态。因为电极丝与工件始终有相对运动,尤其是高速走丝电火花线切割加工,因此,线切割加工的间隙状态可以认为是由正常火花放电、开路和短路这三种状态组成,但往往在单个脉冲内有多种放电状态,有"微开路""微短路"现象。

(4) 电极与工件之间存在着"疏松接触"式轻压放电现象。研究结果表明,当柔性电极丝与工件接近到通常认为的放电间隙(例如 8~10μm)时,并不发生火花放电,甚至当电极丝已接触到工件,从显微镜中已看不到间隙时,也常常看不到火花,只有当工件将电极丝顶弯,偏移一定距离(几微米到几十微米)时,才发生正常的火花放电。亦即每进给 1μm,放电间隙并不减小 1μm,而是钼丝增加一点张力,向工件增加一点侧向压力,只有电极丝和工件之间保持一定的轻微接触压力,才形成火花放电。可以认为,在电极丝和工件之间存在着某种电化学产生的绝缘薄膜介质,当电极丝被顶弯所造成的压力和电极丝相对工件的移动摩擦使这种介质减薄到可被击穿的程度,才发生火花放电。放电发生之后产生的爆炸力可能使电极丝局部振动而脱离接触,但宏观上仍是轻压放电。

(5) 省掉了成形的工具电极,大大降低了成形工具电极的设计和制造费用,用简单的工具电极,靠数控技术实现复杂的切割轨迹,缩短了生产准备时间,加工周期短,这不仅对新产品的试制很有意义,对大批生产也增加了快速性和柔性。

(6) 电极丝比较细,可以加工微细异形孔、窄缝和复杂形状的工件。由于切缝很窄,且只对工件材料进行"套料"加工,所以实际金属去除量很少,材料的利用率很高,这对加工、节约贵重金属有重要意义。

(7) 由于采用移动的长电极丝进行加工,使单位长度电极丝的损耗较少,从而对加工精度的影响比较小,特别在低速走丝线切割加工时,电极丝一次性使用,电极丝损耗对加工精度的影响更小。

正是电火花线切割加工有许多突出的长处,因而在国内外发展都较快,已获得了广泛的应用。

4.3.3 电火花线切割加工应用

线切割加工为新产品试制、精密零件加工及模具制造开辟了一条新的工艺途径。特别是由于线切割技术的成本不断上升,因此,为了提高精密电火花线切割机械的性能和降低其生产成本,在单向走丝线切割机床上集成了双丝切割技术,并作为一种强有力的生产工具而得到应用。阿奇线切割机床 CUT 100 能实现 $\phi 0.2 \sim 0.02mm$ 的电极丝的自动穿丝,其采用 $\phi 0.1 \sim 0.2mm$ 的标准电极丝加上 $\phi 0.07 \sim 0.02mm$ 的可变电极丝加工,可获得的最佳表面粗糙度 Ra 达到 $0.05\mu m$,机床实物及加工样件如图 4.3.2 所示。

图 4.3.2 双丝切割机床实物及加工样件

图 4.3.3 为电火花线切割加工的各种零件。

图 4.3.3 电火花线切割加工的各种零件

电火花线切割加工技术主要应用于以下几个方面。

(1)加工模具:适用于各种形状的冲模。调整不同的间隙补偿量,只需一次编程就可以切割凸模、凸模固定板、凹模及卸料板等。模具配合间隙、加工精度通常都能达到 0.01~0.02mm(双向高速走丝线切割机)和 0.002~0.005mm(单向低速走丝线切割机)的要求。此外,还可加工挤压模、粉末冶金模、弯曲模、塑压模等,也可加工带锥度的模具。

（2）切割电火花成形加工用的电极：一般穿孔加工用的电极以及带锥度型腔加工用的电极，以及铜钨、银钨合金之类的电极材料，用线切割加工特别经济，同时也适用于加工微细复杂形状的电极。

（3）在试制新产品时，用线切割在坯料上直接割出零件。例如试制切割特殊微电机硅钢片定转子铁心，由于不需另行制造模具，可大大缩短制造周期、降低成本。另外修改设计、变更加工程序比较方便，加工薄件时还可多片叠在一起加工。在零件制造方面，可用于加工品种多，数量少的零件，特殊难加工材料的零件，材料试验样件，各种型孔、型面、特殊齿轮、凸轮、样板、成形刀具。有些具有锥度切割的线切割机床，可以加工出"天圆地方"等上下异形面的零件。同时还可进行微细加工，异形槽和标准缺陷的加工等。

（4）航天器研制方面的应用。电火花线切割加工技术作为一种精密加工技术在航天器的加工方面有着广泛的应用。

1. 航天器驱动机构内外齿轮的加工

航天器驱动机构上应用的齿轮通常在一个齿轮零件上既有内齿又有外齿齿轮，其典型特征是耐磨性好、质量轻、壁薄、结构刚性差、硬度高，精度一般要求在6～7级甚至更高，某典型内外齿轮零件的模型如图4.3.4所示，零件最大外径接近200mm，其结构参数如表4.3.1所列。齿轮零件选择2Cr13作为基体材料，并对其进行调质处理，硬度要求在30～35HRC。最后还要对齿轮进行表面渗氮处理，以提高齿面硬度和耐磨性。

表4.3.1 航天用典型内外齿轮结构参数表

	内齿		外齿	
模数/mm	m_1	1	m_2	3
齿数	z_1	155	z_2	63
压力角/(°)	α_1	20°	α_2	20°
齿顶高系数	h_{a1}	1	h_{a2}	1
齿根高系数	h_{f1}	1.25	h_{f2}	1.25
径向变位系数	x_1	0	x_2	0
精度等级	6-6-5GK		7-7-6GK GB/T 10095—2001	
公差组	检测项目代号	公差或极限偏差值	检测项目代号	公差或极限偏差值
I	F_p	0.035	F_p	0.035
II	F_α	0.010	F_α	0.013
	f_{pt}	±0.0085	f_{pt}	±0.009
III	F_β	0.008	F_β	0.009

采用精密电火花线切割加工齿轮时无需专用加工刀具,无论是内齿、外齿齿轮,还是不同模数的齿轮,均通过数控编程拟合齿轮轮廓,使用一次性电极丝进行切割,通用性强;

线切割时几乎不存在宏观切削力,无需太大的装夹力,因此不需要太复杂的工装辅助装夹,仅需要固定零件不发生移动即可。

目前,线切割加工主要有往复走丝线切割加工和单向走丝线切割加工。往复走丝线切割加工技术属我国独创,在加工大厚度零件方面有着独到的优势,但其机床机械结构、驱动控制和电源控制等方面与单向走丝线切割机床无法比拟,其加工精度和表面质量与单向走丝线切割相差甚远。因此采用单向走丝线切割对齿轮零件加工技术进行研究。线切割加工齿轮零件时,采用下面工艺路线进行加工:

下料→粗加工零件外形→调质处理→半精加工→精加工零件外形→稳定化处理→表面镀铜→线切割齿轮齿廓→齿面渗氮→去除镀层。

图4.3.4为采用电火花线切割加工出满足使用要求的内外齿轮。

图 4.3.4 精密电火花线切割加工的内外齿轮零件

2. 航天器有效载荷零件加工

包括卫星在内的航天器上有大量有效载荷精密零件需采用电火花线切割加工技术实现。如图4.3.5所示的有效载荷零件的外形尺寸为75mm×75mm×53mm,四侧壁靠底部凸边为安装法兰面。零件由两类栅格孔组成,分布在零件四角,其中三处的栅格孔尺寸大小一致,每处腔体个数14×4个,腔体尺寸为(1.45 ± 0.005)mm×(5.45 ± 0.005)mm,其余一处大栅格腔体个数为6×4个,腔体尺寸为(3.7 ± 0.005)mm×(5.45 ± 0.005)mm。各处腔体侧壁壁厚仅为0.15mm。栅格孔上表面离零件顶面有1mm的避让距离,下表面离零件底面有0.5mm避让距离,另外,各腔体的侧壁平面度要求为0.01mm,表面粗糙度Ra要求优于0.8μm。

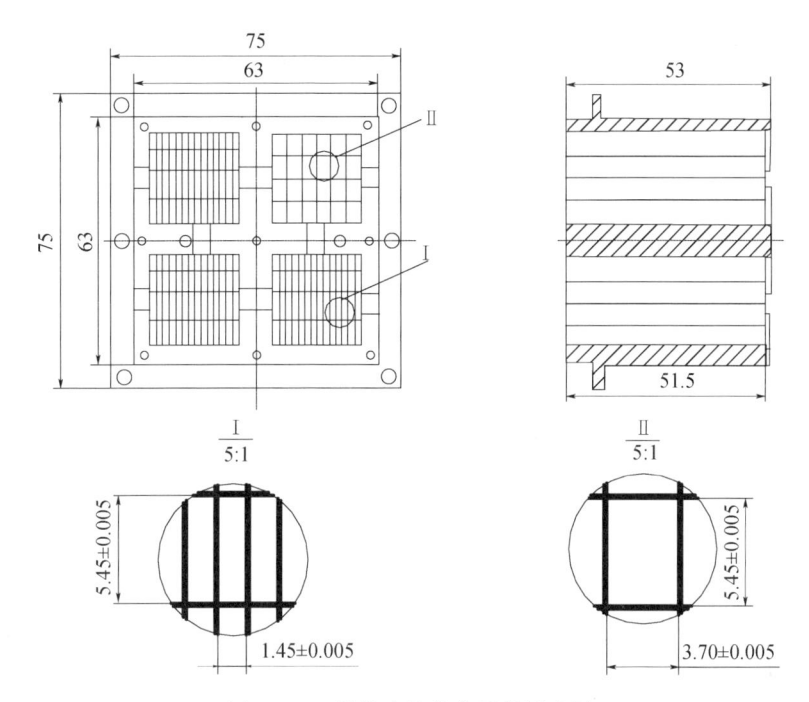

图 4.3.5　栅格有效载荷零件尺寸图

图 4.3.6 为栅格有效载荷零件的加工技术流程图。

图 4.3.6　栅格有效载荷零件技术流程图

M6 是整个加工过程关键工序,在进行电火花线切割加工时,采用的是割 1 修 4 的方法对零件进行精加工。第一次切割将所有的孔粗加工出来,这样,在加工后续孔的过程中,前面加工的孔有一定的时间进行应力释放。在所有的方孔粗加工完成后再进行每个方孔的精修加工。图 4.3.7 为加工尺寸为 (1.45 ± 0.005) mm × (5.45 ± 0.005) mm 栅格孔时的轨迹规划图,在第 1 次切割方孔时,按图 A 局部视图中所标识的 1→56 的顺序加工 56 个方腔。在 56 个方孔粗加工完成后再按照 A 局部视图标识的顺序进行后续精修加工。在精修加工时,每个方孔精修完成后再进行下一个方孔的加工,其顺利和第 1 次线切割方孔顺序一致。对于 3.70 ± 0.005mm × 5.45 ± 0.005mm 的栅格孔,其加工方法与前面类似。

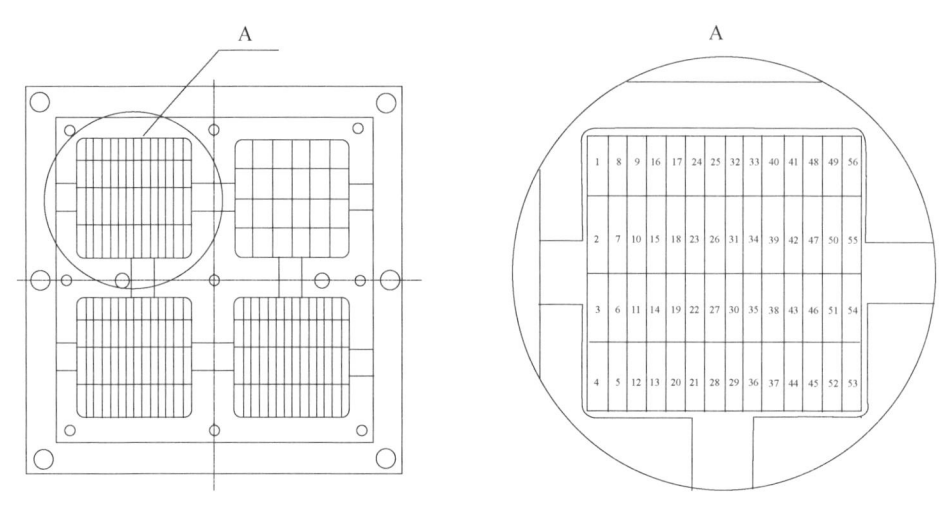

图 4.3.7　电火花线切割多次切割轨迹规划图

图 4.3.8 为栅格式有效载荷零件加工实物图。

图 4.3.8　栅格式有效载荷零件加工实物

4.4　激光加工技术

激光技术是 20 世纪 60 年代初发展起来的一门学科,在材料加工方面,已逐步形成一种崭新的加工方法——激光加工(Laser Beam Machining,LBM)。激光加工是利用光的能量,经过透镜聚焦,在焦点上达到很高的能量密度,靠光热效应来加工各种材料。人们曾用透镜将太阳光聚焦,使纸张木材引燃,但无法用作材料加工。这是因为:①地面上太阳光的能量密度不高。②太阳光不是单色光,而是由红、橙、黄、绿、青、蓝、紫等多种不同波长的光组成的多色光,聚焦后焦点并不在同一平面内。

只有激光是可控的单色光。它强度高、能量密度大,可以在空气介质中高速加工各种材料。激光的应用越来越广泛,可以用于打孔、切割、电子器件的微调、焊接、热处理以及激光存储等各个领域。由于激光加工不需要加工工具,而且加工速度快,表面变形小,可以加工各种材料,已经在生产实践中越来越多地显示了它的优越性,所以很受人们的重视。

4.4.1 激光加工的原理和特点

激光是一种强度高、方向性好、单色性好的相干光。由于激光的发散角小和单色性好,理论上可以聚焦到尺寸与光的波长相近的(微米甚至亚微米)小斑点上,加上激光强度高,故可以使其焦点处的功率密度达到 $10^7 \sim 10^{11} \text{W/cm}^2$,温度可达 10000℃ 以上。在这样的高温下,任何材料都将瞬时急剧熔化和气化,并爆炸性地高速喷射出来,同时产生方向性很强的冲击。因此,激光加工(图4.4.1)是工件在光热效应下产生高温熔融和受冲击波抛出的综合过程。

激光具有一般光的共性(如光的反射、折射、绕射以及光的干涉等),也有它的特性。普通光源的发光是以自发辐射为主,基本上是无秩序地、相互独立地产生光发射的,发出的光波无论方向、位相或者偏振状态都是不同的。激光则不同,它的光发射是以受激辐射为主,因而发光物质中基本上是有组织地、相互关联地产生光发射的,发出的光波具有相同的频率、方向、偏振态和严格的位相关系。正是这个质的区别才导致激光具有强度高,单色性好,相干性好和方向性好的特性。

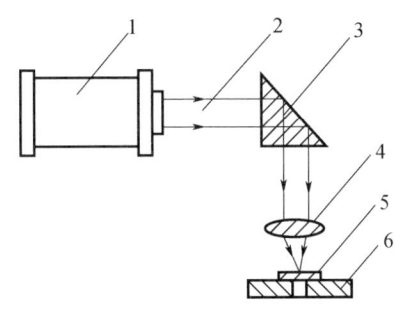

图 4.4.1 激光加工示意图
1—激光器;2—激光束;3—全反射棱镜;
4—聚焦物镜;5—工件;6—工作台。

1. 强度高

一台红宝石脉冲激光器的亮度要比高压脉冲氙灯高 370 亿倍,比太阳表面的亮度也要高二百多亿倍。激光的亮度和能量密度之所以如此高,原因在于激光可以实现光能在空间上和时间上的亮度和能量集中。

就光能在空间上的集中而论,如果能将分散在 180° 立体角范围内的光能全部压缩到 0.18° 立体角范围内发射,则在不必增加总发射功率的情况下,发光体在单位立体角内的发射功率就可提高100万倍,亦即其亮度提高100万倍。

就光能量在时间上的集中而论,如果把1s时间内所发出的光压缩在亚毫秒数量级的时间内发射,形成短脉冲,则在总功率不变的情况下,瞬时脉冲功率又可以提高几个数量级,从而大大提高了激光的亮度。

2. 单色性好

在光学领域中,单色是指光的波长(或者频率)为一个确定的数值,实际上严格的单色光是不存在的,波长为 λ_0 的单色光都是指中心波长 λ_0、谱线宽为 $\Delta\lambda$ 的一个光谱范围。$\Delta\lambda$ 称为该单色光的谱线宽,是衡量单色性好坏的尺度,$\Delta\lambda$ 越小,单色性就越好。

3. 相干性好

光源的相干性可以用相干时间或相干长度来量度。相干时间是指光源先后发出的两束光能够产生干涉现象的最大时间间隔。在这个最大的时间间隔内光所走的路程(光程)就是相干长度。单色性越好,相干长度就越大,光源的相干性也越好。某些单色性很好的激光器所发出的光,采取适当措施以后,其相干长度可达到几十公里。而单色性很好的氪灯所发出的光,相干长度仅为78cm,用它进行干涉测量时最大可测长度只有38.5cm,其他光源的相干长度就更小了。

4. 方向性好

光束的方向性是用光束的发散角来表征的。普通光源由于各个发光中心独立发光,而且各具有不同的方向,所以发射的光束是很发散的,即使是加上聚光系统,要使光束的发散角小于0.1sr,仍是十分困难的。激光则不同,它的各个发光中心是互相关联地定向发射,所以可以把激光束压缩在很小的立体角内,发散角甚至可以小到 0.1×10^{-3} sr 左右。

激光加工的特点主要表现在以下几个方面:

(1) 聚焦后,激光加工的功率密度可高达 $10^8 \sim 10^{10}$ W/cm^2,光能转化为热能,几乎可以熔化、气化任何材料。例如耐热合金、陶瓷、石英、金刚石等硬脆材料都能加工。

(2) 激光光斑大小可以聚焦到微米级,输出功率可以调节,因此可用以精密微细加工。

(3) 加工所用工具是激光束,是非接触加工,所以没有明显的机械力,没有工具损耗问题。加工速度快,热影响区小,容易实现加工过程自动化。还能通过透明体进行加工,如对真空管内部进行焊接加工等。

(4) 和电子束加工等比较起来,激光加工装置比较简单,不要求复杂的抽真空装置。

(5) 激光加工是一种瞬时、局部熔化、气化的热加工,影响因素很多,因此,精微加工时,精度,尤其是重复精度和表面粗糙度不易保证,必须进行反复试验,寻找合理的参数,才能达到一定的加工要求。由于光的反射作用,对于表面光泽或透明材料的加工,必须预先进行色化或打毛处理,使更多的光能被吸收后转化为热能用于加工。

(6) 加工中产生的金属气体及火星等飞溅物,要注意通风抽走,操作者应戴防护眼镜。

4.4.2 激光切割技术

激光切割原理和激光打孔原理基本相同。所不同的是,工件与激光束要相对移动,在生产实践中,一般都是移动工件。如果是直线切割,还可借助于柱面透镜将激光束聚焦成线,以提高切割速度。激光切割大都采用重复频率较高的脉冲激光器或连续输出的激光器。但连续输出的激光束会因热传导而使切割效率降低,同时热影响层也较深。因此,在精密机械加工中,一般都采用高重复频率的脉冲激光器。

YAG激光器输出的激光已成功地应用于半导体划片,重复频率为5~20Hz,划片速度为10~30mm/s,宽度0.06mm,成品率达99%以上,比金刚石划片优越得多,可将$1cm^2$的硅片切割成几十个集成电路块或几百个晶体管管芯。同时,还用于化学纤维喷丝头的Y形、十字形等型孔加工、精密零件的窄缝切割与划线以及雕刻等。

激光可用于切割各种各样的材料。既可以切割金属,也可以切割非金属;既可以切割无机物,也可以切割皮革之类的有机物。它可以代替锯切割木材,代替剪子切割布料、纸张,还能切割无法进行机械接触的工件(如从电子管外部切断内部的灯丝)。由于激光对被切割材料几乎不产生机械冲击和压力,故适宜于切割玻璃、陶瓷和半导体等既硬又脆的材料。再加上激光光斑小、切缝窄,且便于自动控制,所以更适宜于对细小部件作各种精密切割。

大功率二氧化碳气体激光器所输出的连续激光,可以切割钢板、钛板、石英、陶瓷以及塑料、木材、布匹、纸张等,其工艺效果都较好。

4.4.3 激光打孔技术

利用激光几乎可在任何材料上打微型小孔,目前已应用于火箭发动机和柴油机的燃料喷嘴加工、化学纤维喷丝板打孔、钟表及仪表中的宝石轴承打孔、金刚石拉丝模加工等方面。

激光打孔适合于自动化连续打孔,如加工钟表行业红宝石轴承上ϕ0.12~0.18mm、深0.6~1.2mm的小孔,采用自动传送每分钟可以连续加工几十个宝石轴承。又如生产化学纤维用的喷丝板,在直径100mm的不锈钢喷丝板上打一万多个直径为0.06mm的小孔,采用数控激光加工,不到半天即可完成。激光打孔的直径可以小到 0.01mm 以下,深径比可达 50∶1。

激光打孔的成形过程是材料在激光热源照射下产生的一系列热物理现象综合的结果。它与激光束的特性和材料的热物理性质有关,其主要影响因素如下。

1. 输出功率与照射时间

激光的输出功率大,照射时间长时,工件所获得的激光能量也大。照射时间一般为几分之一秒到几毫秒。当激光能量一定时,时间太长会使热量传散到非加工区,时间太短则因功率密度过高而使蚀除物以高温气体喷出,都会使能量的使用效率降低。

2. 焦距与发散角

发散角小的激光束,经短焦距的聚焦物镜以后,在焦面上可以获得更小的光斑及更高的功率密度。焦面上的光斑直径小,所打的孔也小,而且,由于功率密度大,激光束对工件的穿透力也大,打出的孔不仅深,而且锥度小。所以,要减小激光束的发散角,并尽可能地采用短焦距物镜(20mm 左右),只有在一些特殊情况下,才选用较长的焦距。

3. 焦点位置

焦点位置对于孔的形状和深度都有很大影响,如图 4.4.2 所示。当焦点位置很低时,如图 4.4.2(a)所示,透过工件表面的光斑面积很大,这不仅会产生很大的喇叭口,而且由于能量密度减小而影响加工深度。或者说,增大了它的锥度。由图 4.4.2(a)~(c),焦点逐步提高,孔深也增加,但如果焦点太高,同样会分散能量密度而无法加工下去。一般激光的实际焦点在工件的表面或略微低于工件表面为宜。

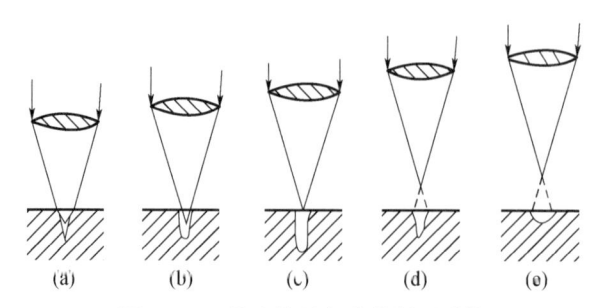

图 4.4.2 焦点位置与孔的断面形状

4. 光斑内的能量分布

前面已述及,激光束经聚焦后光斑内各部分的光强度是不同的。若能量是以焦点为轴心对称分布的,这种光束加工出的孔是正圆形的。能量分布不是对称的,打出的孔也必然是不对称的。

5. 激光的多次照射

用激光照射一次,加工的深度大约是孔径的 5 倍左右,而且锥度较大。如果用激光多次照射,其深度可以大大增加,锥度可以减小,而孔径几乎不变。多次照射能在不扩大孔径的情况下将孔打深是由于光管效应。第一次照射后打出一个不太深而且带锥度的孔;第二次照射时,聚焦光在第一次照射所打的孔内发散,由于光管效应,发散的光(角度很小)在孔壁上反射而向下深入孔内,因此第二次照射后所打出的孔是原来孔形的延伸,孔径基本上不改变。所以,多次照射能加工出深而锥度小的孔来,多次照射的焦点位置宜固定在工件表面而不宜逐渐移动。

6. 工件材料

由于各种工件材料的吸收光谱不同,必须根据工件材料的性能(吸收光谱)去选择合理的激光器,对于高反射率和透射率的工件应作适当处理,例如打毛或黑化,增大其对激光的吸收效率。

随着技术的进步,很多传统的打孔方法已不能满足要求。例如在坚硬的碳化钨合金上加工直径为几十微米的小孔;在硬而脆的红、蓝宝石上加工几百微米直径的深孔,在塑料薄膜上加工出整齐划一、孔径均匀且孔径为几十微米的规则排列的小孔等,用常规的机械加工方法无法实现。而激光束的瞬时功率密度高达 10^8 W/cm^2,可在短时间内将材料加热到熔点或沸点,在上述材料上实现打孔。据报道,美国 ART 公司研制了一种三坐标激光微细加工中心,对氧化铝、碳化硅等硬脆材料进行激光打孔,获得直径小于 $70\mu m$、深 $75\mu m$ 的小孔,对压电陶瓷打孔,甚至获得了直径仅 $20\mu m$、深 $15\mu m$ 的小孔;华南师范大学激光加工技术实验室利用 50W 光纤激光精密加工系统制造化学泵,在 0.05mm 厚的塑料薄膜上加工出了孔径均匀且孔径为 $40\mu m$ 的小孔群,完全满足产品的要求;俞君等利用紫外钻孔机在厚度为 0.05mm 的铜片上钻小孔,通过试验获得了圆度和边缘质量高,孔径为 $10\mu m$ 的小孔。图 4.4.3 为激光加工精密微孔。

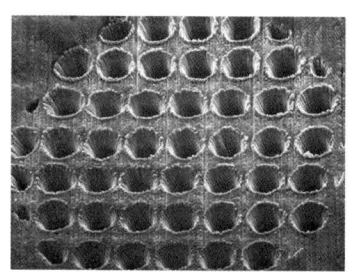

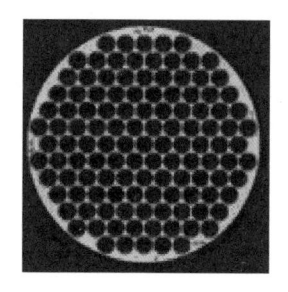

(a) 在陶瓷上加工直径为 $25\mu m$ 的孔阵列　　(b) 在硅片上加工直径为 $6\mu m$ 的孔阵列

图 4.4.3　激光加工精密微孔

4.4.4 激光清洗技术

在航天制造领域,不同的金属和非金属表面常会因各种宏观和微观的污染造成表面的缺陷甚至破坏,随着现代科学技术的发展,微型器件的尺寸越来越小,微米级颗粒的污染也会带来很大危害,这就对清洗技术提出了更高的要求。

20 世纪 70 年代初美国科学家 John Asmus 最先提出使用激光清洗的想法,到了 80 年代中期,Beklemyshev、Allen 等开始激光清洗的研究。1987 年,Petrov 所领导的研究小组发表有关激光清洗表面小颗粒的文献,Zapka 所领导的研究小组获得第一个关于激光清洗方面的专利并认识到了它在工业上的应用前景。同期,德国的马普生物化学及物理研究所所和 IBM 阿尔马登研究中心的 Andrew 教授领导的小组也发表了他们的研究成果。

目前,激光清洗技术已经由实验室研究走向应用,各种清洗机相继问世,近年来,作为一种新型高效的环保清洗技术,激光清洗技术得到了飞速发展。

1. 激光清洗的原理

从激光清洗的本质上说,激光清洗的基本因素是在激光能量的辐射下附着微粒的热膨胀、基体表面的热膨胀和施加于微粒的光压。当上述三种作用力的全力大于器件表面对微粒的黏着力时,微粒就会脱落,而得到清洗。另外,如果黏附物的分子结合能小于辐照激光的光子能量,则膜类黏附物也可通过光分解的方法实现去除,例如,KrF 准分子激光的光子能量是 5eV,那么这个能量足以破坏 O—O、H—H、C—C、C—H、N—H 型的化学键。从而使这些键断裂导致污染物最终脱离物体表面。

由于多数有机和无机的黏附物的热去除阈值比基体材料低得多,所以,通过选择适当的激光加工参数,这些黏附物就可以被有效的去除而不会损坏基体本身。例如,磁带面上的锡类污染物的去除阈值为 $75mJ/cm^2$,而磁带的破坏阈值是 $150mJ/cm^2$。因此,$100mJ/cm^2$ 的激光能量即可通过热去除的方法安全去除磁带表面的污染物。

2. 激光清洗的分类

1) 激光干式清洗法

激光干式清洗法是指在激光的辐照作用下,黏附的粒子及基体表面出于受热快速膨胀产生巨大的驱动力,克服了粒子与基体表面之间的黏着力,使劲附的粒子从基体表面离开达到清洁的目的方法。

激光干式清洗法主要适用于非透光性及光吸收系数大的材料。一般采用脉冲激光来照射放置在可以精确移动的平台上的材料,材料上附着的污染微粒可以被有效清除,而不损伤材料表面。为了彻底清除污染微粒而不至于损伤材料表面,一般均需要 3~5 个脉冲作用。在激光脉冲照射后,被除占的粒子由于重力及空气的碰撞很可能重新返回被照射表面,因此,为彻底消除微粒,可以使用附加气体或吸附盘来吹(吸)走被抛射的微粒,使之不再产生二次污染问题。

2) 激光湿式清洗法

激光干式清洗法是指在激光的辐照作用下,液-固界面由于过热,液体涂层发生沸腾蒸发产生巨大的驱动力,克服了粒子与基体表面之间的黏着力,使新附的粒子从基体表面离开达到清除的目的方法。

激光湿式清洗法又称为蒸气激光清洗法,主要用于光吸收较差的材料。该方法首先在黏附有污染微粒的材料表面涂敷一层几个微米厚度的匀质液膜如水或水加 10% 的无水乙醇的混合液,然后位用激光进行辐照。由于液膜的气化温度低,当激光照射在涂层介质上及材料表面,瞬时的热作用使介质膜产生强烈的气化,推动微粒运动,并随高速流动的气化物一起被清除。湿式清洗法的效率更高,所需要激光的功率比干式清洗法要低很多,可以减少成本、降低对基底材料的破坏可能性。因而近年来的发展趋势比干式法要快。但是这种方法的缺点就是对于大尺寸的材料和大规模的工业清洗不太实用,因为要在大尺寸材料或大规模的喷洒液膜是比较闲难的,而且也不经济。

图 4.4.4 显示出了干式激光清洗和湿式激光清洗的情况。图 4.4.3 (a) 显示的是干式激光清洗时基体受热快速膨胀而产生驱动力,图 4.4.3 (b) 显示的是干式激光清洁时黏附粒子受热快速膨胀而产生驱动力的情况;图 4.4.3 (c) 则显示的是湿式激光清洗时,基体强烈吸收激光能量而使基体表面液体薄膜受热沸腾膨胀产生驱动力的情况。

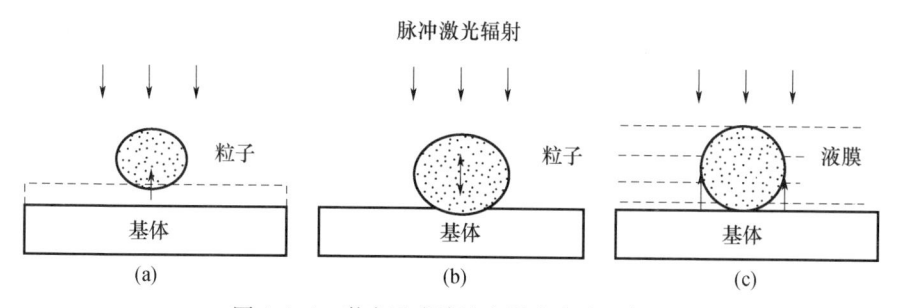

图 4.4.4 激光干式清洗和湿式清洗示意图

3. 激光清洗的特点

与传统清洗方法相比,激光清洗技术具有一些明显的特点:

(1) 激光洁洗是一种选择性清洗,也就是对欲清洗对象具有可选择性,这种技术可以使基体表面完好。对于不同的基体表面的不同的污物,可以通过设定激光的参数(如光斑大小、单脉冲能量、脉冲宽度、重复频率等)有选择地清洗污物,而不会破坏基体。

（2）激光清洗的环保性。激光清洗的废料基本上都是固体粉末,体积小,易于存放,对环境基本上不造成污染,是一种绿色的清洗工艺。工作时只需要普通的防护衣和面罩。

（3）激光清洗的不接触性。传统的方法往往是近距离操作,对清洗物体表面有机械作用力,容易损伤物体表面。而激光清洗是一种非接触加工,可方便地实现远距离操作,可以通过光导纤维传输,与机器人或者机械手联合,能清洗传统方法不易达到的部位。以光的形式传递能量,而无需机械接触。这样就可以清洗非常脆弱的材料的表面。

（4）激光清洗能清除各种材料表面的不同类型的污染物,达到很高的洁净度。激光清洗已经成功地用于清洗大理石、石灰石、沙岩、陶器、雪花石膏、熟石膏、铝、骨头、犊皮纸和有机物等多种材料不同污物,污物的种类包括灰尘、泥污、锈蚀、油漆、油污等。

（5）可以准确定位。激光束可以精确定位在欲清洗的材料表面上,其光斑面积可以从零点几毫米到1cm间调整。可以清洗不规则的或者比较隐蔽的表面。可以准确定位把激光头或者把传导激光的光纤放在一个可移动的三维平台上,可以把激光束定位在欲清洗的材料表面上。可以采用计算机控制,使得这种定位更加精确和自动化。激光的光斑面积可以根据实际情况从零点几毫米到几厘米间调控,可以清洗不规则的或者比较隐蔽的表面。

（6）激光清洗的即时控制和回馈。通过CCD相机和探测光实时监测材料表面反射率或者激光引起的表面声波,来判断清洗效果。根据清洗的效果,在清洗过程中,可以随时关闭激光电源,终止清洗。这个过程完全可以是智能化的。

（7）能有效清除微米级及更小尺寸的污染微粒。有些污染物的尺度可能达到微米甚至亚微米量级,如印制电路板在蚀刻和喷镀工艺中的尘埃粒子。一般的方法很难把这种污染物清除掉。目前已成功地采用短脉冲紫外激光器来清除物体表面尺寸在 $0.1\mu m$ 左右的微小颗粒,并已经在工业生产中应用。

（8）激光清洗设备可以长期稳定使用,一般只需要电费和维护费用,运行成本低,而且可以方便地实现自动化操作。购买激光清洗系统虽然前期一次性投入较高（与化学清洗方法相比较,但是跟有些技术如高压水射流技术相比,成本相差不大）,但清洗系统可以长期稳定使用,需要人工少,运行成本低。

4. 激光清洗应用

在激光清洗技术方面,美国和欧洲国家在研究和应用一直走在前列。20世纪70年代中期起步,90年代初期步入工业生产。目前已经应用于很多领域,在许多场合正在逐步取代传统清洗方法。目前已有商用激光清洗系统,现在欧洲的保护研究所都采用这种设备。在这种激光器中,激光头、电源和冷却系统被放置在一个单独的便携组件中,组件质量大约为125kg、工作电源为13A/240V。

保护人员通过调整脉冲能量、脉冲频(重复率)和工具与清洗表面的距离来控制清洗的效果。大多数商用系统能适用于实验室或野外工作。

1)在文物保护领域的应用

激光清洗的典型应用之一是文物的保护与清洗。使用激光清洗历史建筑和艺术的想法最早是美国科学家Asmus在20世纪70年代提出来的。经过研究和试验后,人们发现它在这方面有巨大作用。

在欧洲,人们已经用激光清洗了亚眠大教堂(法国)、斯蒂芬大教堂(奥地利)、无名烈士墓(波兰)、鹿特丹市政大楼(荷兰)、腓特烈教堂(丹麦)、玛塔莲娜教堂(意大利)、西行政宫(英国)。在法国和意大利,用激光清洗历史建筑已是非常常见,如法国科学家还用激光来清洗城墙。

激光清洗还能清洗锈蚀的古钱币、羊皮纸上的彩绘古画,甚至砂岩上的陈旧的雕刻画。科学家采用激光清洗法国巴黎卢浮宫中的油画,将原来因为种种原因保护不善而看不清画面的油画恢复了原貌。激光清洗也用于清洗用石头制成的石雕。这些石雕含有石灰石成分,当其与大气中的SO_2、NO相遇,会发生化学反应产生黑色硬壳,沉积于表面。这些污染物不但会加速石雕的风化,缩短它们的寿命,而且会影响外表的美观。用传统的高压水柱冲刷或机械摩擦物理方法清洗,容易使样产品产生损伤,一些雕刻细密之处也不易清洗干净。而用激光清洗被污染的样品,可避免上述问题并且清洗效果很好。一般清洗砖石建筑上污染物的速度为$0.62m^2/h$。清洗石灰石雕像的污渍的速度为$0.2m^2/h$。提高激光功率可以增加清洗速度,但是有使建筑物或艺术品遭到破坏的危险。图4.4.5是采用激光清洗出土石雕的效果比较。这是在什罗普郡附近发现的希腊罗马式的大理石头像.在采用Nd:YAG激光器清洗前后的差异。发现时,头发上满是泥土和石灰。清洗过程去除泥土和石灰的痕迹,而且没有破坏大理石表面。

图4.4.5 激光清洗大理石雕的效果比较

2)激光清洗用于脱漆和除锈

在航空工业小的典型应用对象是飞机的机体表面。例如,美国科学家用激光来清除航空器上的油漆利铁锈,具有成本低、基体无损伤、干净、操作完全自动化等优点。飞机的表面在重新喷漆前要将原来的旧油漆完全除去。传统的机械清除油漆法容易对飞机的金属表面造成损伤,给安全飞行带来隐忠。如采用多个激光系统,可以在两天之内将一架波音737飞机表面的漆层完全除掉,而且不会损伤到金属表面。美国犹他州的希尔空军利用激光来剥F16飞机的复合材料雷达罩上的漆层已有数年之久。

罗红心、程兆谷等用额定功率为5000W的恒流CO_2激光器对厚度为1mm的2024铝合金去漆,激光的输出功率为800W,作用于漆层表面的功率密度约为$30W/mm^2$,扫描速度为400mm/min。试验结果表明:经激光扫描一次之后,铝合金表面漆层完全剥落,而漆层以下的基体几乎不受影响。俄罗斯科研人员用直径为12mm的激光束在金属表而扫描,所到之处锈斑很快就被蒸发掉。激光清洗还能改变金属微米厚表层的结构,如同覆盖了保护层,有利于防止锈斑生成,即使是露天放置的金属构件,用激光清洁后也可以减少刷漆数。

科学家还将激光清洗技术应用于核电站反应堆内管道的清洗。它采用光导纤维,将高功率激光束引入反应堆内部。清洗下来的物质呈粉末状态,体积小,易处理。而且激光清洗可以远距离操作,更是可以确保操作人员的安全。

3) 激光清洗微电子器件

在电路板的制造中,伴随着蚀刻、沉积、喷镀过程而附着在电路板上的灰尘等污染物会极大地降低电子效率,甚至引起元器件的损坏。大规模集成电路的制造过程中,由于电子线路的尺寸非常小,和精密机械的配合间隙也非常小,亚微米和微米尺度的污染也会带来很大的危害。而这么小的污染颗粒,它在电路板上的附着力是其自重的100万倍,从而给清洗带来极大的困难。激光清洗可以比较容易、高效地解决这个问题。常用的激光器有KrF准分子激光器和CO_2激光器,例如,用短脉冲紫外激光器可以清除物体表面尺寸在0.1μm左右的微小颗粒;用高重复率的TEA–CO_2激光清洗固体表面。

葡萄牙的P. Neves和M. Arrontel等用KrF推分子激光器对表面有Au、Cu和W微粒污染的单品硅晶片进行干式激光清洁和蒸气激光清洗。结果发现:蒸气激光清洁的效果更为显著,效率可达100%。

激光清洗还可用于其他工业中,如采用激光清洗固体电极、橡胶轮胎模具、大型镜面(如天文望远镜)、磁头滑动装置小的颗粒、武器保养、网纹辊。还有报道用激光清洗漂浮在海洋上的石油和路面的油斑等。

然而,激光清洗并不能清洗所有的东西,例如彩饰雕塑。因为不同的颜料吸收不同量的激光,一些颜色对激光非常敏感,所以带有混合色的彩色雕塑无法用激光安全地清洗污物而不损伤到雕塑本体。

随着激光器技术不断完善、价格降低、发光波长的扩展,激光光源更趋于多样化、小型化,易于操纵控制,激光清洗技术的研究和应用一定会随之获得迅速发展。

4.5 快速成形加工技术

20世纪80年代后发展起来的快速成形技术(Rapid Prototyping,RP),被认为是制造领域的一次重大突破,其对制造业的影响可与20世纪五六十年代的数控技术相比。快速成形技术综合了机械工程、CAD、数控技术、激光技术及材料科学技术,可以自动、直接、快速、精确地将设计思想转变为具有一定功能的原型或直接制造零件,从而可以对产品设计进行快速评估、修改及功能试验,大大缩短了产品的研制周期。而以RP系统为基础发展起来并已成熟的快速工装模具制造、快速精铸技术则可实现零件的快速制造。它是基于一种全新的制造概念——增材加工法。由于CAD技术和光、机、电控制技术的发展,这种新型的样件制造工艺就日益在生产中获得应用。

在众多的快速成形工艺中,具有代表性的工艺有光敏树脂液相固化成形、选择性激光粉末烧结成形、薄片分层叠加成形和熔丝堆积成形等4种。

4.5.1 快速成形原理

1. 光敏树脂液相固化成形

光敏树脂液相固化成形(Stereolithography,SL)又称光固化立体造型。由Charles Hul发明并于1984年获美国专利。1988年美国3D系统公司推出商品化的世界上第一台快速原型成形机。

SL工艺是基于液态光敏树脂的光聚合原理工作的。这种液态材料在一定波长和功率的紫外激光的照射下能迅速发生光聚合反应,从液态转变成固态。

图4.5.1为SL工艺原理图。由计算机控制激光束在液相光敏树脂表面上扫描,光点扫描到的地方,液体就固化。当一层扫描完成后,升降台带动平台下降一层高度,再进行下一层的扫描,新固化的一层牢固地粘在前一层上,如此重复,得到一个三维实体原型。

SL方法是目前RP技术领域中研究得最多的方法,也是技术上最为成熟的方法。SL工艺成形的零件精度较高,能达到或小于0.1mm。

2. 选择性激光粉末烧结成形

选择性激光粉末烧结成形(Selected Laser Sintering,SLS)工艺又称为选区激光烧结,由美国得克萨斯大学奥斯汀分校的C. R. Dechard于1989年研制成功。该方法已被美国DTM公司商品化。

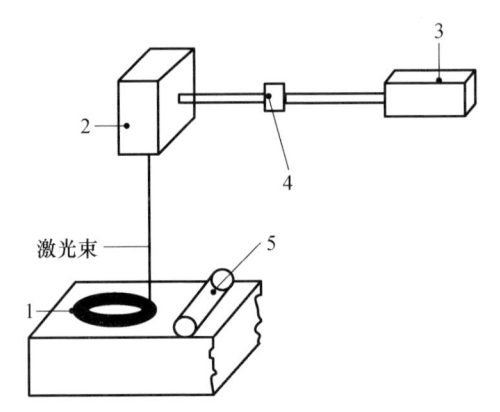

图 4.5.1　选择性激光粉末烧结成形(SLS)原理
1—零件；2—扫描镜；3—激光器；4—透镜；5—刮平辊子。

SLS 工艺是利用粉末材料(金属粉末或非金属粉末)在激光照射下烧结的原理，在计算机控制下逐层堆积成形。

如图 4.5.1 所示，此法采用 CO_2 激光器作能源，目前使用的造型材料多为各种粉末材料。在工作台上均匀铺上一层很薄(0.02~0.2mm)的粉末，激光束在计算机控制下按照零件分层轮廓有选择性地进行烧结，一层完成后再进行下一层烧结。全部烧结完后去掉多余的粉末，再进行打磨、烘干等处理便获得零件。

3. 薄片分层叠加成形

薄片分层叠加成形(Laminated Object Manufacturing, LOM)工艺又称叠层实体制造或分层实体制造，由美国 Helisys 公司于 1986 年研制成功原料，并推出商品化的机器。因为常用纸作原料故又称纸片叠层法。

LOM 工艺采用薄片材料，如纸、塑料薄膜等作为成形材料，片材表面事先涂覆上一层热熔胶。加工时，用 CO_2 激光器(或刀)在计算机控制下按照 CAD 分层模型轨迹切割片材，然后通过热压辊热压，使当前层与下面已成形的工件层黏接，从而堆积成形。

图 4.5.2 是 LOM 工艺的原理图。用 CO_2 激光器在最上面、刚粘接的新层上切割出零件截面轮廓和工件外框，并在截面轮廓与外框之间多余的废料区域内切割成上下对齐的网格，以便于清除；激光切割完成后，工作台带动已成形的工件下降，与带状片材(料带)分离；供料机构转动收料轴和供料轴，带动料带移动，使新层移到加工区域；工作台上升到加工平面；热压辊热压，工件的层数增加一层，高度增加一个料厚；再在新层上切割截面轮廓。如此反复直至零件的所有截面切割、黏接完毕，得到三维的实体零件。

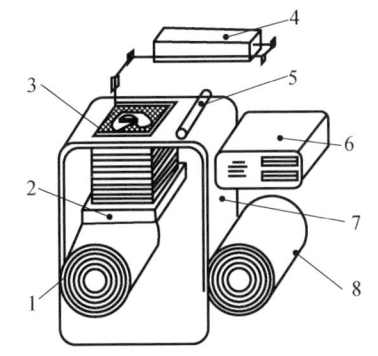

图 4.5.2　薄片分层叠加成形(LOM)原理
1—收料桶；2—升降台；3—加工平面；
4—CO_2 激光器；5—热压辊；6—控制计算机；
7—料带；8—供料轴。

4. 熔丝堆积成形

熔丝堆积成形(Fused Deposition Modeling, FDM)工艺由美国学者 Dr. Scott Crump 于 1988 年研制成功,并由美国 Stratasys 公司推出商品化的机器。

FDM 工艺是利用热塑性材料的热熔性、黏结性,在计算机控制下层层堆积成形。图 4.5.3 表示了 FDM 工艺原理,材料先抽成丝状,通过送丝机构送进喷头,在喷头内被加热熔化,喷头沿零件截面轮廓和填充轨迹运动,同时将熔化的材料挤出,材料迅速固化,并与周围的材料粘结,层层堆积成形。

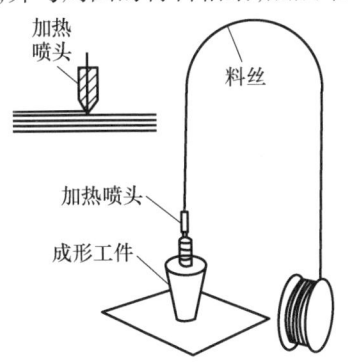

图 4.5.3　熔丝堆积成形工艺原理图

4.5.2　各种快速成形的特点

1. 光敏树脂液相固化成形

这种方法的特点是精度高、表面质最好、原材料利用率将近 100%,能制造形状特别复杂(如空心零件)、特别精细(如首饰、工艺品等)的零件。制作出来的原型件,可快速翻制各种模具。

SL工艺的成形材料称为光固化树脂(或称光敏树脂),光固化树脂材料中主要包括齐聚物、反应性稀释剂及光引发剂。根据引发剂的引发机理,光固化树脂可以分为:自由基光固化树脂、阳离子光固化树脂和混杂型光固化树脂三类。

2. 选择性激光粉末烧结成形

SLS工艺的特点是材料适应面广,不仅能制造塑料零件,还能制造陶瓷、石蜡等材料的零件。特别是可以直接制造金属零件,这使SLS工艺颇具吸引力。另一特点是SLS工艺无需加支撑,因为没有被烧结的粉末起到了支撑的作用。因此可以烧结制造空心、多层镂空的复杂零件。

SLS烧结成形用的材料,早期采用蜡粉及高分子塑料粉,用金属或陶瓷粉进行黏接或烧结的工艺也已达到实用阶段。任何受热后能粘结的粉末都有被用作SLS原材料的可能性,原则上这包括了塑料、陶瓷、金属粉末及它们的复合粉。

近年来开发的较为成熟的用于SLS工艺的材料如表4.5.1所示。

表4.5.1 用于SLS工艺的材料一览表

材料	特 性
石蜡	主要用于熔模铸造,制造金属型
聚碳酸酯	坚固耐热,可制造微细轮廓及薄壳结构,也可用于消失模铸造,正逐步取代石蜡
尼龙、纤细尼龙、合成尼龙(尼龙纤维)	它们都能制造可测试功能零件,其中合成尼龙制件具有最佳的力学性能
钢、铜合金、钛合金	具有较高的强度,可作注塑模

为了提高原型的强度,用SLS工艺材料的研究转向金属和陶瓷,这也正是SLS工艺优越于SL、LOM工艺之处。

SLS工艺还可以采用其他粉末,比如聚碳酸酯粉末,当烧结环境温度控制在聚碳酸酯软化点附近时,其线胀系数较小,进行激光烧结后,被烧结的聚碳酸酯材料翘曲较小,具有很好的工艺性能。

3. 薄片分层叠加成形

薄片分层叠加成形(Laminated Object Manufacturing,LOM)工艺又称叠层实体制造或分层实体制造,由美国Helisys公司于1986年研制成功原料,并推出商品化的机器。因为常用纸作原料故又称纸片叠层法。

LOM工艺只需在片材上切割出零件截面的轮廓,而不用扫描整个截面。因此易于制造大型、实体零件。零件的精度较高(误差<0.15mm)。工件外框与截面轮廓之间的多余材料在加工中起到了支撑作用,所以LOM工艺无需加

支撑。

LOM 工艺的成形材料常用成卷的纸,纸的一面事先涂覆一层热熔胶,偶而也有用塑料薄膜作为成形材料。对纸材的要求是应具有抗湿性、稳定性、涂胶浸润性和抗拉强度。

4. 熔丝堆积成形

该工艺不用激光,因此使用、维护简单,成本较低。用蜡成形的零件原型,可以直接用于熔模铸造。用 ABS 工程塑料制造的原型因具有较高强度而在产品设计、测试与评估等方面得到广泛应用。由于以 FDM 工艺为代表的熔融材料堆积成形工艺具有一些显著优点,该工艺发展极为迅速。

4.5.3 快速成形设备及应用

1. 光敏树脂液相固化成形

现在已有多种型号的此类设备可供订购,如华中科技大学快速制造中心、武汉滨湖机电技术产业公司的 HRPL 型光固化快速成形系统、清华大学的 CPS 快速成形机和西安交通大学激光快速成形与模具制造中心的 LPS – 600 和 LPS – 350 型的激光快速成形机等。

光敏树脂液相固化成形的应用有很多方面,可直接制作各种树脂功能件,用作结构验证和功能测试;可制作比较精细和复杂的零件;可制造出有透明效果的制件;制作出来的原型件可快速翻制各种模具,如硅橡胶模、金属冷喷模、陶瓷模、合金模、电铸模、环氧树脂模和消失模等。

2. 选择性激光粉末烧结成形

激光选择性粉末烧结快速成形机的机械结构主要由机架、工作平台、铺粉机构、两个活塞缸、集料箱、加热灯和通风除尘装置组成。

由于加工用的激光束是不可见光,这样不便于调试和操作。用一个可见光束与激光束合并在一起,可在调试时清晰看见激光光路,便于各光学元件和工件的定位和调整。

SLS 激光粉末烧结的应用范围与 SL 工艺类似,可直接制作各种高分子粉末材料的功能件,用作结构验证和功能测试,并可用于装配样机。制件可直接作熔模铸造用的蜡模和砂型、型芯,制作出来的原型件可快速翻制各种模具,如硅橡胶模、金属冷喷模、陶瓷模、合金模、电铸模、环氧树脂模和消失模等。

3. 薄片分层叠加成形

分层叠加成形设备由激光系统、走纸机构、X、Y 扫描机构和 Z 轴升降机构、加热辊等组成。

薄片分层叠加快速成形工艺和设备由于其成形材料纸张较便宜,运行成本和设备投资较低,故获得了一定的应用。可以用来制作汽车发动机曲轴、连杆、各类箱体、盖板等零部件的原形样件。

4. 熔丝堆积成形

MEM-250-Ⅱ是实现熔丝堆积 FDM 工艺的国产设备。它利用 ABS 丝材通过喷头被加热至熔融状态后从喷头挤出,在数控系统控制下层层堆积成形。

熔丝堆积成形工艺和设备有一定的应用面。由于 FDM 工艺的一大优点是可以成形任意复杂程度的零件,经常用于成形具有很复杂的内腔、孔等零件但精度较差。

几种常用的 RP 快速成形工艺优缺点如表 4.5.2 所列。

表 4.5.2　几种常用的 RP 快速成形工艺优缺点比较

评价指标 工艺类型	精度	表面质量	材料质量	材料利用率	运行成本	生产成本	设备费用	市场占有率/%
液相固化 SL 法	好	优	较贵	接近 100%	较高	高	较贵	70
粉末烧结 SLS 法	一般	一般	较贵	接近 100%	较高	一般	较贵	10
薄片叠层 LOM 法	一般	较差	较便宜	较差	较低	高	较便宜	7
熔丝堆积 FDM 法	较差	较差	较贵	接近 100%	一般	较低	较便宜	6

4.6　其他方法

4.6.1　超声加工

超声加工(Ultrasonic Machining,USM)也称超声波加工。电火花加工和电化学加工都只能加工金属导电材料,不易加工不导电的非金属材料。然而超声加工不仅能加工硬质合金、淬火钢等脆硬金属材料,而且更适合于加工玻璃、陶瓷、半导体锗和硅片等不导电的非金属脆硬材料,同时还可以用于清洗、焊接和探伤等。

1. 超声加工的基本原理和特点

1) 超声波及其特性

声波是人耳能感受的一种纵波,它的频率在 16~16000Hz 范围内。当频率超过 16000Hz 超出一般人耳听觉范围,就称为超声波。

超声波和声波一样,可以在气体、液体和固体介质中纵向(前进方向)传播。由于超声波频率高、波长短、能量大,所以传播时反射、折射、共振及损耗等现象更显著。在不同介质中,超声波传播的速度 c 亦不同(例如 $c_{空气}=331\mathrm{m/s}$;$c_{水}=1430\mathrm{m/s}$;$c_{铁}=5850\mathrm{m/s}$),它与波长 λ 和频率 f 之间的关系可用下式表示

$$\lambda = \frac{c}{f} \tag{4.6.1}$$

超声波主要具有下列特性：

(1) 超声波能传递很强的能量。超声波的作用主要是对其传播方向上的障碍物施加压力(声压)。传播的波动能量越强，则压力也越大。振动能量的强弱，用能量密度来衡量。能量密度就是通过垂直于波的传播方向的单位面积上的能量(J)。

$$J = \frac{1}{2}\rho c (\omega A)^2 \tag{4.6.2}$$

式中：ρ 为弹性介质的密度；c 为弹性介质中的波速；A 为振动的振幅；ω 为圆频率，$\omega = 2\pi f$。

由于液体或固体介质密度 ρ 和振动频率都比空气高许多倍，因此同一振幅时，液体、固体中的超声波强度、功率、能量密度要比空气中的声波高千万倍。

(2) 当超声波经过液体介质传播时，将以极高的频率压迫液体质点振动，在液体介质中连续地形成压缩和稀疏区域，由此产生压力正、负交变的液压冲击和空化现象，作用在邻近的零件表面上会使其破坏，引起固体物质分散、破碎。

(3) 超声波通过不同介质时，在界面上发生波速突变，产生波的反射和折射现象。当超声波从液体或固体传入到空气或者相反从空气传入液体或固体，反射率接近100%，因为空气有可压缩性，更阻碍了超声波的传播。为了改善超声波在相邻介质中的传递条件，往往在声学部件的各连接面间加入全损耗系统用油、凡士林作为传递介质，以消除空气及因它而引起的衰减。

(4) 超声波在一定条件下，会产生波的干涉和共振现象，图 4.6.1 为超声波在固体弹性杆中传播时各质点振动的情况。超声波传播时，在杆的端部将发生反射，这两个完全相同的波从相反的方向会合，就会产生波的干涉。当杆长符合某一规律时，杆上有些点在波动过程中位置始终不变，其振幅为零(为波节)，而另一些点振幅最大，其振幅为原振幅的 2 倍(为波腹)。固定弹性杆的支持点，应该选在波节处，这一点不振动。

2) 超声加工的基本原理

超声加工是利用工具端面作超声频振动，通过磨料悬浮液加工脆硬材料的一种

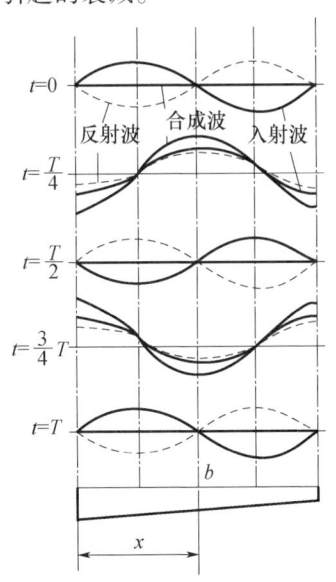

图 4.6.1 弹性杆内各质点振动情况

成形方法。加工原理见图 4.6.2。加工时,在工具 1 和工件 2 之间加入液体(水或煤油等)和磨料混合的悬浮液 3,并使工具以很小的力 F 轻轻压在工件上。换能器 6 产生 10~25kHz 以上的超声频纵向振动,并借助于变幅杆把振幅放大到 0.05~0.1mm 左右,驱动工具端面作超声振动,迫使悬浮液中悬浮的磨粒以很大的速度和加速度不断地撞击、抛磨被加工表面,把被加工表面的材料粉碎成很细的微粒,从工件上打击下来。与此同时,悬浮液受工具端面超声振动作用而产生的高频、交变的液压正负冲击波和空化作用,促使悬浮液钻入被加工材料的微裂缝处,加剧了机械破坏作用。所谓空化作用,是指当工具端面以很大的加速度离开工件表面时,加工间隙内形成负压和局部真空,在悬浮液体内形成很多微空腔,当工具端面以很大的加速度接近工件表面时,空泡闭合,引起极强的液压冲击波,可以强化加工过程。此外,正负交变的液压冲击也使悬浮液在加工间隙中强迫循环,使变钝磨粒及时得到更新。越是脆硬的材料,受撞击作用遭受的破坏越大,越易超声加工。

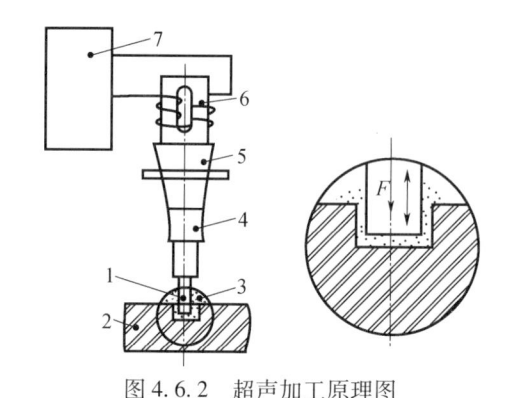

图 4.6.2 超声加工原理图

1—工具;2—工件;3—悬浮液;4、5—变幅杆;6—换能器;7—超声发生器。

3)超声加工的特点

(1)适合于加工各种硬脆材料,特别是不导电的非金属材料,例如玻璃、陶瓷(氧化铝、氮化硅等)、石英、锗、硅、玛瑙、宝石、金刚石等。对于导电的硬质金属材料如淬火钢、硬质合金等,也能进行加工,但加工生产率较低。

(2)由于工具可用较软的材料,做成较复杂的形状,故不需要使工具和工件作比较复杂的相对运动,因此超声加工机床的结构比较简单,只需一个方向轻压进给,操作、维修方便。

(3)由于去除加工材料是靠极小磨料瞬时局部的撞击作用,故工件表面的宏观切削力很小,切削应力、切削热很小,不会引起变形及烧伤,表面粗糙度也较好,Ra 可达 0.1~1μm,加工精度可达 0.01~0.02mm,而且可以加工薄壁、窄缝、低刚度零件。

2. 超声加工设备

超声加工设备一般包括超声发生器、超声振动系统、机床本体和磨料工作液循环系统。

1）超声发生器

超声发生器也称超声波或超声频发生器,其作用是将工频交流电转变为有一定功率输出的超声频电振荡,以提供工具端面往复振动和去除被加工材料的能量。其基本要求是:输出功率和频率在一定范围内连续可调,最好能具有对共振频率自动跟踪和自动微调的功能,此外要求结构简单、工作可靠、价格便宜、体积小等。

2）声学部件

声学部件的作用是把高频电能转变为机械能,使工具端面作高频率、小振幅的振动以进行加工。它是超声波加工机床中很重要的部件。声学部件由换能器、变幅杆(振幅扩大棒)及工具组成。

换能器的作用是将高频电振荡转换成机械振动,目前实现这一目的可利用压电效应和磁致伸缩效应两种方法。

3）压电效应超声波换能器

石英晶体、钛酸钡($BaTiO_3$)以锆钛酸铅($ZrPbTiO_3$)等物质在受到机械压缩或拉伸变形时,在它们两对面的介面上将产生一定的电荷,形成一定的电势;反之,在它们的两介面上加以一定的电压,则将产生一定的机械变形,这一现象称为压电效应。如果两面加上 16kHz 以上的交变电压,则该物质产生高频的伸缩变形,使周围的介质作超声振动。

4）磁致伸缩效应超声波换能器

铁、钴、镍及其合金的长度能随其所处的磁场强度的变化而伸缩的现象称为磁致伸缩效应。这种材料的棒杆在交变磁场中其长度将交变伸缩,其端面将交变振动。

磁致伸缩效应换能器比压电式换能器有较高机械强度和较大输出功率,常用于中功率和大功率的超声加工。其缺点是涡流发热损失较大,能量转换效率较低,故需用水冷却。

5）变幅杆(振幅扩大棒)

压电或磁致伸缩的变形量是很小的(即使在共振条件下其振幅也超不过 0.005~0.01mm),不足以直接用来加工。超声波加工需 0.01~0.1mm 的振幅,因此必须通过一个上粗下细的棒杆将振幅加以扩大,此杆称为变幅杆或振幅扩大棒,见图 4.6.3。变幅杆之所以能扩大振幅,是由于通过它的每一截面的振动能量是不变的(略去传播损耗),截面小的地方能量密度大,振动振幅也就越大。

(a) 锥形　　(b) 指数形　　(c) 阶梯形

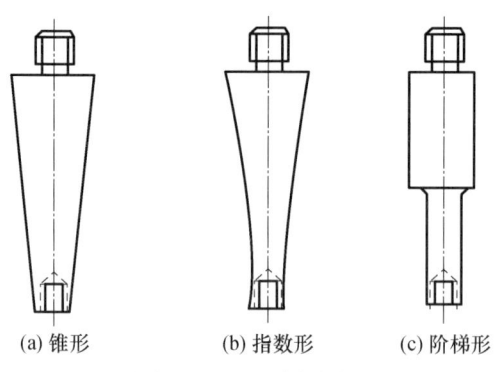

图 4.6.3　几种变幅杆

将变幅杆振幅与压电或磁致伸缩变形量比值定义为"振幅扩大比",则锥形的振幅扩大比较小(5~10),但易于制造;指数形的扩大比中等(10~20),使用中振幅比较稳定,但不易制造;阶梯形的扩大比较大(20以上),亦易于制造,但当它受到负载阻力时振幅减小的现象也较严重,扩大比不稳定,而且在粗细过渡的地方容易产生应力集中而疲劳断裂,为此须加过渡圆弧。实际生产中,加工小孔、深孔常用指数形变幅杆;阶梯形的因设计、制造容易,一般也常采用。

必须注意,超声加工时并不是整个变幅杆和工具都是在作上下高频振动,它和低频或工频振动的概念完全不一样。超声波在金属棒杆内主要以纵波形式传播,引起杆内各点沿波的前进方向一般按正弦规律在原地往复振动,并以声速传导到工具端面。

6) 工具

超声波的机械振动经变幅杆放大后即传给工具,使磨粒和工作液以一定的能量冲击工件,并加工出一定的尺寸和形状。

3. 超声加工及其影响因素

1) 加工速度及其影响因素

加工速度是指单位时间内去除材料的多少,单位通常以 g/min 或 mm^3/min 表示。玻璃的最大加工速度可达 2000~4000mm^3/min。影响加工速度的主要因素有以下几个方面。

(1) 工具的振幅和频率的影响。过大的振幅和过高的频率会使工具和变幅杆承受很大的内应力,可能超过它的疲劳强度而降低使用寿命,而且在联结处的损耗也增大,因此一般振幅在 0.01~0.1mm,频率在 16000~25000Hz 之间。

(2) 进给压力的影响。进给压力过小,则工具末端与工件加工表面间的间隙增大,从而减弱了磨料对工件的撞击力和打击深度;压力过大,会使工具与工件间隙减小,磨料和工作液不能顺利循环更新,都将降低生产率。

(3) 磨料的种类和粒度的影响。磨料硬度越高,加工速度越快,但要考虑价格成本。磨料粒度越粗,加工速度越快,但精度和表面粗糙度则变差。

(4)磨料悬浮液浓度的影响。磨料悬浮液浓度低,加工间隙内磨粒少,特别在加工面积和深度较大时可能造成加工区局部无磨料的现象,使加工速度大大下降。随着悬浮液中磨料浓度的增加,加工速度也增加。但浓度太高时,磨粒在加工区域的循环运动和对工件的撞击运动受到影响,又会导致加工速度降低。

(5)被加工材料的影响。被加工材料越脆,则承受冲击载荷的能力越低,因此越易被去除加工;反之韧性较好的材料则不易加工。如以玻璃的可加工性(生产率)为100%,则锗、硅半导体单晶为200%~250%,石英为50%,硬质合金为2%~3%,淬火钢为1%,不淬火钢小于1%。

2)加工精度及其影响因素

超声加工的精度,除受机床、夹具精度影响之外,主要与磨料粒度、工具精度及其磨损情况、工具横向振动大小、加工深度、被加工材料性质等有关。一般加工孔的尺寸精度可达±0.02~0.05mm。

(1)孔的加工范围约为0.1~90mm,深度可达直径的10~20倍以上。

(2)孔的尺寸精度。当工具尺寸一定时,加工出孔的尺寸将比工具尺寸有所扩大,加工出孔的最小直径D_{min}约等于工具直径D_t加所用磨料磨粒平均直径d_s的2倍。

超声加工孔的精度,在采用240~280磨粒时,一般可达±0.05mm,采用W28~W7磨粒时,可达±0.02mm或更高。

此外,对于加工圆形孔,其形状误差主要有圆度和锥度。圆度大小与工具横向振动大小和工具沿圆周磨损不均匀有关。锥度大小与工具磨损量有关。如果采用工具或工件旋转的方法,可以提高孔的圆度和生产率。

3)表面质量及其影响因素

超声加工具有较好的表面质量,不会产生表面烧伤和表面变质层。

超声加工的表面粗糙度也较好,Ra一般可在1~0.1μm之间,取决于每粒磨粒每次撞击工件表面后留下的凹痕大小,它与磨料颗粒的直径、被加工材料的性质、超声振动的振幅以及磨料悬浮液的成分等有关。

当磨粒尺寸较小、工件材料硬度较大、超声振幅较小时,则加工表面粗糙度将得到改善,但生产率则随之降低。

磨料悬浮液的性能对表面粗糙度的影响比较复杂。实践表明,用煤油或润滑油代替水可使表面粗糙度更有所改善。

4. 超声加工的应用

超声加工的生产率虽然比电火花、电解加工等低,但其加工精度和表面粗糙度都比它们好,而且能加工半导体、非导体的脆硬材料如玻璃、石英、宝石、锗、硅甚至金刚石等。即使是电火花加工后的一些淬火钢、硬质合金冲模、拉丝模、塑料模具,最后还常用超声抛磨进行光整加工。

1) 型孔、型腔加工

超声加工目前在各工业部门中主要用于对脆硬材料加工圆孔、型孔、型腔、套料、微细孔等,如4.6.4所示。图4.6.4(a)中如工具转动,则可加工较深而圆度较高的孔。如用镀有聚晶金刚石的圆杆或薄壁圆管,则可以加工很深的孔或套料加工。

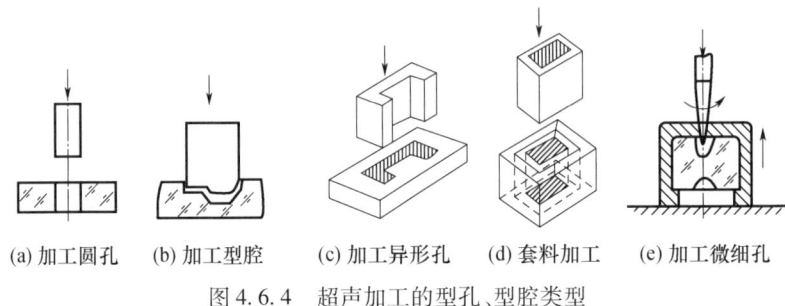

(a) 加工圆孔　(b) 加工型腔　(c) 加工异形孔　(d) 套料加工　(e) 加工微细孔

图4.6.4　超声加工的型孔、型腔类型

2) 切割加工

用普通机械加工切割脆硬的半导体材料是很困难的,采用超声切割则较为有效。图4.6.5为用超声加工法切割单晶硅片示意图。用锡焊或铜焊将工具(薄钢片或磷青铜片)焊接在变幅杆的端部。加工时喷注悬浮液,一次可以切割10~20片。

加工时喷注悬浮液,将坯料片先切割成1mm宽的长条,然后将刀具转过90°,使导向片插入另一导槽中,进行第二次切割以完成模块的切割加工,图4.6.6所示为已切成的陶瓷模块。

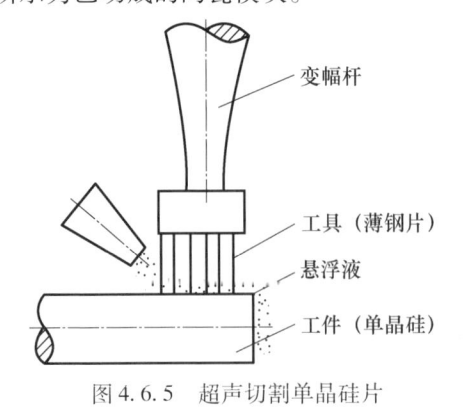

图4.6.5　超声切割单晶硅片　　图4.6.6　切割成的陶瓷模块

3) 复合加工

在超声加工硬质合金、耐热合金等硬质金属材料时,加工速度较低,工具损耗较大。为了提高加工速度及降低工具损耗,可以把超声加工和其他加工方法相结合进行复合加工。例如采用超声与电化学或电火花加工相结合的方法来加工喷油嘴、喷丝板上的小孔或窄缝,可以大大提高加工速度和质量。

(1) 超声电解复合加工。采用钝化性电解液混加磨料作电解液,被加工表面在电解液中产生阳极溶解,电解产物阳极钝化膜被超声频振动的工具和磨料破坏,由于超声振动引起的空化作用加速了钝化膜的破坏和磨料电解液的循环更新,从而使加工速度和质量大大提高。

(2) 超声电火花复合加工。超声与电火花复合加工小孔、窄缝及精微异形孔时,也可获得较好的工艺效果。其方法是在普通电火花加工时引入超声波,使电极工具端面作超声振动。当不加超声时,电火花精加工的放电脉冲利用率为3%~5%,加上超声振动后,电火花精加工时的有效放电脉冲利用率可提高到50%以上,从而提高生产率2~20倍。越是小面积、小用量加工,相对生产率的提高倍数越多。随着加工面积和加工用量(脉宽、峰值电流、峰值电压)的增大,工艺效果即逐渐不明显,与不加超声时的指标相接近。

(3) 超声抛光及电解超声复合抛光。超声振动还可用于研磨抛光电火花或电解加工之后的模具表面、拉丝模小孔等,可以改善表面粗糙度。

在光整加工中,利用导电磨石或镶嵌金刚石颗粒的导电工具,对工件表面进行电解超声复合抛光加工,更有利于改善表面粗糙度。在工具和工件之间产生电解反应,工件表面发生电化学阳极溶解,电解产物和阳极钝化膜不断被高频振动的工具头刮除并被电解液冲走。这种方法,由于有超声波的作用,使磨石的自砺性好,电解液在超声波作用下的空化作用,使工件表面的钝化膜去除加快,这相当于增加了金属表面活性,使金属表面凸起部分优先溶解,从而达到平整的效果。工件表面的粗糙度 Ra 可达到 $0.1~0.05\mu m$。

利用超声波振动磨削切割金刚石可大大提高生产率和节省金刚砂磨料的消耗。

在切削加工中引入超声振动(如在对耐热钢、不锈钢等硬韧材料进行车削、钻孔、攻螺纹时),可以降低切削力,改善表面粗糙度,延长刀具寿命和提高加工速度等。超声振动珩磨装置,可提高珩磨效率和效果。

(4) 超声清洗。超声清洗的原理主要是基于超声频振动在液体中产生的交变冲击波和空化作用。超声波在清洗液(汽油、煤油、酒精、丙酮或水等)中传播时,液体分子往复高频振动产生正负交变的冲击波。当声强达到一定数值时,液体中急剧生长微小空化气泡并瞬时强烈闭合,产生的微冲击波使被清洗物表面的污物遭到破坏,并从被清洗表面脱落下来。即使是被清洗物上的窄缝、细小深孔、弯孔中的污物,也很易被清洗干净。虽然每个微气泡的作用并不大,但每秒钟有上亿个空化气泡在作用,就具有很好的清洗效果。所以,超声振动被广泛用于对喷油嘴、喷丝板、微型轴承、仪表齿轮、零件、手表整体机芯、印制电路板、集成电路微电子器件的清洗,可获得很高的净化度。

一定频率和一定振幅的超声波引入液体,有时还能使半固体颗粒粉碎细化,起"乳化"作用,有时却能使乳化液分层,起"破乳"作用,这些与超声的频率、振幅和功率有关。

4.6.2 化学铣削加工

化学铣削(Chemical Milling,CHM),实质上是较大面积和较深尺寸的化学蚀刻(Chemical Etching),它的原理如图4.6.7所示。先把工件非加工表面用耐腐蚀性涂层保护起来,需要加工的表面露出来,浸入到化学溶液中进行腐蚀,使金属按特定的部位溶解去除,达到加工目的。

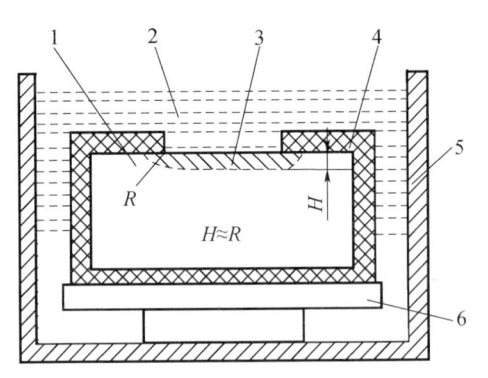

图4.6.7 化学铣切加工原理
1—工件材料;2—化学溶液;3—化学腐蚀部分;
4—保护层;5—溶液箱;6—工作台。

1. 化学铣削的特点

(1)可加工任何难切削的金属材料,而不受任何硬度和强度的限制,如铝合金、钼合金、钛合金、镁合金、不锈钢等。

(2)适于大面积加工,可同时加工多件。

(3)加工过程中不会产生应力、裂纹、毛刺等缺陷,表面粗糙度 Ra 可达 $2.5 \sim 1.25 \mu m$。

(4)加工操作技术比较简单。

(5)不适宜加工窄而深的槽和型孔等。

(6)原材料中缺陷和表面不平度、划痕等不易消除。

(7)腐蚀液对设备和人体有危害,也不利于环保,故需有适当的防护性措施。

2. 化学铣削工艺过程

（1）涂保护层。保护层必须具有良好的耐酸、碱性能，并在化学蚀刻过程中黏结力不能下降。在涂保护层之前，必须把工件表面的油污、氧化膜等清除干净。

（2）刻形或划线。刻形是根据样板的形状和尺寸，把待加工表面的涂层去掉，以便进行腐蚀加工。刻形的方法一般采用手术刀沿样板轮廓切开保护层，再把不要的部分剥掉。

（3）腐蚀。化学蚀刻的溶液随加工材料而异。

3. 化学铣削的应用范围

（1）主要用于较大工件的金属表面厚度减薄加工。铣切厚度一般小于13mm。如在航空航天工业中常用于局部减轻火箭、飞船舱体结构件的重量，对大面积或不利于机械加工的薄壁形整体壁板的加工亦适用。

（2）用于在厚度小于1.5mm薄壁零件上加工复杂的型孔。

4.6.3 挤压珩磨技术

挤压珩磨又称磨料流加工（Abrasive Flow Machining，AFM），是20世纪70年代发展起来的表面光整加工技术，最初用于去除零件内部通道或隐蔽部分的毛刺而显示出优越性，随后扩大应用到零件表面的抛光。

1. 基本原理

磨料流加工是利用一种含磨料的半流动状态的黏弹性磨料介质，在一定压力下强迫在被加工表面上流过，由磨料颗粒的刮削作用去除工件表面微观不平材料的工艺方法，如图4.6.8所示。工件安装并被压紧在夹具中，夹具与上、下磨料室相连，磨料室内充以黏弹性磨料，由活塞在往复运动过程中通过黏弹性磨料对所有表面施加压力，使黏弹性磨料在一定压力作用下反复在工件待加工表面上滑移通过，类似用砂布均匀地压在工件上慢速移动那样，从而达到表面抛光或去毛刺的目的。

2. 磨料流加工的工艺特点

（1）适用范围：挤压珩磨介质是一种半流动状态的黏弹性材料，它可以适应各种复杂表面的抛光和去毛刺，如各种型孔、型面、像齿轮、叶轮、交叉孔、喷嘴小孔、液压部件、各种模具等，几乎能加工所有的金属材料，同时也能加工陶瓷、硬塑料等。

（2）抛光效果：加工后的表面粗糙度与原始状态和磨料粒度等有关，一般可降低到加工前表面粗糙度值的1/10，最佳的表面粗糙度Ra可以达到$0.025\mu m$的镜面。磨料流动加工可以去除在0.025mm深度的表面残余应力，可以去除前面工序（如电火花加工、激光加工等）形成的表面变质层和其他表面微观缺陷。

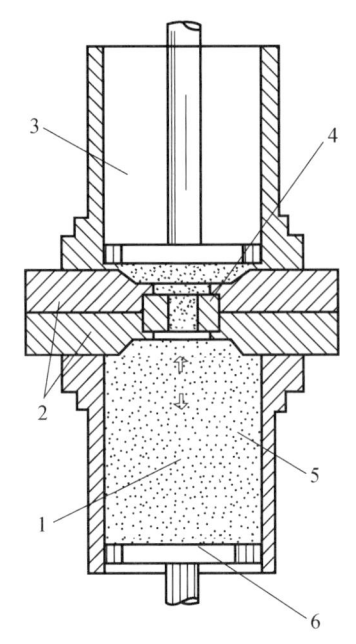

图 4.6.8　磨料流加工原理
1—黏性磨料;2—夹具;3—上部磨料室;
4—工件;5—下部磨料室;6—液压操纵活塞。

(3) 材料去除速度:材料去除量一般为 0.01~0.1mm,加工时间通常为 1~5min,最多十几分钟即可完成,与手工作业相比,加工时间可减少 90% 以上,对一些小型零件,可以多件同时加工,效率可大大提高。对多件装夹的小零件的生产率每小时可达 1000 件。

(4) 加工精度:挤压珩磨是一种表面加工技术,因此它不能修正零件的形状误差。切削均匀性可以保持在被切削量的 10% 以内,因此,也不至于破坏零件原有的形状精度。由于去除量很少,可以达到较高的尺寸精度,一般尺寸精度可控制在微米的数量级。

3. 黏弹性磨料介质

黏弹性磨料介质由一种半固体、半流动性的高分子聚合物和磨料颗粒均匀混合而成。这种高分子聚合物是磨料的载体,与磨粒均匀黏结,而与金属工件则不发生黏附。它主要用于传递压力、携带磨粒流动以及起润滑作用。

4. 夹具

夹具的主要作用除了用来安装、夹紧零件、容纳介质并引导它通过零件以外,更重要的是要控制介质的流程。因为黏弹性磨料介质和其他流体的流动一样,最容易通过那些路程最短、截面最大、阻力最小的路径。为了引导介质到所需的零件部位进行切削,可以对夹具进行特殊设计,在某些部位进行阻挡、拐弯、干扰,迫使黏弹性磨料通过所需要加工的部位。

5. 实际应用

挤压珩磨可用于边缘光整、倒圆角、去毛刺、抛光和少量的表面材料去除,特别适用于难以加工的内部通道的抛光和去毛刺,从软的铝到韧性的镍合金材料均可以进行挤压珩磨加工。

挤压珩磨已用于硬质合金拉丝模、挤压模、拉深模、粉末冶金模、叶轮、齿轮、燃料旋流器等的抛光和去毛刺,还用于去除电火花加工、激光加工或渗氮处理这类热能加工产生的不希望有的变质层。

4.6.4 水射流切割技术

1. 基本原理

水射流切割(Water Jet Cutting,WJC)又称液体喷射加工(Liquid Jet Machining,LJM),是利用高压高速水流对工件的冲击作用来去除材料的,有时简称水切割,或俗称水刀。刀头采用水或带有添加剂的水,以 500~900m/s 的高速冲击工件进行加工。水经水泵后通过增压器增压,储液蓄能器使脉动的液流平稳。水从孔径为 0.1~0.5mm 的人造蓝宝石喷嘴喷出,直接压射在工件加工部位上。加工深度取决于液压喷射的速度、压力以及压射距离。被水流冲刷下来的"切屑"随着液流排出,入口处束流的功率密度可达 $10^6 W/mm^2$。

2. 切割速度和加工精度

切割速度取决于工件材料,并与所用的功率大小成正比、和材料厚度成反比。

切割精度主要受喷嘴轨迹精度的影响,切缝大约比所采用的喷嘴孔径大 0.025mm,加工复合材料时,采用的射流速度要高,喷嘴直径要小,并具有小的前角,喷嘴紧靠工件,喷射距离要小。喷嘴越小,加工精度越高,但材料去除速度降低。

切边质量受材料性质的影响很大,软材料可以获得光滑表面,塑性好的材料可以切割出高质量的切边。液压过低会降低切边质量,尤其对复合材料,容易引起材料离层或起鳞。采用正前角将改善切割质量。进给速度低可以改善切割质量,因此,加工复合材料时应采用较低的切割进给速度,以避免在切割过程中出现材料的分层现象。

3. 设备和工具

水射流切割需要液压系统和机床,但机床不是通用性的,每种机床的设计应符合具体的加工要求。液压系统产生的压力应能达到 400MPa。液压系统还包括控制器、过滤器以及耐用性好的液压密封装置。加工区需要一个排水系统和储液槽。

水射流切割时,作为工具的射流束是不会变钝的,喷嘴寿命也相当长。液体要经过很好的过滤,过滤后的微粒小于 $0.5\mu m$,液体经过脱矿质和去离子处理以减少对喷嘴的腐蚀。切割时的摩擦阻尼很小,所需的夹具较简单。还可以采用多路切割,这时候应该配备多个喷嘴。

4. 实际应用

水射流切割可既可以加工很薄、很软的金属和非金属材料,如铜、铝、铅、塑料、木材、橡胶、纸等七八十种材料和制品。

美国汽车工业中用水射流来切割石棉制动片、橡胶基地毯、复合材料板、玻璃纤维增强塑料等。航天工业用以切割高级复合材料、蜂窝状夹层板、钛合金元件和印制电路板等,可提高疲劳寿命。

由于水射流具有介质成本低、清洁、环境友好,而且对被加工材料无热损伤(切割时温度小于100℃)等优点,在许多材料的切割加工、表面处理中,水射流具有其独特的优越性。水射流尤其适用于高硬度、高脆性难加工材料、复合材料、钢筋混凝土、陶瓷、石材等材料的切割加工。水射流切割配合数控执行机构可精确切割加工任意复杂形状工件。如图 4.6.9、图 4.6.10、图 4.6.11 为利用水射流加工得到的各类零件。

图 4.6.9　水射流加工的钛合金零件

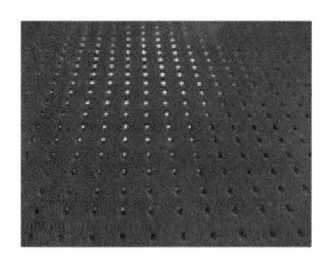

图 4.6.10　水射流加工件——平面斜孔　　图 4.6.11　水射流加工件——钢菊花

水射流可切割加工塑性、脆性、弹性材料及各种复合材料 500 余种,如各种纸板、聚酯、塑料、纤维、橡胶、皮革、玻璃、石材、陶瓷、高速钢、工具钢、硬质合金、耐热合金、钛合金、耐蚀合金等几乎任何工程材料。目前,水射流加工已经被世界许多著名大公司,如 Boeing,Textron,Lockheed Markin,Marietta,Northrop,Thiokol,Pratt and Whitney,Aerostructures,北京航空制造工程研究所等航空航天单位成功应用。

4.7 特种加工技术发展趋势

在航空航天、国防和民用工业中有许多特殊、复杂典型的难加工零件,有些已在电火花、线切割、电化学、激光等部分内容中介绍过,有些则更具有特殊性,往往既可用电火花,又可用电化学或激光加工,甚至须既用电火花,又用电化学等多种特种工艺综合加工。特种加工技术的总体发展趋势是:

(1) 广泛采用自动化技术,实现计算机数控化。充分利用计算机数控技术对特种加工设备的控制系统、电源系统进行优化,建立综合参数自适应控制装置和数据库等,进而建立特种加工的 CAD/CAM 和 FMS 系统,这是当前特种加工技术的主要发展趋势。

(2) 开发应用复合工艺和新工艺方法。现代高性能航天器的发展新型结构材料和高精密复杂结构的大量采用,进一步加剧了结构工艺性的恶化,单一的特种加工方法难以达到高精度、高质量、高效率和低成本综合技术与经济指标要求,因而进一步加速开发和应用新型特种加工技术和由多种能源组成的复合工艺。目前由二种能源复合的特种加工技术,如电解电火花加工(ECDM)、电解电弧加工(ECAM)、电火花机械复合加工、机械超声波复合加工等复合工艺已成为国外国防工业和机械工业着力发展的特种加工技术。由于复合工艺可以扬长避短,经济高效,可取得明显的技术经济效果,因此受到先进工业国家的工业部门的普遍关注。

(3) 大力开展精密化研究。高技术的发展促使高技术产品在向小型化和精密化方向发展,对产品零件的精度和表面粗糙度提出更高更严格的要求。如飞机惯性仪表中关键零件的制造要求达到微米级以上。气浮陀螺和静电陀螺的内外支承面的球度达到 $0.5\sim0.05\mu m$。尺寸精度为 $0.6\mu m$ 表面粗糙度为 $0.025\sim0.012\mu m$ 激光陀螺的平面反射镜平面度为 $0.03\sim0.06\mu m$,表面粗糙度小于 $0.012\mu m$。飞机控制系统的 23% 零件精度达到微米级以上。随着高新技术的发展,超精密加工技术有了很大的发展,正从亚微米级向毫微米和纳米级发展。为适应这一发展趋势的需要,以高能束流加工技术为代表的先进特种加工技术的精密化研究引起工业界的高度重视。因此大力发展超精加工的特种加工技术是今后相当长的时期内的重要发展方向。

(4) 绿色化。工业的发达给人们生活带来了巨大变化。一方面,物质丰富,生活舒适;另一方面,资源减少,生态环境受到严重污染。于是,人们呼吁保护环境资源,回归自然。绿色制造概念在这种呼声下应运而生,绿色化是时代的趋势。绿色产品在其设计、制造、使用和销毁的生命过程中,符合特定的环境保护和人类健康的要求,对生态环境无害或危害极少,资源利用率极高。特别对于特种加工技术,由于采用的是特殊能量和特殊方式进行各种零件的加工,如激光加工、电解加工等,加工源和工作介质均会对人体和环境造成潜在的危害,因此,在发展各种特种加工技术的过程中,从设备到人员到加工过程均需将绿色制造的概念纳入其中。绿色制造技术应用是一项迫切课题。绿色制造技术的应用既是可持续发展的客观要求,也是市场竞争的需要。

参考文献

[1] 余承业,等. 特种加工新技术[M]. 北京:国防工业出版社,1995.
[2] 冯宪章. 先进制造技术基础[M]. 北京:北京大学出版社,2009.
[3] 袁根福,祝锡晶. 精密与特种加工技术[M]. 北京:北京大学出版社,2007.
[4] 刘晋春,白基成,郭永丰. 特种加工技术[M]. 5版. 哈尔滨:哈尔滨工业大学出版社,2010.
[5] 王至尧. 特种加工成形手册[M]. 化学工业出版社. 2009.
[6] 航空制造工程手册编委会. 航空制造工程手册:特种加工[M]. 北京:航空工业出版社,1993.
[7] 叶军. 数控高效放电铣加工技术及装备[C]. 2010年"航空航天先进制造技术"学术交流论文集,2010.
[8] 王建业,徐家文. 电解加工原理及应用[M]. 北京:国防工业出版社,2001.
[9] 曹凤国. 电火花加工技术[M]. 北京:化学工业出版社,2005.
[10] 曹凤国. 超声加工技术[M]. 北京:化学工业出版社,2005.
[11] 张学仁. 数控电火花线切割加工技术[M]. 2版. 哈尔滨:哈尔滨工业大学出版社,2005.

第 5 章
钣金成形技术

5.1 概述

钣金成形技术是压力加工中的重要分支,是制造工业中一种经验性很强的基本加工方法,在工业生产中广泛应用,也是航天产品制造技术的重要组成部分,其中汽车生产中70%以上的零件利用钣金加工完成,飞机生产中该技术的应用也占很大的比例(50%~70%)。

航天器结构件中有许多零部件属于钣金件,例如蒙皮、壳体、壁板、框架、头壳、球底、贮箱、气瓶、桁条、仪器罩、管路等。因此,钣金件制造技术,在卫星制造技术中占有重要地位。

图5.1.1为返回舱结构,其中球段蒙皮、密封大底蒙皮、舱门蒙皮通过超塑成形完成;300余件桁条、隔框通过弯曲、拉延复合成形完成;仪器设备安装座(盒形件)拉延成形完成。图5.1.2为卫星舱体结构,蒙皮通过滚弯成形方法完成,桁条通过拉延成形完成。

图 5.1.1 返回舱结构　　图 5.1.2 卫星舱体结构

根据航天器结构特点,航天器钣金件可分为5种类型。
(1) 蒙皮壳体类:包括圆筒形蒙皮,圆锥形蒙皮、壁板等。

（2）框类：包括端框、口框、桁条等。

（3）球壳类：包括半球形头壳、贮箱球壳、气瓶、肼瓶球壳、球底封头等。

（4）盒形件：包括各种仪器外罩、安装支架等。

以上各类零件，在制造中除采用通用的各种钣金成形方法外，还较多地采用一些特殊的、先进的成形工艺方法，如超塑、旋压、爆炸、热压、拉弯成形等。由于卫星产品制造属于单件、小批量生产，因此，在设计零件的工艺方法时，在保证零件设计要求的尺寸和形状精度的同时，要充分考虑到工艺的合理性和经济性，灵活运用各种钣金加工工艺及新的工艺技术和设备，降低产品生产成本。

航天器钣金件常用的材料，主要有铝合金、钛合金等轻质合金，它们具有较高的比强度和比模量，该类材料可以减轻航天器结构质量，增加航天器有效载荷，降低发射成本。铝合金是航天器结构件中应用最广泛的一种有色金属材料，不但具有较高的比强度、比模量、断裂韧性和疲劳强度，而且具有良好的成形工艺性能和高的耐腐蚀稳定性，常用牌号有 5A06，2A14，2A12 和 7A09 等。5A06 铝合金不仅抗蚀性好，而且可在冷态下进行塑性成形，虽不能通过热处理强化，但可通过冷作硬化来提高强度，常被用于制造星体蒙皮、壁板、口框、盒形件等产品。2A14 经过淬火时效，可获得很高强度，在退火或新淬火状态下具备优良的成形性能。硬铝 2A12 和超硬铝 7A09 强度高，在退火和淬火状态下具有较好的塑性，可在冷态下进行塑性成形，可热处理强化，常用于制造负荷较大的零件，如端框、口框、头部和裙部的内衬等。

钛合金具有密度低、比强度高和极好的耐腐蚀性能，某些钛合金还具有良好的焊接性能和优良的超低温性能，因此，钛合金是较理想的卫星结构材料之一。根据钛合金在室温下存在的金相组成，可分为 α 钛合金、β 钛合金和 α + β 钛合金。一般来说，某些钛合金如 TA7 等适合于高温下使用，某些钛合金如 TB1，TB2 等，在固溶状态可以进行室温下成形，时效后.可以得到较高的强度，大部分钛合金的焊接性能良好，但室温成形性能差。某些钛合金（如 TC4，TB2 等）在高温下具有超塑性，可以成形一般冲压工艺不能得到的复杂形状零件。钛合金常用来制作卫星的压力容器（如贮箱、肼瓶、气瓶、管路等）和卫星舱体结构中的蒙皮、球底等零件。

5.2 钣金塑性成形性能

5.2.1 金属的塑性

塑性是指固体金属在外力作用下能稳定地产生永久变形而不破坏其完整性的能力[1]。因此，塑性反映了材料产生塑性变形的能力。塑性的好坏或大小，可用金属在破坏前产生的最大变形程度来表示,并称为塑性极限或塑性指标。

5.2.1.1 塑性指标及其测量方法

1. 塑性指标

为了便于比较各种材料的塑性性能和确定每种材料在一定变形条件下的加工性能,需要有一种度量指标,这种指标称为塑性指标,即金属在不同变形条件下允许的极限变形量。

由于影响金属塑性的因素很多,所以很难采用一种通用指标来描述。目前人们大量使用的仍是那些在某特定的变形条件下所测出的塑性指标。如拉伸试验时的断面收缩率及延伸率,冲击试验所得冲击韧性;镦粗或压缩试验时,第一条裂纹出现前的高向压缩率(最大压缩率);扭转试验时出现破坏前的扭转角(或扭转数);弯曲试验试样破坏前的弯曲角度等。

2. 塑性指标的测量方法

1) 拉伸试验法

用拉伸试验法可测出破断时最大延伸率 δ 和断面收缩率 ψ, δ 和 ψ 的数值由下式确定:

$$\delta = \frac{L_h - L_0}{L_0} \times 100\% \tag{5.2.1}$$

$$\psi = \frac{F_0 - F_h}{F_0} \times 100\% \tag{5.2.2}$$

式中: L_0 为拉伸试样原始标距长度; L_h 为拉伸试样破断后标距间的长度; F_0 为拉伸试样原始断面积; F_h 为拉伸试样破断处的断面积。

2) 压缩试验法

在简单加载条件下,因压缩试验法测定的塑性指标用下式确定:

$$\varepsilon = \frac{H_0 - H_h}{H_0} \times 100\% \tag{5.2.3}$$

式中: ε 为压下率; H_0 为试样原始高度; H_h 为试样压缩后,在侧表面出现第一条裂纹时的高度。

3) 扭转试验法

扭转试验法是在专门的扭转试验机上进行。试验时圆柱体试样的一端固定,另一端扭转。随试样扭转数的不断增加,最后将发生断裂。材料的塑性指标用破断前的总扭转数 n 来表示,对于一定试样,所得总转数越高,塑性越好,可将扭转数换作为剪切变形 γ。

$$\gamma = R \frac{\pi n}{360 L_0} \tag{5.2.4}$$

式中: R 为试样工作段的半径; L_0 为试样工作段的长度; n 为试样破坏前的总

转数。

4）轧制模拟试验法

在平辊间轧制楔形试件,用偏心轧辊轧制矩形试样,找出试样上产生第一条可见裂纹时的临界压下量作为轧制过程的塑性指标。

上述各种试验,只有在一定条件下使用才能反映出正确的结果,按所测数据只能确定具体加工工艺制度的一个大致的范围,有时甚至与生产实际相差甚远。因此需将几种试验方法所得结果综合起来考虑才行。

5.2.1.2 影响金属塑性的因素

金属的塑性不是固定不变的,它受到许多内在因素和外部条件的影响。同一种材料,在不同的变形条件下,会表现出不同的塑性。因此,塑性是金属及合金的一种状态属性。它不仅与其化学成分、组织结构有关,而且与变形速度、变形温度、变形程度、应力状态诸因素有关[2],下面分别加以讨论。

1. 影响金属塑性的内部因素

1）化学成分

化学成分对金属塑性的影响是很复杂的。工业用的金属除基本元素之外大都含有一定的杂质,有时为了改善金属的使用性能人为地加入一些其他元素,这些杂质和加入的合金元素,对金属的塑性均有影响。

（1）杂质。一般而言,金属的塑性是随纯度的提高而增加的。金属和合金中的杂质,有金属、非金属、气体等,它们所起的作用各不相同。应该特别注意那些使金属和合金产生脆化现象的杂质。因为杂质的混入或它们的含量达到一定的值后,可使冷热变形都非常困难,甚至无法进行。

通常金属中含有铅、锡、锑、铋、磷、硫等杂质,当它们不溶于金属中,而以单质或化合物的形式存在于晶界处时,将使晶界的联系削弱,从而使金属冷热变形的能力显著降低。当其在一定条件下能溶于晶内时,则对合金的塑性影响较小。

气体夹杂对金属塑性的有害作用可举工业用钛为例来说明。氮、氧、氢是钛中的常见杂质,微量的氮(万分之几)可使钛的塑性显著下降。氧可以在高温中以强烈的扩散方式渗入钛中,使钛的塑性变坏,氢甚至可以使存放中的钛及其合金的半成品发生破裂。因此,规定在钛及其合金中氢的质量分数不得超过 0.015%。

（2）合金元素对塑性的影响,在本质上与前述杂质的作用相同,不过合金元素的加入,多数是为了提高合金的某种性能(为了提高强度、提高热稳定性、提高在某种介质中的耐蚀性等)而人为加入的。合金元素对金属材料塑性的影响,取决于加入元素的特性,加入数量,元素之间的相互作用。

当加入的合金元素与基体的作用(或者几种元素的相互作用)使在加工温度范围内形成单相固溶体(特别是面心立方结构的固溶体)时,则有较好的塑性,如果加入元素的数量及组成不适当,形成过剩相,特别是形成金属间化合物或金属氧化物等脆性相,或者使在压力加工温度范围内两相共存,则塑性降低。

对于二元以上的多元合金,由于各元素的不同作用及元素之间的相互作用,合金元素对金属材料塑性的影响是不能一概而论的。

2) 组织结构

金属与合金的组织结构是指组元的晶格、晶粒的取向及晶界等特征。

面心晶格的塑性最好(如 Al,Ni,Pb,Au,Ag 等),体心晶格次之(如 Fe,Cr,W,Mo 等),六方晶格的塑性较差(如 Zr,Hf,Ti 等)。

多数金属单晶体在室温下有较高的塑性,相比之下多晶体的塑性则较低。这是由于一般情况下多晶体晶粒的大小不均匀、晶粒方位不同、晶粒边界的强度不足等原因所造成的。如果晶粒细小,则标志着晶界面积大,晶界强度提高,变形多集中在晶内,故表面出较高的塑性。超细晶粒,因其近于球形,在低变形速度下还伴随着晶界的滑移,故呈现出更高的塑性,而粗大的晶粒,由于大小不容易均匀,且晶界强度低,容易在晶界处造成应力集中,出现裂纹,故塑性较低。

一般认为,单相系(纯金属和固溶体)比两相系和多相系的塑性要高,固溶体比化合物的塑性要高。单相系塑性高主要是由于这种晶体具有大致相同的力学性能,其晶间物质是最细的夹层,其中没有易熔的夹杂物、共晶体、低强度和脆性的组成物。而两相系和多相系的合金,其各相的特性、晶粒的大小、形状和显微组织的分布状况等无法一致。因而给塑性带来不良的影响。

不仅相的特性对塑性有影响,第二相的形状、显微分布状况对塑性亦有重要影响。若第二相为硬相,且为大块均匀分布的颗粒,往往使塑性降低;若第二相为软相,则影响不大,甚至对塑性有利。

综上所述,合金中的组元及所含杂质越多,其显微组织与宏观组织越不均匀,则塑性越低,单相系具有最大的塑性。金属与合金中,脆性的和易熔的组成物的形状及它们分布的状态,也对塑性有很大影响。

2. 影响金属塑性的外部因素

变形过程的工艺条件(变形温度、速度,变形程度和应力状态)以及其他外部条件(尺寸、介质与气氛),对金属的塑性也有很大影响。

1) 变形温度

金属的塑性可能因为温度的升高而得到改善。因为随着温度的升高,原子热运动的能量增加,那些具有明显扩散特性的塑性变形机构(晶间滑移机构、非晶机构、溶解沉淀机构)都发挥了作用。同时随着温度的升高,在变形过程中发生了消除硬化的再结晶软化过程,从而使那些由于塑性变形所造成的破坏和显微缺陷得到修复的可能性增加;随着温度的升高,还可能出现新的滑移系,滑移系的增加,意味着塑性变形能力的提高。

实际上,塑性并不是随着温度的升高而直线上升的,因为相态和晶粒边界随温度的波动而产生的变化也对塑性有显著的影响。在一般情况下,温度由绝对零度上升到熔点时,可能出现三个脆性区:低温脆性区、中温脆性区和高温脆性区(图5.2.1)。

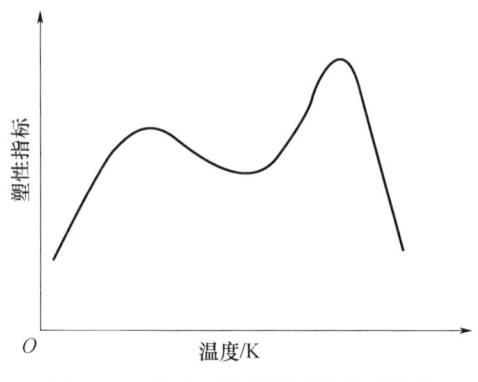

图 5.2.1 温度对塑性影响的典型曲线

低温脆性区主要指具有六方晶格的金属在低温时易产生脆性断裂的现象。如镁合金冷加工性能就不好。因为镁是六方晶格,在低温时只有一个滑移面,而在300℃以上时,由于镁合金晶体中产生了附加滑移面,因而塑性提高了。故一般镁合金在350~450℃的温度范围内可进行各种压力加工。

低温脆性区的出现是由于沿晶粒边界的某些组织组成物随温度的降低而脆化了。某些金属间的化合物就具有这种行为。

中温脆性区的出现是由于在一定温度-速度条件下,塑性变形可使脆性相从过饱和固溶体中沉淀出来,引起脆化;晶间物质中个别的低熔点组成物因软化而强度显著降低,削弱了晶粒之间的联系,导致热脆;在一定温度与应力状态下,产生固溶体的分解,此时可能出现新的脆性相。

高温脆性区则可能是由于在高温下周围气氛和介质的影响结果引起脆化、过热或过烧。如镍在含硫的气氛中加热、钛的吸氢。晶粒长大过快,或因晶间物质熔化等,也显著降低塑性。

上述三个典型的脆性区,是指一般而言,对于具体的金属与合金,可能只有一个或两个脆性区。总之,出现几个脆性区及塑性较好的区域,要视温度的变化,金属及合金内部结构和组织的改变而定。

2) 变形速度

变形速度对塑性的影响比较复杂。当变形速度不大时,随变形速度的提高塑性是降低的;而当变形速度较大时,塑性随变形程度的提高反而变好。这种影响还没有找到确切的定量关系。一般可用图5.2.2所示的曲线概括。

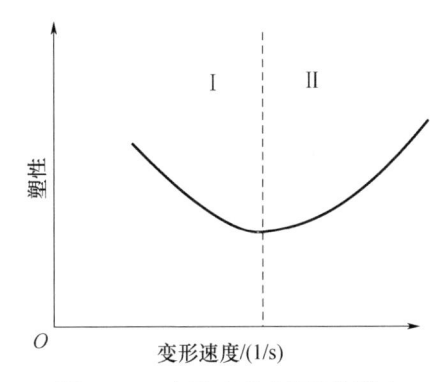

图 5.2.2 变形速度对塑性的影响

塑性随变形速度的升高而降低（Ⅰ区），可能是由于加工硬化及位错受阻力而形成显微裂纹所致；塑性随速度的升高而增长（Ⅱ区）可能是由于热效应使变形金属的温度升高，硬化得到消除和变形的扩散过程参与作用。也可能是位错借攀移而重新启动的缘故。

变形速度的增加，在下述情况下降低金属的塑性，在变形过程中，加工硬化的速度大于软化的速度（考虑到热效应的作用）；由于热效应的作用使变形物体的温度升高到热脆区。

变形速度对塑性的影响，实质上是变形热效应在起作用。所谓热效应，即金属在塑性变形时的发热现象。因为，供给金属产生塑性变形的能量，将消耗于弹性变形和塑性变形。耗于弹性变形的能量造成物体的应力状态，而耗于塑性变形的那部分能量的绝大部分转化为热。当部分热量来不及向外放散而积蓄于变形物体内部时，促使金属的温度升高。

塑性变形过程中的发热现象是个绝热过程，即在任何温度下都能发生。不过在低温条件下，表现的明显些，发出的热量相对的多些。

冷变形过程中因软化不明显，金属的变形抗力随变形程度的增加而增大。若只稍许提高一些变形速度，对变形金属本身的影响是不大的。但当变形速度提高到足够大的程度时（如高速锤击），由于变形温度显著的升高，可能使变形金属发生一些恢复现象，而可较为明显的降低金属的变形抗力，并提高其塑性变形能力。因此，在冷变形条件下，提高工具的运动速度（亦即增大变形速度），对于塑性变形过程本身是有益的。

塑性变形过程中，因金属发热而促使温度升高的效应，称为温度效应。

变形过程中的温度效应，不仅决定于因塑性变形功而排出的热量，而且也取决于接触表面摩擦功作用所排出的热量。在某些情况下（在变形时不仅变形速度高而且接触摩擦系数也很大），变形过程的温度效应可能达到很高的数值。由此可见，控制适当的温度，不但要考虑导致热效应的变形速度这一因素，还应充分估计到，金属压力加工工具与金属的接触表面间的摩擦在变形过程中所引起的温度升高。

一般压力加工的应变速率为 $0.8 \sim 300 s^{-1}$，而爆炸成形的变形速度比目前的压力加工速度高约 1000 倍。在这样的变形速度下，难加工的金属钛和耐热合金可以很好地成形。这说明爆炸成形可使金属与合金的塑性大大提高，从而也节省了能量。

关于高速变形能够使能量节省，并且不致使金属在变形中破裂的原因，罗伯特做过这样的假设，即假定形变硬化与时间因素也有关，对于一种金属或合金在一定温度下存在一特殊的限定时间 – 形变硬化的"停留时间"。总可以找到一个尽量短的时间，使塑性变形在此时间内完成，这样就可以使变形的能量消耗降为最低限度，并且可以保证变形过程在裂纹来不及传播的情况下进行。似乎可以用此假说来解释爆炸成形及高速锤锻的工作效果好的原因。

3）变形程度

变形程度对塑性的影响，是同加工硬化及加工过程中伴随着塑性变形的发展而产生的裂纹倾向联系在一起的。

在热变形过程中，变形程度与变形温度 – 速度条件是相互联系着的，当加工硬化与裂纹萌生的修复速度大于发生速度时，可以说变形程度对塑性影响不大。

对于冷变形而言，由于没有上述的修复过程，一般都是随着变形程度的增加而降低塑性。至于从塑性加工的角度来看，冷变形时两次退火之间的变形程度究竟多大最为合适，尚无明确结论，还需进一步研究。但可以认为这种变形程度是与金属的性质密切相关的。对硬化强度大的金属与合金，应给予较小的变形程度即进行下一次中间退火，以恢复其塑性；对于硬化强度小的金属与合金，则在两次中间退火之间可给较大的变形程度。

对于难变形的合金，可以采用多次小变形量的加工方法。试验证明，这种分散变形的方法可以提高塑性 2.5~3 倍。这是由于分散小变形可以有效地发挥和保持材料塑性的缘故。对于难变形合金，一次大变形所产生的变形热甚至可以使其局部温度升高到过烧温度，从而引起局部裂纹。

在热加工变形中采用分散变形可以使金属塑性提高的原因可以作如下的说明：由于在分散变形中每次所给予的变形量都比较小，远低于塑性指标。所以，在变形金属内所产生的应力也较小，不足以引起金属的断裂。同时，在各次变形的间隙时间内由于软化的发生，也使塑性在一定程度上得以恢复。此外，也如同其他热加工变形一样，对其组织也有一定的改善。所有这些都为进一步加工创造了有利的条件，结果使断裂前可能发生的总变形程度大大提高。

4）应力状态

金属在塑性变形中所承受的应力状态对其塑性的发挥有显著的影响,静水压力值越大,金属的塑性发挥得越好。

按应力状态图的不同,可将其对金属塑性的影响顺序做这样的排列:三向压应力状态图最好,两向压一向拉次之,两向拉一向压更次,三向拉应力状态图为最差。在塑性加工的实际中,即使其应力状态图相同,但对金属塑性的发挥也可能不同。

静水压力对提高金属塑性的良好影响,可由下述原因所造成:

（1）压应力状态能遏止晶粒边界的相对移动,使晶间变形困难。因为在塑性加工实际中,有时是不允许晶间变形存在的。在没有修复机构（再结晶机构和溶解沉积机构）时,晶间变形会使晶间显微破坏得到积累,进而迅速地引起多晶体的破坏。

（2）压应力状态能促进由于塑性变形和其他原因而破坏了晶内联系的恢复。这样,随着明显的压应力状态的增加,使金属变得更为致密,其各种显微破坏得到修复,甚至其宏观破坏（组织缺陷）也得到修复。而拉应力则相反,它促使各种破坏的发展。

（3）压应力状态能完全或局部地消除变形物体内数量很小的某些夹杂物甚至液相对塑性的不良影响。反之,在拉应力作用下,将在这些地方形成应力集中,促进金属的破坏。

（4）压应力状态能完全抵偿或者大大降低由于不均匀变形所引起的拉伸附加应力,从而减轻了拉应力的不良影响。

在塑性加工中,人们通过改变应力状态来提高金属的塑性,以保证生产的顺利进行,并促进工艺的发展。

5）变形状态

关于变形状态对塑性的影响,一般可用主变形图来说明。因为压缩变形有利于塑性的发挥,而延伸变形有损于塑性,所以主变形图中压缩分量越多,对充分发挥金属的塑性越有利。按此原则可将主变形图排列为:两向压缩一向延伸的主变形最好,一向压缩一向延伸次之,两向延伸一向压缩的主变形图最差。

关于主变形图对金属塑性的影响可做如下的一般解释:在实际的变形物体内不可避免的或多或少存在着各种缺陷,如气孔、夹杂、缩孔、空洞等。这些缺陷在两向延伸一向压缩的主变形的作用下,就可能向两个方向扩大而暴露弱点。但在两向压缩一向延伸的主变形条件下,此缺陷可成为线缺陷,使其危害减小。

综上所述,三向压缩的主应力图和一向延伸两向压缩的主变形图组合的变形力学图,是最有利于金属塑性变形的加工方法,如挤压、旋锻、孔型轧制等。

6) 尺寸因素

尺寸因素对加工件塑性的影响,基本规律是随着加工件体积的增大而塑性有所降低。

在研究尺寸因素对塑性的影响时,应从两方面考虑。

(1) 组织因素的影响。在实际的变形金属内,一般都存在大量的组织缺陷。这些组织缺陷在变形物体内是不均匀分布的。在单位体积内平均缺陷数量相同的条件下,变形物体的体积越大,它们的分布越不均匀,使其应力的分布也越不均匀,因而引起金属塑性的降低。

(2) 表面因素的影响。表面因素可用物体的表面积与体积之比来表示,有时也采用接触表面积与体积之比来表示。变形物体的体积越小,上述比值越大,对塑性越有利。

表面因素对塑性和变形抗力的影响也取决于金属表面层和内层的力学状态和物理-化学状态。

7) 周围介质

周围介质对变形体塑性的影响表现为如下几方面。

(1) 周围介质和气氛使变形物体表面层溶解并与金属基体形成脆性相,因而使变形物体呈脆性状态。

周围介质的溶解作用,通常在有应力作用下加速,并且作用的应力值越大,溶解作用进行得越显著。因此,对于易与外部介质发生作用而产生不良影响的金属与合金,不仅加热、退火时要选用一定的保护气氛,而且在加工过程中也要在保护气氛中进行。

(2) 周围介质的作用能引起变形物体表面层的腐蚀以及化学成分的改变,使塑性降低。

(3) 有些介质(如润滑剂)吸附在变形金属的表面上,可使金属塑性变形能力增加。

5.2.1.3 提高金属塑性的主要途径

为提高金属的塑性,必须设法促进对塑性有利的因素,同时要减小或避免不利的因素。归纳起来,提高塑性的主要途径有以下几个方面:控制化学成分、改善组织结构,提高材料的成分和组织的均匀性;采用合适的变形温度-速度;选用合理的变形过程,减小变形的不均匀性,尽量保持均匀的变形状态;避免加热和加工时周围介质的不良影响等,在分析解决具体问题时应当综合考虑所有因素,要根据具体情况来采取相应的有效措施。

5.2.2 塑性变形抗力

变形抗力是指材料在一定温度、速度和变形程度条件下,保持原有状态而抵抗塑性变形的能力。它是一个与应力状态有关的量。不同的应力状态,有不同的变形抗力。

变形抗力的大小与材料、变形程度、变形温度、变形速度、应力状态有关,而实际变形抗力还与接触界面条件有关。

1. 化学成分的影响

化学成分对变形抗力的影响非常复杂。一般情况下,对于各种纯金属,因原子间相互作用不同,变形抗力也不同。同一种金属,纯度越高,变形抗力越小。组织状态不同,抗力值也有差异,如退火态与加工态,抗力明显不同。

合金元素对变形抗力的影响,主要取决于合金元素的原子与基体原子间相互作用特性、原子体积的大小以及合金原子在基体中的分布情况。合金元素引起基体点阵畸变程度越大,变形抗力也越大。

2. 组织结构的影响

(1) 结构变化。金属与合金的性质取决于结构,即取决于原子间的结合方式和原子在空间排布情况。当原子的排列方式发生变化时,即发生了相变,则抗力也会发生一定的变化。

(2) 单相组织和多相组织。当合金的单相组织时,单相固溶体中合金元素的含越高,变形抗力则越高,这是晶格畸变的后果。当合金为多相组织时第二相的性质、大小、形状、数量与分布状况,对变形抗力都有影响。一般而言,硬而脆的第二相在基体相晶粒内呈颗粒状弥散分布,合金的抗力就高。第二相越细,分布越均匀,数量越多,则变形抗力越高。

(3) 晶粒大小。金属和合金的晶粒越细,同一体积内的晶界越多。在室温下由于晶界强度高于晶内,所以金属和合金的变形抗力就高。

3. 变形温度的影响

由于温度升高,降低了金属原子间的结合力,金属滑移的临界切应力降低,几乎所有金属与合金的变形抗力都随温度升高而降低。对于那些随着温度变化产生物理–化学变化和相变的金属与合金,则存在例外。

4. 变形速度的影响

一方面,变形速度的提高,单位时间内的发热率增加,有利于软化的产生,使变形抗力降低。另一方面,提高变形速度缩短了变形时间,塑性变形时位错运动的发生与发展不足,使变形抗力增加。一般情况下,随着变形速度的增大,金属与合金的抗力提高,但提高的程度与变形温度密切相关。冷变形时,变形速度的提高,使抗力有所增加,或者说抗力对速度不是非常敏感。而在热变形时,变形速度的提高,会引起抗力明显增大。

5. 变形程度的影响

无论在室温或高温条件下,只要回复和再结晶过程来不及进行,则随着变形程度的增加必然产生加工硬化,使变形抗力增大。通常变形程度在30%以下时,变形抗力增加显著。当变形程度较大时,变形抗力增加变缓,这是因为变形程度的进一步增加,使晶格畸变能增加,促进了回复与再结晶过程的发生与发展,也使变形热效应增加。

6. 应力状态的影响

变形抗力是一个与应力状态有关的量。例如,假设棒材挤压与拉拔的变形量一样,但变形力肯定不一样。因此,不同的应力状态,变形抗力必不相同。

7. 接触摩擦的影响

实际变形抗力还受接触摩擦影响,一般摩擦力越大,实际变形抗力越大。

5.2.3 塑性变形基本规律

(1) 体积不变定理:材料经过塑性变形之后,材料的形状发生变化,材料的体积不变,即

$$\varepsilon_1 + \varepsilon_2 + \varepsilon_3 = 0$$

(2) 最小阻力定律:变形过程中,物体各质点将向着阻力最小的方向移动。即做最少的功,走最短的路。

(3) 塑性变形稳定加载时,主应力状态与主应变状态具有一致性,主应力差与主应变差成比例:

$$\frac{\sigma_1 - \sigma_2}{\varepsilon_1 - \varepsilon_2} = \frac{\sigma_2 - \sigma_3}{\varepsilon_2 - \varepsilon_3} = \frac{\sigma_3 - \sigma_1}{\varepsilon_3 - \varepsilon_1} = \frac{\sigma_i}{\frac{3}{2}\varepsilon_i} \quad (5.2.5)$$

(4) 稳定加载时应力强度与应变强度之间有着统一的单值关系:

$$\sigma_i = A\varepsilon_i^n \approx A\varepsilon_{max}^n \quad (5.2.6)$$

式中:A, n 与材料性质有关的常数,由单向拉深实验确定。

$$\sigma_i = \frac{1}{\sqrt{2}}\sqrt{(\sigma_1 - \sigma_2)^2 + (\sigma_2 - \sigma_3)^2 + (\sigma_3 - \sigma_1)^2} \quad (5.2.7)$$

$$\varepsilon_i = \frac{\sqrt{2}}{3}\sqrt{(\varepsilon_1 - \varepsilon_2)^2 + (\varepsilon_2 - \varepsilon_3)^2 + (\varepsilon_3 - \varepsilon_1)^2} = (1 \sim 1.155)\varepsilon_{max} \quad (5.2.8)$$

式中:ε_{max} 为绝对值最大的主应变。

(5) 塑性变形时三个主应力分量之间必须满足以下的力学条件——塑性方程式:

$$\begin{cases} \sigma_1 - \sigma_3 = (1 \sim 1.155)\sigma_i \\ \sigma_i = A\varepsilon_i^n \approx A\varepsilon_{max}^n \end{cases} \quad (5.2.9)$$

(6) 卸载时产生弹性恢复,反向加载有软化现象。

5.3 钣金件成形技术

钣金件的获得是通过工具对板坯施加外力,使其产生塑性变形或分离。从而达到一定尺寸、形状和性能要求,在制造过程中,使板坯分离的工艺方法包括切断、落料、冲孔、切口、切边等方法;使其成形的工艺方法包括弯曲、拉深、翻孔、翻边、扩口、缩口、滚弯、胀形、旋压、校形等方法[3]。

5.3.1 弯曲成形

航天产品中,利用弯曲成形加工的零件很多,主要包括各种蒙皮、壁板和型材类零件。蒙皮主要指构成导弹、火箭、卫星或飞船的气动外形的薄板件、壁板件以及与外形蒙皮有直接装配关系的内部垫板(或加强板)及内部结构框架的蒙皮等[4]。按几何形状可分为平板蒙皮、单曲度蒙皮、双曲度蒙皮和复杂形状蒙皮。型材零件是弹(箭、星、飞船)体骨架的主要组成元件,在弹(箭、星、飞船)体的纵向构件和横向构件中都有广泛应用,主要包括梁缘、框类缘条、长桁、加强支柱、小角片及双曲度的不规则件等六类。

5.3.1.1 基本概念

弯曲是使材料产生塑性变形,形成有一定角度或一定曲率形状零件的冲压工序。弯曲的材料可以是板料、异型材,也可以是棒料、管材。弯曲工序除了使用模具在普通压力机上进行外,还可以使用其他专门的弯曲设备进行。例如在专用弯曲机上进行折弯或滚弯,在拉弯设备上进行拉弯等[5]。各种常见弯曲件如图5.3.1所示。

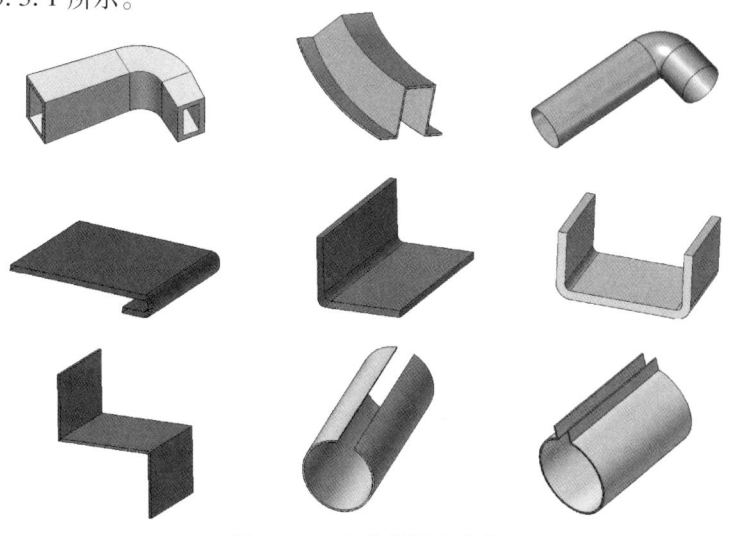

图5.3.1　各种常见弯曲件

5.3.1.2 弯曲变形过程及工艺参数

在压力机上采用压弯模具对板料进行压弯是弯曲工艺中运用最多的方法。弯曲变形的过程一般经历弹性弯曲变形、弹-塑性弯曲变形、塑性弯曲变形三个阶段。现以常见的 V 形件弯曲为例,如图 5.3.2 所示。板料从平面弯曲成一定角度和形状,其变形过程是围绕着弯曲圆角区域展开的,弯曲圆角区域为主要变形区。

弯曲开始时,模具的凸、凹模分别与板料在 A,B 处相接触。设凸模在 A 处施加的弯曲力为 $2F$(图 5.3.2(a))。这时在 B 处(凹模与板料的接触支点则产生反作用力并与弯曲力构成弯曲力矩 $M = F \times (l_1/2)$,使板料产生弯曲。在弯曲的开始阶段,弯曲圆角半径 r 很大,弯曲力矩很小,仅引起材料的弹性弯曲变形。

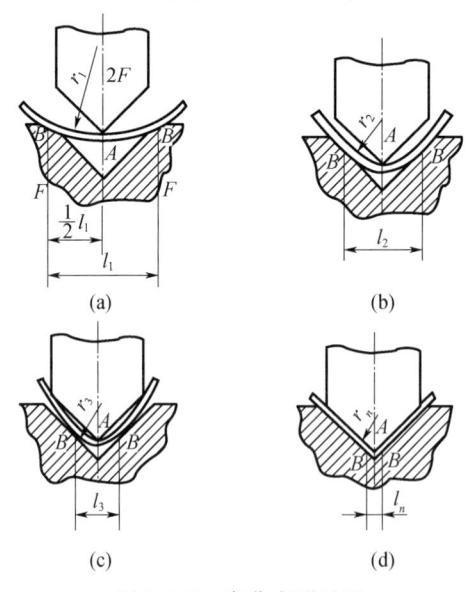

图 5.3.2 弯曲变形过程

随着凸模进入凹模深度的增大,凹模与板料的接触处位置发生变化,支点 B 沿凹模斜面不断下移,弯曲力臂 l 逐渐减小,即 $l_1 > l_2 > l_3 > l_n$。同时弯曲圆角半径 r 亦逐渐减小,即 $r_1 > r_2 > r_3 > r_n$,板料的弯曲变形程度进一步加大。

弯曲变形程度可以用相对弯曲半径 r/t 表示,t 为板料的厚度。r/t 越小,表明弯曲变形程度越大。一般认为当相对弯曲半径 $r/t > 200$ 时,弯曲区材料即开始进入弹-塑性弯曲阶段,毛坯变形区内(弯曲半径发生变化的部分)料厚的内外表面首先开始出现塑性变形,随后塑性变形向毛坯内部扩展。在弹-塑性弯曲变形过程中,促使材料变形的弯曲力矩逐渐增大,弯曲力臂 l 继续减小,弯曲力则不断加大。

凸模继续下行,当相对弯曲半径 $r/t<200$ 时,变形由弹-塑性弯曲逐渐过渡到塑性变形。这时弯曲圆角变形区内弹性变形部分所占比例已经很小,可以忽略不计,视板料截面都已进入塑性变形状态。最终,B 点以上部分在与凸模的 V 形斜面接触后被反向弯曲,再与凹模斜面逐渐靠紧,直至板料与凸、凹模完全贴紧。

若弯曲终了时,凸模与板料、凹模三者贴合后凸模不再下压,称为自由弯曲。若凸模再下压,对板料再增加一定的压力,则称为校正弯曲,这时弯曲力将急剧上升。校正弯曲与自由弯曲的凸模下止点位置是不同的,校正弯曲使弯曲件在下止点受到刚性镦压,减小了工件的回弹[6]。

5.3.1.3 板料弯曲的塑性变形特点

为了观察板料弯曲时的金属流动情况,便于分析材料的变形特点,可以采用在弯曲前的板料侧表面设置正方形网格的方法。通常用机械刻线或照相腐蚀制作网格,然后用工具显微镜观察测量弯曲前后网格的尺寸和形状变化情况,如图 5.3.3 所示。

弯曲前,材料侧面线条均为直线,组成大小一致的正方形小格,纵向网格线长度 $aa=bb$。弯曲后,通过观察网格形状的变化,如图 5.3.3(b)所示可以看出弯曲变形具有以下特点:

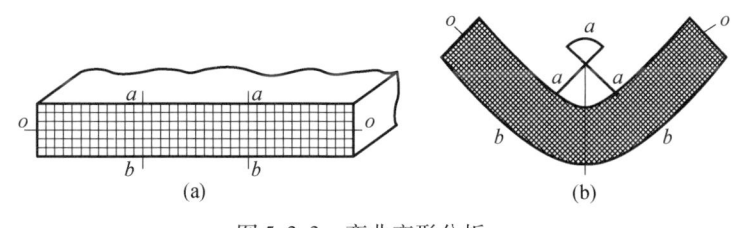

图 5.3.3 弯曲变形分析

（1）弯曲圆角部分是弯曲变形的主要区域。在该区域可以观察到位于弯曲圆角部分的网格发生了显著的变化,原来的正方形网格变成了扇形。靠近圆角部分的直边有少量变形,而其余直边部分的网格仍保持原状,没有变形。说明弯曲变形的区域主要发生在弯曲圆角部分。

（2）弯曲变形区内的中性层。在弯曲圆角变形区内,板料内侧(靠近凸模一侧)的纵向网格线长度缩短,越靠近内侧越短。比较弯曲前后相应位置的网格线长度,可以看出圆弧为最短,远小于弯曲前的直线长度,说明内侧材料受压缩。而板料外侧(靠近凹模一侧)的纵向网格线长度伸长,越靠近外侧越长。最外侧的圆弧长度为最长,明显大于弯曲前的直线长度,说明外侧材料受到拉伸。

从板料弯曲外侧纵向网格线长度的伸长过渡到内侧长度的缩短,长度是逐渐改变的。由于材料的连续性,在伸长和缩短两个变形区域之间,其中必定有一层金属纤维材料的长度在弯曲前后保持不变,这一金属层称为应变中性层。应变中性层长度的确定是今后进行弯曲件毛坯展开尺寸计算的重要依据。当弯曲变形程度很小时,应变中性层的位置基本上处于材料厚度的中心,但当弯曲变形程度较大时,可以发现应变中性层向材料内侧移动,变形量越大,内移量越大。

(3) 变形区材料厚度变薄的现象。弯曲变形程度较大时,变形区外侧材料受拉伸长,使得厚度方向的材料减薄;变形区内侧材料受压,使得厚度方向的材料增厚。由于应变中性层位置的内移,外侧的减薄区域随之扩大,内侧的增厚区域逐渐缩小,外侧的减薄量大于内侧的增厚量,因此使弯曲变形区的材料厚度变薄。变形程度越大,变薄现象越严重。变薄后的厚度 $t' = \eta t$(η 是变薄系数,根据试验测定,η 值总是小于1)。

(4) 变形区横断面的变形。板料的相对宽度 b/t(b 是板料的宽度,t 是板料的厚度)对弯曲变形区的材料变形有很大影响。一般将相对宽度 $b/t>3$ 的板料称为宽板,相对宽度 $b/t \leqslant 3$ 的称为窄板。

窄板弯曲时,宽度方向的变形不受约束。由于弯曲变形区外侧材料受拉引起板料宽度方向收缩,内侧材料受压引起板料宽度方向增厚,其横断面形状变成了外窄内宽的扇形。变形区横断面形状尺寸发生改变称为畸变。

宽板弯曲时,在宽度方向的变形会受到相邻部分材料的制约,材料不易流动,因此其横断面形状变化较小,仅在两端会出现少量变形,由于相对于宽度尺寸而言数值较小,横断面形状基本保持为矩形。虽然宽板弯曲仅存在少量畸变,但是在某些弯曲件生产场合,如铰链加工制造,需要两个宽板弯曲件的配合时,这种畸变可能会影响产品的质量。当弯曲件质量要求高时,上述畸变可以采取在变形部位预做圆弧切口的方法加以防止。

5.3.1.4 弯曲件的成形极限

塑性成形过程的成形极限是指变形材料在塑性失稳前所能取得的最大变形程度。成形极限图(Forming Limit Diagram, FLD)是判断和评定金属薄板成形性的最为简便和直观的方法,是对板材成形性能的一种定量描述,是解决板材冲压问题的一种非常有效的工具,同时也可用于预测和判断冲压工艺的成败,协助进行冲压工艺参数的选择和确定。

5.3.1.5 弯曲性能试验

弯曲性能中,成形极限当然是其主要内容,但成形精度问题(包括尺寸与形状)较之其他成形工序要更为突出和重要。所以,关于弯曲性能的试验方法也比较多。下面,仅介绍最小弯曲半径试验与反复弯曲试验。

1. 最小弯曲半径试验

最小弯曲半径是板料弯曲性能的主要评定尺度,一般用相对于板料厚度 t 的比值表示,即 r_{min}/t。此比值越小,表明板材的弯曲性能越好。

1) 压弯法

如图 5.3.4 所示,试件置于两个支柱上,用规定的压板逐渐加大压力进行压弯。支柱与试件接触面应光滑。支柱为圆柱面且半径大于 10mm,两支柱之间的内距离是 $b = 2r + 3t$。

假如包括芯轴的压板能与试件一起穿过两支柱之间,则能进行到 180°的弯曲,即板料弯成两侧平行。也可按图 5.3.4(b)所示的方法进行 180°弯曲,它是用厚度为两倍于弯曲半径的垫板使两侧压弯成平行的。

贴合弯曲时,如图 5.3.4(c)所示,取消 180°弯曲中的垫板,逐渐加压,使试件两侧压靠。

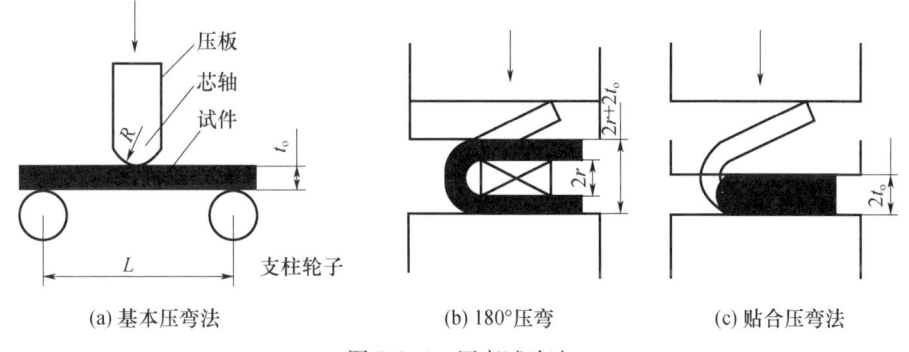

(a) 基本压弯法　　(b) 180°压弯　　(c) 贴合压弯法

图 5.3.4　压弯试验法

2) 卷弯法

卷弯法是将试件的一边固定,在另一边规定的位置上施加压力,使之逐渐弯曲。弯曲半径由芯轴控制,见图 5.3.5(a);或由模板控制,见图 5.3.5(b)。

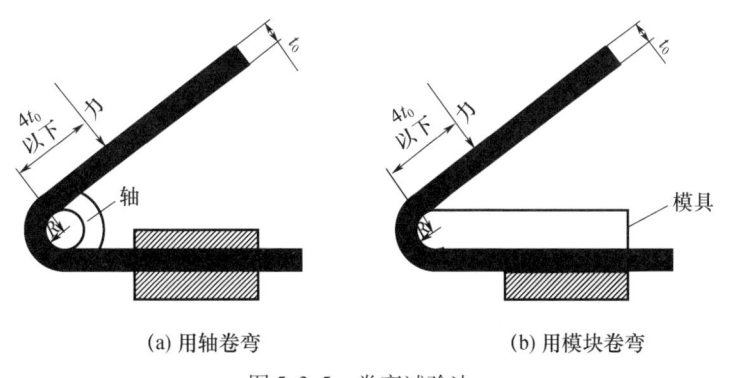

(a) 用轴卷弯　　(b) 用模块卷弯

图 5.3.5　卷弯试验法

3）模弯法

用弯曲模在冲床或液压机上进行弯曲试验，不仅可以测出最小弯曲半径，而且可以测出弯曲力及弯曲弹复值等实用数据。

现行金属弯曲试验标准为 GB/T 232—2010。

2. 反复弯曲试验

这一弯曲性能试验方法，是将金属板料夹紧在专用试验设备的钳口内，左右反复折弯90°，直至弯裂为止。折弯的弯曲半径 r 越小、弯曲次数越多，表明板料的弯曲性能越好。

反复弯曲试验主要适用于鉴定厚度 $t \leqslant 5mm$ 板料的弯曲性能。

反复弯曲试验装置及试验方法可参见国标 GB/T 235—2013 的规定。

3. 弯曲件最小弯曲半径的确定

在弯曲过程中，板料的外层纤维受到拉伸应力，当材料厚度一定时，弯曲半径越小则拉伸应力越大。弯曲半径很小时，板料外层纤维的应力可能过大，而使弯曲件出现裂纹或折断。最小弯曲半径可按表5.3.1范围内选取。

表5.3.1　部分常用材料最小弯曲半径

材料	退火或正火		冷作硬化	
	弯曲线位置			
	垂直轧制方向	平行轧制方向	垂直轧制方向	平行轧制方向
紫铜锌	0.25t	0.4t	1.0t	3.0t
黄铜	0.3t	0.45t	0.5t	1.0t
磷青铜	—	—	1.0t	3.0t
08F　10	0.5t	1.0t	1.0t	1.5t
20　30　45 钢	0.8t	1.5t	1.5t	2.5t
60 65MN T7	1.0t	2.0t	2.0t	3.0t
防锈铝	1.0t	2.0t	—	—
硬铝	2.5t	3.5t	3.5t	5.0t

注：（1）最小弯曲半径只在结构需要时采用，其他情况应采用较大的半径；
　　（2）对弯曲线与辗压纹路成一角度时，试角度大小，采用中间数值的弯曲半径；
　　（3）对冲裁或剪裁后没有退火的窄毛料弯曲时，应作为硬化金属来选用最小弯曲半径；
　　（4）t 为材料的厚度

5.3.1.6　弯曲成形实例

在卫星结构中为了结构刚度和强度的需要，为了进一步提高刚度、强度，并减小重量，将构件设计成整体壁板结构。某型号密舱门盖板结构如图5.3.6所示，为整体带筋网格壁板结构，弯曲半径为1100mm 的柱面结构件，板厚20mm、材料选用5A06铝合金板，网格尺寸为225.8mm×221mm深17.5mm、筋厚5mm。

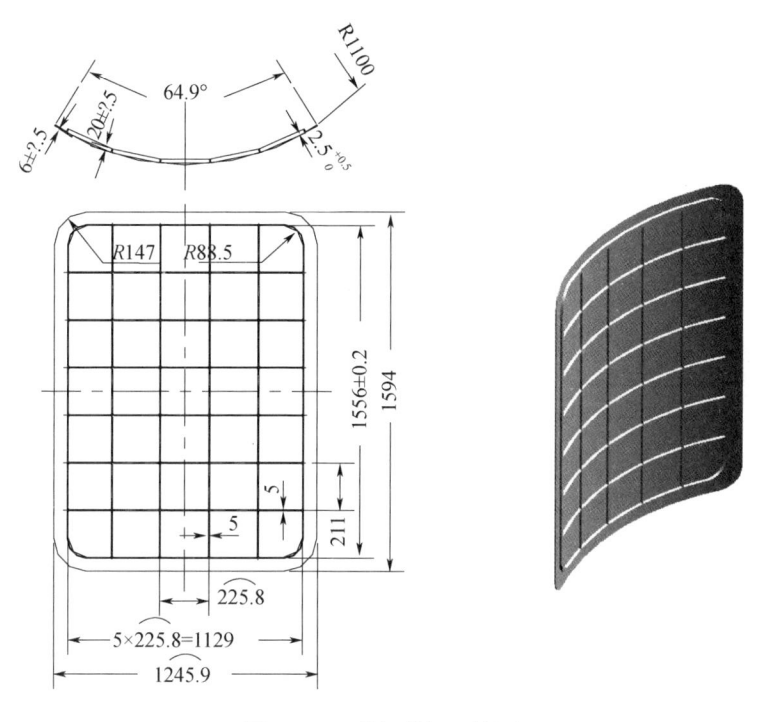

图 5.3.6 舱门盖板二维图

零件最大尺寸:长 1594mm;弧长 1245.9mm;厚度 20mm;
成形尺寸:筋宽 5mm;边缘厚度 6mm;减轻槽底部厚度 2.5mm。

1. 工艺分析

由于厚度的不均匀性,从而会引起压弯加工中出现厚薄不同、受力不均现象,极易造成产品外表面网格状凹陷,严重影响零件强度及外观质量。

为克服上述缺陷,采用加填料的成形方式进行压弯加工,使压弯过程中料厚基本一致,受力均匀,盖板压弯模如图 5.3.7 所示。

2. 实施措施

(1) 盖板要求主要指标:

① 公差按 GB/T 1804—f 级要求;

② 成形弧面圆柱度不低于 0.5mm;

③ 密封面不允许划伤;

④ 弧面过渡圆滑,无网状凹陷。

(2) 压弯成形时减轻槽填料选择:考虑到填料要具有一定的柔性和强度,并且成形完之后要易于取出,故采用聚氨酯橡胶作为填料。填料尺寸计算包括计算确定填料外形尺寸及斜面尺寸,长方形橡胶元件的形状系数:

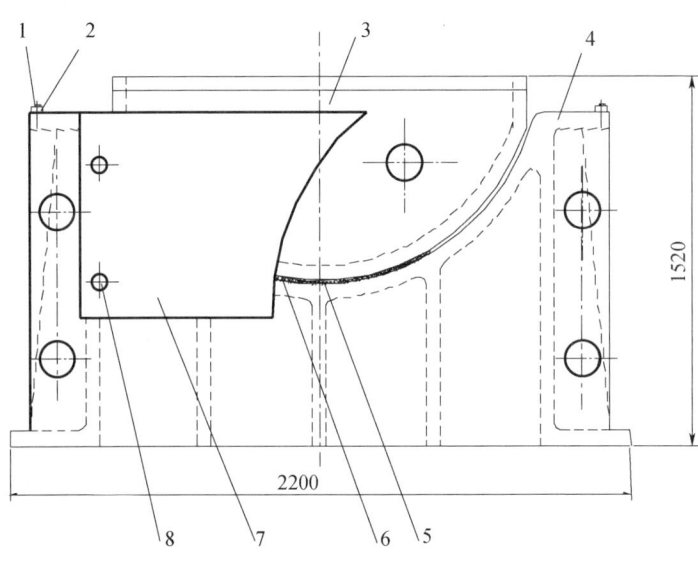

图 5.3.7 盖板压弯模示意图
1—螺钉;2—定位板;3—凸模;4—凹模;5—填充块一;
6—填充块二;7—定位板1;8—固定螺钉。

$$K = L \times b/(2h(1+b)) \tag{5.3.1}$$

式中:L,b,h 为橡胶元件的外形尺寸,其中橡胶厚度 h 与压缩量 Δh 有关,$h = \Delta h/(0.1 \sim 0.35)$。

(3) 压弯模设计:

① 回弹计算。为满足厚度 δ、半径 r_0 相同,外形尺寸不同的系列舱门压弯,根据回弹计算将模具设计为柱面结构。凸模半径按以下公式计算。

$$R = r_0/(1 + 3r_0/E\delta) \tag{5.3.2}$$

式中:E 为弹性模量。

② 压弯力计算。压弯力公式为

$$P = 0.25\sigma_b \delta B/1000 \tag{5.3.3}$$

式中:B 为板幅宽度。

(4) 零件热校形。为了保证零件最终的尺寸精度,采用热校形工艺,即利用应力松弛原理。

(5) 效果。无网状凹陷,加强筋无屈服弯曲现象。压弯之后经过热校形处理,零件与模具基本贴合,工装及填料部分设计合理,各项指标及精度满足设计要求。

5.3.2 拉深成形

5.3.2.1 定义

拉深又称拉延,是利用拉深模在压力机的压力作用下,将平板坯料或空心工序件制成开口空心零件的加工方法[7]。它是冲压基本工序之一,可以加工旋转体零件,还可加工盒形零件及其他形状复杂的薄壁零件,典型拉深零件如图5.3.8所示,拉深分为变薄拉深和不变薄拉深。

拉深零件的尺寸,直径可从几毫米至二三米,厚度从0.2~300mm,它在航空航天、船舶、兵器等军工产品以及钟表、轻工等民用产品中均有大量的应用。拉深模结构相对较简单,与冲裁模比较,工作部分有较大的圆角,表面质量要求高,凸、凹模间隙略大于板料厚度。

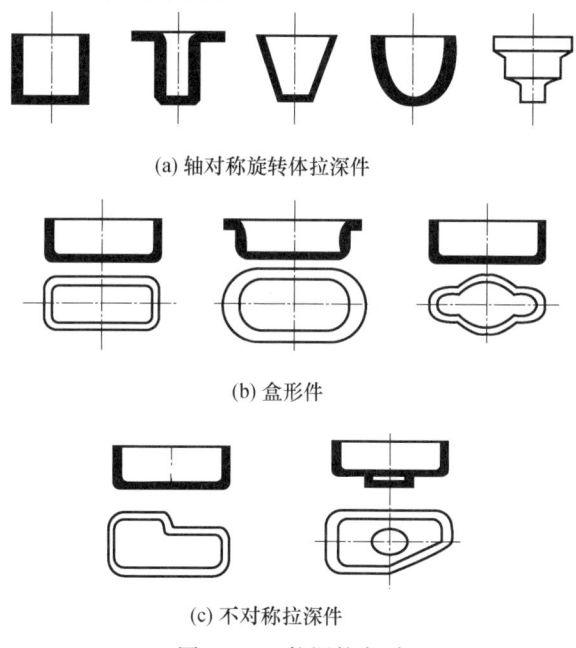

(a) 轴对称旋转体拉深件

(b) 盒形件

(c) 不对称拉深件

图 5.3.8 拉深件类别

由于拉深零件的形状尺寸不同,毛坯在变形过程中的应力应变分布也不一样。故在确定工艺方案、工艺参数和模具设计时,应根据具体情况,进行分析计算,以决定合理的毛坯尺寸和每一工步的几何尺寸、模具结构和设备型号,才能获得质量合格的零件。下面以圆筒形零件拉深为例,阐明拉深工艺的一般规律。

5.3.2.2 圆筒件拉深的应力应变状态

图5.3.9所示为圆筒件拉深时各区的应力应变状态。法兰区受径向拉应力和切向(圆周方向)压应力,并在径向和切向分别产生伸长和压缩变形,板厚稍有增大,在法兰外缘厚度增加最大。在凹模圆角处,材料除受径向拉深外,同时产生塑性弯曲,使板厚减小。材料离开凹模圆角后,产生反向弯曲(校直)。圆筒侧壁受轴向拉伸,为传力区。圆筒底部处于双向拉伸。在凸模圆角处,板料产生塑性弯曲和径向拉伸。

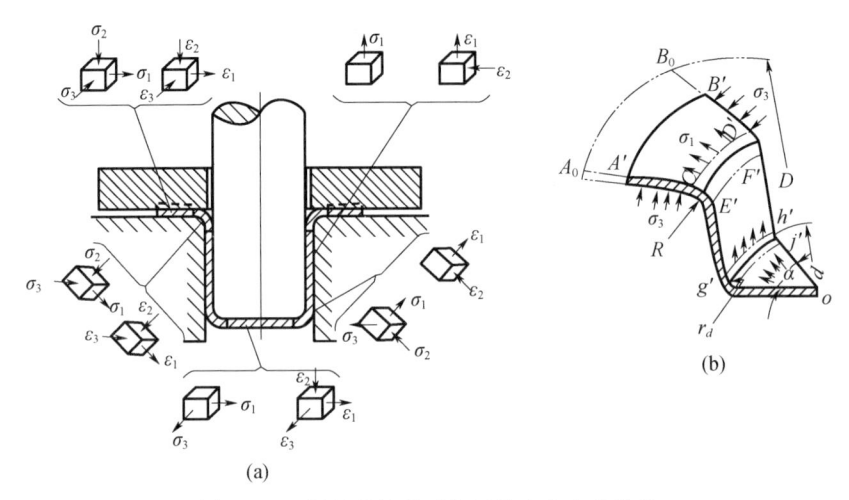

图 5.3.9　圆筒件拉伸时各区的应力应变状态

5.3.2.3　拉深过程中出现的问题及其防止措施

1. 起皱及其防止措施

1) 起皱

拉深过程中,毛坯法兰在切向压应力作用下,可能产生塑性失稳而起皱,甚至使坯料不能通过凸凹模间隙而被拉断。轻微起皱的毛坯虽可通过间隙,但会在筒壁上留下皱痕,影响零件的表面质量。如图 5.3.10 所示。起皱主要是由于法兰的切向压应力超过了板料临界压应力所引起,最大切向压应力产生在毛坯法兰外缘处,起皱首先在此处开始。

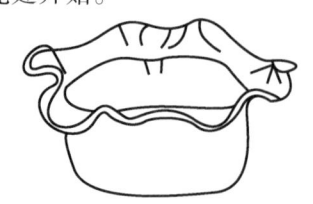

图 5.3.10　凸缘变形区的起皱

2) 影响起皱的因素

(1) 凸缘部分材料的相对厚度,即为 $t/(D_f-d)$ 或 $t/(R_f-r)$,拉深时因切向应力不断增大,使起皱的趋势上升,但随着 D_f 法兰外径的不断减小和 t 增大,使上式比值增大,从而提高毛坯的抗失稳能力。

(2) 切向压应力的大小

拉深时切向压应力的值决定于变形程度,变形程度越大,需要转移的剩余材料越多,加工硬化现象越严重,则切向压应力的大小越大,就越容易起皱。

(3) 材料的力学性能。板料的屈强比 σ_s/σ_b 小,则屈服极限小,变形区内的切向压应力也相对减小,因此板料不容易起皱。

(4) 凹模工作部分的几何形状:

平端面凹模拉深时,毛坯首次拉深不起皱的条件为

$$\frac{t}{D} \geq (0.09 \sim 0.17)\left(1 - \frac{t}{D}\right) \tag{5.3.4}$$

用锥形凹模首次拉深时,材料不起皱的条件为

$$\frac{t}{D} \geq 0.03\left(1 - \frac{d}{D}\right) \tag{5.3.5}$$

如果不能满足上述式子的要求,就要起皱。在这种情况下,必须采取措施防止起皱发生。最简单的方法(也是实际生产中最常用的方法)是采用压边圈。

2. 开裂及其防止措施

拉深后得到工件的厚度沿底部向口部方向是不同的,若径向拉应力大于板料的抗拉强度 σ_b,便会在此处产生拉裂,如图 5.3.11 所示。

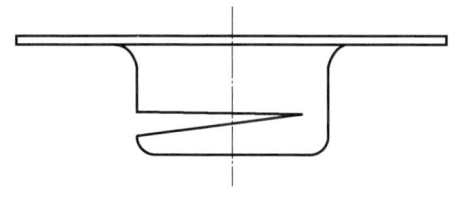

图 5.3.11 筒壁的拉裂

圆筒件拉深时产生破裂的原因,可能由于法兰起皱,坯料不能通过凸、凹模间隙,使径向力增大,或者由于压边力过大,使径向力增大,或者是变形程度太大,即拉深比 $\frac{D}{d}$ 大于极限值。

要防止产生拉裂,可根据板材的成形性能,采用适当的拉深比和压边力,增加凸模的表面粗糙度,改善凸缘部分变形材料的润滑条件,合理设计模具工作部分的形状,选用拉深性能好的材料。

3. 凸耳的出现

拉深后的圆筒端部出现凸耳,一般有四个凸耳,有时是两个或六个、甚至八个凸耳,产生凸耳的原因是毛坯的各向异性,它随角度的变化与 R 值的变化是一致的,在低 R 值的角度方向,板料变厚,筒壁高度较低。在具有高 R 值的方向,板料厚度变化不大,故筒壁高度较高。

4. 残余应力

拉深后的圆筒中留有大量的残余应力。外表面为拉应力,内表面为压应力,这是由于弯曲-反弯曲所引起,靠近圆筒口部最大。因为弯曲发生在拉深后期,

此处只有少量的拉伸。这种残余应力在筒壁产生弯曲扭矩,它由筒壁端部附近的轴向拉伸缩所平衡。这种周向拉伸应力的存在,会使筒壁由于应力腐蚀而开裂。若使板料变薄,整个断面产生屈服,便可大大减少残余应力[8-9]。

5.3.3.4 圆筒件拉深工艺计算

坯料形状和尺寸确定的依据。

体积不变原则:若拉深前后料厚不变,拉深前坯料表面积与拉深后冲件表面积近似相等,得到坯料尺寸。

简单旋转体拉深件坯料尺寸的确定:
(1) 将拉深件划分为若干个简单的几何体;
(2) 分别求出各简单几何体的表面积;
(3) 把各简单几何体面积相加即为零件总面积;
(4) 根据表面积相等原则,求出坯料直径。

旋转体零件采用圆形毛坯,其直径按照面积相等的原则计算(不考虑板厚的变化)。计算毛坯尺寸时,先将零件划分为若干便于计算的简单几何体,分别求出起面积后相加,得零件总面积,进而求得毛坯直径。如图 5.3.12 所示[10]。

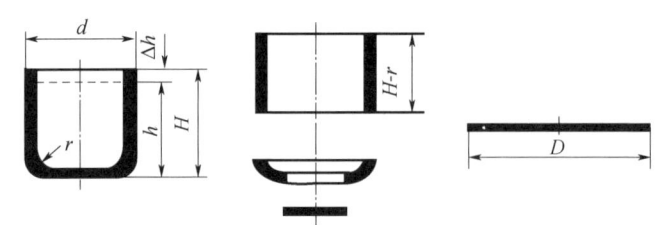

图 5.3.12 直壁旋转体拉深件毛坯尺寸计算

由图 5.3.12 得

$$\frac{\pi}{4}D^2 = A_1 + A_2 + A_3 = \sum A_i \tag{5.3.6}$$

故

$$D = \sqrt{\frac{4}{\pi}\sum A_i}$$

每部分的面积分别为

$$A_1 = \pi d(H - r)$$

$$A_2 = \frac{\pi}{4}[2\pi r(d - 2r) + 8r^2]$$

$$A_3 = \frac{\pi}{4}(d - 2r)^2$$

整理后可得坯料直径为

$$D = \sqrt{(d-2r)^2 + 4d(H-r) + 2\pi r(d-2r) + 8r^2} \tag{5.3.7}$$

由于板料的各向异性和模具间隙不均等因素的影响,拉深后零件的边缘不整齐,甚至出现凸耳,须在拉深后进行修边,因此计算毛坯直径时需要增加修边余量。

1. 拉深系数与极限拉深系数

1) 拉深系数的确定

拉深系数 m 是以拉深后的直径 d 与拉深前的坯料 D(工序件 d_n)直径之比表示,如图 5.3.13 所示。

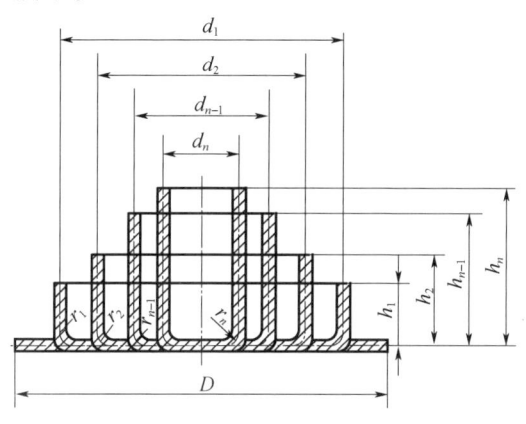

图 5.3.13 拉深系数示意图

第一次拉深系数:

$$m_1 = \frac{d_1}{D} \tag{5.3.8}$$

第二次拉深系数:

$$m_2 = \frac{d_2}{d_1} \tag{5.3.9}$$

第 n 次拉深系数:

$$m_n = \frac{d_n}{d_{n-1}} \tag{5.3.10}$$

拉深系数 m 表示拉深前后坯料(工序件)直径的变化率。m 越小,说明拉深变形程度越大,相反,变形程度越小。拉深件的总拉深系数等于各次拉深系数的乘积,即

$$m = \frac{d_n}{D} = \frac{d_1}{D}\frac{d_2}{d_1}\frac{d_3}{d_2}\cdots\frac{d_{n-1}}{d_{n-2}}\frac{d_n}{d_{n-1}} = m_1 m_2 m_3 \cdots m_{n-1} m_n \tag{5.3.11}$$

制订拉深工艺时,为了减少拉深次数,希望采用小的拉深系数,但根据断面力学分析可知,如果 m 取得过小,会使拉深件起皱、断裂或严重变薄超差。要保证拉深顺利进行,每次拉深系数应大于极限拉深系数。

2）影响极限拉深系数的因素

(1) 材料的组织与力学性能。

(2) 板料的相对厚度：相对厚度 t/d 越小，m 越大。

(3) 拉深工作条件：模具的几何参数，摩擦润滑，压边圈的压边力。

(4) 拉深方法、拉深次数、拉深速度、拉深件的形状等。

为了提高工艺稳定性和零件质量，适宜采用稍大于极限拉深系数 m 的值。

2. 圆筒形件压边力与拉深力

1）压边力

压边装置产生的压边力 F_Y 大小应适当，在保证变形区不起皱的前提下，尽量选用小的压边力，理想的压边力是随起皱可能性变化而变化。

任何形状的拉深件：

$$F_Y = Ap \tag{5.3.12}$$

式中：A 为压边圈下坯料的投影面积；p 为单位面积压料力。

圆筒形件首次拉深：

$$F_Y = \frac{\pi}{4}[D^2 - (d_1 + 2r_{A1})^2]p \tag{5.3.13}$$

圆筒形件以后各次拉深：

$$F_Y = \frac{\pi}{4}[d_{i-1}^2 - (d_i + 2r_{Ai})^2]p \quad i = 2,3,\cdots,n \tag{5.3.14}$$

2）拉深力与压力机公称压力

(1) 拉深力。

采用压料圈拉深时，首次拉深：

$$F = \pi d_1 t \sigma_b K_1 \tag{5.3.15}$$

以后各次拉深：

$$F = \pi d_i t \sigma_b K_2 \quad i = 2,3,\cdots,n \tag{5.3.16}$$

不采用压料圈拉深时，首次拉深：

$$F = 1.25\pi(D - d_1)t\sigma_b \tag{5.3.17}$$

以后各次拉深：

$$F = 1.3\pi(d_{i-1} - d_i)t\sigma_b \quad i = 2,3,\cdots,n \tag{5.3.18}$$

(2) 压力机公称压力。

单动压力机，其公称压力应大于工艺总压力 F_z，工艺总压力为

$$F_z = F + F_Y \tag{5.3.19}$$

在实际生产中，可以按下式来确定压力机的公称压力 F_g。

浅拉深：

$$F_g \geqslant (1.6 \sim 1.8)F_z \tag{5.3.20}$$

深拉深:
$$F_g \geq (1.8 \sim 2.0)F_z \tag{5.3.21}$$

5.3.3.5 盒形件的拉深

由平板毛坯拉深成盒形件时,直边相当于弯曲变形,圆角相当于圆筒拉深。但由于直边与圆角相连成为一个整体,变形时势必互相制约,形成了盒形件拉深变形的特点,如图5.3.14所示。

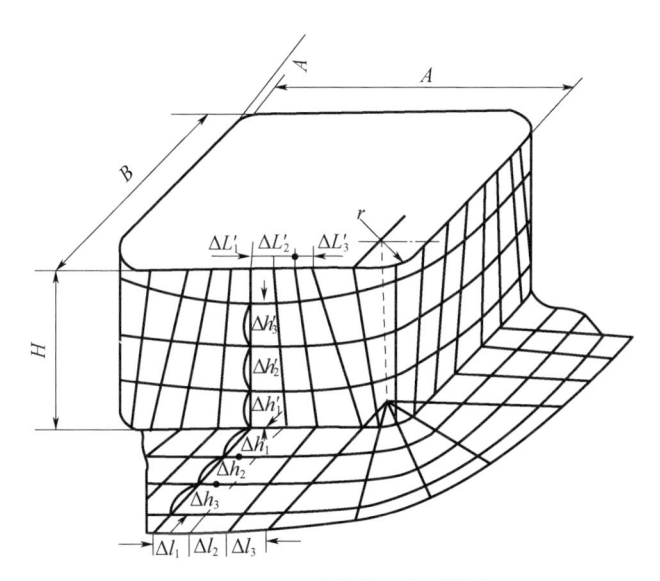

图5.3.14 盒形件拉深变形特点

根据网格的变化可知盒形件拉深有以下变形特点:

(1) 盒形件拉深的变形性质与圆筒件一样,也是径向伸长,切向缩短;
(2) 变形的不均匀导致应力分布不均匀;
(3) 盒形件拉深时,直边部分除了产生弯曲变形外,还产生了径向伸长,切向压缩的拉深变形。

直壁中间变形最小(接近弯曲变形),靠近圆角的拉深变形最大。变形沿高度分布也不均匀,靠近底部最小,靠近口部最大。圆角变形与圆筒件拉深相似,但其变形程度壁圆筒小,即变形后的网格,不是与底面垂直的平行线,而是变为上部间距大、下部间距小的斜线,这说明盒形件拉深时圆角的金属向直边流动,使直边产生横向压缩,从而减轻了圆角的变形程度。由于直边与圆角的变形情况不同,直边的金属流入凹模快,圆角的金属流入凹模慢。因此,毛坯在这两部分连接处产生了剪切变形和切应力。这两部分的相互影响程度,与盒形件相对圆角半径 R/B 有关,R 为圆角半径;B 为短边宽度。

5.3.3.6 拉深成形实例

俯仰舱体作为某型号中的重要结构零件,对其强度与刚度有较高的要求,采用整体结构,用铝板经拉深成形,为方形盒形件,其结构如图 5.3.15 所示。

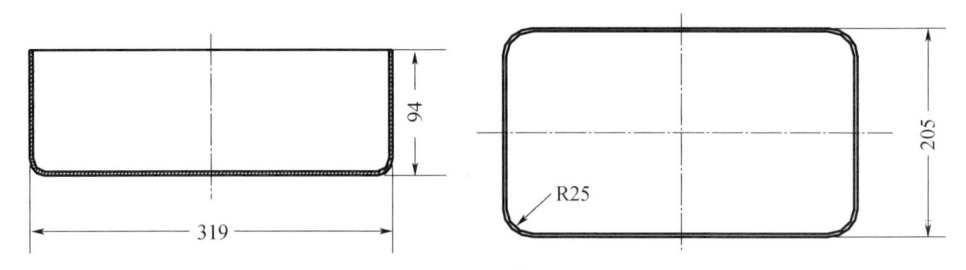

图 5.3.15 俯仰舱体结构示意图
材料:5A06M $\delta = 3.0$ mm 未注圆角:$R10$

1. 工艺性分析

判定盒形件是否可以一次拉深成形,主要取决于毛坯的变形程度,如果毛坯的变形程度过大,拉深时传力区毛坯内部的径向拉应力就会超过侧壁材料的强度极限而产生破裂,这时必须采用多工序拉深工艺。判别能够一次拉深成形盒形件的条件是:盒形件的拉深系数应大于毛坯传力区在最大拉应力状态下,不产生破裂的盒形件的极限拉深系数。

对于低碳钢盒形件,其能一次制成的条件是:盒形件角部圆角半径 $R = (0.05 - 0.2)B$(式中 B 为盒形件的短边宽度),拉深件高度 $h < (0.3 - 0.8)B$。

但板料的实际成形过程受到材料参数、工艺参数、板料尺寸等众多因素的影响,其中材料参数主要包括材料的抗拉强度、屈服强度、应变硬化指数 n、各向异性指数等,工艺方面的参数主要是指冲压速度、压边力的大小和分布、成形的润滑情况等。

考虑到 5A06 铝合金具有比较强的冷作硬化能力,不能简单地套用低碳钢的成形工艺。工艺设计时,采用多次拉深,中间半成品退火,以提高产品的成功率。具体的拉深次数以及每次的成形极限可以通过试模得出。

2. 模具设计

对于此零件,采用单套模具多工步成形。模具结构如图 5.3.16 所示:

拉深成形时,首先将模具按照装配图装配妥当,并将模具安装于压力机上,其中橡胶块主要起两方面作用:一方面在分次成形中可以使卸料板与零件紧密贴盒,保证零件底部平整,另一方面起到在成形之后卸料的作用。采用定位板定位。

经过试模,5A06 铝合金硬化现象比较严重,采用一次拉深时有拉裂现象,经过试模,采用五次拉深成形取得了很好的效果,成形中间退火热处理,消除冷作硬化。

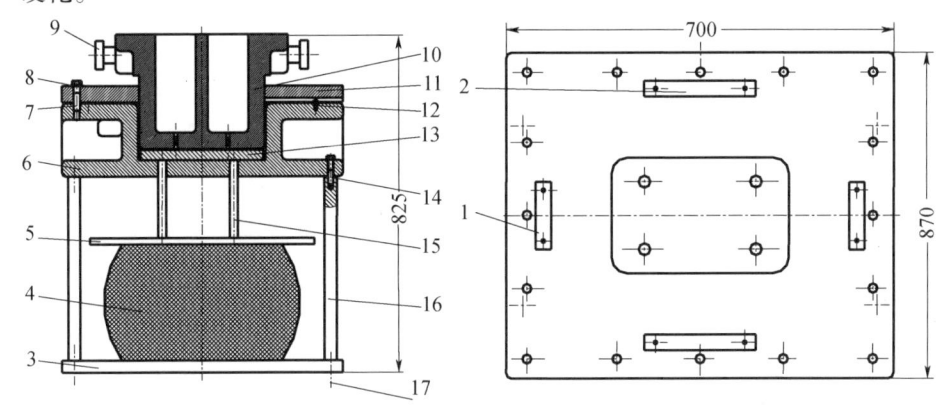

图 5.3.16 单套模具多工步成形模具结构

1—定位板一;2—定位板二;3—底座;4—橡皮;5—垫块;6—凹模;7—螺栓;
8—垫圈;7—运输销;8—凸模;9—压边圈;10—螺钉;11—压边圈;12—螺钉;
13—卸料板;14—螺栓;15—顶杆;16—支撑板;17—螺钉。

5.3.3 翻孔成形

5.3.3.1 定义

翻孔是在毛坯上预先加工孔,使孔的周围材料弯曲而竖起凸缘的冲压方法,它的作用是为了加强零件的刚度或便于连接其他零件[11],如图 5.3.17 所示。

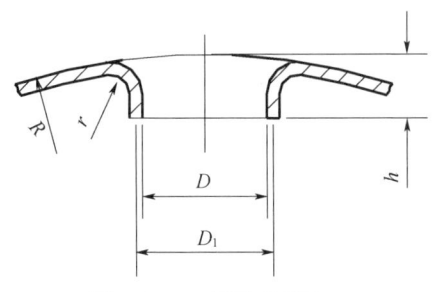

图 5.3.17 圆孔的翻边

孔的翻边成形是沿预制好的孔上来翻边,有时也可在成形件上来翻边,也可沿管子两端面来翻边。圆孔翻边时,带有圆孔的环形毛坯被压边圈压死,变形区基本上限制在凹模圆角以内,并在凸模轮廓的约束下受单向或双向拉应力作用(忽略板后方向的应力),随着凸模下降,毛坯中心的圆孔不断胀大,凸模下面的材料向侧面转移,直到完全贴靠凹模侧壁,形成直立的竖边。表 5.3.2 各种材料的翻边系数。

表 5.3.2　各种材料的翻边系数

退 火 材 料	翻 边 系 数	
	K_0	K_{min}
镀锌铁板	0.70	0.65
软钢 $\delta = 0.25 \sim 2mm$	0.72	0.68
软钢 $\delta = 3 \sim 6mm$	0.78	0.75
黄铜 H62 $\delta = 0.5 \sim 6mm$	0.68	0.62
纯铝 $\delta = 0.5 \sim 5mm$	0.70	0.64
硬铝合金	0.89	0.80
钛合金 TA1(冷态)	0.64 ~ 0.68	0.55
TA1(加热 300 ~ 400℃)	0.40 ~ 0.50	0.45
TA5(冷态)	0.85 ~ 0.90	0.75
TA5(加热 500 ~ 600℃)	0.70 ~ 0.65	0.55

注：(1) 表中所列数值，只适用于翻边前退火的材料；
　　(2) 采用数值 K_{min}，仅能用于翻边后在翻边壁上容许由不大的裂痕。在一般情况下，均采用 K_0 数值

5.3.3.2　孔翻边的工艺性

(1) 翻边零件边缘平面的圆角半径为 $r \geqslant 1 + 1.5\delta$。
(2) 翻边的高度(包括圆角半径在内) $H \geqslant 1.5r$。
(3) 翻边时的凸缘宽度为 $B \geqslant H$。
(4) 翻边底孔的光洁度，直接影响零件质量，如果孔边有毛刺时，在翻边中将要发生裂纹和破口。

5.3.3.3　影响圆孔翻边成形极限的因素：

(1) 材料延伸率和应变硬化指数 n 大，K_0 小，成形极限大。
(2) 孔缘无毛刺和硬化时，K_0 较小，成形极限较大，为了改善孔缘情况，可采用钻孔方法或在冲孔后进行整修，有时还可在冲孔后退火，以消除孔缘表面的硬化。为了避免毛刺降低成形极限，翻边时需将预制孔有毛刺的一侧朝向凸模放置。
(3) 用球形、锥形和抛物线凸模翻边时，孔缘会被圆滑的胀开。变形条件壁平底凸模优越。
(4) 板料相对厚度较大，K_0 越小，成形极限越大。

5.3.3.4　翻边的工艺计算

1. 平板坯料翻边的工艺计算

图 5.3.18 所示为平板坯料翻边示意图。

预冲孔直径 d：

$$d = D - 2(H - 0.43r - 0.72t) \quad (5.3.22)$$

竖边高度 H：

$$H = \frac{D-d}{2} + 0.43r + 0.72t \text{ 或}$$

$$H = \frac{D}{2}(1-K) + 0.43r + 0.72t \quad (5.3.23)$$

极限高度 H_{max}：

$$H_{max} = \frac{D}{2}(1-K_{min}) + 0.43r + 0.72t$$

$$(5.3.24)$$

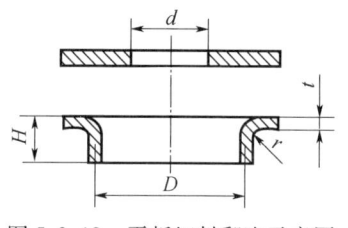

图 5.3.18 平板坯料翻边示意图

2. 翻边力的计算

用圆柱形平底凸模翻边时，可按下式计算：

$$F = 1.1\pi(D-d)t\sigma_s \quad (5.3.25)$$

用锥形或球形凸模翻边的力略小于式(5.3.25)计算值。

5.3.3.5 翻边的分类：

图 5.3.19 所示为按变形的性质分类的翻边示意图。

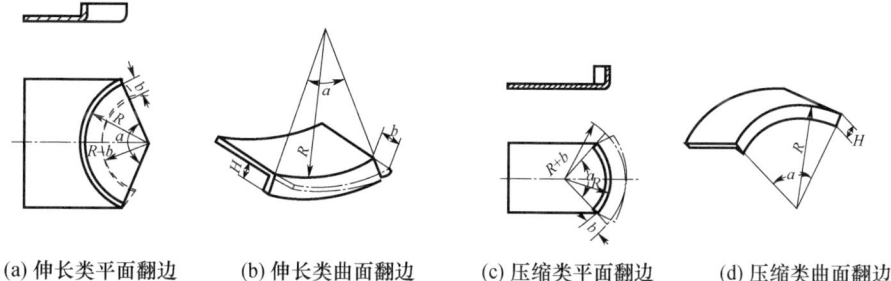

(a) 伸长类平面翻边　　(b) 伸长类曲面翻边　　(c) 压缩类平面翻边　　(d) 压缩类曲面翻边

图 5.3.19　不同类翻边示意图

伸长类翻边：用模具把毛坯上内凹的外边缘翻成竖边。

伸长类翻边成形极限根据翻边后竖边的边缘是否发生破裂来确定。如果变形程度过大，竖边边缘的切向伸长和厚度减薄也比较大，容易发生破裂。成形过程需要采用较强的压料装置。

压缩类翻边：用模具把毛坯上外凸的外边缘翻成竖边。

压缩类平面翻边，其变形区的应力和应变情况与浅拉深相似，竖边根部附近的圆角部位产生弯曲变形，而竖边的其他部位均受切向压应力作用，产生较大的压缩变形，导致材料厚度有所增大。翻孔工艺在航天产品中有大量的应用，翻孔种类主要包括平面翻孔、柱面翻孔、锥面翻孔、球面翻孔四大类，其中曲面类翻孔又分为内翻和外翻，如图 5.3.20 所示。

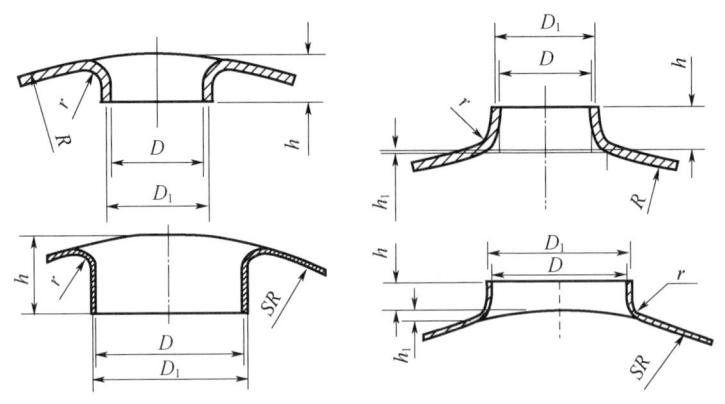

图 5.3.20　航天产品内翻和外翻类翻孔示意图

5.3.3.6　翻孔实例

前锥段蒙皮 I 为某航天器轨道舱上的重要结构件,其翻边为在一圆锥面上向内翻一圆孔作为对外连接的通口,翻孔后与法兰焊接。图 5.3.21 所示为前锥段蒙皮翻孔示意图。

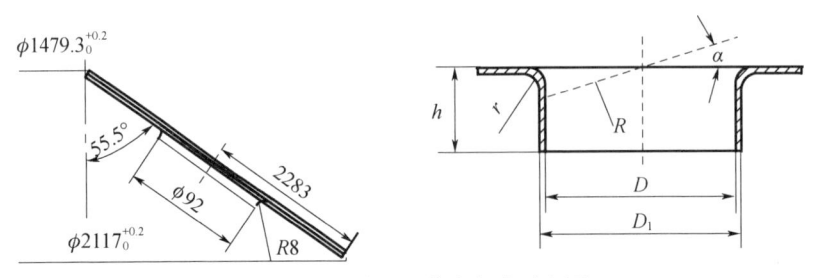

图 5.3.21　前锥段蒙皮翻孔示意图

根据零件的尺寸,计算翻边前锥段蒙皮上预开孔的直径大小,预开孔直径按下式计算:

$$d = D_1 - 2(H - 0.43r - 0.72t) \tag{5.3.26}$$

式中:d 为翻孔前预开孔直径;H 为翻边总高度(mm);D_1 为翻边孔的中性层直径,本例中为 92mm;r 为翻边的圆角半径,本例中为 8mm;t 为材料厚度,本例中为 3mm。

翻边总高度按下式计算:

$$H = h + h_1 + h_2 \tag{5.3.27}$$

式中:h 为产品零件要求的翻孔高度,本例中为 13mm;h_1 为翻边孔在 R 圆周上的弦高,内翻孔时为 0;h_2 为翻边孔的切边余量,范围为 1～2mm,本实例为取 1.5mm。

通过计算得到 $d=86$mm。

5.3.4 超塑成形

5.3.4.1 定义

超塑成形技术是利用材料超塑性特性成形零件的方法;超塑性指金属材料在特定的内在条件(成分、组织和相变能力)和外在条件(温度、压力、变形速率等)下,呈现无缩颈和异常高的延伸率的特性。超塑性分为细晶超塑性、相变超塑性两类,实际应用最多为前者[17]。

超塑成形技术是金属板材在超塑性温度下,以相对小的成形力(如以气体压力为动力),使金属板材变形为所需零件的先进制造技术。

该技术具有以下宏观特点:

(1) 大延伸率。宏观变形能力极好,抗局部变形能力极大,对缩颈的传播能力极强,单向拉伸时 δ 值钛合金可达 2000%、铝合金可达 800%。

(2) 无缩颈。

(3) 小应力。

(4) 易变形。

超塑性通常可以有两种方法表示:

(1) 延伸率 >100%,不产生缩颈和断裂,称为该金属材料具有超塑性;

(2) 材料应变速率敏感性指数(m):$0.3<m<0.9$,称为该金属材料具有超塑性。

材料超塑性的本构方程为白柯芬(Backfon)方程:

$$\sigma = K\dot{\varepsilon}^m \tag{5.3.28}$$

式中:σ 为材料的流动应力;$\dot{\varepsilon}$ 为材料的应变速率;K 为材料常数;m 为应变速率敏感性指数。

5.3.4.2 超塑成形工艺特点

超塑成形技术作为一种显著降低部件组装费用的大有前途的新型工艺日益受到重视。该工艺适宜制造形状复杂、质量轻、强度高的钣金零件,因此,在航空航天领域广泛应用。

超塑成形技术具有以下优点[18-20]:

(1) 改善材料的成形性。可一次成形出一般方法难以成形的形状复杂的零件,使许多低塑性材料成形变可能,而且简化了工序,降低制造成本。

(2) 提高了产品质量。由于材料成形填充性好,使产品尺寸控制极为准确,零件具有较好的组织和使用性;为制造重量轻、成本低的高效结构,提高技术基础。

(3) 大大减小设备的吨位。欧美国家均将该技术应用于航空航天领域。英国有多家专门SPF构件产品的公司,各公司均建立相应的车间,技术相当成熟,取得了巨大的经济效益。其中Superform Metals Ltd是Alcan公司的一部分,是世界上最大的铝合金SPF构件生产基地,为许多国家不同型号的飞机提供装机构件,月产量约1250件,零件最大尺寸2.4m×1.5m,拥有5台SPF机床。北京卫星制造厂主要进行航天领域SPF技术的应用研究,已经具有钛合金(TC3、TC4、TB2、Ti-153)铝合金(LF6,7475)等SPF技术,并成功应用于型号中。

5.3.4.3 超塑成形技术的参数

超塑成形技术的参数主要有成形温度、应变速率及材料的晶粒度。

(1) 成形温度。图5.3.22为7475合金的$\delta-T$关系曲线,在300℃以上,延伸率大于100%,随着温度的升高,延伸率升高。

(2) 应变速率。图5.3.23为7475合金的$m-\dot{\varepsilon}-T$关系曲线,图示在一定的$\dot{\varepsilon}$范围内,m值大于0.3,可实现超塑性。一般$\dot{\varepsilon}$的范围在$10^{-4} \sim 10^{-1} s^{-1}$。

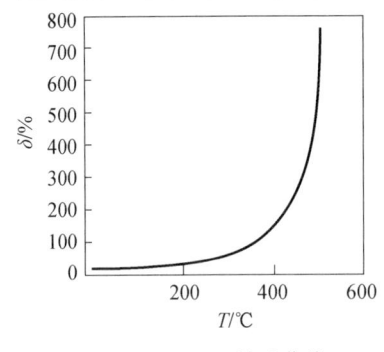

图5.3.22 $\delta-T$关系曲线

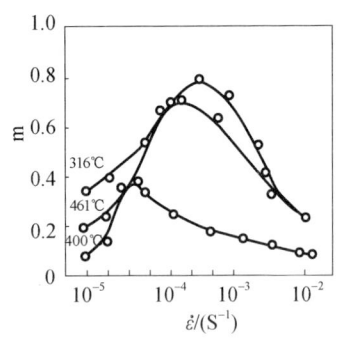

图5.3.23 $m-\dot{\varepsilon}-T$关系曲线

(3) 晶粒度。对于细晶超塑性材料具有以下组织要求:一般要求晶粒直径不大于10μm等轴组织。

5.3.4.4 超塑成形的工艺方法

1. 气胀成形

此法可以制造形状复杂、壁厚较大、曲率变化较大的零件,可分为自由成形和模具成形,模具成形又分为凸模成形和凹模成形。

工艺过程一般分为三个阶段:自由成形阶段、初成形阶段、最后成形阶段。

2. 真空成形

模具型腔内抽真空,毛坯被吸附在模具上成形。由于成形压力小于0.1MPa,不适合制造形状复杂、壁厚较大、曲率变化较大的零件。

5.3.4.5 超塑成形工艺的关键技术

(1) 工艺参数优化技术。工艺参数主要包括成形温度、成形速度和成形压力,可以通过材料的$\delta-T$关系曲线、$m-\dot{\varepsilon}-T$关系曲线确定最佳的成形温度、成形速度及应力。

（2）壁厚控制技术。通常可以采用反向预成形法、不均匀温度场法、坯料预成形法、变厚度坯料法。改善壁厚均匀性。

（3）高温密封技术。可能采用梗/槽密封、密封环密封、密封袋密封、平面密封等结构形式实现高温密封。

（4）成形件的高温保护技术。有真空法、惰性气体保护法、高温保护涂料法等。

5.3.4.6 超塑成形技术在航空航天的应用

以航天员座椅头靠为例说明复杂零件的超塑成形技术的应用[21]。

1. 航天员座椅的结构特点

零件均为空间曲面结构,结构为椭球形,长轴为180mm、短轴为140mm、深为160mm。其制造难点是零件的深宽比大,局部变形大于200%,板材壁厚为2mm。主要技术要求为零件的壁厚 $t_{min} \geqslant 0.8mm$；零件的力学性能：T6后实测。

依据零件的结构及技术要求,需要解决以下的技术关键点：①零件壁厚均匀化控制；②模具的结构设计和制造；③超塑成形工艺参数的优化。

2. 航天员座椅的超塑成形工艺方案

根据零件深宽比大的结构特点,采用复合成形工艺方案,即先进行预胀形工艺,后进行终胀形工艺。根据设计提供的零件资料,需要进行成形件的设计。其设计依据是：最佳成形性和成形深度为最小原则。

3. 超塑性工艺参数的优化

根据7475合金的 $\delta - T$ 关系曲线和 $m - \dot{\varepsilon} - T$ 关系曲线,可以总结出7475合金铝板的最佳超塑性参数为：成形温度515℃,应变速率 $10^{-4}s^{-1}$,此时 $m > 0.68$, $\delta \geqslant 500\%$。由于7475的超塑性能对温度非常敏感,因此成形温度要求严格控制。

4. 壁厚均匀化控制

壁厚控制是超塑成形工艺存在的难点,壁厚的均匀性直接影响零件的质量。工艺过程中采用下列措施提高壁厚均匀性。

（1）复合成形工艺。采用预胀形工艺对板材进行预成形,使零件壁厚处预先变薄,然后进行终胀形,从而提高零件壁厚均匀性。

（2）加压过程实施计算机控制。超塑气压成形工艺过程主要对成形压力和成形速度进行严格的控制。根据有限元分析所提供的压力时间（$p - t$）控制曲线所对应的数据文件进行控制软件的设计,然后由计算机依据控制软件控制压力阀动作,由压力传感器检测模腔压力,并将信号反馈回计算机,调整所需压力,从而达到实时控制的目的。

（3）温度控制。由于温度对延伸率影响非常敏感,因此必须严格控制成形温度,采用计算机自动控制。

5. 模具的结构设计和制造

模具主要由上模、下模组成,结构示意如图 5.3.24 所示。其中上模是根据有限元分析结果设计的,下模以成形件数据为设计依据,采用 CAD/CAM 技术完成型腔设计。根据模具与零件材料的热膨胀系数的差异,对下模的型腔尺寸作必要的修正。由于铝合金强度较低,模具的密封形式采用平面密封,可以保证成形过程中的气密性。采用铸造毛坯,应用 CAD/CAM 技术完成模具型面数控加工。液压机提供保证气密所需的压边力,加热系统和温控系统保证成形温度,气控系统控制成形压力,温度、压力参数实行自动控制。

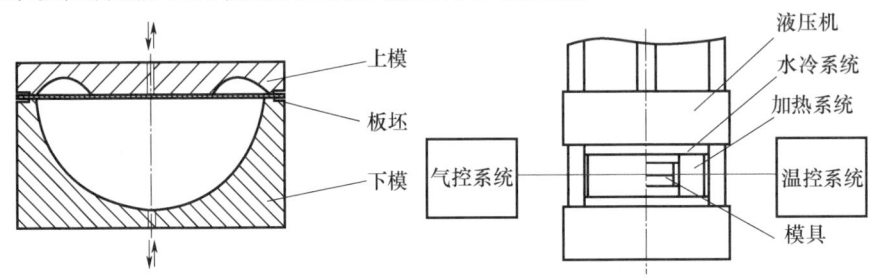

图 5.3.24 专用超塑成形设备示意图

6. 结果与分析

图 5.3.25 为航天员座椅照片,通过检测成形件的几何尺寸、壁厚、力学性能检测及特征点取样进行微观组织分析,结果如下:

(1) 成形件贴模良好,即成形件几何尺寸符合设计要求。

(2) 检测成形件椭球长轴剖面壁厚,零件有效部位的壁厚在 1~1.5mm,符合设计要求。

(3) 特征点壁厚最薄处、椭球顶点取样进行金相分析,晶粒度 <10μm,空洞率 <3%,符合设计要求。微观组织如图 5.3.26 所示。

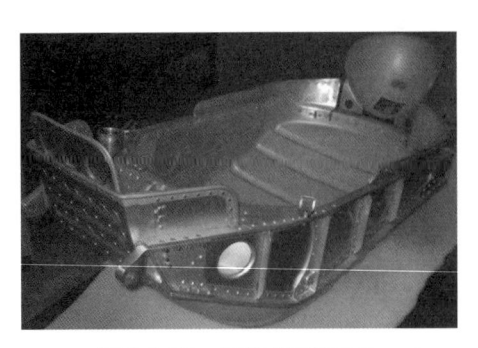

图 5.3.25 超塑成形航天员座椅照片

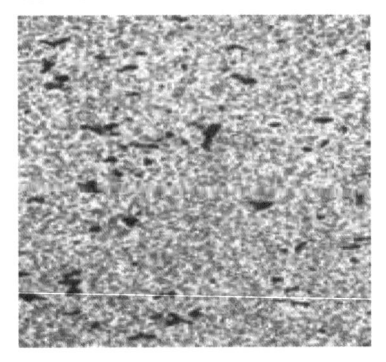

图 5.3.26 椭球形零件壁厚最薄处微观组织

5.3.5 旋压成形

金属旋压是毛坯装夹于芯模并随其旋转,也可使旋压工具(旋轮)绕毛坯旋转,旋压工具与芯模相对进给,使毛坯受压并产生连续逐点变形。这是一种生产薄壁回转体工件的成形工艺。旋压工艺中主要是普通旋压和强力旋压(变薄旋压),又可分别简称普旋与强旋。在旋压工艺的应用中,又派生出的特种旋压成形和局部旋压成形[12]。

1. 普通旋压

主要改变坯料形状,而壁厚尺寸基本不变或改变较少,这类旋压成形过程称为普通旋压[13]。普通旋压主要改变板料直径尺寸来成形工件,是加工薄壁回转体的无切削成形工艺过程,通过旋轮对转动的金属圆板或预成形坯料作进给运动并旋压成形。

普通旋压的变形特征是金属板坯在变形中产生直径上的收缩或扩张,由此带来的壁厚变化则为从属;由于直径上的变化容易引起失稳或局部减薄,故普通旋压过程一般分多道次进给逐步完成。

按照旋轮进给方向是顺敞口端或逆敞口端的区别,普通旋压又有往程旋压与回程旋压之分。为防止局部变形产生皱褶或拉断,常分多道次旋压并择优组合往程与回程旋压。

按照变形温度的不同,普通旋压可以分为冷旋压和热旋压。冷旋压即室温旋压,适用于塑性好,加工硬化指数低的材料,常用的材料有纯铝、金、银、铜等。旋压塑性差、硬化指数高的材料,以及机床能力不足时,可采用热旋压。热旋压常用的材料有铝-镁系合金、难熔金属、钛合金等。普通冷旋压加工工件直径 10~8000mm,坯厚 0.5~30mm;热旋压加工工件坯厚可达 150~200mm。图 5.3.27(a)为筒形件往程旋压,图 5.3.27(b)为异形件往程与回程组合旋压。

(a) 筒形件往程旋压　　(b) 异形件往程与回程旋压

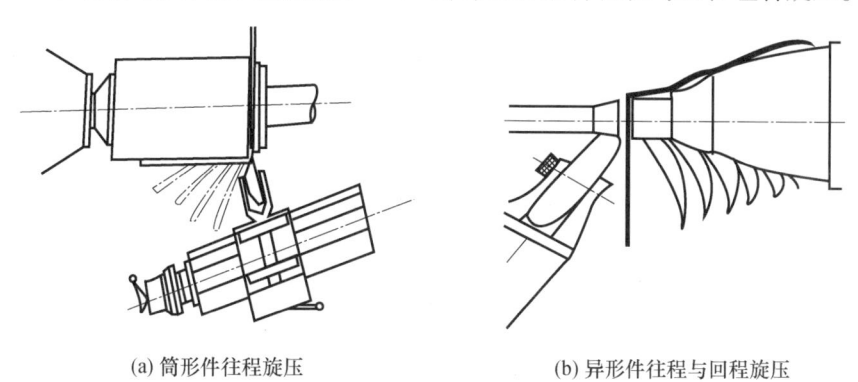

图 5.3.27　旋压过程示意图

2. 变薄旋压

坯料形状与壁厚同时改变的旋压成形过程称为变薄旋压,又称为强力旋压。变薄旋压与普通旋压的区别是变薄旋压属于体积成形范畴,在变形过程中主要使壁厚减薄而坯料体积基本不变,成品形状完全由芯模尺寸决定,成品尺寸精度取于工艺参数的合理匹配。

变薄旋压的主要类别如下:

(1) 按变形性质和工件形状分为异形剪切旋压和筒形流动旋压。
(2) 按旋轮与坯料流动方向分为正向旋压与反向旋压。
(3) 按旋轮和坯料相对位置分为内径旋压与外径旋压。
(4) 按旋压工具分为旋轮旋压与滚珠旋压。
(5) 按加热与否分为冷态旋压与加热旋压。

异形剪切旋压,适于锥形、抛物线形及各种曲母线形工件的成形。筒形流动旋压,主要缩减管状形材壁厚,多为带底与不带底的筒形件、带台阶的管材等。正向旋压时变形坯料的流向与旋轮进给方向相同;反向旋压时则相反,如图5.3.28 所示。

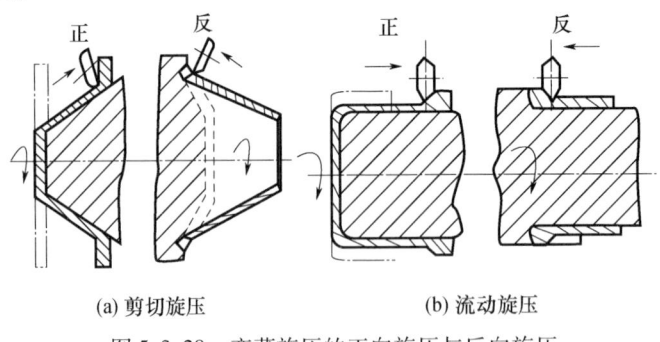

(a) 剪切旋压　　(b) 流动旋压

图 5.3.28　变薄旋压的正向旋压与反向旋压

变薄旋压的正向旋压与反向旋压将平板或空心坯料固定在旋压机的模具上,在坯料随机床主轴转动的同时,用旋轮或擀棒加压于坯料,使之产生局部的塑性变形。

在典型变薄旋压过程中,变形区处于二向受压(正旋)和三向受压(反旋)的有利状态。旋压材料包括可进行塑性加工的铸、锻材料,难成形材料。坯料制造可以采用机械加工、压力加工、特种铸造、粉末压铸及焊接等方式。坯料热处理状态可以选用退火、调质、正火、固溶等。变薄旋压件具有小的壁厚差,优于普通旋压及拉深的直径精度。筒形件变薄旋压可达到的精度与工件直径有关,工件直径每增加 10mm,直径公差增大约 0.01mm。变薄旋压件的表面粗糙度可达到较高级别,与旋压模相接触的表面可与模具表面达到同一级别;与旋轮相接触的表面,宏观波纹取决于系统刚度和工艺条件,可以有较大差别。变薄旋压可以细化晶粒,提高强度和抗疲劳性能,有助于产品综合性能的提高,延长使用寿命并减轻成品重量。变薄旋压制件经去应力退火后适于长期存放。坯料中的夹渣、分层等缺陷会在旋压过程中自行暴露,产生破裂,可发挥自检功能。对于无特殊要求的并未能暴露的细微缺陷,受加热旋压加工后有一定程度弥合和改善的功能。加热变薄旋压合金为热加工组织,晶粒细化程度决定于加热温度的高低,低温晶粒细化充分,高温晶粒易长大。室温变薄旋压铸坯需有效控制减薄率,多道次变薄旋压的工件,晶粒为组织致密的加工流线。

5.3.6 充液拉深成形

充液拉深是利用在凹模中充以液体,当凸模下行时,液室中的液体产生相对压力从而将毛坯紧紧地压贴在凸模上,产生摩擦保持效果,并在凹模与毛坯板料下表面之间建立流体润滑,从而使板料的成形极限极大地提高(比普通拉深极限提高 1.2~1.4 倍)的一种成形方法,图 5.3.29 所示为充液拉深示意图[14-15]。

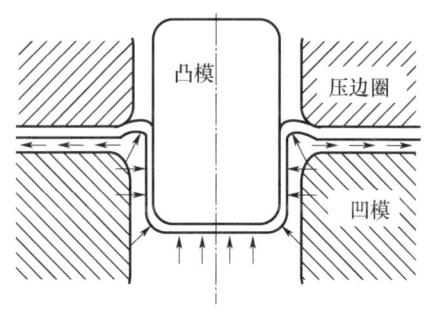

图 5.3.29 充液拉深示意图

由于液压成形有效地预防了板坯在拉深成形过程中常出现的断裂和起皱等缺陷,使得板材液压成形技术具有以下的优点[16]:

(1) 提高板的成形极限,减少成形道次,精简了工装和模具,降低了费用。

(2) 成形零件的表面质量好,尺寸精度高,成形零件的回弹量小,相应地,模具寿命有所提高。

(3) 模具结构简单,可应用于多品种少批量的生产,符合现代柔性加工的特点。

(4) 可以成形复杂薄壳零件,减少中间工序,尤其适合一道工序内成形具有复杂形状的零件,甚至制造传统加工方法无法成形的零件,材料利用率高。

(5) 通过液压控制系统对流体介质的控制,易于实现零件性能对成形工艺的要求,材料合理分配。

(6) 模具具有通用性,不同材质、不同厚度的坯料可用一副模具成形。

根据液压成形的特点,板材液压成形也有以下两点不足之处:

(1) 由于是利用较大的液体压力成形零件,因此,与传统拉深技术相比,凸模所受的反作用力较大,需要大吨位的板成形设备。

(2) 需要良好的液体密封装置,这方面的特殊要求大大限制了该工艺的普及与应用。

充液拉深技术是板料成形的先进技术,具有成形零件质量好、模具费用低等特点,在世界各地如美、日、德、法等国得到了广泛的重视和应用。由于反向液压的作用,只用一个高精度的复杂外形凸模即可成形高精度复杂件;由于凹模可以简化,所以模具费用大大降低,更适合小批量多品种生产。如图5.3.30所示,充液拉深的工艺形式较多,常见的有常规充液拉深工艺、强制润滑拉深工艺、温差充液拉深工艺和液压温热成形拉深工艺。

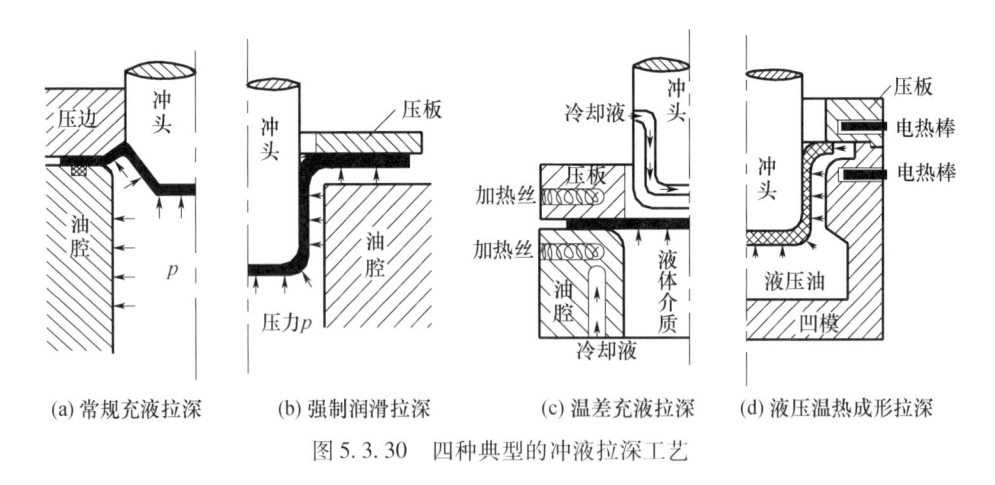

(a) 常规充液拉深　　(b) 强制润滑拉深　　(c) 温差充液拉深　　(d) 液压温热成形拉深

图 5.3.30　四种典型的冲液拉深工艺

5.3.7　电磁成形

5.3.7.1　电磁成形概述

电磁成形技术的研究始于20世纪60年代的美国。随着科学技术的进步和制造业发展的要求,电磁成形技术逐渐发展成为制造业中的一种新型的金属塑性加工方法,它利用瞬间的高压脉冲磁场迫使金属产生塑性变形达到成形金属零件的目的,从加工方法上分析电磁成形加工属于高能率加工的范畴。

电磁成形理论研究包括磁场力分析和冲击力作用下坯料的变形分析,这两部分是相辅相成,相互作用的。它涉及电磁学、电动力学、塑性动力学等多学科内容;而且电动力学过程与塑性动力学过程都相当复杂,尤其是成形过程中电磁学过程与动力学过程交互影响,使得理论研究困难重重。目前,关于磁场力研究的文献较少,大多在进行冲击力作用下材料变形和材料性能的研究。电磁成形相关的理论研究尚不能完全揭示其成形机理,也不能有效地指导工程设计,以至于许多工艺参数必须依靠试验和经验来确定[23]。

5.3.7.2 电磁成形原理

就设备而言,电磁成形机是一台脉冲大电流发生器。可以说,电磁成形工艺是脉冲大电流技术在金属压力加工领域中的应用,电磁成形示意图如图5.3.31所示[24]。普通市电通过升压变压器7升压,整流元件1整流变为高压脉动直流,再经限流电阻2对脉冲电容器6充电,到达设定电压后停止充电。需要放电时,闭合高压开关3,脉冲电容器6与成形线圈5形成LC振荡回路,线圈上流过瞬时强脉冲电流,在线圈周围建立起强脉冲磁场,利用该磁场实现对金属坯料4的成形加工。

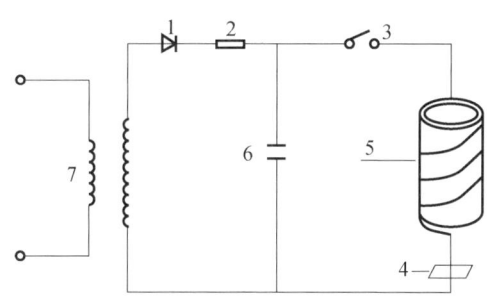

图5.3.31 电磁成形示意图
1—整流元件;2—限流电阻;3—高压开关;4—金属坯料;
5—成形线圈;6—脉冲电容器组;7—升压变压器。

电磁成形时毛坯发生变形的基本原理是:储能电容器对电感线圈放电产生高强度脉冲电流,形成脉冲磁场,在金属坯料中产生感应电流(涡流)。涡流与线圈电流形成的磁场线性叠加,产生脉冲磁场力。当脉冲压力超过坯料的屈服极限时,坯料将发生塑性变形。采用电磁成形工艺时,坯料要满足两个条件:①直接成形坯料应当具有良好的导电性能,对于电阻率较高的坯料,可在坯料和线圈之间放置一个低电阻率材料(铜或铝)制成的驱动器;②坯料的几何形状应保证电流可在其内部流通,如果是管状坯料,管壁不能有开缝。电磁成形原理如图5.3.32所示,图5.3.32(a)中螺线管线圈3内所置为绝缘体5,由于绝缘体不存在电磁感应现象,线圈周围的强脉冲磁场不发生变化。当螺线管线圈3内放置金属坯料6时,如图5.3.32(b)所示,由于电磁感应,坯料6上将会产生一感应电流(涡流),其方向与螺线管线圈3中的电流方向相反。这一感应电流所产生的反向磁通穿过坯料6,迫使磁力线4密集于螺线管线圈3和坯料6间的间隙内。密集的磁力线4具有扩张的特性,因而坯料外表面各部分都受到一个沿径向向内的冲击压力。当冲击压力值达到坯料材料的屈服应力,坯料6便产生压缩变形。电磁成形原理也可以用放置在磁场中的电流受到洛仑兹力这一物理现象来加以解释。若将线圈3置于坯料6的内部,则坯料将由于受到径向向外压力而发生胀形。换用不同结构的线圈,便能对不同尺寸的金属毛坯进行塑性加工。

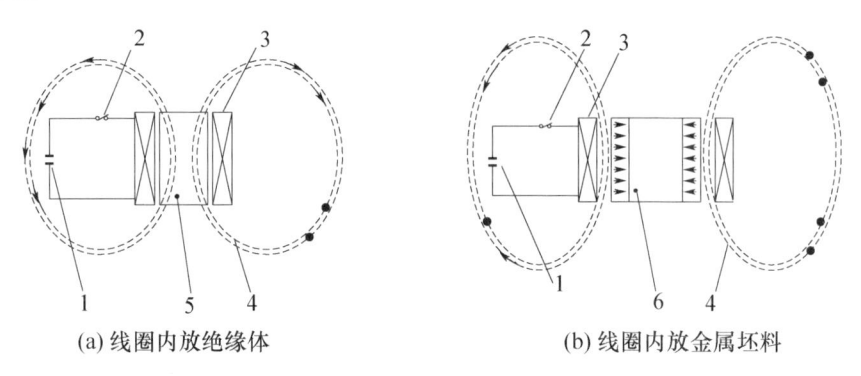

(a) 线圈内放绝缘体　　　　　(b) 线圈内放金属坯料

图5.3.32　电磁成形原理
1—脉冲电容器;2—高压开关;3—螺线管线圈;
4—磁力线;5—绝缘体;6—坯料。

电磁成形实际应用中,经常采用集磁器来控制磁场分布并保护成形线圈不受损坏。使用中集磁器承担了绝大部分的磁场力,可保护成形线圈不受损坏,但使用集磁器的缺点是能量利用率低。

5.3.7.3　电磁成形加工的工艺特点

1. 工艺特点

电磁成形具有许多显著的优点,非常适用于某些特殊零件的生产,电磁成形的主要优越性是:

(1) 可以很方便地实现高速成形,每分钟可工作数百次,具有与普通冲压加工相近似的生产效率。

(2) 可以方便地实现各种工艺参数和成形过程的控制,所以容易实现生产过程的机械化和自动化。

(3) 电磁成形工艺不产生摩擦,无需润滑剂,也就省去了后续的清理工序,因此,对生产环境没有特殊要求,不会造成环境的污染和危害,可以在普通的金属加工厂内应用。

(4) 电磁成形机没有运动部分,维护工作十分简单,也不会出现机械压力机因使用不当而出现的超载损坏等问题。

(5) 电磁成形工艺装备及模具十分简单,只需一个凸模或凹模即可实现加工,所以模具及工装的费用低。

(6) 电磁成形可以实现金属和非金属的连接和装配,对装配前的零件加工精度无特殊要求,并且不必担心非金属装配零件的损坏。

(7) 电磁成形时,毛坯的变形不是由刚体模具的外力,而是由电磁力(体积力)引起的,因此,毛坯的表面不受损伤,可以将表面抛光工序等安排在成形加工和装配之前,而且可以减轻因刚体模具引起的局部过度变薄。另外,磁场可以穿透非金属材料,所以可以对有非金属涂层或放在容器内的工件进行加工。

(8) 电磁成形工艺适于加工铜、铝和低碳钢等良导体材料,对导电性能差的材料,加工效率低,但可以利用良导体做驱动片进行间接加工,或采用特制的高频率机器。

(9) 电磁成形的零件精度高,残余应力低,有利于提高产品的质量和使用寿命。

(10) 电磁成形过程中,在脉冲压力作用下,工件获得很大的加速度,可以大幅度提高材料的成形极限。

2. 电磁成形的应用范围

电磁成形技术主要应用于航空航天、兵器、汽车制造及电子等领域。如大型构件的精密校形、膜片无毛刺冲裁、异形管的加工、复杂外形管件加工、飞机操纵杆的连接、核燃料棒的成形、核废料容器的密封等。在汽车制造业中,正在兴起的冲压－电磁成形复合工艺可以大户提高铝合金覆盖件的成形极限和精度。另外,超大型电磁成形设备已被用于火箭上燃料室零件的生产以及飞行器气体涡轮发动机热交换胎的连接。

电磁成形可广泛应用于管材的胀形、缩径、冲孔、翻边和连接;板材冲裁、压印和成形;组装件的装配;粉末压实;电磁铆接及放射性物质的封存等,对一些特殊零件是优先选用的方法。

(1) 管坯胀形。管坯胀形是电磁成形中应用较多的工艺方法,主要有管坯的胀形、冲侧孔及其翻边、校形、管端翻边、扩口及异形管成形等。电磁成形时,因为管坯的变形速度快,变形分布均匀,而且变形硬化不显著,所以材料的成形性得以提高。与静态冲压相比,电磁成形方法可以使胀形系数提高 30%~70%。研究表明改变胀形线圈结构,就会改变磁场力的分布,从而可以控制坯料的外形。因此采用异形线圈胀形可以实现磁场力的分布控制并进而实现无模成形[25]。

(2) 管坯缩径。当线圈外置时,很容易实现对管坯的缩径变形。应用该工艺可实现管坯的局部缩径、管端的缩口等。外置线圈的连接工艺,就管坯的变形性质来说,也是缩径变形。电磁缩径成形与常规冲压成形一样,其成形极限主要受管坯失稳起皱限制,因此,防皱和消皱是管坯缩径需要解决的关键技术。

带芯轴的缩径工艺是预防起皱的有效方法。利用钢质芯轴可以显著地提高成形极限。因为芯轴防皱的机理是管坯在电磁力的作用下向芯轴冲击时对起皱部分校平,因此芯轴的尺寸不能太小并且要适当润滑,以便于变形过程中金属的纵向流动。

（3）平板毛坯成形。平板毛坯成形可分为自由成形和有模成形两种形式。自由成型主要用于精度要求不高的锥形件成形；有模成形常用于压印、压凹、曲面零件成形和冲裁等。由于平板毛坯磁脉冲力分布不均匀，从而影响成形质量。一般，自由成形零件的外形难控制，而有模成形存在零件的贴模性差的问题。

（4）电磁冲裁。电磁冲裁时，磁场力使驱动片向下运动压迫弹性介质，使工件在模具作用下实现高精度冲裁。电磁冲裁与普通冲裁相比，成形设备、模具简单易用，成形效率高，工件的断面平整光滑，无圆角，几乎没有毛刺。因而，电磁冲裁要优于普通冲裁，如果能将其实际应用工业生产中必将带来巨大的经济效益。

（5）电磁铆接。电磁铆接是基于平板电磁成形技术基础上发展起来的一种铆接工艺方法。当充电的高电压电容向线圈放电时，驱动器受电磁力作用而挤压铆钉，因而铆钉两端同时受冲击压力而在很短的时间内产生塑性变形，将不同材质的板料铆接在一起。

电磁铆接属冲击加载，加载速率高，应变率大，材料的变形方式不同于压铆等准静态加载。目前，国内虽然已经开发了高电压电磁铆接设备和低电压电磁铆接设备，但实际的工艺应用还很少。

（6）粉末压实。粉末压制成形技术是一种机械零件先进制造技术，目前全世界汽车工业用粉末冶金零件占其总产量的70%~80%，优化和发展粉末冶金压制工艺和棋具设计已成为粉末冶金工业发展的研究热点。在能量控制与成形效率方面，电磁粉末压实优于其他粉末成形方法，该工艺有可能成为一种既能得到较高压实密度制品，同时又能最大限度地减小成分偏析和晶粒长大等不利影响的粉末压实方法，在纳米粉末成形中具有广阔的应用前景。

（7）电磁校形。电磁校形是管件电磁胀形的一种应用，主要用于提高管件圆度。因为电磁成形是高速非接触加工且工装简单，因此，工件的残余应力、回弹小，表面质量高，生产周期短，单件成本低。

（8）连接工艺。连接是电磁成形的主要应用之一，利用电磁成形技术可实现管-杆、管-管、管-板的连接，不但可用于金属（包括异种金属）之间的连接，而且可用于金属与玻璃、金属与陶瓷及金属与橡胶软管之间的连接装配。电磁连接方法工装简单，与零件无机械接触，不损伤零件的表面，加工能量可准确控制，能实现零件的精密连接装配。对于一些特殊的零件电磁连接是优先选用甚至是唯一可采用的工艺方法。

（9）复合工艺。高速成形技术的一个潜在的应用方面是铝合金轿车车身的制造方面。当用普通冲压工艺以低速变形（或准静态）加工铝合金时，由于其成形极限远低于钢，在高应变区极易产生撕裂；其刚度低，容易产生回弹，零件在卸载之后产生扭曲,因此大大降低了尺寸精度。所以,使用常规的冲压工艺很难对铝合金进行精确加工。

目前,一种解决铝合金汽车覆盖件成形问题的可行的方法是采用复合工艺。这种方法把传统的冲压成形和局部电磁成形结合在一起。进行复合加工时,首先采用普通冲压的方法对工件进行最大限度的预成形,成形工件中易成形的部分;然后,采用嵌入到模具中的线圈对预成形工件上的尖角、复杂形状和尺寸精度高的部位进行最终成形,整个变形过程在压力机一次行程中完成,大大提高了零件的加工精度。

3. 电磁成形技术展望

电磁成形技术与其他成形工艺方法相比有很多优点,如生产条件好,无污染,便于组织生产,易于实现机械自动化,生产效率高等,尤其对于一些特殊零件电磁成形几乎是唯一可以选用的工艺方法。因此,电磁成形比其他高能率方法得到了更加广泛的应用。

电磁成形的工艺应用会越来越广泛。除了前面介绍的应用外,还可以实现对玻璃容器中的金属件的定位、成形和装配,这是其他工艺难以实现的。利用高速率的特点可以成功应用于复合材料的冲裁和成形。

可以预见,电磁成形作为一种特点鲜明的加工技术,将会得到越来越广泛的应用。尤其在管零件加工、校形、连接装配、密闭容器的封存、复合材料及难成形材料的加工,铝合金结构件的复合加工等方面具有广阔的应用前景。

5.3.8 爆炸成形

5.3.8.1 定义

爆炸成形是利用爆炸物质在爆炸瞬间释放出巨大的化学能对金属毛坯进行加工的高能率成形方法。

爆炸成形具有能量高、压强大、变形速度极快的特点。这种加工方法可以使材料充分变形,而且贴模较好,零件精度较高。爆炸成形使用的工艺装备比较简单,受设备条件限制小,成本较低。基于以上优点,爆炸成形在卫星结构零件的制造中也得到应用,特别对大型零件和高强度、低塑性材料的零件成形,更具优越性。但是,爆炸成形也有局限性。由于爆炸时产生的噪声和安全问题使其只能在室外场地进行。此外,由于生产辅助时间长,生产效率低,使其只适合单件小批量生产。20世纪80年代发展起来的封闭爆炸技术使爆炸成形向机械化、工厂化生产迈出了重要的一步[22]。

5.3.8.2 爆炸成形原理

炸药爆炸时,炸药的化学能在极短的时间里转化为周围介质(水、空气等)中的冲击波和高压气团,并以脉动的形式作用于坯料,使其产生塑性变形。在工程实际应用中,通常用TNT炸药和泰安(PETN)炸药,介质通常用水。炸药在水下爆炸后,形成强烈的冲击波和水的扩散运动,炸药爆炸处形成高压、高温和迅速膨胀的气团。当冲击波向外扩张时,气团内压下降,至气团形成负压时,周围的水又压缩气团并使气团缩小,致使气团内压力又升高;当气团内压力升高到一定程度时,气团又膨胀,在水中形成第二次冲击波。经过多次脉动以后气团压力大为衰减,直至气团最后逸出水面而结束爆炸过程。冲击波的动能和气团膨胀的位能变为水的动能,其中一部分动能作用于零件坯料上,变为零件成形所需的能量。

5.3.8.3 爆炸成形过程

冲击波对毛坯的作用时间为微秒级,仅占毛坯变形时间的一小部分。这种异乎寻常的高速变形条件,使爆炸成形过程的变形机理及过程与常规冲压加工有着根本性的差别。

药包起爆后,爆炸物质以极高的传爆速度在极短的时间内完成爆炸过程。位于爆炸中心周围的介质,在爆炸过程中生成的高温和高压气体的骤然作用下,形成了向四周急速扩散的高压力冲击波。在爆炸中心一定距离上的冲击波是时间的函数。当冲击波与成形毛坯接触时,由于冲击波压力大大超过毛坯塑性变形抗力,毛坯开始运动并以很大的加速度积累自己的运动速度。冲击波压力很快的降低,当其值降低到等于毛坯变形抗力时,毛坯位移速度达最大值。这时毛坯所获得的动能,使它在冲击波压力低于毛坯变形抗力和在冲击波停止作用以后仍能继续变形,并以一定的速度贴模,从而结束成形过程。

5.3.8.4 工艺参数选择

爆炸成形所用药包可以是铸成的、压实的或粉末状的。常用电雷管作为起爆物质,用起爆器起爆。

爆炸成形需要确定的工艺参数主要是围绕装药的一些内容,如药形、药位、药量等[33]。

1. 药形

目前生产中常用的药包形状主要有球形、柱形、锥形及环形等。应该根据零件变形过程的特点和所要求的冲击波阵面形状来确定药包形状。药包形状选择见表5.3.3所列。

表5.3.3 不同零件的药包的形状

零件特点	药包形状
球形、封头形零件	球形、短柱形、锥形
大型封头类零件	环形
大型浅底平面类零件	平板形、网格形
大型复杂零件	多点药包用导爆索串联

球形药包在低药位情况下,对毛坯作用载荷不均匀,中央部分载荷大,边缘部分载荷小。因此,零件顶部变薄严重。

柱形药包一般可分为长柱药包和短柱药包两种。长柱药包由于端面冲击波和侧面冲击波相差太大,故不宜在爆炸拉深中使用,而多用于爆炸胀形;短柱药包常用来代替球形药包。

锥形药包爆炸后顶部冲击波较弱,而两侧较强,因而用于拉深法兰部分毛坯的流入。

环形药包常用于大型封头零件成形。使用环形药包时,应在引爆端的对侧空出 10~16mm 不装药。空隙内可添纸或木塞,并在该处毛坯上垫一层砂或铺以橡胶,以防止该处因冲击波的汇合、局部载荷过大而引起毛坯过渡变薄甚至破裂。

2. 药位

炸药与毛坯之间的相对位置称药位,它也是爆炸成形的重要参数之一,它与药形的正确配合,是获得所需冲击波阵面形状的保证。

对于轴对称零件,药包的形状也是轴对称的,其中心点应与零件的对称轴线重合。对于球面零件,过低的药位将引起中心部分的局部变形和厚度变薄。而药位过高,必然导致药量的增加,对模具和装置具有不利影响。

药位的选择除与零件形状有关外,还与零件的材料性能和相对厚度有关。对于强度高而厚度又大的零件,药位可低些,反之应高一些。

3. 药量

药量的正确选择对爆炸成形是至关重要的。药量过小,将使变形无法完成;药量过大,将使零件破裂甚至损坏模具。目前,爆炸成形所需药量的理论计算方法还很不完善。通常是根据经验对比的方法对药量做初步估算,然后逐步加大药量的方法最后决定合适的药量。

实际应用中,各种成形工艺的变形功的计算存在很大困难。因此,当前常用比较冲击波最大压力 p_{max} 和成形所需静压力 p 的间接方法做粗略计算,即

$$p_{max} > Kp \tag{5.3.29}$$

式中:K 是增大系数,其值决定于毛坯变形量,也就是决定于塑性变形功的大小。对变形量很小的校形,$K \approx 3$;对于变形量不大的胀形,取 $K = 5$;对于变形量较大的拉深工艺,可取 $K \geq 10$。

5.3.8.5 传压介质及环境

爆炸成形一般在有限水域中进行,水的可压缩性小,传压效率高,水的阻尼作用可减小爆炸声响及振动,还能保护坯料表面,个别情况也可用细砂、空气作介质。介质水盛于模具上的水帽或护筒内,批量生产一般建有专用的水井,模具与药包全放在水井内。药包中心距水面的距离称为水深,当其他参数不变时,水

深 H 值增大,零件成形平滑度和质量将有所改善,但 H 值超过某一临界值后,则其影响不大。薄板零件成形时,临界水深一般取 1/3~1/2 模口直径。

5.3.8.6 爆炸成形的坯料和模具

坯料的几何形状、尺寸大小、厚度、材料的强度和塑性等数据都是爆炸成形工艺的重要参数。材料的状态一般为退火状态,要求表面光整、无裂纹缺陷等。根据零件的几何形状和厚度尺寸要求,通过试验确定坯料的厚度,成形后零件的变薄率一般在 10%~20%。

爆炸成形模具分为无底模和有底模两类:无底模成形,零件尺寸精度难于控制,较少采用;有底模成形,一般需要抽真空,然后爆炸成形。薄板零件用有底模爆炸拉伸时,如果模腔内真空度不高,在坯料即将高速贴模时,模腔剩余空气被压缩,由于压力-温度效应,空气会瞬时升至很高温度,对零件和模具表面都会产生烧蚀作用,在坯料上载荷消失后,压缩了的气体膨胀,使零件形成凸包。试验证明,模腔具有 6.66×10^{-2} Pa 的真空度即可获得良好的零件外形,零件的外表面的质量与模腔的表面质量有密切的关系。由于坯料高速贴模时的撞击作用,模具型面上的刀痕、缺陷都会反映到零件表面。因此,控制模具型腔表面粗糙度是十分必要的。为了防止零件起皱变薄,在坯料的凸缘处应施加一定的压边力,对于大型薄壁零件必须加压边圈,压边力数值并不要求很大,因为坯料在爆炸力成形过程中,在压边圈上产生的惯性力可达自重的几百倍,因此能很好地起到防皱目的,常用爆炸成形模具通常用为锻造合金钢、铸钢、球墨铸铁、锌合金和水泥材料制成的本体,再加上玻璃钢或环氧树脂衬里。锻造合金钢、铸钢常用于尺寸精度高、厚度大、强度高、形状复杂的零件爆炸成形模具,如高压气瓶半球壳的成形模具等,球墨铸铁常用于一般黑色金属与有色金属的大型薄壁球壳零件成形模具。

5.3.9 增量压弯成形技术

5.3.9.1 原理和特点

增量压弯成形是由专用压力机驱动压头在整体壁板表面上按一定的轨迹分段逐点进行局部三点弯曲变形,通过逐次的变形累积使整个壁板表面成形为所需的外形,如图 5.3.33 所示[26]。

图 5.3.33 增量压弯成形原理图

采用增量压弯工艺成形网格式带筋整体壁板的优点是[27]：

(1) 变形力大，可成形各种带筋结构件；
(2) 模具的通用性强，制造成本低，对产品外形尺寸的适应性强；
(3) 由于是局部增量成形，所需设备吨位小。

增量压弯工艺的主要参数包括凸模的压下量、压弯路径、弯曲次数等。由于整体壁板主要由纵横交错的加强筋和腹板组成，而腹板的厚度与壁板总的厚度相比很小，因此，成形时整个壁板的外形变化主要取决于筋条的变形情况。

对整个壁板来讲，筋条所在的位置为强区，根据强区先变形的原理，压弯点应为弯曲线与筋条的交点，从而确定了压点的位置。在压弯过程中，随着下压量的增大，经常受力的表面有可能发生损坏，故需要垫片来保护筋条的受力表面。在壁板由弹性变形进入塑性变形阶段后，压下量要缓慢增加，避免壁板弯曲过量，以至无法修复。压弯过程中蒙皮部分始终处于弹性变形区，整体壁板的外形主要依靠筋条的塑性变形而获得。壁板成形过程中，筋条处的应力状态最为严重，筋条与蒙皮过渡区处于三向拉应力状态，同时有剪切塑性应变发生，容易导致该处开裂。对于高筋条来说，还容易导致失稳现象。由于蒙皮的弹性回复，成形后的壁板有较大的残余应力[28]。

5.3.9.2 应用情况及前景分析

增量成形是 20 世纪 90 年代国际上刚刚兴起的一项柔性加工技术，英国、日本等国家对其进行了一些研究。日本 Amino 公司采用单点增量成形技术，即在数控机床将刀具换成冲头，程序控制下走预定轨迹，进行板材成形，成功完成复杂零件的成形，并已经应用于成形 6m 长的新干线火车头覆盖件。2005 年，本田汽车公司利用增量成形技术成功制造了"S800"跑车引擎罩等产品，并利用树脂作为压弯凸模，大大改善了零件的表面质量。德国已经研制了专门的增量成形机器人，大大提高了生产效率。在"十五"期间，我国北京航空制造工程研究所等单位发展了飞机整体壁板增量压弯成形技术，并研制了专用的成形设备和变形控制机构[29]。

板材零件增量成形作为一项柔性加工技术，不需要专用模具，是一种通过数字控制设备，采用预先编制好的控制程序逐点成形钣金件的加工工艺，成形极限较大，重复性好，可以控制金属流动，能够加工出形状复杂的自由曲面，适合于航天工业的小批量、多样化、形状复杂的板材零件加工，有着广阔的发展前景，但国际上对增量成形的研究仍然处于探索阶段，理论方面的分析比较少，对于该工艺的成形和控制方面还有待于发展完善，图 5.3.34 所示为增量压弯成形壁板。

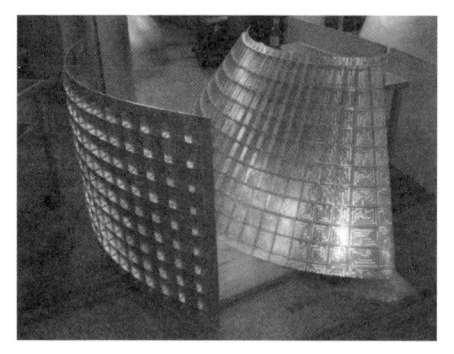

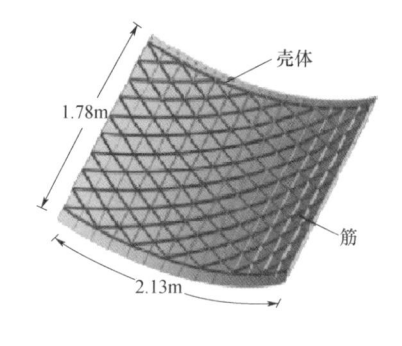

图 5.3.34　增量压弯成形壁板

5.3.10　多点柔性成形技术

多点成形技术属于柔性制造范畴,作为一种先进成形技术,它特别适用于三维曲面类零件的生产及新产品的试制,所加工的零件尺寸越大、其优越性越突出,特别适用于小批量、多类型的钣金零件的成形,该工艺已经逐渐被应用于飞机蒙皮以及汽车覆盖件的制造领域[30,31]。

5.3.10.1　原理及特点

多点成形作为一种金属板材三维曲面成形方法。其核心原理是将传统的整体模具离散成一系列规则排列、高度可调的基本体(或称冲头),如图 5.3.35 所示。在整体模具成形中,板材由模具曲面来成形,而多点成形中则由基体冲头的包络面来完成。各基本体的行程可独立地调节,改变各基体的位置就改变了成形曲面,也就相当于重新构造了成形模具。多点成形系统是将多点成形技术和计算机技术相结合的一种板料成形制造系统,此设备综合集成了 CAD/CAE/CAM 技术,并利用了多点成形的柔性特点,无须换模就可实现各种不同曲面的成形,从而实现多点成形;而且运用分段成形技术,可以实现利用小设备来成形大型件,使生产效率大大提高。

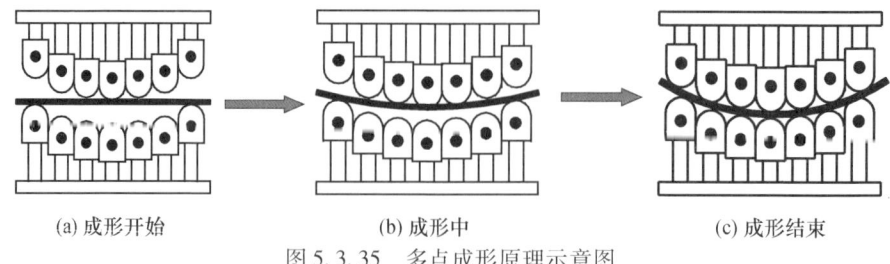

(a) 成形开始　　(b) 成形中　　(c) 成形结束
图 5.3.35　多点成形原理示意图

该技术具有下述主要优点:

(1) 实现了多点成形,节约了大量的模具材料及设计、制造费用,大幅度缩短了产品的开发生产周期。

(2) 改善了变形条件,实现优化的约束状态与变形状态,消除成形缺陷,获得高质量的成形效果。

(3) 无回弹变形,利用反复成形技术,可消除回弹,减小成形过程中产生的残余应力。

(4) 小设备成形大型件,利用多点成形柔性的特点,改善工具曲面形状,分段、逐次的成形工件,可实现小设备成形大尺寸工件。

(5) CAD/CAM 一体化。

5.3.10.2 应用情况及前景分析

多点成形的研究起源于日本,同时美国、欧洲等发达国家有很多科研机构都相继投入经费开展多点成形的研究,并取得了一定成绩。日本、美国等国家的学者与工程技术人员为开发多点成形技术进行了很多的探讨与研究,制作了不同的样机,但大都只能进行变形量较小的整体成形。自 20 世纪 80 年代以来,美国麻省理工学院 D. E. Hardt 的研究室对多点模具成形进行了多年的研究。最近麻省理工学院与美国航空航天技术研究部门合作,投入 1400 多万美元的经费开发出多点张力拉伸成形机[32-33]。

吉林大学李明哲[34]教授率先开始了这方面的研究,并取得了一定成果。现如今部分多点成形加工的零件已经应用于实际,计算机控制的多点成形压力机也已形成系列产品,利用多点成形压力机已成形出大量的形状复杂、变形量大、表面光滑的样件和产品。如图 5.3.36 所示,多点成形压力机已经应用于高速列车车头、船舶外板、建筑物内外装饰板及医学用颅骨骨板领域中。

(a) 车头覆盖件　　　　　　(b) 成形"鸟巢"钢结构板

图 5.3.36　多点成形结构件照片

多点成形技术作为一种先进的柔形成形技术,与模具成形相比,不但节省巨额加工、制造模具的费用,而且节省大量的修模与调模时间。与手工成形方法相比,成形的产品精度高、质量好,并且显著提高生产效率。

在航天器中的应用,可以进一步提高卫星、飞船中金属板材曲面成形件的加工质量,减小零件变形,缩短生产周期,提高生产效率,满足卫星板材成形件小批量生产的需求,在航天器研制中的具有广泛的应用前景。

5.3.11 蠕变时效成形技术

5.3.11.1 原理及特点

金属蠕变成形又名金属蠕变时效成形(Creep Aging Forming,CAF)技术,在航空航天领域得到了广泛的应用,用于制造金属板类零件,从而提高力学性能并大大减少制造成本。时效成形基于应力释放现象和高温软化现象。不同于其他的成形技术,蠕变时效成形可以在屈服点以下成形,且变形量的多少与时效温度与时间有直接的关系。

蠕变成形的一个典型特征就是必须通过工具使零件具有一定的变形,在加热过程之中要保持加载,依据材料蠕变(应力释放)和时效机制,当热循环结束,夹持被移开之后,弹性变形中的一部分会保持下来,蠕变成形具有很高的精度和可重复性。

1. 加温下的应力松弛效应

应力松弛是指有弹性变形的零件和材料,在保持总应变量不变的条件下,内部应力随时间自发地逐渐降低的过程。若将冷压成形后有回弹翘曲的零件重新压贴在模具或夹具上,保持形状不变,加温并保持一定时间,总应变中的弹性部分将逐渐转变为非弹性应变,同时与其对应的应力也将逐渐减小,达到校形的目的。决定松弛效果的主要因素是温度,温度对于应力的影响最大,温度越高,应力降低越快、越多。时间越长,应力降低也越多。但当温度不够高时,尽管延长时间,应力松弛也有限,每种材料在一定温度下都存在某一应力松弛极限[35]。

2. 材料的高温软化

高温软化作用即为金属材料在加热后,随着温度升高,屈服强度降低,弹性模量与应变硬化也减小。如果材料内部有一定的应力,室温下该应力为完全弹性的,当温度升高达到甚至超过材料的屈服点时,总弹性应变中的一部分就会转化成塑性应变。

5.3.11.2 应用情况及前景分析

波音、麦道和洛克威尔等飞机公司在80年代已开始将蠕变时效成形技术用于7075-T6铝合金马鞍形蒙皮校形,并用该方法成形出30.5m长的机翼上壁板。洛克威尔公司发展了热压罐中时效成形工艺,用于成形B-IB飞机的2124和2149合金机翼整体壁板,长15.25m,根部宽2.74m,外端0.9m,制造的大型壁板表面光滑,形状准确度高。装配贴合度可控制在0.25mm以下,内应力小,尺寸稳定,重复性好。我国为解决飞机复杂形状厚蒙皮的精密成形问题,从1989年开始,对铝合金时效应力松弛校形进行了系统研究,在S形厚蒙皮上的应用,取得良好的效果,并且推广应用于运载火箭大型滚弯带筋壁板的校形[36]。

2006年试飞成功的"空中客车"A380,由于其体积庞大而著称于世,其翼板更是长33m,宽2.8mm,厚度3~28mm,误差要求0~1mm,如图5.3.37所示。主要分为三步来实现蒙皮的蠕变时效成形,首先将蒙皮放入依据回弹量设计的机械平台内,带有凹槽等形状,然后用真空袋包裹零件严密,以便其能继续固定于成形工装内,接着利用设备抽走真空袋内的空气,利用外界的大气压力产生锁紧、箍位的作用,最后将工装、零件以及真空袋置于自制的高温加热炉内蠕变成形,最后得到了精确的成形零件[37]。

(a) 蠕变成形之前的右翼蒙皮　　(b) 蒙皮运送过程

(c) 在入高温炉蠕变成形之前包裹蒙皮　　(d) 高温加热设备

图5.3.37　A380右翼蒙皮成形过程

国内,在某型运载火箭的三子级推进剂箱体采用了网格壁板,材料为LD10,厚6.5mm,零件展开尺寸为1322mm×2359mm,内表面数控铣切加工出多种规格的筋条和网格,再滚弯成圆弧形。典型网格尺寸为170mm×170mm,厚度2.5mm,最薄处1.5mm,筋高6mm。成形精度要求,母线直线度1.5mm,两端不大于2.5mm,外弧面与反切外样板间隙不大于0.5mm。以往因滚弯后母线直线度超差达3~6mm,曾用滚弯、压弯和喷丸等多种方法校形,均未能满足设计要求;后改用蠕变时效技术校形,取得良好效果。

蠕变时效成形是一种简便而有效的方法,工艺参数仅为成形温度和时间,由成形工装、加热设备保证,因此,在航空航天大型壁板整体制造中具有广泛的应用前景。

(1) 曲率较小大型的板材结构,包括壁板结构。

(2) 可采用蠕变时效技术对滚弯成形件进行校形。

5.4 钣金制造技术的发展趋势

5.4.1 航天领域需求分析

航天器具有轻量化、精确化、集成化、结构功能一体化和整体结构制造等要求,另外,载人航天有大型化的特殊需求。

(1) 轻量化、长寿命的要求。随着航天飞行器性能的不断改善,对零件的轻量化、长寿命等指标提出了越来越高的要求,因此在现代飞行器的结构设计中大量地采用了整体结构,其中整体壁板结构是现代飞行器普遍采用的高效率结构,也是提高飞行器综合性能的主要途径和措施。网格式整体壁板是国际上公认的具有高结构效率的壁板类结构件,广泛应用于现代先进的航空航天飞行器中,如飞机的中央翼和外翼整体壁板、进气道壁板、运载火箭的燃料箱整体壁板以及航天飞机、空间站的整体壁板等,整体壁板的制造水平从一个侧面也反映了一个国家现代飞行器的制造能力,在国防建设上具有重要的意义。

整体壁板的加工过程为:厚板坯经校平后在数控铣床上加工处各种结构要素(如加强筋、凸台和孔等),然后经过必要的去应力热处理和裂纹检测,再在专用设备上成形处所需要的外形。有些整体壁板的蒙皮上覆盖有网格状的加强筋,这些筋条的存在虽是整体刚度的需要,却给壁板成形带来很多困难。网格筋条壁板除了弦向筋条的弯曲成形外,纵向筋条也会产生相应的变形,使整体壁板的成形过程变得复杂。

(2) 大型化的需求。从飞船到空间实验室到空间站(图5.4.1),尺寸的逐步增大(直径2~4m),因此,迫切需要解决大型构件的成形问题。

(3) 单件小批量生产的需求。

图 5.4.1 空间站示意图

5.4.2 发展趋势

随着航天事业的不断发展,需要大量采用大型整体复杂薄壁壳体以减重和提高整体性能和结构效益;同时,随着新型材料的不断使用,迫切需要发展新型难加工材料成形技术。

5.4.2.1 自动化、数字化和智能化对钣金制造技术的推动作用

板材成形的自动化,包括自动化冲压生产线、自动成形机、柔性加工系统(FMS)等技术。随着计算机和控制技术的发展,可以实现对成形时冲头速度、位移、载荷、温度等多种参数的自动控制,使得钣金的成形过程可以按照预先设计好的方式和参数曲线进行,这使板材零部件的精度、形状的复杂性和生产效率得到充分的提高,并可以使材料的塑性变形能力得到最大限度的发挥。生产过程信息化和自动化是建立在大量数据积累和控制过程,如板材零件的增量成形和多点成形技术。作为一项柔性加工技术,不需要专用模具,是一种通过数字控制设备,采用预先编制好的控制程序逐点成形钣金件的加工工艺,成形极限较大,重复性好,可以控制金属流动,能够加工出形状复杂的自由曲面,适合于航天工业的小批量、多样化、形状复杂的板材零件加工,有着十分诱人的发展前景。

虽然自动化在板材成形中的应用,已经大大地提高了生产率。但是,由于不具备在线监测、识别和预测的能力,只能按照预先设定好的加工程序和工艺参数完成成形过程。板材智能化成形技术,弥补了自动化生产技术的不足,是冲压成形过程自动化及柔性加工系统等新技术的更高级阶段。金属板材成形智能化控制技术根据被加工对象的特征,利用易于监测的物理量,在线识别材料的性能参数,预测最优的工艺参数,并自动以最优的工艺参数完成板材成形过程。其成形控制过程主要包括下面四个方面。

（1）实时监测:采用有效的测试手段,在线实时监测能够反映被加工对象特征的宏观力学参数和几何参数。

（2）在线识别:控制系统的识别软件对在线监测所获得的被加工对象的特征信息进行分析处理,结合知识库和数据库的已有信息,在线识别被加工对象的材料性能参数和工况参数。

（3）在线预测:根据在线识别所获得的材料性能参数和工况参数,以板材成形理论和经验为依据,通过计算或者通过与知识库和数据库中已知的信息比较来预测当前的被加工对象能否顺利成形,并给出最佳的可变工艺参数。

（4）实时控制:根据在线识别和在线预测所得的结果,按系统给出的最佳工艺参数自动完成板材成形过程。

5.4.2.2 高性能精确成形的建模仿真与优化

模拟仿真与优化技术是提高零件成形质量、节约时间与成本,加快先进材料

的高性能精确成形制造研究与开发不可缺少的关键主流技术,对于大型与复杂件的精确成形过程研究与开发更是如此。随着计算机技术和数值计算方法的发展,有限元法成为主流塑性成形过程计算模拟仿真手段,为成形制造零构件的结构与形状设计及成形制造过程的优化控制,预测零构件性能和使用寿命等。高性能精确成形制造要求模拟仿真的研究由建立在温度场、速度场、变形场基础上的旨在预形状、尺寸、轮廓的宏观尺度模拟进入到以预测组织、结构、性能为目的的多尺度全过程模拟仿真与优化。

目前,有限元法不但实现了变形过程模拟,提供应变、应力、位移、变形速率等常规数据,还可以实现热力耦合、电热耦合等计算,既可以实现不同温度和变化温度场内的变形计算,给出每一节点和位置的温度分布。通过有限元法可以预测板料冲压过程中的局部减薄、起皱等缺陷;近年来,人们更致力于塑性变形过程的组织模拟预测,由于塑性变形过程不仅是变形过程,也是依靠变形实现材料组织控制的过程,预测材料塑性变形过程的动态再结晶、晶粒长大,甚至相变过程,给出组织的定量数据。因此,全过程、多学科、多尺度、多功能机高精度、高效率是高性能精确成形制造过程建模仿真与优化领域的主要发展趋势,将实现多场和多尺度模拟的整体优化设计和成形全过程的数字化。

5.4.3 高能能量场辅助成形技术

随着现代工业自动化的发展与全球能源环境危机的日益加重,高强能量场在材料加工中的应用已经引起国内外学者的广泛关注,主要包括了电场、激光、电磁场和超声波等。

5.4.3.1 脉冲电流辅助成形技术

1. 原理和特点

脉冲电流辅助成形技术是一种利用低压高强度脉冲电流作用于合金时产生焦耳效应和电致塑性效应使板料温度升高、塑性提升,进而提高材料成形性能的工艺。与传统热成形工艺相比,脉冲电流辅助成形采用加热成形一体化的设计,减少了坯料从炉体内运输到成形设备上造成的热量散失以及高温坯料带来的氧化。同时,脉冲电流在材料微观层面所产生的电致塑性效应使电子流与位错发生交互作用,即"电子风力"作用于晶体内的位错,从而对材料组织结构和性能产生影响,提高材料塑性,提高成形质量和效率。近年来,随着新材料及新工艺研究的不断深入发展,特别是高密度脉冲电流在材料的制备及加工过程中的应用越来越受到重视,因此被广泛用于热冲压、轧制、锻造、冲裁及拉拔等领域。

电致塑性效应:电流对金属材料影响的研究可以追溯到19世纪,1861年M. Geradin在铅锡、汞钠熔融合金中观察到了原子在电流作用下出现的运动现象;而在一个世纪后,苏联学者 O. A. Troitskii 证实了电流对金属塑性变形也存在显著的影响,如图 5.4.2 所示,在经受塑性变形的锌单晶在电子辐射期间,流动应力明显下降,而且当电子束方向沿着(0001)滑移面时,能够有效提高材料的塑性[37,38]。

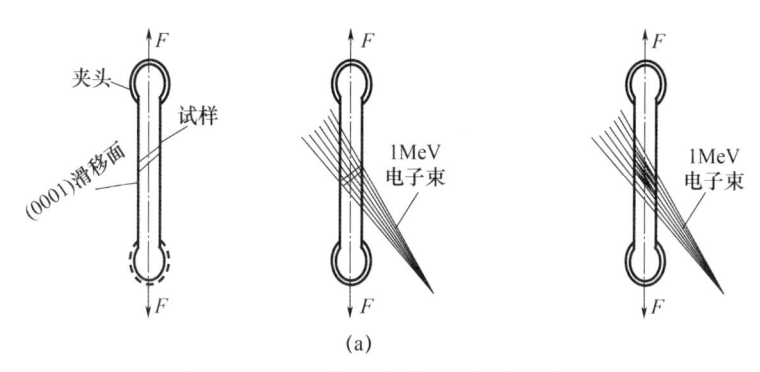

图 5.4.2　电子辐照锌单晶的拉伸示意图

此后国内外学者相继开展了脉冲电流对金属材料物理性能影响的研究,提出了电迁移、电激活位错、磁压缩效应、集肤效应及热效应等,试图对电致塑性内在的影响机制进行解释论证,但目前尚未有较为统一的定论。其中较为认可的观点主要包括两个:①当高密度脉冲电流通过材料时,能够产生大量定向运动的自由电子(电流),这些定向运动的自由电子不断的定向轰击晶粒内部的位错,促使位错攀爬、移动,即等效于大量自由电子的定向运动对位错施加了一个电子风力,提高材料的塑性。②高密度的脉冲电流在极短的时间内将巨大的能量输入到金属材料中,由于电流冲击及内能提高促使原子的热运动能力提高,增强了原子的热扩散能力,提高了晶粒内位错攀爬、滑移开动的能力,从而提高了材料的塑性变形能力。

电流处理对微裂纹愈合的影响:当脉冲电流通过含有裂纹缺陷的金属薄板时,裂纹的存在阻碍了电流的正常通过,并以绕流的方式通过裂纹,因此在裂纹尖端附近区域的电流密度会急剧增大,由此在裂纹尖端附件产生局部的高温高压,引起金属板内部电磁热和弹性应力场发生变化,正是在这种热压应力的作用下,裂纹两侧会相互挤压,抑制裂纹的扩展,起到了裂纹修复的作用。图 5.4.3 所示为脉冲电流处理前后 TC4 板材试样中同一条裂纹的微观形貌[50]。结果展现了高强脉冲电流处理后,微裂纹尺寸被极大缩小,值得指出的是其尖端附近甚至已经基本愈合,从而验证了脉冲电流通入板材坯料能够抑制裂纹的扩展,起到了裂纹修复的作用,从而减少板材坯料中的缺陷数量,提高材料的性能。

(a) 处理前　　　　　　　　　　(b) 处理后

图 5.4.3　脉冲电流处理前后 TC4 板材微裂纹形貌

2. 应用情况及前景分析

图 5.4.4 所示为脉冲电流辅助热拉深成形工装,采用脉冲电流加热与热拉深成形模具一体化设计,整个实验工装由脉冲电流控制系统、电极液压升降系统、模具加热系统和拉深成形系统组成。SiCp/2024Al 复合材料板材直接置于成形模具中,通入高密度脉冲电流加热,随着温度达到板材成形温度,迅速的进行断电拉深成形。

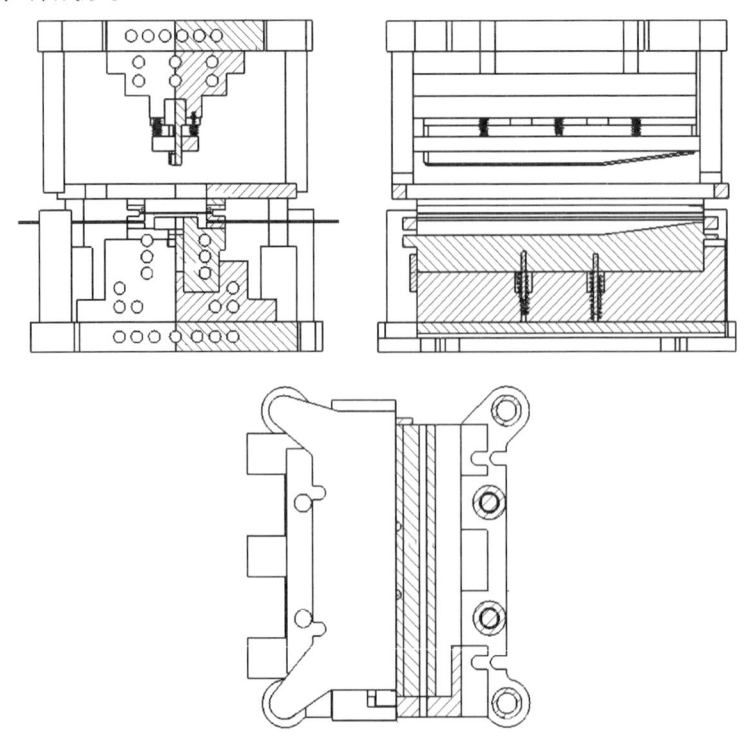

图 5.4.4　脉冲电流辅助成形工装装配图

基于脉冲电流辅助成形热力耦合有限元分析，曲-拉深复合成形过程中板材的最大变形量小于拉深成形，翅片部位的受力与变形情况优于弯曲成形，因此桁条零件的成形工装设计采用弯曲-拉深复合成形方案。

脉冲电流辅助拉深成形系统（图5.4.4）主要包括上下模具、滑动型芯、压边圈等。SiCp/2024Al复合材料板材被剪裁为380mm×105mm×1.6mm的矩形坯料，采用气动喷壶对预热至80℃的SiCp/2024Al复合材料板材矩形坯料进行水基石墨润滑剂的喷涂。其次，将喷涂水基石墨润滑剂的矩形坯料放入成形设备中，并安装不锈钢保温片，由液压系统提供电极夹持力，确保紫铜电极、不锈钢保温片与坯料良好的接触条件，降低接触界面的接触电阻，防止放电打火的产生。输入低压高强脉冲电流（21.4A/mm^2）对坯料进行加热，使用红外感应测温仪对坯料温度实时测量。脉冲电流所产生的巨大焦耳热使坯料温度迅速升高，当达到成形温度（400℃）时，保温5s后，关闭电源。随后，迅速抬升电极，并以4mm/s的成形速度进行SiCp/2024Al复合材料板材的断电拉深成形。整个工艺过程快速、连续的进行，大约耗时60s完成整个工件的拉深成形。最后对拉深成形的工件采用热矫形工序确保尺寸精度，并进行相应的尺寸精度测量和荧光检测，从而确保工件的几何尺寸精度和无微裂纹产生。图5.4.5所示为SiCp/2024Al复合材料脉冲电流辅助拉深成形的零件，被成形的SiCp/2024Al复合材料零件表面质量良好、厚度均匀、无划伤和褶皱，尺寸精度达到±0.2mm，达到了实际工程使用的要求。实验的荧光检测结果显示，SiCp/2024Al复合材料零件圆角等易断裂区无显微裂纹产生，成形质量良好。与传统的热成形相比，脉冲电流辅助拉深成形技术具有加热快、效率高等优点，由于采用脉冲电流加热及成形一体化的设计，极大地减少了板材坯料在加热过程中产生的热损失和氧污染，提高了成形零件的质量。因此，脉冲电流辅助热成形技术在板材零部件的精密成形领域及批量化生产等方面具有巨大的发展潜力。

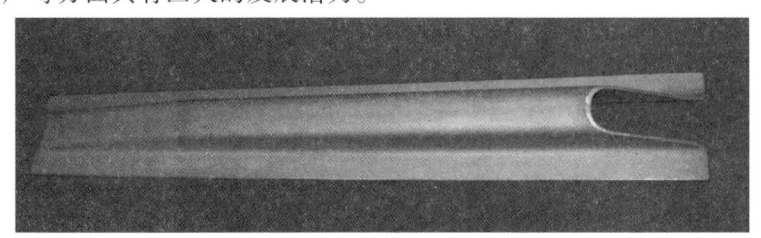

图5.4.5 对接段桁条零件

5.4.3.2 激光诱导柔性成形技术

1. 原理和特点

材料的应力—应变曲线随着温度而变化，温度升高，材料的屈服应力降低，如图5.4.6所示。因此在激光照射中，局部被高温加热的区域产生塑性变形，激光照射之后,热量向材料内部传导而迅速冷却,使加热部分收缩。由于有塑性变形区存在,因此材料不能恢复到原来的形状,而向下凹陷。最终的变形是两者的叠加。其成形机理如图5.4.7所示。

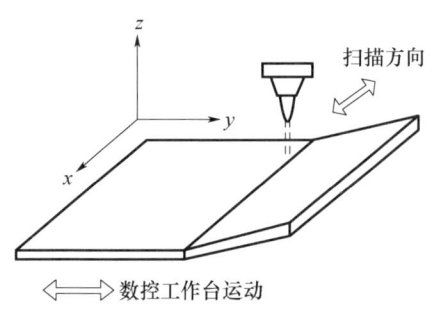

图5.4.6 激光热应力弯曲成形示意图

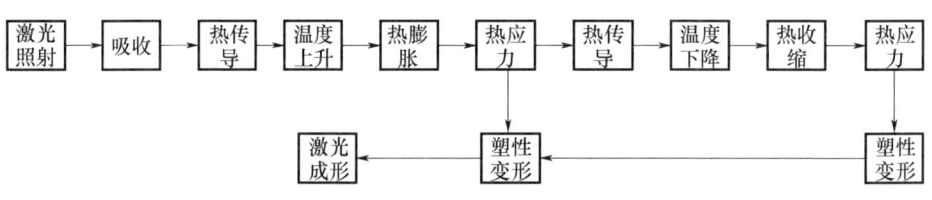

图5.4.7 激光热成形机理

从上述机理可以看出,激光热应力成形主要包括由两个阶段,即加热和冷却两个阶段。加热时,要求有聚焦或部分聚焦的高能激光束照射在要成形的金属板料表面,激光通过板料上表面(加热表面)和下表面的穿透梯度,使金属上表面在激光束的作用下进行延展、收缩,从而引起热变形。激光加热区域的冷却既可以采用自然冷却也可以用液体或气体随着激光束的运动在金属表面强行冷却。很显然,板料变形的速度和程度要依赖于激光的参数和材料性能。

根据激光成形过程中的工艺条件和所形成的温度场分布等的不同温度梯度机理、增厚机理、翘曲机理和弹性膨胀机理。

1) 温度梯度机理

温度梯度机理(TGM)是文献报道最多的激光成形机理,这种机理可以解释在平面外应变下实现弯曲。

高能激光束沿金属板料表面扫描时,当光束的能量密度较大而扫描速度又较快时,板料照射区域上表面瞬间(通常小于0.1s)加热至高温状态(不超过材料的熔点);而下表面由于没有直接受到激光的照射,其温度在这一短暂的过程中没有明显变化,此时在加热区的板厚方向上产生很大的温度梯度。根据温度对金属热膨胀量的影响,板料上表面的膨胀量远远大于下表面,从而使板料产生沿扫描轨迹背向激光源的弯曲,即反向弯曲。但是,由于未被加热区域抑制了反向弯曲的进行,使加热区域受到压迫,而金属材料的屈服极限降低,因而在此热应力的作用下,上表面处的材料产生较大的塑性变形,出现材料堆积。在冷却时,由于热传导的作用,被加热区域大部分热量流向周围区域,上表面附近的温度很快降低而下表面的温度逐渐升高,厚度方向温度梯度减小,光照区域金属的屈服极限升高,使加热过程中产生的材料堆积不能复原,而此时下表面附近的金属膨胀,使板料又产生面向激光源的正向弯曲。正反向弯曲变形的角度差,即为激光束一次扫描所形成的弯曲角。

2) 增厚机理

当激光束的能量密度和扫描速度都较小时,材料在加热区的温度梯度主要表现在板平面方向上。由于加热区域材料的热膨胀使材料产生堆积,所以在冷却过程中,这部分材料不能完全复原而产生板厚方向的正应变,即板料的增厚效应。增厚机理与翘曲机理相比,除了加热区域小以外,其他加工参数几乎一致。由于受到加热区周围的材料约束,材料沿厚度方向,几乎以常应变的方式被压缩。这导致了材料厚度方向增加而长度或宽度减少。通过正确的选择加热路径,将板材加工成特定形状的零件是完全可能的。

3) 翘曲机理

在加热区较大而且温度梯度较低的情况下,板料容易形成翘曲变形。当激光束的直径较大、板料的热导率较高、板厚较小时,在较大的加热区域内板料厚度方向的温度梯度很小,由于周围材料的约束使加热区产生了压应力;致使板料产生局部翘曲。由于翘曲部分的材料仍然受激光束的照射,其温度升高引起了材料屈服应力的降低,于是翘曲区中心的材料产生塑性变形,而此时翘曲区两侧以及扫描路径上的其他区域依然是弹性变形。随着光束与板料的相对移动,扫描路线上的其他区域相继产生塑性变形,当光束到达板料的另一例时,由于相邻材料的约束降低,翘曲区两侧的弹性反向约束减小,从而使板料产生一定的弯曲变形。利用这种机理,可以实现薄板料的成形,而且还能控制弯曲角是趋向还是背离激光束。这种机理也适合于管成形。

4) 弹性膨胀机理

当激光束只照射一个点或局部块时,在板料加热区导致的热膨胀要比温度梯度机制的大。由于膨胀潜力大,就会消除周围冷态材料对其产生的塑性压缩,而只剩下弹性膨胀压缩。这种压缩形成的内应力,将会导致板料产生纯的弹性变形,使板料出现小的反弹弯曲。采用这种机理,不能通过在同一个位置反复加热来加大变形量,因为这样会使上一次获得的弹性变形首先松弛,然后重复其膨胀过程。要使变形量增大,只能通过对邻近区进行点或块照射。

与常规成形相比,激光热应力弯曲成形有一些独特的优点:

(1)采用激光源作为成形工具,无需任何形式的外力,因其是一种仅靠热应力而不用模具使板料变形的塑性加工方法,因此属无外力成形。

(2)无模成形,生产周期短,柔性大,可不受加工环境限制,通过优化激光加工工艺参数,精确控制热作用区域以及热应力的分布,格板料无模成形。因不受模具限制,可容易地复合成形和制作各类异形件,克服了传统的模具弯曲所带来的成本高和生产周期长的缺点。

(3)热态成形,可成形在常温下难以成形的脆性材料和高硬材料。

(4)为非接触式成形,所以不存在模具制作、磨损和润滑等问题,也不存在贴模现象,成形精度高。特别适合大型工件、小批量或单件产品的原型制造。

(5)对激光束模式无特殊要求,易于实现成形、切割、焊接等激光加工工艺的复合化。

(6)可使板料通过复合成形得到形状复杂的异形件(如球形件、锥形件和抛物形件等)。

(7)成形过程无噪声、无污染,属于清洁、绿色制造范畴,被加工材料消耗少、参数精密控制和高度自动化等特性。

2. 应用情况及前景分析

激光诱导柔性成形的研究尚处于起步阶段,成形是在热态下累积成形,所以对常温下难变形的材料(比如铝合金、陶瓷和钛合金等)具有独特优势。轻量化壁板是航天器密封舱最重要的结构形式。轻量化壁板是由整块板坯加工而成的,不需要采用连接技术而将蒙皮与桁条隔框等加强部分制成一个整体的加筋板件,具有几何构型灵活,内型面筋条形式多样,蒙皮厚度可变,容易实现等强度设计,提高航天器的密封可靠性等有点。另外,轻量化壁板形式不仅大幅度提高了结构的强度与刚度,而且采用轻量化壁板可提高结构的密封性能和抗疲劳性能。轻量化壁板可带来明显的减重效果,可使结构减重约10%~30%。因此,轻量化壁板广泛应用于现代飞机、运载火箭、空间飞行器等结构。为了满足轻量化壁板柔性、高精度成形技术的需求,有效途径便是采用无模成形技术。激光柔性热成形技术具有能量集中,可精确控制,成形精度高;残余应力低、无回弹效应;属于热累积成形方法,适用于难成形材料的成形加工;洁净无污染,易实现自动化、顺应绿色、敏捷、柔性制造发展趋势等优势,适用于成形蒙皮类零件、壁板等复杂结构件。

钛合金在室温下塑性差,冷成形困难,虽然可采用加热成形技术,但加工周期时间长、成本高。目前我国主要用钛合金成形飞机、卫星及火箭上的零件,其中成形简单的直线折弯件及平板曲线弯边件所占比重较大。由于批量小,采用原来的加热辅助成形技术需要制作大量的耐高温模具,且零件的成形尺寸受到加热炉的限制。为了降低成本、简化工艺条件、缩短零件制作周期、加快新型号产品的研制,将激光成形技术用于钛合金板材成形,可以充分发挥该技术的独特优势。

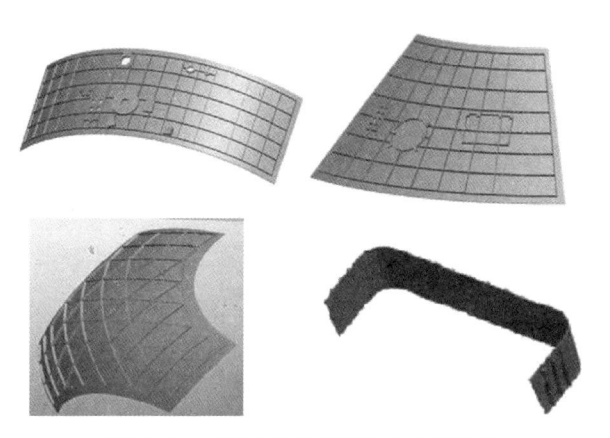

图 5.4.8　形式多样的铝合金壁板结构

激光弯曲成形技术未来潜在的发展:由于成形参数(如加热模式、激光束形状等)的多样性与从材料类型到工艺的多样性,将会导致成形结果的多样性,使得对大规模激光弯曲的操作很难控制。显然,这需要扩充控制系统,且对于激光成形的工业化应用来说,这是开发三维成形的一个关键因素,将影响系统的开发速度。完成这样一个系统所要求的一些部分是现成可用的,挑战在于如何把它们有机地组合起来。此外,利用人工神经网络理论把影响板料激光成形的主要因素和衡量指标作为网络的输入输出特征,对其变化取得规律性的认识,为实现有效控制激光成形的工艺参数提供了一条新途径。激光成形技术的未来发展还取决于其优势能否成功地延续下去,并找到更大的应用范围。激光成形技术是近年来国际塑性加工界出现的一种新型无模具成形方法,也是激光加工一个崭新的应用领域。这是一种新工艺,许多条件及影响因素还有待进一步的研究。但可预言,随着研究的深入进行,激光成形技术必将与切割、焊接、表面处理等工艺一样,为现代柔性生产提供一种新的成形方式。随着激光技术的快速发展和普通应用,必将促使激光加工成本的降低,使激光成形变得越来越容易控制,从而推动激光成形技术在各个工业领域的普遍应用。

参考文献

[1] 彭大暑. 金属塑性加工原理[M]. 长沙:中南大学出版社,2004.
[2] 王仲仁. 特种塑性成形[M]. 北京:机械工业出版社,1995.
[3] 李硕本,周贤宾. 锻压手册(冲压卷)[M]. 北京:机械工业出版社,2008.

[4] 詹梅,杨合,江志强. 管材弯曲成形的国内外研究现状及发展趋势[J]. 机械科学与技术,2004,23(12):1509-1514.

[5] Li H, Yang H, Zhan M, Gu R J. A New Method to Accurately Obtain Wrinkling Limit Diagram in NC Bending Process of Thin-walled Tube With Large Diameter Under Different Loading Paths[J]. Journal of Materials Processing Technology, 2006,177(1-3):192-196.

[6] 张士宏,许沂,王忠堂. 镁合金成形加工技术. 世界科技研究与发展[J],2001,23(6):18-21.

[7] Roodposhti PS, Sarkar A, Murty KL. Microstructural development of high temperature deformed AZ31 magnesium alloys[J]. Materials Science & Engineering A,2015,626:195-202.

[8] 卢志文,王凌云,潘复生,等. 变形镁合金及其成形工艺[J]. 材料导报,2004,18(9):39-42.

[9] 姜立忠,王智田,王治国,等. 高温合金冲压件翻孔成形工艺改进研究[J]. 锻压装备与制造技术,2014(1):73-76.

[10] Amino H, Makita K, Maki T. Sheet Fluid Forming and Sheet Dieless NC Forming[J]. Int. Conf. on New Deveieopments in Sheet Metal Forming, Stuttgart, Germany, 2000:39-67.

[11] 苑世剑. 轻量化成形技术[M]. 北京:国防工业出版社,2010.

[12] Nakamura K, Nakagawa T, Amino H. Various Application of Hydraulic Counter Pressure Deep Drawing[J]. Journal of Materials Processing Technology, 1997,71:160-167.

[13] 丁桦,张凯锋. 材料超塑性研究的现状与发展[J]. 中国有色金属学报,2004,14(9):1059-1067.

[14] 王中阳,王国峰,赖小明,等. 控制厚度分布的正反向超塑胀形的有限元分析[J]. 材料科学与工艺, 2004, 12(3): 279-282.

[15] 卡依勃舍夫. 金属的塑性与超塑性[M]. 北京:机械工业出版社, 1982.

[16] Giuliano G. Constitutive Equation for Superplastic Ti-6Al-4V Alloy[J]. Materials and Design,2008, 29: 1330-1333.

[17] 周铁力,赖小明. 航天员座椅成型技术分析[J]. 航天科技文选,2007.

[18] 郑哲敏,杨振声,等. 爆炸加工[M]. 北京:国防工业出版社,1981.

[19] Robertn S. Electromagnetic Metal Forming. Manufacturing Engineer,1978,2:74-75.

[20] 李硕本,李春峰,张守彬,等. 7200焦耳电磁成型机的研制[J]. 锻压机械,1989(1):25-26.

[21] Psyk V, Risch D, Kinsey BL. Electromagnetic forming—A review[J]. Journal of Materials Processing Technology,2011,211(5): 787-829.

[22] 张新华,曾元松,吴为. 某型火箭整体壁板增量压弯成形试验[J]. 航空制造技术,2004(2):91-94.

[23] 张璐,李言,杨明顺,等. 增量成形研究进展[J]. 宇航材料工艺,2011,41(6).

[24] Michael Beltran, Rajiv Malhotra, Nelson A J, et al. Experimental Study of Failure Modes and Scaling Effects in Micro-Incremental Forming[J]. Journal of Micro and Nano-Manufacturing,2013,9:15.

[25] Massimo Callegari, Andrea Gabrielli, Matteo Claudio Palpacelli, Marco Principi. Incremental Forming of Sheet Metal by Means of Parallel Kinematics Mac[J]. Journal of Manufacturing Science and Engineering, 2008(130).

[26] Wang Z R, Teng B G, Zhang Q. Multi-point sandwich Forming[J]. Advanced Technology of Plasticity (Italy), 2005:563-564.

[27] 赖小明,崔庆新. 无模多点成形技术综述[C]. 材料与制造工艺学术交流会,2007.

[28] 王仲仁,董国庆,滕步刚,等. 多点"三明治"成形及其在风洞收缩段形体制造中的应用[J]. 航空学报,2006(37):989-992.

[29] George T P. Apparatus for Forming Sheet Metal. U. S. Patent,1980,4:211,188.

[30] 李明哲,蔡忠义,崔相吉. 多点成形-金属板料柔性成形的新技术[J]. 金属成形工艺,2002,20(6):5-9.
[31] Zhang Jin,Deng Yunlai,Li Siyu,et al. Creep age forming of 2124 aluminum alloy with single/double curvature[J]. Transactions of Nonferrous Metals Society of China,2013(23):1922-1929.
[32] 曾元松,黄遐,黄硕. 蠕变时效成形技术研究现状与发展趋势[J]. 塑性工程学报,2008,15(3).
[33] Lihua Zhan, Jianguo Lin, Dean T A. A review of the development of creep age forming: Experimentation, modelling and applications[J]. International Journal of Machine Tools and Manufacture,2011(51):1-17.

第6章 焊接技术

6.1 概述

焊接是利用加热或加压等手段,使分离的材料(同种或异种)在设计连接区通过原子(分子)间结合和扩散形成构件的工艺方法。焊接是实现材料高效与可靠连接的关键技术。

焊接作为航天飞行器结构制造中不可缺少的一种连接技术,广泛应用于运载火箭、卫星、载人飞船等航天器结构的生产制造。航天器结构焊接的对象包括液体推进剂贮箱、液体火箭发动机燃烧室、涡轮与泵、固体火箭壳体、高压容器、卫星密封舱体、卫星贮箱、辐射器、管路、支架、连接件等。以运载火箭贮箱为例,长为9m的箱体,其焊缝总长就超过200m,而返回式卫星密封舱的焊缝数量甚至超过100条。航天器焊接结构一般都承受较大的载荷和严酷的空间环境,焊接接头的缺陷或损坏可能会导致航天器的失效并危及人身安全,因此确保焊接质量可靠是航天器结构生产过程中一项重要任务。

常用的航天器焊接结构材料包括铝合金、镁合金、铜合金、结构钢、不锈钢、高温合金、高强度钢、超高强度钢、钛合金、镍合金、铌合金、钼合金等。航天器结构焊接方法种类繁多,通常可分为熔化焊、固相焊接和钎焊三类。熔化焊接包括电弧焊、气焊、电渣焊、等离子弧焊、电子束焊、激光焊、电阻点焊、电阻缝焊等;固相焊包括有冷压焊、超声波焊、扩散焊、摩擦焊等;钎焊则有真空钎焊、气保护钎焊、火焰钎焊、炉中钎焊、高频感应钎焊等。在航天器结构中,这些焊接方法都得到了不同程度的应用。目前,在航天器结构生产中使用最多的是手工钨极氩弧焊、自动钨极氩弧焊、熔化极惰性气体保护焊、等离子焊、电子束焊、激光焊、钎焊、点焊与缝焊。随着新型航天结构的发展与新型航天材料的应用,变极性等离子弧焊、搅拌摩擦焊、活性焊剂氩弧焊、特种钎焊等先进焊接技术的研究与应用逐步开展。

6.1.1 航天器结构焊接技术的特点

焊接技术在航天产品结构上有着广泛的应用,尤其在发动机、航天器(箭、弹、星、船)结构壳体、贮箱、管路和一些精密器件的制造中起着重要的作用。由于航天器结构不仅要求轻质高强而且还需承受高压、振动、高低温交变、大热流、强氧化剂腐蚀及太空等严酷环境,因此,航天产品对其焊接结构的设计、材料选择、加工工艺等都提出了极为苛刻的要求。

(1)高质量:焊接接头中不允许有影响飞行器运行的缺陷。

(2)高精度:焊接制造引起的工件变形要求尽可能的小。

(3)高性能:接头性能(气密性、力学性能与耐腐蚀性能等)在使用过程中保持高度的稳定。

另一方面,航天飞行器制造过程中所用的材料又具有某些特殊性。

(1)多样性:材料种类丰富多彩,其范围涵盖各类黑色和有色金属,陶瓷、金属基复合材料以及各种具有特殊性能的功能材料等。

(2)材料焊接性差:结构材料中尤其以铝、镁、钛等高比强的合金为主,这些材料活性大、易氧化,焊接难度高;一些复合材料和功能材料焊接后接头部位往往会失去原来材料的特殊性能,用普通的焊接方法难以满足接头质量要求。

(3)异种材料连接多:材料的多样性使异种材料的连接不可避免,对于两种性能差异较大的异种材料,连接难度更大,往往需要采用钎焊和扩散焊以及加中间过渡层的方法来实现连接。

6.1.2 航天器结构焊接技术应用概况

焊接技术在运载火箭箭体结构、导弹结构、星船结构、动力推进与热控关键部件的制造中获得广泛应用。

运载火箭箭体结构由推进剂贮箱、舱段和整流罩组成,其中推进剂贮箱需要加注推进剂并承受发射时的轴向载荷,是箭体结构的核心部件,要求具有很高的气密性和耐压能力。目前推进剂贮箱一般采用 2A14 铝合金材料,焊接方法多采用氩弧焊工艺。

导弹弹体结构材料主要有铝合金、中碳调质钢和高温合金等,常规的焊接方法主要有埋弧焊、TIG 焊、MIG 焊、电子束焊和激光焊等。高温合金蜂窝芯体、加强筋和内外蒙皮成形的蜂窝环形夹层结构,具有较好的刚度、质量轻、防热性能好等优点,是超声速巡航导弹弹体、中心体等部位的优选结构材料,而在蜂窝环形夹层结构制造中,焊接成为超声速巡航导弹研制的关键制造技术之一。

星船主结构主要由大型密封舱壳体、大型承力构件等组成,材料主要为铝合金、钛合金和镁合金,焊接工艺目前采用钨极氩弧焊。为保证卫星长期在轨飞行或飞船载人的密封性能要求,焊接技术是其关键制造技术之一。

火箭发动机的关键焊接部件主要包括壳体、阀体、喷嘴、导管、桁架等,其结构材料不仅包括不锈钢、铝合金、钛合金、铜合金等常用金属材料,而且包括陶瓷、陶瓷基复合材料与C/C复合材料。目前,发动机焊接工艺广泛采用TIG焊、MIG焊、等离子弧焊、电子束焊、扩散焊、钎焊与闪光对焊等。

星船推进分系统关键焊接部件主要包括贮箱、气瓶、推力器、管路等,其中,贮箱、气瓶为钛合金结构,采用真空电子束焊和氩弧焊工艺;推力器为钼与钨铼合金、钛合金与高温合金、陶瓷与金属等结构,主要采用真空钎焊工艺;管路为钛合金、不锈钢和铝合金结构,主要采用氩弧焊工艺。

星船热控分系统关键焊接部件主要包括辐射器、热管等,其中,辐射器为铝合金结构,采用氩弧焊工艺;热管多为铝合金结构,采用氩弧焊工艺。

焊接技术是箭、弹、星、船等各种航天器结构主体及其动力推进与热控关键部件强度与密封性能的重要保证。在某种意义上讲,航天器结构连接的可靠性决定了航天器的性能和使用寿命,因此连接技术是航天器结构研制过程中的一项十分重要的制造技术。

随着航天技术的飞速发展,新材料、新结构应用日益增多,与之相适应,先进连接技术在航天器结构制造中不断发展。先进连接技术的应用不仅可以使过去无法连接的材料、结构实现有效连接,而且可以使航天器结构的可靠性和寿命大为提高。

6.2 焊接基础理论

6.2.1 焊接过程原理

1. 焊接热过程

焊接热作用贯穿于整个焊接结构的制造过程中,焊接热过程直接决定了焊后的显微组织、应力和变形。

熔化焊接时,被焊金属在热源作用下被加热并产生局部熔化,然后冷却、凝固,结晶而形成焊缝。焊接加热的局部性在焊件上产生不均匀的温度分布,同时由于热源的不断移动,焊件上各点的温度也在随时间变化,其焊接温度场也随时间演变。在连续移动热源焊接温度场中,焊接区某点所经受的急剧加热和冷却的过程称为焊接热循环。焊缝金属及接头热影响区经受焊接热循环作用,这一热循环过程成为分析研究许多焊接技术问题的基础。与一般热处理过程相比,焊接时的加热及冷却速度要大得多,在高温下的停留时间要短得多,这就是焊接热循环的重要特征。对于不同的焊接方法,不同的焊接热规范,其焊接热循环有很大不同,因而焊缝的组织与性能也会有很大差异。在采用大多数固相焊接方法、钎焊方法焊接时,金属也同样承受焊接热循环的作用,不言而喻,其焊接热循环也具有各自的不同特点。

2. 焊接冶金过程

熔化焊接时,焊接熔池类似于一个极小的熔炼炉,在熔化金属、熔渣、气相之间进行着一系列化学冶金反应。这些冶金反应直接影响着焊缝金属的成分、组织与性能。用电焊条进行电弧焊时为熔化金属、渣、气之间,气体保护焊时为熔化金属与气相之间,电渣焊时为熔化金属与渣之间进行着反应。在气体保护焊时,不存在熔渣与熔化金属之间的化学反应,而焊丝填充金属熔入熔池,调整和改变了焊缝金属的化学成分,对焊缝性能、组织以及是否产生焊接缺陷起着重要作用。

3. 金属的结晶与相变

焊接熔池在冷却过程中进行结晶,但与一般铸造时不同,焊接熔池的温度极不均匀。熔池中心温度较高,而近母材边缘处温度较低,结晶一般带有从母材晶粒外延生长的方向性,从而形成焊缝组织的不均匀性和杂质、低熔点共晶物的偏析、聚集等薄弱环节。随着温度的下降,有些焊缝金属将发生同素异构转变,即发生相变(对于有相变的合金)。与一般热处理过程不同,焊接时的冷却过程为快速连续冷却,因此,焊接接头各区金属组织的相变也具有异于等温转变组织的特殊性。由相变而产生的淬硬组织可成为产生焊接裂纹的重要条件。

4. 金属的扩散

在熔化焊接时,由于温度分布的不均匀性,母材与填充金属化学成分的不同,而导致的各元素分布浓度的差异,在熔池中各区及熔池与近缝区之间将发生各种元素的扩散及迁移。此外,焊接时氮、氢、氧气体在渗入熔池后,也会在液相、固相及凝固后的不同相之间进行扩散。在扩散焊及钎焊时,在焊缝的界面上发生相互间各种元素的扩散。扩散过程进行的是否充分,决定于加热温度的高低和保温时间的长短,如加热温度太低,保温时间过短,则得不到充分扩散,而不能获得具有较高强度的接头。

5. 锻压与塑性变形

压焊或摩擦焊时,对工件施加压力或锻压力,使连接处金属产生塑性变形流动,并通过原子间的相互接近和活化形成牢固而密实的接头。足够的顶锻力可使焊缝致密,顶锻力与加热过程的合理搭配也是得到优质焊缝的重要因素。

6.2.2 焊缝组织与焊缝性能

用焊接方法连接的接头称为焊接接头,焊接接头包括焊缝区、熔合区和热影响区,如图 6.2.1 所示。熔焊时,焊缝一般由熔化了的母材和填充金属组成,是焊接后焊件中所形成的结合部分。在接近焊缝两侧的母材,由于受到焊接的热作用,而发生金相组织和力学性能变化的区域称为焊接热影响区。焊缝向热影响区过渡的区域称为熔合区。在熔合区中,存在着显著的物理化学的不均匀性,也是接头性能的薄弱环节。

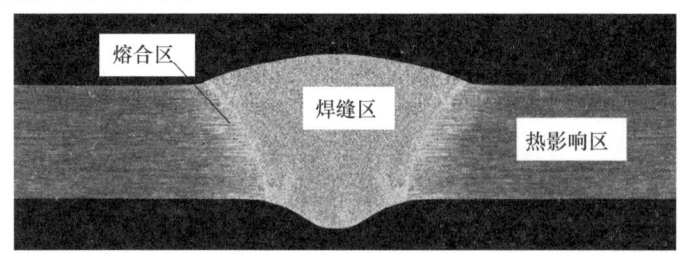

图 6.2.1　焊接接头

1. 焊缝区

焊接过程中填充金属及待连接的母材受热熔化,形成液态金属熔池,并随后冷却和凝固,所有经历液固转变的焊接接头区域称为焊缝区。

焊缝金属内存在化学成分不均匀的偏析现象。焊接熔池快速结晶过程中,在液固相及固固相之间,溶质来不及扩散,加之各相元素、熔池各部位结晶先后不同,溶质浓度有差异,且来不及均匀化,因此,结晶时可能出现显微偏析、区域偏析、层状偏析,从而可能引起性能缺陷(如晶界脆性、晶间腐蚀)和某些质量缺陷(气孔、裂纹、氧化物夹杂)。

焊缝区是焊接接头的薄弱环节之一,与母材组织的最大区别在于它具有铸造组织的特征,其强度、塑韧性均较母材低。

2. 熔合区

在焊缝区与不熔化的母材之间存在一个过渡区,通常称为熔合区,也称部分熔化区或母材近缝区。

焊缝熔合区的化学成分与显微组织的特点非常复杂,存在严重的不均匀性。

熔合区由于焊接时温度高、加热及冷却快,易发生局部过热、偏析物聚集、晶界液化,因而易产生熔合区气孔、晶界液化裂纹、应力腐蚀开裂等。

如果焊缝成形不良,焊缝形状向母材急剧过渡,或出现咬边、边缘未熔合等工艺缺陷,则熔合区将出现严重的应力集中,使焊接接头承载能力大幅度降低。因此,熔合区是焊接接头最薄弱的环节,往往成为断裂失效的典型部位。

3. 热影响区

焊接时未发生熔化的母材部分,在焊接热循环条件下,其不同部位受到不同的热影响,相当于经历了不同的特殊热处理,其组织和性能均发生不同于母材的变化,这部分母材称为热影响区。

焊接时母材上的温度分布极不均匀,离焊缝越近的部位加热速度越大,峰值温度越高,冷却速度越大;反之,离焊缝越远的部位加热速度越小,冷却速度也越小。

热影响区所经历的不同热过程决定了其不同的微观组织与力学性能。

6.2.3 焊接接头的冶金缺陷

6.2.3.1 焊接气孔

1. 焊接气孔的产生原因

焊接熔池金属在结晶过程中,由于某些气体来不及逸出而残存在焊缝中形成气孔,如图 6.2.2 所示。生成气孔的具体原因是高温时的熔池熔融金属溶解有较多气体,而在金属结晶或相变时,气体的溶解度突然下降,如氢气和氮气;或者由于熔池冶金反应和表面氧化膜吸附的不溶于金属的气体,如 CO、H_2O 等进入熔池。焊接时,冷却速度较快,更不利于这些气体的逸出。

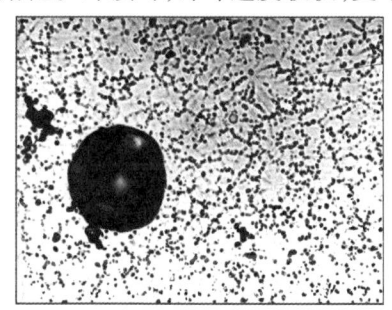

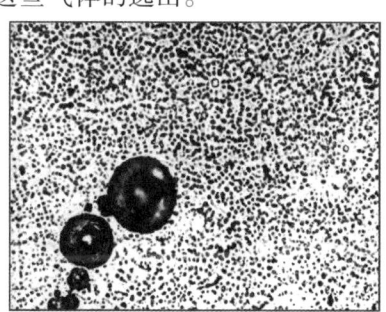

图 6.2.2 焊接气孔图

气孔的形成经历了气泡形核、气泡长大、气泡上浮三个阶段。

大量气孔会引起焊缝渗漏和接头强度及韧性的降低。在多数情况下,气孔的产生与生产工艺条件有密切关系。例如,铝合金具有较强的生成焊缝气孔的敏感性,当环境湿度大、氩气露点高、零件和填充焊丝表面不清洁时,易引起焊缝气孔。

焊接时的弧柱气氛、母材和填充焊丝是氢的三大载体,后两者是导致焊缝产生气孔的主要原因。液态熔池金属冷却凝固时,氢在熔池中的溶解度陡降,出现过饱和析出,这就为焊缝金属内生产气孔提供了前提条件。

2. 气孔的形态

在焊缝界面内弥散分布的气孔和接近焊缝表面的单个气孔,在扫描电镜下放大观察其断口时,可见气孔壁呈树枝状结晶的枝晶端头紧密排列的球状形貌,气孔壁表面光滑、洁净、无氧化痕迹,据此认为,此类气孔是来自氢源的氢在焊接熔池内溶解、冷却时析出,上浮但未及逸出熔池表面的产物。

链状气孔一般大体上沿焊缝中心线分布,恰与对接间隙位置相吻合,有时就位于焊缝根部,在扫描电镜下观察其断口,可见气孔壁上有一层极薄的薄膜,看不到树枝状枝晶端头的形貌。此类气孔多与氧化膜夹杂物伴生,气孔壁与氧化膜夹杂物具有相同的形态,有时两者联生在一起。焊接试验证明,此类气孔与潮湿、含水氧化膜、碳氢化合物污染有关。

熔合区气孔位于熔合线焊缝一侧,多呈孔洞形态,在扫描电镜下观察断口,其气孔壁形貌与弥散气孔壁形貌相似,亦属氢气孔性质。

3. 气孔的危害

气孔的危害性与其尺寸、相邻气孔的间距、数量、形状、出现部位等多方面因素有关。单个气孔的危害主要表现为减小焊缝的承载面积,对焊缝的气密性或焊缝的强度可能有所影响。但与其他线性缺陷相比,其实际危害性较小,对焊接接头的强度没有影响或影响不大。

4. 气孔的预防

(1) 母材与焊丝的含氢量控制,对铝合金而言,每100g金属内不超过0.4mL。

(2) 零件表面应进行机械清理和化学清洗,以除去油污及含水氧化膜。

(3) 采用清洗的焊丝或抛光的焊丝。

(4) 现场环境控制,温度不超过25℃,相对湿度不大于50%。

(5) 不能用手直接接触工件和焊丝,接触时应戴干净的衣、帽、手套。

(6) 采用气孔敏感性较小的母材,选用焊接过程稳定的自动焊工艺,选用合理的焊接工艺参数,采用焊前预热、焊后缓冷以及提高焊工操作水平等均可预防焊缝气孔的发生。

5. 对超标气孔的处理

(1) 处理超标气孔时,应当同时考虑气孔的超标程度及焊缝、结构、材料的背景和补焊的难易和得失,慎重处理。

(2) 补焊气孔时避免产生焊接裂纹或产生其他新的超标缺陷,争取一次补焊成功,避免多次补焊。

6.2.3.2 焊接裂纹

焊接裂纹是焊接结构生产中有时可能遇到的重大焊接冶金缺陷。焊接裂纹不仅给生产带来许多困难,而且可能带来灾难性事故。据统计,世界上焊接结构所出现的各种事故中,除少数是由于设计不当、选材不合理和运行操作上的问题外,绝大多数是由裂纹而引起的脆性破坏。因此,裂纹是引起焊接结构发生破坏事故的主要原因。焊接裂纹的产生与被焊工件材料、焊丝、焊缝成形情况、焊缝组织形态、拘束度及补焊情况有关。

1. 热裂纹

在高温脆性和焊接应力的作用下沿晶开裂的裂纹称为热裂纹。热裂纹包括结晶裂纹、液化裂纹、多边化裂纹等。焊接热裂纹的危害性很大,是引起焊接结构低应力脆性断裂的重要原因之一。

结晶裂纹是在焊缝结晶过程中于焊缝内生成的,此时焊缝金属已冷却至接近固相线温度,在收缩应力作用下,残余液相不足以填充晶粒间的裂缝,而发生沿晶开裂。液化裂纹是在母材热影响区和多层焊缝的层间金属中生成的,由于热影响区的低熔点共晶物在热影响下重新熔化,随即在应力作用下沿晶开裂。结晶裂纹和液化裂纹多发生在含低熔点共晶物的合金中。例如固溶时效强化合金,它们的合金系比较复杂,易于生成各种多元的低熔点共晶物。这类合金常见的有 Fe-Ni 和 Ni 基高温合金,Al-Cu-Mg、Al-Cu-Mg-Si、Al-Zn-Mg 系铝合金等。在低于固相线温度的高温下,由于结晶缺陷与高温脆性,在收缩应力的作用下,会产生多边化裂纹,这种裂纹多发生在镍基合金和电铸镍的熔焊过程中。

不同的铝合金,由于成分不同,可带来不同程度的热裂倾向。许多传统的铝合金,虽具有较高的强度水平,却不具有低的热裂倾向。铝合金焊接热裂纹是在固相线温度附近的高温下沿晶界开裂的,如图 6.2.3 所示。铝合金的热裂纹有两种特征形式,凝固裂纹和液化裂纹。前者出现的部位多为焊缝中心或弧坑内,后者出现部位多为母材近缝区。

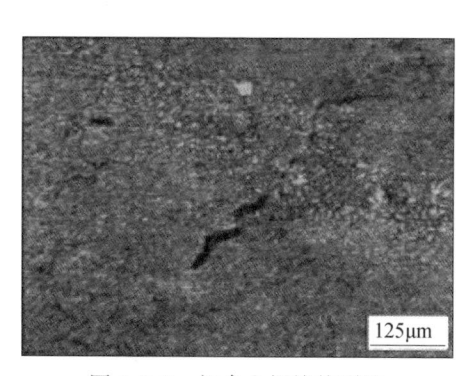

图 6.2.3 铝合金焊接热裂纹

铝合金焊接产生热裂纹的原因主要有:焊丝合金成分选择不当;当焊缝中的 Mg 含量小于 3%,或 Fe、Si 杂质含量超出规定时,热裂纹倾向增大;焊丝的熔化温度偏高时,会引起热影响区液化裂纹;结构设计不合理,焊缝过于集中或受热区温度过高造成接头拘束应力过大;高温停留时间长,组织过热;弧坑未填满,出现弧坑裂纹。

2. 冷裂纹

当焊后冷却至较低温度,或延迟一段时间之后,由于拘束应力、脆硬组织和氢的作用而在热影响区或焊缝中产生的裂纹,称为冷裂纹。冷裂纹多发生在结构钢、高强钢、钛合金等的焊接结构中,铝合金很少出现冷裂纹。在高强钢、超高强钢的火箭壳体焊接时,若钢种、填充材料、焊接前、中、后热处理制度选择不当时,易于产生冷裂纹。

3. 对焊接裂纹的处理

焊接裂纹具有尖锐的两端,在焊接残余应力和工作应力的作用下,易产生严重的应力集中,裂纹极易扩展,常成为低应力下脆性断裂或疲劳断裂,应力腐蚀开裂的起源。因此不论焊接裂纹的性质、尺寸、出现部位如何,一经发现,必须予以彻底清除并随即补焊。

6.2.4 焊接应力与变形

焊接应力与变形直接影响结构的使用性能和制造质量,应力的存在有可能产生裂纹,而变形则影响结构的形状与尺寸精度,因此掌握焊接应力与变形的规律,了解其作用与影响,有利于采取相应措施以便控制、减小或消除其不利影响。

由于焊接应力与变形问题的复杂性,在工程实践中,往往采用试验测试、理论分析、数值模拟相结合的方法掌握其规律,以期能达到预测、控制和调整焊接应力与变形的目的。

6.2.4.1 焊接残余应力

1. 焊接残余应力产生机理

焊接构件由焊接而产生的内应力称为焊接应力,按作用时间可分为焊接瞬时应力与焊接残余应力。焊接过程中,某一瞬时的焊接应力称为焊接瞬时应力,它随时间而变化。焊后残留在焊件内的焊接应力称为焊接残余应力。焊接残余应力是由焊接加热产生不均匀温度场引起的。

在焊接过程中焊接区以远高于周围区域的温度被急剧加热并被局部熔化。加热过程中,焊接区受热膨胀,热膨胀受到周围较冷区域的约束,使焊接区形成了塑性的热压缩;冷却过程中焊接区的冷却收缩受到周围区域的约束,最终,焊接区呈现拉伸残余应力,相邻区域则呈现压缩残余应力。

在没有外力作用下,焊件中焊接残余应力为自身相互平衡分布的内应力场,常被称为焊接残余应力场。

2. 焊接残余应力分布特征

平行焊缝方向的残余应力称为纵向残余应力,用 σ_x 表示。垂直于焊缝方向的残余应力称为横向残余应力,用 σ_y 表示。在厚板结构中,也存在板厚方向的残余应力,用 σ_z 表示。焊缝的纵向、横向和板厚方向形成参与应力的机理是相似的。焊缝纵向残余应力是根据焊缝纵向收缩约束的机理产生的,纵向残余应力只局限于接近焊缝的一个较窄的区域,在无较低温度相变发生时,其最大值甚至能达到材料的屈服极限,距焊缝越远其值越小;在周围区域有相对较低的压应力。由于焊缝横向收缩和纵向收缩都能产生板材平面内的焊接横向应力,特别在板材横向受拘束的条件下更为严重。它们不局限于接近焊缝的狭窄区域,还包括周围区域。如果板材厚度方向足够大,就可能产生厚度方向的拉应力,它将导致危险的三向拉应力状态。

薄壁结构焊接残余应力为平面应力状态,厚度方向残余应力可忽略不计。图 6.2.4 给出了平板对接焊缝纵向焊接残余应力分布。

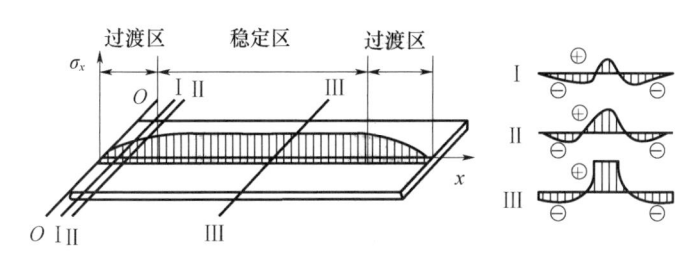

图 6.2.4 平板对接焊缝纵向焊接残余应力分布

3. 焊接残余应力的作用和影响

构件中的焊接残余应力并不都是有害的。在分析其对结构失效或使用性能带来影响时,应根据不同材料、不同结构设计、不同承载条件和不同运行环境进行具体分析。

(1)焊接残余应力对构件承载能力的影响。在焊接构件中,焊缝区的纵向拉伸残余应力的峰值较高,有时可接近材料的屈服极限。当外载荷和它的方向相一致时,容易引起屈服而产生塑性变形。当外载荷继续增大时,塑性变形区可逐渐扩大。当峰值应力区达到抗拉强度后,构件会发生局部破坏,导致结构断裂。

(2)焊接残余应力对结构脆性断裂的影响。显然,焊缝中的裂纹尖端处于焊接残余拉应力区域时,会加剧裂纹尖端的应力集中并导致裂纹开裂,造成低应力脆性断裂。

(3)焊接残余应力对疲劳强度的影响。焊接残余拉应力阻碍裂纹闭合,它在疲劳载荷中提高了应力平均值和应力循环特征,从而加剧了应力循环损坏。提高焊接结构的疲劳强度不仅要着手于降低残余应力,还要减小焊接接头区的应力集中,避免接头区的几何不完整性和力学不连续性,如去除焊缝余高和咬边,使表面平滑。焊接结构中的压缩残余应力可以降低应力比值并使裂纹闭合,从而延缓或终止疲劳裂纹的扩展。可采用不同的工艺措施,利用压缩残余应力,改善焊接结构疲劳性能。

(4) 对应力腐蚀的影响。一些构件工作在有腐蚀性的环境中,尽管外载荷工作应力不一定很高,但焊接残余应力本身会引起应力腐蚀开裂。这是在拉应力与电化学反应的共同作用下发生的,残余应力与工作应力叠加后的拉应力越高,应力腐蚀开裂的时间越短。为了提高构件的耐应力腐蚀性能,应选用对特定的环境和工作介质具有良好耐腐蚀性的材料,或对焊接构件进行消除残余应力处理。

(5) 对构件精度和尺寸稳定性的影响。焊接构件在焊后的机加工或放置一段时间以后,由于原应力场要重新平衡,不稳定组织随时间发生变化而产生组织内应力,都会对构件的精度和尺寸造成偏差。

4. 焊接残余应力的控制和消除

为降低结构的焊接残余应力,应从设计和焊接工艺调整两方面采取措施。

(1) 减小焊接内应力的设计措施。正确布置焊缝,从而避免应力叠加,降低应力峰值;焊缝应避免过分集中,焊缝间应保证足够的距离,要尽可能避免交叉焊缝,以免出现三相拉应力。如尽可能避免设计交叉焊缝,法兰盘环缝和接管焊缝应避免开在焊缝上;焊缝不要布置在高应力区及断面突变的地方,以避免应力集中;采用刚性较小的接头形式。如在铝合金蒙皮上焊接法兰时设翻边孔,可降低焊缝的拘束度,减小焊接应力。

(2) 焊接过程中控制焊接残余应力的工艺措施。采用合理的焊接顺序和焊接方向;温差拉伸法,缩小焊接区与结构整体之间的温差,从而减小焊接内应力;随焊冲击碾压在线消除焊接残余应力。

(3) 焊后消除焊接残余应力的方法。热处理方法,一般采用高温回火达到松弛残余应力的目的;加载方法,一般采用拉伸、捶击、碾压等方法。

6.2.4.2 焊接残余变形

焊接残余变形是焊后残存于结构中的变形。焊接残余变形可分为平面内变形和平面外变形,纵向收缩、横向收缩和回转变形属于平面内变形,角变形、纵向弯曲变形和失稳变形属于平面外变形。

焊接残余变形与焊接残余应力密切相关,出现的情况大体上相反,产生高应力的部位其变形被拘束即变形小,低应力的部位变形不受拘束即变形大。但在工程实际中,人们希望结构在具有较高的形状和尺寸精度的同时,其残余应力水平也较低。

在实际的焊接结构中,由于结构形式多样性,焊缝数量与分布的不同,焊接顺序和方向的不同,产生的焊接变形是比较复杂的。常见的焊接变形主要有以下几种基本类型,如图 6.2.5 所示,复杂的焊接变形多由几种基本焊接变形组合而成。

(a) 纵向弯曲　　　　(b) 波浪变形　　　　(c) 角变形

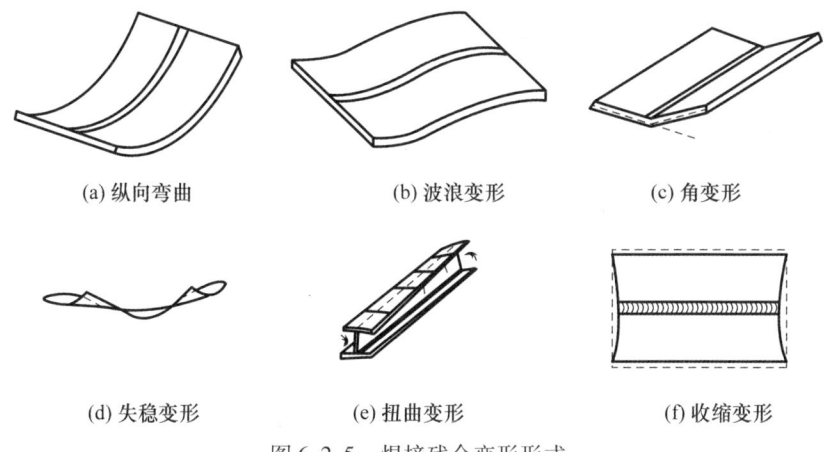

(d) 失稳变形　　　　(e) 扭曲变形　　　　(f) 收缩变形

图 6.2.5　焊接残余变形形式

1. 焊接变形基本形式

（1）收缩变形。收缩变形可分为横向收缩变形和纵向收缩变形。这是焊缝及其附近加热区域的纵向收缩和横向收缩所产生的平行于焊缝长度方向和垂直于焊缝长度方向的变形，是最基本的两种变形。

（2）弯曲变形。弯曲变形是由于焊缝纵向收缩在焊件厚度方向不一致，而焊件的面刚度（抗弯能力）不足而形成的。

（3）角变形。角变形是由于焊缝横截面形状不对称或施焊层次不合理，致使横向收缩量在焊缝厚度方向上分布不均匀所产生的变形。

（4）扭曲变形。扭曲变形亦称螺旋形变形，是由装配不良、施焊程序不合理引起的，是焊缝横向收缩、纵向收缩、角变形等在梁、柱结构上综合作用的一种形式。

（5）失稳变形。失稳变形是由于焊缝的收缩使刚性较小的结构局部失稳而引起的变形。在薄板焊接时，若焊缝收缩引起的压应力大于临界失稳压力，薄板结构将产生失稳变形。

2. 焊接变形的危害

焊接变形影响结构尺寸精度和外观质量。为保证结构的形状和尺寸精度，就不得不采用矫正、修整等耗时间和人力的作业，导致制造成本上升，生产周期加长；部件的焊接变形使组装变得困难，需经矫正后方可装配，造成装配件的装配质量下降；机械矫正可能使材料的塑性和承载能力下降，甚至引发新的残余应力，损害结构的使用性能。

3. 焊接变形的控制与消除

（1）焊接结构设计：选择焊接工艺性好的结构形式，设计合理的焊缝尺寸和形式，合理安排焊缝布局和接头位置，尽量减少焊缝数量。

（2）焊前预防：预变形（反变形）、预拉伸、焊接工装夹具刚性固定。

（3）焊接过程中的控制：优选焊接方法，采用能量密度高的热源；采用合理的焊接工艺参数，减少热输入；限制或减小焊接受热面积，采用强迫冷却；选择合理的装配顺序，把整体结构分解为易于施工的部件。

（4）焊后校形：机械校形采用静力加压、滚压、振动、捶击、强电磁脉冲等；热校形采用局部加热或整体加热法。

6.2.5　焊接裂纹引起的接头断裂

焊接接头是焊接结构的薄弱区域，焊接时产生的各种冶金缺陷、几何缺陷、力学缺陷都集中在接头区。这些缺陷都可能是导致接头发生断裂的断裂源。裂纹通常由作用载荷的施加而逐步扩展，最终导致突发性低应力断裂。

焊接接头的断裂应力与缺陷或裂纹的存在有关。一方面，裂纹削弱了接头强度，裂纹越长，所应起的应力集中越严重；另一方面，随着裂纹尺寸的增大，接头的断裂强度进一步降低。

断裂可分为脆性断裂、延性断裂、疲劳断裂、应力腐蚀断裂等方式，其中最严重的是脆性断裂、疲劳断裂和应力腐蚀断裂。

从微观来看，穿晶破裂、穿晶剪切和沿晶开裂是铝合金的三种断裂模式。由于铝合金具有较好的塑性和断裂韧度，因此铝合金焊接接头断裂在宏观上属于延性断裂。预防铝合金焊接接头发生断裂的措施主要包括以下几点：

（1）设计合理的焊接结构，避免在拐角与死角处设置焊缝。

（2）严格控制铝合金材料与焊丝材料的质量，航天焊接结构一般要求事先进行材料及焊接接头性能试验。

（3）选择合适的焊接工艺，防止接头出现各种缺陷（特别是焊接裂纹等），保证接头有足够的强度和安全域度。

（4）接头焊后应进行必要的焊缝修整，降低几何不连续性。

（5）改善焊缝组织与性能，通过预热、缓冷与焊后热处理等手段改善焊缝组织，同时使焊接接头的强度、塑性与韧性合理搭配。

（6）调整焊接残余应力场，残余压应力可以提高焊接接头的疲劳强度。

6.2.6　焊接过程数值模拟

焊接结构的残余应力与变形问题均源于焊接过程的非均匀温度场，非均匀温度场也会引起焊缝和热影响区材料的显微组织转变，而焊接时温度分布、组织转变以及焊接残余应力和变形都是与时间相关的，因此要得到一个高质量的焊接结构必须控制这些因素，而如何准确地预测和检测焊接时温度、显微组织和残余应力的变化过程对焊接质量控制尤为重要。

焊接热分析是焊接应力与变形分析的基础,同时由热分析所得的焊接温度场可以指导某些焊接工艺的制定。进行焊接应力与变形分析是焊接结构安全性评估的基本要求,可以根据残余应力的分布情况进行构件疲劳破坏与裂纹发展的预测,同时可以根据焊接变形情况预测焊接结构的使用性能。总之,进行焊接热力过程数值模拟对优化焊接工艺、控制和减小焊接残余应力与变形、提高产品质量、排除安全隐患等方面具有重要意义。

焊接热力过程数值模拟在材料热加工领域有很强的代表性,但是由于焊接过程物理本质的复杂性,焊接模拟技术的发展一直比较缓慢,远远落后于实际工程需要和制造业其他领域仿真技术的发展。焊接热力过程数值模拟存在诸多困难,但是随着一些先进预测理论和有限元技术的不断发展,焊接热力过程数值模拟将向精确化和工程化的方向发展。

6.2.6.1 焊接过程模拟的研究领域

焊接过程数值模拟的研究内容十分丰富,从最基本的焊接温度场数值模拟开始,逐步过渡到焊接应力与变形的研究,其中焊接应力与变形研究的主要内容包括焊接过程中动态的应力应变分析,焊接残余应力与焊接变形的模拟及控制等。近年来,随着新材料、新工艺的不断涌现和学科间互相交叉渗透的加强,对材料加工过程的组织模拟研究方兴未艾,人们也逐步认识到相变对焊接温度场和焊接应力场的重要影响。概括起来,焊接过程数值模拟的主要研究内容包括温度场、残余应力与变形、显微组织状态及它们之间的相互关系,如图 6.2.6 所示。

1. 电弧电磁模拟

焊接电弧是一种带电的流体,该流体与简单流体有所不同,此种流体的各个粒子在运动中会与磁场发生复杂的相互作用。电弧电磁模拟采用磁流体动力学来分析和研究。

2. 熔池流体动力学分析

焊接熔池是一种液态流体,熔池模拟采用流体动力学来分析。采用二维层流模型难以对焊接熔池进行精确的描述,很多研究都采用三维湍流模型,考虑熔滴过渡对流场和热场的影响,考虑热流耦合条件下熔池内电弧的传热传质过程。

3. 焊接温度场模拟

研究焊接温度场是进行焊接冶金与焊接力学分析的基础。焊接热过程直接决定了焊缝和热影响区焊后的显微组织、残余应力与变形。关于焊接温度场的研究发展较早,研究也较为深入。在焊接温度场模拟中,最为重要内容是建立符合相应焊接过程的热源模型,因此焊接温度场模拟的发展也以焊接热源模型的发展为主线。大多数的焊接温度场模拟采用热传导方程来分析。

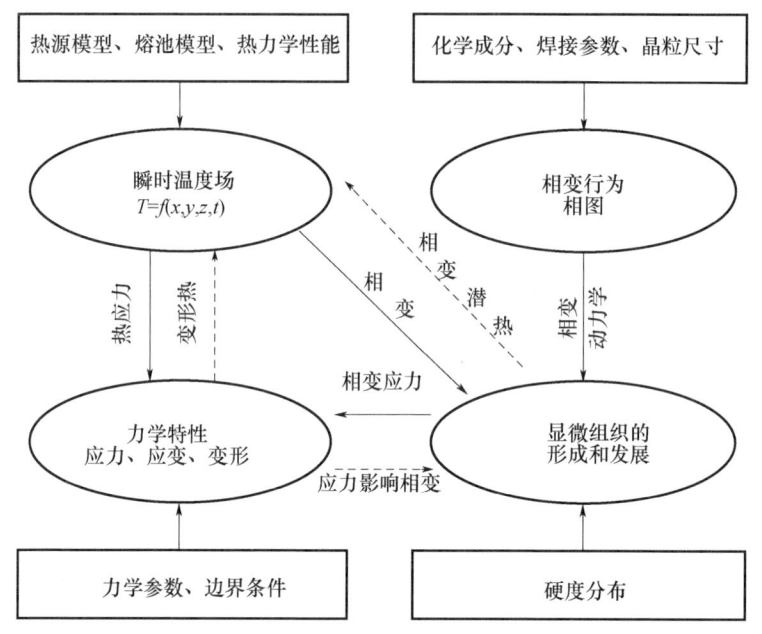

图 6.2.6 焊接温度场、焊接应力与变形及显微组织的相互影响

4. 焊接应力与变形场模拟

焊接应力与变形模拟主要研究焊接热过程与显微组织变化过程对焊接应力与变形的影响。随着计算焊接力学、有限元技术和计算机的飞速发展,焊接应力与变形模拟从早期的二维模拟发展到现在的三维模拟,大多数焊接应力变形模拟采用热弹塑性有限元方法进行分析。

5. 焊接过程组织模拟

使用统一的相变动力学模型来预测焊缝和热影响区金相组织的成分,把金相组织表示成合金成分和焊接参数的函数。

6.2.6.2 焊接过程数值模拟的研究方法

1. 热弹塑性有限单元法

热弹塑性有限元是研究焊接应力和焊接变形的最根本的分析方法,能够综合考虑焊接过程的复杂非线性问题,由于热弹塑性分析跟踪了整个焊接热力过程,因此它能够较为准确地预测焊接结构中的应力和变形的产生、发展和形成过程。尽管如此,热弹塑性分析仍然具有一定的局限性,一方面是因为材料的高温热物理参数和力学参数缺乏,另一方面,由于热弹塑性分析需要较长的计算时间和较大的存储空间,应用受到一定限制,一般只能用于较小的焊接结构,而对于工程实际的大型复杂焊接结构的焊接变形预测往往无能为力。

2. 固有应变法

固有应变理论是为适应大型焊接结构变形分析的需要而发展起来的,它不考虑热力耦合关系,主要研究非协调固有应变的形成机理、分布规律及影响因素,是一种研究复杂结构变形的静态纯弹性分析方法。

6.2.6.3 焊接温度场模拟

焊接温度场模拟是对焊接应力应变场及焊接过程其他现象进行模拟的基础,同时可以通过温度场模拟可以预测熔池形状,满足设计要求,防止诸如未焊透、烧穿等缺陷的产生。

建立焊接热源模型是确定合理的焊接热流分布函数,使模拟的熔池(液-固)边界线与试验观测的焊缝熔合线相符。这就需要根据焊接工艺情况和数值模拟的要求构建焊接热源模型。

1. 热源模型

1) 正态高斯分布面热源模型

对于薄板类结构,面热源能较好地描述焊接结构的温度场,这种类型的热源,忽略板厚方向的热梯度,可进行温度场的二维模拟。在电弧和火焰焊接时,采用热源密度呈高斯正态分布的表面热源,可获得满意的结果,其热流分布如图 6.2.7 所示。

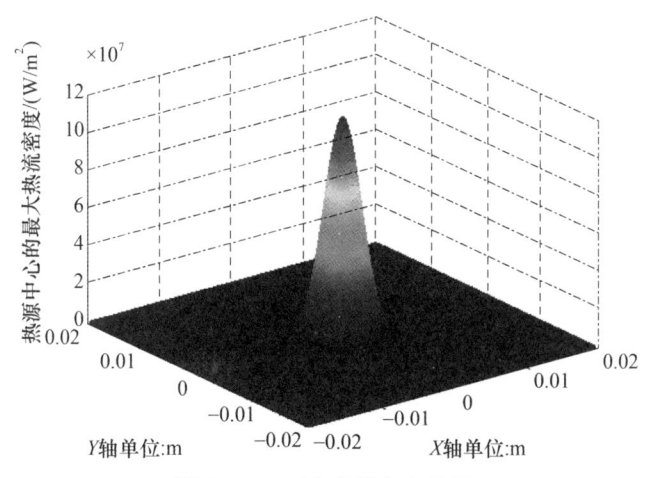

图 6.2.7 正态高斯分布热源

正态高斯分布热源的功率密度一般形式为

$$q(r) = q_m e^{-Cr^2} \tag{6.2.1}$$

式中:$q(r)$ 为半径 r 处的表面热流密度(W/m^2);q_m 为热源中心的最大热流密度(W/m^2);C 为热流集中系数(m^{-2});r 为一点到热源中心的径向距离。

2) 双椭球功率密度分布体热源

对于高功率密度热源,如深熔焊以及激光与电子束焊接,表面热源模型忽略了电弧和束流对表面以下熔池的挖掘作用,此时体热源分布模型更适合于温度场模拟。

实际的焊接温度场分布情形是在热源中心前面的区域温度梯度较大,而热源中心的后半部分温度梯度分布较缓。为此,Goldak 提出了双椭球功率密度分布热源模型。该模型设定体热源的前半部分为 1/4 椭球,而后半部分为另一 1/4 椭球,双椭球功率密度分布模型如图 6.2.8 所示。

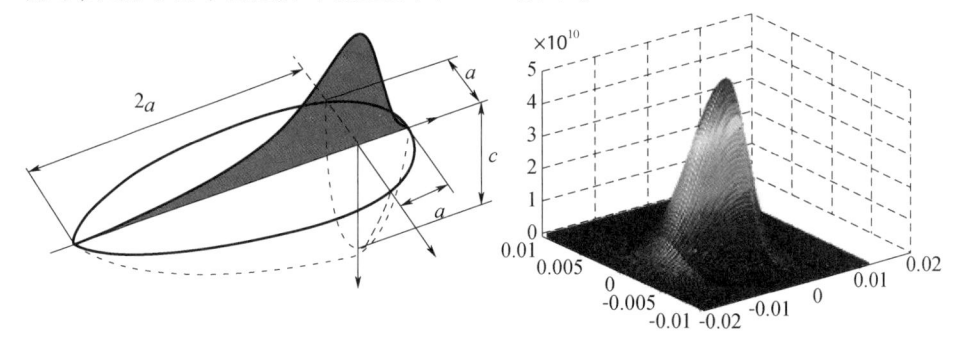

图 6.2.8 双椭球功率密度分布热源

设前 1/4 椭球的 x,y,z 方向的半轴长度分别为 a,a,c,后 1/4 椭球的 x,y,z 方向的半轴长度分别为 $2a,a,c$,根据能量平衡方程:

$$2P = 4\int_0^\infty \int_0^\infty \int_0^\infty q(0) e^{-\frac{3}{a^2}\xi^2} e^{-\frac{3}{a^2}y^2} e^{-\frac{3}{c^2}z^2} d\xi dy dz$$

$$+ 4\int_{-\infty}^0 \int_0^\infty \int_0^\infty q(0) e^{-\frac{3}{(2a)^2}\xi^2} e^{-\frac{3}{a^2}y^2} e^{-\frac{3}{c^2}z^2} d\xi dy dz \quad (6.2.2)$$

求解以上方程得

$$q(0) = \frac{4\sqrt{3}P}{\pi^{3/2} a^2 c} \quad (6.2.3)$$

由此得,前 1/4 椭球的功率密度函数为

$$q(x,y,z,t) = \frac{6\sqrt{3}f_f P}{\pi^{3/2} a^2 c} \cdot e^{-3(x+v(\tau-t))^2/a^2} \cdot e^{-3y^2/a^2} \cdot e^{-3z^2/c^2} \quad (6.2.4)$$

后 1/4 椭球的功率密度函数为

$$q(x,y,z,t) = \frac{6\sqrt{3}f_r P}{\pi^{3/2} 2a^2 c} \cdot e^{-3(x+v(\tau-t))^2/(2a)^2} \cdot e^{-3y^2/a^2} \cdot e^{-3z^2/c^2} \quad (6.2.5)$$

式中:$f_f + f_r = 2$,其中,$f_f = 2/3$,$f_r = 4/3$。

根据以上公式可知,热源中心前面的热流分布比后面的热流分布要陡得多,而后面的热量分布要较前面多。

椭球的两个特征参数 a 与 b 可以改变热流强度以及控制体积中的热流分布,从而决定了焊接热模拟的熔池形状,他们的取值应当使模拟的熔池形状和实验测定的熔池形状相吻合。S. H. Myoung 详细研究了椭球特征参数与焊缝宽度和焊缝深度的影响。对于埋弧焊形成的焊接温度场,椭球特征参数 a 与 b 可以分别表示为

$$a \approx 1.3 \times W_W \tag{6.2.6}$$
$$b \approx 0.8 \times W_D \tag{6.2.7}$$

式中:W_W 为焊缝宽度;W_D 为焊缝深度。

3) 组合式热源

当热源类型只有面热源时,所模拟的焊缝熔宽较大,熔深较小,这是由于焊接温度场模拟结果是由固体金属的热传导方程决定的。当热源类型为单一体热源时,由于考虑了熔滴过渡形成的内热源形式,这样模拟的熔池形状与实际的焊缝熔合线在熔池深度方向较为吻合,但是在熔池表面附近的熔化前沿仍旧无法模拟,这种情况在激光与电子束焊接等深熔焊中是极为普遍的。

使用面热源和体热源两种类型热源相结合的模型模拟的熔池形状具有更高的精度。使用组合热源模型模拟的熔池形状与实际的焊缝熔合线基本吻合。将总的输入功率按一定比例分配,此时总热流等于表面热流与体积热流两者之和。在组合热源中,表面热源一般取高斯型热流分布热源,而体热源一般取旋转体热源。组合热源模型如图 6.2.9 所示。

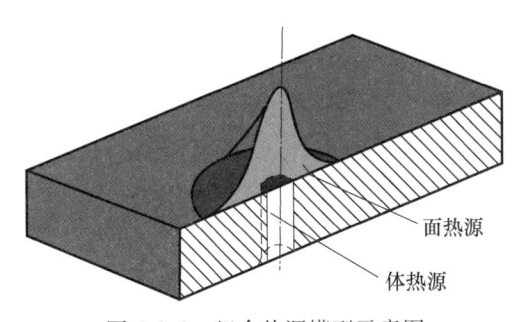

图 6.2.9 组合热源模型示意图

温度场模拟实例

图 6.2.10 给出了钛合金 T 形接头激光焊接温度场模拟情况。其中,翼板材料为 TC4 钛合金,厚度 1.7mm,长度 60mm,腹板材料为 ZT4 钛合金,厚度 10mm,高度 12.3mm,长度 60mm。TC4 是一种 α+β 型的变形钛合金,而 ZT4 是一种铸造钛合金。

图 6.2.11 给出了激光焊模拟熔池边界与试验焊缝熔合线的比较情况。

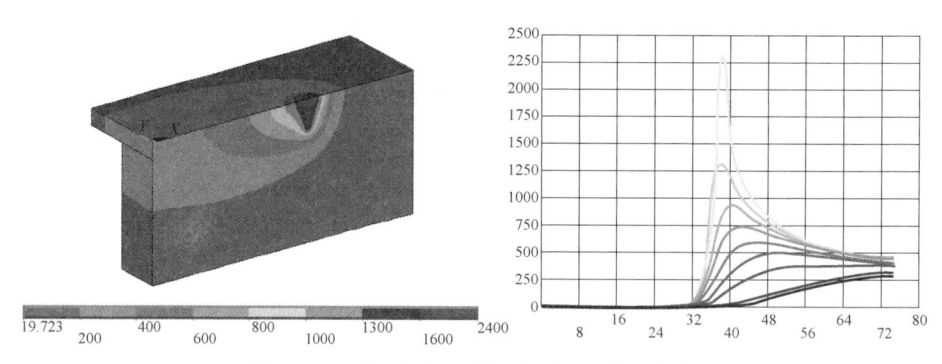

图 6.2.10　钛合金 T 形接头激光焊接温度场

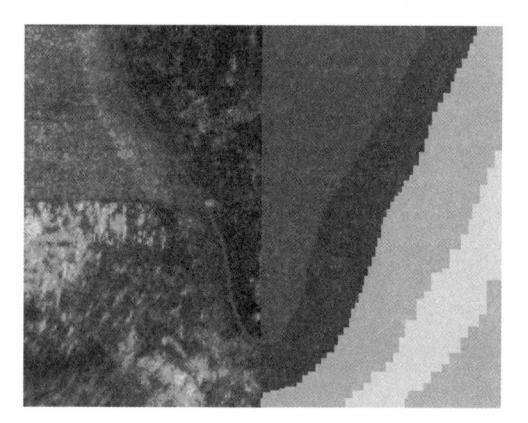

图 6.2.11　激光焊模拟熔池边界与试验焊缝熔合线的比较

6.2.6.4　焊接应力与变形模拟

1. 焊接热力耦合分析

焊接过程的塑性变形热和相变潜热与焊接热输入相比，可以忽略不计。焊接热分析的温度场决定了应力场和变形场，而焊接力学场对温度场的影响较小。因此，一般进行顺序热力耦合分析。将焊接热分析各载荷步或时间点的温度场结果作为力学分析的热载荷，以求解热弹塑性问题。焊接顺序热力耦合分析模拟流程如图 6.2.12 所示。

2. 焊接应力与变形模拟实例

图 6.2.13(a)给出了典型的某钛合金筋板结构焊接变形模拟分析结果，图 6.2.13(b)给出了焊接过程中自由端某点的位移随时间变化曲线。尽管腹板的设置使结构具有较大的截面惯性矩，但由于焊后永久性非协调应变相对于中性面的非对称分布，该筋板结构仍然产生了相对较大的纵向弯曲变形。

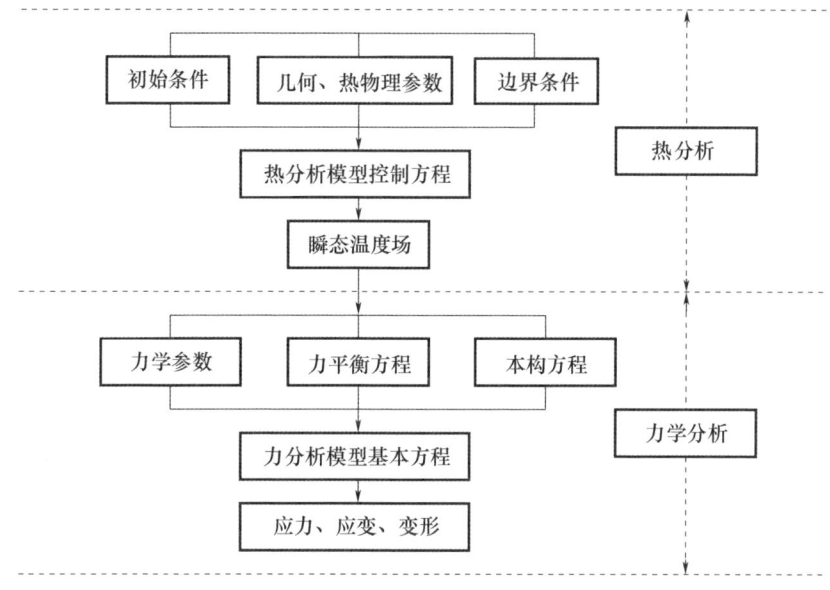

图 6.2.12　焊接顺序热力耦合分析模拟流程

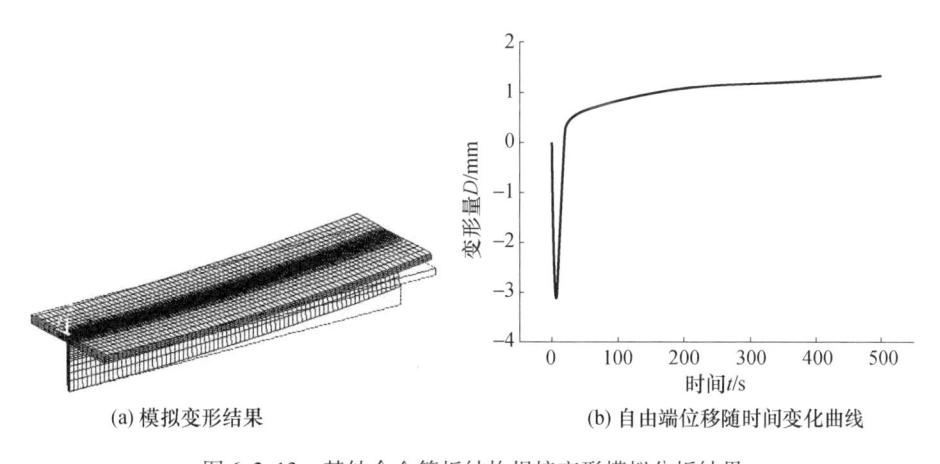

(a) 模拟变形结果　　　　(b) 自由端位移随时间变化曲线

图 6.2.13　某钛合金筋板结构焊接变形模拟分析结果

6.3　航天器结构材料的焊接性

焊接性是指金属材料在限定的工艺条件下,焊接成按设计要求的构件,并满足预定服役条件的能力,即材料对焊接加工的适应性和使用的可靠性。本节主要介绍几种典型的航天器结构材料的焊接性。

6.3.1 铝合金的焊接性

1. 铝及铝合金的特性

目前,国内焊接铝及铝合金的常用方法有氩弧焊、气焊、点焊、缝焊和钎焊。氩弧焊电弧集中,操作容易,氩气保护效果好,且阴极破坏作用能自动去除氧化膜,所以焊缝质量高,成形美观,焊件变形小,主要用于焊接质量要求高的焊件。

铝及铝合金具有很强的氧化性能,在空气中铝和氧极易结合形成致密、结实、厚约 $0.1\mu m$ 的 Al_2O_3 膜,与母材结合力强,熔点高达 2050℃,远远超过铝合金的熔点。Al_2O_3 的密度为 $3.95g/cm^3$,是铝的 1.4 倍,在焊接熔池中不易上浮,易形成夹渣,同时 Al_2O_3 膜吸水性强是焊缝产生气孔的重要原因。

铝及铝合金在高温下强度变低,塑性变差,以致不能支撑熔池中液态金属的重量,使焊缝底部产生塌陷或烧穿。在加热或冷却过程中无明显的颜色变化,不易从熔池的色泽变化来判断熔池的状态。铝合金在焊缝中形成气孔的气体主要是氢,氢主要来源于铝合金表面的吸附水以及周围环境的水蒸气。在铝合金焊接过程中,气孔、链状气孔、裂纹、夹渣、凹陷、未焊透、咬边等是常见的焊接内部质量问题。

2. 铝镁合金的焊接性

铝镁合金耐蚀性好,俗称防锈铝,属于不可热处理强化的变形铝合金。5A06(LF6) 是典型的铝镁合金,该合金具有良好的塑性、适当的力学性能和较高的比模量、较强的耐腐蚀性、良好的工艺性能和优良的可焊性。由于该材料比较成熟,性能与工艺稳定,因此我国很多航天器结构采用 5A06 铝合金。表 6.3.1 给出了 5A06 铝合金的化学成分和力学性能。

表 6.3.1 5A06 铝合金化学成分和力学性能

牌号	化学成分及含量/%							力学性能		
	Si	Fe	Cu	Mn	Mg	Ti	Al	合金状态及厚度/mm	抗拉强度 σ_b/MPa	屈服强度 σ_s/MPa	延伸率 δ/%
5A06	≤0.4	≤0.4	≤0.1	0.5~0.8	5.8~6.8	0.02~0.15	其余	M0.5~4.5	314	157	15

5A06 铝合金的导热系数为 $117.2W\cdot m^{-1}\cdot ℃^{-1}$,大约比钢的导热系数大一倍。导热系数大,传热快,必将造成焊接热影响区宽度增加。另外,LF6 铝合金的比热熔为 $921J\cdot kg^{-1}\cdot ℃^{-1}$,焊接同等厚度的铝合金要比钢消耗更多的能量。

5A06 铝合金从液态到固态无同素异构转变,在无其他细化晶粒措施的条件下,易形成较大的晶粒。在焊接热循环的作用下,热影响区性能的变化、焊材中元素的烧损及母材与焊缝成分的差异等,导致接头的耐蚀性低于母材。

铝镁合金的强度随含 Mg 量的增加而增大,但当 Mg 含量超过 7% 时,合金的塑性和耐蚀性会下降。铝镁合金合金中的 Mn 元素能降低晶粒粗化倾向并改善耐蚀性,也有一些强化作用。加入少量 Ti 有细化晶粒作用。含 Si 量过多时,容易形成脆性相。

铝镁合金焊接时的热裂纹倾向与 Mg 含量有关。镁含量较低的铝镁合金热裂倾向较高。退火状态的铝镁合金焊接接头强度系数一般不低于 0.9,变形强化状态的铝镁合金热影响区发生再结晶而软化,其焊接接头强度仍与退火状态焊接时的接头强度相近。

与其他一些高强度的铝合金相比,铝镁合金在使用中存在三个明显的不足:①不能热处理强化,强度低;②冷作强化后产生时效软化;③焊接时热影响区软化,焊接接头强度低于母材强度,近缝区成为结构薄弱环节。铝镁合金自身的特点限制了其在火箭贮箱结构中的进一步应用。铝镁合金在大型贮箱结构中逐步被铝铜合金所代替。

3. 铝铜合金的焊接性

航天器焊接结构中常用的铝铜合金有 2A14、2014 和 2219,均属热处理强化铝合金。铝铜合金最大的特点是具有良好的室温、高温及低温力学性能,高温工作温度可达 250℃,低温工作温度可达 -253℃。由于强度高,它们被称为硬铝。

2A14(LD10)是铝铜镁硅系合金,经淬火人工时效后,抗拉强度在 430MPa 以上,屈服强度在 340MPa 以上,延伸率大于 5%,它的点缝焊性能较好,熔焊性能较差。2A14 焊接特点是焊后热影响区软化明显,TIG 接头强度系数在 0.6 左右;焊接裂纹倾向性较大,容易产生低压爆破;对应力集中十分敏感;焊后经一定时间存放,可能会产生"延迟裂纹"或"存放裂纹"。为了改善 2A14 焊接性,可采取以下措施:①选择合适的焊丝,BJ380 或 BJ380A,它们为铝铜硅合金,强度和塑性都比较高,Si 用来改善热裂纹倾向,焊丝中的 Ti、Zr 对焊缝铸造组织有显著的细化作用,BJ380 焊丝用作低温贮箱焊接,BJ380A 用于常规贮箱焊接;②制定合理的焊接工艺。焊接应尽可能减少焊接应力和变形,因此焊接最好在夹具上进行,避免悬空焊,焊接夹具应能防止焊接过程中产生角变形,同时又应允许焊件在焊缝收缩时产生一定的滑移。

2219 铝合金属于铝铜锰系可热处理强化铝合金,是一种高强、耐热、可焊铝合金,作为一种优良的贮箱结构材料 2219 铝合金在国外航天运载结构中获得了广泛应用,即使在对铝锂合金的研制和应用取得重大进展的今天仍然如此,表明当今 2219 类合金仍是在低成本、高可靠和安全性方面具有明显竞争优势的航天器结构材料。表 6.3.2 给出了 2219 铝合金的化学成分和力学性能。

表6.3.2　2219铝合金化学成分和力学性能

牌号	化学成分及含量/%							力学性能		
	Cu	Mn	Ti	Zr	V	Al	合金状态	抗拉强度 σ_b/MPa	屈服强度 σ_s/MPa	延伸率 δ/%
2219	5.8~6.8	0.2~0.4	0.02~0.1	0.2~0.4	0.05~0.15	其余	T87	475	395	10

2219的突出特点是焊接性能好,从-253℃到+200℃均具有良好的力学性能、抗应力腐蚀性能,对焊接热裂纹的敏感性较低,焊接接头的塑性和低温韧性较好。2219的主要强化元素为Cu,含Cu量5.8%~6.8%,它使合金产生时效强化,Mn可以大大提高合金的耐热性,同时还可以显著降低合金的焊接裂纹倾向性。锆对2219铝合金耐热性的影响也很大,既可以提高合金的热稳定性,又可以细化铸态晶粒,改善合金的焊接性能提高焊缝金属的塑性。钛亦能细化铸态晶粒,提高合金的热稳定性。

另外,2219铝合金也存在过时效软化现象,氩弧焊焊接接头强度系数约为0.7,搅拌摩擦焊接头系数约为0.8。

我国参照美国2219铝合金的成分配比研制了147铝合金,属可热处理强化的Al-Cu-Mn-系高强、耐热、可焊铝合金,具有良好的抗热裂性和与LD10相近的综合性能,且塑性、韧性特别是低温韧性明显优于LD10铝合金。147焊接性能好,与5A06铝合金相当,焊接裂纹倾向低,对焊接工艺条件变化不敏感。焊接接头在室温、低温和高温条件下(300℃左右)均具有良好的强度、塑性和冲击韧性。从制造和使用的角度看,147合金有两点不足,一是常温拉伸性能稍低于LD10;二是氩弧焊时气孔倾向比LD10大。

4. 铝镁钪合金的焊接性

国际材料界特别是俄罗斯对铝镁钪合金进行了大量的研究和开发。20世纪70年代,俄罗斯科学院巴依科夫冶金研究院和全俄轻合金研究院相继对钪(Sc)在铝合金中的存在形式和作用机制进行了系统研究,从基础研究到应用都取得了许多成果,已开发出系列化多牌号铝镁钪合金。这类合金最主要的优点是与不含Sc的同类合金相比具有更高的强度、韧度,此外还具有较高的耐蚀性和极好的焊接性。

钪元素具有很多独特的形式,添加少量的Sc能够极大地影响铝合金的组织和性能。Sc既是稀土元素,又是过渡族金属。Sc在铝合金中兼有稀土元素的净化合金、改善铸锭组织的作用和过渡族元素的再结晶抑制作用。此外,Sc在铝合金中形成的Al_3Sc共格沉淀相具有极强烈的时效硬化作用。

5B70 合金是铝镁钪合金的佼佼者,其强度最高,应用程度最广。表 6.3.3 给出了 5B70 铝镁钪合金的化学成分和力学性能。

表 6.3.3　5B70 铝合金化学成分和力学性能

牌号	化学成分及含量/%					力学性能		
	Mg	Mn	Sc	Zr	Al	抗拉强度 σ_b/MPa	屈服强度 σ_s/MPa	延伸率 δ/%
5B70	5.3~6.3	0.2~0.6	0.25	0.1	其余	400	300	15

5B70 合金的焊接性非常好,可以用氩弧焊焊接,也可以用电子束进行焊接。焊接接头有余高时,接头强度与基体金属基本相同;无余高时,接头强度约为基体金属强度的 85%。由于铝镁钪合金的强度明显高于铝镁合金,其加工、成形与焊接性能良好,因此,在航天器结构中该类合金将会有良好的应用前景。

6.3.2　钛合金的焊接性

钛合金具有密度小、比强度高、低温韧性好、有良好的耐蚀性、耐高温性能等特点,是航天产品中一种重要的结构材料。钛合金可分为 α 型、β 型、α+β 型三类,在航天产品焊接结构中常用的钛合金主要是 α 型和 α+β 型。典型的 α 型钛合金如 TA2、α+β 型钛合金如 TC4。

钛合金的熔化温度较高(钛的熔点为 1668℃),热容量较大,热导率较低,电阻系数较大。因此,钛合金构件的焊接熔池(或熔核)具有较高的温度和较大的尺寸,热影响区金属在高温下停留时间较长,因而焊接接头易出现过热倾向,使晶粒变得粗大,接头塑性显著降低,所以焊接时应采取小电流、快速度的工艺参数进行焊接。

钛合金化学性质十分活泼,高温下易与空气中的氧、氮、氢作用,无保护的钛在 300℃ 以上快速吸氢,600℃ 以上快速吸氧,700℃ 以上快速吸氮。焊接接头在凝固、结晶过程中,若正、反面得不到有效保护,焊缝及热影响区的金属很容易出现变色和脆化,焊接接头的强度和塑性降低,因此,必须使用惰性气体对 400℃ 以上的焊接区进行保护。

钛合金的焊接方法主要有氩弧焊、激光焊、电阻焊、钎焊和扩散焊。厚大结构件可采用潜弧焊、电子束焊。钨极氩弧焊是钛合金最常用的焊接方法,分为敞开式焊接和箱内焊接。敞开式焊接依靠焊炬喷嘴、拖罩和背面保护装置以适当流量的氩和氩氦混合气体,将焊接高温区与空气隔离,防止空气侵入焊接高温区。结构复杂的焊件由于难以实现良好的保护,宜在箱内焊接,焊接前先将箱内空气排除,然后冲入保护气体再进行焊接。

钛合金焊接时,按氧化程度的逐渐加重,焊缝及热影响区表面颜色依次为银白色、浅黄色、金紫色、深蓝色、灰蓝色、灰红色及灰白色。

钛合金在液态下氧化比固态下氧化对焊缝质量影响更为严重。焊缝氧化变色往往是液态下氧化和固态下氧化的综合结果,其允许限度视对焊件的要求而定;电阻点焊、电阻缝焊时,热影响区的氧化变色为固态下的氧化结果。对焊接接头的塑性影响不显著,其允许程度亦视对焊件的要求而定。

钛合金的焊接有形成焊缝气孔的倾向,气孔是常见的缺陷,会削弱焊缝及焊接接头的强度,降低焊接接头的塑性,并使疲劳强度降低。

当钛合金焊缝中氢、氧、氮含量较多,焊缝及热影响区性能变脆,在较大焊接应力作用下,会产生裂纹。焊接钛合金时,热影响区有时也会产生延迟裂纹。

6.3.3 不锈钢的焊接性

在航天产品结构焊接中,大都采用奥氏体不锈钢。奥氏体不锈钢具有良好的焊接性。奥氏体不锈钢采用不当的焊接规范后,接头在腐蚀介质作用下易产生沿晶粒边界的腐蚀,即晶界腐蚀。其特点是腐蚀沿晶界深入金属内部,并引起金属力学性能和耐腐蚀性能降低。

减小晶界腐蚀的措施:控制含碳量在 0.08% 以下;添加稳定剂使其与碳产生稳定的化合物,避免晶界的贫铬现象;加入铁素体形成元素,如铬、硅等,使焊缝形成奥氏体加铁素体的双相组织;减少焊接热输入。对于耐腐性要求较高的重要结构,焊后还要进行高温固溶处理,以消除局部晶界"贫铬"现象。

奥氏体不锈钢与一般结构钢相比,焊接时容易产生热裂纹,热裂纹以结晶裂纹为主。

总体来说,奥氏体不锈钢具有优良的焊接性,几乎所有的熔化焊接方法均可用于焊接奥氏体不锈钢。此外,还可以采用钎焊和电阻焊的方法进行焊接。

6.4 常用航天器结构焊接工艺方法

6.4.1 钨极惰性气体保护焊(TIG 焊)

6.4.1.1 TIG 焊过程原理

钨极惰性气体保护电弧焊是以钨棒为一个电极,以被焊工件为另一个电极,以两电极之间形成的电弧作为焊接热源,用惰性气体(氩、氦或氩与氦的混合)保护两电极之间的电弧、熔池及母材热影响区而实施电弧焊作业的一种熔化焊接方法。焊接时,保护气体从焊枪喷嘴中连续喷出,在电弧周围形成气体保护层,防止空气对钨极、熔池及热影响区的有害影响,从而获得优质的焊接接头。TIG 焊使用的钨极有纯钨、钍钨和铈钨三种。使用的保护气体主要有氩气、氩氦混合气体和氦气三种。气体的纯度一般要求99.99%,有些重要的焊缝要求使用纯度为99.999%以上的高纯气体。用氩气作为保护气体的称为钨极氩弧焊,用氦气作为保护气体的称为氦弧焊。

以操作方式划分,TIG焊分为手工和自动两种。手工TIG焊通过手工操作控制焊枪的运动和填充焊丝的添加;自动TIG焊可以是焊枪固定工件运动,也可以是工件固定焊枪运动,其焊枪、工件的运动和填充焊丝的送进均由机械完成。图6.4.1给出了钨极惰性保护电弧焊原理图。

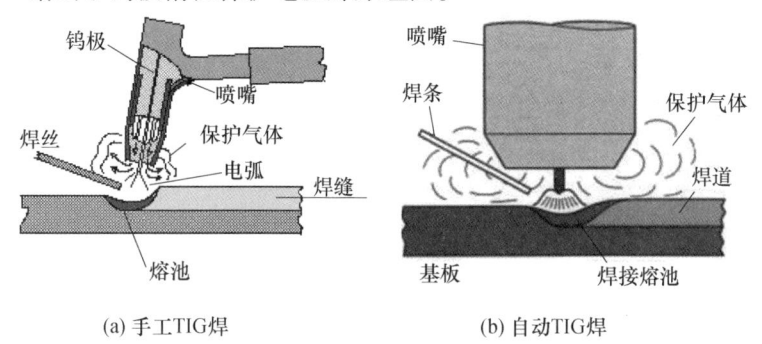

(a) 手工TIG焊 (b) 自动TIG焊

图6.4.1 钨极惰性气体保护电弧焊原理

由于TIG焊采用惰性气体作为保护气体,能有效保护熔化金属和钨极不被污染,焊接质量较高。TIG焊电弧燃烧稳定,对工件的加热相对比较集中,焊件的变形较小。TIG焊为明弧,易于观察操作,能进行各种位置的焊接。因此,TIG焊广泛应用于航天产品的焊接中。

6.4.1.2 钨极氩弧焊特点

(1) 惰性气体不与金属发生任何化学反应,在惰性气体保护下,不需要使用焊剂就可以焊接几乎所有金属,焊接后无须清理残余熔剂或焊渣,应用面很广。

(2) 焊接工艺性能好,明弧,能观察电弧及熔池,即使在很小的焊接电流下电弧仍能稳定燃烧,特别适于焊接铝合金薄壁结构。

(3) 热源和填充焊丝可以分别控制,热输入易于调整。

(4) 由于填充焊丝不通过电流,无熔滴过渡,故电弧安静,噪声小,无金属飞溅。

(5) 交流氩弧焊时具有对母材表面氧化膜的阴极清理作用,特别有利于焊接表面易于氧化的铝、镁及其合金。

钨极氩弧焊焊的缺点及其局限性如下:

(1) 熔深较浅,焊接速度较慢,钨极载流能力较低,生产效率不高。

(2) 惰性气体在焊接过程中仅仅起到保护隔离作用,因此对工件表面状态要求较高。焊件在焊前要进行表面清洗、除油、去锈等准备工作。

(3) 钨极氩弧焊受作业现场气流影响较大,不适于室外作业。

6.4.1.3 钨极氩弧焊分类

1. 直流 TIG 焊

直流 TIG 焊有两种形式,分别为直流正接和直流反接。

直流正接时,工件为正极、钨极为负极。大多种金属采用直流正接焊接。在惰性气体保护焊时,正极的发热量远大于负极。因此,钨极发热量小,可以采用较大的焊接电流;能量由工件吸收,焊缝深宽比大,生产率高。同时,由于钨极为负极,热电子的发射能力强,电弧稳定而集中。

直流反接时,工件为负极,钨极为正极,正离子流高速撞击工件表面,能击碎工件表面的氧化膜,使其分解并被清理掉。与此同时,从焊件发射出来的大量的电子流冲击钨极,使其撞击生热,易产生钨极烧损,电弧稳定性较差。

直流 TIG 焊无法解决铝合金焊接时"阴极清理"和"钨极烧损"之间的矛盾,因此铝合金焊接一般采用交流而不采用直流 TIG 焊。

当采用氦气保护进行铝合金焊接时,可采用直流正接。由于氦弧发热量大,电弧穿透能力强,在电弧长度很短时,它有一定的清除氧化膜的作用,可顺利地进行焊接。同时,直流正接氦弧焊比交流钨极氩弧焊熔深大、焊道窄、热影响区小,焊接接头性能优越。

2. 交流 TIG 焊

为了同时兼顾阴极清理作用和两极发热量的合理分配,铝合金焊接采用交流 TIG 焊。交流电流的极性是周期性变化的,电流波形如图 6.4.2 所示。在每个周期里,半波相当于直流正接,另一半波相当于直流反接。正接的半波期间钨极不致过热,可承载较大的焊接电流,有利于电弧稳定,容许可焊厚度增大。反接的半波期间有阴极清理作用,可去除表面氧化膜,保证焊缝良好成形。

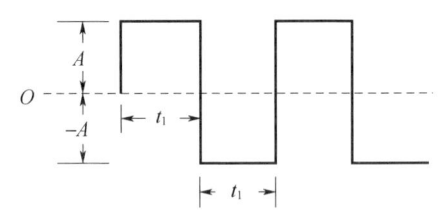

图 6.4.2 交流 TIG 焊电流波形

交流 TIG 焊在特性和功能上基本满足了铝及铝合金的焊接需要,其主要问题是焊接时的直流分量和电弧的稳定问题。

交流 TIG 焊的直流分量是这样产生的,当正半波时,发射电子的负极为钨极,它熔点高导热差,热电子发射容易,因此,电弧电压低,焊接电流大,导电时间长;当负半波时,发射电子的负极为工件,它的熔点低且尺寸大,散热快,热电子发射困难,所以电弧电压高,焊接电流小,导电时间短。这样就出现了焊接电流正负半波不对称,在交流焊接回路中出现了一个由工件流向钨极的直流分量。直流分量的存在将导致阴极清理作用的减弱,使铝合金焊接产生困难。同时,直流分量磁通将使焊接变压器铁芯饱和,工作条件恶化并使焊接电流波形畸变,影响焊接电弧的稳定燃烧。因此,直流分量必须消除。消除直流分量的方法是在焊接回路中串联电容器组,以隔绝直流分量。

在交流 TIG 焊焊接时,焊接电流正负半波交替地通过零点,电弧空间电离消失,电弧需重新引燃。重新引燃电压一般都高于燃弧电压,特别是负半波开始的瞬间,所需重新引燃电压很高,交流弧焊电源的空载电压已不能维持电弧的连续燃烧,出现了电弧稳定问题。为了维持电弧的稳定燃烧,必须采取稳弧措施。一般采用高频振荡稳弧或高压脉冲稳弧。用矩形波交流电源来替代正弦交流电源能有效地提高 TIG 焊的稳弧性。

3. 脉冲交流 TIG 焊

脉冲 TIG 焊是目前应用较广的一种焊接方法,它用低频调制的直流或交流脉冲电流来加热工件,在工件上形成熔池,基值电流时熔池凝固并维持电弧燃烧。焊缝由许多焊点相互重叠而成,形成鱼鳞状焊缝。电弧是脉动的,有明亮和暗淡交替闪烁的现象。由于焊接电流脉冲化,焊接电流的平均有效值降低,可调参数多,便于选择合理的焊接热输入。

随着脉冲频率提高可增加电弧的挺度和刚度。当脉冲电流频率高于 5kHz 时,电弧的挺度和刚度明显增大,即使焊接电流很小,电弧也会有很强的稳定性和指向性,因而有利于焊接薄件。

脉冲 TIG 焊可以对工件的热输入和熔池尺寸精确控制,提高了焊缝抗烧穿和熔池保持能力,容易得到均匀的熔深。脉冲电弧可以用较低的热输入而获得较大的熔深,可有效地减小焊接变形和提高一次穿透能力。焊接过程中熔池金属冷凝快,高温停留时间短,熔池搅拌作用强,焊缝晶粒细化,能有效消除焊缝气孔,获得优质焊缝。

4. 变极性 TIG 焊

变极性 TIG 焊是采用方波交流焊接电源,两半波参数非对称可调的 TIG 焊方法,波形如图 6.4.3 所示,图中正极性时间 t_1 与反极性时间 t_2 可调制。

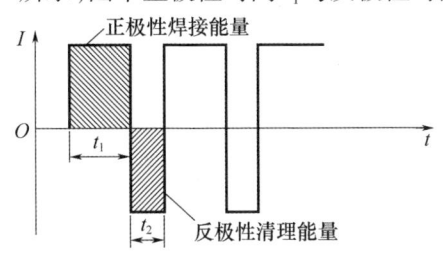

图 6.4.3 变极性 TIG 焊电流波形

变极性电源可以分别设置正向焊接电流、反向清理电流和清理密度。变极性区别于交流的最大特点是变极性的电源是直流而不是交流,变极性控制部分只是在程序设定的时段内将焊接电流迅速反向,并同时定义其输出的大小,使之具备反向阴极清理的功能。

由于电流波形呈矩形,半波转换可瞬时完成,过零点时电流增长迅速,再引燃较容易,稳弧性能明显提高。增大负半波电流值,同时减小负半波作用时间可以增强阴极清理作用,去除工件表面氧化膜,又能减少钨极烧损,增大其载流能力。

由于电源良好的输出特性,采用变极性焊接电源进行铝合金焊接,可以获得焊接熔深大、热影响区窄、接头的强度和塑性指标高等焊接效果。图6.4.4给出了两种变极性TIG焊焊缝形貌。

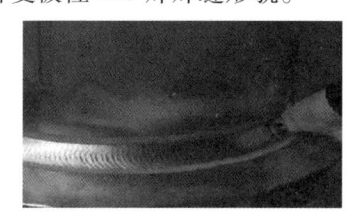

(a) 角焊缝 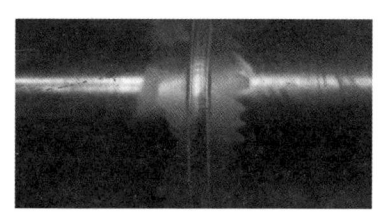　　(b) 环焊缝

图6.4.4　铝合金变极性TIG焊焊缝

6.4.1.4　氩弧焊工艺

TIG焊的接头形式有对接、角接、搭接等多种形式。为了保证航天产品质量,希望尽可能采用对接接头形式。在焊前必须仔细清理坡口和坡口两侧表面及填充焊丝表面上的油污、水分和氧化膜等,否则在焊接时将影响电弧稳定,恶化焊缝成形并产生焊接缺陷。常用的清理方法有化学清理和机械清理。化学清理是采用化学反应的方法以去除焊丝和工件表面的氧化膜。应根据不同材料选用不同的清洗溶液。机械清理通常用钢丝刷来清除表面的氧化膜,不锈钢及其他钢材也可用纱布打磨。对于铝合金等材质较软的材料,用刮刀清除表面的氧化膜是十分有效的清理方法,在焊接中推荐使用。

TIG焊的主要工艺参数有焊接电流、焊接电压、焊接速度、喷嘴孔径与保护气流量、喷嘴高度等。

(1) 焊接电流。焊接电流的种类和极性应根据母材的材质进行选择。焊接电流的大小主要影响焊接熔深,对焊缝的宽度和余高影响不大。应根据工件材料、厚度、接头形式和空间位置选择合适的焊接电流。

(2) 焊接电压(电弧电压)。电弧电压主要由弧长决定。电弧电压增高时,焊缝宽度增加,熔深稍减少。手工TIG焊时,如电弧较长,观察熔池越清楚,加丝也越容易(不易碰上钨极)。但弧长太长时,容易产生为焊透及咬边,而且保护效果变差,容易出现气孔。但电弧也不能太短,电弧太短,很难看清熔池,加丝时焊丝容易碰到钨极,引起短路或污染钨极,产生夹钨缺陷并加大钨极烧损。合适的弧长应近似于钨极直径。

(3) 焊接速度。焊接速度增加时,熔深与熔宽减小;焊接速度太快时,容易产生未焊透;加丝焊时焊缝窄而高,两侧熔合不好;焊接速度太慢时,焊缝太宽,还可能产生焊漏、烧穿等缺陷。焊接铝合金时,为减小变形应采用较大的焊接速度;焊接裂纹倾向较高的合金时,不能采用高速焊接;在非平焊位置施焊时,应尽量选用较快的速度焊接,以获得较小的熔池,避免金属从熔池中流失;另外,焊接速度太快时,会降低保护效果,特别是在自动 TIG 焊时,由于焊速太高,可能使熔池裸露在空气中。

(4) 喷嘴孔径与保护气流量。通常根据焊接电流的大小确定钨极直径,根据钨极直径确定喷嘴孔径。焊接电流越大,选用的钨极直径越粗,喷嘴孔径越大,相应的氩保护气流量也越大。

对于某一选定直径的喷嘴,有一个合适的氩气流量范围。氩气流量太小时,保护气体软弱无力(刚性不好),保护区小,抗风力弱;流量太大时,保护气呈紊状喷出,会将空气卷入焊接区,容易产生气孔,并使焊缝金属氧化、氮化;流量合适时,保护气呈层流状喷出,保护气体有一定的刚性,保护范围大,从而能保证焊接质量。

当焊接电流相同时,若采用交流 TIG 焊接有色金属及其合金时,对焊接区的保护要求较高,需选用较大孔径的喷嘴和氩气流量。在实际工作中,通常选定焊枪以后,喷嘴孔径很少改变,因此可根据试焊质量,确定合适的氩气流量。流量合适时,熔池平稳,表明明亮没有渣,焊缝外形美观,表面没有氧化痕迹;若流量不合适,熔池不平稳,严重时出现翻腾现象,表面有氧化膜,焊缝表面发黑或者有氧化膜。对接接头或 J 形接头的船形焊时,保护效果较好,焊接这类接头时,不必采用其他工艺措施;而进行端头焊及外角焊时,保护效果较差,焊接这类接头时,除加大氩气流量外,最好加挡板,提高保护效果。除此之外,焊接一些特别活泼的金属时,如钛等,必须加强高温区的保护,采取严格的气保护措施。

(5) 喷嘴高度。喷嘴端面至工件表面的距离为喷嘴高度。喷嘴与工件的距离应合适,距离过大,焊工观察的范围越大,但会影响气体保护效果;距离过小,保护效果越好,但会影响焊工观察,且加丝比较困难,容易使钨极与熔池接触产生夹钨,施焊难度增大。喷嘴与工件的距离一般为 8~14mm。

脉冲钨极惰性气体保护焊采用低频调制的直流或交流脉冲电流进行焊接,其优点是通过调节脉冲电流、基值电流的大小及它们持续时间,可精确地控制输入工件的热量和熔池尺寸,提高焊缝抗烧穿和保持熔池尺寸的能力,获得均匀的熔深,并能减小热敏材料产生焊接裂纹的倾向。交流脉冲 TIG 焊用于焊接铝、镁及它们的合金等表面易形成高熔点难熔氧化膜的材料。直流脉冲 TIG 焊用于焊接一般钢材、不锈钢等金属材料,应用范围很广。

脉冲 TIG 焊的主要工艺参数有脉冲电流 I_p、基值电流 I_b、脉冲持续时间 t_p、基值持续时间 t_b、脉冲频率 $f = T^{-1}$、电弧电压 U、焊接速度 v 等。其中,脉冲电流 I_p 与基值电流 I_b 的比值为脉幅比 $R_A = I_p/I_b$,脉冲电流持续时间 t_p 与一个脉冲周期 $(t_p + t_b)$ 的比值为脉宽比 $R_w = [t_p/(t_p + t_b)] \times 100\%$。

实际生产过程中,应根据母材的材质、板厚选择上述参数。脉冲电流 I_p 与基值电流 I_b 必须匹配,才能获得较好的焊缝。一般情况下,$I_b = (10\% \sim 20\%)I_p$,$t_b = (1 \sim 3)t_p$,$I_b$ 与 t_b 保持电弧不熄灭,熔池能凝固,并对下一个焊点起预热作用。当脉幅比 R_A 较大,脉宽比 R_w 较小时,脉冲焊特点较显著,可减少热裂纹倾向,但易产生咬边。焊接过程中,通过调节 R_A、R_w 和焊接速度,可控制熔深,防止产生热裂纹和咬边缺陷。

为了得到连续致密的焊缝,焊点必须互相重叠一部分。焊接速度和脉冲频率要互相匹配才能满足焊点间距要求,应满足以下关系:

$$l_w = v_w/6f \tag{6.4.1}$$

式中:l_w 为焊点间距(mm);v_w 为焊接速度(cm/min);f 为脉冲频率(Hz)。

6.4.1.5　TIG 焊设备

手工钨极氩弧焊机由焊接电源、供气系统及供水系统组成。焊接电源中包括焊枪、引弧及稳弧装置、程序控制面板及遥控器。供气系统包括气体的气瓶、减压阀、流量计、电磁气阀。供水系统包括冷却水泵、水压开关。

自动钨极氩弧焊机由焊接电源、焊接机头、操作机、变位机、控制箱、供气系统、供水系统、焊接夹具组成。焊接机头上包括焊枪、焊枪升降机构、姿态微调机构、送丝机构,有时还包括焊缝轨迹跟踪装置、电弧摆动装置等。操作机上装有焊接机头,能使其升降及行走的立柱和横臂结构,横臂可绕立柱回转。变位机一般具有倾斜和转动两个自由度。控制箱内包括基本控制系统和程序控制系统,前者包括焊接电源输出调节系统、焊接机头行走调节系统、保护气流量调节系统,后者包括各配套件在焊接过程前、过程中及过程后程序动作调节、协调和控制装置。

自动氩弧焊专机是按用户的特殊订货要求,根据用户的产品结构类型、尺寸范围、焊缝形式、装配 - 焊接工艺而设计和制造的专用焊接设备。

焊接系统的核心设备是焊接电源。焊接电源的主要参数有额定电流、脉冲频率、焊接电流调节增量等。一个好的焊接电源应当引弧容易、电弧燃烧稳定、故障发生率低、便于使用维护和维修。

6.4.1.6 焊接工装

焊接工装是用于保证焊接结构装配、避免焊接变形的辅助装置。对于航天器结构,由于结构焊接质量和尺寸精度要求较高,因此通常都要设计焊接工装。焊接工装的种类主要有纵缝和环缝焊接工装。焊接工装通常采用刚性夹紧固定的内撑外压结构。

1. 焊接工装的作用

(1) 对被焊工件提供全焊接过程的准确定位。

(2) 收集并导走焊接热源输入的部分能量,减少焊缝过热倾向。

(3) 焊缝垫板可以保护焊缝良好成形。

(4) 减小焊接变形。

2. 焊接工装设计方法

(1) 不能与焊接设备及被焊产品发生干涉。

(2) 焊接操作人员有足够的操作空间。

(3) 工装的刚性和夹紧力大小要适当,过小则难以控制变形和保证焊件尺寸,过大则焊缝拘束度太强,有时会引起焊缝开裂。一般以每100mm长度焊缝能有3500N左右的均匀夹紧力为宜。

(4) 导热要求:根据产品材料的特性选取焊接工装材料,特别是焊漏槽的选材与结构设计。

(5) 在满足使用可靠性的前提下尽可能降低制造成本、减轻结构重量。

6.4.1.7 TIG焊应用实例

火箭推进剂贮箱、卫星密封舱、飞船轨道舱/返回舱等大型铝合金薄壁壳体结构均采用TIG焊工艺。大型薄壁舱体的共同特点是结构尺寸大、焊缝内部质量与漏率指标要求高、蒙皮轮廓度要求严格等。焊接的关键点主要有焊接缺陷控制、密封性能保证及焊接变形控制等。

1. 燃料箱筒体搭接环缝交流TIG焊

火箭结构中,有一个5456-H343变形强化铝合金的燃料箱筒体,其内的加强环(T形挤压型材)需搭接环焊在筒壁上,搭接间隙内不得进入或残留液体介质,其结构形式如图6.4.5所示。

燃料筒体壁厚为1.8mm,T形加强环厚度为2.2mm,筒体内径为ϕ1143mm,两者搭接环缝采用交流自动TIG焊方法完成。

焊接前,筒体装在精密的变位机上。焊接机头通过操作机的悬臂而伸入筒内,机头上装有可摆动的焊枪及电弧电压控制器。启动后,机头引弧,工件旋转,即可实施交流自动TIG焊。焊接时,采用一台300A方波焊接电源和直径为0.8mm的ER5556合金焊丝。

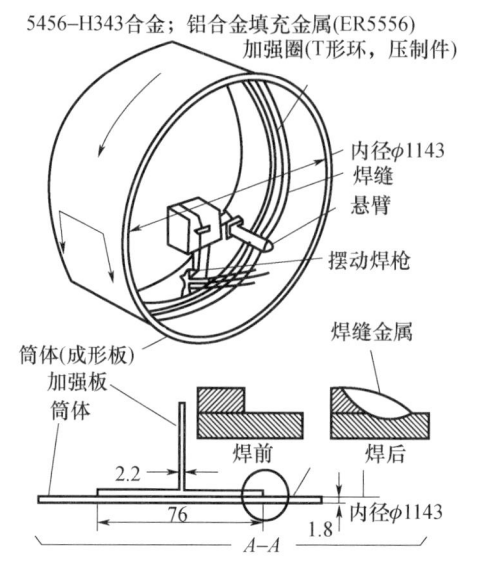

图 6.4.5 燃料箱筒体与加强件结构

2. 贮罐双人及双枪交流 TIG 焊

一种铝合金贮罐,材料厚度 6mm 的 AlMg4.5Mn 合金,根据具体情况,决定采用双人同步手工交流 TIG 焊和双枪交流 TIG 自动焊两种焊接工艺。

1）双人双面同步交流 TIG 手工焊

两名操作者分别在焊件外面和内面同步进行自下而上的手工 TIG 立焊,焊丝为 SAlMg-3,直径为 4mm,表面经过化学或电化学抛光。焊接时,以焊件外面的焊枪为主导,进行有序的焊枪摆动和填丝,内面的焊枪不填丝,但其电弧始终跟踪外面焊枪的电弧中心,以加强内面保护,使外面焊缝的根部熔透,确保焊缝内面成形良好。此种双人双面同步焊接法无须坡口,间隙较大,背面无须清根河压紧的工装,故具有工艺简化、焊透性好、气孔少、变形小、工装简单的优点。

2）双枪单面交流 TIG 自动焊

焊接机头上装有两只氩弧焊枪,其中之一为主枪,另一为副枪,副枪装在主枪前方。副枪电弧超前于主枪电弧,对工件进行逐点均匀预热和阴极清理及净化工件坡口,因此焊缝外形美观、焊透性好、气孔少、焊接变形小。在气动的琴键式夹具上装配焊接,可获得单面焊双面成形的优质焊缝。

3. 火箭贮箱箱底自动钨极氩弧焊

火箭贮箱是运载火箭箭体结构的重要部段,它除了传递火箭的轴向载荷外,主要用于贮存火箭发动机所需的氧化剂和燃烧剂,火箭贮箱由壳段和箱底组成。三子级贮箱的箱底是箱底的典型代表。

箱底为椭球形面组件,由圆环、顶盖和叉形环焊接而成。圆环由 6~8 块瓜瓣拼焊而成,在圆环上再焊接顶盖和叉形环(图6.4.6)。

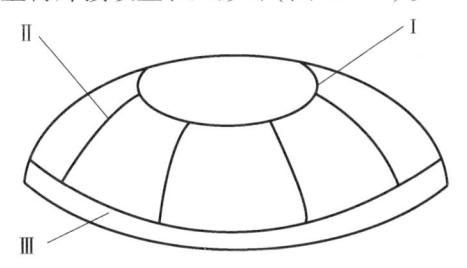

图6.4.6　火箭贮箱焊接结构

箱底直径3000mm,材料为2A14T6铝合金。圆环、顶盖经钣金成形后再化铣。焊接区厚度较厚,其他部位较薄,以减轻结构重量。前底焊接区厚度为2.5mm,后底为3.8mm,共底为1.6mm。在前底和后底上还焊接有多个法兰盘。对箱底焊接质量要求较高,除焊缝内部及外部质量满足技术条件外对焊缝致密性提出了很高的要求。

箱底焊接工艺装备包括箱底拼焊自动焊接设备、圆环纵缝拼焊夹具和环焊焊接夹具。箱底自动焊接(图6.4.7)是在箱底拼焊自动焊接设备上完成。采用数控焊接设备,保证焊接设备机头以恒定的焊接速度沿椭球的理论曲线运行。同时,在任何施焊位置焊枪始终在椭球法线方向并且垂直于地面,即焊接点处于水平位置。设备由支臂和转台组成,通过三轴联动实现圆环纵向焊缝的焊接。在上下两个切点,中心轴旋转实现圆环与叉形环、圆环与顶盖的环向焊缝焊接。

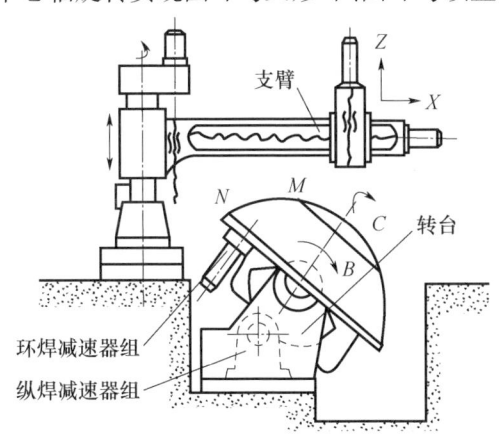

图6.4.7　贮箱箱底自动焊接

圆环纵缝焊接夹具用于圆环与叉形环、圆环与顶盖两条环缝的焊接,它由模胎和环向压板组成。在外形与箱底椭球内形相同的模胎上,镶嵌有两条不锈钢垫板,圆环与顶盖的垫板为固定式的,而圆环与叉形环的垫板为活动式的,当垫板内的气囊充气时,垫板向外涨出,使环缝背面撑紧。环向压板有两套,一套用于圆环与叉形环,一套用于圆环与顶盖。

焊前清理是保证焊接质量的重要环节。箱底零件首先进行化学清理,焊前还需用干净无油的钢丝刷打磨干净。试验表明,焊前用刮刀刮削工件表面和对接端面,对消除气孔十分有效。焊丝在焊前进行化学清理,要尽量避免重复化学清理,化学清理后一定要在干燥箱内烘干。焊前用碘钨灯预热焊接工装、焊接垫板,对消除气孔也有一定的效果。

箱底自动焊前一般需要定位焊,以减小焊件的变形和错缝。定位时对定位焊点要控制好,定位焊点熔不透,焊接时可能会拉裂,起不到定位作用,而且定位焊点的裂纹,会成为焊接裂纹的根源,如果定位点过大,焊接时因熔化不好,会造成未熔合。

4. 飞船返回舱侧壁金属壳体的钨极氩弧焊

飞船返回舱侧壁金属壳体为大型薄壁5A06铝合金焊接密封结构,是飞船结构中的关键部件。除焊缝性能质量和密封性要求较高外,舱体结构精度指标要求也较高,尤其是焊接变形需严格控制。飞船返回舱侧壁金属壳体结构如图6.4.8所示,其主要特点为:①壁厚小,结构尺寸大。总高度1.9m,最大直径2.5m,最小直径1.0m,蒙皮壁厚2mm。②焊缝多,组合分布复杂。舱体环向焊缝3条,纵向焊缝5条,舱壁上共有24个开孔与法兰口框等零件焊接。

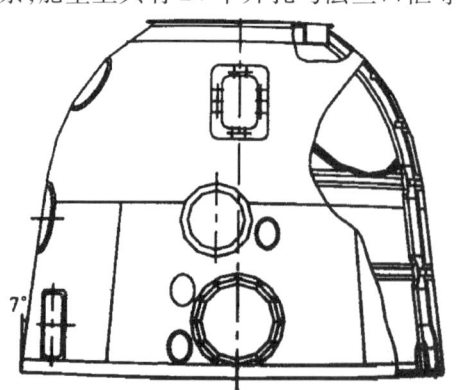

图6.4.8 飞船返回舱侧壁金属壳体结构

根据现有工艺技术水平,焊接采用钨极氩弧焊方法完成。返回舱侧壁金属壳体由球段和锥段组成,舱壁开孔多,焊缝形状复杂,舱内点焊上百件桁条隔框支架等,因此焊接应力和焊接变形相互影响。焊缝区纵向应力均为高值拉应力,两侧为与之平衡的压应力。由于焊缝密集,相距太近,压应力相互叠加,造成靠近各开孔焊缝的蒙皮局部压应力较大,产生较大的失稳波浪变形。为控制整舱的焊接变形,减小焊缝残余应力,将舱体的焊接主要划分为球段组件、锥段组件及整舱三大部分,在每一部分的焊接过程中严格控制其每条焊缝的焊接变形和残余应力,减小相互间的干扰和影响,优化焊接工艺,优化各部分组焊为整体的工艺。

返回舱侧壁焊接工艺措施:

(1)焊前准备:为保证焊缝质量和减小结构焊接变形,焊前准备工作十分重要,主要包括焊口装配精度的保证,焊口表面粗糙度的保证。

(2)焊接工艺方法的选择:对于2~5mm薄壁铝合金熔焊焊缝,采用填丝钨极氩弧焊方法,一次焊接,单面焊双面成形,合理选择焊接电流、焊接速度、氩气流量等参数,提高焊缝质量,减小焊接变形。

(3)焊接变形控制:针对焊接变形控制要求,将整体结构划分为不同部件焊接,采用对称焊接、分段焊接优化焊接顺序,同时采用板组件带工装热处理以及局部逐点挤压与风动捶击机械校形相结合的方法。

近年来,返回舱侧壁金属壳体法兰开始采用预变形自动焊方法。对于球状壳体上规则的环缝,采用五自由度焊接变位器将蒙皮法兰孔调整到水平位置焊接,由组合式预变形自动焊工装对蒙皮法兰孔实施弹性预变形,法兰孔最终尺寸由铣切装置在焊接工位进行精确铣加工,通过设置合理的预变形量实现蒙皮轮廓度的有效控制,取得了良好的应用效果。

6.4.2 熔化极惰性气体保护电弧焊(MIG焊)

1. MIG焊过程原理

熔化极惰性气体保护电弧焊是以连续送进的焊丝为一个电极,以被焊工件为另一个电极,在惰性气体保护和两极之间电弧热的作用下,焊丝一面熔化向熔池过渡和填充,一面不断引弧和稳弧的一种电弧焊接方法。因焊丝作为电极熔化,因此该方法通常简称熔化极氩弧焊或MIG焊。

MIG焊接过程原理如图6.4.9所示。通过焊丝电极与工件之间放电产生的电弧将焊丝加热熔化,然后通过熔滴过渡方式填充并成形焊缝。

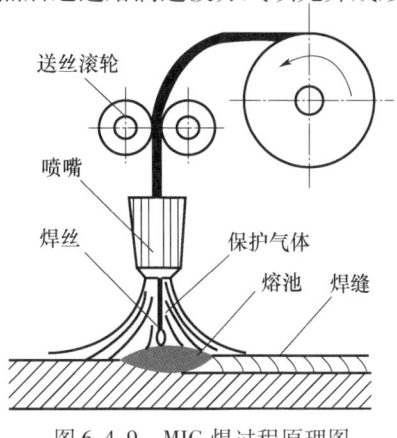

图6.4.9 MIG焊过程原理图

由于 MIG 焊通过的电流可大大提高,因此母材金属熔深大,焊丝熔化速度快,熔敷率高,可显著地提高生产效率,适用于中等和大厚度材料的焊接。采用的保护气体为氩气、氦气、氦氩混合气体。由于 MIG 焊的焊丝既是电弧的一极,同时又作为填丝以熔滴形式过渡到熔池中,因此焊丝熔滴过渡的形式对焊接过程的稳定性十分重要。

2. MIG 焊熔滴过渡

MIG 焊的焊丝熔滴过渡形式有短路过渡、大熔滴过渡、射流过渡、亚射流过渡和脉冲射流过渡。

(1) 短路过渡是熔滴在未脱离焊丝端头前,与熔池直接接触,电弧瞬时熄灭,焊丝端头液体金属靠短路电流所产生的电磁收缩力及液体金属的表面张力拉入熔池,随后焊丝端头与熔池分开,电弧重新引燃,为下次短路过渡作准备。

(2) 大熔滴过渡是尺寸较大的熔滴(直径大于焊丝直径)以重力加速度从焊丝端部向熔池过渡。这种过渡形式一般出现在电弧压力较大,焊接电流较小的情况下。由于这种过渡工艺所形成的焊缝易出现熔合不良、未焊透、余高过大等缺陷,因此在实际焊接中一般不用。

(3) 射流过渡是尺寸细小的熔滴(直径小于焊丝直径)以远大于重力加速度的加速度沿焊丝轴线方向向熔池过渡。这种过渡形式出现在电弧压力较大、焊接电流较大的情况下。由大滴过渡向射流过渡转变的最小电流成为射流过渡的临界电流。临界电流取决于电弧气氛、焊丝种类、焊丝直径等。

(4) 亚射流过渡介于短路过渡与射流过渡之间的一种过渡形式。尺寸细小的熔滴在即将以射滴形式过渡到熔池中时发生短路,然后在电磁收缩力的作用下完成过渡。这种过渡仅产生在铝及铝合金的 MIG 焊中,而且电弧电压较小。利用亚射流过渡工艺进行焊接时,电弧具有很强的固有调节作用,等速送丝设备配恒流特性的电源即可保持弧长稳定。这种过渡形式主要用于平焊及横焊位置得铝及铝合金焊接。其优点是焊缝外形及熔深非常均匀一致,可避免指状熔深。

(5) 脉冲射流过渡仅产生在脉冲 MIG 焊中,熔滴以与脉冲电流频率一致的频率有节奏地向熔池中过渡。它是射流过渡的一个变种,可在较小的平均电流下实现,适用于薄板、全位置焊接。

影响焊丝熔滴过渡的主要因素有:①焊接电流,随着焊接电流的增大,熔滴过渡形式由大滴过渡向射流过渡转变,出现喷射过渡的电流值称为"临界电流"。②焊接极性,通常采用反接,即焊丝接正极,这时阳极斑点约束在焊丝端部液体金属表面,电流全部流过熔滴,此时产生较大的电磁收缩力,熔滴尺寸很小时就被强制过渡,且过渡稳定有力,轴向性强。③保护气体成分,纯氩气体中容易产生喷射过渡,即临界电流低。随着混合气体中氦气量的增大,临界电流增高。④焊丝材料和直径,不同的材料临界电流不同,焊丝直径越小,临界电流越低。⑤焊丝干伸长(从导电嘴伸出的长度),干伸长增加可增强焊丝电阻热作用,可促进熔滴过渡,降低临界电流,但过大的干伸长会软化焊丝,影响电弧的稳定。

3. MIG 焊特点

(1) 适用范围广。MIG 焊几乎可以焊接所有的金属,特别适于铝及铝合金、钛及钛合金、低碳钢、合金钢以及不锈钢的焊接,既可焊接薄板又可焊接中等厚度和大厚度的板材,而且可以用于任意位置的焊接。

(2) 生产效率高。由于以焊丝作电极,允许使用的电流密度较高,因此母材的熔深大,填充金属熔敷速度快,比 TIG 焊生产效率高。

(3) 焊接过程易于实现自动化。MIG 焊的电弧是明弧,焊接过程参数稳定,易于检测与控制,因此容易实现自动化。

4. MIG 焊接设备

MIG 焊设备通常由弧焊电源、控制箱、送丝机构、焊炬、水冷系统及供气系统组成。自动 MIG 焊设备还配有行走小车或悬臂梁等,而送丝机构及焊炬均安装在小车上或悬臂梁的机头上。

MIG 焊广泛采用平特性的直流电源。平特性电源配合等速送丝系统有许多优点:通过改变电源空载电压来调节电弧电压;焊接参数规范条件比较方便,可通过改变送丝速度来调节焊接电流;由于弧长变化时引起较大的电流变化,因而有较强的弧长自身调节作用;短路电流较大,引弧比较容易。

控制箱中装有很多时序控制电路。其主要任务是控制焊丝的自动送进、提前送气、滞后停气、引弧、电流通断、冷却水的通断等。对于自动焊机还要控制小车的行走。

气路系统由气瓶、减压阀、流量计、软管和气阀组成。水路系统通以冷却水,用于冷却焊炬及电缆,通常水路中设有水压开关,当水压太低或断水时,水压开关将断开控制系统的电源,使焊机停止工作,保护焊接设备不被损坏。

5. MIG 焊工艺

影响焊缝成形和工艺性能的参数主要有焊接电流和电弧电压、焊接速度、焊丝干伸长、焊丝直径和气体流量等。根据工件的厚度选择焊丝直径,然后确定焊接电流和熔滴过渡形式。在给定的焊丝直径下,随着送丝速度的增加,焊接电流相应增大,当焊接电流较小时,熔滴为滴状过渡,为了达到喷射过渡,焊接电流应大于临界电流,以保证焊接过程稳定和焊接质量良好。在电弧电压增加时,焊缝熔宽增大,熔深和余高略有减小。在其他条件不变时,焊接速度增大熔深相应增加,并达到一最大值。焊速减小时,单位长度上填充金属的熔敷两增加,熔池体积增大。由于这时电弧直接接触的只是液态金属,故熔深减小,熔宽增大。焊丝的干伸长越长,焊丝的电阻热越大,焊丝熔化速度越快,焊丝干伸长一般为 13 ~

25mm。由于 MIG 焊对熔池的保护要求比 TIG 焊高,为了获得良好的气体保护效果,选择结构合理的焊枪和合适的气体流量是必要的。喷嘴的孔径及气体流量均比钨极惰性气体保护焊要大,喷嘴孔径为 20mm 左右,气体流量为 30~60L/min。

脉冲电流 MIG 焊是在 MIG 焊基础上发展起来的,它的主要优点是熔滴过渡可控,平均电流比普通的熔化极惰性气体保护焊的临界电流低,因而母材热输入量低,适于各种材料的焊接。它的生产效率高,焊接质量好,焊接电流调节范围宽。脉冲电流 MIG 焊提供两个电流,一个是维弧电流,其作用是维持电弧稳定燃烧,并使焊丝端头部分熔化,为下一次熔滴过渡作准备。另一个是脉冲电流,它叠加在维弧电流上,其作用是使焊丝熔化并给熔滴施加一较大的力促使其过渡,脉冲电流比产生喷射过渡的临界电流高,因而获得具有轴向喷射过渡的稳定电弧。脉冲电流 MIG 焊的频率一般为 50Hz,100Hz 两种。它的主要工艺参数是脉冲电流、脉冲电流持续时间、维弧电流、维弧电流持续时间、脉冲频率、电弧电压、焊接速度、气体流量等。

6. MIG 焊应用

在俄罗斯大型"能量"型火箭贮箱(材料为高强铝合金1201)的制造过程中,要求完成纵向、环向和径向的焊缝。由于火箭难以移动的巨大轮廓尺寸(直径 8m、长度 40m)以及必须保证焊前结构元件装配的高精度(对接处间隙为 0.5mm,被焊边缘位错 1mm),因此设计了多功能台架进行垂直装配,采用熔化极脉冲弧焊以及并行焊道工艺方法成功地制造了这种大型火箭燃料罐焊接结构。

熔化极惰性气体保护电弧焊特别是熔化极脉冲氩弧焊已广泛应用于各工业部门,适于高效焊接中大厚度铝合金结构。其焊接过程的稳定性依赖于焊接设备的可靠性。

近代的微机控制的熔化极气体保护焊接设备系统,保护逆变式焊接电源、程序控制、电弧控制、参数自调、专家系统、焊接机床等,为该方法的过程机械化、自动化、智能化提供了良好的发展前景。

6.4.3 变极性等离子弧焊

1. 概述

等离子弧是由等离子枪将阴阳两极间的自由电弧经机械压缩、水冷喷嘴内壁表面冷气膜的热收缩和弧柱自身的磁收缩作用而形成的高温、高电离度、高能量密度及高焰流速度的压缩电弧。等离子弧焊接具有电弧挺度好、扩散角小、焊接速度快、热影响区窄、焊接应力与变形小等优点,其接头性能比一般的气体保护焊要好。

变极性等离子弧焊(Variable Polarity Plasma Arc Welding,VPPAW)是以非对称方波交流的变极性电源与等离子弧焊相结合的一种针对焊接铝合金而开发的高效自动焊方法。它综合了变极性和等离子焊的优点,其焊接电流频率、电流幅值及正负半波导通时间比例可根据工艺要求灵活、独立调节;合理分配电弧热量,在满足工件熔化和清除工件表面氧化膜需同时进行的情况下,最大限度地降低钨电极的烧损;有效利用等离子束流所具有的高能量密度、高射流速度、强电弧力的特性,在焊接过程中形成穿孔熔池;实现铝合金中厚板单面焊双面成形和双面焊自由成形。VPPAW在国外已成功应用于航天飞机外贮箱等产品的焊接生产。

2. 变极性等离子弧焊焊接过程原理

变极性等离子弧焊是专门针对铝合金焊接而开发的,能够完美地解决铝合金表面氧化膜的阴极清理和钨极烧损之间的矛盾。这种将等离子弧与变极性电源技术结合起来的焊接方法是专门针对铝合金的自动焊而开发的。图6.4.10为变极性等离子弧穿孔立焊示意图。

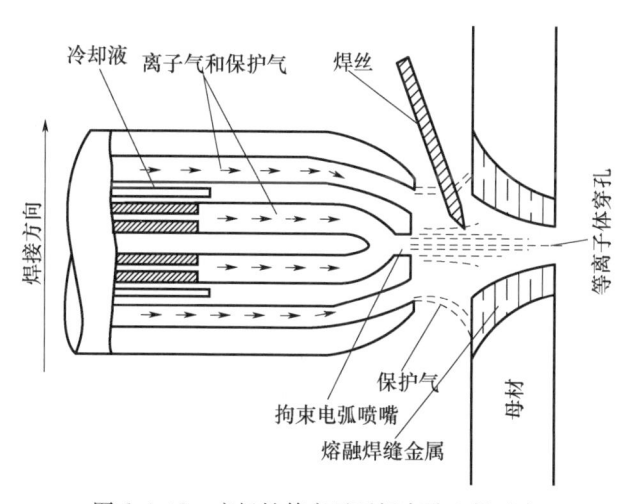

图6.4.10 变极性等离子弧焊穿孔立焊示意

铝合金变极性等离子弧焊是利用小孔效应实现单面焊双面成形的自动焊方法。

3. 变极性等离子弧焊焊接特点

(1) 能量密度大:$10^5 \sim 10^6 \text{W/cm}^2$。

(2) 可焊厚度大:4.3~14mm(铝合金)。

(3) 强烈的穿孔冲刷效应和对称的熔池金属流动有效消除了气孔、夹杂等固体杂质和铸造组织的方向性。

（4）一次穿透,单面焊双面自由成形。

（5）沿厚度方向温度梯度的分布较常规熔焊方法平缓,焊接效率高、焊后变形小。

（6）工艺参数稳定性要求严格,工艺区间窄。

（7）与激光焊和电子束焊相比,在设备造价、维护费用、设备操作复杂程度以及焊枪运动灵活性等方面,等离子弧焊具有明显的优势。

4. 变极性等离子弧焊焊接工艺

在进行变极性等离子弧焊焊接时,穿孔的稳定性直接决定焊缝的成形及内部质量。凡是影响穿孔稳定性的因素都会影响焊缝成形和质量的稳定性。穿孔稳定性的影响因素很多,最明显的参数是焊接电流、离子气流量、送丝速度、钨极端磨削角度、钨极端部直径以及喷嘴到焊件的距离等。

1）焊接电流

预热电流、穿孔电流。预热电流和穿孔电流决定了穿孔起始阶段熔池的形状和初始穿孔的大小,它们对穿孔阶段能否过渡到正常焊接阶段有显著影响。预热电流对不同板厚铝合金焊件的影响是不同的,薄板铝合金焊件的预热电流很小,预热时间很短。穿孔电流的初始值为预热电流值,终止值为正常焊接阶段的正极性电流值。例如6mm铝合金焊件焊接时,一般预热电流为60A,预热时间为5~10s,与之相对应的穿孔时间为5~14s。在穿孔时间内,穿孔电流从60A缓升至140A。试验发现,在6mm及更小厚度的焊件焊接时,可以不需要预热阶段而直接进入穿孔阶段。

正反极性电流时间及比值。研究发现,铝合金变极性等离子弧焊接时,最重要的参数是正反极性时间及其比值。对于大多数铝合金正反极性时间的最佳比例为19ms∶4ms。正反极性电流幅值与板厚有关。对于6mm厚铝合金正极性电流一般为120~160A,反极性电流比正极性电流幅值大30~80A。正反极性这种比例和幅值可以很好地清理焊缝及其根部表面的氧化膜,并且在喷嘴和钨极处产生最小的热量。

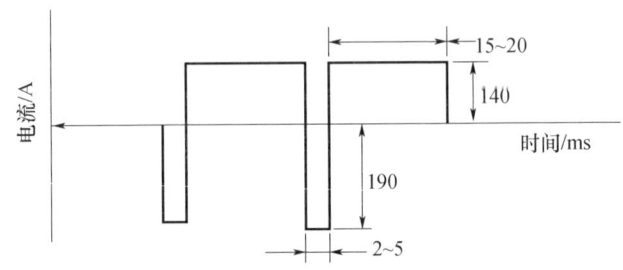

图 6.4.11　变极性等离子弧焊焊接正反极性电流波形图

2）离子气流量

在变极性等离子焊接过程中,当钨极端部形状一定时,离子气流量对电弧的压缩起主要作用。如果离子气流量过小,则电弧的压缩程度不够,电弧直径比较粗,起始穿孔不能过渡到正常焊接阶段,较大的加热面积使得焊缝周围温度很高,造成焊缝两侧熔化金属过多,形成不连续的切割,焊缝背面焊瘤十分严重。如果离子气流量过大,电弧压缩强烈,则在焊接过程中容易出现切割现象。

3）钨极端部夹角

钨极端部夹角对电弧的收缩和离子气的流动有重要影响,从而影响到等离子弧的挺度。钨极夹角越小,位于钨极端部的等离子阴极或阳极斑点就越小,所产生的等离子射流就越强烈,电弧的动压力就越大。较小的端部夹角还容易引起钨极的烧损,电极的端部熔化成球状,使得电弧的挺度和穿透力逐渐减弱,出现焊接过程中的穿孔不均匀现象。在实际焊接过程中,为了避免这种现象的发生,应适量增大钨极端部夹角,同时增大等离子气流量以改善电弧的挺度,使得电弧比较稳定,从而获得良好的焊缝成形。

4）送丝速度

送丝速度对 VPPA 焊焊缝的正面和背面成形有影响,而与等离子电弧的稳定无关。在铝合金中厚板的变极性等离子弧焊接过程中,如果不填丝,由于液态铝合金熔池的表面张力作用及金属在凝固时的收缩,在焊缝背面会出现贯穿焊缝纵向很深的凹陷,焊缝正面很平,几乎与母材表面一样。随着填丝量的增加,焊缝正面的余高增加,背面的凹陷逐渐减少直至消失,背面开始出现余高,背面的焊缝宽度也同时增加。

5）喷嘴到焊件的距离

虽然等离子弧的压缩程度很高,与 TIG 电弧相比电弧扩张很小,但是弧柱长度的变化仍对电弧等离子流动压力影响很大,随着等离子射流离开喷嘴的距离增加,等离子射流速度迅速减小,因而电弧的穿透力也急剧下降。在 6mm 以下的薄板焊接时,由于采用比较细的焊丝,可以尽量减小喷嘴到焊件的距离,一般保持在 4mm 左右。在 8mm 厚铝合金焊接时,喷嘴到焊件的距离可增大到 6mm。

5. 变极性等离子弧焊焊接设备

变极性等离子弧焊焊接工艺的稳定性主要取决于变极性电源输出电流的品质、焊接过程中主弧的顺利过零再引燃,各子系统(如离子气、保护气的控制、送丝系统、冷却系统、焊接行走机构)与主电源间的协调控制(图 6.4.12)。

根据电源的连接方式,等离子弧分为非转移型电弧、转移型电弧及联合型电弧三种。非转移型电弧燃烧在钨极与喷嘴之间,转移型电弧直接燃烧在钨极与

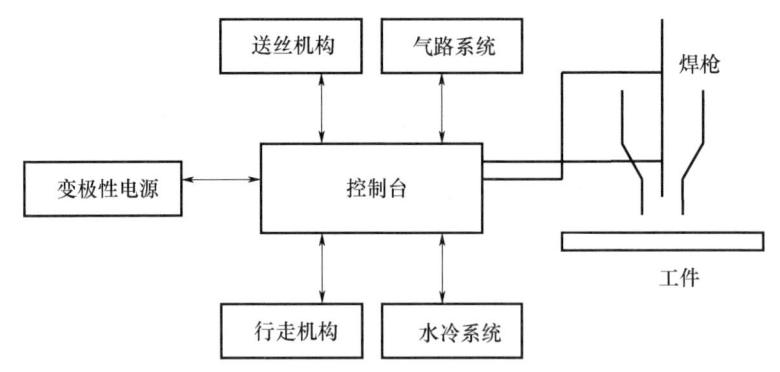

图 6.4.12 变极性等离子弧焊系统结构示意图

工件之间,焊接时首先引燃钨极与喷嘴间的非转移弧,然后将电弧转移到钨极与工件之间,在工作状态下,喷嘴不接到焊接回路中。转移弧与非转移弧同时存在的电弧为联合型电弧。极性等离子焊接采用转移型电弧。

变极性焊接电源是 20 世纪 70 年代从美国 Hobart 公司开始发展的,早期采用晶闸管桥式整流电源,开关速度较慢,工艺稳定性较差。近年来,随着基于 IGBT 电源响应能力的提高和大功率元器件的成功面世,变极性等离子焊接电源的高频脉冲调制技术得到了很大的发展,电弧质量明显提高,从而保证了焊接工艺的稳定性和再现性。

焊枪是等离子弧发生器,对等离子弧的性能及焊接过程的稳定性起着决定性作用。主要由电极、电极夹头、压缩喷嘴、中间绝缘体、上枪体、下枪体、冷却套以及等离子气与保护气通道组成。最关键的是压缩喷嘴与电极。压缩喷嘴是一个铜质的水冷喷嘴,其结构、类型和尺寸对电弧性能起决定作用。电极的材料、端头形状以及与喷嘴的同心度也会影响到电弧的稳定性。

控制系统的作用是控制焊接设备的各个部分按照预定的程序进入、退出工作状态,采用可编程控制技术对焊接电流、焊接电压、行走速度、送丝速度、等离子气与保护气流量等焊接工艺参数进行有效控制。最新的控制系统集成了数字信号处理、模块化设计、网络控制、USB 数据通信与 VGA 屏幕控制等先进技术。

供气系统是等离子焊接设备中另一个重要而复杂的系统,由等离子气路与保护气路组成。在大电流焊接时,为保证电弧的稳定性,等离子气与保护气通常采用相同的气体。

为了防止烧坏喷嘴并增加对电弧的压缩作用,必须对电极及喷嘴进行有效的水冷却。冷却水的流量不小于 3L/min,水压不小于 0.15~0.2MPa。

6. LF6 铝合金密封舱体 VPPA 焊接应用实例

某型号密封舱为直径 3320mm、长度 6400mm 的铝合金大型密封舱体焊接结构,材料选用 LF6 铝合金,焊缝处壁厚 5mm,舱体焊缝数量多,密封要求高。其中环焊缝 13 条,纵焊缝 25 条,焊缝总长约 300m,舱体结构示意图如图 6.4.13 所示。

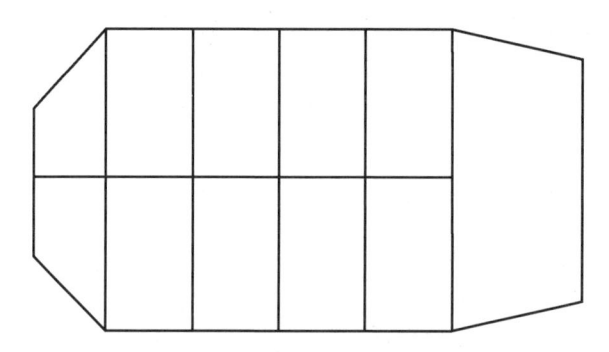

图 6.4.13　某型号大型密封舱体结构示意图

采用变极性等离子弧焊焊接工艺,完成了舱体纵缝与环缝的焊接。为了保证焊缝的内外部质量,焊前对焊缝及其附近进行化学清洗和机械清理,保证焊接装配间隙和错边量均控制在 0.5mm 以内。为了防止焊接过程中发生错边,纵缝焊接时使用气动琴键机构逐段压紧,环缝焊接时除了内部撑紧以外,还需采用定位焊方法进行点固,定位焊点必须打磨与接头齐平,然后再进行焊接。

当进行环缝焊接时,必须采用焊接电流和等离子气流量联合递增、联合递减的控制来获得理想的小孔形成和小孔闭合效果。通过精确的起弧收弧参数控制可以获得成形美观、无缺陷的环焊缝。

7. 变极性等离子弧焊焊接在航空航天结构中的应用

变极性等离子弧焊在宇航工业铝合金关键结构件的焊接中获得广泛应用。早在 1978 年,马歇尔飞行中心、Hobart 公司就合作进行了变极性等离子弧焊焊接工艺开发,并成功应用于运载火箭贮箱和航天飞机外贮箱的焊接生产中,其焊接质量比 TIG 多层焊明显提高。

在洛-马公司的新一代超轻型航天飞机外贮箱(结构材料为 2195 铝锂合金)中,采用柔性变极性等离子弧焊工艺,在平焊位置焊接了箱体的纵缝和环缝。在国际空间站各种大型密封舱体的焊接中,变极性等离子弧焊也成为首选的熔焊方法。在美国最新的 Delta Ⅳ 火箭中,贮箱的环缝和封头的焊接均采用了变极性等离子弧焊焊接方法。图 6.4.14 给出了几种国外航天器结构变极性等离子弧焊焊接应用的实例。

(a) 洛-马公司超轻型贮箱　　(b) 国际空间站节点舱结构

(c) Boeing公司Delta IV火箭贮箱结构

图 6.4.14　国外航天器结构变极性等离子弧焊焊接应用实例

6.4.4　真空电子束焊

1. 电子束焊概念

电子束焊接一般是指在真空环境中,利用聚焦后的高速电子流轰击焊件连接部位所产生的热能,使被焊金属熔合的一种高能束焊接方法。这种方法不使用保护气体,也不施加外部压力,可采用填充金属,也可不采用填充金属。当高速度电子束轰击到工件上时,电子动能转变为加热工件的能量。电子束是一种高功率密度热源。

电子束焊接是适应现代科学技术发展的需要迅速发展起来的一项焊接技术。1954 年,法国的 A. Stohr 博士在低压型真空电子束装置上成功地焊接了反应堆中的锆燃料套管,显示了电子束焊接作为实用工业技术的巨大潜力,世界各国相继大力开展这方面的研究工作,使这一先进技术很快就从实验室阶段进入到生产实用阶段,转化为巨大的生产力。

2. 电子束焊接过程原理

电子束是由高压电子枪产生的。电子枪的阴极被加热,由于热发射效应,阴极表面发射效应,阴极表面发射电子,电子在阴、阳极之间的高压(20～300kV)静电场作用下,被加速到几乎具有和光速同一数量级的速度,也就是说电子具有极大的动能,经电子枪中静电透镜和电磁透镜的聚焦作用,电子会聚成功率密度极高的电子束。作为焊接热源的高能电子束几乎可以焊接任何金属材料,并具有显著的深穿透效应。

聚焦的高能电子束在焊接厚大的工件时,焊缝的深宽比可达50:1,且焊缝两侧基本平行。现在被公认的一个理论是在电子束焊接中存在一个束孔效应。当高功率密度的电子束轰击焊件时,电子的动能在微妙级的瞬间就转化为热能,使表层金属迅速熔化和蒸发。在高压金属蒸汽作用下,熔化的金属被排开,电子束"钻入"母材,形成"匙孔"。电子束穿过通道继续轰击深处的固态金属,如此反复,很快便在工件上"撞"出一个钥匙形小孔。最后,熔化金属凝固形成焊缝。实际上,小孔的形成是一个很复杂的传热、传质的高温流体动力学过程。在焊接过程中,小孔的通道不断地被阻断和开通,处于动态平衡过程中。电子束焊接过程原理如图6.4.15所示。

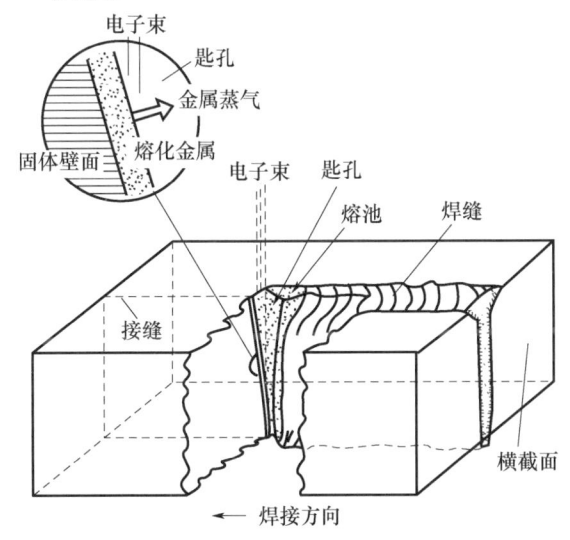

图6.4.15 电子束焊接过程原理

理论计算和试验结果表明,功率密度和金属蒸气压力是形成小孔通道、产生深穿透效应的主要原因。试验表明,当电子束功率密度低于某一阈值(10^5W/cm^2)时,金属熔池不会产生剧烈的蒸发现象,此时的电子束相当于点热源,以热传导方式形成同常规熔焊相似的"船形"焊缝。在大功率焊接且电子束的功率密度超过$5.8 \times 10^5 \text{W/cm}^2$时,熔化金属发生强烈的蒸发,出现了明显的深穿透效应。

3. 电子束焊接特点

同以电弧为热源的常规焊接方法相比,电子束焊接时的能量传递既不需要经过电弧空间的气体,也不需要经过基体金属的热传导,而是以无任何化学属性的电子作为能量载体,直接在固体内部进行,这就赋予电子束焊接如下基本特点：

(1) 极高的功率密度。电子束的功率密度可达 $10^5 \sim 10^9 \mathrm{W/cm^2}$，比大功率的氩弧焊高 2~4 个数量级。常规电弧焊接的深宽比约为 2∶1，而电子束焊缝的深宽比则可达到 20∶1，脉冲电子束焊接可以达到 50∶1，大厚件焊接甚至可以达到 70∶1，同时电子束特殊的能量转换机构具有很高的能量转换效率，因此可以实现高速焊接（每分钟数米）和深穿透焊接（不锈钢 300mm），且焊接变形和对材料性能影响很小。此外，极高的功率密度提供了用电子束焊接任何金属，包括 W、Mo、Ta、Nb 等难熔金属，甚至陶瓷等非金属的可能性。

(2) 理想的保护条件。真空是一种理想的保护环境，在真空中进行电子束焊接，对焊缝金属和整个焊件几乎没有任何污染。目前，在航空航天领域的真空电子束焊机的真空度都在 $1.33 \times 10^{-2} \mathrm{Pa}$ 以上。此外，电子束本身没有任何化学属性，通常电子束焊不需另加填充材料，从而避免了热源和填充材料带来的污染。

(3) 良好的可达性和可控性。电子束的功率、焦点位置和大小都可以精确控制，其功率密度可根据需要方便地进行调节。电子束焊接参数易于实现机械化、自动化控制，重复性、再现性好，对焊接结构有广泛的适用性。

(4) 电子束焊的缺点。电子束焊接的缺点主要有设备复杂、投资大；产生 X 射线；焊件尺寸受到限制；要求装配精度高。

4. 电子束焊接主要工艺参数

电子束焊接的主要工艺参数有加速电压、电子束流、聚焦电流、焊接速度、离焦量、电子枪到工件的距离。

加速电压是电子束焊接影响较大的一个参数，提高加速电压能显著增加熔深，但它又是一个不经常调节的参数。通常电子束焊机工作在额定电压下，通过调节束流来调节焊接功率。当电子枪工作距离较大或要求获得深穿透的平行焊缝时，应选择高压型设备。

束流也是对电子束焊接影响较大的参数，焊接时需要不同的热输入，大多是调节束流实现的。随着束流增大，熔深增加，焊缝宽度也相应增加。

聚焦电流是电子束焊接特有的一个重要参数，这是电子束焊接有别于其他焊接方法的一个重要特点。在电子束的工作距离、焦点直径、焦点相对工件表面的位置等参数不变的情况下，改变聚焦电流可以得到不同焊接深度和断面形状的焊缝。

电子束的工作距离随工件尺寸和结构不同可能会有很大的变化。焊接时应使接头位于电子束的最佳工作范围内，低压型焊机这一范围约为 100~500mm，高压型约为 200~800mm，甚至更大。这一由电子枪的电子光学特性决定的参数，通常在设备的说明书中给出。

用常规焊接方法焊接的材料,几乎都可以用真空电子束焊接。某些常规焊接方法难以焊接的材料,采用真空电子束焊接时也呈现出较好的焊接性。不能用真空电子束焊接的材料仅限于某些杂质含量很高的劣质材料和少量含锌量很高的铜合金等易于挥发污染真空室的金属。

5. 电子束焊接设备

电子束焊的焊接设备一般可按真空状态或加速电压分类。按被焊工件所处的环境的真空度可分为高真空($10^{-4} \sim 10^{-1}$Pa)电子束焊接、低真空($10^{-1} \sim$ 10Pa)电子束焊接以及在大气环境下进行的非真空电子束焊接。按加速电压可分为低压型($\leqslant$40kV)、中压型(40~60kV)和高压型(>60kV)。

高压型和低压型电子束产生和控制的基本原理是相同的。高压型电子束同低压型电子束相比的主要区别:一是最大有效工作距离长,电子束的"挺度"好,抗杂散电磁场干扰能力强;二是高压电子束可以会聚成更细的束径,获得更高的功率密度,适合于精密焊接和大厚度焊接;三是对X射线的防护要求不同。对高压型电子束仅凭真空室钢板的厚度已经不足以屏蔽X射线,还需包覆铅皮。

高真空电子束焊接能提供理想的保护环境,避免各种有害气体的污染,可使电子束有较大的工作距离而不致因为散射而降低功率密度,适合于焊接活性金属、难熔金属、耐热合金和质量要求较高的工件。低真空电子束焊接简化了焊接室的抽空系统,缩短了抽真空时间,束流功率密度变化不大,适合于大批量生产或在生产线上使用。非真空电子束焊接时电子束仍是在高真空条件下产生的,但焊接是在大气中进行的,因此摆脱了真空室的限制,但也丧失了真空电子束焊接的许多特点,在航空航天产品上很少使用。

在航空航天工业中,高压高真空型设备得到较多的应用,它比较全面、集中地体现了真空电子束焊接的基本特点。图6.4.16所示是真空电子束焊机组成示意图。其主要组成部分有电子枪、工作真空度、工作台、高压电源、控制及调整系统、真空系统和焊接夹具。

电子枪是电子束焊机的核心部件。电子枪是产生电子使之加速、会聚成电子束的装置。电子枪的稳定性、重复性直接影响焊接质量。影响电子束稳定的主要原因是高压放电,特别是大功率电子束焊过程中,金属蒸气等的干扰,使电子枪产生放电现象,有时甚至产生高压击穿。为了解决高压放电,往往在电子枪中使电子束偏转,避免金属蒸气对束源段产生直接的影响。在大功率焊接时,将电子枪中心轴线上的通道关闭,而被偏转的电子束从旁边通道通过。另外还可以采用电子枪倾斜或焊件倾斜的方法避免焊接时产生的金属蒸气对束源段污染。电子枪的重复性由电子枪的设计精度、制造精度以及控制技术保证。电子枪一般安装在真空室外部,垂直焊接时,放在真空室顶部,水平焊接时,放在真空

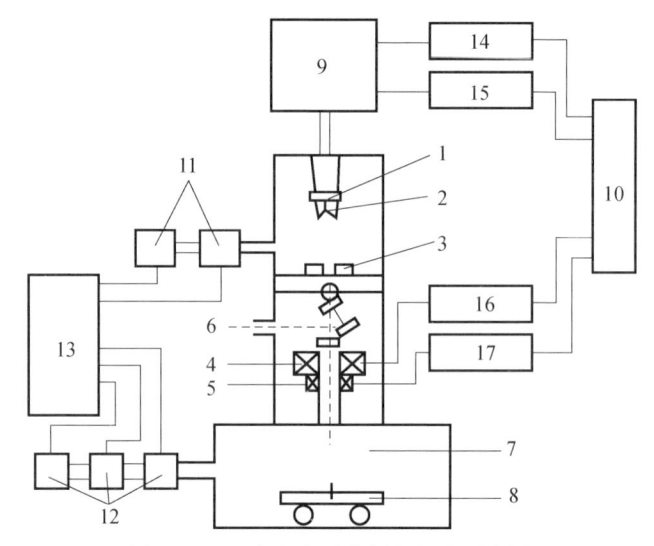

图 6.4.16　真空电子束焊机组成示意图

1—阴极；2—聚束极；3—阳极；4—聚焦线圈；5—偏转线圈；6——光学观察系统；
7—真空工作室；8—工作台及传动系统；9—高压电源；10—电气控制系统；
11—电子枪真空系统；12—工作室真空系统；13—真空控制及监测系统；
14—阴极加热控制器；15—束流控制器；16—聚焦电源；17—偏转电源。

室侧面，根据需要使电子枪沿真空室壁在一定范围内移动。有时电子枪安装在真空室内部可运动的传动机构上，即所谓的动枪。大多数动枪属中低压型，但近年也出现了150kV的高压动枪。

运动系统包括工作台、转台、尾座和夹具等，实现工件与电子束的相对运动，焊缝轨迹控制。对于动枪系统来说，工作台主要实现电子枪沿 X, Y, Z 向运动。而工件不做线性运动。对于定枪系统，工作台主要实现工件的沿 X, Y 线性运动和旋转运动。工装夹具是根据具体产品的结构特点设计的。有时为了提高效率，可采用多工位工装夹具或双工作台。采用双工作台时，一个工作台在真空室内焊接，另一个工作台在室外装卸工件。对大中型焊机，为装卸工件方便，工作台大多可移出真空室外。工作台的驱动电机有的置于真空室外，有的置于大气中。工作台的控制有手动和自动之分，现代焊机的工作台多采用数控式，从而可以实现复杂甚至空间曲线焊缝的焊接。

高压电源及控制系统。高压电源主要提供电子枪所需的加速电压、束流控制电压(也称偏压)及阴极加热电流。电子束焊机的控制系统主要用来实现操作逻辑关系、工件运动、电子束焊接参数等控制功能。早期的电子束焊机普遍采用分立元件实现真空、运动系统、设备操作等逻辑关系的控制。随着计算机技术的发展，功能强大、性能稳定的可编程控制器(PLC)和数控系统(CNC)已大量应用在电子束焊机中。控制系统的集成度大大提高，不但提高了稳定可靠性，而且操作方便。

工作室及抽真空系统。真空电子束焊机的工作室尺寸由焊件大小或应用范围而定。真空室的设计一方面应满足气密性要求,另一方面应满足刚度要求,此外还要满足 X 射线防护需要。真空室上通常开一个或几个窗口用以观察内部焊件及焊接情况。观察窗采用一定厚度的铅玻璃以隔绝 X 射线。电子束焊机的真空系统一般分为两部分:电子抽真空系统和工作室抽真空系统。电子枪的高真空可通过机械泵与扩散泵配合获得。但目前的新趋势是采用涡轮分子泵,其极限真空度更高,无油蒸汽污染,不需预热,节省抽真空时间。真空室真空度可在 $10^{-1} \sim 10^{-3}$ Pa 之间,较低真空可用机械泵与双转子泵配合获得,高真空则采用机械泵和扩散泵系统获得。

目前,全世界大约有 8000 台电子束焊机在工业部门及实验室应用,典型结构如图 6.4.17 所示。

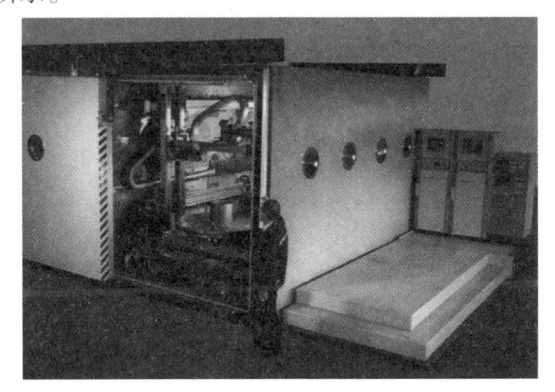

图 6.4.17 电子束焊接设备

6. 电子束焊接工艺控制

(1)定位焊。为装配和固定焊件上的接缝位置而进行定位焊。由于电子束的热输入小,导致焊接变形和应力较小,故定位焊的点数可少且参数可小。定位焊的分段距离和焊接参数要通过试验确定,定位焊的痕迹应能通过随后的焊接得以消除。

(2)束流斜率控制。应根据焊缝尺寸、焊接厚度及焊速等因素合理确定束流上升和下降的斜率,特别是对封闭的环形焊缝,以避免焊缝成形不良,甚至产生裂纹。

(3)修饰焊。为消除焊缝表面缺陷(表面氧化除外),改善表面质量和焊缝形状,可采用修饰焊,即利用散射电子束熔化焊缝表面。通常,修饰焊不算作返修焊,但对热输入或局部温升有限制的焊件,返修焊的时间和参数应慎重考虑并通过试验确定。

（4）预热和后热。除淬硬倾向大和难焊金属外，对绝大多数的普通金属材料，即使是厚板，也不用预热。

（5）穿透电流防护。在某些结构电子束穿透焊接时，会有部分穿透束流使得焊缝下面焊件表面产生熔化或烧蚀现象，这种现象被称为熔蚀。当不允许存在熔蚀时，应在焊缝下面安装适当的防护垫板。对某些不能安装垫板的结构，有时可采用合适的焊接参数避免产生烧蚀现象。

（6）填丝。电子束焊接很少采用填丝方法，但在某些情况下，不得不采用。填丝的作用主要有：保证焊缝成分，以满足工件使用要求；改善焊缝冶金可焊性；弥补不良装配；修补焊缝缺陷或修复磨损零件等。

7. 铝合金电子束焊

1）铝合金电子束焊接工艺

铝及铝合金化学性质活泼，表面易氧化，生成难熔的氧化膜，自然生长的氧化膜不致密，易吸收水分；有些合金元素，如 Mg、Zn、Li 等合金元素易蒸发；电子束焊时焊接速度快，熔池凝固速度快。这些因素均易促成焊缝金属产生气孔。因此铝合金电子束焊时，必须采用高真空。母材含氢量最好控制在 0.4ml/100g 以内。焊接前，零件需经化学清洗。焊接时宜采用表面下聚焦和形成较窄的焊缝，以抑制氢气泡的形成。焊接速度不可过大，对于厚度小于 40mm 的铝板，焊接速度应控制在 60～120cm/min；对于 40mm 以上的铝板，焊接速度应在 60cm/min 以下。在焊接过程中，可使电子束按一定图形对熔池进行扫描，使熔池发生搅拌，促使氢气泡易于从熔池中逸出或在焊接后使焊缝再电子束重熔一次，以利于消除焊缝气孔。

对于非热处理强化的铝合金，电子束焊接技术多用于大厚件、薄壁件、精密件。对于热处理强化的高强度铝合金，电子束焊接多用于大型的轻质飞行器结构。

铝合金电子束焊接时对束流十分敏感，尤其是对厚度达为 3mm 的铝合金构件，如束流偏小，易产生未焊透；如束流偏大，则焊缝金属易下榻，导致焊缝正面凹陷。为此，必须选择合适的焊接参数，控制焊缝成形。必要时，可采用在焊件表面下聚焦，并在接头一侧预留单边凸台，以其作为填充金属，可获得良好的焊缝成形。

由于电子束斑点和熔池相当小，因此，电子束焊接时对装配和对中的要求比一般焊接方法更为严格。热输入的选择是在无间隙和错边条件下，以保证焊缝成形质量为前提，取最小值。对厚度在 25mm 以内的试样，电子束实在接头表面聚焦。对厚度为 40mm 和 100mm 的试样，电子束在接头表面下约 50% 厚度处聚焦。

铝及铝合金有时焊前呈变形强化或热处理强化状态，即使电子束热输入小，铝合金接头仍将发生热影响区软化或出现焊接裂纹倾向。此时，可提高焊接速度，以减小软化区及热影响区宽度和软化程度；也可施加特殊合金填充材料，以改变焊缝金属成分；或减轻焊缝区过热程度，降低焊接裂纹倾向。

2) 铝合金电子束焊接接头性能

退火状态的非热处理强化铝合金电子束焊的接头强度系数一般可达 0.9 以上,但不同程度变形强化状态的非热处理强化铝合金电子束焊的接头强度系数,由于热影响区发生再结晶软化而可能低于 90%,但比其他焊接方法的接头系数值仍较高。

热处理强化铝合金电子束焊的接头强度系数由于热影响区过时效软化而一般低于 90%。2219 铝合金电子束焊接接头强度为母材强度的 60%~70%。但焊后如对接头进行适当热处理,则其焊接接头强度系数仍可达 0.9 以上。

对于轻质高强铝合金如 1420 铝锂合金、2195 铝锂合金、1570 铝钪合金等,电子束焊接接头强度一般可达母材强度的 80% 左右。

8. 电子束焊在航空航天结构中的应用

电子束焊可以焊接的材料十分广泛,包括高温合金、钛合金、铝合金、高强度钢、镍、铌、钼、钽、钨铼、铍合金、铌锆合金、陶瓷、石墨等;火箭发动机推力室、阀门、高压气体通道、泵壳、涡轮、法兰、波纹管组件等均可用电子束焊接。图 6.4.18 给出了几种典型的电子束焊接结构。

(a) 涡轮轴盘

(b) 涡轮壳体组件

(c) 发动机喷管(钛+铌+镍+碳纤维)

(c) 飞行器钛合金喷头焊接试样

(e) 铌合金推力室结构的真空电子束焊接

(f) 钛合金气瓶电子束焊接

图 6.4.18 航空航天工业中典型的电子束焊接结构

电子束焊接技术最显著的应用是在苏联"能源号"火箭上制造液体推进剂贮箱,如焊接"能源号"发动机喷管 $\phi 4.2m \times 8m$ 环形焊缝的真空室,容积超过 $110m^3$。同时,为解决能源号火箭液体推进剂贮箱纵缝焊接问题,苏联还开发了局部真空电子束焊接技术。该贮箱直径达 8m,其焊接区壁厚 42mm,贮箱壳段由三块弧长为 8.4m,高为 2.1m 的 1201 铝合金通过三条纵缝电子束焊接而成。由于此焊件尺寸大,焊接时采用了可移动的局部真空室,可对每条纵缝施行局部密封,其中,纵缝的下部空间采用橡胶密封条静密封技术,纵缝的上部空间采用磁流体(由铁磁氧化物粉末和有机硅油组成)动密封技术。另外,贮箱的大尺寸箱体上尚需焊接许多不同直径的法兰座,为避免手工氩弧焊法兰座时引起的残余应力和焊接变形,保证形位尺寸精度,也采用了局部真空电子束焊。

美国航天飞机主发动机是推力为 200T 的大型氢氧发动机,由洛克达因(Rockdane)公司负责研制。该公司曾宣称,电子束焊接帮助他们制造了能满足多次重复使用要求的航天飞机主发动机。在阿波罗飞船登月舱下降发动机中共有 64 条电子束焊缝,有同种材料的焊接,也有异种材料焊接。

美国对局部真空电子束焊接技术的应用也很早。在研制阿波罗宇宙飞船时,其一级运载火箭上的 $\phi 10m$ 的 Y 形环的焊接,就是一个在大型构件上应用局部真空电子束焊接技术的实例。材料为 2219 铝合金,端面尺寸为 139.7mm×68.55mm,由三个弧段拼焊而成,用局部真空电子束焊接代替熔化极氩弧焊,焊缝层数从 100 层减至 2 层,装配和焊接时间从 80h 减至 8h,焊缝强度系数从 50% 提高到 75%,不仅经济效果好,而且接头质量高。

苏联电子束焊接的最大用户是航空航天工业,据称,到 1990 年在苏联航天部门共拥有 200 台电子束焊机。为了焊接大型航天构件,建造了大型真空室。例如焊接"能源号"发动机喷管环形焊缝的真空室 $\phi 4.2m \times 8m$,容积超过 $110m^3$。

为解决大型构件的焊接问题,苏联还开发了局部真空电子束焊接技术,有两种类型,一种是用于焊接圆筒壳段纵向焊缝或环向焊缝。例如"能源号"一级 8m 直径的贮箱壳段,由 3 块长 8.4m、高 2.1m、厚 42mm 的板壳通过三条纵向焊缝连接而成,采用了局部真空电子束垂直向上焊,一次焊接成形;另一种用于焊接壳段上法兰的圆焊缝。

9. 空间电子束焊接技术

人类在外层空间活动中,为了装配空间站和维修在轨运行的航天飞行器,开发了用于外层空间的电子束焊接设备。在外层空间,电子束焊接是一种重要的焊接方法。因为外层空间的高真空和失重环境,不仅省略了真空室和复杂的抽真空系统,而且电子束具有较高的电 – 热转换效率,高度集中的能量密度,电子束对熔化金属没有作用力,熔池很小,对失重不敏感。应用于外层空间的电子束焊接设备必须具备很高的可靠性,对操作人员绝不能有任何伤害。要求体积小、重量轻、能耗低。全部工艺过程应最大限度地自动化,技术参数应有相当高的稳定性和精度,以保证焊接质量的稳定性和可靠性。图 6.4.19 是巴顿所研制的可在外层空间空间进行的手动电子束焊接装置,最大输出功率 350W,质量 40kg,该装置 1984—1986 年间曾用在"礼炮号"空间站上。

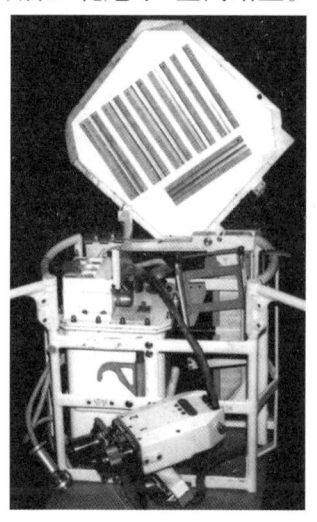

图 6.4.19　巴顿所研制的空间电子束焊接设备

图 6.4.20 为巴顿所研制的新一代空间电子束焊接设备"Universal"。该设备工作电压不超过 10kV,焊接操作时不需要额外的 X 射线防护装置,设备功率 1.5kW,能够满足 2mm 厚度以内的钢、钛合金和铝合金的焊接以及 1mm 厚度以内的钢、钛合金和铝合金的切割。该设备还通过了美国 NASA 在马绍尔宇航中心进行的认证测试,同时也通过了俄罗斯在空间技术公司"Energia"所进行的认证测试。

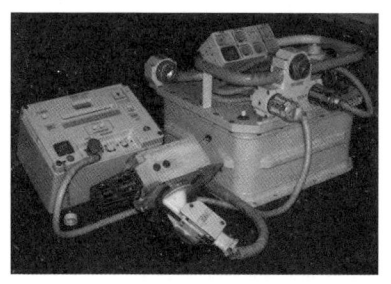

图 6.4.20　巴顿所研制的新一代空间电子束焊接设备

6.4.5 激光焊

1. 激光焊原理与特点

激光是利用原子受激辐射的原理,在激光器中使工作物质受激励而获得相干光放大后射出的光。激光和无线电波、微波一样,都是电磁波,具有波粒二相性,但是激光与普通光相比仍具有如下特点:

(1) 单色性好,即辐射光谱很窄,发出的是单一频率的光。

(2) 定向性好,激光是接近于理想的平行光,能以几乎不发散状态远距离传播。

(3) 亮度高,能量高度集中。

(4) 相干性好,光的相位(波峰与波谷)相当一致。

激光焊是利用高能量密度的激光束作为热源的一种高效精密焊接方法。由于激光光束的方向性和单色性都好,所以经过聚焦后能形成小斑点。因此激光光束的功率密度很高,可达 10^{13}W/cm^2,比电弧焊高很多(电弧焊一般为 10^4W/cm^2),也比电子束高,极易熔化或气化金属材料和非金属材料。当激光光斑上的功率密度足够大时($>10^6\text{W/cm}^2$),金属在激光的照射下被迅速加热,其表面温度在极短的时间内($10^{-8}\sim10^{-6}\text{s}$)升高到沸点,使金属熔化和气化。当金属气化时,所产生的金属蒸气以一定的速度离开熔池,金属蒸气的逸出对熔化的液态金属产生一个附加压力(例如对于铝约为 11MPa;对于钢约为 5MPa),使熔池金属表面向下凹陷,在激光光斑下产生一个小凹坑。当光束在小孔底部继续加热气化时,所产生的金属蒸气一方面压迫坑底的液态金属使小坑进一步加深,另一方面,向坑外飞出的蒸气将熔化的金属挤向熔池四周。这个过程连续进行下去,便在液态金属中形成一个细长的孔洞。当光束能量所产生的金属蒸气的反冲压力与液态金属的表面张力和重力平衡后,小孔不再继续加深,形成一个深度稳定的孔而进行焊接,因此称为激光深熔焊。

在激光焊接过程中,高功率密度激光束照射到被焊工件表面,短时间内能量被充分吸收,导致局部熔化,如果材料满足焊接性基本要求,将形成局部焊接区,当光束与工件做相对运动时,就产生连续焊缝。

与传统的焊接方法相比,激光焊具有如下特点:

(1) 聚焦后的功率密度可达 $10^5\sim10^7\text{W/cm}^2$,甚至更高,加热集中,完成单位长度、单位厚度工件焊接所需的热输入低,因而工件产生的变形极小,热影响区也很窄,特别适于精密焊接和细微焊接。

(2) 可获得深宽比大的焊缝,焊接厚件时可不开坡口。当激光功率密度达到 $10^6\sim10^7\text{W/cm}^2$ 时,能量向焊件输入的速率远大于热传导、对流及辐射散热的速率,材料表面产生气化而形成小孔。激光深熔焊接的机制与电子束焊和等离子焊很相似,其能量传递与转换是通过小孔完成的。由于小孔的存在,使激光能量深入到材料内部而形成的这种深熔焊缝的深宽比最大可达12∶1。

(3) 适于难熔金属、热敏感性强的金属以及热物理性能差异悬殊、尺寸和体积差异悬殊焊件间的焊接。

(4) 可穿过透明介质对密封容器内的焊件进行焊接。

(5) 可借助反射镜使光束达到一般焊接方法无法施焊的部位,YAG 激光还可用光纤传输,可达性好。

(6) 无须真空室,不产生 X 射线,观察与对中方便。

激光焊的不足之处是设备的一次投资大,对高反射率的金属(如金、银、铜和铝合金等)直接焊接比较困难。

激光焊作为现代高新科技的产物,已成为现代工业发展必不可少的手段。随着航空航天、微电子、轻工业、医疗、核工业等的迅速发展,产品零件结构形状越来越复杂,对材料性能的要求不断提高,对加工精度和表面完整性的要求日益严格;同时,人们对加工方法的生产效率、工作环境的要求也越来越高,传统的焊接方法难以满足要求,以激光束为代表的高能束流焊接方法,日益得到重视并获得了广泛应用。

2. 激光器

焊接用激光器主要有固体激光器和气体激光器两类。固体激光器以 YAG 激光器为代表,气体激光器以 CO_2 激光器为代表。

激光焊用 YAG 激光器均属于中小型功率,最大功率不超过几千瓦,平均输出功率为 0.3~3kW,国外的 YAG 激光器最大功率可达 4kW,可分为连续工作型和脉冲工作型两类。典型的 YAG 激光器的结构如图 6.4.21 所示。

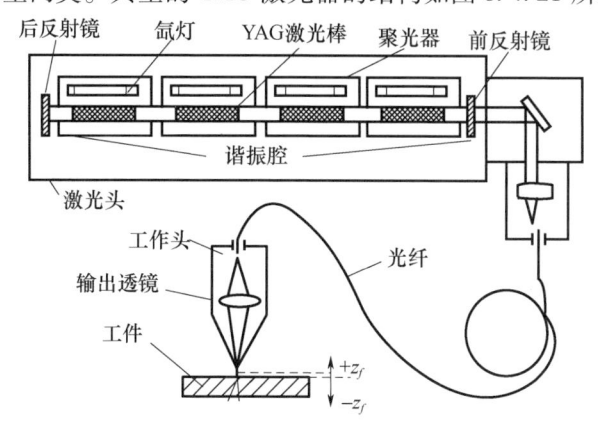

图 6.4.21 典型的 YAG 激光器结构

YAG 激光器产生波长为 1.06um 的激光,是 CO_2 激光波长的 1/10,较短的波长有利于材料吸收,输出光的使用效率比 CO_2 激光高。固体激光可在光纤中传输,不仅传输系统简单,而且具有传输激光的特点,可实现大范围、多工位的激光焊接,并可用机械手控制激光输出头实现三维焊接,同时固体激光器在运行中不需要消耗气体。但 YAG 激光器采用光泵浦,电光能量转换效率低于 5%,器件总效率仅为 2%~3%。而且泵浦灯使用寿命较短。YAG 激光器一般输出多模光束,模式不规则,发射角大,光束质量不及 CO_2 激光。

CO_2 激光器在目前工业中的应用最为广泛。CO_2 激光器的工作气体主要成分是 CO_2、N_2 和 He,CO_2 分子是产生激光的粒子,N_2 气分子的作用是与 CO_2 分子共振交换能量,使 CO_2 分子激励,增加激光较高能级上的 CO_2 分子数,同时它还有抽空激光较低能级的作用,即加速 CO_2 分子的驰豫过程。He 气的主要作用是抽空激光较低能级的粒子。不同结构的激光器,其最佳工作气体成分不尽相同。

根据结构和气体流动的特点,CO_2 激光器分为密封式、轴流式、横流式、板条式。这些激光器经过聚焦后都能达到很高的功率密度,但它们的光束质量不同,例如,轴流激光器光束质量高,而横流激光器输出功率高,但光束质量受限。

同 YAG 激光器相比,CO_2 激光器的优点是:

(1) 输出功率范围大且光束质量总体上优于 YAG 激光器。

(2) 能量转换效率高,CO_2 激光器的实际电光转换可达 20%,远远高于 YAG 激光器(小于 5%)。

CO_2 激光器的缺点是:

(1) 波长为 10.6μm,属红外光,只能在空气中传输,激光束的控制只能通过沿光路的光学元件完成,传输系统复杂、庞大。

(2) 运行中要消耗多种气体,有的气体纯度高、价格昂贵。

(3) 一般来说,CO_2 激光器的设备费用高于类似指标的 YAG 激光器。

焊接用 CO_2 激光器连续输出功率可达数千瓦到数十千瓦,是目前工业中应用数量最多,范围最广的一种激光器,可以焊接包括对接、搭接、角接、端接、T 形接头等多种形式。

3. 激光传导焊与激光深熔焊

在热传导焊接模式中,激光束是在工件表面为金属材料所吸收,然后通过热传导以熔融金属对流的形式把能量传向工件内部。使熔化区不断扩大而形成焊缝。在热传导焊接过程中,材料主要是被熔化,而不发生明显气化;所得焊缝熔深较小,而焊缝宽度相对较大。

在激光深熔焊接过程中,高能量的激光束被聚焦成点;能量密度得以大大提高。工件表面被迅速加热升温,熔化并剧烈气化。巨大的金属蒸汽使液体金属表面向下凹陷,形成凹坑。激光束直射到凹坑底部,产生新的蒸发,同时一部分熔融的金属又被巨大的蒸汽压力抛向小孔的后壁,进一步加深凹坑,直到最后形成所谓的"小孔"。激光深熔焊接过程的几何特征如图 6.4.22 所示。

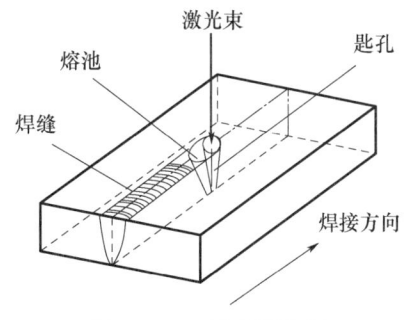

图 6.4.22　激光深熔焊

激光深熔焊时,选择激光器的主要考虑如下因素:
(1) 较高的额定输出功率。
(2) 宽阔的功率调节范围。
(3) 功率渐升、渐降(衰减)功能。
(4) 激光横模(TEM),横模直接影响聚焦光斑直径和功率密度。对于厚件焊接,通常选用 5kW 以上的多模激光器。

4. 激光焊接效应

激光焊接效应主要有等离子体对激光的吸收、壁聚焦效应和净化效应。

(1) 等离子体对激光的吸收。在高功率密度激光焊接时,因为金属比保护气体的电离能低,熔池上方将出现主要是由金属蒸气离解形成的等离子体(又称等离子云)。当周围气体流动不充分,且功率密度很高时,周围气体也会发生离解而形成等离子体。这些等离子体会对激光产生反射、折射和吸收,改变焦点位置,降低激光功率和热源集中程度,从而影响焊接过程。等离子体对激光的吸收率与电子密度、蒸气密度成正比。随着激光功率密度和作用时间的增长而增加,并与波长的平方成正比。由于吸收率不同,不同波长的激光产生等离子体所需要的功率密度阈值也不同。YAG 激光产生等离子体阈值功率密度比 CO_2 激光高出约两个数量级,即用 CO_2 激光焊接时,易产生等离子体并受其影响,而用 YAG 激光器焊接时,等离子体的影响较小。

(2) 壁聚焦效应。激光深熔焊时,当小孔形成后,光束与孔壁相互作用时,部分入射光被孔壁反射,并在小孔内某处重新聚集起来,这一现象称为壁聚焦效应。这一效应可使激光在小孔内维持较高的功率密度,进一步加热熔化材料,保持必要的蒸汽压力,维持一定深度的小孔,提高了能量的吸收率。

(3) 净化效应。净化效应是指 CO_2 激光焊接时,焊缝金属有害杂质减少的现象。当有害元素以非金属夹杂物独立存在时,非金属对激光的吸收率远大于金属,将因吸收较多的激光能量使其温度迅速上升而汽化。当有害元素固溶在金属基体中时,由于这些非金属元素的沸点低,蒸气压力高,容易从熔池中蒸发出来。上述两种作用的总体效果是有害元素减少,这对金属的性能特别是塑性和韧性有很大好处。

5. 激光焊接设备的组成

典型激光焊接设备由以下八部分组成。

(1) 激光器:激光器是产生作为焊接热源的激光束的关键器件,决定着激光束的性能和质量。按激光工作物质状态,可分为固体激光器和气体激光器两大类。用于焊接的固体激光器主要是 YAG(钇铝石榴石)激光器,气体激光器主要是 CO_2 激光器,其他可用于焊接的激光器还有 CO 激光器、半导体激光器、准分子激光器等。但由于技术不够成熟或由于设备成本或运行费用高等原因,尚未获得广泛工业应用。

(2) 光学系统:光学系统用以传输和聚焦光束,使光束照射到接缝处实现焊接。

(3) 激光加工机:加工机用于安置焊件并产生焊件与激光束之间的相对运动并完成焊接,它可有多种形式的相对运动或多维工作台,其运动精度对焊接的影响很大。

(4) 辐射参数传感器:检测并控制激光器的输出功率或输出能量,测量能量分布情况,判断激光器的工作模式。

(5) 工艺介质输送系统:输送保护焊缝的惰性气体、吹除等离子体或增加熔深的气体。

(6) 工艺参数传感器:用于检测加工区域的温度、工件表面状况以及等离子特性等。

(7) 控制系统:主要作用是输入并实时显示控制参数。

(8) 准直用激光器:一般采用小功率的 He-Ne 激光器,用于光路的调整和工件的对中。

6. 材料对激光焊的适应性

钢及合金钢,包括碳素钢、低合金高强度钢、Ni-Cr 系不锈钢和硅钢等多种钢种,在激光焊时均呈现良好的可焊性。特别是 Ni-Cr 系不锈钢对波长为 $10.6\mu m$ 的 CO_2 激光具有很高的能量吸收率和熔化效率,可实现快速焊接,获得无气孔、无夹杂同母材等强的优质焊缝。

激光焊接钛合金不存在特殊的困难,关键是对焊缝正面和背面温度超过 350℃以上的区域都必须用惰性气体实施有效保护,但激光焊接铝及其合金比较困难。

镍基和铁基耐热合金都可以进行 CO_2 激光焊接,焊接中容易出现的主要问题是裂纹和气孔,采用高频脉冲激光焊接有利于防止热裂纹的产生。

激光不仅可以焊接金属材料,也可以焊接非金属材料,如陶瓷、玻璃、复合材料及金属基复合材料等,但是会遇到裂纹、气孔及强度较低等问题,还需要进一步深入研究。

7. 激光焊主要工艺参数

影响激光焊接制造的工艺参数比较多,主要包括激光功率、光束质量、光斑直径、脉冲波形、焊接速度、保护气成分及流量、离焦量等。

(1) 激光功率:激光功率是激光焊中最关键的参数之一。采用较高的功率密度,在几秒或几微秒时间内,可迅速将金属加热至熔点,形成良好的熔融焊接。在其他条件一定的情况下,随着激光功率的增加,熔深增大。

(2) 光束质量:光束质量对焊接的意义比激光功率更重要。在相同功率条件下,焊接同等厚度的板材时,高光束质量的激光器可以获得更高的速度。这不仅意味着焊接效率的提高,更意味着焊接质量的提高。

(3) 光斑直径:激光光束的聚焦光斑直径与激光器输出光束的模式密切相关,模式越低,聚焦后的光点越小,焊缝越窄,热影响区越小。在入射功率一定的情况下,光斑直径决定了功率密度的大小。对高斯光束的直径定义为光强下降到中心值得 $1/e$ 或 $1/e^2$ 处所对应的直径。前者包含略多于60%的总功率,后者则包含80%的总功率。

(4) 脉冲波形:激光脉冲波形在激光焊接中十分重要,与激光束能量的吸收率密切相关。当高强度激光束射至材料表面时,金属表面将会有60%～90%的激光能量因反射而损失掉,且反射率随表面温度不同而改变。在一个激光脉冲作用期间内,金属反射率的变化很大,例如,正弦波,适用于散热快的工件,飞溅小但熔深浅;方波适用于散热慢的工件,飞溅大但熔深大。通过快速渐升、渐降功率的调整,可使焊件避免激光功率开关瞬间突开、突闭造成的焊缝起始气孔和收尾弧坑裂纹缺陷。

(5) 焊接速度:焊接速度影响焊缝的熔深和熔宽。深熔焊接时,熔深几乎与焊接速度成反比。在给定材料、给定功率条件下对一定厚度范围的焊件进行焊接时,有一适当的焊接速度范围与之相对应。如果速度过高,会导致焊不透;如果速度过低,又会使材料过量熔化,焊缝宽度急剧增大,甚至导致烧穿和焊穿。

(6) 保护气成分及流量:保护气体有两个作用,一是保护被焊部位免受氧化,二是为了抑制等离子云的负面效应。深熔焊时,He 比 Ar 具有更为显著的辅助深穿透能力。在一定流量的范围内,熔深随流量的增大而增大,超过一定值后,熔深基本维持不变。

(7) 离焦量:离焦量不仅影响焊件表面光斑直径的大小,而且影响光束的入射方向,因而对焊缝形状、熔深和横截面积有较大影响。

8. 铝合金的激光焊

在 20 世纪 80 年代初,铝合金的激光加工在欧洲激光加工界还是一个禁区,主要是由于铝合金存在对激光的高反射和自身的高导热性。在当时,激光加工主要是使用波长为 10.6μm 的激光器,而铝合金对 CO_2 激光的反射率高达 97%。因此,铝合金的激光加工十分困难,曾被认为是不可能的。经过多年的努力,高强铝合金的激光焊接研究成果在欧洲空中客车 A340 飞机的制造中,其全部铝合金内隔板均采用激光焊接,实现了激光焊取代传统铆接。它被认为是飞机制造业的一次技术革命。由于激光焊接技术的应用,大大简化了飞机机身的制造工艺,减轻了机身的自重,并降低了制造成本。

铝合金激光焊接的难点在于铝合金对 CO_2 激光束极高的表面初始反射率, CO_2 激光波长为 10.6μm,激光束中能量是由 0.1eV 的光子携带的,光子的能量极低,使激光束易受外界因素的偏析。而固态情况下铝合金内部自由电子的密度很高,易与光束中光子作用而将能量反射掉,这就使得铝合金成为对激光的反射率最高的金属之一,其对 CO_2 激光束的表面初始反射率可达 96%,即吸收率仅 4%。表 6.4.1 为各种金属在室温下对不同光的反射率,金属的反射率随波长的变短而降低,对 YAG 激光束(波长为 1.06μm)反射率接近 80%。因此,必须采取适当的表面预处理措施来增进吸收,以利于铝合金的激光焊接。表 6.4.2 表明铝在原始表面(铣、车加工后)、电解抛光、喷砂(300 目砂子)、阳极氧化(氧化层厚度 μm 级)四种表面状况下对入射光束能量的吸收情况,可见,阳极氧化和喷砂处理可以显著提高铝对光束的能量吸收。另外,砂纸打磨、表面化学浸蚀、表面镀、石墨涂层、空气炉中氧化等铝表面预处理措施对激光束的吸收是有效的。

表 6.4.1 金属在不同波长时的反射率 (%)

$\lambda/\mu m$	Al	Cr	Cu	Ni	Ag	钢
0.7	78	56	82	68	95	58
1.06	80	58	91	75	97	63
10.6	96	93	98	95	99	93

表 6.4.2 铝表面状态对 CO_2 激光束吸收率的影响

状态 种类	原始表面	电解抛光	喷砂	阳极氧化
纯铝/%	7	5	20	22
5456/%	5~11	4	22	27

在激光焊接过程中小孔的出现可大大提高材料对激光的吸收率,小孔作为一个黑体可使焊件获得更多的能量耦合,这是获得良好焊接质量的前提条件。在不同铝合金的激光焊接中都发现存在一个激光能量密度阈值,若低于此值,焊件仅发生表面熔化,焊接以热传导型进行,熔深很浅,仅在表面形成一道激光冲击痕,而一旦达到或超过此值,等离子体产生,同时诱导出小孔,熔深大幅度提高。

由于材料本身的性质和激光焊接工艺的特点,铝合金激光焊接时产生氢气孔的倾向比传统的 TIG、MIG 焊要大,气孔是铝合金激光焊接的主要缺陷之一。由于铝合金材料本身的性质、表面状态、焊接工艺参数值、接头形状等因素,当铝合金被聚焦的高功率密度激光束加热到熔化状态,原来被铝金属吸附的部分气体在加热过程中释放出来,在熔融金属中的溶解度增大(例如 H_2),而熔池冷却和凝固过程太快,熔解的气体来不及从熔融的铝金属中逸出,于是形成焊缝中间和焊缝表面的气孔,它危害焊接接头的机械强度和气密性。

热裂纹的产生是铝合金激光焊接时最常见的缺陷,主要是焊缝结晶裂纹和液化裂纹。激光焊接铝合金时,由于沿树枝晶界分布的低熔点易熔共晶的存在,焊缝处的铝合金强度较低,不能抵抗焊缝铝金属凝固收缩产生的内应力作用,而产生沿晶界开裂,从而形成裂纹,不能形成气密封装。

9. 激光电弧复合焊接

激光复合焊接技术是指将激光与其他焊接方法组合起来的集约式焊接技术,其优点是能充分利用每种焊接方法的优点并克服某些不足。激光-电弧复合焊接是最常见的激光复合焊方法,有激光 TIG 焊与激光 MIG 焊两种方式,图 6.4.23 给出了激光 MIG 复合焊示意图。

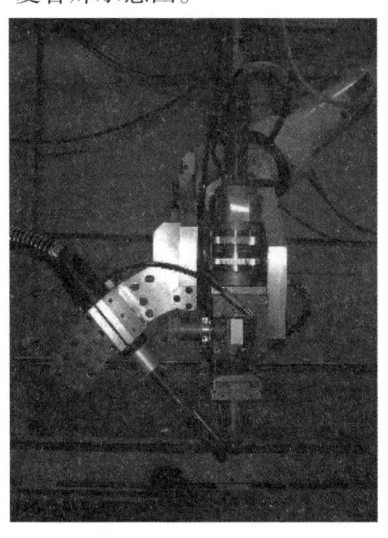

图 6.4.23 激光电弧复合焊

激光电弧复合焊接技术优点：

（1）有效利用激光能量。母材处于固态时对激光的吸收率很低，而熔化后可高达50%～100%。采用复合焊接时，TIG 电弧或 MIG 电弧先后将母材熔化，紧接着用激光照射，从而提高母材对激光的吸收率。

（2）增大熔深。在电弧作用下，母材熔化形成熔池，而激光则作用在熔池的底部，加之液体金属对激光束的吸收率高，因而复合焊接较单纯激光焊的熔深大。

（3）稳定电弧。单独采用电弧焊时，焊接电弧有时不稳定，特别是在小电流情况下，当焊接速度提高到一定值时会引起电弧漂移，使焊接无法进行。而进行激光电弧复合焊接时，激光产生的等离子体有助于稳定电弧。

采用复合热源焊接与单热源焊接相比，同样工艺参数焊接速度可提高一倍。与单独采用激光束进行焊接相比较，接头熔深增大20%，而且对激光束品质、对接焊缝间隙及焊缝跟踪精度的要求大大放宽了。与填充焊丝激光焊接相比，即使焊缝对接根部间隙达到1mm，采用激光电弧复合热源也可以得到良好的成形接头。利用电弧先期软化工件表面，形成利于吸收激光能量的浅层熔池，降低金属表面的反射率，再用高能量的激光束击穿工件形成小孔，进行高速穿孔焊接。图6.4.24给出了弧焊、激光焊、激光电弧复合焊焊缝形貌比较情况。

(a) 弧焊　　(b) 激光焊接　　(c) 激光复合焊接

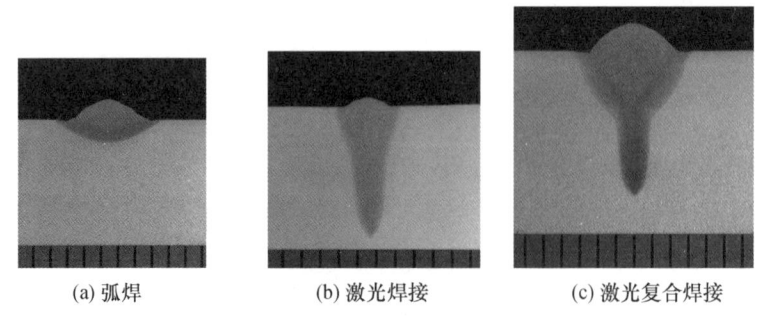

图6.4.24　激光复合焊熔池形貌比较

电弧的介入，不仅可以降低金属表面对激光束的反射率，而且电弧等离子体将吸收光致等离子体，从而有效地提高了激光束的能量传输效率，因此激光电弧复合热源是铝合金的理想焊接热源。

激光电弧复合焊接技术，无论是在经济性还是实用性方面具有突出的优势，不需要真空系统，可以进行大型中厚度零件的大气条件下的焊接；具有较高的焊接速度，降低了零件的应力变形；焊前零件装配间隙的要求降低，使该项技术的实用性大大提高。激光电弧复合焊接技术可广泛用于飞机、火箭、星船结构等各种合金壳体及管道的焊接。

10. 激光焊应用

随着航空航天、微电子、医疗器械以及核工业等的迅速发展,对材料性能的要求越来越高,传统的焊接方法难以满足要求,激光焊作为一种独特的加工方法日益受到重视。激光焊接是激光最先工业应用的领域之一。目前,世界上 1kW 以上的激光加工设备超过万台,其中 1/3 用于焊接。

20 世纪 70 年代,高功率(数千瓦)CO_2 激光器的出现,开辟了激光应用焊接的新纪元。由于 CO_2 激光器具有结构简单、输出功率范围大和能量转换效率高等优点,可广泛应用于财力的激光加工,特别是激光焊。

脉冲激光焊主要用于微型件、精密元件和微电子元件的焊接。低功率脉冲激光焊主要常用于直径 0.5mm 以下金属丝与丝或薄膜之间的点焊连接。连续激光焊主要用于厚板深熔焊,对接、搭接、角接均可采用连续激光。常见的接头形式是对接与搭接。

20 世纪 90 年代以来,国外激光焊设备每年以大于 25% 的比例增长。激光加工设备常与机器人结合起来组成柔性加工系统,使其应用范围进一步扩大。近年来,激光焊在汽车、能源、船舶、电子等行业得到了日益广泛应用,特别是在航空航天领域得到了成功的应用。用于焊接生产的大功率 CO_2 激光焊越来越多,激光焊接的部分营业示例如表 6.4.3 所列。

表 6.4.3 激光焊接的部分应用

应用部门	应用示例
航空航天	飞机壁板、机翼隔架、发动机壳体、发动机夹层喷管等
电子仪表	集成电路内引线、显像管电子枪、全钽电容、调速管、仪表游丝等
机械	精密弹簧、针式打印机零件、金属薄壁波纹管、热电偶、电液伺服阀等
钢铁冶金	焊接厚度 0.2~8mm、宽度 0.5~1.8mm 的硅钢片,高中低碳钢和不锈钢
汽车、高速列车	汽车底盘、铝合金车厢、传动装置、齿轮、点火器中轴等
医疗	心脏起搏器、锂碘电池等
其他	燃气轮机、换热器、干电池锌筒外壳、核反应堆蒸气发生器等

激光焊接技术在国外轿车制造中得到广泛的应用,据统计,2000 年全球范围内剪裁坯板激光拼焊生产线超过 100 条,年产轿车构件拼焊坯板 7000 万件,并继续以较高速度增长。国内生产的引进车型 Passat、Audi 等也采用了一些剪裁坯板结构。日本以 CO_2 激光焊代替了闪光对焊进行制钢业轧钢卷材的连接,超薄板焊接,如板厚 100mm 以下的箔片无法熔焊,但通过有特殊输出功率波形的 YAG 激光焊得以成功,显示了激光焊的广阔前途。日本还在世界上首次成功开发了将 YAG 激光焊用于核反应堆中蒸气发生器细管的维修等。20 世纪 80 年代后期,千瓦级激光器成功应用于工业生产,而今激光焊接生产线已大规模出

现在汽车制造业,成为汽车制造业突出的成就之一。90年代美国通用、福特和克莱斯特公司竞相将激光焊接引入汽车制造,尽管起步较晚,但发展很快。意大利菲亚特在大多数钢板组件的焊接装配中采用了激光焊接,日本的日产、本田和丰田汽车公司在制造车身覆盖件中都使用了激光焊接和切割工艺,高强钢激光焊接装配件因其性能优良在汽车车身制造中使用的越来越多,根据美国金属市场统计,至2002年底,激光焊接钢结构的消耗将达到7万t,比1998年增加3倍。在工艺方面美国Sandia国家实验室与Pratt Witney联合进行在激光焊接过程中添加粉末金属和金属丝的研究,德国布莱梅应用光束技术研究所在使用激光焊接铝合金车身骨架方面进行了大量的研究,认为在焊缝中添加填充金属有助于消除热裂纹,提高焊接速度,解决公差问题,开发的生产线已在奔驰公司的工厂投入生产。

在20世纪80年代初期,激光焊以其独特的优点进入粉末冶金材料加工领域,为粉末冶金材料的应用开辟了新的前景,如采用粉末冶金材料连接中常用的钎焊方法焊接金刚石,由于结合强度低,热影响区宽特别是不能适应高温及强度要求高而引起钎料熔化脱落,采用激光焊接可以提高焊接强度以及耐高温性能。

激光焊接在电子工业中,特别是微电子工业中得到了广泛的应用。由于激光焊接热影响区小,加热集中迅速、热应力低,因而正在集成电路和半导体器件壳体的封装中,显示了独特的优越性,在真空器件研制中,激光焊接也得到了应用,如钼聚焦极与不锈钢支持环、快热阴极灯丝组件等。传感器或温控器中的弹性薄壁波纹片其厚度在0.05~0.1mm,采用传统焊接方法难以解决,电弧焊容易焊穿,等离子弧焊稳定性差,影响因素多,而采用激光焊接效果很好,得到广泛的应用。

在航空航天结构中,激光焊主要应用于铝合金导弹发射箱、高强钢高压容器、火箭发动机壳体与夹层喷管等的研制。图6.4.25所示为航天器轻量化构件激光焊设备与工艺,图6.4.26为某火箭发动机壳体激光焊实物图。

图6.4.25 航天器轻量化构件激光焊设备与工艺

图 6.4.26　火箭发动机壳体激光焊

6.4.6　搅拌摩擦焊

搅拌摩擦焊工艺(Friction Stir Welding,FSW)是由英国焊接研究所(The Welding Institute,TWI)于1991年发明的一种固态塑化连接方法。与传统熔化焊相比,FSW无飞溅、无烟尘、无气孔,不需添加焊丝和保护气体;焊接接头的疲劳性能、拉伸性能和弯曲性能良好;接头部位不存在金属的熔化过程,故不存在熔焊时的各种缺陷,焊缝成形较好,基本可实现板件的低应力无变形焊接。与普通摩擦焊相比,FSW不受轴类零件的限制,可用于板结构的焊接。此外,这种方法对操作者的技能要求不高,极易实现高速、自动化操作。经过二十多年的发展,搅拌摩擦焊已日趋完善并成功应用于航空航天、造船和高速铁路列车等诸多轻合金结构制造领域。已有资料表明,对于同一种铝合金用搅拌摩擦焊与传统的氩弧焊相比,其焊接接头的强度提高15%~20%,延伸率提高1倍,断裂韧度提高30%,接头区为细晶组织,焊缝中无气孔、裂纹等缺陷,焊后残余变形很小,焊缝中残余应力低。

1. 搅拌摩擦焊的基本原理

搅拌摩擦焊是利用一种非耗损的搅拌头,旋转插入被焊零件,然后沿着待焊零件的待焊界面向前移动,通过搅拌头对材料的搅拌、摩擦,使待焊材料加热至塑性状态,在搅拌头高速旋转、挤压带动下,处于塑性状态的焊缝金属环绕搅拌头由前向后移动,在热力联合作用下,材料扩散连接形成致密的金属间固相连接其焊接过程。

搅拌摩擦焊的基本原理如图6.4.27所示。对接工件通过夹具夹紧,防止其在焊接过程中松开。一个带有搅拌针的搅拌头旋转并缓慢插入对接板材的焊缝处,搅拌针接触工件表面后快速摩擦产生摩擦热,使接触点材料温度升高,强度降低。搅拌针在外力作用下，不断顶锻和挤压接缝材料两边的材料，直至轴肩紧密接触工件表面为止。此时，搅拌针和压肩旋转产生的摩擦热使其周围形成大量的"塑化层"。当搅拌针和工件相对移动时，在搅拌针周围和旋转方向上产生的机械搅拌和顶锻作用下，搅拌针前沿已经塑化的材料被移送到搅拌针后沿。这样，搅拌针沿着接缝前进时，搅拌头前沿的对接接头表面被摩擦加热至塑性状态。搅拌针摩擦接缝，破碎氧化膜，搅拌和重组搅拌头后沿的塑化材料，搅拌头后沿的材料冷却形成固态焊缝。

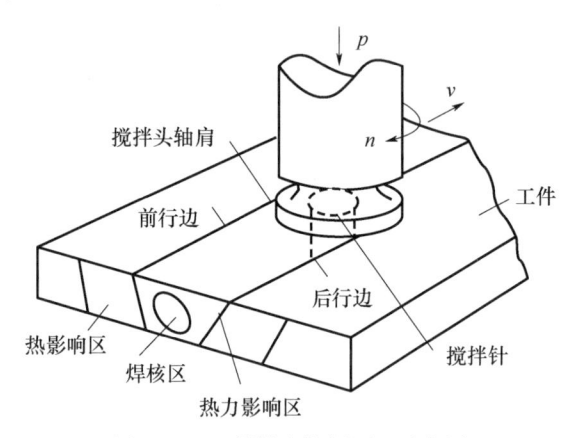

图 6.4.27　搅拌摩擦焊原理示意图

2. 搅拌摩擦焊的特点

作为一种固相连接手段，搅拌摩擦焊除了可以焊接用普通熔焊方法难以焊接的材料外，FSW 还有以下优点：

(1) 焊接温度较熔焊低，属于固相连接，不产生类似熔焊接头的组织缺陷。

(2) 接头各种机械性能优良（包括疲劳、弯曲、拉伸）。

(3) 焊前、焊后辅助工作减少，生产成本大幅度降低，焊接过程中的搅拌和摩擦可有效去除和破碎焊件表面氧化膜及附着杂质。

(4) 焊接过程不需要添加保护气体和焊料，无烟尘、辐射、飞溅、噪声及弧光等有害物质产生，是一种环保型连接方法。

(5) 适应性好、效率高、操作简单、易于实现自动焊，能够进行全位置焊。

(6) 焊接残余应力小。

(7) 适于异种材料连接。

搅拌摩擦焊作为一种新型的固态连接技术，但同时也存在以下一些局限性：

(1) 工件必须被刚性固定夹紧，对装配精度要求较高。

(2) 工装夹具的通用性较差。

(3) 对于熔点高的材料焊接困难，搅拌头的磨损相对较高。

3. 搅拌头

搅拌头是搅拌摩擦焊的关键,优化设计的搅拌头是搅拌摩擦焊获得高质量接头的前提。搅拌头由夹持机构、轴肩、搅拌探头组成。其几何形状和尺寸不仅决定着焊接过程的热输入方式,而且还影响着焊接过程中搅拌头附近软化区金属的流动形式。对于给定板厚的材料而言,焊接质量和效率主要取决于搅拌头的形貌和几何设计。因此设计合理的搅拌头是提高焊缝质量,获得高性能接头的关键。

对于对接焊缝,搅拌探头的长度与待焊件的厚度相当。焊接过程中,搅拌探头横穿结合面而轴肩则与焊件表面紧密接触防止塑性软化金属挤出。为满足工业使用需求,TWI 开发了外形设计独特的搅拌探头和优化设计的轴肩,美国 NASA 所属马歇尔空间飞行中心也开发出了自适应伸缩式搅拌头。新一代搅拌头的出现极大地拓宽了搅拌摩擦焊的工业应用范围。

1) 搅拌头的选材与设计

搅拌头的选材和形状设计是搅拌头的关键。高温工作的稳定性和耐磨性是搅拌头选材的基本要素。搅拌头在高温工作时应具有良好的静、动态性能。常用的搅拌头材料有碳素工具钢、S45C 中碳钢、高速钢、热作模具钢、硬质合金、多晶立方氮化硼等。相对其他材料,工程陶瓷氧化锆作为搅拌头材料最好,它比普通搅拌头多产热 30% ~ 70%。

搅拌头的形状设计有三个要点:①提高摩擦热的利用率;②搅拌探头要产生充分的搅动效果;③搅拌探头要对转移金属产生向下的旋压作用以获得致密的高质量焊缝。

搅拌探头的设计是搅拌摩擦焊技术的关键。搅拌探头在焊接过程中不仅通过与接合面的摩擦来提供热量,更重要的是起到机械搅拌作用,影响着金属的流动形式和被切削材料的体积,进而影响接头的力学性能。

搅拌头的外形除了常见的圆柱形外,TWI 还开发了多种外形的搅拌头,包括截锥面、非圆截面、锥形螺纹和螺旋形等。

2) 典型搅拌头形式

随着搅拌摩擦焊技术的发展,目前针对不同的焊接材料和结构,已经开发出系列化商业化的搅拌头。TWI 研制了 Whorl、Skew – stir、MX Triflute、Trivex 和 MX Trivex 等系列搅拌头,NASA 研制了可伸缩式搅拌头,这些系列的搅拌头可针对不同情况下的搅拌摩擦焊接。其中 MX Triflute 可实现厚度为 6 ~ 50mm 的铝合金板材的搅拌摩擦焊接,双面焊可实现 75mm 板材的搅拌摩擦焊接。

图 6.4.28 给出了几种典型的搅拌头结构形式,包括 Whorl 搅拌头、Skew – stir 搅拌头、MX Trivex 搅拌头和可伸缩式搅拌头。

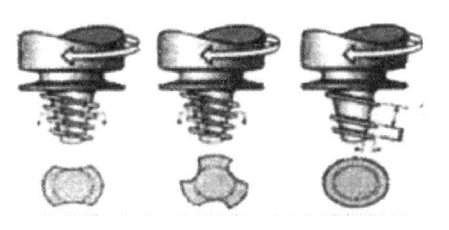

(a) Whorl搅拌头形式

(b) 铝合金厚板双面焊

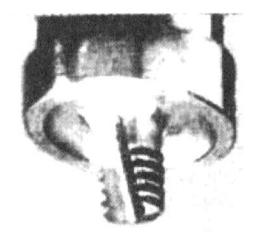

(c) Skew-stir搅拌头

(d) MX Trivex搅拌头

(e) 可伸缩式搅拌头

图 6.4.28　典型搅拌头结构形式

3）典型的搅拌头轴肩形式

搅拌头轴肩的设计对于搅拌摩擦焊过程中的热源的输入有着极为重要的作用。对于不同材料的焊接或者不同工况条件下的焊接，应选用不同外形的轴肩。轴肩在焊接过程中主要起两种作用：①通过与焊件表面间的摩擦，提供焊接热源；②提供一个封闭的焊接环境，组织塑性软化的金属从轴肩溢出。常见的轴肩形式如图 6.4.29 所示。

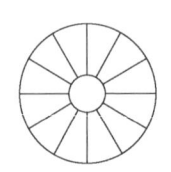

图 6.4.29　不同几何形貌的轴肩

新一代搅拌头轴肩上有着设计精巧的型面,可以使轴肩和塑化的工件表面更紧密地耦合在一起,有效地增强了塑化金属表面层的流动,同时提高了焊接时的闭合性,从而防止了塑化金属在搅拌头旋转过程中被挤出和氧化,以保证焊接质量和焊缝表面的平整度。

4) 搅拌摩擦焊接头形式

一般认为搅拌摩擦焊是长、直焊缝(平板对接和搭接)的理想方法,但是实际上,由于搅拌摩擦焊过程中不存在被焊材料的熔化,焊缝成形和质量不会受到焊缝或工件位置改变的影响,所以依靠设备来保证,搅拌摩擦焊具有相对的柔性,可以实现1D、2D、3D结构的焊接。

工业生产中搅拌摩擦焊不仅可以焊接筒形零件的纵缝和环缝,而且考虑搅拌摩擦焊不受重力的影响,实现全位置空间焊接,如水平焊、垂直焊、仰焊以及任意位置和角度的轨道焊。图6.4.30给出了多种典型的搅拌摩擦焊接头形式包括多层对接、多层搭接、T形接头、V形接头、角接等。

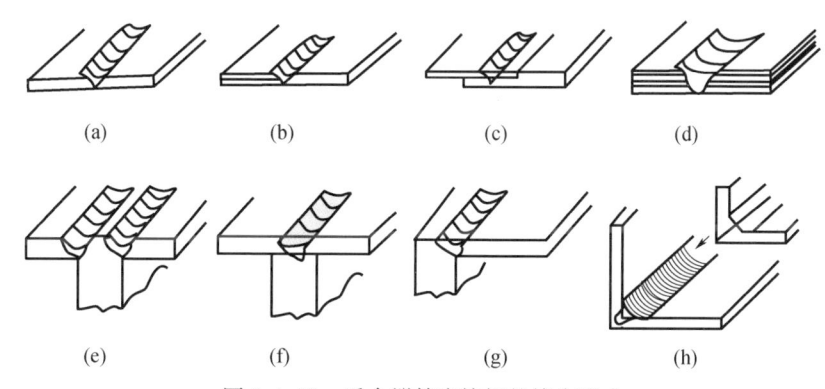

图 6.4.30　适合搅拌摩擦焊的接头形式

4. 搅拌摩擦焊研究现状

由于搅拌摩擦焊接技术具有的独特优点,自其问世以来,就受到了世界上主要工业化国家焊接界的重视。许多大学、研究所、公司都在进行与该工艺相关的研究工作,以期将该工艺更广泛地用于飞机、轻型节能汽车、高速列车、船舶等结构,减轻结构重量,提高它们的综合性能,促进航天航空、汽车、船舶等工业的发展。

搅拌摩擦焊工艺最初主要用于解决铝合金等低熔点材料的焊接,关于搅拌摩擦焊工艺的特点和应用,TWI进行了较多的研究。目前,TWI主要是与航空航天、船舶、铝材厂、焊接设备制造厂等大公司联合,以团体赞助或合作的形式开发这种技术,扩大其应用范围。他们正在进行的由工业企业赞助的研究项目包括钢的搅拌摩擦焊、铝合金搅拌摩擦焊、镁合金的搅拌摩擦焊等。美国爱迪生焊接研究所与TWI密切协作,也在进行FSW工艺的研究。美国的洛克希德-马丁公司、马歇尔航天飞行中心、美国海军研究所、德克萨斯大学、德国、澳大利亚等的研究所与大学等都从不同角度对搅拌摩擦焊进行了专门的研究。

从理论上讲,只要能够找到在被焊接材料锻压状态下能够有效工作的搅拌头的材料,就可以实现这种材料的搅拌摩擦焊连接。搅拌摩擦焊可焊材料的范围包括所有的铝合金及铝基复合材料、镁合金、铜合金、锌合金、钛合金、低碳钢等。

由于铝合金的锻造温度大约在450℃左右,而搅拌头材料在500℃左右时具有良好的高温性能。因此,可用搅拌摩擦焊来焊接铝合金,如2×××(Al-Cu)系列、3×××(Al-Mn)系列、4×××(Al-Si)系列、5×××(Al-Mg)系列、6×××(Al-Mg-Si)系列、7×××(Al-Zn)系列等铝合金以及铝基复合材料(MMC)的焊接,尤其对于传统焊接方法不可焊接的、在航空航天结构件中经常使用的2×××和7×××系列热处理沉淀强化和冷作硬化的高强铝合金材料,也能实现可靠的连接。

在镁合金的焊接方面,采用传统的弧焊方法很容易产生气孔、裂纹、夹渣、飞溅等焊接缺陷,而且镁合金的导热系数比较大,熔焊温度高,经熔化和凝固后镁合金的冶金组织会发生较大变化,同时熔焊方法也容易导致结构出现大的焊接应力和焊接变形。采用搅拌摩擦焊焊接镁合金可避免上述多种工艺缺陷,近年来,镁合金的搅拌摩擦焊已成为一个新的研究热点。

除铝合金与镁合金外,搅拌摩擦焊在铜合金、锌合金、铅合金上的开发应用也已取得很大进展;在钢合金、钛合金和铝基复合材料的搅拌摩擦焊研究也很成功。对于异种材料的连接,搅拌摩擦焊也具有较大的优越性,如搅拌摩擦焊不仅可以实现2024/6061不同牌号铝合金材料的焊接,还可以实现铜合金和铝合金、铝合金和镁合金等不同种材料的焊接,北京赛福斯特搅拌摩擦焊中心已实现了异种材料连接。对于不同材料状态的铝合金,如锻压板材和挤压型材的焊接、锻压板材和铸铝等,搅拌摩擦焊也能实现对其焊接。TWI的研究报告显示,经过搅拌摩擦焊,铸造铝合金空洞消失以及铸造组织发生了明显细化,材料的接头性能远远优于母材。

5. 铝合金搅拌摩擦焊

搅拌摩擦焊对材料的适应性很强,几乎可以焊接所有类型的铝合金材料。在单道焊对焊时,在不需要进行焊前准备的条件下,可焊铝合金的厚度范围一般为1.2~50mm。最近,铝合金的FSW焊接在超薄和超厚板方面均取得了突破性进展。TWI采用FSW成功焊接了0.3mm厚铝合金板,北京航空制造工程研究所成功焊接了0.8mm厚铝合金板。单面焊厚度可达100mm,而双面焊厚度可达180mm左右。图6.4.31为铝合金搅拌摩擦焊双面焊的焊缝。

图 6.4.31　铝合金搅拌摩擦焊双面焊焊缝

与传统钨极氩弧焊和熔化极氩弧焊焊接相比较,搅拌摩擦焊在接头力学性能上具有明显的优越性。例如,对于 6.4mm 厚的 2014-T6 铝合金,FSW 焊接头性能比 TIG 焊高 16%;对于 12.7mm 厚的 2014-T6 铝合金,FSW 焊接头性能比 TIG 焊高 2%搅拌摩擦焊接头性能数据一致性较好,工艺稳定,焊接接头质量容易保证。

研究表明,焊态下,FSW 焊缝焊核的强度要大于热影响区强度。对于退火状态的铝合金,拉伸试验的破坏通常发生在远离焊缝和热影响区的母材上。对于形变强化和热处理强化的铝合金,搅拌摩擦焊后热力影响区的强度和硬度最低,可以通过控制热循环,尤其是通过对焊缝热力影响区的退火和过时效来改善焊缝性能。为获得最佳的性能,焊后热处理是提高热处理强化铝合金焊缝性能的最好选择。

表 6.4.4 为航天结构中常见的铝合金搅拌摩擦焊接头力学性能。由表可知,铝合金 FSW 接头的常温强度系数均达到 0.8 以上,均高于常规熔焊时的 0.65。2195 铝锂合金的接头强度系数也达到 0.75,远高于熔焊时的 0.55。

表 6.4.4　航天结构中常见铝合金材料 FSW 接头力学性能

材料种类	拉伸强度/MPa	延伸率/%	接头系数
5083	298	23	1.0
5A06	375	22	0.96
2A14	350	8	0.83
6082(时效)	285	10	1.0
7108(时效)	350	11	0.95
2195	390	8	0.70

对于非热处理强化铝合金,如 5083,搅拌摩擦焊的热循环过程对材料的连接强度没有影响,但是由于搅拌摩擦焊的机械摩擦、挤压、和锻造行为的作用,FSW 接头会变硬,尤其是焊核区的硬度会明显提高,与母材相比大约提高 10HV。所以拉伸测试,对于 5 系列铝合金,一般在远离焊缝的母材断裂。

对于热处理强化铝合金,接头硬度的最低值一般出现在靠近焊核区的前进侧,经过焊后热处理,接头的硬度有所回复。在 2 系列、6 系列和 7 系列铝合金的焊核区域通常可以得到固溶强化处理,所以通过人工或自然时效接头的强度可以得到进一步提高。

搅拌摩擦焊的主要工艺参数有搅拌头的旋转速度、焊接速度、轴肩压力等,主要取决于搅拌头的材料和结构。对于不同的待焊材料接头形式,搅拌头的材料和形状及搅拌摩擦焊工艺都不相同。

LF6 铝合金搅拌摩擦焊焊接速度和搅拌头的旋转速度对于接头的性能的影响规律可以从图 11 得出,使用带有螺纹的搅拌头进行焊接,将焊接速度(v)和旋转速度(n)进行综合考虑,即令 $D = v \times n$ (v,n 在一定范围内,单位分别取 mm/min 和 r/min),D 值比较低时,所得的接头强度值较低;当 D 值在 56000 附近时,接头强度会出现极大值,而当 D 达到 80000 以上时,接头强度明显下降,如图 6.4.32 所示。

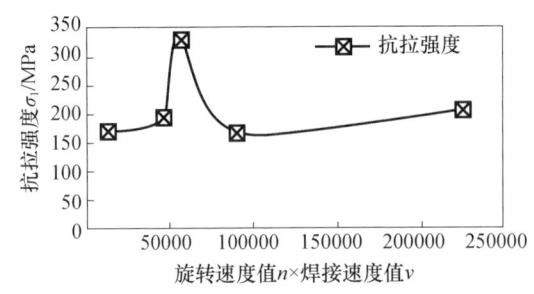

图 6.4.32　接头力学性能与焊接工艺参数的关系

6. 搅拌摩擦焊设备

搅拌摩擦焊设备一般为专机设备,根据被焊接零件的材料、厚度和结构形式的不同,世界范围内已经开发出多种搅拌摩擦焊设备,在航空航天、船舶、汽车、电力等工业制造领域得到应用。

在国外,英国的 TWI 已经研制出可以焊接厚度为 3～5mm,长宽分别为 3.4m 和 4m 的样机,焊接速度可达 1.2m/min。TWI 的合作伙伴之一、世界著名的焊机制造商——ESAB,为挪威的 Marine Aluminium 等生产了搅拌摩擦焊机,焊接了大量焊缝。此外,Boeing 公司斥资数百万美元,请 ESAB 公司为其设计生产焊接大型低温贮箱。ESAB 焊接设备公司为挪威某船厂研制的搅拌摩擦焊机,可以焊接 16m 的长焊缝,用于批量生产大面积板材。在第 14 届国际 Essen 焊接博览会上,ESAB 展示了一台可焊 5mm 厚 6000 系列铝合金的搅拌摩擦焊机,焊接速度达 750mm/min。搅拌摩擦焊的发明者英国焊接研究所(TWI)与瑞典 ESAB 焊接设备制造公司合作,研制了多种类型的搅拌摩擦焊设备,含多轴式、移动龙门式、轻便式和机器人式搅拌摩擦焊机,可以拼焊的板材面积为 3.4m×4m,单面可焊厚度为 5~50mm,双面可焊厚度为 10~100mm,最大焊接速度为 2.6m/min。TWI 授权澳大利亚 Adelaide 大学机械工程系设计了一台便携式 CRC 搅拌摩擦焊机,它可由两人搬运并操作,不必使用起重机等升降装置,可用于焊接船厂的弧形板。

图 6.4.33 为 ESAB 公司为 TWI 生产的大型龙门式搅拌摩擦焊设备。该设备带有真空夹紧工作台,可以焊接非线性接头,其工作参数是可以焊接铝合金板厚度 1~25mm,工作面积为 8m×5m×1m,最大压紧力 60kN,最大旋转速度为 5000r/min。

图 6.4.33　TWI 大型龙门式搅拌摩擦焊设备

图 6.4.34 为 TWI 自行研制的两种搅拌摩擦焊设备 FW21,FW22。其中,F21 使用一台移动的龙门起重机,可以焊接长度达 2m 的焊缝。并保证在整个焊缝长度内,焊接质量都均匀良好,可焊铝板厚度 3~15mm,最大焊接速度为 1m/min,可焊最大板尺寸为 2m×1.2m;FW22 可焊大尺寸铝板,铝板厚度 3~15mm,最大焊接速度为 1.2m/min,板最大尺寸 3.4m×4m,工作空间最高或者焊件圆环直径最大为 1.15m。

图 6.4.34　TWI 研制的 FW21,FW22 搅拌摩擦焊设备

表 6.4.5 给出了 TWI 自行研制的另外三种搅拌摩擦焊设备。

表 6.4.5　TWI 自行研制的部分搅拌摩擦焊设备

焊机	焊接板厚
FW18	5~50mm 铝合金板单面焊 10~100mm 铝合金板双面焊
FW14	5mm 钛板
FW20	1.2~12mm 铝板

伊萨(Esab)为波音公司共设计制造了多台搅拌摩擦焊机,图 6.4.35 为卧式搅拌摩擦焊设备,用于 Delta 火箭贮箱纵缝的焊接。图 6.4.36 为立式搅拌摩擦焊设备,用于 Delta IV 火箭贮箱的纵缝焊接。

图 6.4.35　波音公司卧式搅拌摩擦焊设备

图 6.4.36　波音公司立式搅拌摩擦焊设备

在国内,北京赛福斯特有限公司是国内唯一一家搅拌摩擦焊设备授权制造商。目前,该公司已经开发出了用于焊接不同规格产品的 C 型、龙门式、悬臂式 3 个系列的搅拌摩擦焊机以及多个系列的搅拌头。

7. 搅拌摩擦焊接头缺陷的检测与修复技术

1) 接头缺陷分类

试验表明,搅拌探头的形状设计不当或焊接参数匹配不好时,搅拌摩擦焊极易出现犁沟(焊缝未完全填充)切削填充、未焊透、虫孔、吻接、摩擦面缺陷等。

2) 搅拌摩擦焊缺陷的特征及分布

(1) 梨沟缺陷:当焊接参数不合适或工件的焊接状态发生突变,FSW 的焊缝会形成缺陷,其中最常见的缺陷是隧道型的沟槽缺陷。沿搅拌头的前行边形成一道肉眼可见的沟槽。形成原因是焊接速度过快而焊接热输入偏低,搅拌头周围的金属塑态软化程度不完全,搅拌转移困难所致。

（2）切削填充：由于搅拌头设计不合理或形面过渡不圆滑、螺纹外形设计太尖锐或太密等造成。切削填充的焊缝是典型的疏松组织，严重损害接头的性能。

（3）未焊透：由于搅拌探头长度不够或装配状态较差时容易出现未焊透缺陷。

（4）虫孔：由于热输入不足，焊缝金属因搅拌所形成的塑性流动不充分而形成的。

（5）吻接：由于热输入不足或焊接速度过快，造成前一层转移金属与后一层转移金属之间宏观上形成紧密接触，但在微观上并未形成可靠连接。这种缺陷会严重降低结构的可靠性，是搅拌摩擦焊的致命缺陷。

（6）摩擦面缺陷：表面不均匀、不连续现象，可进行适当的表面人工修整。

图 6.4.37 给出了搅拌摩擦焊的两种典型缺陷，其中图（a）为孔洞缺陷，图（b）为隧道型缺陷。

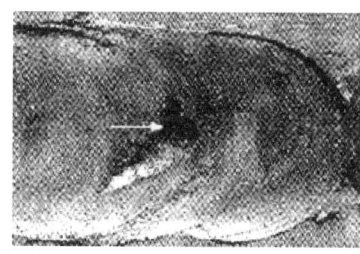

(a) 孔洞缺陷　　(b) 隧道型缺陷

图 6.4.37　搅拌摩擦焊的典型缺陷

3）搅拌摩擦焊缺陷检测技术

研究和应用实践表明，搅拌摩擦焊缺陷的理想检测方法为相控阵超声成像技术，它具有直观、快速、准确和实时可视化等突出优点。加拿大的 R/D Tech 公司是世界领先的相控阵超声波检测设备生产商，在搅拌摩擦焊技术诞生不久，就参与了 TWI 与 Boeing 公司合作的航天贮箱搅拌摩擦焊技术研究项目。目前美国波音公司的 FSW 接头均采用 R/D Tech 公司提供的相控阵超声设备进行缺陷检测。

常规的超声检测方法和渗透检测也可以解决 FSW 主要焊接缺陷的检测问题。

4）缺陷修补技术

由于搅拌摩擦焊接头强度系数非常高，常规的熔焊补焊会降低接头性能（如 2 系列、6 系列、7 系列铝合金），削弱了 FSW 接头的优势，所以必须采用高质量的固态补焊工艺才能有效保证高的接头强度系数。摩擦塞焊为此提供了完美的工艺解决方案。

对FSW的缺陷,可视缺陷的大小,用块状或细屑状的同种材料填充后用FSW进行修复,或不加填充材料用FSW直接补焊,补焊后的结构无变形,接头强度与原焊接接头强度相当,达到母材强度的80%以上。可用FSW的方法对FSW的缺陷进行多次补焊,经一次和二次补焊后的接头性能未发生明显的变化,焊接接头的较弱部位在热力影响区。

对于5系列铝合金等熔化焊接头系数较高的焊缝缺陷,仍然可以采用TIG焊方法进行修复。

8. 搅拌摩擦焊在航天结构制造中的应用

随着搅拌摩擦焊的研究进一步走向深入,搅拌摩擦焊设备也逐渐从实验室走向商用。TWI应用此技术为波音公司生产了3个2000系列铝合金航天飞机燃料箱;美国洛克希德-马丁公司、波音-麦道公司、爱迪生焊接研究所等多家机构目前正在致力于搅拌摩擦焊接的研究、应用评估和开发。在航空航天领域适于用FSW技术焊接的结构包括军用或民用飞机的蒙皮、航天器中的低温燃料箱,航空器油箱、军用机的副油箱、军用或科技探测火箭等;美国洛-马公司用该技术焊接了航天飞机外部储存液氧低温贮箱;在马歇尔航天飞行中心,也已用该技术焊接了大型圆筒形容器。

波音公司用搅拌摩擦焊实现了德尔塔Ⅱ、Ⅳ型运载火箭铝合金燃料筒体的焊接,制造时间缩短了71%,工作量减少了81%,生产效率提高了近4倍。

1999年初,波音公司在加利福尼亚州的Huntington Beach工厂用FSW焊接生产了德尔塔Ⅱ和德尔塔Ⅳ运载火箭的贮箱,2001年用FSW焊接生产了德尔塔Ⅳ运载火箭的贮箱,如图6.4.38所示。德尔塔Ⅳ运载火箭贮箱直径为5m,是德尔塔Ⅱ和Ⅲ的两倍多,采用材料改为2219-T87铝合金,在阿拉巴马州的工厂生产,全部纵向焊缝用FSW焊接。

图6.4.38 搅拌摩擦焊焊接德尔塔火箭燃料贮箱

洛－马公司制造航天飞机外贮箱的 Michoud 工厂历来重视利用新焊接方法提高产品质量,过去用 GTAW 焊接 2219－T87 铝合金贮箱,目前用 VPPA 和 GTAW 方法焊接 2195 铝锂合金外贮箱。同时也用 FSW 方法,利用现有工装设备,成功焊接厚度 16～20mm,直径 2m 以上,长 4.57m 的 2195－T7 铝锂合金贮箱圆筒壳段,采用 FSW 代替 VPPA 和 GTAW 方法焊接 2195－T7 铝锂合金制的航天飞机外贮箱。

9. 搅拌摩擦焊技术发展趋势

FSW 技术的发展,与其他工艺方法类似,遵循着"工艺实践—理论研究—工艺推广"三个阶段。目前为止,铝及其合金的焊接工艺已经较为成熟,已有不少的应用事例。从工艺研究和应用角度,现正将该技术用于其他材料或铸件的焊接和缺陷的修复过程。大多数材料需要进行搅拌摩擦焊研究,对于已经应用的材料和工艺还有很大的提高和改进空间搅拌摩擦焊方法的发展也很快。从理论角度,还有大量工作要做,应该通过数值模拟技术,对摩擦热的产生、搅拌头形状对焊缝内塑性流动的影响有更清楚的认识,以便控制焊接质量。还需研究该技术对结构的适应性,以将该工艺用于各个行业,充分发挥其优势。从设备角度,主要从搅拌头的材料、形状方面进行研究,以便提高焊接的性能和速度。从应用领域方面,可以在异种材料方面进行发展,人们正尝试用更为耐磨的陶瓷材料替代目前使用的硬质合金,如钴基高温合金等。这一工作相当困难,因为陶瓷材料很难达到所需的韧性。此外,焊缝中的晶粒细小,人们正在利用 FSW 作为一种晶粒细化技术,这有可能开创一些新的应用领域。搅拌摩擦焊的应用将对航空航天、高速列车、船舶等制造行业的轻合金连接产生革命性的影响。

搅拌摩擦焊作为一种轻合金材料连接的优选焊接技术,已经从技术研究,迈向高层次的工程化和工业化应用阶段,形成了一个新的产业:搅拌摩擦焊设备的制造、搅拌摩擦焊产品的加工。如在美国的宇航制造工业、北欧的船舶制造工业、日本的高速列车制造等制造领域,搅拌摩擦焊得到了广泛的应用,均已形成新兴产业。

在全面性能(尤其是疲劳性能和抗腐蚀性能)研究基础上,搅拌摩擦焊接技术在航天结构应用中已获得突破性进展,在我国新一代运载火箭中搅拌摩擦焊将作为贮箱结构的主选焊接工艺。搅拌摩擦焊的纵缝焊接工艺已经完全成熟,目前相关单位正在研究和制定企业标准。在环缝焊接结构中,搅拌摩擦焊应用不多,其焊缝的可靠性仍需进一步研究。

6.4.7 电阻焊

电阻焊是将待焊件夹紧于两电极之间并通过电流,利用其流经焊件接触面及邻近区域时所产生的电阻热使焊件接触面熔化或达到高温塑性状态,从而获得焊接接头的一种方法,如图 6.4.39 所示。航天器结构中常用的电阻焊包括点焊、缝焊与闪光对焊。

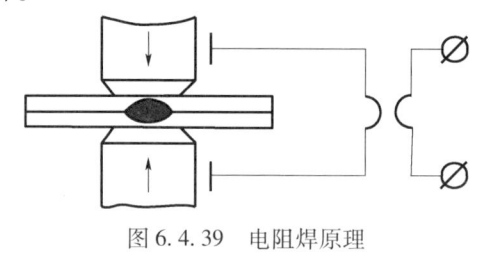

图 6.4.39 电阻焊原理

1. 电阻热的产生

电阻焊产生的热量如下式所示:

$$Q = I^2 Rt \tag{6.4.2}$$

式中:Q 为焊接产生的热量;I 为焊接电流;R 为电极间的总电阻,由焊件自身的电阻、两焊件之间的接触电阻和电极与焊件之间的接触电阻组成;t 为焊接时间。

1) 焊件自身电阻

焊件自身电阻与材料的电阻率有关。铝及铝合金导电率高,电阻率低,因此,焊件自身电阻产热较小,散热较快,所需焊接电流可达几万安培。电阻率尚与材料的成分和状态有关,合金元素越多,电阻率越高,铝合金的电阻率高于纯铝,变形强化状态或热处理强化状态的铝合金的电阻率高于退火状态的铝合金,如 2A12 – O 状态的电阻率为 4.3 $\mu\Omega/cm$,2A12 – T4 状态的电阻率为 7.3 $\mu\Omega/cm$。

2) 接触电阻

接触电阻与焊件的表面质量状态及电极压力大小有关。焊件与电极表面有氧化物或脏物时,接触电阻高,妨碍电流通过。当氧化物和污物层过厚时,甚至会使电流不能导通。

焊件表面十分洁净时,由于表面微观不平,只能在焊件表面局部形成接触点,在接触点处电流通道缩小,接触电阻增大。

电机压力增大时,表面粗糙的凸点被压平,凸点处接触面积增大。表面氧化膜也容易被挤破,接触电阻减小,直至消失。接触电阻尽管存在时间极短,但在以很短的时间和很大的电流焊接铝合金薄壁件时,其对熔核的形成和焊点的强度的稳定仍具有非常显著的影响。

2. 电阻焊特点

1) 电阻焊优点

(1) 熔核形成过程中始终被塑性环包围,熔化金属与空气隔绝,不会发生氧化。

(2) 加热时间短,热量集中,热影响区窄,应力变形小。

(3) 无须填充金属,无须保护气体,焊接成本低。

(4) 设备机电一体化,焊接过程机械化、自动化,无嘈杂声响,无有害气体,劳动条件好。

(5) 生产率高,适于大批量生产。

电阻焊也有一些缺点:

(1) 点、缝焊的接头为搭接形式,增大了结构质量,熔核周围呈尖角,接头抗拉强度及疲劳强度较低。

(2) 设备投资大,维修复杂,用电量大,单相交流焊机造成三相不平衡,不利于电网正常运行。

(3) 目前尚缺乏简单、有效、可靠的电阻焊质量无损检测及监控方法。

3. 电阻焊工艺参数及对焊接质量的影响

(1) 焊接电流:电阻热与焊接电流的平方成正比,而电流本身是一个很大的数值,因此电流对产热的影响比电阻大,是一个必须严格控制的参数。

(2) 焊接时间:焊接时间与焊接电流在一定范围内互相协调互为补充,可保证熔核尺寸和焊点强度。为此,可采用大电流和短时间(强规范),也可采用较小电流和长时间(软规范),视母材的性能、厚度和所用焊机的功率而定。

(3) 电极压力:电极电压对总电阻和产热有明显影响。电极压力增大时,总电阻显著减小,此时焊接电流虽略有增大,但不足以影响因总电阻减小而引起产热的减小。因此,随着焊接电极的增大,焊点强度将随之降低。为保证焊点强度不变,可在增大电极压力的同时,增大焊接电流或延长焊接时间,以补偿电阻减小的影响。

(4) 电极形状及材料性能:由于电极的接触面积可决定电流密度,电极材料的电阻率和热导率关系到电阻热的产生和散失,因而电极的形状和材料对熔核的形成有显著影响。随着电极端头的变形和磨损,解除面积将增大,焊点强度将降低。

(5) 焊件表面状态:焊件的表面状态(氧化物、油污及其他杂质)可影响表面接触电阻,影响产热或焊点质量(喷溅、焊件表面烧损)。表层异物的不均匀性还会影响焊点产热及质量的不一致性。因此焊前彻底清理焊件表面是保证取得优质电阻焊接头的必要条件。

4. 电阻焊设备

电阻焊设备是利用电流通过工件及焊接接触面的电阻产生热量,同时对焊接处施加压力进行焊接的一种设备。

电阻焊设备按工艺特点分为点焊机、凸焊机、缝焊机和对焊机四大类。每一类又可根据其用途和特征等分为若干小类。例如,按用途可以分为通用焊机和专用焊机,按电源的性质可分为工频交流焊机、次级整流焊机、三相低频焊机、直流冲击波焊机、电容储能焊机和逆变式焊机。

铝合金点焊设备应具有的特性包括以下几点:

(1) 能在短时间内提供大电流;

(2) 电流波形最好具有缓升缓降特性;

(3) 能精确控制焊接参数且不受网路电压波动的影响;

(4) 能提供阶形和马鞍形电极压力;

(5) 机头的摩擦力小、惯性小、电极随动性好。

5. 电阻点焊

电阻点焊是一种用于制造不要求气密,焊接变形小的搭接结构的焊接方法,它特别适用于由钣金件与挤压型材组成的薄壁加强结构。点焊是一种高效、经济的焊接方法。

航天飞行器结构点焊多用于铝合金薄壁蒙皮与桁条隔框结构。由于铝合金的热物理特性,也给点焊的实施带来一定困难。铝合金电导率和热导率高,点焊时必须采用很大的电流才有足够的电阻热形成熔核,同时,必须防止过热,以免电极粘附和电极铜离子向焊件包铝层扩散,降低接头的耐腐蚀性。

电阻点焊过程一般经过以下四个阶段:

(1) 预压阶段。电极压下,施加压力。预压阶段的作用是使零件焊接处有良好的接触,为通电加热做好准备。当预压力不足,则会产生飞溅,严重时会使零件烧穿,因此,必须使预压力达到一定值,使接触表面有稳定的接触。

(2) 焊接阶段:通电加热熔化。当零件加热时,接触面边缘电流线密集处温度首先升高,继续加热后,结合面上的一些触点开始熔化,触点周围金属呈塑性状态,再加热,熔化区逐渐扩大,由于结合面中心部位散热慢,电极压力作用下,在结合面上紧紧将焊点熔化区包围,形成一个封闭的塑性环,它阻止液体金属向板缝间挤出,并隔绝了外界空气对高温金属的侵袭。

(3) 维持阶段:在压力作用下,断电冷却凝固。当熔核达到所需尺寸形成塑性环后,减小并切断电流,熔核开始冷却凝固。

(4) 休止。去除压力,抬起电极。

点焊接头的主要内部质量问题有熔合尺寸小、虚焊、裂纹、疏松、缩孔、结合线伸入、核心偏移等。多数金属材料的点焊接头强度仅与熔核尺寸有关。熔核尺寸不足及虚焊是点焊接头中最危险的缺陷。

最常用的检验试样的方法是撕开法。优质焊点的标志是:在撕开试样的一片试片上有圆孔,在另一试片上有圆形凸台。此外,必要时需进行焊点的低倍金相检查和测量、拉伸试验和 X 射线照相检验,以判定焊透率、抗剪强度和有无缩孔、裂纹等。

电阻点焊在航天器结构上的应用主要包括铝合金薄壁壳体结构蒙皮与桁

条、隔框点焊,钛合金与不锈钢包带点焊等。

6. 电阻缝焊

缝焊是一对滚轮电极与焊件做相对运动,从而形成一个一个的焊点熔核相互搭叠的密封焊缝的焊接方法,相当于连续搭叠点焊。缝焊有连续缝焊、断续缝焊、步进缝焊。

缝焊被广泛应用在要求密封性的接头制造上,有时也用来连接普通非密封的钣金件。为了避免喷溅及提高焊缝致密性,必须采用较低的缝焊速度。焊缝的电阻热为工件提供焊接能量,使焊接区金属加热到局部熔化或塑性状态,电阻热与两极之间总接触电阻成正比,与电流的平方成正比,与接触时间成正比。

电阻缝焊在航天结构中的应用实例主要有表面张力贮箱用不锈钢网与钛合金板电阻缝焊,卫星高温隔热屏多层箔材电阻缝焊等。

表面张力贮箱采用脉冲电阻缝焊进行 TC4 钛合金板材和 0Cr18Ni13 不锈钢网片的焊接,如图 6.4.40 所示。

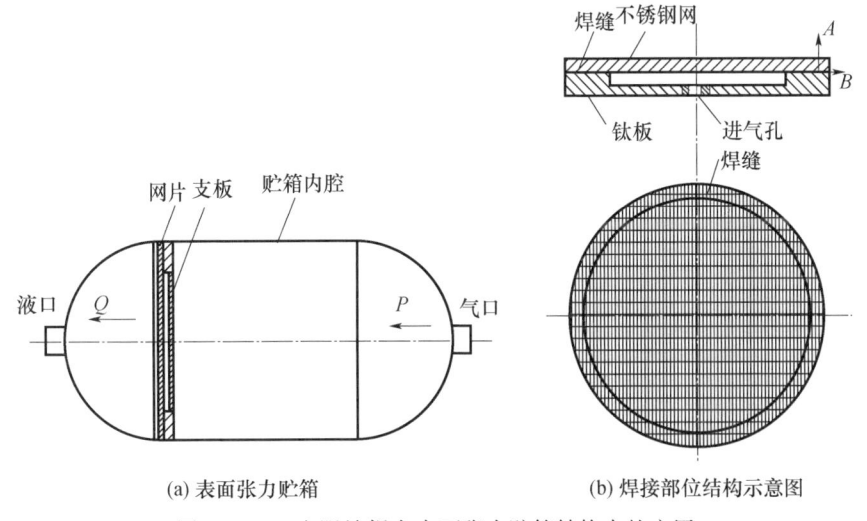

(a) 表面张力贮箱

(b) 焊接部位结构示意图

图 6.4.40 电阻缝焊在表面张力贮箱结构中的应用

高温隔热屏的作用是防止远地点发动机工作时的高温火焰对星体内仪器产生不利影响。隔热屏由三层金属箔材(其中一层为 0.05mm 的不锈钢箔、两层为 0.015mm 的镍箔)及 16 层非金属箔材组成。高温隔热屏的焊接采用电阻缝焊工艺。电阻缝焊时,要求电极及滚轮材料必须具有足够的刚度;对焊件的焊接部位清理不允许进行化学清洗,只能用 500 目的抛光砂纸轻轻打磨,以除净箔材表面的氧化膜,之后用纱布蘸无水乙醇将打磨部位擦拭干净;箔材下料时需采用下料样板,焊接时需采用相应的平台或模胎,焊接设备功率不大于 4kV·A,焊接电流不大于 1000A。

6.4.8 钎焊

6.4.8.1 钎焊的概念

钎焊是一种利用钎料在低于母材固相线但高于钎料液相线的温度下发生熔化,在母材表面(或断面)润湿、铺展、填缝、与母材发生相互溶解或扩散而形成钎焊接头的连接方法。按钎料熔化温度的不同一般将钎焊分为软钎焊及硬钎焊两种方法:钎料液相线温度低于450℃的钎焊称为软钎焊,而钎料液相线温度高于450℃的钎焊称为硬钎焊。

6.4.8.2 钎焊的特点

1. 钎焊的优点

(1) 钎焊加热温度较低,母材不熔化,对母材的组织和性能影响较小。

(2) 通过钎焊时的均匀加热,可一次完成数量众多、钎缝密集的复杂结构的钎焊生产,结构变形小,尺寸精度高、生产效率高。

(3) 钎焊时发生的溶解、扩散过程只在母材表层数微米或数十微米深度范围内进行,有利于实现异种金属组合,金属与非金属组合的连接。

2. 钎焊的缺点

(1) 钎焊接头多为非对接的接头形式,接头静动载强度较低。

(2) 母材及钎料在成分及组织上差异较大,可能引起电化学腐蚀。

(3) 钎焊工艺对零件制备及装配质量要求较高。

(4) 与其他金属相比较,铝及铝合金钎焊技术难度较大。

(5) 在钎焊加热过程中易氧化,氧化膜较难去除,如果采用钎剂,则可能因焊后清除不净而引起腐蚀。

(6) 硬钎焊时,由于现有钎料与母材的液相线温度相差不大,钎焊温度选择范围较窄,母材易发生过时效软化及晶界液化,使母材性能降低。

6.4.8.3 钎焊材料

1. 钎料

钎焊接头的质量,在很大程度上取决于钎料,在选用钎料时,就要考虑以下的要求:钎料要有合适的熔点,比母材低40~60℃,但应高于焊件工作温度;良好的填缝能力;与焊件金属能很好的作用(溶解和扩散);最终能满足接头性能指标,如强度、塑性、耐热性、耐蚀性、抗氧化性、导电性等。此外还应考虑钎料的经济性和环境保护,应尽量减少贵金属和稀有金属,希望钎料中不含有毒或易蒸发的元素。

钎料通常分为两大类,熔点低于450℃的称为软钎料,高于450℃的称为硬钎料。相应地钎焊也可分为两大类:使用软钎料进行的钎焊称为软钎焊,使用硬钎料进行的钎焊称为硬钎焊。

2. 钎剂

钎剂用以降低钎料表面张力,改善润湿性,溶解氧化物、净化钎焊材料表面,保护高温金属不再氧化。为此要求钎剂熔点应比钎料低,并在钎焊过程中保持其成分不分解,性能不改变;能溶解氧化膜,残渣易清除,不含有害成分;黏度小、流动性好,对钎焊金属润湿好,并能改善钎料润湿性。常用的钎剂有松香、氯化物、氟化物、硼砂、硼酸钎焊粉等。

6.4.8.4 钎焊过程原理

1. 液态钎料对母材的润湿

液态钎料必须很好地润湿母材表面并均匀地铺展,才能填满钎缝。钎焊时希望钎料与母材的润湿角小于 20°。若钎料和母材在液态和固态均不相互作用。则它们之间的润湿性很差;若钎料元素和母材元素能液态互溶、固溶互溶或形成化合物,则它们之间的润湿性很好。

当钎料和母材是多元合金时,它们所含的元素具有互溶或形成化合物的作用,则液态钎料能较好地润湿母材。因此,可以通过改变钎料的合金成分来改善润湿性。例如纯铅对钢的润湿性很差,但铅中加入能与钢形成化合物的锡,铅锡合金钎料在钢的表面上的润湿性就很好。

温度升高,液体的界面张力减小,在液-气和液-固界面张力减小的作用下,明显地改善了润湿性。因此,选择合适的钎焊温度是很重要的。温度过高,润湿性太好会造成钎料流失。

钎焊加热温度较低,母材不熔化,而且也不需要施加压力。但焊前必须采取一定的措施清除被焊工件表面的油污、灰尘、氧化膜等。这是工件润湿性好、确保接头质量的重要保证。

在钎焊过程中,钎焊接头所处的环境一般为保护气体、真空或钎剂。保护气体和真空度都影响钎焊的润湿性。在大气中钎焊采用钎剂后,能清除表面氧化膜和改善润湿性。

2. 液态钎料的毛细填缝

在液态钎料润湿母材的条件下,液态钎料必须填满钎焊接头间隙,才能形成良好的钎缝。材料能否填满钎缝取决于它在钎焊接头间隙中的毛细流动特性。钎焊时为有效利用毛细现象,必须在接头设计和装配时保证小的间隙。钎焊过程就是熔化的液态钎料润湿母材表面,沿表面铺展(或流动)和毛细填充间隙(填缝)的过程。

3. 液态钎料与母材的相互作用

液态钎料在填缝过程中与母材的相互作用包括固态母材向液态钎料中溶解和液态钎料组分向母材扩散。

4. 钎焊接头的显微组织

由于钎焊时母材与钎料间发生溶解和扩散，从而可改变钎缝和近界面母材的成分，使钎焊接头的成分、组织和性能与钎料及母材本身形成很大的差别。钎料与母材相互作用后可形成固溶体、化合物和共晶体。

6.4.8.5 钎焊工艺方法

钎焊方法通常按加热方式划分，航天器结构制造中采用的钎焊工艺主要包括火焰钎焊、空气炉钎焊、保护气氛炉钎焊、真空钎焊、高频感应钎焊等。

1. 火焰钎焊

火焰钎焊是采用可燃气体与氧气或压缩空气的混合气体燃烧形成火焰进行钎焊的。常用的可燃气体有乙炔气、液化石油气、天然气或煤气等，最常用的是氧乙炔焰。一般使用普通的气焊炬进行钎焊，焊炬可以装一个单孔或多孔的焊嘴，钎焊时，钎料可以环状、带状、片状、条状或粉末状等形式预先放置，也可以手工送料。但在任何情况下，都需要进行焊前清洗并添加钎剂。火焰钎焊广泛应用于以铜基、银基钎料及相应钎剂来钎焊碳钢、低合金钢、不锈钢、铜及铜合金等薄壁小型零件，并可以铝基钎料及相应钎剂钎焊铝及铝合金零件。该工艺方法的优点是设备简单，通用性大，燃气来源广，易实现钎焊过程自动化。缺点是温度控制困难，钎焊件易氧化，焊后需严格清洗钎剂残渣，操作技能要求较高。

2. 空气炉钎焊

空气炉钎焊使用普通工艺电炉进行加热。钎焊时，零件经装配添加钎料、钎剂后整体入炉加热进行钎焊。常用于钎焊要求不太高，结构较为简单的钎焊零件或电子设备器件。近几年来，已研制出专用钎焊电炉，能配置精确的控温和测温装置，在严格进行装夹定位，精确控制钎焊规范、加上熟练的操作技术，亦能钎焊出高精度的、结构较为复杂的电子设备器件。该工艺的优点是设备简单、经济、生产效率高，缺点是钎焊时必须添加钎剂，焊后需进行严格清洗。一般电炉炉温均匀性差，钎焊温度不易掌握，特别是钎焊铝合金零件时，钎焊的基体金属易发生过烧现象。

3. 保护气氛炉钎焊

保护气氛炉钎焊工艺是用热壁式或冷壁式气体保护炉，在特定气氛中进行钎焊的工艺方法。保护气氛一般采用惰性气氛（氮气或氩气）也可采用还原性气氛（氢气）。采用氮气或氩气保护气氛炉钎焊时，保护气氛可用机械泵预抽真空，然后充入氮气或氩气。采用氢气保护气氛时，需先充入氮气排尽空气后充入氢气。气体以一定流量通过炉内流动，排除氢气时，一定要严格按氢气保护炉操作规程处理。钎焊时，由于炉内有气体循环，零件随炉升温，因此，炉温均匀，零件变形小。氢气为还原性气体，氮气或氩气为惰性气体，可以保护零件在钎焊过程中不被氧化。该工艺的特点是零件加热均匀，变形小，设备便于精确控制温度和实现钎焊过程机械化、自动化,是一种较经济、实用的钎焊方法。

4. 浸渍钎焊(盐浴钎焊)

浸渍钎焊工艺是将预先添加钎料并装配好的零组件,浸入熔融的盐槽中进行钎焊的方法。如有必要,零件应事先清洗并涂上钎剂。此法一般适用于钎焊小型零件如导线或狭窄的金属带线等。浸渍钎焊多用于钎焊铝散热器及波导器件,钎剂多为氯化物、氟化物,钎料多为铝硅钎料。此工艺的优点是加热均匀,零件变形小,焊缝质量好,操作简单,生产效率高,缺点是设备投资大,消耗电能多,零件钎焊需要工装夹具、吊具,焊后需清洗,环境污染严重。

5. 真空钎焊

真空钎焊工艺是20世纪六七十年代发展起来的无钎剂钎焊方法。零件钎焊过程在真空环境中进行。设备可采用热壁或冷壁式真空炉,由真空炉炉体、真空泵系统(机械泵、扩散泵)及真空、温度控制系统组成。真空钎焊工艺主要的优点是不使用钎剂,节省了焊后清洗工序,产品无焊后腐蚀问题,无环境污染,劳动条件好,炉温均匀,控温精确,零件变形小,易保证零件精度。缺点是设备一次性投资较高,焊前装配需严格控制钎缝间隙,因此,零件加工要求严格。真空钎焊工艺适用于钎焊高质量要求,高精度、复杂结构、厚壁比差悬殊的钎焊零组件。目前用于钎焊发动机的身部、铝合金发动机叶片、雷达中的波导、平板裂缝天线等电子器件及电子机箱、电子舱等电子设备构件。近年来,对电子设备中采用的6063(LD31)可热处理强化铝合金器件及其他构件采用了真空钎焊-气淬工艺。同时,随着银基及铜磷系钎料的发展,真空钎焊亦用来钎焊铜质波导器件及其他构件。

6. 高频感应钎焊

高频感应钎焊是依靠零件在高频交变磁场中产生感应电流的电阻热作为热源进行钎焊的工艺方法。高频感应钎焊在电子设备中适用于钎焊铜质的弹性元器件。器件材质为铍青铜。钎料采用银基钎料。钎剂主要是以硼砂、硼酸及其混合物为基体,添加其他碱金属或碱土金属氧化物、氟硼酸盐等组成。

6.4.8.6 钎焊工艺要求

1. 钎焊接头

钎焊接头主要有对接、搭接、T形接头和角接形式。接头设计时,应尽量采用搭接,并应使接触面积尽可能大,以提高接头强度和改善气密性和导电性。钎焊时必须正确选择接头间隙。接头间隙过小会使钎料流入困难,在钎缝内形成未钎透,导致接头强度下降;接头间隙过大,毛细作用减弱,钎料不能填满间隙,也会使接头的致密性变差,强度下降。

2. 钎焊工艺

钎焊可以用于焊接碳钢、不锈钢、高温合金、铝、铜等金属材料,还可以连接异种金属、金属与非金属。适于焊接受载不大或常温下工作的接头,对于精密的、微型的以及复杂地多钎缝焊件尤其适用。钎焊已广泛应用于制造硬质合金刀具、导管、滤网、蜂窝夹层结构、电真空器件、电机、电器部分、精密仪表机械、飞机与火箭发动机部件等。

钎焊工艺过程主要包括工件表面预处理、装配、安置钎料钎剂、钎焊、钎焊后清洗等工序。每一工序均会影响钎焊的最终质量。钎焊后的接头必须进行检验,以判定钎焊接头是否符合质量要求。

钎焊时由于加热温度比较低,故对工件材料的性能影响较小,焊件的应力变形也较小。但钎焊接头的强度一般比较低,耐热能力较差。

钎焊工艺主要考虑以下几点:

(1) 接头间隙确定:钎焊时是依靠毛细力作用使钎料填满间隙,因此必须正确选择接头间隙,间隙的大小在很大程度上影响钎缝的致密性和强度。间隙过小,钎料流入困难,在钎缝内形成夹渣或未焊透,导致接头强度下降;间隙过大,毛细作用减弱,钎料不能填满间隙,也会影响接头的致密性使强度下降。

(2) 钎焊前零件表面清理。表面清理包括机械清理和化学清洗,主要是去除工件表面的油污、氧化膜,有利于被焊工件表面原子分子的扩散,提高钎焊接头的结合力。

(3) 钎焊工艺参数:与具体的钎焊方法有关,主要参数有钎焊温度、钎焊时间等。钎焊温度通常选为高于钎料液相线温度 25~60℃,保温时间视工件大小、钎料与母材相互作痛的程度而定,大件的保温时间应长些,以保证加热均匀,保温时间过长则容易导致溶蚀等缺陷。

6.4.8.7 钎焊工艺在航天器结构中的应用

异种材料的钎焊结构集中了两种材料的优良性能,如航空发动机和航天推进系统中的异种金属管路结构、航空航天仪表中的双金属构件和异种金属连接结构等。航天领域中的热管结构采用的是铝合金与不锈钢、铝合金与铜的板管结构,如图 6.4.41 所示。新一代导弹发动机推进器壳体,高压气瓶以及燃气轮机叶片等也有陶瓷金属连接结构等。异种材料连接结构具有独特的优势,在国防领域和国民生产生活中必将得到更加广泛的应用。

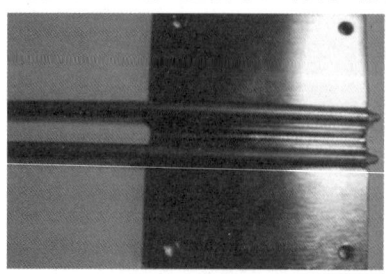

(a) 铝铜热管 (b) 铝合金与不锈钢热管

图 6.4.41 典型航天器热管钎焊结构

6.4.9 扩散焊

1. 扩散焊概念

扩散焊(亦称扩散连接)是在不高于母材熔点的温度和不致引起母材产生宏观变形的压力的作用下,使相互接触的两零件表层发生微观塑性变形,实现紧密的物理接触,通过表层原子相互扩散而实现冶金结合的焊接过程。扩散焊通常在真空或保护气氛下进行。

2. 扩散焊特点

1)优点

(1)接头质量好。扩散焊接头的显微组织和性能与母材相同或相近。

(2)可焊接其他方法难于焊接的材料。如焊接性不良的同种材料,相互不溶或熔化时会产生脆性金属间化合物的异种材料。

(3)焊接变形小。扩散焊采用整体加热和冷却,施加的压力不致引起焊件宏观塑性变形。

(4)可焊接截面大、结构复杂的焊件。

2)缺点

对待焊零件表面的制备和装配要求高,焊接热循环时间长,生产率低,设备一次性投资较大,焊接的尺寸受设备限制;接头质量检验困难,检测手段尚不完善。

3. 扩散焊原理

扩散焊分为固相扩散焊和液相扩散焊。

固相扩散焊的特点是焊接过程中不出现液相。固相扩散焊过程一般可分为三个阶段。

第一阶段:变形发展、界面形成。在加热和加压的条件下,由于接触点截面积小,压应力大,接触点高温软化并发生塑性变形,该处吸附层被挤开,氧化膜被挤碎,凸起的接触点被压平,形成金属链连接。随着变形的继续,接触点数量逐渐增加,接触点连接区逐渐扩大,局部表面形成晶粒之间的连接,形成交界面,未接触部分形成"孔洞"而残留在界面上。

第二阶段:晶界迁移,孔洞缩小。通过原子扩散和再结晶,使界面上晶界发生迁移,界面上孔洞缩小,继而大部分孔洞在界面上消失,形成焊缝。

第三阶段:体积扩散,界面消失。原子扩散向纵深发展,原始界面完全消失,界面上残留的微小孔洞也随之消失,界面处实现冶金结合,接头成分逐渐均匀。

液相扩散焊的特点是在整个过程中有液相出现和消失的中间过程。无中间层液相扩散焊时,焊接温度应略高于两者共晶体的共晶温度。加热加压时,氧化膜破裂,在两种母材接触点处,氧化膜被挤碎。由于元素相互扩散,该处达到共晶成分而熔化，形成局部液相，随着保温时间的延长，液相体积增大并填充到整个接合面间隙中，同时，液相的出现加速固相母材与液相之间的元素扩散迁移进程，液相的成分逐渐改变，当达到其液相线温度时，液相开始等温凝固过程，随后则是接头区元素的继续扩散和均匀化。有中间层液相扩散时，通过中间层与母材的溶解和扩散，达到接头的冶金结合。液相扩散焊时，压力的作用不如固相扩散焊时那样明显，因此它可以采用较低的压力，特别是当采用较软的中间层材料时，可避免焊件发生变形，更精确地控制焊件的尺寸精度。

4. 扩散焊设备

扩散焊一般在真空或纯净的气体保护下进行，因此扩散焊设备必须具备如下4个基本条件：

（1）加热装置；

（2）加压装置；

（3）焊接循环程序控制装置；

（4）真空或气体设备根据不同条件可有不同类型。

5. 扩散焊工艺

1）零件表面的制备及清理

零件表面制备一般包括零件表面机械加工和表面清理。为获得平整光洁的表面，保证装配时两零件表面尽可能紧密接触，通常零件表面粗糙度应小于 $3.2\mu m$，应采用精车或磨削工艺获得。表面清理主要是除油去氧化，要控制碱液的浓度和腐蚀时间，不得产生过多的腐蚀凹坑。焊件腐蚀到露出金属光泽时立即用冷水或热水冲洗。清洗后需尽快烘干并进行焊接。

2）中间层材料的选择

无论是固相焊或是液相扩散焊，加有适当的中间层材料均可减小扩散焊的难度。中间层材料主要功能有改善表面接触，减小所需焊接压力，改善扩散条件、改善冶金反应。

中间层材料选择时，应满足以下要求中的一项或几项：①容易塑性变形；②不与母材产生不良的冶金反应，不产生脆性化合物相；③不会引起接头电化学腐蚀。

3）扩散焊工艺参数

扩散焊工艺参数主要有温度、压力、扩散保温时间、保护气氛等。①温度是扩散焊最重要的工艺参数，它能提高零件表面的变形能力，促使结合面原子激活，加速原子扩散运动。因此，应尽可能选用较高的扩散焊温度。对于金属而言，一般选扩散焊温度为较低母材熔点的 $0.6\sim0.8$ 倍。②压力主要影响第一及第二阶段进程，较高的压力可产生较大的表层塑性变形，增强物理接触，降低表层再结晶温度，加速晶界迁移，促使表面微空洞的收缩，提高接头强度。压力一般选 3~7MPa。③扩散保温时间应充分保证母材原子间的扩散,保温时间不可过短,否则接头强度可能达不到稳定的、与母材相等或相近的强度。保温时间也不宜过长,否则可能导致接头过热,晶粒过分长大,接头强度也不可能进一步提高。④保护气氛:扩散焊多在真空炉内进行,也可以采用保护气氛。保护气氛的纯度、流量、压力等均会对扩散焊接头产生影响。常用的保护气氛为氩气,常用的真空度为 10^{-3}Pa。

6.5 航天焊接技术发展展望

随着科学技术的飞速发展,焊接新技术大量涌现,为满足航天产品焊接结构的高质量、高可靠、高精度创造了良好条件。

1. 焊接过程自动化、智能化技术的推广应用

美国、俄罗斯的航天器结构焊接自动化程度较高,自动焊工作量占总焊接工作量 90% 以上,而我国目前尚处在由手工焊向自动焊逐步发展的阶段。手工焊接的质量,除受设备和环境的影响外,操作者的身体状况、疲劳程度和情绪因素均会对焊缝质量产生影响;相对于自动焊而言,手工焊接的焊缝容易出现缺陷,排除缺陷和补焊的效率往往牵制结构的研制进度。

为了提高航天产品的焊接质量,发展包括有焊接程序和焊接参数的自动控制、焊接位置的自动跟踪、焊缝熔池动态监控等智能焊接技术具有重要意义。焊接机器人是焊接自动控制系统的革命性进步,它开拓了一种空间曲线焊缝柔性自动焊接实现的新方式,使复杂航天器结构实现焊接自动化成为可能。

同时,智能化焊接技术也是重要的发展方向。基于计算机、控制等信息处理技术,将人工智能与焊接工艺有机结合,实现焊接工艺制造的技术称为智能化焊接技术。智能化焊接技术包括采用智能化途径进行焊接工艺规划、焊接设备、传感与检测、信息处理、知识建模、焊接过程控制、机器人运动控制、复杂系统集成设计的实施。智能化焊接技术是多学科交叉综合在焊接技术领域的集成与升华。

2. 焊接新工艺的研究与应用技术

在焊接新工艺研究与应用中,最具前景的还是变极性等离子焊接技术与搅拌摩擦焊接技术,同时电子束焊、钎焊扩散焊等也将占有重要地位。

变极性等离子弧焊工艺用于焊接中厚板铝合金是一种高效率、高质量的焊接方法。其工艺柔性比搅拌摩擦焊要好,适于铝合金构件纵焊和环焊,并在国外航天结构得到了广泛的应用和认可。随着高可靠变极性电源的进步,应用转移型变极性等离子弧焊设备成为主要的发展方向,也是实现铝合金结构件无缺陷焊接的保证。在高强铝合金、铝锂合金等的焊接中,VPPA 焊接是实现结构可靠连接的熔化焊接方法,在国内航天飞行器结构制造中具有很好的应用前景。

搅拌摩擦焊被认为是自激光焊接工艺出现以来最引人注目和最具潜力的焊接技术。搅拌摩擦焊将固相连接的优点应用于长对接焊缝,焊后的变形与残余应力都很小,操作简单,易于实现自动化,几乎不产生与熔化过程有关的热裂纹、气孔等焊接缺陷,其焊接接头具有更高的强度、塑性和断裂韧度等综合性能,生产效率高,成本低,在未来铝合金贮箱、密封舱等航天结构中将有很好的应用前景,特别适用于熔化焊接方法难于焊接成形的结构。

由于可获得优质焊缝,真空电子束焊接技术已广泛应用于航天结构的焊接中。苏联在贮箱法兰的焊接中采用了局部真空电子束焊接技术,不需要将贮箱整体置于真空室,仅将有焊缝的局部区域密封于真空中,减少了结构的制造成本,在未来大结构的局部焊缝中可获得应用。

采用氦氩混合气体及气脉冲焊接工艺焊接铝合金,可明显地改善普通氩弧焊焊接时的焊缝气孔倾向。氦氩混合后增加了氩弧时去除焊缝表面氧化膜的能力,成形美观,弧长长度也适用于自动焊填丝及手工焊操作。

采用真空电子束焊接的钛合金气瓶焊缝质量好,但易产生背面飞溅,焊后处理费时、费力且易产生多余物。20世纪80年代初期,苏联采用空心阴极焊接工艺焊接钛合金气瓶,既有较好的焊缝质量,又无背面飞溅。我国在熔透型焊接工艺基础上研发的真空空心阴极穿透型焊接工艺,有望应用于未来钛合金气瓶等对多余物有严格控制要求的压力容器的研制与生产。

在航天结构中,占有重要地位的钎焊和扩散焊工艺在未来复杂结构中将会有更广阔的应用前景。

3. 新型焊接工艺评定与焊接结构可靠性评估

(1) 由于航天产品的特殊性,对产品质量和可靠性极为重视。随着焊接技术的发展,对航天产品焊接质量和可靠性不断提出新的要求。在实际生产中,焊接工艺的优劣不仅要看其是否能完成所针对结构的焊接,而且要看其是否具有相对稳定的使焊接质量达到产品验收标准的能力。

(2) 由于受技术水平和生产条件的限制,仅依靠焊后对焊缝的无损检测尚不能完全评定焊接接头的全部性能。在实际生产中,目前也只能检测气孔、夹杂、裂纹、未焊透等几类缺陷,而且难以做到100%检测,尤其对角焊缝,尚难进行有效的检测。

(3) 焊接工艺是决定焊接质量的直接因素,对焊接工艺在生产中的保证质量能力进行科学的评定是非常必要的。

(4) 焊接结构可靠性评估旨在剔除或忽略对结构使用无影响的缺陷,减小焊缝返修带来的不利影响。随着空间站等长期服役航天器密封舱体等的研制与应用,对舱体的结构可靠性与完整性评估的需求更加突出了。

参考文献

[1] 周万盛,姚君山. 铝及铝合金的焊接[M]. 北京:机械工业出版社,2006.
[2] 尚育如. 航天工艺基础知识培训教材[M]. 北京:中国宇航出版社,2005.
[3] 张彦华. 热制造学引论[M]. 北京:北京航空航天大学出版社,2006.
[4] 邹增大. 焊接材料、工艺及设备手册[M]. 北京:化学工业出版社,2001.
[5] 易维坤. 航天制造技术[M]. 北京:中国宇航出版社,2003.
[6] 史耀武. 焊接技术手册(上、下)[M]. 北京:化学工业出版社,2009.
[7] 李亚江,等. 轻金属焊接技术[M]. 北京:国防工业出版社,2011.
[8] 李晓红,熊华平,张学军,等. 先进航空材料焊接技术[M]. 北京:国防工业出版社,2012.
[9] 林三宝,范成磊,杨春利. 高效焊接方法[M]. 北京:机械工业出版社,2011.
[10] 张彦华. 焊接强度分析[M]. 西安:西北工业大学出版社,2011.
[11] 刘志华,吴永智. 国内外航天焊接技术发展展望[J]. 金属加工(热加工)2009 增刊,2009 中国焊接产业论坛,2009.
[12] 向隆君. 铝合金搅拌摩擦焊焊缝组织及其力学性能研究[D]. 长沙:国防科学技术大学,2010.
[13] 薛忠明. 金属构件熔化焊接热力分析与模拟研究[D]. 北京:北京航空航天大学,2003.
[14] 夏源,宋永伦,胡坤平,等. 激光-TIG 复合焊接热源机理研究现状与进展[J]. 焊接,2008(12):21-24.
[15] 李晓延,武传松,李午申. 中国焊接制造领域学科发展研究[J]. 机械工程学报,2012(3):19-31.
[16] 姜坤,杨颂华,杜会桥. 变极性等离子弧自动焊接技术在大型密封舱体结构焊接中的应用[J]. 航天器环境工程,2011(6):636-639.
[17] Wesley A Tayon, Marcia S Domack, Eric K. Investigation of Abnormal Grain Growth in a Friction Stir Welded and Spin-Formed Al-Li Alloy 2195 Crew Module. NASA. 20140001083.
[18] Po-Shou Chen, Carolyn Russell. Effects of Annealing Process on the Formability of Friction Stir Welded Al-Li alloy 2195 Plates. NASA. 20120016566.
[19] Halbig Michael C, Coddington bryan, Singh Mrityunjay. Diffusion Bonding and Brazing Approaches for Silicon Carbide Based Systems. NASA. 20120016624.
[20] Ding Robert J, Walker Bryant. Solid State Welding Development at Marshall Space Flight Center. NASA. 20120016882.
[21] Alcorn, Joh. Friction Stir Weld Application and Tooling Design for the Multi-purpose Crew Vehicle Stage Adapter. NASA. 20140003201.
[22] Russell C K, Malone T W, Cato S N. Evaluation of Training Samples Manually Welded With the Universal Handtool in a Space Simulation Chamber. NASA. 20040084597.

第 7 章 航天器电子装联技术

7.1 概述

电子装联技术是指电子电气产品在生产中采用的安装和电连接的工艺过程。电子装联技术作为航天电子产品生产制造过程中的关键技术之一，在整个航天产品研制过程中占有举足轻重的地位。

由于航天电子产品在运输、贮存、发射和飞行等过程中，要经受各种恶劣环境的考验，如振动、冲击、高温、低温、温度冲击、真空和辐照等，而且航天电子产品在发射后一般不可维修，因此对可靠性、稳定性等方面的要求远高于其他电子产品，对装联质量的要求也极为严格。

本章主要阐述电子装联基板、钎焊机理、微电子封装技术、通孔组装技术、表面组装技术、清洗技术、电缆网装联技术，以及与航天电子产品相关的航天器电子装联新技术等。

7.1.1 微电子三级封装技术

一般来说，微电子封装可以分为如图 7.1.1 所示的三级。一级封装是在半导体芯片制作完成后，将芯片用一定的封装形式封装起来，并将芯片的焊区与封装的外引脚连接起来，使之成为有一定功能的电子元器件或组件。二级封装是将一级微电子封装产品和无源器件安装到印制板或其他基板上，成为部件或整机。二级封装技术主要包括通孔安装技术、表面安装技术等。三级封装是将二级封装的产品通过互连插座或柔性电路与母板连接起来，构成完整的整机系统。微电子封装包括从一级封装到三级封装的全部技术内容。本章主要介绍二级封装（电子装联技术）的相关内容[1-3]。

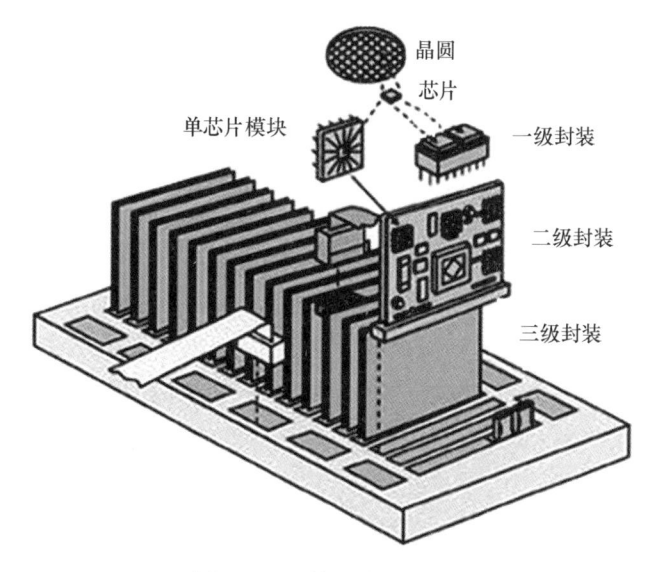

图 7.1.1 微电子三级封装

7.1.2 电子装联技术的分类

电子元器件,尤其是集成电路的密度和运行速度,是推动电子装联技术向前发展的动力。电子装联技术要与电子元器件的发展水平相适应,目前主流的电子装联技术主要包含通孔安装技术、表面安装技术和微组装技术三类,如表 7.1.1 所列。

表 7.1.1 电子装联技术分类及适用范围

技术类别	安装基板	安装方法	焊接技术
通孔安装技术	单、双面及多层印制板	手动/半自动/自动插装	手工焊、浸焊、波峰焊
表面安装技术	单、双面及多层印制板	手动/半自动/自动贴装	波峰焊、再流焊
微组装技术	陶瓷基板	自动安装	再流焊、引线键合、粘接等

7.1.3 航天电子产品装联特点

由于航天电子设备特殊的使用条件和贮存环境,以及高可靠性、高精度、高性能、长寿命等的技术要求,决定了航天电子产品在装联过程具有自身的特点。下面简要介绍航天电子产品装联的几个特点。

1. 元器件选用控制严格

用于航天电子产品上的元器件,其可靠性由元器件的固有可靠性和使用可靠性组成。前者主要由元器件生产单位在元器件设计、工艺、原材料的选用等过程中的质量控制所决定;后者由元器件使用方在元器件生产完成后,对元器件的选择、采购和使用等过程中的质量控制决定。航天系统实现了统一标准、统一订货、统一验收、统一筛选和统一失效分析结果的"五统一"的控制办法。此外,为了满足航天电子产品的特殊要求,元器件的封装、镀层等均与民品元器件有着较大的区别。元器件选用控制的目标就是正确选择和使用元器件,并选择与之匹配的工艺方法和质量控制措施,使元器件在航天电子产品的全寿命周期内满足航天的可靠性要求。

2. 采用高可靠的装联技术

航天电子产品对于装联技术要求比较高,在装联全过程要在受控制的环境中进行,此外,从装联前准备、安装焊接直到整机装配等工序都必须采取高可靠的工艺方法。首先对元器件引线采用搪锡等工艺措施提高表面质量,以保证焊接质量。在焊接工序,对焊接工具、焊接设备、焊接材料、焊接温度和时间、焊接人员等进行严格控制和管理,以保证电气连接的可靠性。印制电路板组装件在焊接后还要及时进行清洗。整机或印制电路板组装件在装联调试后,需喷涂"三防"漆,以提高电子设备对气候环境的防护能力。元器件在印制板上安装完成后,对于重量较大的元器件要采取固封措施,以提高印制电路板组装件对力学环境的适应能力。此外,在装联过程中,需设置合适的检验点,对装联质量进行严格的检验和监控,并针对关键部位和环节进行照相记录,确保产品的状态可追溯。

3. 老化、环境试验和高效应力筛选

为加速电子产品尽快进入稳定工作状态,对印制板组装件和整机进行加电老化试验。对整机进行一系列的环境试验,包括模拟力学试验和空间环境试验,此外还进行环境应力筛选试验(Environment Stress Screen,ESS),暴露和剔除产品设计、元器件、材料及工艺等潜在缺陷,力求获得最大限度的工作可靠性和无故障工作时间。

7.2 电子基板

电子基板是半导体芯片封装的载体,搭载元器件的支撑,构成电子电路的基板。小到芯片、电子元器件,大到电路系统、电子设备整机,都离不开电子基板。随着电子封装技术向着高速、高频、小体积、高可靠、轻量化的方向发展,电子基板在新一代电子封装中发挥着越来越重要的作用。

7.2.1 基板材料与分类

电子基板主要有以下功能:

(1) 互连和安装元器件的支撑作用。
(2) 作为导体图形和无源元件的绝缘介质。
(3) 将热从元器件上传导出去的导热媒体。
(4) 控制高速电路中的特性阻抗、串扰以及信号延迟。

基于电子基板的上述功能,对电子基板材料的选择主要从力学性能、电学性能、热学性能和化学性能等方面着手,见表7.2.1。

表7.2.1 电子基板材料应具备的条件

性能	应具备的条件
电学性能	介电常数低;介电损耗小;绝缘电阻高;在恶劣环境下性能稳定
热学性能	热导率高;耐热性好;热稳定性好
化学性能	化学稳定性好;容易金属化,电路图形与其附着能力强
力学性能	平整性好,抗弯性好;有足够高的机械强度;加工性能好,尺寸精度高

电子基板材料主要有金属、合金、陶瓷、玻璃、塑料和复合材料等。从基板的绝缘材料看,可按有机系(树脂系)和无机系(陶瓷系、金属系)分类(图7.2.1)。印制电路板以结构来分类可分为刚性印制板、挠性印制板、刚挠结合印制板;以电路分布来划分,分为单面板、双面板和多层板。其中,在航天电子产品中最常用的基板是玻璃布基板、环氧树脂覆铜基板和陶瓷基板。

7.2.2 几种典型基板的制作技术

7.2.2.1 印制电路板(Printed Circuit Board,PCB)的制作技术

在绝缘基材的表面或内部,按预定设计形成从点到点互联线路以及印制元件的基板。PCB是组装电子元器件最常用的基板,也是航天电子产品中最常用的基板,具有布线密度高、装联技术简单、生产成本低、可靠性高等优点。

1. 刚性PCB制作工艺流程

根据PCB的层数不同,制作流程也有所不同,图7.2.2、图7.2.3、图7.2.4分别为单面刚性印制板、双面刚性印制板和多层刚性印制板的制作工艺流程。

在印制板的制作工艺中,有如下的关键技术:

(1) 照相底版制作技术。在印制电路制作技术中,无论采用干膜光致抗蚀剂或液态光致抗蚀剂工艺,都离不开照相底片。从20世纪80年底开始,PCB制造技术中就普遍采用光绘工艺替代传统的照相工艺,从而提高PCB制作质量。该工艺通常是在计算机/光绘机上对照相制版软片进行光扫描之后,用银盐基的照相制版软片,通过精密曝光机的暗室处理(显影、定影、冲洗等)曝光成像获得底片。

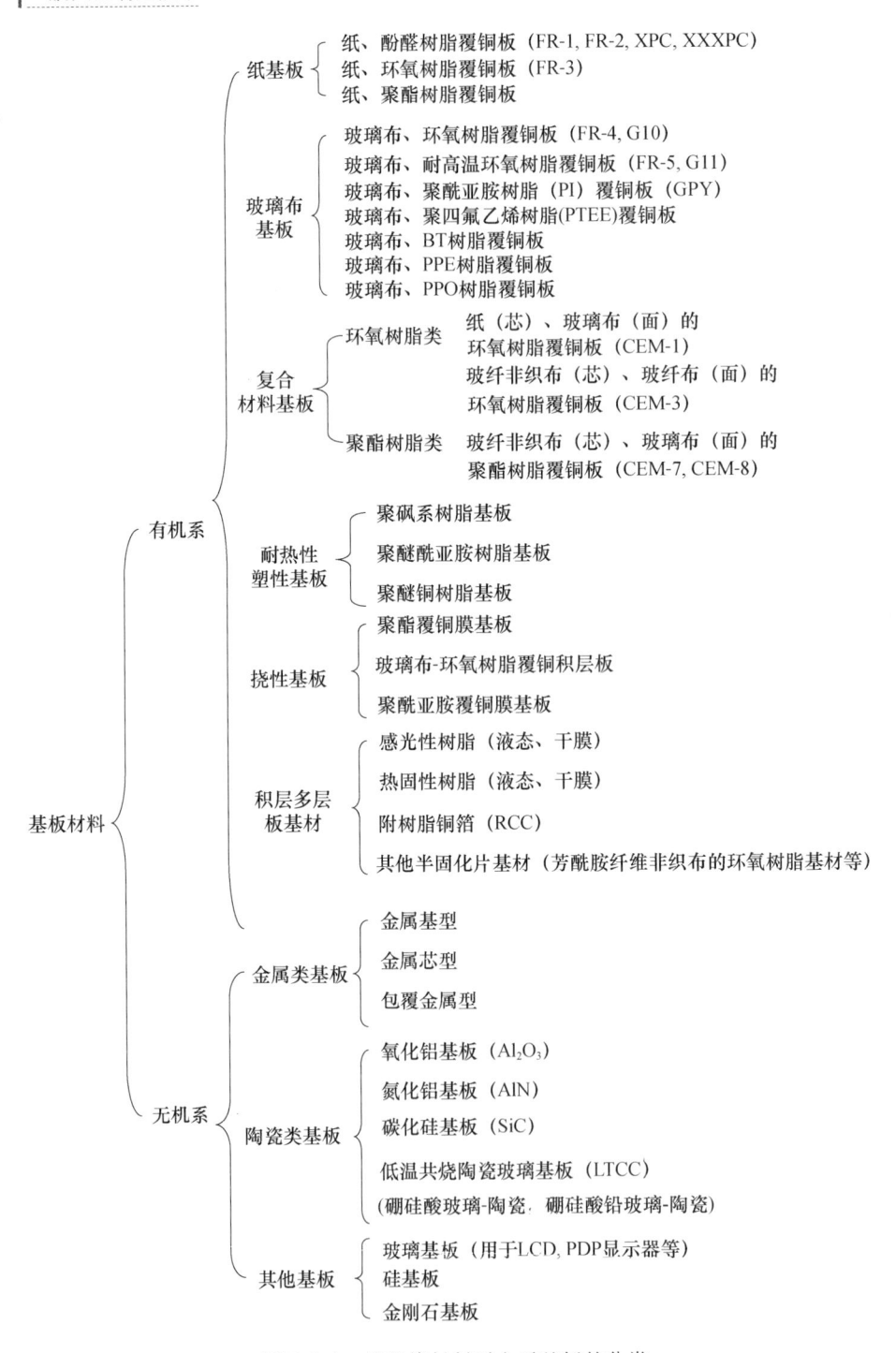

```
基板材料
├─ 有机系
│   ├─ 纸基板
│   │   ├─ 纸、酚醛树脂覆铜板（FR-1, FR-2, XPC, XXXPC）
│   │   ├─ 纸、环氧树脂覆铜板（FR-3）
│   │   └─ 纸、聚酯树脂覆铜板
│   ├─ 玻璃布基板
│   │   ├─ 玻璃布、环氧树脂覆铜板（FR-4, G10）
│   │   ├─ 玻璃布、耐高温环氧树脂覆铜板（FR-5, G11）
│   │   ├─ 玻璃布、聚酰亚胺树脂（PI）覆铜板（GPY）
│   │   ├─ 玻璃布、聚四氟乙烯树脂(PTEE)覆铜板
│   │   ├─ 玻璃布、BT树脂覆铜板
│   │   ├─ 玻璃布、PPE树脂覆铜板
│   │   └─ 玻璃布、PPO树脂覆铜板
│   ├─ 复合材料基板
│   │   ├─ 环氧树脂类
│   │   │   ├─ 纸（芯）、玻璃布（面）的环氧树脂覆铜板（CEM-1）
│   │   │   └─ 玻纤非织布（芯）、玻纤布（面）的环氧树脂覆铜板（CEM-3）
│   │   └─ 聚酯树脂类 — 玻纤非织布（芯）、玻璃布（面）的聚酯树脂覆铜板（CEM-7, CEM-8）
│   ├─ 耐热性塑性基板
│   │   ├─ 聚砜系树脂基板
│   │   ├─ 聚醚酰亚胺树脂基板
│   │   └─ 聚醚铜树脂基板
│   ├─ 挠性基板
│   │   ├─ 聚酯覆铜膜基板
│   │   ├─ 玻璃布-环氧树脂覆铜积层板
│   │   └─ 聚酰亚胺覆铜膜基板
│   └─ 积层多层板基材
│       ├─ 感光性树脂（液态、干膜）
│       ├─ 热固性树脂（液态、干膜）
│       ├─ 附树脂铜箔（RCC）
│       └─ 其他半固化片基材（芳酰胺纤维非织布的环氧树脂基材等）
└─ 无机系
    ├─ 金属类基板
    │   ├─ 金属基型
    │   ├─ 金属芯型
    │   └─ 包覆金属型
    ├─ 陶瓷类基板
    │   ├─ 氧化铝基板（$Al_2O_3$）
    │   ├─ 氮化铝基板（AlN）
    │   ├─ 碳化硅基板（SiC）
    │   ├─ 低温共烧陶瓷玻璃基板（LTCC）
    │   └─ (硼硅酸玻璃-陶瓷，硼硅酸铅玻璃-陶瓷）
    └─ 其他基板
        ├─ 玻璃基板（用于LCD, PDP显示器等）
        ├─ 硅基板
        └─ 金刚石基板
```

图 7.2.1 按绝缘材料对电子基板的分类

第 7 章 航天器电子装联技术

制备单面板 → 下料 → 刷洗、干燥 → 钻孔或冲孔 → 网印抗蚀刻图形或使用干膜 → 固化并检查 → 蚀刻铜 → 去抗蚀印料 → 刷洗、干燥 → 网印阻焊图形（常用绿油） → 紫外线（UV）固化 → 网印字符图形 → UV固化 → 冲孔并加工外形 → 电气通断测试 → 刷洗、干燥 → 预涂助焊防氧化剂或喷锡 → 热风整平 → 检验包装 → 成品出厂

图 7.2.2　单面刚性印制板制作工艺流程

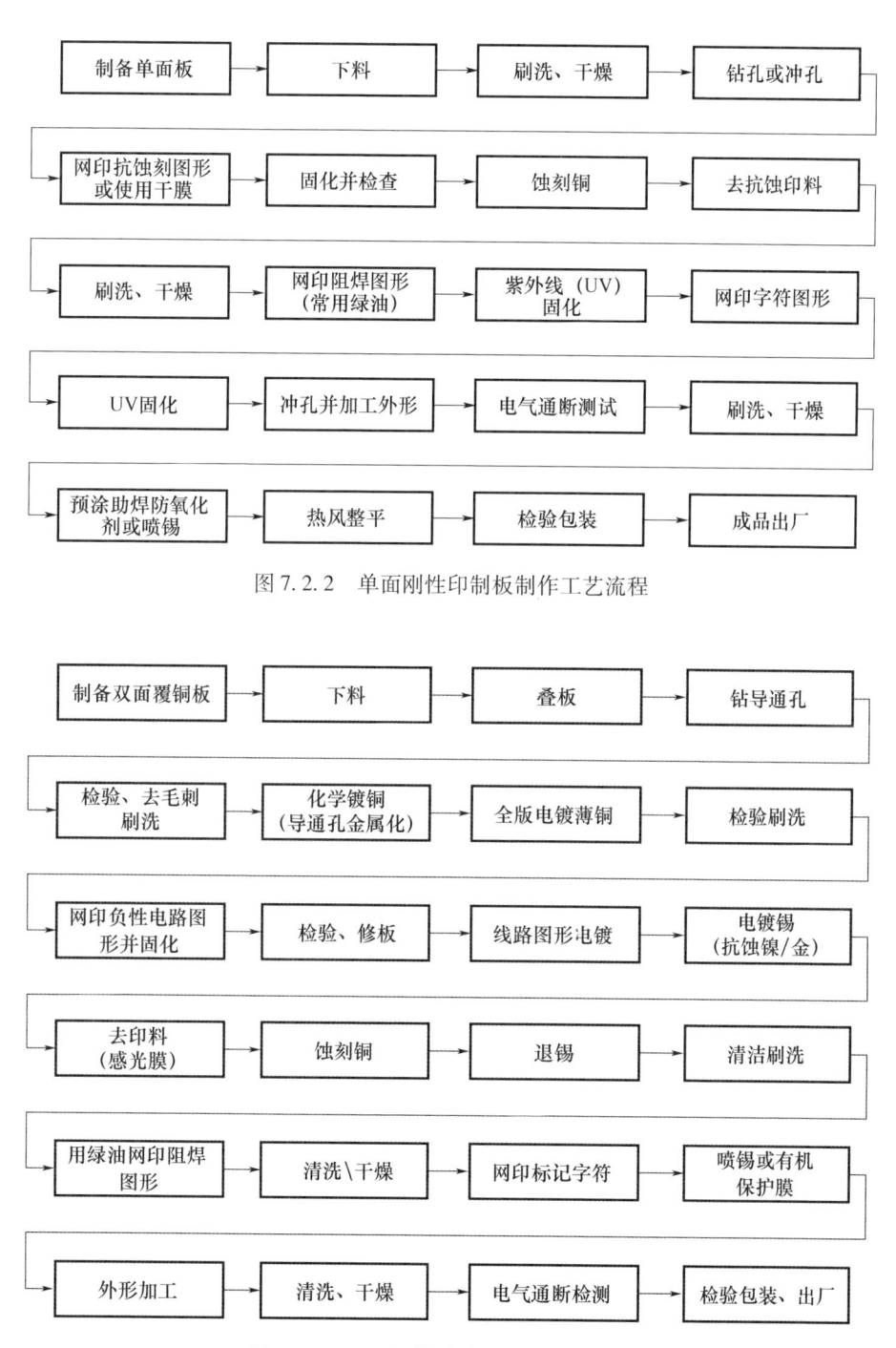

制备双面覆铜板 → 下料 → 叠板 → 钻导通孔 → 检验、去毛刺刷洗 → 化学镀铜（导通孔金属化） → 全版电镀薄铜 → 检验刷洗 → 网印负性电路图形并固化 → 检验、修板 → 线路图形电镀 → 电镀锡（抗蚀镍/金） → 去印料（感光膜） → 蚀刻铜 → 退锡 → 清洁刷洗 → 用绿油网印阻焊图形 → 清洗\干燥 → 网印标记字符 → 喷锡或有机保护膜 → 外形加工 → 清洗、干燥 → 电气通断检测 → 检验包装、出厂

图 7.2.3　双面刚性印制板制作工艺流程

359

```
制备材料 → 内层覆铜板双面下料 → 刷洗 → 钻定位孔
贴光致抗蚀干膜或涂覆光致抗蚀剂 → 曝光 → 显影 → 蚀刻与去膜
内层粗化、去氧化 → 内层检查 → 外层单面覆铜板线路制作 → 层压
数控钻孔 → 孔检查 → 孔前凹蚀处理与化学镀铜 → 全板镀薄铜
镀层检查 → 贴光致耐电镀干膜或涂覆光致耐电镀剂 → 面层底板曝光 → 显影、干燥
修板 → 线路图形电镀 → 电镀锡铅合金或镍/金镀 → 去膜与蚀刻
检查 → 网印阻焊图形或光致阻焊图形 → 印制字符图形 → 热风整平或有机保焊膜
数控铣外形 → 清洗、干燥 → 电气通断测试 → 检验包装、出厂
```

图 7.2.4　多层刚性印制板制作工艺流程

(2) 热熔和热风整平工艺技术。热熔和热风整平工艺是将已经制作好的 PCB 布线铜板，浸入熔融的锡铅合金中，使焊盘及通孔表面黏附锡铅合金层，通过热风刀的作用，使锡铅合金层连续、光亮、平整的工艺方法。此工艺的目的是提高 PCB 板的可焊性和满足细间距器件贴装的需要。

随着印制板向高密度、低线宽、低间距、多层次和小孔径的方向改变，特别是一些新型的印制板，如球栅阵列式封装板(BGA)、芯片尺寸封装板(CSP)、多芯片封装板(MCM)等对印制板的表面终蚀提出了更高的要求，化学镀镍、置换镀金、化学镀金、置换镀锡、置换镀银、有机保焊剂等新工艺应运而生。

(3) 凹蚀处理技术。凹蚀处理是多层板生产过程中的一个工序，是为化学沉铜实现内外层电路互连的预处理过程，其目的是去除高速钻孔过程中因高温而产生的环氧树脂沾污,同时要去除通孔中的环氧树脂和玻璃纤维,保证化学沉铜后电路连接的高度可靠性。

凹蚀工艺原理是根据"相似相溶"原理,PCB基材环氧树脂是高聚物,其腐蚀形式主要有溶解、溶胀和化学裂解。凹蚀工艺是利用浓硫酸溶解环氧树脂,去除通孔中的环氧树脂,以达到凹蚀的目的,且作用十分明显。

2. 刚挠印制板和挠性电路板

为了减少电子产品的组装尺寸、重量,减少连线,增加组装灵活性,提高可靠性,实现不同装配条件下的三维立体组装,满足电子产品日益发展的需求,挠性电路板作为一种具有薄、轻、可挠曲、可满足三维组装需求特点的互联技术,在电子制造业得到了日趋广泛的应用和重视。

刚挠印制板俗称软硬结合板,具备挠性印制板与刚性印制板两者的特性,其是在挠性电路板上粘接刚性外层,刚性层的电路与挠性层的电路通过金属化孔相互连通。目前,国内外的航天电子产品中的应用日趋广泛。典型的刚挠印制板如图7.2.5所示。

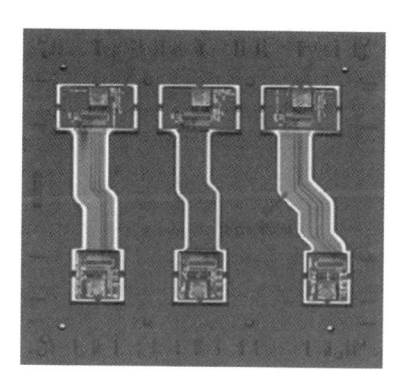

图 7.2.5 刚挠结合印制板

挠性电路板的材料主要包括挠性介质薄膜和挠性粘结薄膜,此外还有铜箔、覆盖层和增强板等也会影响挠性电路板的性能。挠性电路板除了要采用挠性材料外,还要用到刚性材料,如环氧玻璃布层压板及半固化片或聚酰亚胺玻璃布层压板及相应的半固化片[4]。

(1)挠性介质薄膜。常用的挠性介质薄膜主要有聚酰亚胺类、聚酯类和聚氟类。聚酰亚胺具有耐高温的特性,介电强度高,电气性能和力学性能极佳,但是价格昂贵,且易吸潮。聚酯的许多性能与聚酰亚胺相近,但耐热性能较差,只适用于简单的挠性电路板。聚四氟乙烯为常见的聚氟类介质薄膜,但其只用于低介电常数的高频产品。表7.2.2为聚酰亚胺、聚酯、聚四氟乙烯介质薄膜的性能对照。

表 7.2.2 聚酰亚胺、聚酯、聚四氟乙烯介质薄膜的性能对照

性能	聚酰亚胺	聚酯	聚四氟乙烯
极限延伸率/%	70	120	300
相对介电常数/10^3Hz	3.5	3.2	22.1
体积电阻率/(MΩ·cm)	1012	1012	1012
介电强度/(MV/m)	275	300	17
吸潮/%	2.7	<0.8	0.01
耐热性能/℃	400	150	260

(2) 挠性粘结薄膜。挠性电路板所用的挠性粘结薄膜主要为丙烯酸类和环氧树脂类。

① 丙烯酸与聚酰亚胺薄膜的结合力极好,具有极佳的耐化学和耐热冲击性,而且挠性很好,但丙烯酸的 z 向膨胀系数过大,因此在被用作两个内层之间的胶黏剂时,厚度一般不超过 0.05 mm。

② 环氧树脂与聚酰亚胺薄膜的结合力不如丙烯酸树脂,因而主要用于粘结覆盖层和内层,但环氧树脂的热膨胀系数低于丙烯酸,在 z 方向的热膨胀小,利于保证金属化孔的耐热冲击性。

(3) 铜箔。挠性电路板采用的铜箔主要为电解铜箔和压延铜箔。电解铜箔采用电镀的方式形成,其铜微粒结晶状态为垂直针状,易在蚀刻时形成垂直的线条边缘,利于精细导线的制作。但是在弯曲半径小于 5 mm 或动态挠曲时,针状结构易发生断裂,只适用于刚性印制板。因此,挠性电路板多选用压延铜箔,其铜微粒呈水平轴状结构,能适应多次挠曲。

(4) 覆盖层。覆盖层是盖在挠性电路板表面的绝缘保护层,起到保护表面导线和增加基板强度的作用。通常覆盖层是与基材相同材料的绝缘薄膜,如涂有胶黏的聚酯或聚酰亚胺薄膜。

(5) 增强板。增强板是粘合在挠性电路板局部位置的板材,对挠性薄膜基板起支撑加强作用,便于印制板的连接、固定插装元器件或其他功能。常用的增强板材料为纸酚醛板、环氧玻璃布、聚酰亚胺、金属板等。

(6) 刚性层压板。用于生产挠性电路板的刚性层压板主要有环氧玻璃布层压板和聚酰亚胺玻璃布层压板。聚酰亚胺具有耐热性高的优点,但是价格昂贵,且层压工艺复杂。环氧玻璃布层压板是最常用的生产刚性印制板的材料,但由于热膨胀系数(CTE)比较大,因而在 z 方向的膨胀比较大。

(7) 材料的热膨胀系数。刚挠印制板材料的热膨胀系数对保证金属化孔的耐热冲击性十分重要。热膨胀系数大的材料,在经受热冲击时,在 z 方向上的膨胀与铜的膨胀系数差异大,因而极易造成金属化孔的断裂。通常玻璃化温度低

的材料,其热膨胀系数也较大。表7.2.3为几种材料的玻璃化温度和热膨胀系数的比较。

表 7.2.3　几种材料的玻璃化温度和热膨胀系数的比较

特性	丙烯酸膜	聚酰亚胺膜	环氧	铜
玻璃化温度/℃	45	185	103	无
z轴热膨胀系数	500	130	240	17.6

总之,在选择挠性和刚挠印制板的加工材料时,要综合考虑材料的特点及其力学、物理、化学特性,还要考虑产品的应用要求,安装结构要求,环境条件以及材料对加工性能的影响。

3. PCB多层板的布线原则

为了减少或避免多层布线的层间干扰,特别是高频应用下的层间干扰,两层间的走线应相互垂直;设置的电源层应布置在内层,且电源层和接地层应与上下各层的信号层相近,并尽可能均匀分配,这样既可防止外界对电源的扰动,也避免了因电源线走线过长而严重干扰信号的传输。图7.2.6就是根据这些基本原则形成的PCB多层基板的结构及布线走向。

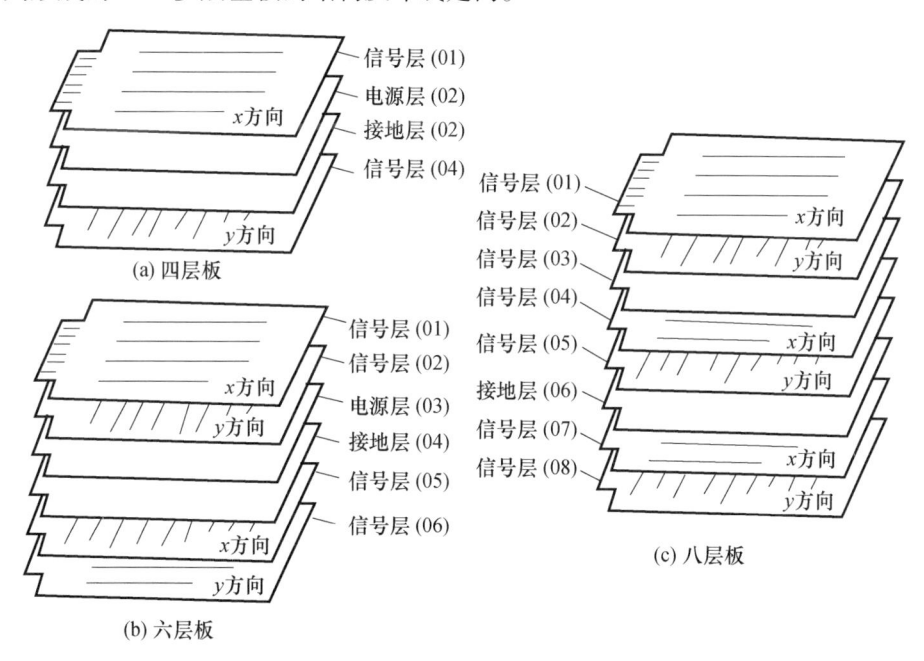

图 7.2.6　PCB多层基板结构及布线走向

从图7.2.6中还可以看出,多层板的电源层和接地层都是最基本的单元,在它们上面和下面的覆铜板(不腐蚀出布线图形)层压板构成了最基本的四层板,然后在每组四层板的上下两层,根据具体电路制作出两层信号层,这样每四层一组再叠加层压起来,就可方便地制作任意层数的 PCB 多层基板。事实上,国际上正是以四层板的层压方式生产内层图形(电源层及接地层)为定型设计的覆铜板,从而达到了标准化、批量化、高质量、低价格的要求。

4. PCB 制作新技术

近年,由于以大规模集成电路、超大规模集成电路为基础,以电子计算机为核心的信息技术的高速发展,各种新型的电子封装形式层出不穷,使各种电子整机得以轻、薄、小型化,对于 PCB 的性能要求也越来越高,许多新工艺、新技术应运而生,下面择要加以介绍。

1) 薄和超薄铜箔的采用

常规的 PCB 多层板使用的 Cu 箔厚度多为 $18\mu m$ 或 $35\mu m$,而先进的 PCB 多层板往往使用厚度在 $18\mu m$ 以下的薄 Cu 箔,如 $9\mu m$ 甚至 $5\mu m$ 的厚度,这是由 PCB 多层板的细线条和窄间距(达 0.10mm 甚至 0.08~0.05 mm)所决定的。

对于更小的线宽(如 0.05~0.08mm)要求,除了采用薄或超薄 Cu 箔以外,对 Cu 箔的结构及制作方法也有要求。出于电镀的 Cu 箔晶粒结构是坚式圆柱形状,所以刻蚀时刻蚀剂会顺相垂直切割 Cu 箔,使细线的侧壁陡直;而滚轧退火 Cu 箔的晶粒结构则是卧式圆柱形状,因而具有抗刻蚀的特性,由于刻蚀时的速度不一致会造成锯齿状线条。

2) 埋入元件印制电路板

随着电子产品小型化、集成化的发展,一种埋入无源元件的印制板制作技术被提出来,将大量可埋入的无源元件或有源器件埋嵌进 PCB 中,可使 PCB 的表面积缩小 40% 左右。埋入无源元件主要以平面型无源元件为主,主要包括电阻、电容、电感等。埋入有源器件主要包括高频芯片、电源芯片、MEMS 传感器等。无源元件的埋入工艺分为焊接工艺和盲孔导通工艺。焊接工艺是将元件采用表面安装技术焊接在电路板内层,再进行层压。盲孔导通工艺是采用粘接材料将元器件固定在内层表面,再通过层压将元器件埋入电路板内部,而后通过激光加工盲孔,再通过电镀等方法实现埋入元器件与外部的导通。有源器件的埋入工艺仅能采用盲孔导通工艺。

3) 精细线条的图形刻蚀技术

传统的 PCB 多层板布线图形刻蚀技术是用粘贴厚的干膜抗蚀剂后进行光刻,腐蚀出布线图形的,由于膜厚及工艺的限制,这种分辨率较低的干膜抗蚀剂只能制作 0.15mm 以上的布线图形。而制作线宽及间距更小的精细线条的光致抗蚀剂应具有更高的分辨率,而液体光敏抗蚀剂和电沉积光敏抗蚀剂就能弥补干膜抗蚀剂分辨率不够高的弱点,以高分辨率刻蚀出精细线条的布线图形,液体光敏抗蚀剂能在大规模工业生产中分辨并刻蚀出 0.10mm 的精细布线图形,而电沉积光敏抗蚀剂可以分辨并刻蚀出 0.05~0.08mm 的更精细布线图形。

4）孔直接电镀金属化技术

孔直接电镀金属化技术是替代化学镀铜的一种技术，可以较好地解决化学镀铜的环境污染、工艺流程复杂、加工周期长等问题。目前孔直接电镀金属化技术主要为导电高分子直接电镀技术、钯系列直接电镀技术和黑膜化直接电镀技术。高分子直接电镀技术是先利用高分子导电物质在孔壁上形成一层导电膜层，再进行电镀。钯系列直接电镀技术是利用高浓度钯，在印制板孔壁上沉积一层金属钯粒子或钯合金，然后再进行电镀。黑膜化直接电镀技术是采用精细的石墨或炭黑材料浸涂在孔壁上形成导电层，再进行直接电镀。

5）真空层压技术

层压板的每层间都有一层半固化黏结剂，在加热加压时，半固化黏结剂中的低分子挥发物及吸附的气体都要逸出，在一般条件下层压，难免有少量的挥发物或气泡滞留在层间，影响多层板的平整度，并产生缺胶、分层及树脂流动引起的层间电路错位等缺陷。而采用真空层压技术，不仅可使层压时的压力明显降低（仅为传统工艺的1/4~1/2），而且因在真空状态下，加热加压的低分子挥发物及气泡更易于排出，且树脂的流动阻力减少，能更均匀地流动，从而使层压的板厚偏差可明显减小。对制作精细布线图形的薄型和超薄层压板，真空层压技术尤显重要。

7.2.2.2 陶瓷基板的制作技术

为了实现大功率模块不断增长的功率密度、散热性能等要求，功率模块中使用的线路板也必须具备良好的电学性能、散热性能以及力学性能。为了保证模块在运行过程中的可靠性，陶瓷因其具备的各种优秀性能成为功率模块基板的核心材料。对于陶瓷基板，目前有四种常用的金属化基板已经大量运用在微电子领域。包括直接电镀铜基板（DPC）、直接覆铜基板（DBC）、厚膜陶瓷基板以及高温/低温共烧陶瓷基板（HTCC/LTCC）。DPC 基板主要运用在大功率 LED 产品中；DBC 基板主要用在 IGBT 等模块中；厚膜基板主要用在汽车电子、宇航和军事运用中；LTCC/HTCC 基板主要用在微波组件、RF 模块、图形传感器等产品。

1. 陶瓷基板材料

目前，在航空航天功率电子产品中用到的陶瓷基板主要是 Al_2O_3 陶瓷基板。此外，AlN、BeO 等都是良好的绝缘体，且导热系数高，是比 Al_2O_3 更好的基板材料，各陶瓷材料的性能指标如表 7.2.4 所列。在上述三种材料中，BeO 粉末对人体有害，在制造加工过程中必须有极好的通风及粉末吸收等相关设备，因此 BeO 成本极高。AlN 基板没有 BeO 的毒性，导热性能比 Al_2O_3 好得多，但由于其制作工艺复杂，烧制过程中氧含量稍高就会有部分 AlN 基板氧化成 Al_2O_3，因此成本

比 Al_2O_3 高。而且,对于已经烧结好的 AlN 基板,在后续处理过程中,也可能在 AlN 基板表面生成薄薄的一层 Al_2O_3,相当于在 AlN 外围覆盖一层绝热的 Al_2O_3,破坏 AlN 基板的导热性。

表 7.2.4　几种常见陶瓷基板材料的性能指标

性能	AlN	Al_2O_3	BeO
密度/(g/cm³)	3.28	3.86	2.85
热导率/(W/(m·K)),25~400℃	100~270	20	25~300
热膨胀系数/(10^{-6}/℃),25~400℃	4.4	7.0	7.7
毒性	无毒	无毒	有毒

2. 陶瓷基板的金属化

功率电子产品中主要有如下几种陶瓷基板的金属化方法:厚膜法、薄膜法、直接敷铜法、钼锰法。

厚膜法是通过厚膜浆料丝网印刷和烧结技术,在陶瓷基板上形成厚膜布线和厚膜电阻,再采用激光调阻工艺使电阻值达到设计要求,从而制成厚膜电路成膜基板。厚膜电路具有功率密度高、承载电流大、电压高、高频特性好、体积小、可靠性和稳定性高、设计灵活、易于实现多功能微电路等特点。

薄膜法是采用镀膜的一种金属化的方法。一般用真空蒸镀、溅射镀膜和离子镀等。在多层结构基板中,基板内部金属和表层金属不尽相同,通常与陶瓷基板相接触的薄膜金属应该具有反应性好、与基板结合力强的特性。

直接敷铜法是指铜箔在高温下直接键合到氧化铝或氮化铝陶瓷基片表面上的特殊工艺方法。所制成的基板具有优良的电绝缘性能,高导热特性,优异的软钎焊性和高的附着强度,并可像 PCB 板一样能刻蚀出各种图形,具有很大的载流能力。

钼锰法是难熔金属法的一种,分为 Mo 法、Mo-Mn 法、Mo-Ti 法,在电子工业中 Mo-Mn 法应用最广泛。Mo-Mn 法是以耐热金属 Mo 粉末为主要成分添加一些 Mn 后均匀混合,印制在氧化铝陶瓷表面在加湿氢气气氛中高温烧结形成金属化层。该方法得到的基板金属与陶瓷结合力比较强,但获得的导体膜直接焊接比较困难,且导电性能不理想,一般要在其表面电镀 Ni、Au、Ag 等。

3. 厚膜基板的制作技术

厚膜多层工艺的主要优点是工艺简单,成本低,研制和生产周期短。其缺点是导体线宽、间距、布线层数及通孔尺寸受到丝网印制的限制。厚膜导体的典型线宽/间距为 254μm,导体布线层数一般为 2~5 层,最高达 10 层。如果使用微细网眼的丝网和专门配方浆料、导体线宽可达 50μm。

图 7.2.7 所示为常规厚膜多层基板制造的工艺流程。首先在烧结过的

Al$_2$O$_3$陶瓷基板上丝网印制导体浆料图形,烘干后在850℃左右温度烧结。其次,印刷介质绝缘层,通过有通孔图形的掩膜印制介质的同时形成通孔和绝缘层。为避免针孔,介质层要印二次,干燥后在850℃左右烧结;然后重复印刷、烧结第二导体层和第二介质层……直至达到所要求的层数为止。层间互连是通过金属化通孔实现的:通孔直径为152~254μm。在印制下一层导体浆料时,导体浆料填充通孔。对于3层或3层以上导体层,为保证表面平整性和提高成品率,可使用单独的通孔填充步骤。

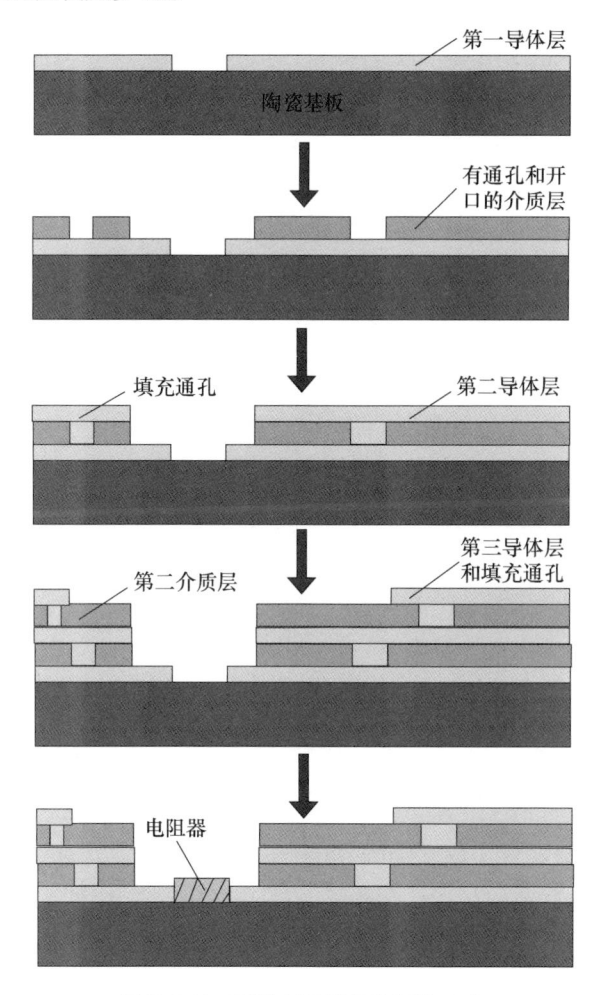

图7.2.7 厚膜多层基板的制作工艺

除丝网印制工艺以外,厚膜浆料还可采用直接描绘方法涂布,而不需要诸如丝网这类印制工具,采用直接描绘方法制作样品和生产中小批量电路周期短。直接描绘技术能产生精确的线宽和间距,使用Au浆料,导体线宽可达100μm。

用 PdAg 或 Ag 浆料,导体线宽可达 150μm。直接描绘技术的主要优点是制作新样品快、周期短;对基板表面平整性要求宽松,而且淀积电阻的阻值误差小,减少了调阻工作量。该技术适合于新品、军品开发研制以及中小批量生产。

图 7.2.8 所示是使用有机金属分解和图形电镀形成细线电路的工艺过程。Au、Ag、Pd 和 Ni 等金属都可从它的有机盐或混合物中淀积出来。

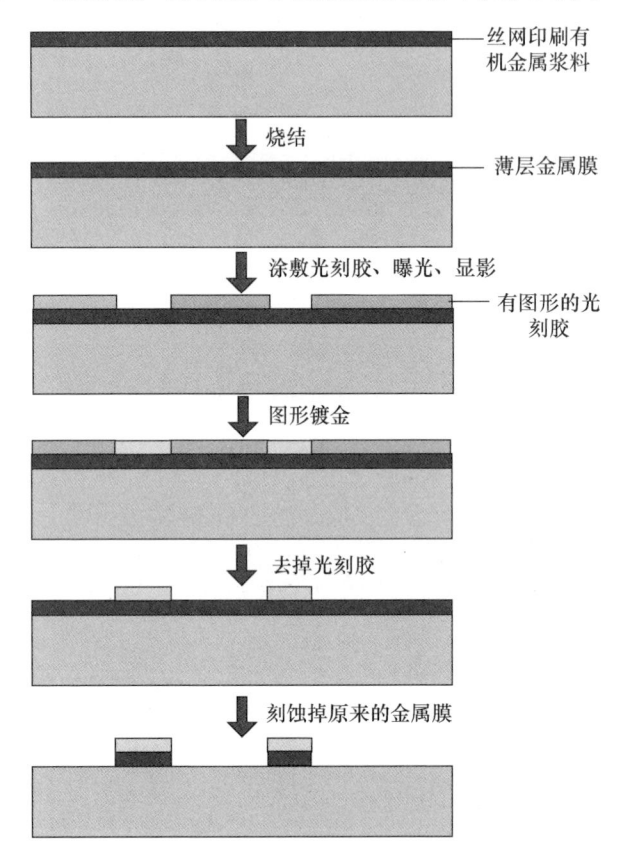

图 7.2.8　光刻厚膜有机金属浆料法形成细线电路的工艺流程

除常规的通过丝网掩膜在印制介质层的同时形成通孔外,杜邦公司又推出一种创新的厚膜介质通孔工艺—扩散成形。它是在低黏度浆料形成的介质层上,用有通孔图形的掩膜印制一种含有增溶剂的专门浆料,在介质上面形成点状图形。在干燥过程中,增溶剂扩散到下面介质中,使其熔化,形成通孔图形。然后用喷淋水冲洗所形成的通孔,最小达 100μm,典型的为 150～300μm。这种通孔与 Ag、Au、PdAg 浆料兼容,其工艺流程见图 7.2.9。

4. 低温共烧多层基板的制作技术

LTCC 技术是美国休斯飞机公司开发的新型材料技术,是将低温烧结陶瓷

(a) 印制介质和图形浆料

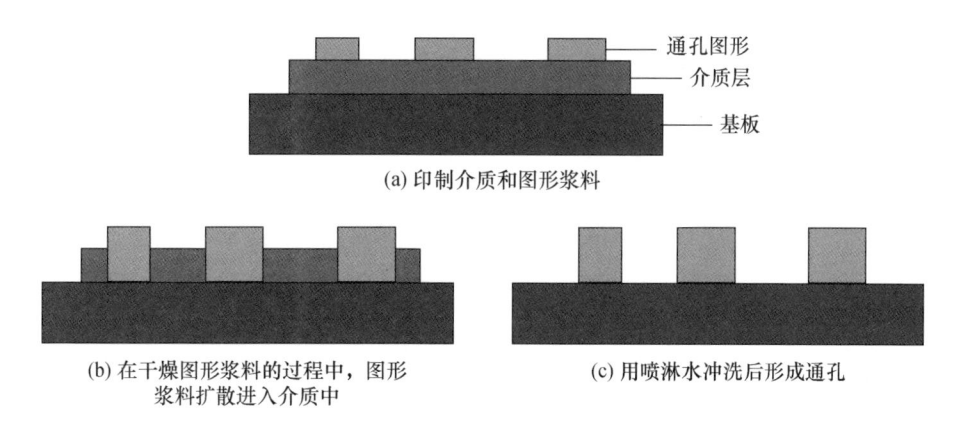

(b) 在干燥图形浆料的过程中,图形浆料扩散进入介质中

(c) 用喷淋水冲洗后形成通孔

图 7.2.9　扩散形成通孔的工艺过程

粉制成生瓷带,切片成形,在成形的生瓷带上打孔,孔注浆,导体、电阻印制等工艺制出所需要的电路图形,并且可以将多个无源元件埋入其中,然后多层叠压在一起,在900℃下烧结,制成三维电路网络的无源集成组件,也可制成内置无源元件的三维电路基板。在其表面可以贴装 IC 和有源器件,制成无源/有源集成的功能模块,同时,由于 LTCC 还具有优异的电学、力学、热学及工艺特性,已经有多种 LTCC 模块商业化生产和应用。LTCC 基板非常适合于制作高密度、高速 MCM。它的主要优点是烧结温度低,可使用导电率高的材料,如 Au、PdAg、Cu;陶瓷的介电常数低,信号传输速度快,可提高系统性能;可埋入阻容元件,增加组装密度等[5]。HTCC 和 LTCC 的比较如表 7.2.5 所列。

表 7.2.5　HTCC 和 LTCC 的比较

项目		HTCC	LTCC
电性能	介电常数	9.7	4.0~8.0
	介质损耗	<0.0003	0.0003~0.002
	击穿强度/(kV/mm)	22	>40
	体电阻率/(Ω·cm)	>10^{14}	10^{14}
热/力学性能	热导率/(W/(m·K))	15~20	2.0~5.0
	CTE/(×10^{-6}/℃)	6.5	5.0~8.0
	抗弯强度/MPa	9	3~5
物理性能	导体宽度/μm	≤125	≤125
	通孔尺寸/μm	100~150	100~150

LTCC 基板的制作方法与 HTCC 基板类似,所不同的是可内埋电阻器、电容器和电感器等无源器件,构成多功能基板,其制作工艺流程见图 7.2.10。

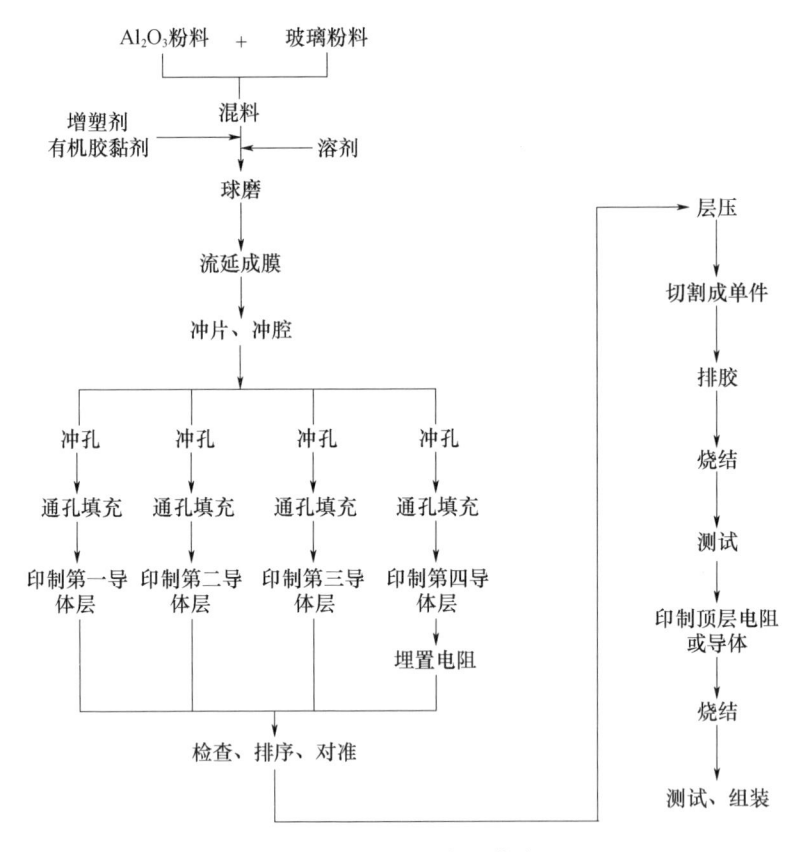

图 7.2.10　LTCC 基板工艺流程

在 LTCC 的基础上，David Sarnoff 公司的研究人员又开发了一种金属上玻璃-陶瓷(LTCC-M)产品。它是将所需的层数层压在金属基板上，并共烧成整个基板。图 7.2.11 所示为金属上的低温共烧陶瓷基板。

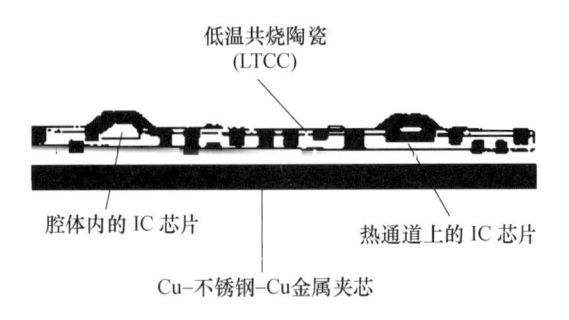

图 7.2.11　金属上的低温共烧陶瓷基板

制备 LTCC-M 基板的工艺流程如图 7.2.12 所示。整个工艺过程中玻璃－陶瓷是焊接到金属芯材上的。该基板的热导率会大大增强,在那些需要更高热耗散的应用场合,芯片可背面焊接到金属芯材上,然后引线键合到基板金属上。建议采用银导体,因为它的导电率高,且在空气中烧结周期短。

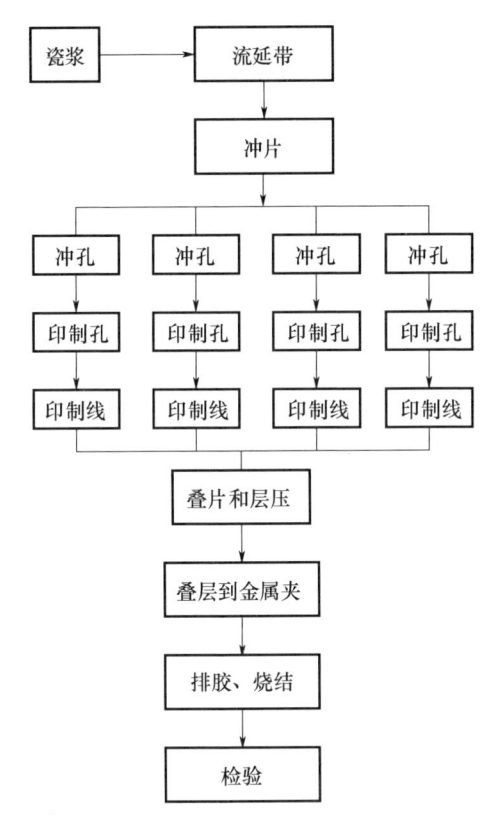

图 7.2.12　金属夹芯的低温共烧陶瓷(LTCC-M)基板工艺流程

5. 薄膜基板的制作技术

1) 典型工艺技术

薄膜多层基板是采用真空蒸发、溅射、化学汽相淀积、电镀和涂覆等成膜工艺以及光刻、反应离子刻蚀等图形技术,在绝缘基板上制作相互交叠的互联导体层和介质层,从而构成多层结构。图 7.2.13 和图 7.2.14 分别为美国休斯飞机公司的 HDMI(高密度多层互连)-1 型基板的制作流程和 5 层 Al-PI 多层基板的截面。

HDMI-1 型薄膜多层基板的导体线宽为 25μm,间距为 75μm。表 7.2.6 和表 7.2.7 分别为 HDMI-1 型基板的主要设计参数和 HDMI-1 型基板的主要电性能参数。

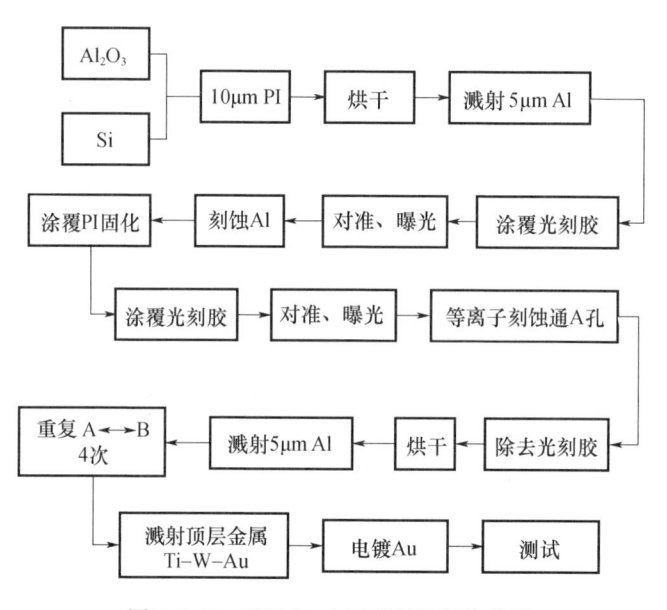

图 7.2.13　HDMI-1 型基板的制作流程

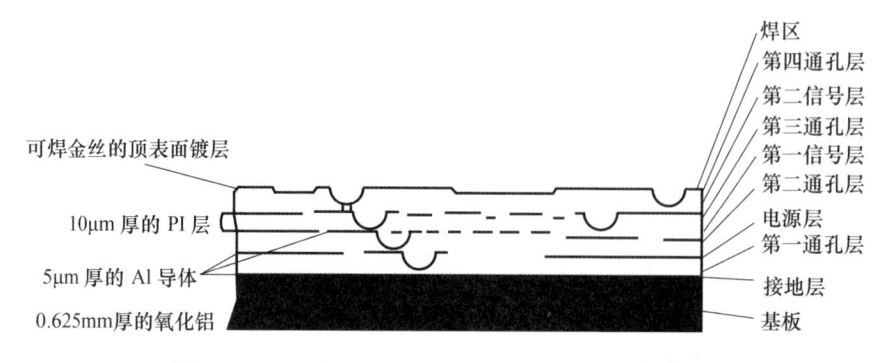

图 7.2.14　5 层 Al-PI 互层的 HDMI-1 型基板截面联

表 7.2.6　HDMI-1 基板的主要设计参数

	项目	标准情况	特殊情况
基板	材料	硅或氧化铝	氮化铝
	基板尺寸/mm	4.57×4.57,4.57×9.65	9.65×9.65
导体材料	材料	铝	铜
	线宽/μm	25	25
	间距/μm	75~100	56~60

(续)

项目		标准情况	特殊情况
介质	材料	聚酰亚胺	—
	厚度/μm	5~10	—
	介电常数(1MHz下)	2.9	—
	CTE($\times 10^{-6}$/℃)	3	—

表 7.2.7　HDMI 基板的主要电性能参数

电性能参数	SIG1	SIG2
电容/(pF/cm)	1.5	1.0
电感/(mH/cm)	3.2×10^{-3}	4.0×10^{-3}
特性阻抗/Ω	50	64
电阻/Ω	3.6	3.3

2) 层间互联技术

薄膜多层基板的层间互联是通过金属化通孔和金属柱孔实现的，层间互联结构如图 7.2.15 所示。

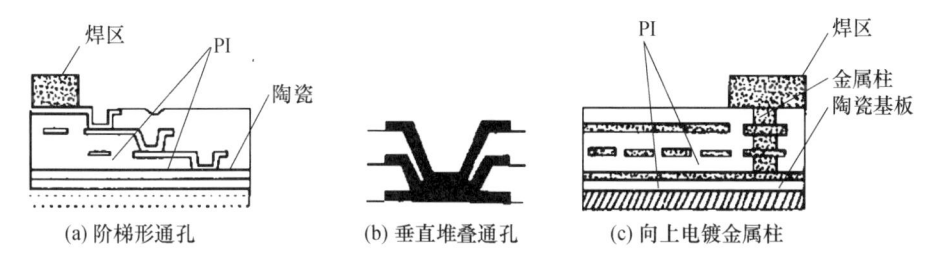

(a) 阶梯形通孔　　(b) 垂直堆叠通孔　　(c) 向上电镀金属柱

图 7.2.15　薄膜多层基板的层间互联结构

(1) 金属化通孔

通孔刻蚀有干刻蚀和湿刻蚀两种，其中，干刻蚀包括等离子刻蚀和激光刻蚀，湿刻蚀使用光敏 PI 和非光敏 PI。无论干刻蚀还是湿刻蚀，都需要使用光刻胶，通过曝光、显影等工艺来确定通孔图形。使用光敏 PI 介质材料，直接形成通孔可简化工序。因光敏 PI 中包含一种光敏剂，因而能在曝光时使聚合物变成光交联聚合物。图 7.2.16 示出了光敏 PI 和非光敏 PI 工艺的比较。使用光敏 PI 的不利因素是固化时 PI 收缩比较大，高达 50%，造成通孔边缘及通孔斜面边缘的 PI 堆集和热膨胀系数增大。激光刻蚀是使用聚焦激光束在选择区域使介质挥发掉。

通孔形成后需进行金属化，通孔金属化是通过蒸发、溅射淀积 Al、Cu、Au

或其他金属,在淀积导体层的同时完成通孔金属化。在多层结构中,通孔可形成阶梯式和垂直堆叠式几何形状,最细的通孔直径为 35μm 或更小。

(2) 金属柱通孔

薄膜多层基板中另一种立体外方向互联方法是电镀实心金属柱,即在导体层的通孔位置向上电镀 Cu 柱,然后涂覆、固化介质、抛光表面,使金属柱顶部露出,再淀积下一层金属形成金属柱。金属柱通孔的优点是能产生垂直互连,不仅可靠性高,而且可作为散热通道,有利于高密度布线。

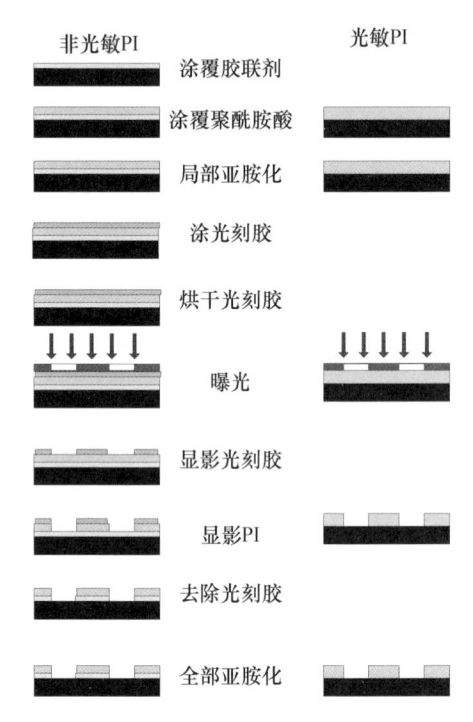

图 7.2.16 光敏 PI 和非光敏 PI 形成通孔的工艺比较

6. 直接敷铜基板的制作技术

直接敷铜(Direct Bonded Copper,DBC)基板是目前正逐渐广泛应用的功率电子产品基板材料之一。DBC 基板的主要优点包括:①优良的导热性能;②铜导体部分具有极高的载流能力;③金属与陶瓷间具有较高的附着强度;④便于刻蚀出各种图形;⑤焊接性能优异。

DBC 基板是在含氧的 N_2 气氛中加热至 1066℃ 左右使铜箔(厚 0.15 ~ 0.65mm) 直接焊敷在陶瓷基板。从 Cu - O 二元相图可知 (图 7.2.17),在 1066 ~ 1083℃ 温度范围内铜和氧形成铜氧共熔体,共熔体润湿相互接触的铜箔和 Al_2O_3 表面,同时还与 Al_2O_3 发生反应,生成 $Cu(AlO_2)_2$、$Cu(AlO_2)$ 等复合氧化

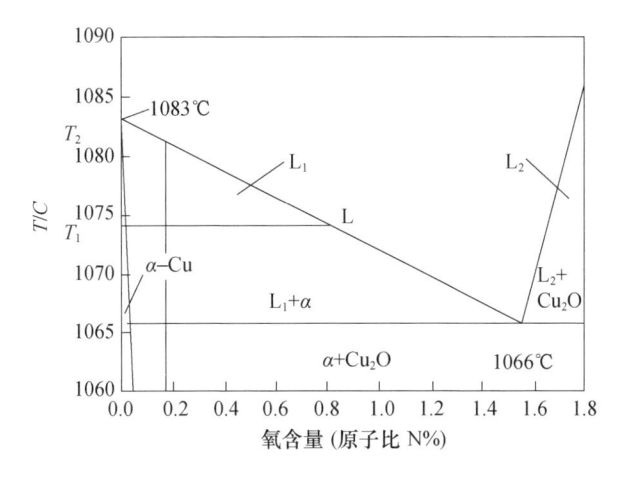

图 7.2.17 Cu-O 二元相图

物,充当焊料,使两者牢固地结合在一起。AlN 是非氧化物陶瓷,Cu-O 共熔物在其上的润湿性较差,只有先将其氧化成 Al_2O_3 薄过渡层,再通过 Al_2O_3 层与金属铜连接。Al_2O_3-DBC,AlN-DBC 制作流程如图 7.2.18 所示。DBC 基板经进一步刻蚀后,可以得到需要的图案。

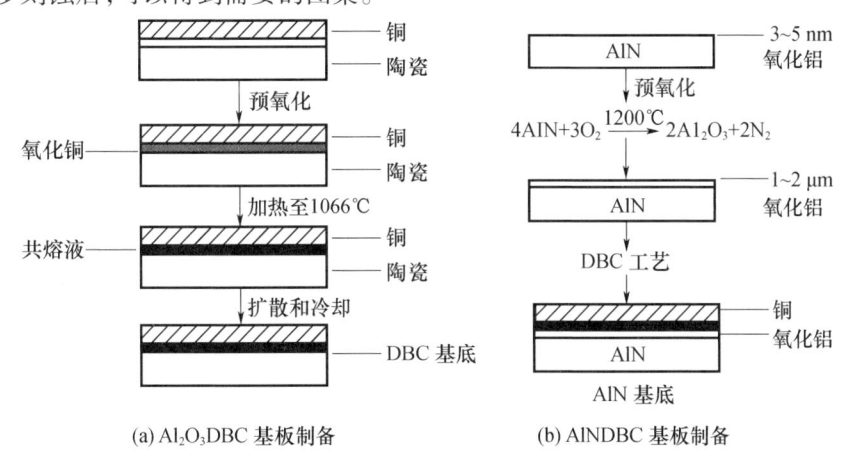

(a) Al_2O_3DBC 基板制备 (b) AlNDBC 基板制备

图 7.2.18 DBC 基板制作流程图

7.2.3 基板评价与测试

基板测试的目的是验证基板布线及通孔的互联和导通,监控制造过程中的质量。测试主要针对基板表面焊区上相连的电气网络,这些焊区起着电信号出入基板的连接作用。一些焊区与组装在基板上的芯片相连,另一些焊区与组件外的分立元器件相连。把一个或多个探针与基板上的焊区相接触,就可进行电气网络测试。基板上每个网络都必须进行测试,以保证网络中没有开路问题,同时与其他网络没有短路问题。测试网络的另一个目的是查明电阻值是否满足设计标准要求。测试内容还包括阻抗、信号传输延迟、串扰和高压泄漏的测量。基板的测试技术分为接触式和非接触式两大类,如图 7.2.19 所示。

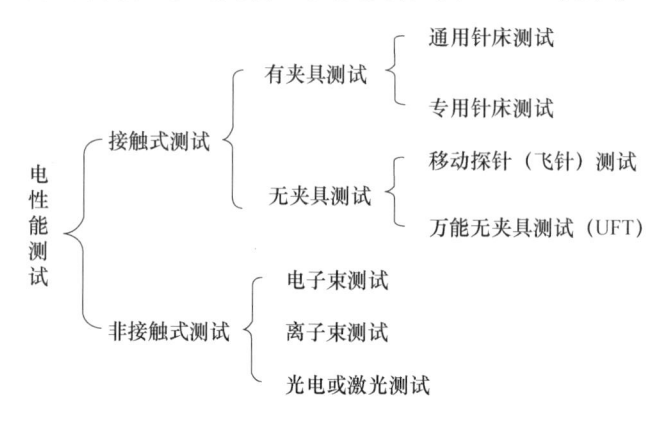

```
                            ┌ 有夹具测试 ┬ 通用针床测试
              ┌ 接触式测试 ┤            └ 专用针床测试
              │             └ 无夹具测试 ┬ 移动探针(飞针)测试
电性能测试 ┤                          └ 万能无夹具测试(UFT)
              │             ┌ 电子束测试
              └ 非接触式测试 ┤ 离子束测试
                            └ 光电或激光测试
```

图 7.2.19 基板电性能测试技术

7.2.3.1 接触测试技术

传统的测试基板的技术有针床测试技术、飞针测试技术、短路橡胶技术和直接探针技术等。每种技术都有广泛的实践经验,也存在各自的不足,这些不足限制了半导体工业继续发展的种种要求。其中,最常用的是针床测试技术和飞针测试技术。

1. 针床测试技术

针床测试技术是 PCB 由手工测试走向自动化测试的重要一步,目前占 PCB 电性能测试的较大份额。虽然这种测试技术遇到了 PCB 测试点密度越来越高的严峻挑战,但它仍在不断改进(如分网格测试等)中。

连通性测试是对某一待测网络的一端施加电流,在该网络的另一端进行测量,根据电流的变化值来判断这一网络是否导通,其电阻值是多大等。而绝缘测试是对某一待测网络施加电压,而在其他网络上检测是否有电压值。以此来判断网络之间是否绝缘。如果在其他网络上检测有电压,说明网络之间有短路存在。为保证测试的可靠性,测试机总是先测试导线的连接情况,即判断是否有开路。因为除孤立点以外,一个网络最起码有两个端点,如图 7.2.20 所示。

两端点　　　　　三端点　　　　　五端点

图 7.2.20 各种电路测试网络

当测试机的测试针与某一端点连接盘接触时,由于印制电路板制作过程中,会发生连接盘氧化、有杂质、残留阻焊剂或测试夹具有卡针等,这些都会导致测试针与连接盘接触不良。在连通性测试过程中,均被检测存在电阻值或断开,测试机将记录和输出这些出错的信息。在连通性测试完成后,测试机会自动将连通性测试中发现的开路网络分成两个网络,再分别测试此分开网络与其他网络之间的绝缘状况,以避免因网络开路或非真正的连接开路而引起的绝缘测试结果的错误,以保证测试的正确性。

针床测试采用的是一种并行的测试,所以测试速度很快。不包括装板等的时间在内,最快的针床测试速度(在100V、10MΩ阈值时)可达每秒10000个测试点。或者在250V、100MΩ阈值时,每秒可测3000个测试点。但是随着PCB测试点密度的增加,针床测试的主要局限是在机械精度方面。例如,夹具钻孔的精度;PCB测试时PCB与夹具、夹具与测试针床之间的对位度;PCB孔位与外层图形偏差;多层夹具中测试针的位移、摩擦或卡针弯曲等都会造成误报。另外,PCB尺寸稳定性、翘曲等问题,都会给针床测试带来测试准确性的不良后果。所以,测试精度是针床测试面临的最大挑战。同时,针床测试精度还受到PCB尺寸和测试点节距进一步精细化的挑战,如表7.2.8所列。

表7.2.8 测试精度与基板尺寸的关系

项目	测试精度			
板的尺寸/mm²	100×100	200×200	300×300	400×400
可测最小节距/mm	0.25	0.34	0.44	0.49

2. 飞针测试技术

飞针测试设备具有精度高、光学定位和高探测率等优点,已经广泛应用于半导体基板测试领域。飞针测试的连通性测试原理是通过两面的自动探针(多对)分别测试每个网格的导通情况。由于测试探针是有限的(通常为4~8个,最多为16个),因而LTCC-M测试是一种串行或部分并行的测试过程。在测试开路时,它非常有效,只需将探针移动到网络的端点,测量其端子值即可。测试速度因探针数量和移动速度而定。最快可达每秒50到100个测试点。在短路测试时,若应用电阻测量的方法测量所有网络间的电阻值,那么对于具有N个网络的PCB而言,就要进行$N^2/2$次的测试。显然这种测试方法效率太低而非常不实用。于是,不同测试设备开发厂家采用各种算法,优化短路测试方法,使之效率大为提高。这些方法有:充电/放电时间比较、电场测量比较、静电容量测试比较、相位差、相邻网络测试以及自适应测试方法等。

1) 充电/放电时间法

充电/放电时间法又称电容法测试。其基本思想是,每个网络的充电/放电时间(也称网络值)是一定的。如果两个网络的网络值相等,它们之间有可能是短路。而短路测试(电阻测试)仅需在网络值相等的网络间进行。网络值的测试可以与开路测试同时进行,也可以单独进行。在测试网络值时,每个探针独立工作,可最大限度地提高测试效率,在确认短路时,两个探针成对在怀疑短路的网络两端进行测试。总结起来,对于一种 PCB 的首板,测试步骤为:开路测试,网络值学习,可能的短路测试。而只要测试出一块好板,以它为参照,其余这种板只需测试网络值,与参照板的相应网络值比较即可。有必要时,还要进行开路测试(以避免网络值测试中由于其他因素造成的细微偏差)。

2) 电场测量比较法

电场测量比较法是以一个或几个较大的网作为天线,在其上施加信号,其他的网都会感应一定的电场,设备对每个网络进行电感测量,比较各网络电感值。若网络电感值相同,可能短路,再进行短路测试。电场测试过程中,由于有一个或几个探针用于施加信号,可供测试(收集信号)的探针减少,测试效率也受到影响。在有多个大规模网络(如电、地网)时,测试可能受些影响。

3) 静电容量比较法

静电容量比较法在某种程度上类似第一个方法。它根据导电图形与电容的固有关系,若设置一参考平面,导电图形的距离为 L,导电图形面积为 A,则 $c = \varepsilon_r A/L$。如果出现开路,导电图形面积会减小,相应的电容减小,则认定有开路,如果出现两部分导电图形连在一起,电容势必增加,说明有短路。

在开路测试中,每个网络的每个端点都要进行测量,并相互比较。同一网络的各端点测得电容值应该相等,不相等则表明有开路存在。在测试过程中,记录下每个网络的电容值,短路测试也是通过电容的比较。

这个方法完全依赖电容,受影响因素较多,准确性低于电阻法。关联的电容和二级电容会造成测量误差。端点较少的网络(如单点网络和两点网络)测试可靠性较低,而且采用这种方法对设备本身的测量电容的重复精度要求较高。

4) 相邻网络测试法

这种测试的主要原理为:只有物理位置靠得比较近的网络(相邻网络)才可能出现相连,产生短路。于是,计算机对所有的走线进行分析,计算其间距离和可能的穿越(指一根线从其他两条线之间穿过)。在完成开路测试后,无须在所有网络中进行成对的短路测试,只在可能出现短路的网络问测量电阻,查找短路。

这种方法单独使用,对于网络较多,布线复杂的 PCB,效率提高不明显,仍然有相当大的测试量。而且,每个网络可能多次测试,对测试盘影响较大。还有一种由于误钻孔、金属化孔产生的短路有可能漏测。关键还要看采用什么软件产生的相邻网络信息,通常产生相邻网络信息都要用到 gerber 数据。

相邻网络的检测方法可以与其他方法共同使用,使测试简化。如,与充电时间方法共同使用,短路测试仅在网络值相等且相邻的网络间进行。同样,电场法中,短路仅在电感相等且相邻的网络间进行。

5) 自适应测试方法

自适应的测试方法具有上述所有测试方法的长处。由于每个测试应用过程都是一次测试完成后,根据板子具体情况和测试规范、设备自己选择适当的测试过程。例如,在电容测试法,采用低电阻条件(大于20Ω)下进行开路测试。若电阻限定为10Ω,需预先确定最小电容值,通常只有电、地层可能达到这个值。如果产量是主要准则,在开路测试中应将电阻定得尽量高些,而在短路测试中,应将电阻定得尽量低些。在操作者设定参数以后,设备可以自己对正确值进行优化。若一个网络的网络值(充电时间或电容等)小于设备测试误差,设备会自动地采用电阻测试和电场测试。这种自适应方法目前在所有测试方法中是速度最快的,它可综合 PCB 本身情况和测试参数,在每步作出优化,效率也有所提高。

3. 短路橡胶技术

一段时期内,一些公司用短路橡胶来短路焊盘,再用弹簧探针访问测试盘,这种方法可以连续的测量焊盘。除去短路橡胶后,可以按常规方法绝缘地测试电路。为了获得良好地测试结果,所测基板必须绝对清洁。

4. 直接探针技术

一般来说,探测直径在 0.5~0.8mm,节距小于 0.15mm 的测试盘的弹簧探针是能够制造的,但是这种夹具相当昂贵。为使弹簧探针得以对准焊盘,需要一个 CCD(电荷耦合器件)校准系统;为防止损伤微细焊盘,还需要一个高档的压力控制系统。这种夹具能自动进行拾放动作,但其测试吞吐率差于短路橡胶系统,校准时间长,测试结果可靠性不高。

7.2.3.2 非接触测试技术

非接触测试系统框图如图 7.2.21 所示。在非接触测试中,使用价格不贵的弹簧探针访问半导体基板上的测试盘,而电容传感器用于访问彼此靠得很近的焊盘。传感器加工成和硅片尺寸一致的几何形状。由弹簧探针输入信号,传感器接收监视信号,如果有开路现象发生,信号电平值将大幅度下降。即使焊盘偏离正常位置,传感器还能有效地检测到信号,因此提高了测试结果的可信度。同短路橡胶方法一样,一旦平衡建立,高 DC 电压下的各种附加测试能够确定短路和漏流、电阻 R、电感 L 和电容 C 的值,其他专门测量可用标准的 GPIB 仪器来确定。在使用中,非接触测试技术已被证明是快速、可重复使用,夹具寿命长。另外,传感器不与器件接触,不可能在焊盘上产生有害的痕迹。

使用全自动系统,产量可达每小时 900 片以上,测试成本很低。在高产量应用中,拾放技术能自动地从华夫盘中拾起元件,进行诸如共平面、RLC参数和预定位等前级测试,好的元件放入华夫盘中,有问题的元件可按开路、短路以及其他类型故障进行选择分类。

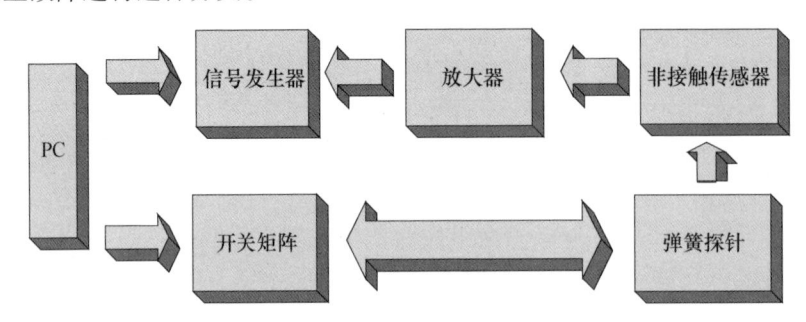

图 7.2.21　非接触测试系统框图

7.3　钎焊机理

在连接材料的方法中,钎焊是人类最早使用的方法之一。在人类历史上,当人类尚未开始使用铁器时,就已经发明用钎焊这种连接技术。同时,钎焊也是现代焊接技术的三大重要组成部分之一。

在电子产品组装工艺中,元器件与PCB的焊接,均采用钎焊工艺。钎焊分为硬钎焊和软钎焊,主要是根据钎料(以下称焊料)的熔化温度来区分,一般把熔点在450℃以下的钎料称为软钎料,使用软焊料进行的焊接称为软钎焊;把熔点在450℃以上的钎料称为硬钎料,使用硬焊料进行的焊接称为硬钎焊。

电子元器件的焊接是指通过熔融的焊料合金与两个被焊接金属表面直接形成金属间合金层(焊缝),从而实现两个被焊接金属之间电气与机械连接的工艺过程。

7.3.1　基本概念

(1) 润湿:在焊接过程中,熔融的焊料在被焊金属表面上形成均匀、平滑、连续并且附着牢固的合金的过程,称为焊料在母材表面的润湿。

(2) 润湿力:在焊接过程中,将由于清洁的熔融焊料与被焊金属之间接触而导致润湿的原子之间相互吸引的力称为润湿力。

(3) 焊料的润湿与润湿力:举例来说,在清洁的玻璃板上滴一滴水,水滴可在玻璃板上完全铺开,这时可以说水对玻璃板完全润湿;如果滴的是一滴油,则油滴会形成一球冠状,发生有限铺开,此时可以说油滴在玻璃板上能有限润湿;若滴一滴水银,则水银将形成一个球体在玻璃板上滚动,这时说明水银对玻璃不润湿,如图 7.3.1 所示。

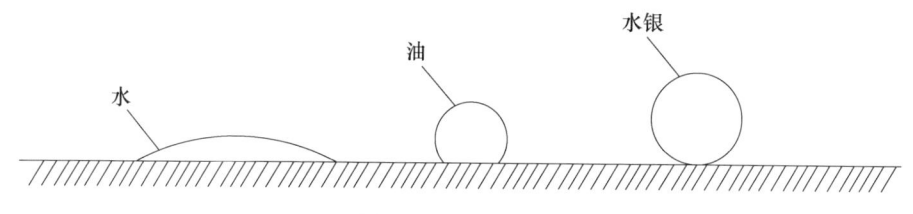

图 7.3.1 润湿现象

7.3.2 钎焊原理

材料钎焊连接时,采用熔点比母材熔点低的填充材料(钎料),在低于母材熔点、高于钎料熔点的温度下,借钎料熔化填满母材间的间隙,然后冷凝形成牢固的接头。

钎焊有下列特点:
(1)钎焊时只有钎料熔化而母材保持固态。
(2)钎料的熔点低于母材的熔点,因而其成分也与母材有很大差别。
(3)熔化的材料依靠润湿和毛细作用吸入并保持在母材间隙内。
(4)依靠液态钎料与固态母材间的相互扩散形成冶金结合。

因此,钎焊是借助于液态钎料填满固态母材之间的间隙并相互扩散形成结合的一类连接材料的方法。

钎焊过程主要包括两个过程:
(1)钎料在母材上润湿铺展。
(2)钎料与母材相互作用,钎料向母材扩散,母材向钎料中溶解,形成金属间化合物,钎焊接头形成。

下面分别对上述两个过程进行介绍。

1. 钎料在母材上的润湿铺展

润湿是发生在固体表面和液体之间的一种物理现象。如果液体能在固体表面铺展,就说这种液体能润湿固体表面。钎料能否在母材上润湿决定于母材表面、液态钎料表面和固液界面的能量变化。根据能量最低原理,如果钎料在母材上润湿铺展能够使整个系统的能量下降,则钎料能够润湿;如果钎料在母材上润湿铺展会导致整个系统的能量增加,那么钎料就不会润湿母材,而且钎料在母材表面会有收缩为球状的趋势。

钎料在母材上的钎焊性能很大程度上取决于它的润湿性。润湿性可定义为一种液态金属在另一种固体表面的铺展能力。润湿性能的优劣可用液态钎料与母材金属表面的接触角(润湿角)θ 来表征,如图 7.3.2 所示。

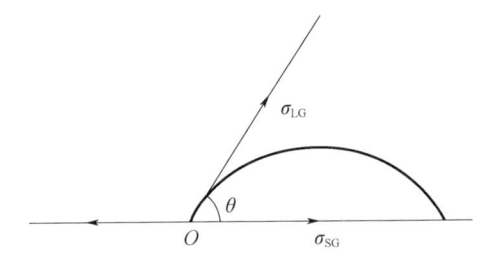

图 7.3.2　润湿角

可以用润湿角的大小来反应润湿的好坏,如图 7.3.3 所示。

当 $\theta<90°$ 时,$\cos\theta>0$,则润湿;

当 $\theta>90°$ 时,$\cos\theta<0$,则不润湿;

当 $\theta\to 0$ 时,$\cos\theta\to 1$,则润湿;

当 $\theta\to 180°$ 时,$\cos\theta\to -1$,则不润湿;

一般来说,当 θ 为 20°~30°时,熔融焊料润湿性良好,焊点是合格的焊点。

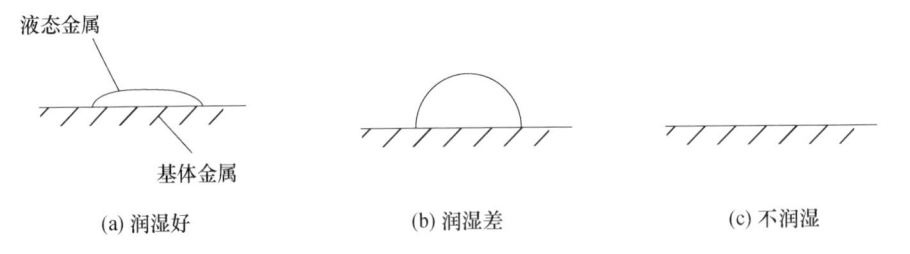

(a) 润湿好　　　　　(b) 润湿差　　　　　(c) 不润湿

图 7.3.3　液态钎料润湿母材表面

杨氏方程可以定量的描述润湿性。杨氏方程是根据能量最低的原理推导出的润湿角与表面张力和界面张力之间关系得方程,其中,表面张力是指增加单位面积的表面所需要的能量,界面张力是指增加单位面积的界面所需要的能量。杨氏方程如下:

$$\cos\theta = \frac{\sigma_{SG}-\sigma_{LS}}{\sigma_{LG}} \qquad (7.3.1)$$

式中:θ 为润湿角;σ_{SG} 为母材的表面张力(气 - 固界面的界面张力);σ_{LS} 为液态钎料 - 母材界面的界面张力;σ_{LG} 为液态钎料的表面张力(液 - 固界面的界面张力)。

液态钎料对母材的润湿性与液、固、气三相界表面张力有关,杨氏方程表明了在平衡状态下,润湿角大小和三相界面张力的定量关系。从式中可以看出:

若 $\sigma_{SG}>\sigma_{LS}$,则 $\cos\theta>0$,这时 $\theta<90°$,润湿;

若 $\sigma_{SG}<\sigma_{LS}$,则 $\cos\theta<0$,这时 $\theta>90°$,不润湿。

杨氏方程表明,凡是能影响气、液、固三相界面表面张力的因素都能够影响

钎料在母材上的润湿性,能够影响三相界表面张力的因素主要有以下几个方面:

(1) 钎料和母材的金属成分。钎料和母材金属组元相溶性即钎料和母材金属在液态、固态下也能否相互溶解或形成化合物,是钎料能否润湿母材的决定性因素。如果钎料与母材在液态和固态下均不发生相互作用,则它们之间不能发生润湿现象;若钎料与母材金属能相互溶解或形成化合物就能很好地润湿母材。当钎料对母材金属的润湿性很差时,常常借助于在钎料中加入能与母材形成固溶体或化合物的合金元素来改善钎料的性能。

(2) 钎焊温度。钎焊温度对润湿性的影响是通过影响液态钎料的表面张力来实现的:

$$\sigma \times V_m^{\frac{2}{3}} = K(T_0 - T - \tau) \tag{7.3.2}$$

式中: σ 为液态钎料的表面张力; V_m 为一个摩尔液态分子的体积; T_0 为液态钎料表面张力为零时的临界温度; T 为钎焊温度; K 为常数; τ 为温度系数。

温度升高,液态钎料的表面张力 σ_{LG}、液态钎料与母材表面界面张力 σ_{LS} 减小,从而使钎料的润湿性能改善。因此,钎焊时选择合适的钎焊温度至关重要。但钎焊温度并非越高越好,温度过高,容易造成钎料流失、母材溶蚀等现象。

(3) 金属表面氧化物。当金属表面存在氧化膜时,液态钎料往往凝聚成球状,不能在母材金属表面润湿铺展。这是因为氧化物与气体的界面张力远小于清洁的金属与气体间的表面张力,使得 $\sigma_{SG} < \sigma_{LS}$,破坏了液体润湿固体的平衡条件。因此,钎焊前必须十分重视清除钎料和焊件表面的氧化膜,且焊接过程中保持母材金属和钎料不被氧化。

(4) 环境介质。钎焊可以在真空、保护气氛、盐浴、蒸汽或空气中进行。不同的环境介质下,气-液-固三相界面的张力也不同,因而影响钎料的润湿性。

(5) 钎剂。除了真空钎焊,钎焊通常使用钎剂。使用钎剂的目的是清除钎料和焊接表面的氧化膜。熔融钎剂覆盖在母材金属和液态钎料的表面,可显著改善钎料的润湿性。当使用钎剂时,钎料的润湿角表示为

$$\cos\theta = \frac{\sigma_{SF} - \sigma_{LS}}{\sigma_{LF}} \tag{7.3.3}$$

式中: σ_{SF} 为母材金属和液态钎剂间的界面张力(N/m); σ_{LS} 为液态钎料与液态钎剂间的界面张力(N/m); σ_{LF} 为液态钎料与母材金属间的界面张力(N/m)。

由于液态钎剂的去膜和覆盖作用,使得 σ_{SF} 增大, σ_{LF} 减小, θ 角减小,因而钎料的润湿性提高。

(6) 母材表面状况。焊件表面不同的处理方法,对钎料的润湿性有一定程度的影响。试验发现,钎料在粗糙表面上比光滑表面上铺展能力更强。这是因为粗糙表面上纵横交错的细小沟槽对液态钎料起着特殊的毛细管作用,从而促进了钎料在母材表面的铺展。

2. 钎料与母材的相互作用

钎焊时,钎料与基体间发生相互作用,从而实现冶金结合。液态钎料与基体之间一旦发生润湿,相互作用立即开始。钎料与母材的相互作用可以分为两个过程:基体金属组元溶解到液态钎料中;钎料合金中活泼的组元与基体合金发生反应,形成金属间化合物。金属间化合物的形成是保证钎料与基体之间实现冶金连接的基础。在钎焊及其随后的冷却过程中,一方面要求钎焊反应非常快,这样可以同时在尽短的时间内生成金属间化合物;另一方面要求钎焊反应的时间不要太长,因为如果反应时间过长,整个金属薄层可能会被消耗完,甚至整个金属薄层消耗完,反应也并未停止,同时如果反应时间太长,金属间化合物会发生晶粒粗化反应,降低金属间化合物层与基体之间的结合力,使金属间化合物脱离基体。

钎焊焊点在服役时效过程中,界面上的金属间化合物还要继续增长。过厚的金属间化合物层会引起焊点断裂韧性和抗低周疲劳能力的下降。金属间化合物层影响焊点力学性能的原因大致有两种:当其超过某一临界值时,金属间化合物会表现出脆性;而由于组成焊点的多种材料间的热膨胀系数失配,使焊点在服役过程中会经历周期性的应变,形变量足够大时会导致失效。另外,与金属间化合物生产有关的另一个失效机制是 Kirkendall 孔洞的生长和集聚。Kirkendall 孔洞是由于反应中组元的扩散速率不同而产生的[6]。钎焊焊点的可靠性主要取决于焊区的微观组织,而焊区的微观组织则取决于钎焊过程和服役过程中焊点界面反应及元素的扩散行为,钎料与母材的相互作用,金属间化合物的生长,是形成良好的钎焊接头的重要保证。

3. Sn – Pb 钎料与铜的界面反应

在电子装联技术中,Sn – Pb 系合金长期以来一直是最重要的钎焊材料。Sn – Pb 系合金钎料的合金状态图如图 7.3.4 所示。

Sn – Pb 系钎料合金的熔点范围是 183 ~ 240℃,当 Sn – Pb 合金中 Sn 的百分含量为 61.9% 时,形成熔点为 183℃ 的共晶。锡铅合金具有许多优点,包括熔点低,对铜的润湿性好,导电性和延展性好,具有良好的钎焊性能、导电性能和加工性能,焊点成形美观等。另外,Sn – Pb 钎料使用普通的焊剂和添加物,原料丰富,价格低廉,是电子工业中较为理想的工业材料。

印制电路板和器件金属化层的材料通常选用铜,所以在焊料与基板的界面反应中,也多以钎料/Cu 焊点界面为重点研究对象。Sn – Pb 钎料与 Cu 之间的反应可分为两个阶段:

(1) 钎焊过程中熔融的 Sn – Pb 钎料与固态 Cu 金属之间的润湿反应。

(2) 反应温度低于钎料熔点温度的固态反应。

在 Sn – Pb/Cu 的润湿反应中,一般将钎料加热至熔点以上,并使其在超过熔点的温度区间保持一定的时间,使钎料熔化并与铜焊盘发生反应,这种润湿反

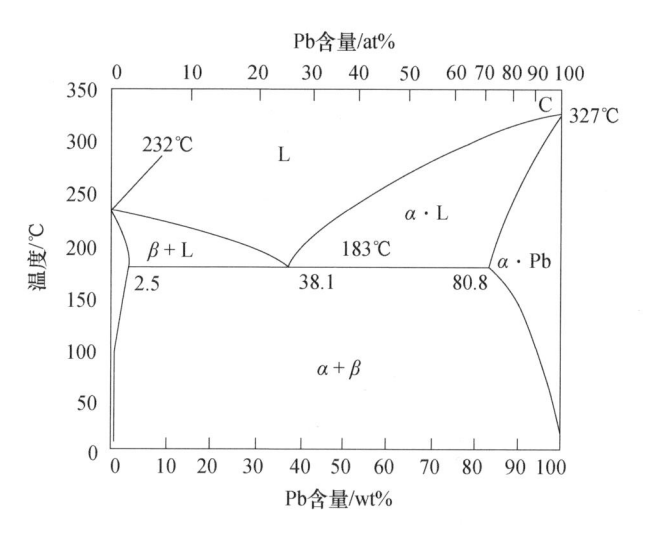

图 7.3.4 Sn-Pb 二元合金的平衡状态图

应也称为重熔。在 Sn-Pb/Cu 的钎焊反应中，包含三种元素：两种在钎料合金中，一种在导体金属中。在反应过程中，主要是焊料中的 Sn 与 Cu 发生化学反应，生成 Cu_6Sn_5 和 Cu_3Sn 等金属间化合物，图 7.3.5 给出了 Cu-Sn 二元合金相图。而 Pb 不与 Cu 反应形成金属间化合物，但 Pb 的加入会降低 Sn 的活性并影响 Sn 与 Cu 的反应。图 7.3.6 为 Sn-Pb/Cu 在 200℃ 润湿反应，在不同时刻界面处的 SEM 照片。图 7.3.7 为 Sn-Pb/Cu 在 200℃ 润湿反应 1min 并 170℃ 固态老化 960 h 后界面处的扫描电镜照片。

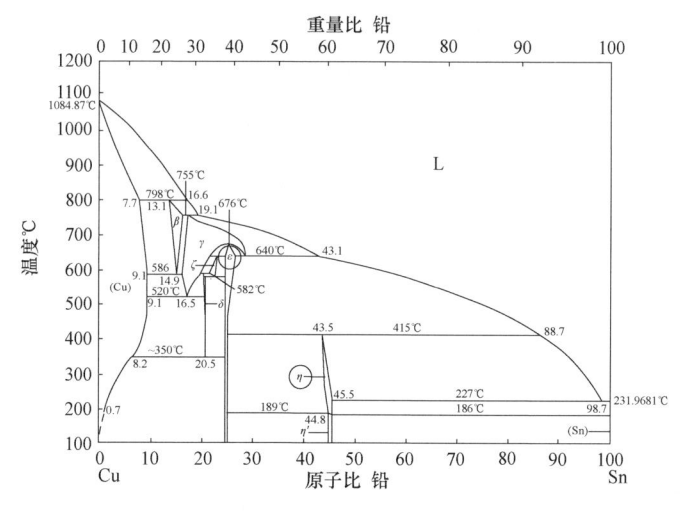

图 7.3.5 Sn-Cu 二元合金的平衡状态图

钎焊 10s

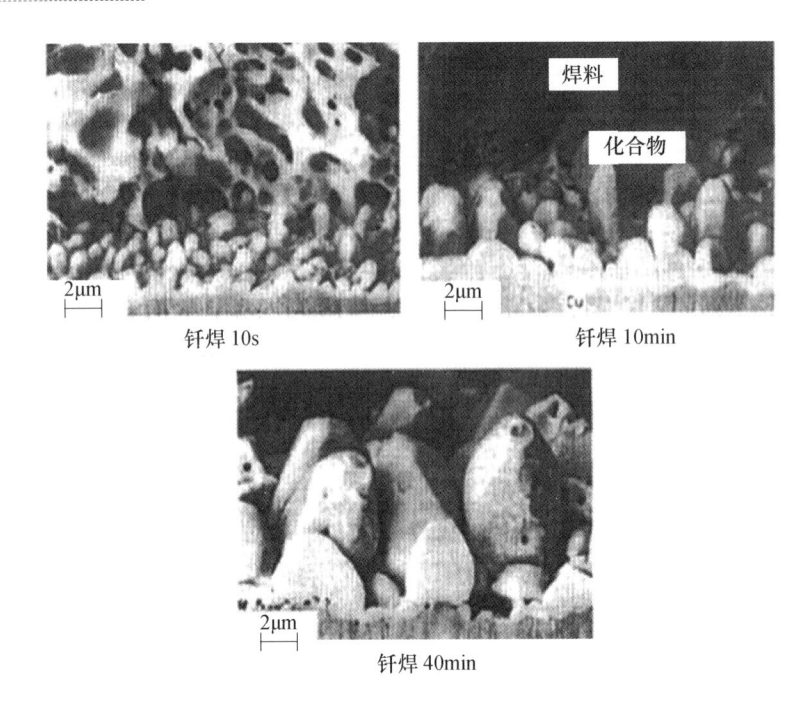

钎焊 10min

钎焊 40min

图 7.3.6　不同时刻 Sn – Pb/Cu 焊点形成的界面的扫描电镜照片

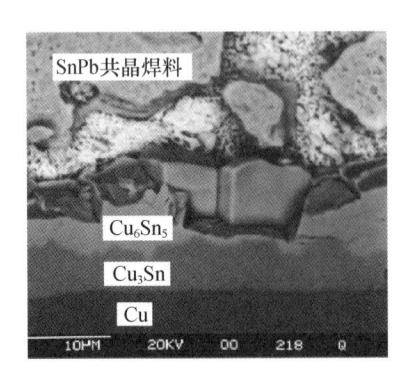

图 7.3.7　Sn – Pb/Cu 在 200℃下润湿反应 1min 并在 170℃固态老化 960h

SEM 测试结果显示,图中焊点界面区域靠近 Cu 基体处的成分为 Cu_3Sn,而靠近钎料位置的扇贝状金属间化合物为 Cu_6Sn_5。随着反应时间的增加,扇贝状的颗粒不断长大,同时数目减少,扇贝物的总量随着反应时间的增加而增加。

7.3.3　电子封装中钎焊接头及性能的特殊性

电子封装中的钎焊接头及性能具有一定的特殊性。

（1）接头形式的特殊性。电子封装中的接头形式从力学角度看可能是不合理的，而且对接头的圆角形态有更多的要求。

（2）填缝过程的特殊性。电子产品封装过程中大多数无毛细填缝过程，属于附着钎焊。

（3）钎焊过程的特殊性。钎焊过程加热时间短，时间在 20ms～1min 之间；而且大批量的焊点需要同时实现焊接；加热过程为非平衡、非均匀的加热过程。

7.3.4 电子封装中常用的钎料

7.3.4.1 各种元素在钎料中的作用

在电子封装中最常采用的钎料为 Sn 基钎料，为了满足特定的要求，常常在钎料中加入一定的杂质元素设计成不同种类的钎料合金，各种元素的作用总结如下所述。

1. Sn

Sn 是锡基钎料的基体元素，熔点为 232℃。纯锡在常压下可以有两种晶体结构，一种是正方晶，也就是 β - Sn，焊锡因为具有这种晶体结构而富有塑性；另外一种是 α 相，具有钻石结构，这是发生锡疫区域的结构。Sn 的钻石结构基本上是面心立方晶格，又硬又脆，原子之间的结合共有结合性比较强，失去了金属那样的导电性成了半导体。而从 β 相向 α 相转变时密度降低，产生明显的体积膨胀，膨胀率可达 26%。由这些特征可知，如果发生相转变，就像囊肿一样膨胀并崩塌，同时导电性也会受到阻碍，失掉焊锡的特性。Sn 系合金的状态图有时在 13.2℃ 有一根横向的过冷波浪线。这就是说虽然 Sn 的转变发生温度为 13.2℃，但是因为有过冷现象转变几乎不发生，而且在合金化以后，转变温度变得更加含混不清。锡的标准电极电位是 -0.14V，在空气中氧化成 SnO_2。Sn 具有较好的塑性，但强度和硬度较低，Sn 的优点是低毒性价格稳定，易与 Cu、Ag、Sb、In、Zn、Bi 等金属组成合金。

2. Pb

在 Sn 基钎料中加入 Pb，能够起到降低熔点、增加润湿性，提高强度，提高抗氧化性能的作用。

Sn - Pb 合金作为软钎焊材料使用已有数千年的历史，尤其是近些年随着微电子表面组装 SMT 的发展，锡铅钎料更是成为现代电子工业的主要钎料。然而，随着绿色和平运动在世界范围内兴起，人们越来越重视环境保护，减少和避免对人类生存环境造成严重污染的物质的使用日益受到人们的关注。Pb 毒性较大，它主要通过人体消化道吸收，一吸收就没有有效的办法来消除、分解 Pb 及其化合物，积累到一定程度后，Pb 及其化合物会对人的肺和肾起致癌作用，Pb 污染问题正日益为人们所重视。

3. In

In 的熔点是 157℃，高温下易腐蚀，熔化时快速形成氧化物。In 有显著的润湿性能和延展性，与其他金属如 Cu、Zn 等制成的合金中少量 In 的加入常有硬化和强化金属的效果，含 In 合金一般润湿性能和抗蠕变性能较好。In 在地壳中的丰度大约是 $0.1\mu g/g$，与 Ag 大致相同，其主要来源之一是从闪锌矿中提取 Zn 之后的残留物中获得，In 每年产量约为 160t，故其价格昂贵，约为 Sn 价格的 180 倍。

4. Zn

Zn 的熔点为 419℃，随温度升高显示出同素异构转变，Zn 具有良好的耐大气腐蚀性能，与氧气生成薄而致密的氧化膜，使 Zn 避免进一步的腐蚀。Zn 价格便宜，但 Zn 参与组成钎料也有不少缺点：

（1）钎料熔化时，Zn 极易被空气氧化，少量 Zn 氧化就可导致不可接受的熔渣形成；

（2）易腐蚀性；

（3）含 Zn 二元钎料的润湿性能一般较低。

5. Cu

Cu 的熔点为 1083.4℃，Cu 的加入并不能显著改变钎料性能，这一点与 Bi、Zn 不同，而且 Cu 的来源充足，易溶于 Sn，钎料合金中 Cu 起以下作用：

（1）当钎料中混入少量 Cu 时并不改变钎料的性能；

（2）钎料吸收 Cu 的速度比 Sn – Pb 慢，因而焊点寿命更长。

6. Bi

Bi 的熔点是 271℃，脆性大，导热、导电性能差，它主要作为一种稀释剂，起到降低钎料熔点的作用。它在地壳中含量仅为 $0.008\mu g/g$，年产量约为 4000t，其主要来源是铅矿副产品。由于含 Bi 的合金的熔点比较低，因而被认为是可能代替 Sn – Pb 钎料的合金之一，但是它也带来了一系列问题。如：这种合金用于通孔焊接时缺乏足够的强度；用 Sn – Ag – Bi 钎料可能产生焊点剥落现象；PCB 焊盘上的 Sn – Pb 和 Pb 元素在封装的过程中与 Sn – Ag – Bi 钎料发生相互作用，这可能产生三元共晶 16Sn/32Pb/52Bi，它的熔点是 96℃，这会降低焊点的疲劳抗力，从而导致焊点提前发生疲劳破坏。

7. Ag

Ag 的熔点为 962℃，具有良好的导热导电性能，延展性能也较好，电极电位较正，因而耐腐蚀性强。Ag 腐蚀时不产生氢的去极化作用，有氧存在时会加快 Ag 的腐蚀，常温下在空气中不氧化。Ag 与 Sn 组成的合金润湿性能好，机械强度高，接头抗蠕变能力强。Ag 的价格昂贵但是供应充足。

8. Sb

Sb 的熔点为 631℃，有多种同素异构体，易碎，电阻率大，和 Bi 一样熔化时导电性增强。Sb 供应充足,价格便宜,它被看成是一个可能的钎料添加剂。Sn 中加入 Sb 会使合金强度明显提高。在合金 Sn - Ag - Cu 中加入 Sb 可以有以下优点:

(1) 在 125℃时不与 Cu 产生金属间化合物;
(2) 提高合金的热疲劳性能;
(3) 降低熔点,细化晶粒。

7.3.4.2 航天电子产品用钎料的要求

针对航天电子产品中使用的钎料,需满足航天电子产品的耐温、耐振动、高可靠等要求,因而对其成分和性能也都有严格的要求,为了满足航天要求,相关的标准和企业标中有详细的规定,详细内容见表 7.3.1。

表 7.3.1 航天电子产品使用的焊锡丝相关标准规定

标准号	标准名称	相关内容
GB 3131 - 2001	锡铅钎料	无钎剂实芯钎料 树脂芯丝状钎料 质量等级:AA、A、B
GB 9491 - 2002	锡焊用液态焊剂(松香基)	R:纯树脂基钎剂 RMA:中等活性的树脂基钎剂 RA:活性树脂基钎剂
QJ165A - 95	航天电子电气产品安装通用技术要求	除产品另有规定,航天电子电气产品焊接应使用符合 GB 3131 技术要求的 SnPb37 焊料 手工焊接应使用含 R 型或 RMA 型焊剂芯的线状焊料,规格按焊点大小选择

7.4 微电子封装形式

半导体器件有许多封装形式,总体说来有三次重大的革新:第一次是在 20 世纪 80 年代从引脚插入式封装到表面贴片封装,极大地提高了印制电路板上的组装密度;第二次是在 20 世纪 90 年代球型矩阵封装的出现,它不但满足了市场高引脚的需求,而且大大地改善了半导体器件的性能;晶片级封装、系统封装、芯片级封装是现在第三次革新的产物,其目的就是将封装减到最小。每一种封装都有其独特的地方,即其优点和不足之处,而所用的封装材料、封装设备和封装技术,根据其需要而有所不同[7]。

半导体组装技术的提高主要体现为封装形式的不断发展。通常所指的组装可定义为:利用膜技术及微细连接技术将半导体芯片和框架或基板或塑料薄片或印刷线路板中的导体部分连接以便引出接线引脚,并通过可塑性绝缘介质灌封固定,构成整体立体结构的工艺技术。它具有电路连接,物理支撑和保护,外场屏蔽,应力缓冲,散热,尺寸过渡和标准化的作用。从三极管时代的插入式封装以及20世纪80年代的表面贴装式封装,发展到现在的模块封装、系统封装等,前人已经研究出很多封装形式,每一种新封装形式都有可能要用到新材料、新工艺或新设备。

封装的主要分类如下:

(1) 根据材料分类,可分为金属封装、陶瓷封装、金属－陶瓷封装和塑料封装。

(2) 根据密封性分类,可分为气密性封装和树脂封装两类。

(3) 根据外形、尺寸、结构分类,可分为引脚插入型、表面贴装型和高级封装。

7.4.1 金属封装

7.4.1.1 金属封装的特点

金属封装是采用金属作为壳体或底座,芯片直接或通过基板安装在外壳或底座上,引线穿过金属壳体或底座大多采用玻璃－金属封接技术的一种电子封装形式。它广泛应用于混合电路的封装,主要用于军用的定制的专用气密封装,在许多领域,尤其是在军事及航空航天领域得到了广泛的应用。金属封装通常是针对电子产品要求的高可靠性而专门制作的,一般具有如下特点:

(1) 封装具有良好的热性能、电性能和力学性能,能够保护各类芯片、无源器件和布线免受大气环境的侵蚀。

(2) 使用温度范围广,一般可达 $-55℃\sim +125℃$。

(3) 气密封性优良,漏率小于 $1\times 10^{-3}\mathrm{Pa\cdot cm^3/s}$。

(4) 封装多为金属外壳配合陶瓷基板封装,封装壳体通常较大。

(5) 封装单芯片和厚、薄膜 HIC。

7.4.1.2 金属封装的形式和结构

金属封装形式多样、加工灵活,可以和某些部件融合为一体,适合于低 I/O 数的单芯片和多芯片的用途,也适合于射频、微波、光电、声表面波和大功率器件,可以满足小批量、高可靠性的要求。此外,为解决封装的散热问题,各类封装大多使用金属作为散热片。

金属封装现有的封装形式一般包括平台插入式金属封装、腔体插入式金属封装、扁平式金属封装和圆形金属封装等。

平台插入式金属封装由平台式的管座和拱形管帽组成,这种形式的封装一般用储能焊的方法对管座和管帽进行封接,也可采用锡焊或激光焊封装。管座一般由底板、引脚和玻璃绝缘子烧结而成,图7.4.1以双列平台插入式金属封装为例来说明其具体的结构。

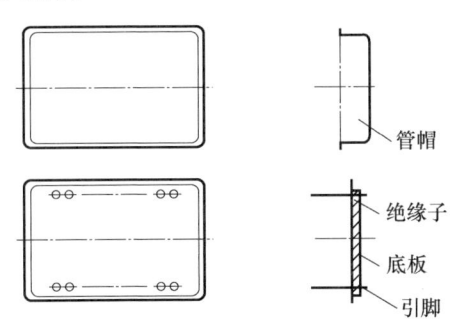

图 7.4.1　平台插入式金属封装

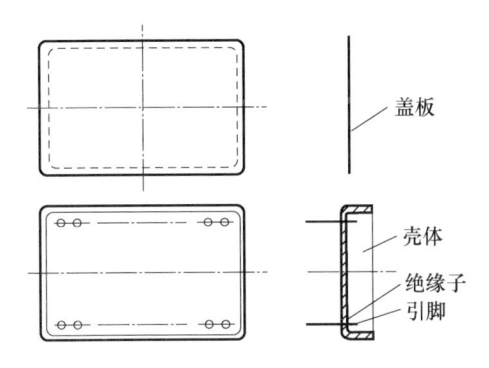

腔体插入式金属封装由腔体式的管座和盖板组成,这种形式的封装一般用平行缝焊的方法对管座和盖板进行封接,也可采用激光焊封装。盖板有平盖板和台阶盖板两种类型,一般采用台阶盖板,因为台阶盖板有一定的定位作用和较好的强度。管座一般由像浴盆形状的腔体式壳体、引脚和玻璃绝缘子烧结而成。图7.4.2以双列腔体插入式金属封装为例说明其具体的结构。

图 7.4.2　腔体插入式金属封装

扁平式金属封装由蝶形管座和盖板组成,这种形式的封装一般用平行缝焊的方法对管座和盖板进行封装,也可采用激光焊封装。盖板与腔体插入式金属封装一样有平盖板和台阶盖板两种类型,一般也采用台阶盖板。管座一般由侧面打孔金属框、引脚和玻璃绝缘子先烧结再用焊料焊上底板而成;也有用拉伸的浴盆状腔体式壳体侧面打孔直接烧结引脚的形式。图7.4.3和图7.4.4分别以双列扁平式金属封装为例说明这两种结构。

圆形金属封装由圆形的管座和拱形管帽组成,这种形式的封装结构实际与平台插入式金属封装相近,因而它们所适用的管帽封接方法也几乎相同,其结构如图 7.4.5 所示。

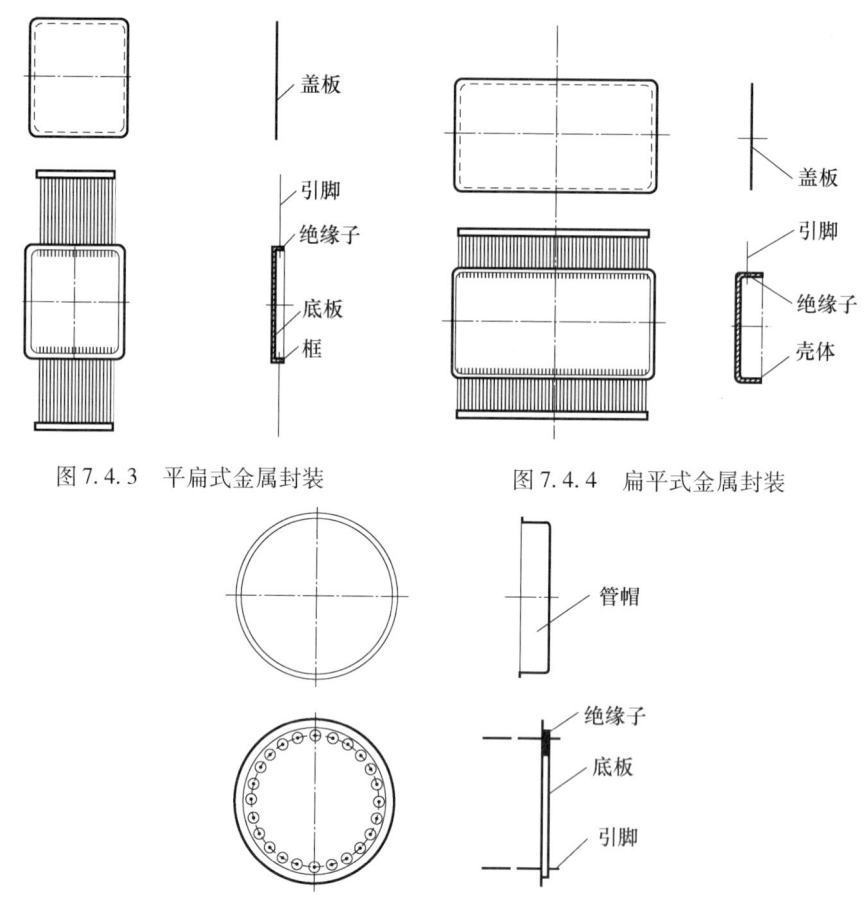

图 7.4.3　平扁式金属封装　　　　图 7.4.4　扁平式金属封装

图 7.4.5　圆形金属封装

7.4.1.3　金属封装的材料
1. 传统金属封装材料及其局限性

金属封装材料对实现芯片支撑、电连接、热耗散、机械和环境的保护,应具备以下要求:

(1) 与芯片或陶瓷基板匹配的低热膨胀系数,减少或避免热应力的产生。
(2) 非常好的导热性,提供热耗散。
(3) 非常好的导电性,减少传输延迟。
(4) 良好的 EMI/RFI 屏蔽能力。
(5) 较低的密度,足够的强度和硬度,良好的加工或成形性能。
(6) 良好的可镀覆性、可焊性和耐蚀性,以实现与芯片、盖板、印制板的可靠结合、密封和环境的保护。

(7) 较低的成本。

传统金属封装材料包括 Al、Cu、Mo、W、Cu/W、Cu/Mo 钢以及可伐合金等，它们的主要性能如表 7.4.1 所列。

表 7.4.1 常用的芯片、基板材料及金属封装材料的主要性能

材料	密度/(g·cm^{-3})	CTE/($\times 10^{-6}$/℃)	热导率/W·m^{-1}·K^{-1}
Si	2.3	4.1	150
GaAs	5.33	6.5	44
Al$_2$O$_3$	3.61	6.9	25
BeO	2.9	7.2	260
AlN	3.3	4.5	180
Cu	8.9	17.6	400
Al	2.7	23.6	230
钢	7.9	12.6	65.2
不锈钢	7.9	17.3	32.9
可伐合金	8.2	5.8	17.0
W	19.3	4.45	168
Mo	10.2	5.35	138

1) Cu、Al

纯 Cu 也称为无氧高导铜，电阻率 1.72μΩ·cm，仅次于 Ag。它的热导率为 401W·m^{-1}·K^{-1}，从传热的角度看，作为封装壳体是非常理想的，可以使用在需要高热导和/或高电导的封装里，然而，它的 CTE 高达 16.5×10^{-6}K^{-1}，可以在刚性粘接的陶瓷基板上造成很大的热应力。为了减少陶瓷基板上的应力，设计者可以用几个较小的基板来代替单一的大基板，分开布线。退火的纯铜由于力学性能差，很少使用。加工硬化的纯铜虽然具有较高的屈服强度，但在外壳制造或密封时不高的温度就会使它退火软化，在进行机械冲击或恒定加速度试验时造成外壳底部永久变形。

Al 及其合金重量轻、价格低、易加工，具有很高的热导率，在 25℃ 时为 237W·m^{-1}·K^{-1}，是常用的封装材料，通常可以作为微波集成电路的壳体。但 Al 的 CTE 更高，为 23.2×10^{-6}K^{-1}，与 Si(4.1×10^{-6}K^{-1})和 GaAs(5.8×10^{-6}K^{-1})相差很大，器件工作时的热循环常会产生较大的热应力，导致失效。虽然设计者可以采用类似 Cu 的办法解决这个问题，但 Cu、Al 与芯片基板严重的热失配，给封装的热设计带来很大困难，影响了它们的广泛使用。

2) W、Mo

Mo 的 CTE 为 5.35×10^{-6}K^{-1}，与可伐和 Al$_2$O$_3$ 非常匹配，它的热导率相当

高,为 138 $W \cdot m^{-1} \cdot K^{-1}$,故常作为气密封装的底座与可伐的侧壁焊接在一起,用在很多中、高功率密度的金属封装中。Mo 作为底座的一个主要缺点在于平面度较差,另一个缺点是在于它重结晶后的脆性。W 具有与 Si 和 GaAs 相近的热膨胀系数,且导热性很好,可用于芯片的支撑材料,但由于加工性、可焊性差,可用于芯片的支撑材料,但使工艺变得复杂且可靠性差。W、Mo 价格较为昂贵,不适合大量使用。此外密度较大,不适合航空、航天用途。

3) 钢

10 钢热导率为 49.8 $W \cdot m^{-1} \cdot K^{-1}$,大约是可伐合金的 3 倍,它的 CTE 为 $12.6 \times 10^{-6} K^{-1}$,与陶瓷和半导体的 CTE 失配,可与软玻璃实现压缩接封。不锈钢主要使用在需要耐腐蚀的气密封装里,不锈钢的热导率低,如 430 不锈钢 (Fe – 18Cr,中国牌号 4J18)热导率仅为 26.1 $W \cdot m^{-1} \cdot K^{-1}$。

4) 可伐

可伐合金 Fe – 29Ni – 17Co,CTE 与 Si 和 GaAs 以及 Al_2O_3、BeO、AlN 的 CTE 较为接近,具有良好的焊接性、加工性,能与硼硅硬玻璃匹配封接,在低功率密度的金属封装中得到广泛的使用。但由于其热导率低,电阻率高,密度也较大,使其广泛应用受到了很大限制。

5) Cu/W 和 Cu/Mo

为了降低 Cu 的 CTE,可以将 Cu 与 CTE 数值较小的物质,如 Mo、W 等复合,得到 Cu/W 及 Cu/Mo 金属 – 金属复合材料。这些材料具有高的导电、导热性能,同时融合 Mo、W 的低 CTE、高硬度特性。Cu/W 及 Cu/Mo 的 CTE 可以根据组元相对含量的变化进行调整,可以用作封装底座、热沉,还可以用作散热片。国内外已广泛生产并用在大功率微波管、大功率激光二极管和一些大功率集成电路模块上。

由于 Cu – Mo 和 Cu – W 之间不相溶或浸润性极差,况且二者的熔点相差很大,给材料制备带来了一些问题;如果制备的 Cu/W 及 Cu/Mo 致密程度不高,则气密性得不到保证,影响封装性能。另一个缺点是由于 W 的百分含量高而导致 Cu/W 密度太大,增加了封装重量。但密度大也是 Cu/W 具有对空间辐射总剂量(TID)环境的优良屏蔽作用,因为要获得同样的屏蔽作用,使用的铝厚度需要是 Cu/W 的 16 倍。

2. 新型金属封装材料及其应用

除了 Cu/W 及 Cu/Mo 以外,传统金属封装材料都是单一金属或合金,它们都有某些不足,难以应对现代封装的发展。材料工作者在这些材料基础上研究和开发了很多种金属基复合材料,它们是以金属(如 Mg、Al、Cu、Ti)或金属间化合物(如 TiAl、NiAl)为基体,以颗粒、晶须、短纤维或连续纤维为增强体的一种复合材料。与传统金属封装材料相比,它们主要有以下优点:

(1) 可以通过改变增强体的种类、体积分数、排列方式或改变基体合金,改变材料的热物理性能,满足封装热耗散的要求,甚至简化封装的设计。

(2) 材料制造灵活,价格不断降低,特别是可直接成形,避免了昂贵的加工费用和加工造成的材料损耗。

(3) 不少低密度、高性能的金属基复合材料非常适合航空、航天用途。

金属基复合材料的基体材料有很多种,但作为热匹配复合材料用于封装的主要是 Cu 基和 Al 基复合材料。

1) Cu 基复合材料

纯铜具有较低的退火点,它制成的底座出现软化可以导致芯片和/或基板开裂。为了提高铜的退火点,可以在铜中加入少量 Al_2O_3、Zr、Ag、Si。这些物质可以使无氧高导铜的退火点从 320℃ 升高到 400℃,而热导率和电导率损失不大。国内外都有 Al_2O_3 弥散强化无氧高导铜产品,如美国 SCM 金属制品公司的 Glidcop 含有 99.7% 的铜和 0.3% 弥散分布的 Al_2O_3。加入 Al_2O_3 后,热导率稍有减少,为 $365W \cdot m^{-1} \cdot K^{-1}$,电阻率略有增加,为 $1.85\mu\Omega \cdot cm$,但屈服强度得到明显增加。这种材料已在金属封装中得到广泛使用,如美国 Sinclair 公司在功率器件的金属封装中使用 Glidcop 代替无氧高导铜作为底座。美国 Sencitron 公司在 TO-254 气密金属封装中使用陶瓷绝缘子与 Glidcop 引线封接。在 Glidcop 基础上,SCM 公司还可以将它与其他低膨胀材料,如 Mo、Fe-42Ni、W 或可伐进一步结合成 CTE 较低、却保持高电导率的高强度复合材料。如 Glidcop 与 50% 可伐的复合材料的屈服强度为 760MPa,CTE 为 $10 \times 10^{-6} K^{-1}$,电导率为 30% IACS。Glidcop 与 25% Mo 的复合材料屈服强度为 690MPa,CTE 为 $12 \times 10^{-6} K^{-1}$,电导率为 70% IACS。

2) Al 基复合材料

由于 Al 的 CTE 比 Cu 还大,为使其 CTE 与 Si、Ge、GaAs 等半导体材料相近,常常不得不采用高体积分数的增强体与其复合,添加量甚至高达 70%,但如果用作与玻璃相匹配的封装材料,添加量则可以少一些。Al 基复合材料不仅具有比强度、比刚度高的特点,而且导热性能好、CTE 可调、密度较低。常用的增强体包括 C、B、Si、金刚石、碳化物(如 SiC、TiC)、氮化物(如 AlN、Si_3N_4)和氧化物(如 Al_2O_3、SiO_2),基体合金则可为纯 Al 或 6061、6063、2024 等铝合金等。如用硼纤维增强的铝基合金复合材料,当硼含量为 20% 时,其 $X-Y$ 平面的 CTE 为 $12.7 \times 10^{-6} K^{-1}$,热导率为 $180W \cdot m^{-1} \cdot K^{-1}$,密度为 $2.6g \cdot cm^{-3}$。

Al/SiC 是一种目前国外在金属封装中得到广泛使用的铝基复合材料,它由 30%~70% 的 SiC 颗粒和 Al 或 Al 合金组成。它的 CTE 可通过改变组分的百分含量进行调节。随着 SiC 含量的增加,其 CTE 从 Al 的 $23.2 \times 10^{-6} K^{-1}$ 逐渐下降。由于 Al 的热导率为 $237W \cdot m^{-1} \cdot K^{-1}$,SiC 的热导率为 $110W \cdot m^{-1} \cdot K^{-1}$,

因此 SiC 含量的改变对材料热导率影响不大,含有 70% SiC 的 Al/SiC 材料其热导率仍高达 170 W·m^{-1}·K^{-1},而 CTE 大约为 7×10^{-6}K^{-1} 左右,可以获得良好的热匹配,使得与芯片或基板的结合处应力最小,同时提供了比可伐合金高出 10 倍导热能力,因而不需要使用散热片。由于铝和 SiC 的密度都很小,因而 Al/SiC 材料的密度也很小,70% SiC 的 Al/SiC 材料的密度仅为 2.79g/cm^3。这些性能使它成为满足气密封装需要的理想材料,它特别适合于空间应用。法国 Egide Xeram 公司研制生产了一系列 Al/SiC 气密性封装外壳,最大外形尺寸达 220mm×220mm,已在装备中获得应用。

3) 其他金属基复合材料

Silvar 是 Texas Instruments 公司开发的由 AgFe 合金组成的 Ag 基复合材料。其中一类 Silvar 是由 39% 的 Ag 与 61% 的 Invar(Fe/36Ni)组成,是各向同性的控制膨胀复合材料,其 CTE 为 6.5×10^{-6}K^{-1},热导率为 110W·m^{-1}·K^{-1}。它们比 Cu/Mo 和 Cu/W 重量轻,Silvar 可用多种方法制备,它可以通过轧制、冲裁、模压、锻造和拉拔成形,很容易机加工或电镀,且可进行软钎焊和硬钎焊而无须预先电镀,也容易与 Invar 和可伐合金激光焊。典型的用途包括微波载体和热沉、固体激光器外壳、微电子外壳基板等。

BeO 是一种硬度高、强度高、导热优良的氧化物,加入到 Be 中形成铍基复合材料。其中 Be/60BeO 的 CTE 为 6.1×10^{-6}K^{-1},与 GaAs(5.8×10^{-6}K^{-1})的接近,其导热率达到 240W·m^{-1}·K^{-1},密度为 2.55g/cm^3。上面还可以方便地镀 Ni、Au、Cu、Sn 等镀层,是微波和混合集成电路理想地封装材料。然而 Be 和 BeO 均为有毒物质,它的 CTE 随温度地升高要比氧化铝快得多,在硬、软钎焊后造成很大的失配应力,此外价格高,所以 Be/BeO 的应用受到很大程度的限制。其他的金属基复合材料还有 Al/Invar 及 Mo-Gr-Mo 等。

7.4.2 塑料封装

7.4.2.1 塑料封装的特点

电子元器件用塑料包封可保护其免受周围腐蚀性气体与液体、机械冲击、振动、温度及火焰等的破坏,可消除在制造、贮存、运输、安装过程中可能受到的损伤,并提供具有一定形状的美丽的外观。早在 20 世纪 30 年代,用酚醛模压材料包封的电子元件已得到应用。随着有机高分子聚合物的不断发展和性能、应用技术的不断提高,也由于电子整机对元件封装越来越提出更新的要求,在 20 世纪 50 年代末到 60 年代期间,用塑料封装的电子元器件逐渐普遍起来了。

塑料封装与传统的金属焊接封装相比,具有重量轻、电子元件本体绝缘、包封工艺简单、生产效率高和成本低廉等特点。但是,塑料是聚合物,塑料封壳能否经受住长期恶劣气候条件和多次温度急剧变化,人们还有这样或那样的看法;

也就是说,塑料封壳的防潮性和耐温度冲击性(不开裂)至今仍是阻碍塑料封装发展的两个主要因素。

值得注意的是,从20世纪70年代后期大量国外文献的报道,以及从所能获得的国外电子元件样品和元器件技术标准来看,塑料已广泛而且大量地用于电子元器件的封装。塑料封装的电子元器件不仅用于家用电器、工业仪器和仪表中,而且有相当数量的塑料封装的电子元器件用于军事装备中。塑料封装在一定范围内已替代了传统的金属封焊并能与玻璃、陶瓷金属封装相媲美。国内近几年来采用塑料封装的电子元器件发展也很快。

塑料封装具有以下的特点:

(1)重量轻、尺寸小;重量约为陶瓷封装的1/2;适合于薄型封装。
(2)成本低;成本约为陶瓷封装55%,比气密封器件低12%。
(3)不需要严格的老化筛选试验。
(4)应用最为广泛。
(5)可靠性:1990年具有0.05只/百万工作时间的失效率,与气密封装的可靠性相近。
(6)非气密封装;塑料封装属于非气密性封装,塑料和引线之间的结合不能阻止气体和液体的渗入。
(7)引线插入印制电路板上的金属孔焊盘,采用钎焊连接。

7.4.2.2 塑料封装的材料选择

塑料封装所用的各种材料,要根据不同的特点来选择。现将引线框的金属材料,管芯表面封装涂敷防潮材料,外包封的硅酮塑料以及材料中的各种填料的选择简单地介绍如下。

1. 引线框金属材料的选择

(1)它作为集成电路的引出线,必须达到一定的机械强度和较好的防锈、防腐蚀、防盐雾的性能;
(2)集成电路要经受高低温考核,所以要求膨胀系数与硅酮塑料相接近,否则易产生塑料开裂。

2. 硅酮塑料的选择

(1)要求流动性好,成型后的表面粗糙度低,而且具有足够的机械强度;
(2)要求塑料高温或高低温冲击考验(即+175℃、-60℃)不引起爆裂现象;
(3)塑料的电性能好,介质损耗小,绝缘性好,$R = 10^{18}\Omega$以上,还要有足够大的热容量及较好的导热性;
(4)塑料的化学稳定性好(耐酸、耐碱、耐一般有机溶剂的腐蚀),吸水性要低,防潮性要好。

3. 塑料中各种填料选择

(1) 对填料的要求：希望混入填料后的塑料能降低硅酮树脂的膨胀系数，使其在恶劣的温度循环时，塑料不开裂；

(2) 合适的填料可增强塑料的机械强度，致密性和表面粗糙度低等；

(3) 填料的加入希望增加塑料的散热性和大的热容量。

4. 管芯表面封装涂敷防潮材料的选择

管芯表面的封装材料是直接与硅片表面接触的，所以有严格的要求：

(1) 封装材料呈中性(无酸性、无碱性)；

(2) 封装材料的固化烘干时不分解出有害气体和离子以免沾污管芯；

(3) 有好的机械强度和小的膨胀系数；

(4) 防潮性好等。

7.4.2.3 封装工艺与试验方法

目前常用的塑料包封工艺大致有浸封、灌封、流化、注塑、传递模压及模压，它们的优缺点见表7.4.2。

表7.4.2 各种包封工艺的优缺点

名称	优点	缺点
浸封	成本低，操作方便，小、中、大批生产均可	成形固化时溶剂挥发有针孔微裂纹
灌封(塑料壳)	外形美观一致，操作简便	成本增加(使用了壳体)，外形尺寸减小受到限制
流化	节约材料，无污染，外形较好，比浸封壳更厚	对被包封芯子的要求高
注塑(热塑性包料)	外形整齐，机械保护好	对被包封芯子热冲击及机械冲击大，易损坏芯子
传递模压	冲击压力较低，外形一致，适宜大量生产	机床模具一次性投资高，对材料的要求较高
模压	外形一致，防潮及耐热性好	生产效率低，成本高

国外大批量元器件生产主要采用传递模压的工艺。目前，国内晶体管与半导体集成电路的封装不少已采用传递模压，但元件包封还很少采用传递模压。主要原因是电子元件形状差别很大，芯片能承受的温度也各不相同。现在国内生产元件的工厂都采用浸封、灌封或流化包封，一般认为将模压改为传递模压较好。

为了进一步提高塑封元器件的质量，有必要加快对包封材料的选择试验。选择试验的方法有以下几种比较简易可行。

1. 水气透过系数的测定

（1）失重法。在直径约为 30mm 的金属杯中注入纯水,杯口用聚合物制成的薄膜压封,然后将金属杯置于一定温度的试验箱内;经过一定的时间后,称其质量,计算出水气透过系数。

（2）增重法。将干燥剂置于金属器皿中,用聚合物制成的薄膜覆盖压封,然后将其置于潮湿箱中,在一定的温度和湿度下经过一定的时间后称其质量,计算出水气透过系数。

（3）直观试验法。将湿敏元件直接包封埋入芯子,露出引线;放置在一定温度和湿度下经历一定时间后测量产品的电性能变化,同时测定芯子内腔湿度的变化。

2. 加速受潮试验

目前一般是在 40℃ 的温度、95%~98% 的相对湿度下做 1000h 或 5000h 以上的试验,这样给封装材料的选择和封装后元器件性能的测试带来很大的困难。国内外对加速受潮试验的方法和加速系数推算均有报道,但尚无系统报道。

7.4.3 陶瓷封装

7.4.3.1 陶瓷封装的特点

（1）陶瓷本身是气密的,陶瓷封装属于气密性封装。

（2）陶瓷具有接近硅的热膨胀系数,因而封装的尺寸稳定性非常好。

（3）与盖板、引线之间是冶金连接,化学性能稳定。

（4）多层布线,具有最高的布线密度,已经可以达到 100 层。

（5）高导热率,适合于需要散热能力强的器件,如超级计算机的 CPU。

（6）有多种材料可以选择,例如 Al_2O_3、AlN、BeO、莫来石（$3Al_2O_3 + 2SiO_2$）、堇青石（$2MgO - 2Al_2O_3 - 5SiO_2$）。

（7）制造工艺复杂。

7.4.3.2 陶瓷封装的工艺过程

陶瓷封装的载体制作过程如图 7.4.6 所示。

7.4.3.3 陶瓷阵列封装的两种形式

随着 IC 封装技术向高密度、薄型化、高性能、低成本的方向发展,BGA 封装形式已经成为当前电子行业的主流技术。陶瓷球栅阵列 CBGA 作为 BGA 的一种封装形式,有优异的热性能和电性能,同时气密性好,抗湿气性能高,因而封装组件的长期可靠性高,与 PBGA 器件相比,封装密度更高,这使其在军事、航空航天电子设备制造上占有非常重要的地位。陶瓷柱栅阵列 CCGA 是 CBGA 的改进型,它采用钎料圆柱阵列来替代 CBGA 的钎料球阵列,以提高其焊点的抗疲劳性能。这是因为柱状结构更能缓解由热失配引起的陶瓷载体和 PCB 板之间的剪

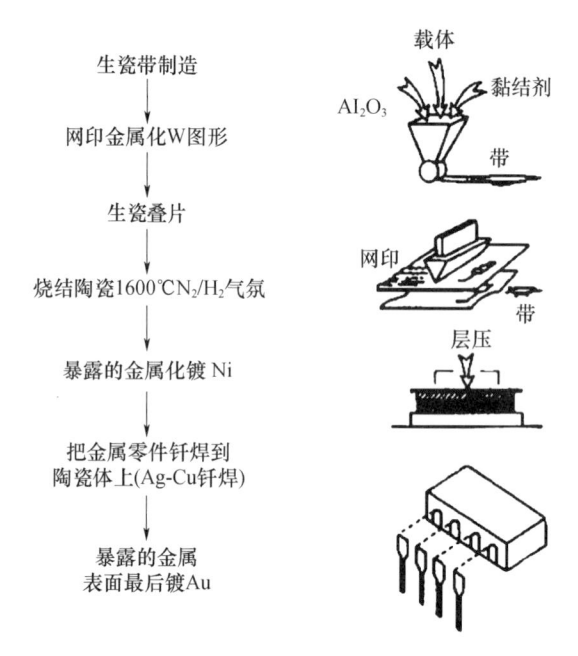

图 7.4.6　陶瓷封装的载体制作过程

切应力。与 CBGA 相比,CCGA 适用于更大尺寸的封装和更多的 I/O,而且耐高温、耐高压。

图 7.4.7 是典型的 CBGA 封装结构,主要由陶瓷载体、焊球、焊膏及 PCB 板组成。陶瓷载体一般由多层陶瓷组成;焊球材料为高温钎料 10Sn90Pb,它的熔点在 300℃左右,焊球和封装体的连接需要使用低温共晶焊料膏 63Sn37Pb,熔点为 183℃,在焊接过程中,共晶钎料膏熔化,而焊球不熔化,保持接头的高度,提高了接头的可靠性。

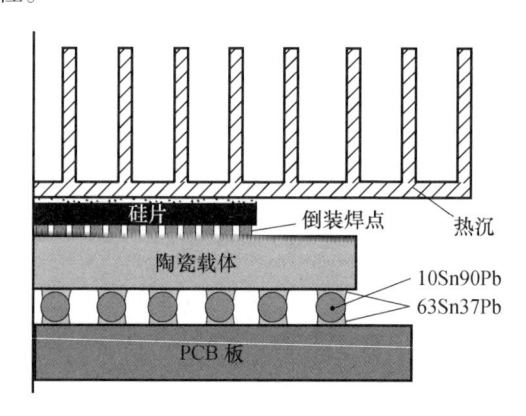

图 7.4.7　典型的 CBGA 结构

CCGA 结构有 3 种类型,如图 7.4.8 所示。第 1 种为铸型柱(Cast column),先使用高温焊将高铅焊柱固定在陶瓷基板上,再采用 63Sn37Pb 共晶焊膏将其焊在 PCB 板上,完成机械电气连接,在返修的重熔温度下焊柱不会熔化,便于返修;第 2 种为焊线柱(Wire column),焊柱与陶瓷载体及 PCB 板的连接都采用 63Sn37Pb 共晶焊膏,这种工艺在电路板返修重熔时,大部分焊柱会脱离陶瓷载体而留在 PCB 板上,在新的 CCGA 元件与 PCB 板连接前,需要人工清除 PCB 板上的焊柱,增加了成本;第 3 种是 CLASP 柱(Column Last Attach Solder Process),在焊柱与陶瓷板的连接中采用较高熔点的焊膏,如在 63Sn37Pb 共晶焊膏中加入少量的 Pd、Pd 与 Sn 反应形成 Pb – Sn 金属间化合物,熔点在 280℃ 左右,这样在返修过程中不会发生上述问题。

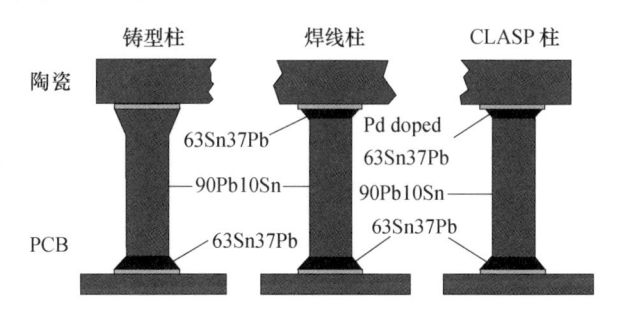

图 7.4.8 CCGA 结构的 3 种类型

CBGA 与 CCGA 结构的优缺点如表 7.4.3 所列。

表 7.4.3 CBGA 与 CCGA 的优缺点对比

	CBGA	CCGA
优点	有标准的工艺设备; 占用较少的垂直空间; 动态力学可靠性高; 电感电容低; 良好的自对准特性	热机械可靠性高; I/O 数 > 1657
缺点	热机械可靠性差; I/O 数 < 1657	没有标准的制作工艺; 需要较大的垂直空间; 动态力学性能差

7.4.4 金属 – 陶瓷封装

金属 – 陶瓷封装是以多层陶瓷工艺为基础,以金属和陶瓷材料为框架发展起来的。最大特征是高频特性好而噪声低,因而被用于微波功率器件,如微波毫米波二极管、微波低噪声三极管、微波毫米波功率三极管。正因为如此,它对封装体积大的电参数如有线电感、引线电阻、输出电容、特性阻抗等要求苛刻,故其成品率比较低;同时它必须很好地解决多层陶瓷和金属材料的不同膨胀系数问题,这样才能保证其可靠性。

金属-陶瓷封装的种类有分立器件封装包括同轴型和带线型;单片微波集成电路封装包括载体型、多层陶瓷型和金属框架-陶瓷绝缘型。

7.4.5 常见的封装形式

1. DIP 封装

双列直插式(Dual In-line Package,DIP)封装技术,指采用双列直插形式封装的集成电路芯片,绝大多数中小规模集成电路均采用这种封装形式,其引脚数一般不超过100。

DIP 封装结构形式有多层陶瓷双列直插式 DIP、单层陶瓷双列直插式 DIP、引线框架式 DIP(含玻璃陶瓷封接式、塑料包封结构式、陶瓷低熔玻璃封装式)等。

DIP 封装具有以下特点:
(1) 适合在 PCB 上穿孔焊接,操作方便。
(2) 芯片面积与封装面积之间的比值较大,故体积也较大。

2. QFP 封装

方型扁平式(Plastic Quad Flat Qackage,QFP)封装技术,该技术实现的芯片引脚之间距离很小,管脚很细,一般大规模或超大规模集成电路采用这种封装形式,其引脚数一般都在100以上。该技术封装操作方便,可靠性高;而且其封装外形尺寸较小,寄生参数减小,适合高频应用;该技术主要适合用 SMT 表面安装技术在 PCB 上安装布线。

3. PGA 封装

插针网格阵列(Pin Grid Vrray package,PGA)封装技术,由这种技术封装的芯片内外有多个方阵形的插针,每个方阵形插针沿芯片的四周间隔一定距离排列,根据管脚数目的多少,可以围成 2~5 圈。安装时,将芯片插入专门的 PGA 插座。

4. BGA 封装

球栅阵列(Ball Grid Array package,BGA)封装技术,该技术的出现便成为 CPU 等高密度、高性能、多引脚封装的最佳选择。但 BGA 封装占用基板的面积比较大。该技术采用了可控塌陷芯片法焊接,从而可以改善它的电热性能。另外该技术的组装可用共面焊接,从而能大大提高封装的可靠性。

BGA 封装具有以下特点:
(1) I/O 引脚数虽然增多,但引脚之间的距离远大于 QFP 封装方式,提高了成品率。

(2）虽然 BGA 的功耗增加,但由于采用的是可控塌陷芯片法焊接,可以改善电热性能。

(3）信号传输延迟小,适应频率大大提高。

(4）组装可用共面焊接,可靠性大大提高。

7.5 通孔组装技术

目前,航天器电子产品用的电子装联以通孔组装技术和表面贴装技术为主;在组装技术中,印制板组装技术又是电子组装技术的核心,所以通孔组装技术是电子装联技术的基础。

7.5.1 通孔组装工艺流程

在航天器电子装联中,通孔组装技术应用得非常广泛,也是最为成熟的技术。通孔组装工艺流程如图 7.5.1 所示。

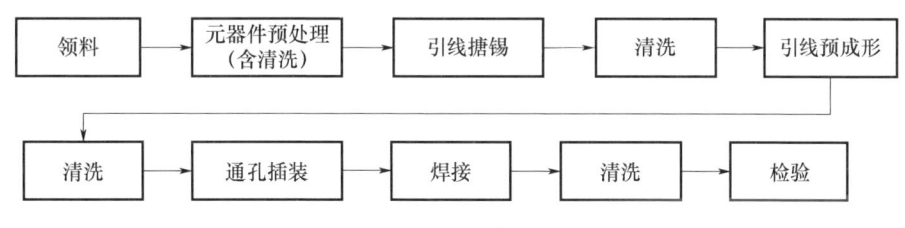

领料 → 元器件预处理（含清洗）→ 引线搪锡 → 清洗 → 引线预成形 → 清洗 → 通孔插装 → 焊接 → 清洗 → 检验

图 7.5.1 通孔组装工艺流程

通孔组装技术分为手工插装和自动插装。在航天器电子装联时,元器件插装以手工插装为主,自动插装为辅。

手工插装时,先用框架固定印制板,使印制面即铜箔面朝下,把元器件引线从元件面插入到印制电路板的引线孔内。然后用左手按住元器件,以免脱落。再将印制电路板翻转过来,右手拿扁嘴钳夹住插装的引线使之与印制电路板构成 10°左右夹角,适当地固定在印制电路板的铜箔电路上。固定好元器件后,再用适当温度和形状的电烙铁进行手工焊接。通孔装联中,手工焊接工艺流程如图 7.5.2 所示。

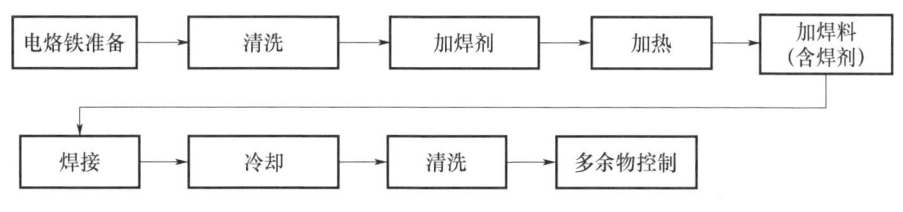

电烙铁准备 → 清洗 → 加焊剂 → 加热 → 加焊料（含焊剂）→ 焊接 → 冷却 → 清洗 → 多余物控制

图 7.5.2 手工插装工艺流程

波峰焊是将熔化的焊料经电动泵或电磁泵喷流成设计要求的焊料波峰使预先装有电子元器件的印制板通过焊料波峰实现元器件焊端或引脚与印制板焊盘之间机械与电气连接的软钎焊。波峰焊用于印制板装联已有几十年的历史，现在已成为一种非常成熟的电子装联工艺技术。目前主要用于通孔插装组件和采用混合组装方式的表面组件的焊接。通孔元器件波峰焊接的工艺流程如图7.5.3所示。

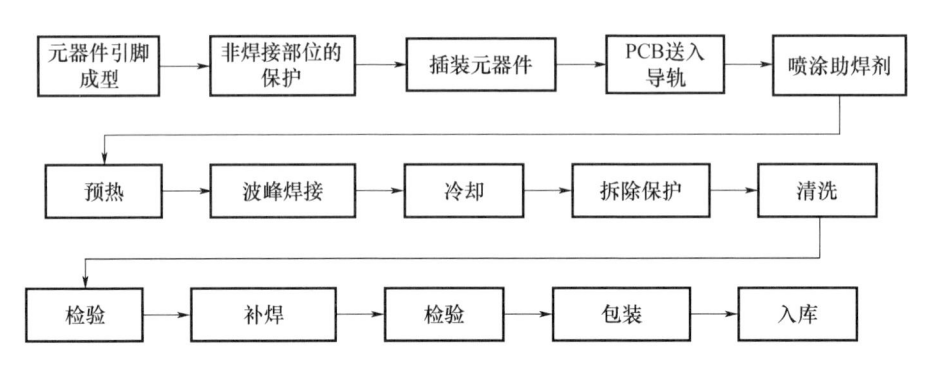

元器件引脚成型 → 非焊接部位的保护 → 插装元器件 → PCB送入导轨 → 喷涂助焊剂 → 预热 → 波峰焊接 → 冷却 → 拆除保护 → 清洗 → 检验 → 补焊 → 检验 → 包装 → 入库

图7.5.3 通孔元器件波峰焊接工艺流程

7.5.2 通孔装联工艺

7.5.2.1 元器件搪锡

元器件搪锡一方面可以改善元器件引线的可焊性，另一方面也可以防止元器件引线氧化起保护元器件的作用，其工艺流程如图7.5.4所示。

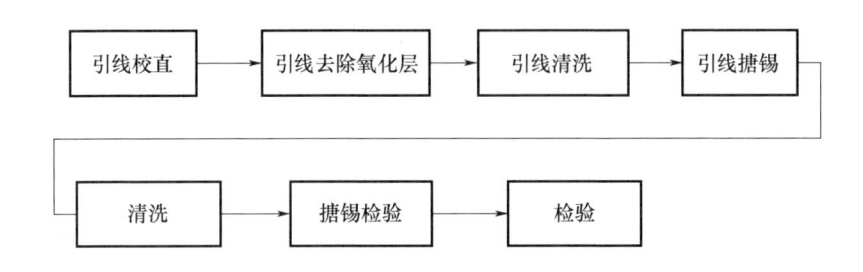

引线校直 → 引线去除氧化层 → 引线清洗 → 引线搪锡 → 清洗 → 搪锡检验 → 检验

图7.5.4 元器件搪锡工艺流程

1. 搪锡部位

元器件引线根部不搪锡的长度一般应不小于2mm，不同元器件的搪锡位置如表7.5.1所列。如果元器件有特殊要求，需按照元器件说明书的要求执行。

表 7.5.1　元器件搪锡位置及锡锅搪锡温度

元器件名称	搪锡位置(距引线根部以外)/mm	锡锅搪锡允许的最高温度/℃
普通(精密)电阻	2	280
线绕电阻	2	280
热敏电阻	3	240
无极性电容	2	260
钽电容	3.5	237
二极管	5	260
三极管	3	280
继电器	2(直插式);3(焊线式)	240
熔断器	2(径向);3(轴向)	260
晶振	3	260
电感、变压器线圈	焊接部位	280
圆管形封装器件	3	250
双列直插器件	到器件引线肩或与器件底面平行	250

2. 搪锡方法

搪锡主要分为电烙铁搪锡和锡锅搪锡。

电烙铁搪锡的方法是用一只手捏住元器件,将元器件上待搪锡部位涂助焊剂,根部不涂助焊剂部位略大于表 7.5.1 规定的距离,然后用头上带有适量焊料的电烙铁直接搪锡。

锡锅搪锡的方法是先在引线处涂助焊剂(涂助焊剂的位置与电烙铁搪锡的位置相同),然后垂直浸入锡锅中 1~2s,然后拉出来。在整个搪锡过程中,严禁将元器件本体浸入锡锅焊料中,应不断清除锡浴面上的氧化物残渣,确保元器件引线表面光滑明亮,无残渣黏附。

3. 搪锡要求

(1) 对于钽电容和热敏器件,用浸有无水乙醇的医用脱脂棉包裹引线根部后,再进行搪锡操作。

(2) MOS 集成电路、场效应管等静电敏感器件搪锡时应严格按防静电要求执行,不能对元器件造成静电损伤。

(3) 轴向式元器件进行搪锡时,一端引线搪锡后,要待其充分冷却,再对另一端引线进行搪锡操作。

(4) 密封继电器搪锡时,需在引线根部的玻璃绝缘子上盖 2~3 层牛皮纸或细纱布,以防溅伤玻璃绝缘子,用电烙铁搪锡时,电烙铁放在继电器引线上的力要尽量小,避免损伤玻璃绝缘子。

(5)带穿线孔的元器件必须用电烙铁进行搪锡。将元器件放在工作台上,并向下倾斜30°~45°,待一焊接面穿线孔搪锡完成后,再将元器件旋转180°,对另一焊接面穿线孔进行搪锡,穿线孔内应无残余焊料。

(6)搪锡后的元器件应及时进行装联,存放一般不超过7h,如果时间超过7h则应放入防静电袋中,然后将防静电袋放在密封袋中贮存,但贮存最长不能超过7天,如果超过7天,应对引线重新进行搪锡操作。

(7)不允许在镀金层上直接进行焊接,镀金引线应在搪锡的同时去除镀金层,并且搪锡应限于焊接部位以下的部分。

4. 搪锡检验

元器件搪锡后使用15倍放大镜进行100%的检验,检验项目和方法如下:

(1)搪锡好的元器件外观应无损伤、无裂痕、漆层完好、无烧焦、脱落现象,元器件的型号、规格、标志应清晰。

(2)搪锡引线表面应光滑明亮,润湿良好,无毛刺、拉尖现象,锡层厚度均匀,无助焊剂和残渣黏附。

(3)元器件引线根部无变形、断裂或脱落,引线根部无残留焊剂、无焊锡连接,玻璃绝缘子无裂纹。

(4)元器件搪锡部位符合表7.5.1中要求。

7.5.2.2 元器件成形

元器件成形的目的是便于元器件安装和焊接,同时通过弯曲成形,弯曲部位能释放一定机械应力,从而起到减轻张力作用。

成形基本要求:成形性状应适应元器件在印制板上安装,且有一定弯曲弧度(45°~90°范围内),利于减轻张力,也利于振动或热膨胀引起的应力释放。成形面位于元器件本体的中轴线平面上;同时要求元器件标识位置易于识别。

1. 成形工艺技术要求

(1)成形过程中不应损伤元器件的本体、引线及其根部。

(2)如果引线上有明显的刻痕或形变超过引线直径的10%,元器件禁止使用。

(3)对于元器件引线直径大于等于1.3mm和硬引线(回火引线),不可以弯曲成形。

2. 成形尺寸要求

(1)元器件引线成形尺寸如图7.5.5所示。

(a) 无熔接点引线　　　　(b) 有熔接点引线

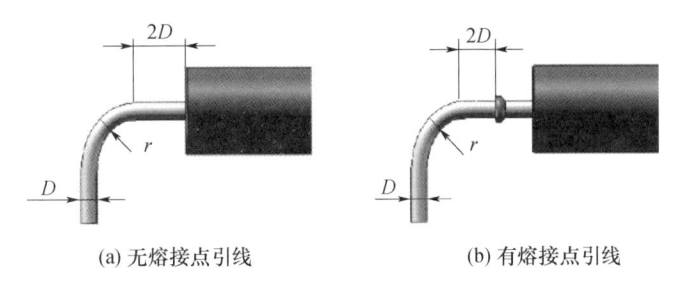

图 7.5.5　元器件引线尺寸

（2）元器件引线弯曲内侧半径 r 与引线的直径 D 应满足表 7.5.2 所列。

表 7.5.2　引线直径与弯曲内径关系

引线直径 D	引线弯曲内侧半径 r
<0.6 mm	1 倍引线直径
0.6 mm～1.2 mm	1.5 倍引线直径
>1.2 mm	2 倍引线直径

（3）元器件的弯曲起点对终端密封处的距离应大于引线直径的 2 倍，并最小为 0.75mm，取其较大者。

（4）凡有熔接点的引线，不允许在熔接点和元器件终端封接处弯曲。从熔接点到弯曲之间的最小距离为引线直径的 2 倍，且不得小于 2mm，如图 7.5.5 (b) 所示。

（5）元器件引线弯曲成形后，应保证型号规格等特征明显，卧式安装的元器件的标记应向上。如果元器件的标记分布在两侧，不能保证所有标记可见，则遵循如下的标记可见的优先顺序：极性、数值、型号。

（6）元器件引线成形以后，不允许引线根部直接倾斜或弯曲，根部不能受力。

（7）元器件引线弯曲成形后，如果暂时不安装，应将其放入有盖的防静电容器中加以保护，防止引线挤压或者变形。

7.5.2.3　元器件插装

航天电子产品元器件插装工序以手工插装为主，半自动或自动插装为辅。

1. 安装顺序及一般要求

（1）元器件在印制板上安装次序一般为：先小后大，先低后高，先轻后重，先非敏感元器件后敏感元器件，先轴向元器件后径向元器件。

（2）不允许用裸手直接接触要进行焊接的引线表面。

（3）在拿取静电敏感器件时，不允许裸手与静电敏感器件的引线相接触，只能拿取静电敏感器件无引线两端。

（4）安装后元器件引线根部不允许受力。

（5）元器件引线之间、引线与壳体之间、引线跨印制线条距离较近时应在引线上或壳体上套热缩套管。

（6）元器件安装时，型号、规格等标识应处于容易识别的位置。

（7）有极性元器件按图纸要求的极性安装。

（8）无极性元器件标识读数方向一致，从左至右，或从上至下。

（9）元器件的安装应不妨碍焊料流向支撑孔顶侧的焊盘，不允许形成硬安装，如图 7.5.6 所示。

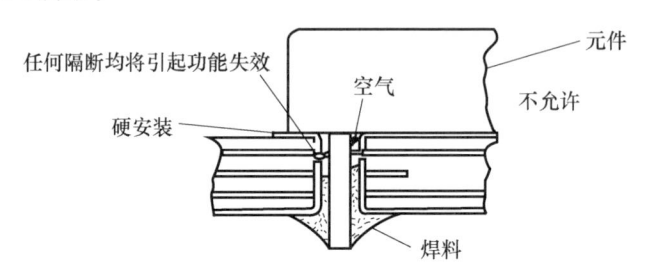

图 7.5.6　不允许的元器件硬安装

（10）对于具有导电外壳的元器件，如果印制电路板表面没有保护措施，必须使用绝缘材料使其与下面的印制导线隔离。

（11）对有间隙要求的元器件，安装时应使用相应的工装以保证留有足够的间隙。

2. 轴向元器件的安装

（1）轴向元器件的安装采用水平安装，如图 7.5.7 所示。

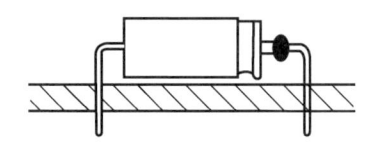

图 7.5.7　轴向元器件水平安装

（2）一般情况下，元器件应平行板面贴板安装。

（3）对于耗散功率不小于 1W 的元器件，元器件底部应离印制板 1mm 左右。

3. 单面伸出的非轴向引线元器件的安装

（1）单面伸出的非轴向引线元器件的安装方式如图 7.5.8 所示。元器件底面与印制板表面之间的最小值为 0.75mm，最大值为 3.2mm。

（2）双引线非轴向元器件外形结构及安装如图 7.5.9 所示，元器件安装后与印制板的垂直度、不平行度和与板面的距离应满足图 7.5.9(j)的要求。

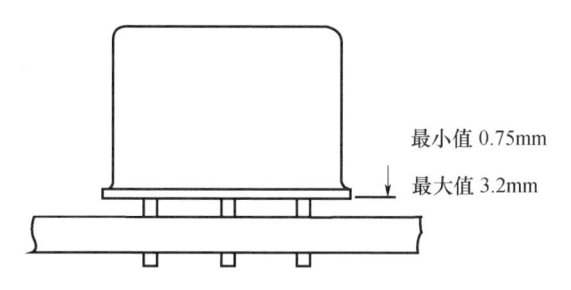

图 7.5.8 单面伸出的非轴向元器件的安装

(a) 密封石英晶体 (b) 模制外壳电容器 (c) 圆形片状电容器 (d) 阻尼二极管 (e) 袖珍电容器

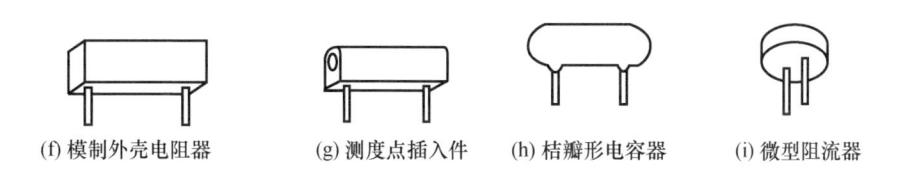

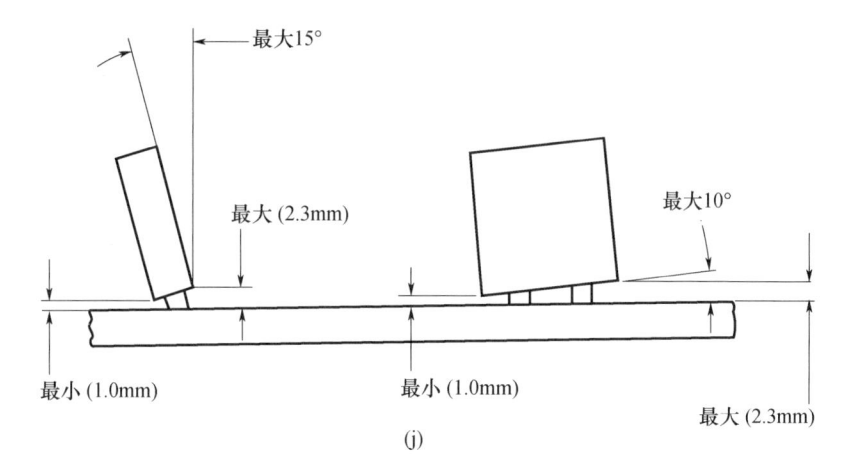

(f) 模制外壳电阻器 (g) 测度点插入件 (h) 桔瓣形电容器 (i) 微型阻流器

(j)

图 7.5.9 双引线非轴向元器件的安装

4. 跨接线的安装

（1）跨接线的安装应符合轴向引线元器件安装的要求。

（2）跨接线不应穿越元器件或者其他跨接线的上部或下部,也不允许跨越焊点。

（3）跨接线的长度应保证松紧适宜,必须留有足够的应力余量。

7.5.2.4 元器件焊接

元器件焊接是通孔安装技术中的关键工序,一般采用手工焊接,其工艺流程如图 7.5.10 所示。

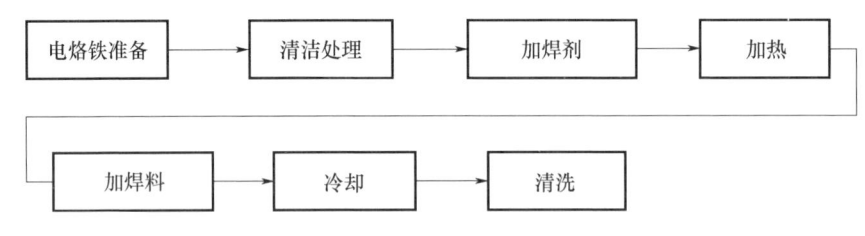

电烙铁准备 → 清洁处理 → 加焊剂 → 加热 → 加焊料 → 冷却 → 清洗

图 7.5.10　元器件焊接工艺流程

电烙铁采用温控电烙铁,焊接温度一般为 315±10℃,焊接时间一般为 2~3s,热敏元器件的焊接时间不大于2s。典型的合格焊点如图 7.5.11 所示,焊点高度为 0.5~1mm,引线露出焊点的高度为 0.5mm。

图 7.5.11　合格的焊点高度
注:合格元器件引线应伸出印制电路板焊盘表面 1.5mm±0.8mm,
引线可以弯曲 30°进行固定焊接

焊接工艺技术要求如下:

(1) 焊点的焊料量要适当,焊料一般应占满元件面和焊接面焊盘,并且要求 360°圆周覆盖焊盘,孔内要 100% 填充焊料。元件面焊料至少覆盖 25% 的焊盘区域面积,引线端头部位不允许暴露引线基材。

(2) 良好的润湿时,焊料应在引线弯曲成形以下,并且保证至少一边焊料没有达引线弯曲成形的部位,而且弯曲半径应暴露,焊料距离元器件终端封接处的距离必须大于引线直径,如图 7.5.12 所示。

(3) 焊点表面光滑、明亮,无针孔或非结晶状态。

(4) 焊料润湿所有焊接表面,形成良好的焊锡轮廓线,润湿角为 20°~30°,如图 7.5.13 所示。

(5) 焊料不应呈滴状、尖峰状,相邻导电体间不应发生桥接。

(6) 焊料或焊料与连接件间不应存在裂缝、断裂或分离。

(7) 不应存在冷焊或过热连接。

图 7.5.12　只允许一边引线的焊料爬升至元器件引线弯曲处

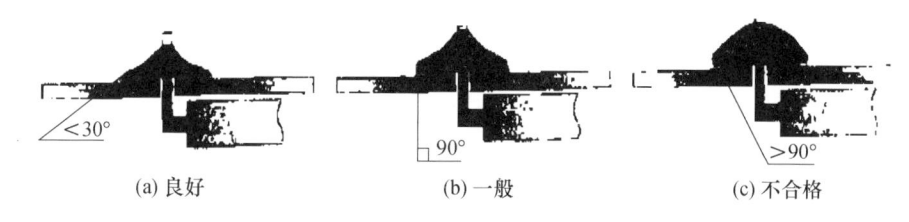

(a) 良好　　　　　(b) 一般　　　　　(c) 不合格

图 7.5.13　焊点的润湿角

（8）印制电路板、导线绝缘层和元器件不应过热焦化发黑，印制电路板基材不应分层起泡，印制导线和焊盘不应分离起翘。

7.6　表面组装技术

表面组装技术（Surface Mounting Technology，SMT）是 20 世纪 80 年代国际上最热门的电子组装技术，被誉为电子组装技术的一次革命。它与传统的通孔插入式组装技术相比，其生产的产品具有体积小、重量轻、信号处理速度快、可靠性高、版本低等优点。当前，在计算机、通信、军事、工业自动化、消费类电子等领域的电子产品中，几乎都采用了 SMT 技术。

7.6.1　简介

7.6.1.1　表面组装技术的发展概况

表面组装技术是采用新型片式化、微型化的无引线或短引线的元器件，通过自动贴装设备将其贴装在单面或双面印制电路板的表面上，再经过自动焊接、检测等工序完成产品的组装。

表面组装技术与通孔插装技术相比，有非常大的变化。SMT 的 PCB 设计规范和它所采用的具体工艺与 PCB 的工艺密切相关。确定 SMT 的焊盘图形，应考虑其组装类型、贴片方式、贴片精度和焊接工艺等。因此要制定出合理的设计规范必须先做大量的研究和实验。表面组装用的元器件种类繁多、结构多样。仅就片式电容器而言,它绝不只是陶瓷独立电容器去掉引线,要在此小的体积中实现容量系列必须进行大量的资料研究。为使基板和器件的热膨胀系数相匹配,围绕基板材料和结构正在做大量的探索,SMT的工艺规程需要一批有经验的工程技术人员去研究。SMT设备的开发和制造设计工作学科,既需巨额投资,又需雄厚的技术力量。

7.6.1.2 表面组装技术的组成

表面组装技术,通常包括表面组装元器件、表面组装电路板及图形设计、表面组装专用辅料(焊锡膏及贴片胶)、表面组装设备、表面组装焊接技术、表面组装测试技术、清洗技术以及表面组装的生产管理等多方面内容。这些内容可以归结为三个方面:一是设备,人们称为SMT的硬件;二是装联工艺,人们称为SMT的软件;三是电子元器件,它既是SMT的基础,又是SMT发展的动力,它推动着SMT专用设备和装联工艺不断更新和深化。

图7.6.1列出SMT的主要组成部分。

7.6.1.3 表面组装方式及主要工艺流程

目前表面组装用的元器件品种规格尚不齐全,因此在表面组装件(Surface Mounting Assembly,SMA)中有时仍需要采用部分孔插装元器件,所以组装件往往是插装件和贴装件兼有的,全部采用SMD的只是一小部分,按照组装件中是否采用通孔插装元器件大致将其分为表面组装和混合组装两种类型。

第一类:表面组装。如图7.6.2所示全部采用表面组装元器件,可组装在PCB的单面或双面,分别称为一面或两面表面组装件。图7.6.3所示为表面组装件的装联工艺流程。第二类:混合组装,如图7.6.4所示,采用表面组装元器件和通孔插装元器件混合组装。在PCB的A面装表面组装元器件和通孔插装元器件,而在PCB的B面还可装表面组装元器件。图7.6.5所示为混合组装的工艺流程。

7.6.2 表面组装工艺

再流焊工艺主要包括涂布焊膏、贴装元器件、再流焊和清洗组装件四道工序。

7.6.2.1 涂布焊膏

焊膏印刷是SMT的第一道工序,也是SMT的关键工艺,据估计,60%以上的焊接缺陷来源于焊膏印制,因此印制工艺是关系到表面贴装组件质量优劣的关键因素之一。

主要工艺流程为:清洗→调整→固定→丝网印制→脱模→放好印制板/陶瓷板组件→检验。

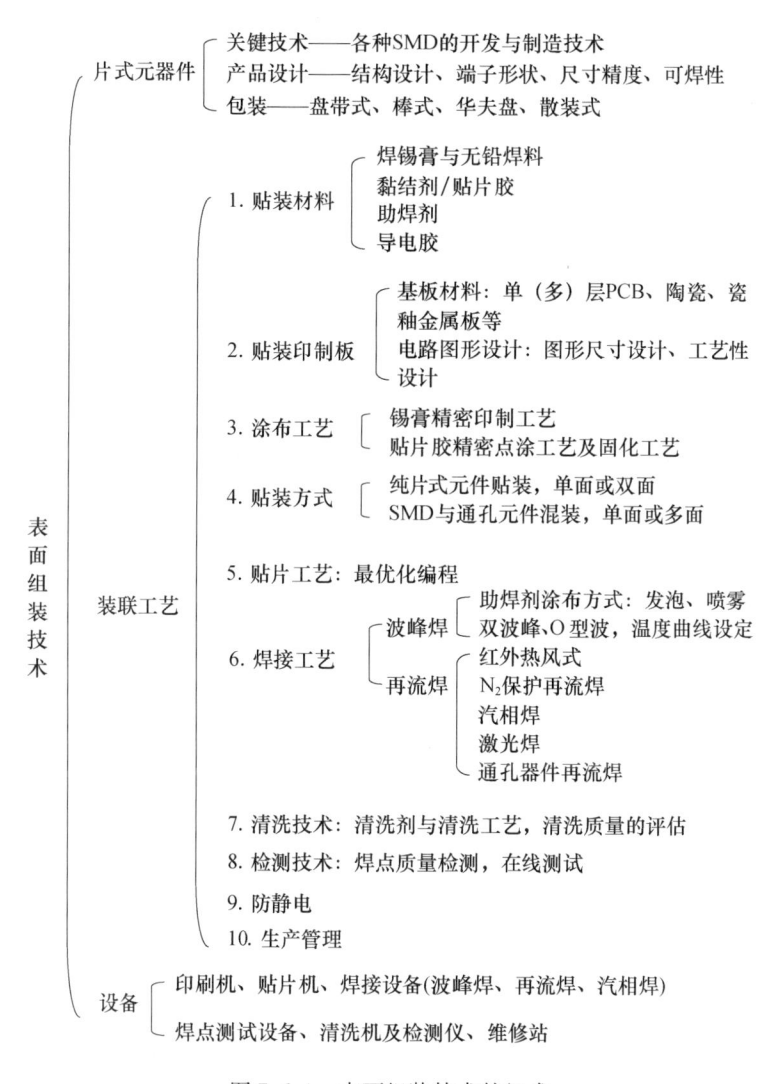

```
                  ┌─片式元器件 ┌─关键技术——各种SMD的开发与制造技术
                  │            │ 产品设计——结构设计、端子形状、尺寸精度、可焊性
                  │            └ 包装——盘带式、棒式、华夫盘、散装式
                  │
                  │            ┌              ┌ 焊锡膏与无铅焊料
                  │            │              │ 黏结剂/贴片胶
                  │            │ 1.贴装材料   │ 助焊剂
                  │            │              └ 导电胶
                  │            │
                  │            │              ┌ 基板材料：单（多）层PCB、陶瓷、瓷
                  │            │ 2.贴装印制板  │  釉金属板等
                  │            │              │ 电路图形设计：图形尺寸设计、工艺性
                  │            │              └  设计
  表              │            │
  面              │            │ 3.涂布工艺   ┌ 锡膏精密印制工艺
  组              │            │              └ 贴片胶精密点涂工艺及固化工艺
  装              │ 装联工艺   │
  技              │            │ 4.贴装方式   ┌ 纯片式元件贴装，单面或双面
  术              │            │              └ SMD与通孔元件混装，单面或多面
                  │            │
                  │            │ 5.贴片工艺：最优化编程
                  │            │              ┌ 波峰焊 ┌ 助焊剂涂布方式：发泡、喷雾
                  │            │              │        └ 双波峰、O型波、温度曲线设定
                  │            │ 6.焊接工艺   │        ┌ 红外热风式
                  │            │              │        │ N₂保护再流焊
                  │            │              └ 再流焊 │ 汽相焊
                  │            │                       │ 激光焊
                  │            │                       └ 通孔器件再流焊
                  │            │
                  │            │ 7.清洗技术：清洗剂与清洗工艺，清洗质量的评估
                  │            │ 8.检测技术：焊点质量检测，在线测试
                  │            │ 9.防静电
                  │            └ 10.生产管理
                  │
                  └─ 设备      ┌ 印刷机、贴片机、焊接设备(波峰焊、再流焊、汽相焊)
                               └ 焊点测试设备、清洗机及检测仪、维修站
```

图 7.6.1　表面组装技术的组成

1. 清洗

用无尘纸和清洗剂将待使用网板、刮板清洗干净，不允许有残存焊膏、无尘纸纤维、灰尘及其他污物，清洗时将清洗剂喷在网板上再用无尘纸擦拭。

2. 调整

将印制板/陶瓷板组件放置在桌面上，将网板覆盖在上面，调整网板与印制板/陶瓷板组件的相对位置，通过网孔观察，使印制板/陶瓷板组件的每个焊盘与对应网孔重叠。

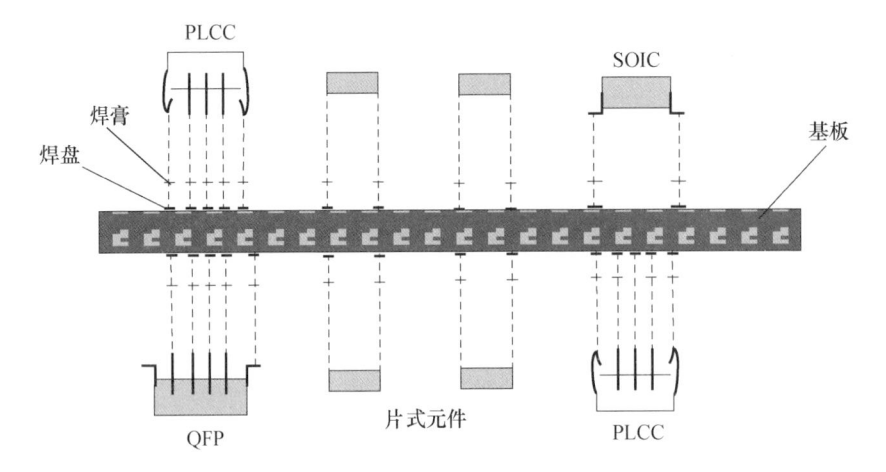

图 7.6.2 表面组装示意

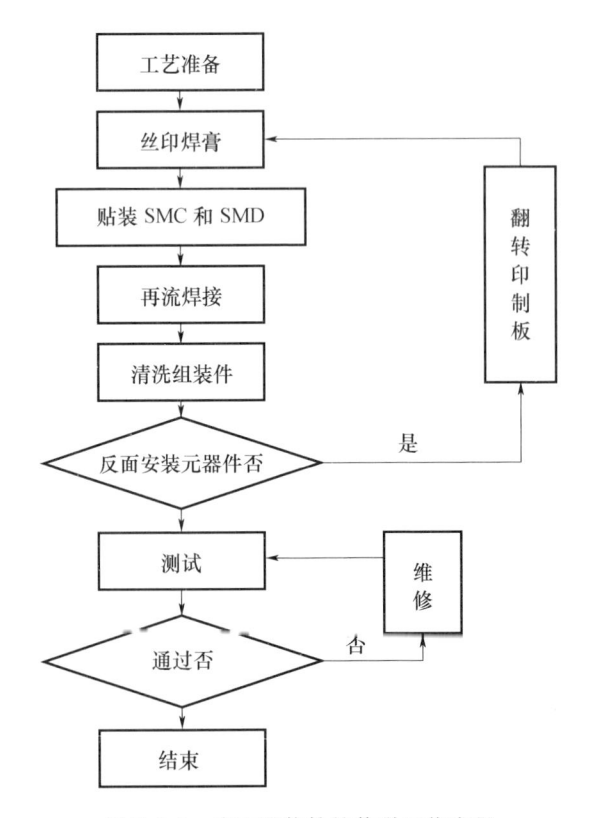

图 7.6.3 表面组装件的装联工艺流程

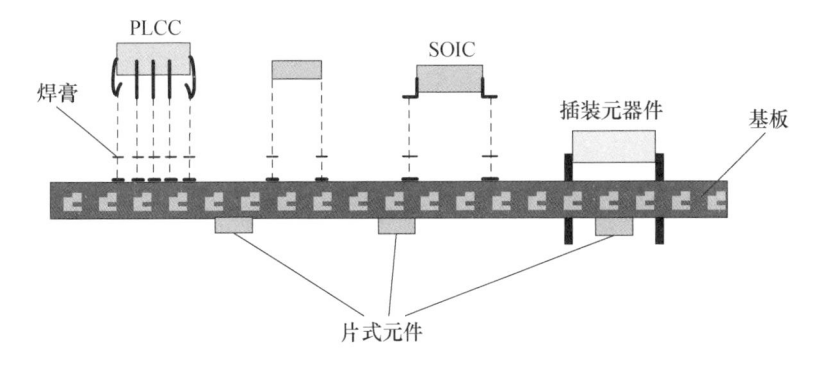

图 7.6.4　双面混合组装示意

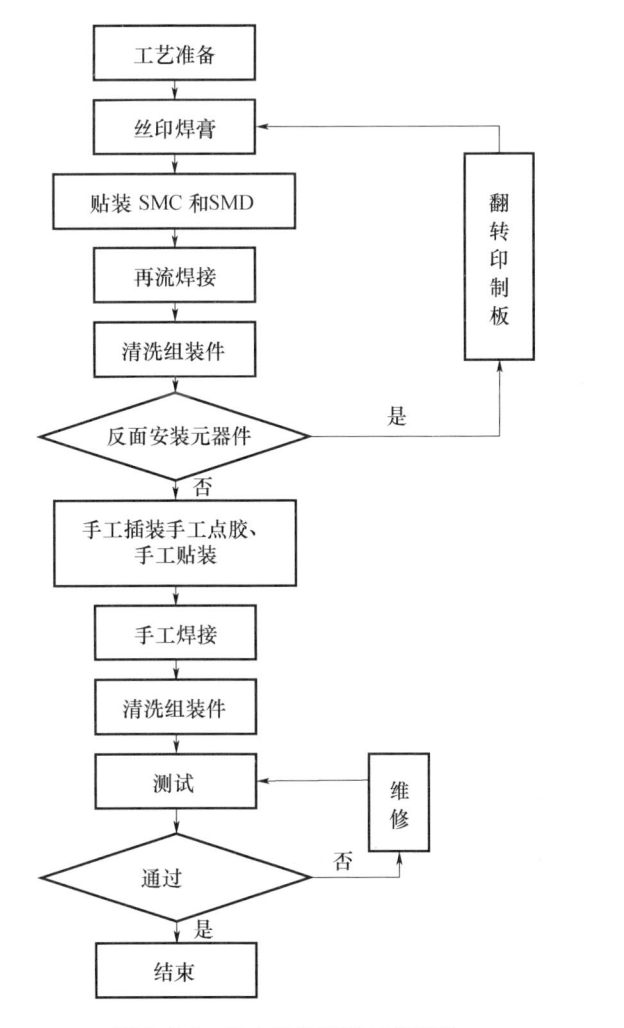

图 7.6.5　混合组装装联工艺流程

3. 固定

用手按住网板两侧边缘,压力大小应合适,保证网板与印制板/陶瓷板组件良好接触,但不能使网板及印制板/陶瓷板组件变形。

4. 丝网印制

网板与印制板/陶瓷板组件固定以及丝网印制需要双岗配合完成。

(1) 网板图形与印制板/陶瓷板组件焊盘完全重合后,在网板图形上端放置适量焊膏。

(2) 刮板置于焊膏上端并与网板成 45°~70°夹角,从上至下以均匀速度轻轻用力刮下,使焊膏通过网板图形印到焊盘上。

(3) 刮板的速度一般为 10~50mm/s。

(4) 刮板的最小印制压力应以网板上非网孔区域刚好无残存锡膏为准。

(5) 印制时刮板应从上至下刮动,不允许来回刮动,不允许在网孔中再添加焊膏。

(6) 如印制质量不符合要求,应用无尘纸和清洗剂对网板和印制板全部清洗干净并晾干后重新印制。

5. 脱模

印制板/陶瓷板组件丝网印制完成后应立即将网板脱离印制板/陶瓷板组件,网板脱离印制板/陶瓷板组件时应匀速轻轻抬高网板框,直至网板完全脱离印制板/陶瓷板组件,注意不能用力猛抬。网板使用后应及时使用清洗剂进行清洗。

6. 放好印制板/陶瓷板组件

将印制后的印制板/陶瓷板组件以水平状态、匀速拿起后放置工作台面并检验,不得引入多余物,不得碰抹焊膏。

7. 检验

焊盘上锡膏厚度应为网板厚度;

(1) 锡膏在焊盘上的印制面积不小于焊盘的 85%,如图 7.6.6 所示。

(2) 锡膏边沿应整齐、无明显塌陷、无拉丝。

(3) 焊盘与焊盘间无桥连现象。

(a) 合格   (b) 合格   (c) 不合格

图 7.6.6　焊膏印制后焊膏覆盖面积要求

(4) 非贴装焊盘上不应有锡膏粘污。

(5) 锡膏印制检验合格后应立即进行贴装。

7.6.2.2 贴装元器件

贴装元器件是指用一定的方式将片式元器件准确地贴放到 PCB 指定的位置上。

主要工艺流程为:元器件准备→吸头调整→夹具调整→印制板/陶瓷板组件放置→启动真空泵→元器件贴装→检验。

1. 元器件准备

将待贴装元器件按型号、规格分别放入料盘中并使其标识朝上,放置时元器件引线或电极不能变形和受损;贴片前要检查元器件外观是否受损或有异常,如受损或有异常应及时更换或向检验人员汇报。

2. 吸头调整

按元器件表面尺寸安装好相应规格的吸头并根据元器件规格随时更换吸头的规格。

3. 夹具调整

按印制板/陶瓷板组件尺寸调整机座上的夹具,使印制板/陶瓷板组件放入两夹具的导槽中,印制板不应变形和自由移动。

4. 印制板/陶瓷板组件放置

(1) 印制板/陶瓷板组件放入贴片机机座上的夹具导槽中,放置过程中不允许碰触、损坏、污染印制板上的焊膏。

(2) 印制板/陶瓷板组件放入夹具中应呈水平状态。

5. 启动真空泵

打开真空泵电源开关,调节真空吸力调节钮,使吸头的吸力满足对元器件的吸附和释放要求。

6. 元器件贴装

(1) 先将吸头移动到元器件托盘并吸取一只元器件,移动吸头到印制板/陶瓷板组件相应安装位置上方,旋转手持旋钮调整元器件方向将引线或电极对准焊盘位置,元器件的贴装方向一定要与电装图纸相一致。

(2) 释放真空吸力,设备发出提示响声后抬起吸头进行下一元器件贴装操作。

(3) 放置元器件应及时、准确,元器件接触焊盘时应轻轻施加压力,使元器件引线或电极与锡膏有良好接触和黏附力,焊膏不应超出焊盘。

(4) 用真空吸笔放置元器件,放置时有标称值的元器件标称值应向上,各元器件的标称值的朝向应一致。

(5) 拾取元器件时一定要轻拿轻放,保证不损伤元器件。

7. 检验

（1）元器件型号、规格、极性符合图样要求。
（2）对无标识元件逐一贴装，检验一支贴装一支。
（3）元器件标识朝上、方向一致。
（4）贴片时应无错贴、漏贴。
（5）元器件的电极与焊膏有良好的接触和黏附。
（6）表面安装元器件不应叠装。

7.6.2.3 再流焊

再流焊是指通过重熔化预先放置的焊料而形成焊点，焊接过程中不再额外添加焊料的一种焊接方法。再流焊技术主要有：汽相再流焊、热板传导再流焊、红外再流焊、热风对流再流焊、激光再流焊。

目前以热风对流再流焊使用最为广泛，它是利用加热器与风扇，强制炉膛内空气对流，将热量传递给待焊接印制板。其主要的工艺流程为：启动再流焊炉→启动计算机→参数设置→再流焊接。

再流焊过程完全发生在再流焊炉内，因此对再流温度曲线的设置及控制是再流焊工艺中最重要的一环。如图 7.6.7 所示，一条再流焊曲线包括预热、保温、回流、冷却四个阶段。

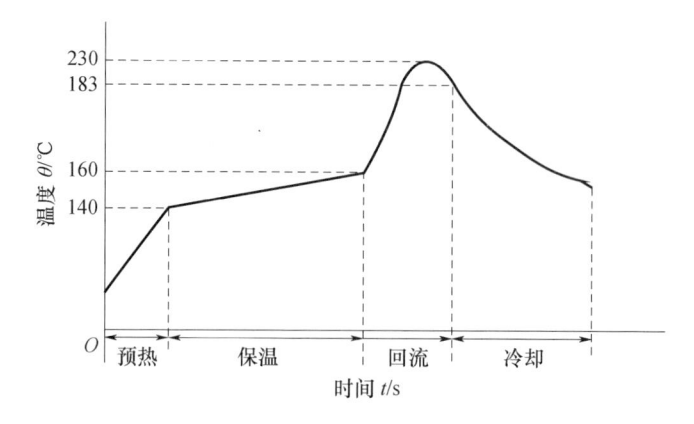

图 7.6.7 典型的再流焊工艺曲线

预热阶段：指由室温升至 120～150℃ 的区域，升温速度一般为 1～3℃/s。该段可使 PCB 和元器件预热，同时焊膏中的溶剂缓慢挥发，以防焊膏发生塌落和焊料飞溅。

保温阶段：指温度维持在 150℃ 至焊料熔点之间的区域，通常时间为 60～120s。该段主要是为了保证 PCB 及其组装的元器件在回流前温度尽可能达到一致。

回流阶段:指温度超过焊膏中焊料熔点的区域,此时焊膏中的焊料开始熔化,呈流动状态,对焊盘和元器件焊脚发生润湿,产生冶金结合。

冷却阶段:指降温时温度低于焊料熔点的区域,此时,液态焊料发生凝固,形成光亮的焊料,提供良好的点接触和机械结合。

7.6.2.4 清洗组装件

通常 SMA 在焊接后,其板面总存在不同程度的助焊剂残留物以及其他类型的污染物,如堵孔胶、高温胶带的残留胶、手迹、飞尘等,即使使用低固含量的免清洗助焊剂,仍会有或多或少的残留物,而对高可靠性保障的电子产品,为了确保其可靠性,依然需要对其清洗,因此清洗对保证电子产品的可靠性有着极其重要的作用。

有关清洗技术的具体内容将在 7.7 中进行详细介绍。

7.6.3 表面组装技术的优点和尚待改进的问题

用表面组装技术组装的电子产品的主要优点可归纳为以下几个方面:

1. 组装密度高、体积小、重量轻

表面组装元器件的体积小,重量轻,贴装时不受引线间距、通孔间距的限制,并可在基板的两面进行贴装或与有引线元器件混合组装,从而大大提高电子产品的组装密度,见表 7.6.1。

表 7.6.1 组装密度的比较

组装形式		组装密度/(只/cm^2)
通孔组装		2～4
表面组装	单面表面组装	3～6
	单面混合组装	4～8
	双面混合组装	5～9
	双面表面组装	6～12

图 7.6.8 中的曲线表明双列直插的通孔插装器件和 SOIC,PLCC 在各种不同针数时的面积比,SOIC,PLCC 的面积约为 DIP 的 25%～40%,面 SOIC 和 PLCC 对 DIP 的高度比约为 40%～85%。图 7.6.9 示出 DIP 通孔插装器件和 PLCC 有引线芯片载体在各种不同针数时的重量比,PLCC 约为 DIP 重量的 4.5%～13.5%。

若要比较同样电路的 SMT 组装件和 THT 组装件需用的 PCB 面积,首先要看采用何种类型的表面组装件,在组装件中表面组装元器件占中元器件的百分数。例如,单面表面组装件中,仅采用表面组装元件代替通孔插装元件,节省面积约为 5%～10%,在双面表面组装件中全部采用表面组装元器件,节约 PCB 面积则很可观,约为 50%。用通孔插装器件 DIP256K 的存储器组装 0.5MB 容量

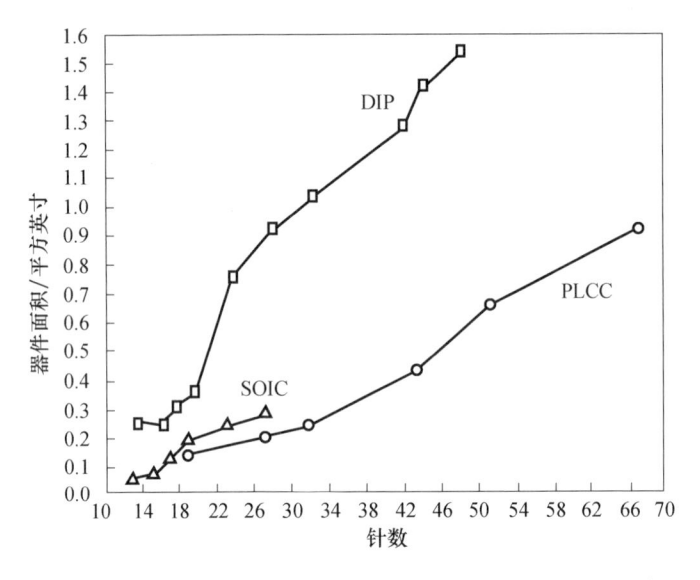

图 7.6.8 通孔器件 DIP 和表面组装器件 SOIC,PLCC 的面积对比

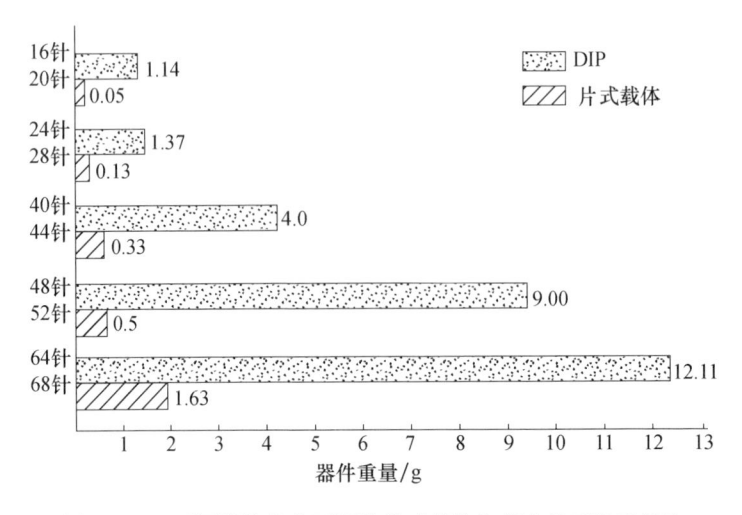

图 7.6.9 不同针数的表面组装片式载体和相应的 DIP 重量比

的电路板需要 4″×4″的 PCB(1″=2.54cm)。若在 4″×4″的 PCB 上采用单面表面组装方式则可容纳 1MB,若用双面表面组装方式则可容纳 2MB 的容量。

INTELSBC286/10 的电路板采用混合组装,1984 年组装件中采用了 50% 表面组装元器件,所用 PCB 面积为通孔插装元器件组装时的 80%,1986 年组装件中的表面组装元器件上升至 80%,PCB 面积节省 35%,可见 SMT 可使电子产品体积大大缩小,重量显著减轻,这对航天器电子产品具有特别重大的意义。

2. 具有优异的电性能

表面组装件采用无引线或短引线的元器件,因此其寄生参数(电感和电容)小,如表7.6.2所示。此外表面组装元件(Surface Mounting Component,SMC)的自身噪声小,例如一块存储器的电路板,在 PCB 的顶面装的是 DIP 封装引线的存储器,而在 PCB 的底面装的是无引线的片式电容器,该电路板的噪声比插装电容器的低约20%,表面组装电容器的去耦效果好。

表7.6.2 表面组装器件和DIP器件的寄生电感

器件类型	电感量/μH
DIP14 针	3.2~10.2
SOIC14 针	2.6~3.8
PLCC20 针	4.2~5.0

信号传输时的延时值是引线总长度的函数,如图7.6.10所示,其中64针 LCCC 的引线中心距为40md(1mm),它的信号传输延时值仅为64针 DIP 的15%。因为 LCCC 无引线,只有内部芯片压焊丝,所以效果显著,在高频、高性能的电子产品中 SMT 可发挥良好的作用。

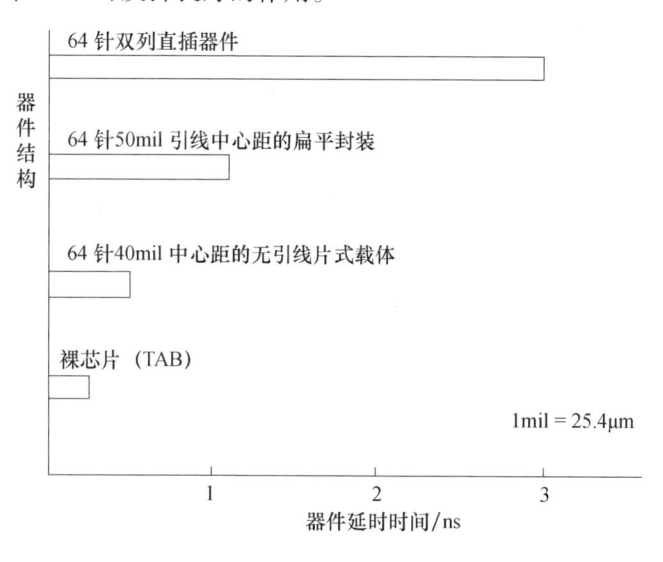

图7.6.10 表面组装器件和DIP器件传输延时值之比

3. 适合自动化生产

要在目前 THT 组装的电路板上实现自动装取,由于在元器件之间须留较大间隙,以便自动插装机能准确抓住元件引线并插入通孔,这就需要将原来的印制板面积扩大40%,而 SMC 外形很规则,又小而轻,贴装机自动吸装系统利用真空吸头吸取元器件,真空吸头小于 SMC 的表面,这样就可以不用加大元器件的间隙,提高组装密度,所以 SMT 更适合于自动化生产。

通孔插装元器件的引线多样,自动插装需要用多种插装机(DIP 插装机、径向插装机、轴向插装机和编程机),而表面组装用的关键自动设备是贴装机,随着 SMT 的广泛应用,其装机容量及贴装品种得到扩大,装贴功能迅速发展,效率不断提高,形成了多系列、多门类的组装机群。用户可以根据电路的复杂程度以及产量大小选择合适的贴装机,一台贴装机有时可以适应整个组装要求,减少了投资。

4. 降低成本

SMT 是将元器件平贴在基板表面,使基板取消了元件定位的通孔,组装前也无需将引线预整形和剪切,从而减少了生产工序并节约大量金属材料。SMT 可以双面组装,起到减少多层 PCB 层数的作用。SMT 高效率的自动化生产大大提高了生产效率,这些都有效地降低了生产成本。

5. 提高可靠性

SMD 和 SMC 小而轻,其端电极直接平贴在印制板上,消除了元器件与印制板之间的二次互连,从而减少了因连接而引起的故障,直接贴装具有良好的耐机械冲击和耐振动能力,采用新的焊接技术,提高了焊接质量,减少了桥接、虚焊等焊接疵病,SMT 焊点缺陷率一般都小于 100×10^{-6},有的可低于 25×10^{-6}。

表面组装件的元器件配置经过计算机的周密设计和优选,元器件的热平衡能事先控制和调节,这些都提高了电子产品的可靠性。国外许多公司对表面组装件进行了可靠性试验。结果表明:用 SMC,SMD 组装成的组件之可靠性高于通孔插装的组件。在肯定 SMT 取得重大成就具有很大优点的同时,我们也要看到 SMT 还在发展中,也还有一些尚待研究解决的问题,概括为以下几个方面:

(1) 元器件的品种、价格和标准的问题。表面组装元器件的品种、规格至今还不齐全。要继续开发 SMT 可用的超大规模集成电路和一部分无源元件,如机电类元件、晶体和可调类元件等,以满足 SMT 的发展需要。

目前有些表面组装元器件的产量不大,故其价格比通孔插装元器件要高,成本低的潜在有利因素尚未发挥出来,随着表面组装元器件的统一标准,甚至美国,日本也没有完整的国家标准,这样使 SMT 产品的设计工作受到一些影响,因为 SMT 的 PCB 设计和元器件的尺寸、精度密切相关,如焊盘图形参考某元器件公司的产品手册制定了规范并做好 CAD 元器件库后,一旦元器件货源改变,往往要重新编元器件库,有时还会遇到原设计 PCB 难于使用的问题。

(2) 塑封器件吸潮问题。塑封器件在贮存期吸潮,再焊接时受热,吸收的水分膨胀易造成封装件开裂。插装器件 DIP 也是塑封器件,但它是采用波峰焊,在焊接过程中仅仅引线受短时的高温,故不会引起裂痕。SMT塑封器件的开裂可能性和封装结构的设计、内部半导体芯片尺寸、塑封料的厚度以及吸潮程度有关。现在正在研究解决办法,例如在再流焊前热处理器件,使原吸收的水分蒸发掉,在器件表面涂以防潮层等措施。

（3）热膨胀系数不一致易导致焊接开裂问题。SMT用的元器件是直接焊接在PCB表面上的,表面组装件受热后由于元器件与环氧玻璃丝基板的热膨胀系数(CTE)不一致,焊接部位承受较大的应力,易引起焊接处开裂,这种现象在LCCC中表现尤为明显。美国军事机构投入大量资金和人力研究能和陶瓷器件的热膨胀系数相匹配的基板结构和材料,例如有金属核的基板和在基板焊接面设柔性层等。

（4）表面组装的PCB单位面积功能强,因此功率密度大、散热问题复杂。另外SMT和PCB布线密、间距小,易造成信号交叉耦合。

（5）表面组装用的生产设备结构复杂,涉及技术面宽,许多是高技术,如精密机械、光电传感、计算机机械辅助项目等,设备费用昂贵,初期投资庞大。

7.7 清洗技术

7.7.1 简介

产品清洗是生产过程中的一道重要工序,对于电子产品而言,清洗是一道关键性工序。产品的清洁度关系到产品的性能、质量、使用寿命和可靠性,尤其是对于航天电子产品而言,具有高性能、高可靠性、高精密性、高集成度、微型化和不可返修的特点,对清洁度十分敏感,微小的污染就会对产品的性能、质量、使用寿命和可靠性即无故障工作时间产生严重影响[9]。

在电子产品中,清洁度对性能、质量、使用寿命和可靠性的影响更为严重。例如,继电器是自动化控制系统中的重要器件,常因污染物增加了接触电阻,造成工作失灵,该通电时不通,该断电时不断,严重影响设备的可靠性。电真空器件常因清洁度不高,在高真空、高电压条件下,而出现打火现象以及真空度下降、阴极中毒、电参数劣化、寿命降低等。电子线路板是电子军事装备、电子计算机、航空航天电子仪器仪表、邮电通信系统、电子医疗设备、自动化控制系统以及汽车控制系统中的核心部件,如果电子线路板上的离子污染度过高,就会增加泄漏电流,降低表面绝缘电阻,甚至引起短路和电化学腐蚀,严重影响仪器仪表和电子装备的可靠性。

目前清洗方法有湿法清洗和干法清洗两种类型。经过几十年的发展,特别是湿法清洗,已逐渐完善,如表7.7.1所列。

表 7.7.1 清洗技术发展

1950 年	早期技术(溶剂、酸、刷洗、超声)
1970 年	RCA 清洗程序发表(Kern 和 Puotinen)
1972 年	证明 RCA 清洗有效性 30 多篇论文首篇发表(Henderson)
1974 年	介绍通过的 UV - O_2 清洗方法(Sowell)
1975 年	第一台用于腐蚀的自动雾化机(FSI 公司)
1976 年	介绍了 Choline 清洗(Asano,Cho 和 Muraoka)
1979 年	论述兆周超声清洗(Mayer 和 Shwartzman)
1985 年	兆周超声清洗用于片子清洗(Shwartzman,Kern 和 Mayer)
1986 年	推广了封闭系统清洗法,(CFM Technology)
1987 年	UV - O_2 用于预氧化后 RCA 清洗(Ruzyllo)无水 HF 气相腐蚀(FSI 公司)
1988 年	开始研究片子干法腐蚀可能性(Ruzyllo)
1989 年	首次在片子清洗技术国际会议上发表用 UV - O_2 代替 RCA SC_2 清洗程序(Ruzyllo)

7.7.2 湿法清洗

湿法清洗是指用液体的清洗介质从工件表面清除液体的污染物和固体的污染物,使工件表面达到一定的洁净程度。湿法清洗包括浸洗、超声波清洗、汽相清洗、喷淋清洗、喷流清洗、电解清洗以及各种强化清洗的方法如擦洗、刷洗、抖动洗、转动洗等。污染物可以被溶解在清洗介质中,或被清洗介质所乳化、分散、卷离而脱离工件。清洗介质可以是有机溶剂,也可以是水基清洗剂或水。湿法清洗后,应进行干燥。

7.7.2.1 湿法清洗的基本过程

湿法清洗的基本过程属于清洗介质、污染物、工件表面三者之间多相界面的相互作用,是一种复杂的物理、化学和机械作用的过程。清洗不仅与清洗介质的物理、化学性质有关,而且与污染物的性质、种类、黏附形态有关,还与工件表面的材料性质、表面状态有关。对同一种污染物,用不同的清洗介质,其清洗效果不同;用相同的清洗介质清洗不同的污染物,其清洗效果完全不一样。此外,还与清洗的条件如清洗温度、压力、外加机械能、超声波能等因素有关。精密洗净还与洗净环境有关,清洁度要求很高的要在洁净室内清洗,否则很快又被周围环境污染了。

清洗的基本过程是:工件表面的污染物在清洗介质和其他附加能量的作用下,黏附被破坏,污染物被剥离;随后,再对工件表面残留的被污染了的清洗介质进行稀释,并达到一定的洁净程度。也就是说,工件表面的污染物被洁净的清洗介质所置换。可表述为

$$(G,W) + Q \rightarrow G + (Q,W) \tag{7.7.1}$$

式中：G 为工件；W 为污染物；Q 为清洗介质。

从上可以看出，清洗过程可分为两个步骤：清洗和漂洗。

（1）清洗。清洗的目的是削弱和切断污染物在工件表面的黏附，并使污染物从工件表面上被剥离下来，并防止污染物再沉积到工件上。这是通过清洗介质的润湿、渗透、溶解（或皂化、乳化）、分散以及分子的热运动和附加的物理力、机械力的作用达到的。

（2）漂洗。漂洗的目的，是去除工件表面被污染了的清洗介质，达到一定的清洁度。因为清洗后工件表面污染物虽然被剥离，但工件仍处在已污染的清洗介质中。把工件从清洗槽中取出来时，表面必然会带出或残留有污染的清洗介质，需通过漂洗而去除。漂洗实质上是对残留污染清洗介质进行稀释，以达到一定的洁净程度。漂洗一般要进行多次，洁净程度一次次地提高。

清洗和漂洗两者是相辅相成的，前道没清洗干净，后道也是漂不干净的；前道洗干净了，后道没漂洗干净，还是达不到规定的清洁度。清洗和漂洗可以用同一种清洗介质，也可以用不同的清洗介质。但是，清洗和漂洗的不同功能应该分清楚：黏附很强的污染物，必须在前道清洗中破坏这种黏附，把污物剥离下来，不能把该在清洗中解决的问题带给漂洗去解决。工件最终的清洁度，决定于漂洗。最后一次漂洗的洁净程度，决定了工件表面的最终清洁度。

所以，可用检测萃取最后一次漂洗介质的洁净程度，来监控工件的清洁度。在精密洗净中十分重视最后一次漂洗，常用高纯度的去离子水来漂洗，溶剂清洗时，常用汽相漂洗。工件最后要与漂洗介质分离，也就是干燥。工件干燥可用热风干燥、红外干燥、真空干燥、离心干燥、溶剂置换干燥等，注意防止干燥过程中工件受到再污染。精密洗净时，漂洗介质在蒸发干燥时，不应有杂质残留，这就是精密洗净中通常采用汽相漂洗和汽相干燥或采用高纯度水漂洗的根本原因。

7.7.2.2　清洗能力和洁净度

清洗能力是指在一定条件下，除去黏附于工件表面污染物的能力。其一，是指污染物除去的数量或污染物允许残留的程度；其二，是指除去一定数量污染物所需的时间。

清洁度是指工件洁净的程度。可用工件上残留的污染物的重量来表示，也可用工件上残留污染物的粒子大小和数量来表示，也可用残留的金属原子、离子和离子污染度来表示，或用残留的有机物、有机碳含量来表示。如对于做相对运动的机械零部件来说，对使用寿命和可靠性影响最大的问题是粒子污染，并且是粒子的大小和数量，尤其是粒径大小刚好与机械运动副的配合间隙相当时，造成的影响和危害最大。因为太大的粒子进不到间隙中，太小的粒子可在间隙中游动。所以，早期清洁度用重量法来评价的，后来有的就更改为用粒度法来评价了。国际标准中,清洁度采用的也是粒度法。电子产品中,对可靠性影响最大的问题是残留的离子污染,离子污染会造成电泄漏、电迁移,造成短路、电化学腐蚀、改变电性能、改变绝缘电阻等,因此业界常用离子污染度来评价电子产品的清洁度。

由于工件表面存在黏附污染物的能量,所以绝对的净化表面是不可能的,对多数应用来说,只要表面污染减少到最小限度,最后没有明显影响就可以了。

表面清洁度应符合以下 2 条标准:

(1) 必须满足下道工序的要求。

(2) 必须保证工件、产品(仪器和设备)具有足够好的性能、使用寿命和可靠性。

7.7.2.3 清洗五要素

影响清洁的 5 个要素是污染物、工件、清洗介质、清洗工艺和清洗设备。

1. 污染物

污染物具有什么性质,是有机污染还是无机污染,水溶性的还是油溶性的,是极性污染还是非极性污染;污染物的形态是固体的还是液体的,是粉末状的还是薄膜状的;污染物与工件表面黏附的程度是牢固还是不牢固,是属机械性黏附、物理性黏附还是化学性黏附等。

2. 工件

要清洗的工件是什么材料的,是金属还是非金属,是润湿表面还是不润湿表面,是高能表面还是低能表面,是否容易受腐蚀或受溶胀、溶裂,表面粗糙程度怎么样,表面有什么保护层和有什么特殊要求等。

3. 清洗介质

根据污染物的性质及与工件表面黏附的情况,确定选用什么清洗介质。是用有机溶剂还是用水基溶剂,是极性溶剂还是非极性溶剂,选用清洗介质时,应对清洗介质的溶解力、表面活性力、化学反应力、工件材料的腐蚀性、相容性以及对使用的经济性、安全性和对环境的影响等因素,进行综合分析。

4. 清洗工艺

用什么工艺方法来清洗,使用有机溶剂汽相清洗还是用半水溶剂清洗,或用水基清洗;用浸洗还是用喷洗、擦洗、刷洗,还是用超声波来清洗或用多种组合来清洗,用高压喷洗还是用低压喷洗,在清洗过程中是否需要附加振动、抖动、转动等;是常温清洗还是加热清洗,清洗的工艺流程是分几次清洗(精洗和粗洗),几次漂洗;工件如何干燥,每一步骤需要多少时间,如何达到规定的清洁度,如何防止在清洗过程中受到再污染,以及对清洁度如何监控等。

5. 清洗设备

用手工清洗还是用机械清洗,工件用什么机构传送,用批次式清洗机还是用通过式清洗机;用电加热还是用蒸汽加热,超声波选用多大的功率和频率;清洗时工件如何摇动、抖动、转动,清洗过程中清洗介质如何循环再生,清洗过程中如何控制,采用什么安全防护措施等。

7.7.3 干法清洗

干法清洗是指用高压气流、臭氧、激光、等离子体、紫外线等方法来清洁工件表面。高压气流主要利用气体高速运动的动能来清除工件表面的污染物。臭氧是一种强氧化剂,分子由3个氧原子组成(O_3),利用臭氧对工件表面的有机物进行氧化分解,也可对微生物进行杀菌。紫外线也有对有机物的氧化分解能力,主要用于杀菌,其波长在210~260nm间,最强的是265nm。等离子体清洗,是指对低压气体施加电场,低压气体中少量电子被电场加速,以强大的能量冲撞周围的分子和原子,再飞出电子激起离子化;等离子体可有效清除工件表面残留的有机物和水膜。激光清洗,是指采用高能激光束照射工件表面,使表面的污染物发生蒸发或剥离。

干法清洗与湿法清洗性能的比较如表7.7.2所列。

表7.7.2 湿法清洗与干法清洗特性

特性	湿法	干法
除去粒子	+	-
除去金属	+	-
除去重有机物(光刻胶)	+	-
除去轻有机物(碳氢剩余物)	+	+
产量(生产率)	+	+
工艺重复性	+	+
水的使用	-	+
化学品洁净度要求	-	+
化学品使用	-	+
单片使用可应用性	-	+

7.7.4 电子线路板的精密洗净工艺

1. 电子线路板清洗的目的

对电子线路板进行清洗的目的主要有以下几个:

(1)清除具有腐蚀性的焊剂和活化剂成分,防止板子受到腐蚀;

(2)清除残留的离子污染,增加表面绝缘电阻,使泄漏电流减到最小,提高产品的可靠性;

（3）去除表面油污、指印、灰尘、微粒，清洁表面，提高三防处理表面涂覆的附着力；

（4）去除松香焊剂，便于用肉眼检查焊接质量，或便于在针床上自动检测焊接电路；

（5）改善外观，便于作为部件或备件商品销售。

2. 电子线路板清洗的特点

电子线路板因其用途和重要程度不同，性能和对可靠性要求不同，因而对清洗的工艺和清洁度要求有很大的不同。对于航空航天应用中的仪器仪表、电子军事装备、电子计算机、海底电讯以及汽车电子、电子医疗等使用的电子线路板，要求有较高的清洁度和可靠性，而对一般家用电器或消费类电子产品使用的电子线路板就不一定要那么高的清洁度。

电子线路板上除了有各种金属材料、电子元器件、集成块外，还有塑料件、橡胶件、导线、涂层等，以及每个元器件上都有规格、代号等标志、符号，因此，在选择清洗介质时，一定要考虑材料的相容性，以免金属材料受到腐蚀，塑料、橡胶受到溶解、溶胀、开裂，油墨标记、规格、符号被洗掉。

电子线路板因产品的设计结构不同，因而对清洗工艺的要求也有很大的不同。表面贴装的电子线路板，元件下面不容易清洗干净，应比通孔插装的电子线路板有较强的清洗能力；高密度安装的要比低密度安装的有较强的清洗能力；细间距结构的要比粗间距结构的有更低的离子污染度要求。

电子线路板因焊接装联的工艺不同，因而对清洗工艺有很大的不同。对使用水溶性焊剂的就要用水清洗工艺；对使用松香焊剂的，要用相应的皂化剂清洗或有机溶剂清洗；对使用合成活性类焊剂的，就要用有机溶剂清洗；如果使用免清洗焊剂焊接的，则可以免清洗。

3. 电子线路板清洗的主要污染物

电子线路板清洗的主要对象是焊剂和离子污染物。离子污染物来源于焊剂或焊膏中的活化剂，以及来源于基板上电镀残留的酸、碱、盐类，以及人的手汗、指印和大气中的腐蚀介质。离子污染会影响电子线路板的表面绝缘电阻，会增加泄漏电流，甚至造成短路；也会造成电化学腐蚀等，严重影响产品的可靠性；表面残留的松香焊剂、焊膏、油污、微粒、灰尘等会影响电子线路板三防处理表面涂覆的附着力；残留焊剂也会影响电子线路板在针床上的自动检测。

4. 电子线路板氟里昂精密洗净工艺

电子线路板早期用松香焊剂焊接后，常用无水乙醇手工清洗，因为乙醇可以溶解松香。这种清洗工艺，一是乙醇的气味很大，工人的劳动条件很差；二是乙醇的闪点很低，很容易引起燃烧，生产上很不安全；三是清洁度不高。所以，后来可靠性要求高的、生产批量比较大的电子线路板，都采用氟里昂洗净工艺。氟里昂清洗是当时国际上对电子产品使用最广泛的清洗工艺。到了 20 世纪 80 年代后期,因氟里昂对臭氧层有破坏作用,国际社会决定淘汰其使用,发达国家在 1996 年已不再使用,发展中国家允许使用到 2010 年。所以,替代氟里昂清洗的新的洗净技术被推广应用。但是,氟里昂清洗技术的成功应用,对当今替代技术的开发仍有借鉴作用。

(1) 清洗电子线路板用的氟里昂清洗剂,常用氟里昂系列清洗剂中的氟里昂 – TE 清洗剂、氟里昂 – TES 清洗剂、氟里昂 – TMS 清洗剂。氟里昂 – TE 清洗剂,是 CFC – 113 与乙醇组成的共沸物,沸点 44℃,在 CFC – 113 中添加了乙醇后,增强了对极性污染物的清除能力。氟里昂 – TES 清洗剂是在氟里昂 – TE 清洗剂中,再加了一些稳定剂,以防止接触活性金属而使清洗剂变质。氟里昂 – TMS 清洗剂是 CFC – 113 与甲醇组成的共沸物,其中还添加了一些稳定剂,甲醇的极性比较强,添加甲醇增强了清除极性污染物的能力。替代氟里昂 – 113 清洗电子线路板的溶剂,并仍用汽相清洗工艺的有 HCFC – 141b、HCFC – 225、HFC – 4310,同样,也要在其中添加甲醇、乙醇、异丙醇等极性溶剂。

(2) 电子线路板精密洗净的工艺流程,因产品使用场合和重要程度不同,对性能、清洁度和可靠性要求不同,对污染物的性质及黏附程度不同,对焊接装联工艺和生产规模不同等因素,不同厂家会选用不同的洗净工艺流程。常见的电子线路板清洗工艺流程如下。

① 电子线路板清洗工艺流程之一:汽相清洗—喷洗—汽相漂洗和干燥(图 7.7.1)。

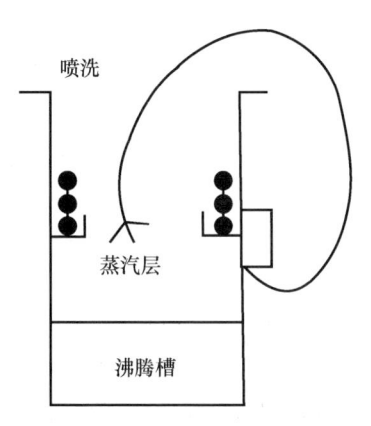

图 7.7.1 单槽气相清洗工艺

焊后的电子线路板先悬挂在溶剂蒸汽层中进行汽相清洗,热溶剂蒸汽碰到冷的电子线路板产生凝露,溶剂蒸汽变成液体,润湿、溶解板子表面的焊剂和污染物,并像下雨一样下滴,把污染物带走。再用洁净的液体喷洗,喷洗的液体是蒸馏回收下来的洁净液体,进一步喷洗掉板子表面的污染物,最后,再在溶剂蒸汽层中漂洗,当板子温度达到溶剂蒸汽温度时,凝露不再进行,板子表面不再滴液,表示清洗结束。当把板子提起离开蒸汽层至冷冻区(蒸汽面以上)时,板子稍停留即已完全干燥。

② 电子线路板清洗工艺流程之二:沸浸洗—冷漂洗—喷洗—汽相漂洗和干燥(图7.7.2)。

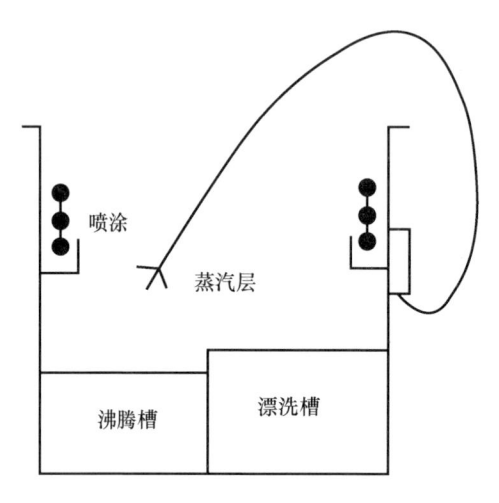

图 7.7.2　双槽汽相清洗工艺

焊后的电子线路板先在沸腾槽中浸洗,利用比较高的溶剂温度和沸腾的力量,溶解掉板子表面的松香焊剂和污染物,再在漂洗槽中进行冷漂洗(漂洗槽中有冷凝盘管),冷漂洗完后,再用蒸馏回收下来的洁净液体进行喷洗,最后,在溶剂蒸汽层中汽相漂洗和提起在冷冻区稍停留即快速干燥。

③ 电子线路板清洗工艺流程之三:热浸洗—冷漂洗—喷洗—汽相漂洗和干燥(图7.7.3)。

这是适合于三槽式(热浸槽、冷漂洗槽、沸腾槽)汽相清洗机上完成的工艺流程。增加了一个热浸洗槽,可以更快地溶解掉板子上的焊剂和污染物。冷浸洗可使板子很快冷却,板子和溶剂蒸气之间的温度差越大,越有利于凝露,汽相清洗的效果越好。最后,板子在溶剂蒸汽层中漂洗和提起在冷凉区快速干燥。

④ 电子线路板清洗工艺流程之四:超声波浸洗—喷洗—汽相漂洗和干燥(图7.7.4)。

工件先在超声槽中浸洗,利用超声波的空化效应,加速对焊剂和污染物的溶解和剥离,再经喷洗,喷去表面残留污染物。最后在溶剂蒸汽层中漂洗和在冷冻区快速干燥。使用超声清洗要考虑是否对板子上的元器件和集成块有影响。

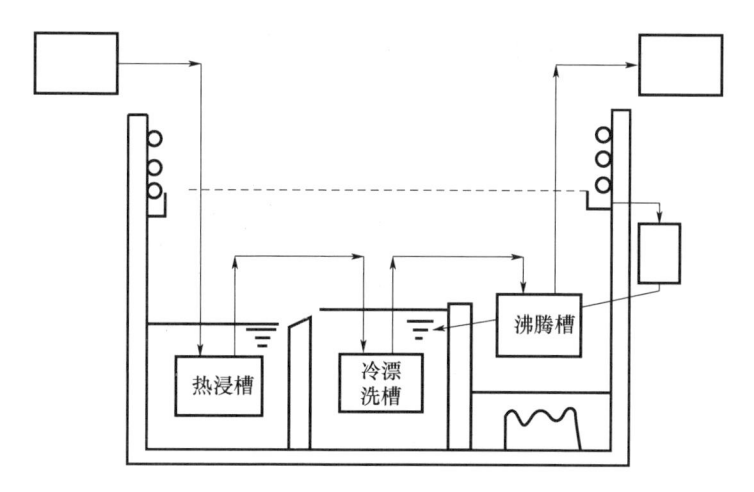

图 7.7.3　三槽汽相清洗工艺

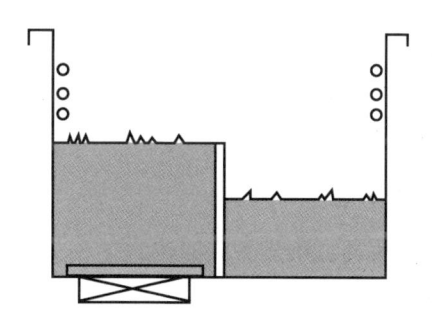

图 7.7.4　两槽超声汽相清洗工艺

⑤ 电子线路板清洗工艺流程之五:超声波浸洗—冷漂洗—喷洗—汽相漂洗和干燥(图 7.5.5)。

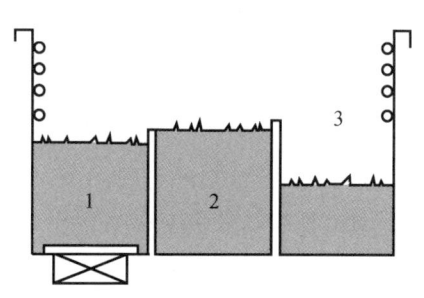

图 7.7.5　三槽超声汽相清洗工艺

工件先在超声槽中浸洗,再在漂洗槽中冷漂洗,经喷洗后在蒸汽层中汽相漂洗和干燥。

⑥ 电子线路板清洗工艺流程之六:热浸洗—超声浸洗—冷漂洗—汽相漂洗和干燥(图7.7.6)。

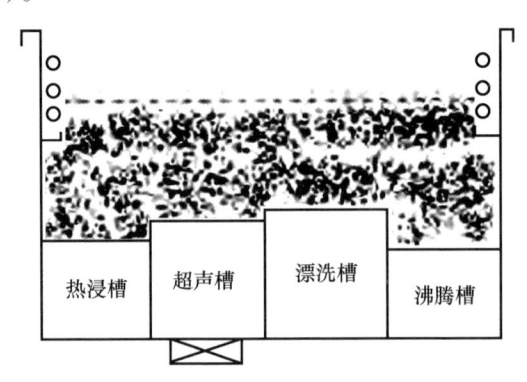

图 7.7.6　四槽超声汽相清洗工艺

工件先热浸洗,使焊剂和污染物先溶解在热浸洗槽中进行初洗,再进入超声槽中利用超声波的空化效应进一步清洗,清洗后再在漂洗槽中进行冷漂洗,最后在溶剂蒸汽层中汽相漂洗和提起在冷冻区快速干燥。适用于污染物比较多,黏附程度比较强,生产批量比较大的电子线路板清洗。

7.7.5　清洁度检测与评价

7.7.5.1　电子线路板表面离子污染的检测

电子线路板是电子仪器、装备中的核心部件,其清洁度将影响整机的性能和可靠性。电子线路板检测表面离子污染的方法,有手工测试法和仪器测试法。其检测标准为中国国家标准 GB 4677.22—88、美国印制电路学会标准 IPC – TM – 650、美国军用标准 MIL – P – 28809 和 MIL – STD – 2000A。

1. 手工测试法

其步骤简要如下:

(1) 把待测电子线路板放入漏斗中,再把漏斗放入容器。

(2) 再将清洗液装入洗瓶内,以细流方式喷射到电子线路板的两面,清洗液量按每平方厘米(电子线路板)为 1.5mL,喷射时间至少 1min。

(3) 然后测试被收集的清洗液的电阻率或电导率。

(4) 计算单位面积上氯化钠含量 W_r ($\mu g/cm^2$):

$$W_r = 1.56 \times 2/\rho \tag{7.7.2}$$

式中:ρ 为萃取收集液电阻率(MΩ·cm)。

清洗液用异丙醇和去离子水配制,配比为(体积比)异丙醇75%,去离子水25%,检测用清洗液的电阻率应大于 6MΩ·cm。

清洁度要求:萃取液的电阻率应大于 2MΩ·cm,相当于每平方厘米含有 1.56μg 的氯化钠量。

2. 仪器测试法

如欧米加计量仪、离子记录仪、离子跟踪仪。将电子线路板放入仪器的测试容器中,仪器由计算机控制,会自动清洗和检测离子污染度,并把检测结果打印出来。

几种测试方法的等效系数(等效氯化钠量)如表 7.7.3 所列。

表 7.7.3 几种测试方法的等效系数

方法	等效系数	μg/in²	μg/cm²
萃取电阻率法	1.00	10.06	1.56
欧米加计量仪(Omega Meter)	1.39	14.00	2.20
离子记录仪(Ionograph)	2.01	20.00	3.10

3. 萃取电阻率法

常用于通孔插装电子线路板的离子污染度检测,检测结果是板子离子污染的平均值。具有测试简单方便、成本低、周期短、对样品不破坏等优点,是生产过程中在线测试比较好的方法。但是,对表面贴装的电子线路板,因助焊剂仅涂敷焊盘上,贴装元件的底部比较难清洗,板子上的离子污染物如没有被清洗液溶解萃取下来,其检测结果可能就有一定的局限性。

7.7.5.2 电子线路板表面助焊剂残留物检测

1. 红外分光光度计检测法

按 IPC - TM - 650 - 2.3.39 进行。红外分光光度计由辐射源、色散器件、光学器件、探测器和数据测试系统组成。其功能是在 2.5~25μm 波长范围内,相对宽度光带的试样引起光吸收。对一定的分子结构来说。吸收光谱是特有的。波长扫描用于定性分析,而特种波长的强度测量用于定量分析。试验样品光谱要与参样光谱进行比较。

2. 紫外分光光度计检测法

按 IPC - TM - 650 - 2.3.27。紫外分光光度计也由辐射源、色散器件、光学器件、探测器和数据测试系统组成。其功能是在 185~800nm 波长范围内,相对宽度光带的试样引起光吸收。

3. 高效液相色谱仪检测法

按 IPC - TM - 650 - 2.3.27.1。

7.7.5.3 电子线路板表面绝缘电阻检测

电子线路板表面绝缘电阻的检测可表示板子表面离子污染的程度。如表面离子污染严重,测定其绝缘电阻一定很低;如测定其绝缘电阻很高,则表示表面离子污染程度较轻。通过测定表面绝缘电阻的大小,可了解其清洁度。绝缘电阻的定义为,加于两个电极的电压和通过其间的电流之比。绝缘电阻的检测,可按 GB/T 4677.1—84 进行。

1. 试样的预处理

试样在正常大气压条件下,按 GB/T 2421 中的规定,放置 24h 以上。

恒定湿热条件:按 GB/T 2423.3 中的规定进行。若不在箱内测试,应在正常试验大气条件下恢复 2h。

2. 试验的大气条件

正常试验大气条件:按 GB/T 2421 中的规定进行。

恒定湿热条件:按 GB/T 2423.3 中的规定进行。

3. 测试电压

(10 ± 1) V,(100 ± 15) V,(500 ± 50) V。

4. 测试步骤

校准仪器:将测试电压加到试样上 1min 后再测量。

7.7.5.4 电子线路板清洁度标准

1. 我国国家标准 GB 4677.22—88

残留离子浓度 $< 1.56 \mu g/cm^2$(氯化钠)或萃取液电阻率 $> 2M\Omega \cdot cm$。

2. 美国军用标 MIL – P – 28809,MIL – STD – 2000A

残留离子浓度 $< 1.56 \mu g/cm^2$ 或 $10 \mu g/in^2$。

3. 美国印制电路板学会标准 IPC – S – 815

残留离子浓度 $< 1.56 \mu g/cm^2$。

7.8 电缆网装联技术

电缆是星船上传递电信号和电功率的通道,是星船的血管,可见其重要性。视复杂性分成主干、主分支和次分支,也可以组合成电缆网。

普通电缆制作工艺流程如图 7.8.1 所示。

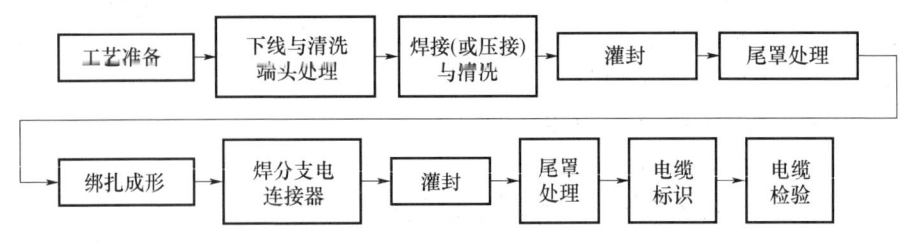

图 7.8.1 普通电缆(低频电缆)制作工艺流程

7.8.1 下线和导线端头处理

如图 7.8.2 所示为下线及导线端头处理流程。

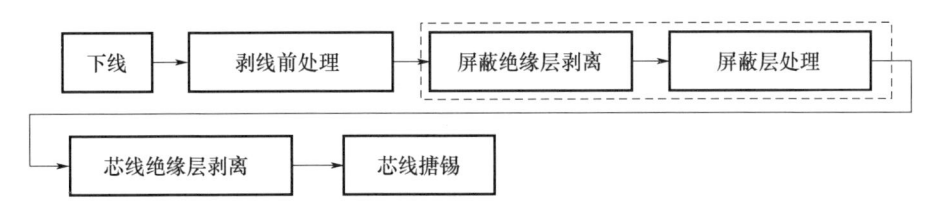

图 7.8.2 下线及导线端头处理流程工艺

1. 下线

下线工艺流程的具体要求为：

（1）下线尺寸需按电缆图样长度要求，一般为图纸规定长度加 200 mm。

（2）下线采用手工下线，下线前应先检查导线的外绝缘层是否完好，是否是该型号专用导线。

（3）多绞线（一般为三绞以上）自绞，要求在 1m 距离内导线纽绞数量为 35～80 节。

（4）注意下线的过程中不要用力拉扯导线，注意下线桌面应干净整洁，无刚性物件、尖锐凸起及多余物防止造成导线损伤；双绞线及多绞线下线过程中不允许用力拉扯其中的任一根导线，防止导线损伤。

（5）下线过程中不允许挤压和用力拉扯导线，检查导线质量。

（6）LVDS 导线下线操作注意：在运输及领取的过程中应轻拿轻放，导线应呈自然弯曲状态，不能折死弯（折弯角度不小于线径的 10 倍）和打结；严禁挤压 LVDS 导线，防止引起导线特性阻抗的变化和潜在的相位偏差；不能拉伸双绞线。

2. 导线端头处理

（1）外护套处理：外护套一般采用热脱器剥离。要求不损伤芯线，芯线不能断丝，也不损伤其余外护套。

（2）芯线处理：芯线绝缘层剥离可以使用热脱器或激光剥线机，要求芯线不能打散，应按原方向拧紧，并及时用锡锅搪锡。

（3）搪锡。

① 芯线搪锡使用电烙铁，温度为 (300±10)℃，一次搪锡时间 2～3s。

② 距外护套端口 0.5～1mm 为不搪锡长度。搪锡后的芯线表面应润湿均匀、光洁、焊料分布均匀、略显芯线外形轮廓且焊料应渗透到芯线内部，如图 7.8.3 所示。

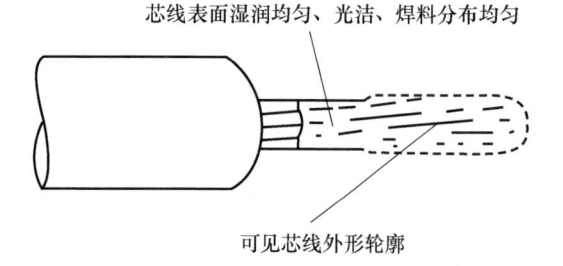

图 7.8.3　芯线搪锡示意图

③ 搪锡后的导线端头用捏干的无水乙醇棉球擦拭干净,无残留的焊剂和锡渣。

④ 对搪锡量太多、焊锡堆积的端头,应重新搪锡,搪锡次数不超过 2 次。

7.8.2　电缆网标识

标识是电连接器、电缆等器件的"身份证",可以方便地对其进行分类。图 7.8.4 所示为电缆网相关标识制作的工艺流程。

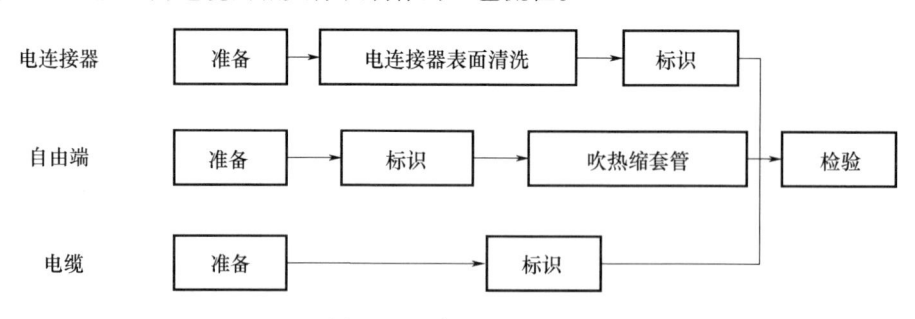

图 7.8.4　标识工艺流程

1. 电连接器

电连接器标识制作主要分为高强度标签标识法和激光刻字的方法。一般均根据设计要求进行标签标识或激光刻字。如图 7.8.5 所示为矩形电连接器标识。

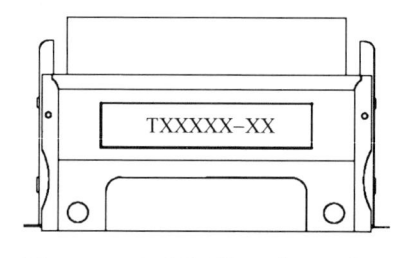

图 7.8.5　电连接器标识位置示意图

2. 自由端

自由端包括单芯插针、单芯插孔、单耳焊片、端子、甩线等。如图 7.8.6 所示,自由端标识主要包括 2 种,分为在焊点背面和在导线上。自由端标识一般在自由端焊接(压接)完成后进行。

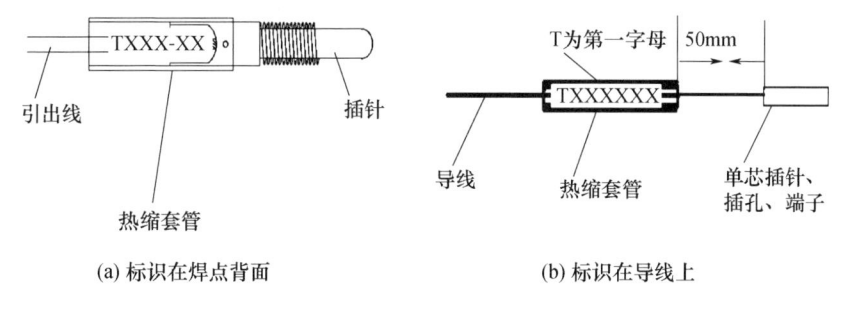

(a) 标识在焊点背面　　　　(b) 标识在导线上

图 7.8.6　自由端标识位置示意图

3. 电缆

电缆标识主要包括 3 种方式,第 1 种方式是用高强度标签缠绕的方式;第 2 种方式是用不干胶纸打印标识贴在电缆上外面缠绕热缩带并吹缩保护的方式;第 3 种是将标识后的标记套管套在电缆上并吹缩的方式。如图 7.8.7 所示为电缆标识位置示意图。

图 7.8.7　电缆标识位置示意图

7.8.3　低频电缆网焊接

航天器用低频电缆网的焊接工艺流程为:准备→焊接→清洗→自检、互检→检验。

1. 焊前准备

将导线端头套入电连接器尾罩,工艺文件有要求时,还应套入热缩套管,每根导线焊前应套上热缩管,距导线端头 100mm,并将导线理顺,不允许交叉。

2. 焊接参数

焊接参数指焊接温度和焊接时间,视焊杯大小而定,具体参数如表 7.8.1 所列。

表 7.8.1　焊接参数

电连接器工作电流/A	焊接温度/℃	焊接时间/s	重复焊接次数
≤25	260~300	2~3	不超过 1 次
>25	320~360	3~5	不超过 2 次

3. 焊接要求

（1）焊接前,电连接器应盖好防尘罩,保护插针和插孔。

（2）经搪锡后导线端头放入焊杯长度不小于焊杯深度的 75%。

（3）外护套距焊杯端口 0.5~1mm,不允许外护套接触端子,甚至进入焊杯内。

（4）一只焊杯放入不超过 3 根导线,且导线总截面积不超过电连接器规定,多根导线线芯一起拧紧,一起搪锡,形成一个整体进行焊接。

（5）电连接器焊接顺序要求焊一点清洗一点,焊一排检验一排,检验后套上热缩套管。要求热缩管套至焊点根部且包住导线绝缘层 2~3mm 并吹紧。套管不应露出尾罩线卡出线孔。清洗时严禁清洗剂流进插孔内。

（6）如图 7.8.8 所示为合格焊点。

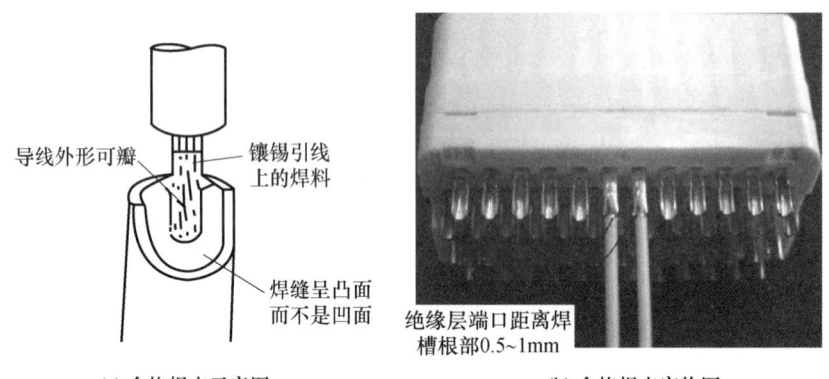

(a) 合格焊点示意图　　(b) 合格焊点实物图

图 7.8.8　合格焊点

7.8.4　电连接器压接

压接适用于导线的连接,即在导线的端头用压接法连接一个转接件,转接件另一端可用适当方法连接到导线需要的接点上,从而实现导线的连接。

电连接器压接工艺流程如图 7.8.9 所示。

电连接器压接工艺要求如下：

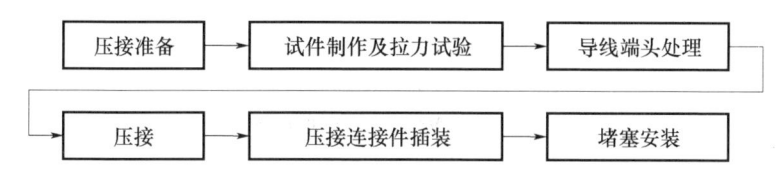

压接准备 → 试件制作及拉力试验 → 导线端头处理 → 压接 → 压接连接件插装 → 堵塞安装

图 7.8.9　电连接器压接工艺流程

（1）不应采用折叠芯线的方法加粗导线芯线，不应采用剪除芯线股数的方法减小芯线截面积。

（2）导线芯线应全部放入端子压线筒内，不允许有单股芯线外露。

（3）导线芯线应超过压线筒的观察孔。压坑位置应位于压线筒中央，压坑均匀、对称，压坑表面光滑、无裂纹、无镀层起翘、无扭曲、无毛刺、无重复压痕等现象。

（4）导线绝缘层与端子间有 $0\text{mm} < a < 1.0\text{mm}$ 间隙。

（5）规定首、中、尾检要求：每个压接生产批的压接过程中，操作者均应按规定送交首件、中检、尾检检验件，着重抗拉强度检验，必要时做割切检验。必须在首检或中检检验合格后，操作者才能压接其余产品。

7.8.5　电缆尾罩处理

如图 7.8.10 所示为尾罩处理工艺流程。

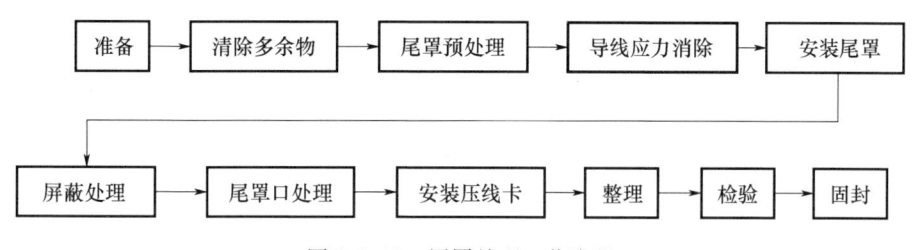

准备 → 清除多余物 → 尾罩预处理 → 导线应力消除 → 安装尾罩 → 屏蔽处理 → 尾罩口处理 → 安装压线卡 → 整理 → 检验 → 固封

图 7.8.10　尾罩处理工艺流程

1. 导线应力消除

尾罩内导线的应力消除应在电连接器安装尾罩前进行，图 7.8.11 所示为导线内应力清除示意图，并满足以下要求：

（1）将尾罩内部的交叉导线捋顺到尾罩外部的电缆束中：①导线一般应不在尾罩内交叉穿插，应将交叉部位捋顺到尾罩口外的电缆束中，多处导线交叉的部位应不集中在电缆束中同一位置。②如果导线需要在尾罩内交叉穿插，交叉导线的长度应能使其应力消除。双绞线打开至尾罩外，打开导线的长度应能使其应力消除。

（2）尾罩内的导线应顺着焊槽轴向自然伸出，应留有应力消除的弧形余量，

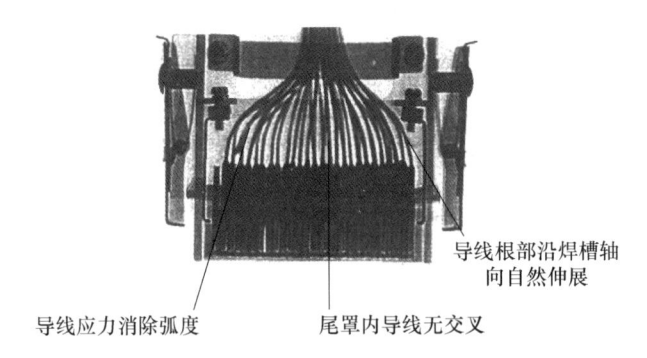

图 7.8.11 电连接器尾罩内的导线应力清除示意图

电连接器中间点向外围或两侧焊点导线应逐渐加长,根据电连接器规格而定,加长长度 2~6mm 为宜,短接线应在尾罩内自然弯曲。

(3) 导线捋顺过程中,不能强行挪动尾罩口内的导线,不能让导线根部出现弯折和损伤。

(4) 导线应力消除后,在尾罩出口部位用绑线绑扎或缠绕热缩带定型。

(5) 尾罩出口处的电缆束应与电连接器保持同轴无歪斜。

2. 尾罩安装

(1) 按电连接器产品说明书的要求将尾罩与电连接器进行安装,先不安装压线卡。

(2) 安装过程中,不允许损伤导线、屏蔽层、焊点及导线根部,如遇到尾罩安装困难,应立即停止安装,并查找原因。

(3) 安装后,应将尾罩与电连接器外壳的紧固件拧紧,螺钉、顶丝应无松动和滑扣,紧固件有粘固要求的,应按工艺文件要求进行粘固。

3. 屏蔽层处理

屏蔽层处理示意图如图 7.8.12 所示。

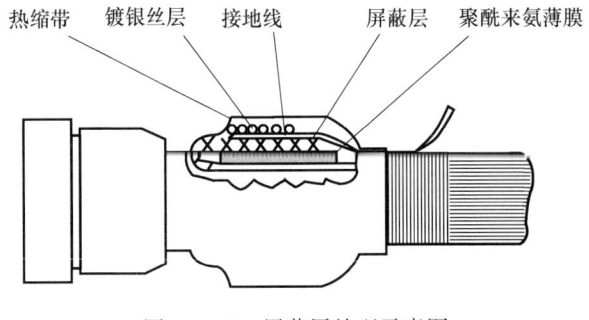

图 7.8.12 屏蔽层处理示意图

屏蔽处理位置:屏蔽层处理位置距电连接器尾罩 2~10mm,对个别屏蔽线多的电连接器的屏蔽层处理位置为 10~25mm,尽量靠近尾罩出线口。对分多组处理的电缆,将屏蔽层进行错位处理。当尾罩内既有非屏蔽线,又有屏蔽线时,屏蔽处理时屏蔽导线应单独固定处理,不允许和非屏蔽导线固定在一起。

4. 尾罩口处理

缠绕热缩带为尾罩口处理的常见方式,如图 7.8.13 所示,具体要求如下。

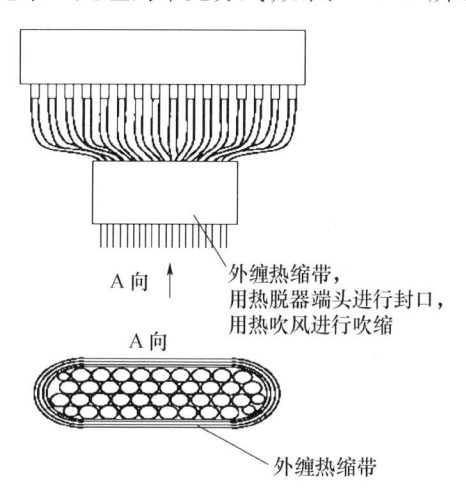

图 7.8.13 电连接器尾罩出口处的处理

根据电连接器型号确定缠绕宽度,一般情况下内侧一般与尾罩口平齐或适量进入尾罩口,外侧超出压线卡 5~10mm。

缠绕过程中,不能向外拽拉尾罩口处的导线,应保持尾罩内导线长度的应力消除余量。

缠绕结束后,热缩带端头用热脱器端头进行加热固定,用吹风机进行吹缩。

7.8.6 电缆敷设与绑扎

1. 电缆敷设

电缆焊接完第一端后进行电缆的敷设,敷设前应先对需要贴号的导线按图样进行导通并进行标识,导通后盖好防尘罩。

1)单根电缆的敷设

(1)电缆展开,导线束捋顺,导线束不允许有交叉重叠。

(2)电缆弯曲成型:电缆弯曲部位距尾罩口的尺寸应符合设计文件要求,不得紧贴尾罩口或在屏蔽层处理部位弯曲。

2)LVDS 导线的敷设

(1) LVDS 导线敷设时注意轻拿轻放,严禁挤压导线。

(2)导线应呈自然弯曲状态,最小弯折半径为 LVDS 导线外径的 10 倍,严禁折死弯和打结。

(3) 敷设时应注意不允许在锋利的边角对到导线进行弯折,防止导线的软绝缘材料永久的损坏。

(4) 不能拉伸双绞线。

3) 电缆外套锦纶丝套电缆的敷设

(1) 电缆展开,导线束捋顺,导线束不允许有交叉重叠。

(2) 将锦纶丝套按设计要求穿套在电缆上,穿套过程中应防止导线受力。

(3) 对分支处电缆应在护套外进行绑扎固定。

4) 模板电缆的敷设

(1) 电缆敷设时应按设计文件上所规定的电缆走向和技术要求进行。

(2) 对开板状态的模板电缆的敷设,应考虑模板在合板后线束的长短与位置,在合板处减短电缆长度,避免合板后合板处电缆过长。

(3) 电缆敷设时先敷设成束电缆,再敷设单根电缆。

(4) 模板电缆可先从电连接器较多的仪器和支架开始敷设,将仪器和支架上的每个电连接器插到位并留出插拔余量后绑扎成束,再按其去向和电缆走向图,将线束分往各个方向。

2. 电缆绑扎

如图 7.8.14 所示为电缆具体绑扎方法,具体绑扎要求如下:

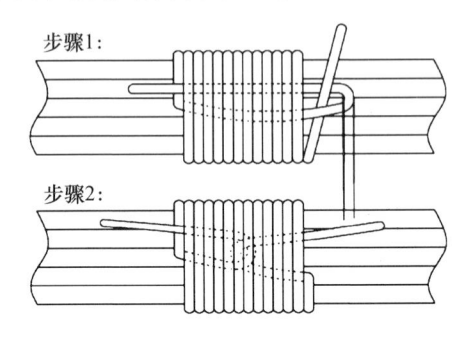

图 7.8.14　电缆绑扎方法

(1) 电缆绑扎前,检查去往仪器上每个电连接器的导线是否齐全、到位。

(2) 绑扎时,根据线束的粗细选用合适粗细的绑线。绑扣宽度一般应为 15~30mm。

(3) 电缆绑扎间距为 150~300mm。

(4) 地面电缆的绑扎间隔、绑扣是否涂胶均按工艺要求执行。

(5) 套锦纶丝套的电缆,内外线束绑扣位置需错开。

(6) 绑线预留长度为 10~15mm,扣结应拉紧并拉至绑扣中间。

(7) 绑扎后的电缆,电连接器应插拔自如,不应有导线受力现象。

7.8.7 低频电缆产品检验

为保证产品质量,普通电缆(低频电缆)在制作过程中以及成品后需要进行一系列的检验与测试,具体流程如图 7.8.15 所示。

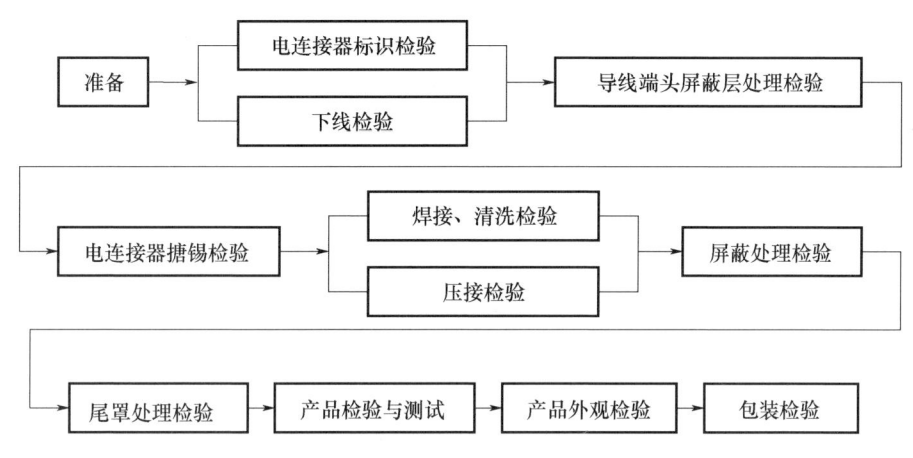

图 7.8.15 低频电缆装联过程检验、产品检验及测试流程图

电缆网制作过程中的检验与相应工序的产品要求相关,在此不做介绍。低频电缆成品检验是保证产品最终质量的关口,其检测内容和方法如表 7.8.2 所列。

表 7.8.2 低频电缆成品检测内容和检验方法

检验项目	检验内容	检验方法和仪表
外观	电连接器:外观、插针、插孔 尾罩处理:松紧、应力 绑扎:扎扣质量 热控层包扎:包扎质量 标识:电连接器标识、电缆标识	目检、放大镜、三维视频显微仪
尺寸	电缆总长度和分支长度	卷尺、数字钳形表
重量	按设计文件要求	台秤
电性能	导通:导线连接点 短接线	数字微欧记、电缆测试仪
	绝缘:接点之间 接点对外壳	兆欧表、电缆测试仪
	介质耐压:接点之间 接点对外壳	耐压测试仪、电缆测试仪
多余物	电连接器插孔、插针	目检、放大镜

(续)

检验项目	检验内容	检验方法和仪表
包装	防护盖	目检
	包装袋	
	包装箱	

7.9 航天器电子装联新技术简介

7.9.1 激光软钎焊技术

激光软钎焊根据其用途又有激光再流焊、激光钎料键合、激光钎料植球等称谓,但基本连接的原理是一致的。利用激光对连接部位加热、熔化钎料,实现连接。其特点非常显著:只对连接部位局部加热,对元器件本体没有任何的热影响;加热速度和冷却速度快,接头组织细密、可靠性高;非接触加热;可根据元器件引线的类型实施不同的加热规范以获得一致的接头质量;可以进行实时质量控制等。

激光软钎焊在微电子封装和组装中已经用于高密度引线表面贴装器件的再流焊、热敏感和静电敏感器件的再流焊、选择性再流焊、BGA 外引线的凸点制作、Flip chip 的芯片上凸点制作、BGA 凸点的返修、TAB 器件封装引线的连接等。

图 7.9.1 是激光软钎焊设备的基本原理图。激光器多采用连续 YAG 激光,波长 $1.06\mu m$。近年来半导体激光器(波长 $0.808\mu m$)和光纤激光器(波长 $1.0\mu m$)受到关注,因为其波长更短,有利于被金属吸收,获得更大的加热效率;同时体积小且控制性能也更好。

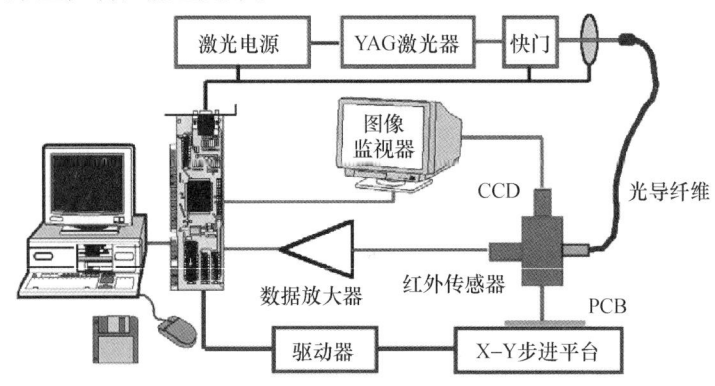

图 7.9.1 激光软钎焊设备的基本原理图

为了监测和控制软钎焊的质量，先进的激光软钎焊设备配备有温度检测单元，将接合部的温度通过红外传感器实时检测出来，模数转换送入控制计算机，通过温度的变化情况监测焊点的形成过程，或实时改变激光功率控制焊点的形成和质量。温度上升过快时，可立即切断激光输出，保证不烧毁器件的引线。图像监视器可以观察激光与引线的对准情况以及焊接的过程。激光器的输出功率由控制计算机设定并可程序控制，保证加热能量的精确性。

由于激光软钎焊具有加热速度快、局部加热等特点，是实现选择性焊接较为理想的选择。因此，对于一些温度敏感器件等，无法采用正常的再流焊接和电烙铁等工艺实现组装的，激光软钎焊可以实现。图7.9.2是采用激光选择性钎焊焊接的热敏感器件的接头；图7.9.3是该元件在焊接前后的温度-电阻特性曲线，可以看到激光钎焊由于局部加热和快速加热，对元件的特性没有任何影响。

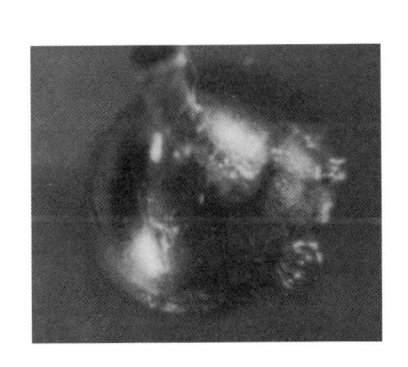

图 7.9.2　热敏感器件激光焊接接头

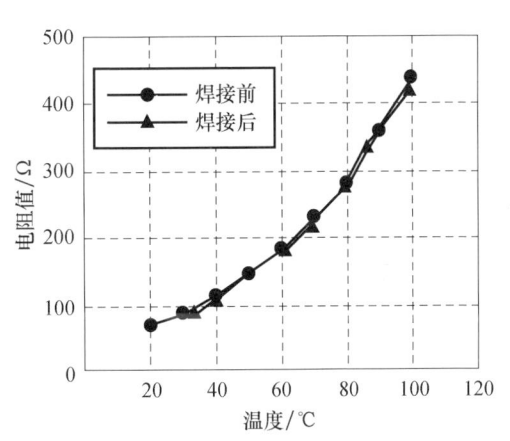

图 7.9.3　热敏感器件激光选择钎焊前后温度-电阻特性曲线

7.9.2　微组装技术

微组装技术主要以电路结构微细加工、厚薄膜制造和多层布线技术等微电子技术为基础，综合运用计算机辅助系统的设计技术、高密度多层基板制作技术和倒装焊等芯片贴装及焊接技术，以及通过叠层方式的三维立体组装技术，实现有效利用组装空间，最大限度地缩小电路所占的面积和体积，提高信号的传输速度和可靠性，形成高密度、立体化和系统化的部件级、子系统级集成模块。

7.9.2.1　微组装技术的内容

1. 芯片连接技术

器件芯片互联是微组装技术的基础，主要互联方式包括引线键合（图7.9.4

(a))、载带自动焊(图7.9.4(b))、倒装焊法(图7.4.1(c))、凸点载带自动焊、微凸点连接、硅通孔技术。

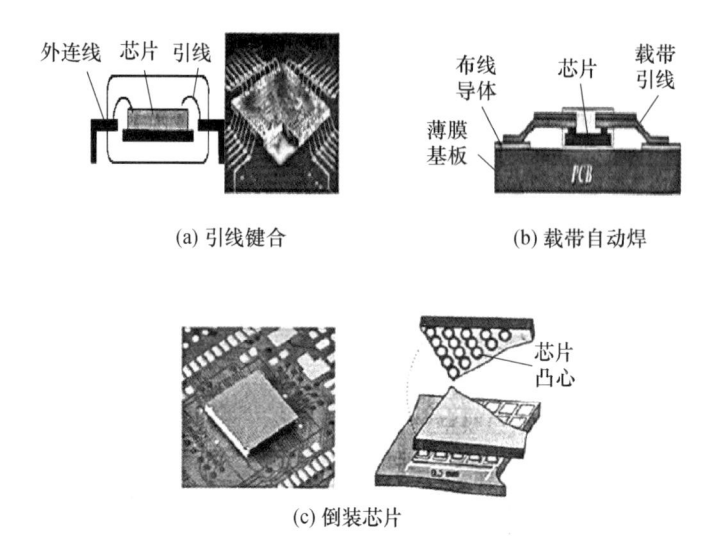

(a) 引线键合

(b) 载带自动焊

(c) 倒装芯片

图7.9.4　几种基本芯片互联技术

2. 三维高密度微组装技术

三维组装是微组装向甚高密度组装发展的重要方向之一,主要有三种等级的三维组装方式:

(1) 圆片级三维组装。对尚未划分成芯片的圆片进行层叠组装。在设计方面具有很高的灵活性,最适合于高速电路。

(2) 芯片级三维组装。对已从圆片上划分好的芯片进行层叠组装。比圆片级三维组装方法更容易把不同功能的 LSI 堆叠起来。

(3) 封装级三维组装。层叠式薄片(树脂)封装。面向同一功能 LSI 的三维组装方法,主要应用于存储器芯片叠装。图7.9.5(a)和图7.9.5(b)分别为层叠式芯片尺寸封装(Stacked CSP)、层叠式多芯片封装(Stacked MCP),具有封装尺寸小、高密度、通过不同制造工艺芯片实现立体组合、互联线短、高可靠性等特点。

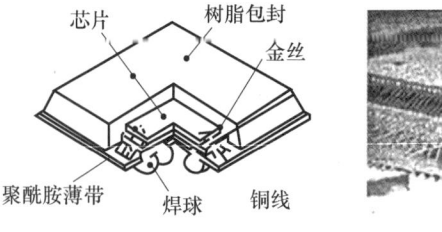

(a) 层叠式芯片尺寸封装 CSP

(b) 层叠式多芯片封装 MCP

图7.9.5　两种常见的三维组装

3. 微组件、微系统技术

1) 系统级封装技术

采用微封装技术实现电子整机系统的功能,通常有两种途径:一种是系统级芯片(System on Chip,SOC),即在单一的芯片上实现电子整机系统的功能;另一种是系统级封装(System in Package,SIP),即通过封装来实现整机系统的功能。这是两条不同的工艺技术路线,各有各的优势,在技术上和应用上是相互补充的关系。如图 7.9.6 所示为系统级封装示意图。

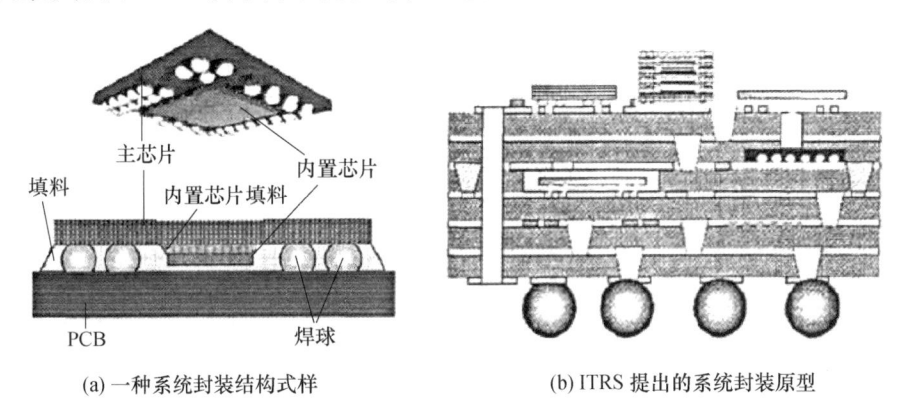

(a) 一种系统封装结构式样　　(b) ITRS 提出的系统封装原型

图 7.9.6　系统级封装示意图

2) MEMS 封装技术

微机电系统(Micro Electronic Mechanical System,MEMS)是微电子技术的延伸与拓宽,它不但具有信号处理能力,而且具有对外部世界的感知功能和执行功能。在此基础上开发出高度智能、高功能密度的新型系统[11]。

MEMS 封装与传统 IC 封装的对比如图 7.9.7 所示,根本区别在于:传统 IC 封装的目的是提供 IC 芯片的物理支撑,保护其不受环境的干扰与破坏,同时实现与外界的信号、能源与接地的电气互连。MEMS 器件或系统既要感知外部世界,同时又要依据感知结果做出与外部世界关联的动作反应。

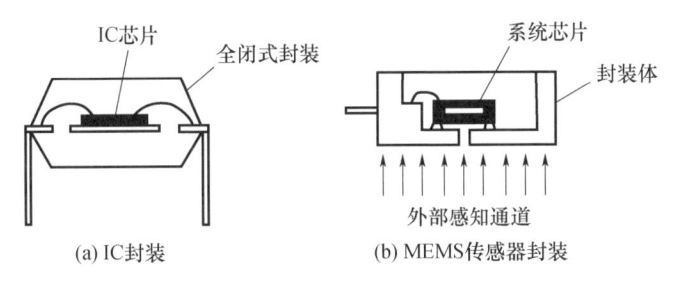

(a) IC 封装　　(b) MEMS 传感器封装

图 7.9.7　传统 IC 与 MEMS 封装对比示意图

4. 微组件、微系统的立体组装技术

1）芯片级立体组装

芯片级三维立体组装习惯上称为 3D 封装（Three-dimensional package）或立体微电子封装技术，是在传统器件封装技术基础上发展起来的新工艺技术。3D 封装主要有三种基本类型：叠层芯片封装、埋置型 3D 封装、有源基板型 3D 封装。

2）板级立体组装

板级立体组装是在印制板电路模块平面组装的基础上，在多块印制板电路模块之间，采用垂直互联、凸点连接、侧向连接等互联技术进行三维空间垂直方向的组装（图 7.9.8）。这是一种在三维空间和多电路模块之间既实现电气联通，又实现机械连接的组装工艺技术。

(a) 板级叠层组装实例　　(b) 辅以挠性印制板的垂直互联

图 7.9.8　板级立体组装示意图

7.9.2.2 微组装技术特征和发展特点

微组装技术除了具有组装技术的一般特性外，还有如下特征：

（1）采用元器件引脚间距小于 0.3mm 间隙的表面组装技术。

（2）采用微连接、微封装方式组装微小型组件/系统。

（3）组装设计需要多学科优化和考虑微尺寸效应。

微组装技术发展具有技术发展快、技术难度增加、技术综合性更强等特点，使得微组装技术的面临重重困难，但其却是推动电子设备特别是军用航天电子设备，迅速实现小型化、轻量化、高性能、高可靠性的关键技术之一。因此，微组装技术在航天、航空、雷达、导航、通讯、计算机、敌我识别等军事系统和装备，以及一些要求运算速度快、存储容量大的超级巨型计算机中将发挥无可取代的作用。

7.9.3 光电互联技术

光电互联技术是指通过光信号传输,把光源、互联通道、接收器等组成部分连成一体,彼此间交换信息的一种高效的光和电混合互联技术,是电气互联技术中一项典型的多学科、综合性工程技术。随着近年来技术的飞速发展,电信号的频率已经从兆赫兹发展到吉赫兹时代,传统的基于铜导体的电信号互联技术的各种局限逐渐显现出来,高带宽的需求使得短距互联成了系统发展的瓶颈。采用新的技术,改进互联方式是扩展超大规模集成电路的功能,改善现有电互联缺陷的必然。

利用光电互联方法取代电互连方法无疑是电气互联的重大技术突破之一。从性能上看最好的互联网络拓扑结构是全光互联网络,但目前全光互联的实现还存在困难。主要是由于光器件制作技术和光电 PCB 技术难度大、技术不成熟等原因。因此,估计在今后一段时间里,互联网络仍将以电互联为主、光互连为辅的技术方向发展,即更多地采用光和电混合互联网络 – 光电互联网络。

7.9.3.1 光电互联方式

光电互联的基本方式有三种:方式一是以光纤作为光路进行连接,见图 7.9.9(a);方式二常应用于微机电系统中,它通过光镜反射光信号,经过光电转换器进行光信号与电信号的转换,见图 7.9.9(b);方式三通过基板与光纤的组合使光电互联方式更加立体化,增加了光电互联的密度,见图 7.9.9(c)。

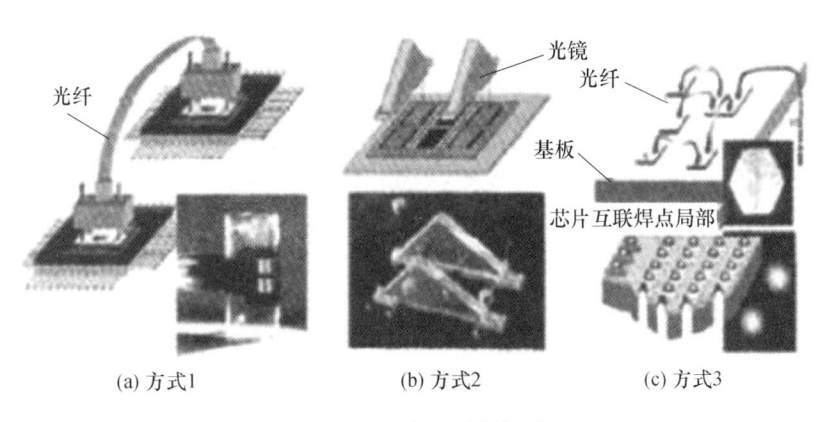

(a) 方式1　　(b) 方式2　　(c) 方式3

图 7.9.9　光电互联方式

光电互联技术可以实现三种层级的互联:

1. 器件与模块之间的光电互联

由光电子封装技术形成的光电电路组件或模块,亦称光电电路板或光电多芯片组件,是以光电印制板或光纤为载体的互联方式。它在印制板内层设计和制作光波导或光栅耦合装置,将传送电信号的铜导体和传送光信号的光路制作在同一基板,并在基板上采用 SMT 进行电子器作和光电子器件表面微组装,是一种可使光电表面组装元件之间完全兼容的混合载体,图 7.9.10 是以光波导为传输信道形成器件间的光电互联的结构示意。

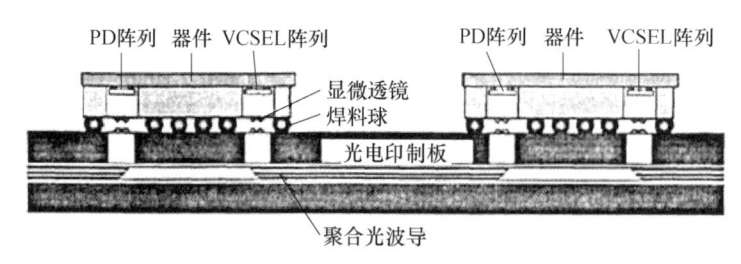

图 7.9.10　基于波导的光电互联

2. 电路板之间的光电互联

电路板之间光电互联的功能是把多块印制板电路连接成一个功能模块或组件,实现光电产品的分模块技术指标和要求。电路板之间光电互联的互联距离较短,集成度要求较高,要求内部和外部高速信号有多通道传输途径,传输和处理速度要快。在这个层次上传输信道主要采用光纤互联代替电缆或插座连接,完成线缆电路难以达到的特殊功能要求。如图 7.9.11 所示为 2009 年 Intel 在 IDF 上首次提出的 Light Peak 技术,就是采用光纤代替电器传输,使数据传输速率达到每秒数十吉比特。

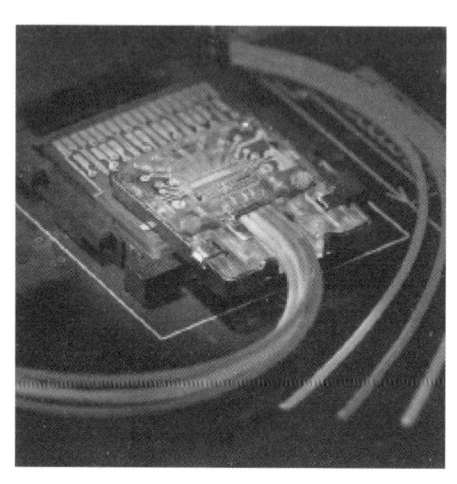

图 7.9.11　Intel 提出的 Light Peak 高速光纤技术

3. 整机/系统级光电互联

整机/系统级光电互联的功能是把较低层次如插箱或机柜连接成一个整体,

实现光电产品的整体技术指标和要求。整机/系统级互联的互联距离一般较长,且要求内部和外部高速信号有多通道传输途径,在这个层次上传输信道主要采用光纤互联代替电缆连接,完成传统电缆连接难以达到的光电互联特殊功能要求。在许多高性能的电子系统(如 ATM 选择系统)中已经采用了光纤连接的网络,实现其低传输损耗、高传输速度、空间利用率高的要求。图 7.9.12 为该类互联方式的示意图。

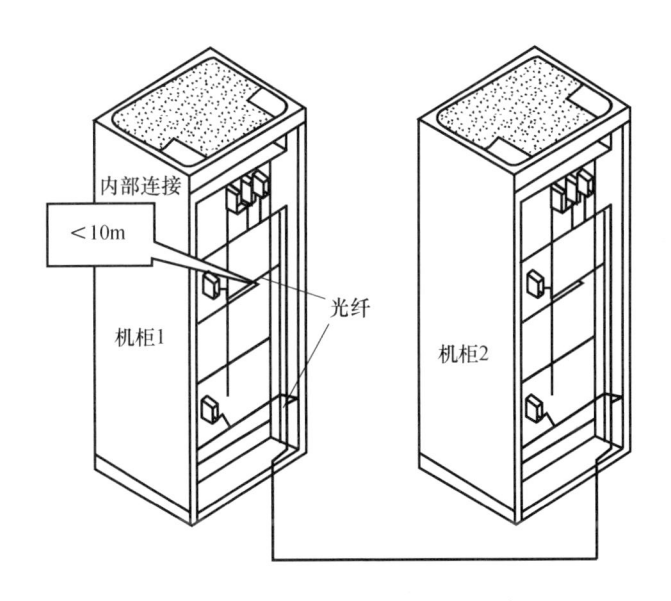

图 7.9.12 整机/系统级光电互联示意图

7.9.3.2 光电互联的特点和发展方向

光电互联具有以下特点:①高效高速地传输信号;②光互联的速度与互联通道无关;③光学信号在空间可以独立地传播,彼此间不相互干扰;④光学信号可以在三维自由空间中传播;⑤光互联可以通过空间光调制器适当改变;⑥光学信号非常容易转变成电信号。同时,光互联与传统电互联又具有相似之处,信号的传输都是通过电磁波的形式,而且所有的逻辑相互作用都是通过电子来实现,光互联在电互联的基础上不需要物理上的新突破,设计较为简化。

光电互联技术是电气互联技术的新发展方向,是解决高频率、高速度、高集成度电子设备互联问题的关键技术,是当代电子先进制造技术的高水平标志性技术。其应用领域包含侦察监视、警戒告警、跟踪火控(包括制导系统)、光电对抗系统、光电导航、光电通信等军事领域的各类星载/机载/舰载/车载/单兵光电系统、空基/海基/岸基光电系统以及民用通信、计算机领域的各类光电系统与设备。

参考文献

[1] 樊融融. 现代电子装联工艺过程控制[M]. 北京:电子工业出版社,2010.
[2] 曹易,王静,吴晓娜. 电子装联领域国外先进标准体系的对比研究及启示[J]. 标准科学,2013(6):1-3.
[3] 宋金华,彭利标. 电子产品与工艺[M]. 西安:西安电子科技大学出版社,2001.
[4] 刘尧葵,徐勋,唐幸儿. 挠性电路板技术的现状和发展趋势[J]. 印制电路信息,2009(10):1-3.
[5] 崔学民,周济,沈建红,等. 低温共烧陶瓷(LTCC)材料的应用及研究现状[J]. 材料导报,2005(19):1-2.
[6] 邹建,吴丰顺,王波,等. 电子封装微焊点中的柯肯达尔孔洞问题[J]. 电子工艺技术,2010(31):1-4.
[7] 陈军君,傅岳鹏,田民波. 微电子封装材料的最新进展[J]. 半导体技术,2008(33):1-5.
[8] 鲜飞. 表面组装技术的发展趋势[J]. 印制电路信息,2009(3):5-7.
[9] 张玲芸. 印制电路组件的清洗工艺[J]. 电子工艺技术,2009(30):1-3.
[10] Han Zhongjie, Xue Songbai, Wang Jianxin, et al.. Effects of Sn-Cu-Ni-Ge solder on mechanical properties of micro-joints soldered with diode-laser soldering system [J]. Transactions of the China Welding Institution,2007,28(1):33-37.
[11] 魏兵,夏明安. 先进的 MEMS 封装技术及应用[J]. 湖北工业大学学报,2008(23):1-4.